中国国家标准汇编

2008年修订-113

中国标准出版社　编

中国标准出版社
北京

图书在版编目（CIP）数据

中国国家标准汇编：2008年修订.113/中国标准出版社编.—北京：中国标准出版社，2010

ISBN 978-7-5066-5655-9

Ⅰ.中… Ⅱ.中… Ⅲ.国家标准-汇编-中国-2008
Ⅳ.T-652.1

中国版本图书馆CIP数据核字（2009）第224860号

中国标准出版社出版发行
北京复兴门外三里河北街16号
邮政编码:100045
网址 www.spc.net.cn
电话:68523946 68517548
中国标准出版社秦皇岛印刷厂印刷
各地新华书店经销
*
开本 880×1230 1/16 印张 38.75 字数 1 146 千字
2010年1月第一版 2010年1月第一次印刷
*
定价 200.00 元

ISBN 978-7-5066-5655-9

出 版 说 明

1.《中国国家标准汇编》是一部大型综合性国家标准全集。自 1983 年起，按国家标准顺序号以精装本、平装本两种装帧形式陆续分册汇编出版。它在一定程度上反映了我国建国以来标准化事业发展的基本情况和主要成就，是各级标准化管理机构，工矿企事业单位，农林牧副渔系统，科研、设计、教学等部门必不可少的工具书。

2.《中国国家标准汇编》收入我国每年正式发布的全部国家标准，分为“制定”卷和“修订”卷两种编辑版本。

“制定”卷收入上年度我国发布的、新制定的国家标准，顺延前年度标准编号分成若干分册，封面和书脊上注明“20××年制定”字样及分册号，分册号一直连续。各分册中的标准是按照标准编号顺序连续排列的，如有标准顺序号缺号的，除特殊情况注明外，暂为空号。

“修订”卷收入上年度我国发布的、被修订的国家标准，视篇幅分设若干分册，但与“制定”卷分册号无关联，仅在封面和书脊上注明“20××年修订-1，-2，3，……”字样。“修订”卷各分册中的标准，仍按标准编号顺序排列(但不连续)；如有遗漏的，均在当年最后一分册中补齐。需提请读者注意的是，个别非顺延前年度标准编号的新制定的国家标准没有收入在“制定”卷中，而是收入在“修订”卷中。

读者配套购买《中国国家标准汇编》“制定”卷和“修订”卷则可收齐上一年度我国制定和修订的全部国家标准。

3. 由于读者需求的变化，自 1996 年起，《中国国家标准汇编》仅出版精装本。

4. 2008 年制修订国家标准共 5946 项。本分册为“2008 年修订-113”，收入新制修订的国家标准 40 项。

中国标准出版社
2009 年 10 月

目　　录

ICS 77.120.10
H 12

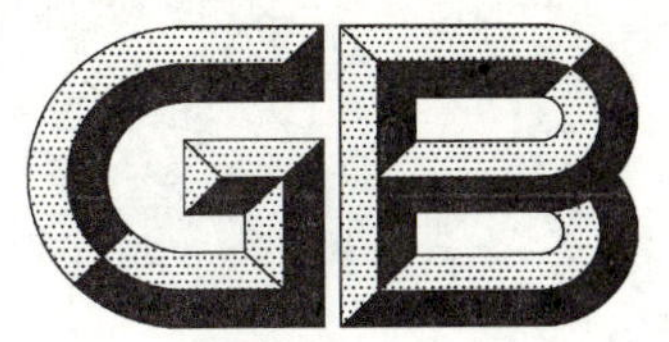

中华人民共和国国家标准

GB/T 20975.11—2008
代替 GB/T 6987.11—2001

铝及铝合金化学分析方法 第 11 部分：铅含量的测定 火焰原子吸收光谱法

Methods for chemical analysis of aluminium and aluminium alloys—Part 11: Determination of lead content—Flame atomic absorption spectrometric method

(ISO 4192:1981, Aluminium and aluminium alloys—Determination of lead content—Flame atomic absorption spectrometric method, MOD)

2008-03-31 发布　　　　2008-09-01 实施

中华人民共和国国家质量监督检验检疫总局
中国国家标准化管理委员会　发布

前　言

GB/T 20975《铝及铝合金化学分析方法》是对GB/T 6987—2001《铝及铝合金化学分析方法》的修订，本次修订将原标准号GB/T 6987改为GB/T 20975。

GB/T 20975《铝及铝合金化学分析方法》分为25个部分：

——第1部分：汞含量的测定　冷原子吸收光谱法；

——第2部分：砷含量的测定　钼蓝分光光度法；

——第3部分：铜含量的测定；

——第4部分：铁含量的测定　邻二氮杂菲分光光度法；

——第5部分：硅含量的测定；

——第6部分：镉含量的测定　火焰原子吸收光谱法；

——第7部分：锰含量的测定　高碘酸钾分光光度法；

——第8部分：锌含量的测定；

——第9部分：锂含量的测定　火焰原子吸收光谱法；

——第10部分：锡含量的测定；

——第11部分：铅含量的测定　火焰原子吸收光谱法；

——第12部分：钛含量的测定；

——第13部分：钒含量的测定　苯甲酰苯胺分光光度法；

——第14部分：镍含量的测定；

——第15部分：硼含量的测定；

——第16部分：镁含量的测定；

——第17部分：锶含量的测定　火焰原子吸收光谱法；

——第18部分：铬含量的测定；

——第19部分：锆含量的测定；

——第20部分：镓含量的测定　丁基罗丹明B分光光度法；

——第21部分：钙含量的测定　火焰原子吸收光谱法；

——第22部分：铍含量的测定　依莱铬氰兰R分光光度法；

——第23部分：锑含量的测定　碘化钾分光光度法；

——第24部分：稀土总含量的测定；

——第25部分：电感耦合等离子体原子发射光谱法。

本部分为第11部分。对应于ISO 4192:1981《铝及铝合金——铅含量的测定——火焰原子吸收光谱法》，一致性程度为修改采用。主要差异如下：

——“测定范围：0.01%～1.5%”修改为“测定范围：0.005%～1.50%”；

——“6.2 测定次数　独立地进行两次测定，取其平均值”。

为方便起见，在资料性附录A中列出了本部分章条和ISO 4192:1981章条的对照表。

本部分代替GB/T 6987.11—2001《铝及铝合金化学分析方法　火焰原子吸收光谱法测定铅量》。

本部分与GB/T 6987.11—2001相比主要变化如下：

——增加了“8.1 重复性”条款；

——增加了“9 质量保证与控制”条款。

本部分的附录A为资料性附录。

本部分由中国有色金属工业协会提出。

本部分由全国有色金属标准化技术委员会归口。

本部分由东北轻合金有限责任公司、中国有色金属工业标准计量质量研究所负责起草。

本部分起草单位：中国铝业股份有限公司郑州研究院。

本部分主要起草人：张炜华、陈静、张树朝、马文民、席欢、马存真、朱玉华。

本部分所代替标准的历次版本发布情况为：

——GB/T 6987.11—1986、GB/T 6987.11—2001。

铝及铝合金化学分析方法 第11部分：铅含量的测定 火焰原子吸收光谱法

1 范围

本部分规定了铝及铝合金中铅含量的测定方法。

本部分适用于铝及铝合金中铅含量的测定。测定范围：0.005%～1.50%。

2 方法提要

试料用盐酸-硝酸混合酸溶解，于原子吸收光谱仪波长217.0 nm处或283.3 nm处，以空气-乙炔贫燃性火焰进行铅量的测定。

3 试剂

3.1 铝(99.99%，不含铅)。

3.2 硝酸(ρ 1.42 g/mL)。

3.3 盐酸(ρ 1.19 g/mL)。

3.4 氢氟酸(ρ 1.14 g/mL)。

3.5 盐酸-硝酸混合酸：移取375 mL盐酸(3.3)和125 mL硝酸(3.2)，加入500 mL水，混匀。

3.6 铝溶液(20 mg/mL)：称取10.00 g经酸洗的铝(3.1)置于1 000 mL烧杯中，盖上表皿，分次加入总量为200 mL的盐酸-硝酸混合酸(3.5)，待剧烈反应停止后，缓慢加热至完全溶解，煮沸驱除氮氧化物，将溶液蒸发至约100 mL，冷却。将溶液移入500 mL容量瓶中，用水稀释至刻度，混匀。

3.7 铅标准贮存溶液：称取1.000 0 g铅(≥99.99%)，置于250 mL烧杯中，盖上表皿，加入10 mL硝酸(3.2)，缓慢加热至完全溶解，煮沸数分钟，驱除氮氧化物，冷却。将溶液移入1 000 mL容量瓶中，用水稀释至刻度，混匀。此溶液1 mL含1.0 mg铅。

3.8 铅标准溶液：移取100.00 mL铅标准贮存溶液(3.7)于1 000 mL容量瓶中，用水稀释至刻度，混匀。此溶液1 mL含0.10 mg铅。

4 仪器

原子吸收光谱仪，附铅空心阴极灯。

在仪器最佳工作条件下，凡能达到下列指示者均可使用：

灵敏度：在与测量试料溶液的基体一致的溶液中，铅的特征浓度应不大于0.5 μg/mL。

精密度：用最高浓度的标准溶液测量10次吸光度，其标准偏差应不超过平均吸光度的1.0%；用最低浓度的标准溶液(不是零浓度溶液)测量10次吸光度，其标准偏差应不超过最高浓度标准溶液平均吸光度的0.5%。

工作曲线线性：将工作曲线按浓度等分成五段，最高段的吸光度差值与最低段的吸光度差值之比应不小于0.7。

5 试样

将试样加工成厚度不大于 1 mm 的碎屑。

6 分析步骤

6.1 试料

称取 1.00 g 试样,精确至 0.000 1 g。

6.2 测定次数

独立地进行两次测定,取其平均值。

6.3 空白试验

称取 0.500 0 g 铝(3.1)代替试料(6.1),随同试料做空白试验。

6.4 测定

6.4.1 将试料(6.1)置于 250 mL 烧杯中,盖上表皿,分次加入总量为 20 mL 盐酸-硝酸混合酸(3.5),待剧烈反应停止后,缓慢加热至试料完全溶解,蒸发至溶液体积 10 mL,冷却。加入 25 mL 水,加热煮沸使盐类完全溶解,冷却。

6.4.2 如有不溶物,过滤,洗涤。将残渣连同滤纸置于铂坩埚中,灰化(勿使滤纸燃烧),在约 550℃灼烧,冷却。加入 5 mL 氢氟酸(3.4),并逐滴加硝酸(3.2)至溶液清亮,加热蒸发至干,在 700℃灼烧数分钟,冷却。用尽量少的硝酸(3.2)溶解残渣(必要时过滤)。将此溶液合并于原滤液中。

6.4.3 根据试样中铅的质量分数分别按下述方法处理:

铅的质量分数在 0.005%~0.10%时,将试液(6.4.1)或处理不溶物后合并的试液移入 100 mL 容量瓶中,加入 5 mL 硝酸(3.2),用水稀释至刻度,混匀。

铅的质量分数在 0.10%~1.50%时,将试液(6.4.1)或处理不溶物后合并的试液移入 500 mL 容量瓶中,加入 25 mL 硝酸(3.2),用水稀释至刻度,混匀。

6.4.4 将随同试样所作的空白试验溶液(6.3)及根据试样中铅的质量分数而制备的试液(6.4.3)于原子吸收光谱仪波长 217.0 nm 处或 283.3 nm 处,以空气-乙炔贫燃性火焰,以水调零,测量铅的吸光度。从工作曲线上查出相应的铅量。

6.5 工作曲线的绘制

6.5.1 系列标准溶液的制备

铅含量在 0.005%~0.10%时:移取 0 mL、1.00 mL、3.00 mL、5.00 mL、7.00 mL、10.00 mL 铅标准溶液(3.8),分别置于一组 100 mL 容量瓶中,各加入 50.00 mL 铝溶液(3.6)和 5 mL 硝酸(3.2),用水稀释至刻度,混匀。

铅含量在 0.10%~1.50%时:移取 0 mL、2.00 mL、6.00 mL、10.00 mL 铅标准溶液(3.8)及 1.50 mL、2.00 mL、2.50 mL、3.00 mL 铅标准溶液(3.7),分别置于一组 100 mL 容量瓶中,各加入 10.00 mL铝溶液(3.6)和 5 mL 硝酸(3.2),用水稀释至刻度,混匀。

6.5.2 测量

将系列标准溶液于原子吸光谱仪波长 217.0 nm 或 283.3 nm 处,用空气-乙炔贫燃性火焰,以水调零,测量系列标准溶液和零浓度标准溶液的吸光度。以铅量为横坐标,吸光度(减去零浓度溶液的吸光度)为纵坐标,绘制工作曲线。

7 分析结果的计算

按式(1)计算铅的质量分数(%):

$$w(\mathrm{Pb}) = \frac{(m_1 - m_2) \times R}{m_0 \times 10^3} \times 100 \quad \cdots\cdots(1)$$

式中：

m_1——自工作曲线上查得的试样溶液的铅量，单位为毫克(mg)；

m_2——自工作曲线上查得的随同试样所作的空白试验溶液的铅量，单位为毫克(mg)；

m_0——试样的质量，单位为克(g)；

R——稀释系数，6.4.3 中两种情况的 R 值分别为 1 和 5。

8 精密度

8.1 重复性

在重复性条件下获得的两个独立测试结果的测定值，在以下给出的平均值范围内，这两个测试结果的绝对差值不超过重复性限(r)，超过重复性限(r)的情况不超过 5%，重复性限(r)按以下数据采用线性内插法求得。

铅的质量分数/%： 0.009 1　0.042 5　0.102　1.232

重复性限 r/%： 0.001 0　0.002 5　0.007 0　0.023

8.2 允许差

实验室之间分析结果的差值应不大于表 1 所列允许差。

表 1

铅的质量分数/%	允许差/%
0.005～0.010	0.002
>0.010～0.025	0.003
>0.025～0.050	0.005
>0.050～0.100	0.010
>0.100～0.250	0.015
>0.250～0.500	0.020
>0.50～1.00	0.030
>1.00～1.50	0.035

9 质量控制与保证

分析时，用标准样品或控制样品进行校核，或每年至少用标准样品或控制样品对分析方法校核一次。当过程失控时，应找出原因。纠正错误后，重新进行校核。

附 录 A
（资料性附录）

表 A.1 本部分章条编号和 ISO 4192:1981 章条编号对照

本部分章条编号	对应的国际标准章条编号
1	1
2	2
3	3
3.1	3.1
3.2	3.2
3.3	—
3.4	3.4
3.5	3.3
3.6	3.5
3.7	3.6
3.8	3.7
4	4.2 和 4.5
5	5.2
6	6
6.1	6.1
6.2	—
6.3	6.3.2
6.4	6.3
6.4.1 和 6.4.2	6.3.1
6.4.3	6.3.1.1 和 6.3.1.2、6.3.1.3、6.3.1.4
6.4.4	6.3.3
6.5	6.2
6.5.1	6.2.1
6.5.2	6.2.2 和 6.2.3
7	7
8	—
8.1 和 8.2	—
9	—

ISC 77.120.10
H 12

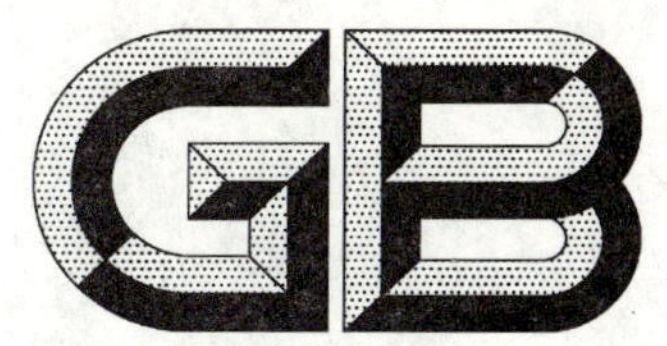

中华人民共和国国家标准

GB/T 20975.12—2008
代替 GB/T 6987.12—2001,GB/T 6987.31—2001

铝及铝合金化学分析方法 第12部分:钛含量的测定

Methods for chemical analysis of aluminium and aluminium alloys—Part 12: Determination of titanium content

2008-03-31 发布 | 2008-09-01 实施

中华人民共和国国家质量监督检验检疫总局
中国国家标准化管理委员会 发布

前　言

GB/T 20975《铝及铝合金化学分析方法》是对 GB/T 6987—2001《铝及铝合金化学分析方法》的修订，本次修订将原标准号 GB/T 6987 改为 GB/T 20975。

GB/T 20975《铝及铝合金化学分析方法》分为 25 个部分：

——第 1 部分：汞含量的测定　冷原子吸收光谱法
——第 2 部分：砷含量的测定　钼蓝分光光度法
——第 3 部分：铜含量的测定
——第 4 部分：铁含量的测定　邻二氮杂菲分光光度法
——第 5 部分：硅含量的测定
——第 6 部分：镉含量的测定　火焰原子吸收光谱法
——第 7 部分：锰含量的测定　高碘酸钾分光光度法
——第 8 部分：锌含量的测定
——第 9 部分：锂含量的测定　火焰原子吸收光谱法
——第 10 部分：锡含量的测定　苯基荧光酮分光光度法
——第 11 部分：铅含量的测定　火焰原子吸收光谱法
——第 12 部分：钛含量的测定
——第 13 部分：钒含量的测定　苯甲酰苯胲分光光度法
——第 14 部分：镍含量的测定
——第 15 部分：硼含量的测定　离子选择电极法
——第 16 部分：镁含量的测定
——第 17 部分：锶含量的测定　火焰原子吸收光谱法
——第 18 部分：铬含量的测定
——第 19 部分：锆含量的测定　二甲酚橙分光光度法
——第 20 部分：镓含量的测定　丁基罗丹明 B 分光光度法
——第 21 部分：钙含量的测定　火焰原子吸收光谱法
——第 22 部分：铍含量的测定　依莱铬氰兰 R 分光光度法
——第 23 部分：锑含量的测定　碘化钾分光光度法
——第 24 部分：稀土总含量的测定
——第 25 部分：电感耦合等离子体原子发射光谱法

本部分为第 12 部分。对应于 ISO 6827:1981《铝及铝合金——钛含量的测定——二安替吡啉甲烷光度法》和 ISO 1118:1978《铝及铝合金——钛含量的测定——铬变酸分光光度法》，一致性程度分别为修改采用和等同采用。

本部分"方法一"修改采用国际标准 ISO 6827:1981《铝及铝合金——钛含量的测定——二安替吡啉甲烷光度法》。"方法一"在资料性附录 A 中列出了本部分章条和对应的国际标准章条的对照一览表；在资料性附 B 中列出了本部分和对应的国际标准技术性差异。

本部分代替 GB/T 6987.12—2001《铝及铝合金化学分析方法　二安替吡啉甲烷分光光度法测定钛量》和 GB/T 6987.31—2001《铝及铝合金化学分析方法　过氧化氢分光光度法测定钛量》。本次修订将 GB/T 6987.31—2001 的有关内容纳入本部分。

本部分与 GB/T 6987.12—2001 相比主要变化如下：

——增加了“方法二：过氧化氢分光光度法”和“方法三：铬变酸分光光度法”；
——增加了“重复性”和“质量保证与控制”条款；
——将钛标准贮存溶液配制方法中删除草酸钛钾改由二氧化钛配制；
——根据重复性限数值对其原允许差范围进行了修改，使二者数值相互匹配。

本部分的附录 C 为规范性附录，附录 A 和附录 B 为资料性附录。

本部分的“方法一：二安替吡啉甲烷分光光度法”为钛含量在 0.001 0%～0.50%（含 0.50%）的铝及铝合金仲裁方法，“方法二：过氧化氢分光光度法”为钛含量在 0.50%～7.0%（不含 0.50%）的铝及铝合金仲裁方法。

本部分由中国有色金属工业协会提出。

本部分由全国有色金属标准化技术委员会归口。

本部分由东北轻合金有限责任公司、中国有色金属工业标准计量质量研究所负责起草。

本部分方法一、方法三起草单位：中国铝业股份有限公司西北铝加工分公司。

本部分方法二起草单位：中国铝业股份有限公司河南分公司研究所。

本部分方法一主要起草人：王俊峰、姚文殊、田永红、席欢、马存真、朱玉华。

本部分方法二主要起草人：梁倩、王新亮、董良、王书勤、席欢、葛立新、范顺科。

本部分方法三主要起草人：姚文殊、田永红、席欢、葛立新、马存真。

本部分所代替标准的历次版本发布情况为：

——GB/T 6987.12—1986、GB/T 6987.12—2001；
——GB/T 6987.31—2001。

铝及铝合金化学分析方法
第 12 部分：钛含量的测定

方法一：二安替吡啉甲烷分光光度法

1 范围

本部分规定了铝及铝合金中钛含量的测定方法。

本部分适用于铝及铝合金中钛含量的测定。测定范围：0.001 0% ～ 0.50%。

2 方法提要

试料以盐酸溶解，在硫酸铜存在下，用抗坏血酸还原 Fe^{3+} 和 V^{5+} 等干扰离子。在硫酸介质中，加入二安替吡啉甲烷溶液显色，于分光光度计波长 400 nm 处测量其吸光度。

3 试剂

3.1 硫酸（ρ 1.84 g/mL）。

3.2 硝酸（ρ 1.42 g/mL）。

3.3 氢氟酸（ρ 1.14 g/mL）。

3.4 过氧化氢（ρ 1.10 g/mL）。

3.5 硫酸溶液（1+1）。

3.6 盐酸溶液（1+1）。

3.7 硫酸铜溶液（50 g/L）。

3.8 抗坏血酸溶液（20 g/L，用时现配）。

3.9 铝溶液（20 mg/mL）：称取 20.00 g 纯铝（纯度≥99.99%，不含钛）置于 2 000 mL 烧杯中，盖上表皿。分次加入总量为 600 mL 盐酸溶液（3.6），缓慢加热至铝完全溶解。取下，冷却。移入 1 000 mL 容量瓶中，以水稀释至刻度，混匀。

3.10 二安替吡啉甲烷溶液（50 g/L 的 1 mol/L 盐酸溶液）：在约 17 mL 盐酸溶液（3.6）和 70 mL 水的溶液中，溶解 5 g 二安替吡啉甲烷，以水稀释至 100 mL 并混匀。

3.11 钛标准贮存溶液（0.1 mg/mL）：按以下两种方法配制。

3.11.1 称取 0.10 g 金属钛（纯度大于 99.6%），精确至 0.000 1 g，于 300 mL 烧杯中，加入 50 mL 硫酸溶液（3.5）和 10 mL 盐酸溶液（3.6），加热分解后再加入 1 mL 硝酸溶液（1+1），加热至钛溶解完全并加热蒸发至刚冒白烟，取下，冷却，小心加入约 10 mL 水，溶解可溶性盐类，冷却至室温，移入 1 000 mL 容量瓶中，以水稀释至刻度，混匀。此溶液 1 mL 含 0.1 mg 钛。

3.11.2 称取 0.166 8 g 二氧化钛（光谱纯，事先于 1 000℃ 马弗炉内灼烧 10 min，置于干燥器中冷却 60 min 后称量），精确至 0.000 1 g，于 500 mL 锥形烧杯中，加入 50 mL 硫酸（3.1）和 10 g 硫酸铵，高温加热使二氧化钛完全溶解，取下，冷却。缓慢倒入盛有 600 mL 水的烧杯中，将溶液过滤于 1 000 mL 容量瓶中，以水稀释至刻度，混匀。此溶液 1 mL 含 0.1 mg 钛。

使用光谱纯二氧化钛试样配制的钛标准贮存溶液不必进行标定。

3.12 钛标准溶液（0.01 mg/mL）：

移取 50.00 mL 钛标准贮存溶液（3.11.1）或（3.11.2）于 500 mL 容量瓶中，以水稀释至刻度，混匀。此溶液 1 mL 含 0.01 mg 钛（用时现配）。

4 仪器

分光光度计。

5 试样

将试样加工成厚度不大于1 mm的碎屑。

6 分析步骤

6.1 试料

称取1.00 g试样，精确至0.000 1 g。

6.2 测定次数

独立地进行两次测定，取其平均值。

6.3 测定

6.3.1 将试料(6.1)置于250 mL烧杯中，盖上表皿，加入30 mL水，分次加入总量为30 mL的盐酸溶液(3.6)，滴加3 mL过氧化氢(3.4)或1 mL硝酸(3.2)，微热使试料溶解完全，煮沸约10 min，用温水冲洗表皿及杯壁，取下，冷却。如有不溶物(硅等)则需过滤，将沉淀连同滤纸置于铂坩埚中，炭化(勿使滤纸燃着)，于550℃灼烧30 min，取出，冷却。加入2 mL硫酸(3.1)，5 mL氢氟酸(3.3)，滴加硝酸(3.2)至试液清亮，蒸发至干，于700℃灼烧数分钟，取出，冷却。用少量盐酸溶液(3.6)溶解残渣(如浑浊应过滤)，合并于滤液中，加热蒸发至体积不大于50 mL，取下，冷却。移入100 mL容量瓶中，以水稀释至刻度，混匀。

6.3.2 根据试料含钛量，按表1分取两份试料溶液(6.3.1)，分别置于两个100 mL容量瓶中，并按表1补加相应体积的铝溶液(3.9)，以下按6.3.3进行操作。但其中一份不加二安替吡啉甲烷溶液(3.10)，以此补偿溶液为参比溶液。

表1

钛的质量分数/%	分取试液(6.3.1)体积	补加铝溶液(3.9)体积	吸收池厚度 /cm
	mL		
0.001 0～0.010	50.00	0	3
>0.005 0～0.030	50.00	0	1
>0.03 0～0.080	20.00	15.00	1
>0.08 0～0.50	3.00	23.50	1

6.3.3 加入25.0 mL硫酸溶液(3.5)，加水至60 mL～70 mL，加入2滴硫酸铜溶液(3.7)、2.0 mL抗坏血酸溶液(3.8)，混匀，加入10.0 mL二安替吡啉甲烷溶液(3.10)，以水稀释至刻度，混匀。放置30 min。

6.3.4 将部分试液(6.3.3)移入表1所规定的吸收池中，以补偿溶液(6.3.2)为参比，于分光光度计波长400 nm处测量其吸光度。从工作曲线上查处相应的钛量。

注：锌含量高的铝合金，试液(6.3.3)中如产生沉淀，应在测量吸光度前干过滤。

6.4 工作曲线的绘制

6.4.1 钛的质量分数为0.001 0%～0.010%范围的工作曲线绘制：移取0 mL、0.50 mL、1.00 mL、1.50 mL、3.00 mL、5.00 mL钛标准溶液(3.12)于一组100 mL容量瓶中，各加入25.0 mL铝溶液(3.9)，以下按6.3.3步骤进行操作。

6.4.2 钛的质量分数为>0.005 0%～0.50%范围的工作曲线绘制：移取0 mL、1.50 mL、3.00 mL、5.00 mL、8.00 mL、12.00 mL、16.00 mL钛标准溶液(3.12)于一组100 mL容量瓶中，各加入

25.0 mL 铝溶液(3.9),以下按 6.3.3 步骤进行操作。

6.4.3 将部分系列标准溶液(6.4.1 或 6.4.2)移入表 1 所规定的吸收池中,以试剂空白溶液(未加钛标准溶液者)为参比,于分光光度计波长 400 nm 处测量其吸光度。以钛量为横坐标,吸光度为纵坐标,绘制工作曲线。

7 分析结果的计算

按式(1)计算钛的质量分数(%):

$$w(\mathrm{Ti}) = \frac{m_1 \times 10^{-3}}{m_0 \times \frac{V_1}{V_0}} \times 100 \qquad \cdots\cdots(1)$$

式中:

m_1——自工作曲线上查得的钛量,单位为毫克(mg);

m_0——称取试料的质量,单位为克(g);

V_1——如表 1 中的分取试液体积,单位为毫升(mL);

V_0——试液体积(6.3.1),单位为毫升(mL)。

8 精密度

8.1 重复性

在重复性条件下获得的两个独立测试结果的测定值,在以下给出的平均值范围内,这两个测试结果的绝对差值不超过重复性限(r),超过重复性限(r)的情况不超过 5%,重复性限(r)按以下数据采用线性内插法求得。

钛的质量分数/%: 0.000 98 0.009 8 0.100 0.533

重复性限 r/%: 0.000 20 0.000 46 0.013 0.021

8.2 允许差

实验室之间分析结果的差值应不大于表 2 所列的允许差。

表 2

钛的质量分数/%	允许差/%
0.001 0~0.002 5	0.000 25
>0.002 5~0.005 0	0.000 5
>0.005 0~0.010 0	0.001 0
>0.010 0~0.030 0	0.003 0
>0.030~0.100	0.010
>0.100~0.300	0.030
>0.300~0.500	0.050

9 质量控制与保证

分析时,用标准样品或控制样品进行校核,或每年至少用标准样品或控制样品对分析方法校核一次。当过程失控时,应找出原因。纠正错误后,重新进行校核。

方法二：过氧化氢分光光度法

10 范围

本部分规定了铝及铝合金中钛含量的测定方法。

本部分适用于钒的质量分数小于0.12%的铝及铝合金中钛含量的测定。测定范围：0.5%～7.0%。

11 方法提要

试料用氢氧化钠溶液溶解，用硫酸和硝酸的混合酸中和至酸性，加入过氧化氢使其显色，于分光光度计波长410 nm处，测量溶液的吸光度。

12 试剂

12.1 氢氧化钠溶液(400 g/L，保存于聚乙烯瓶中)。

12.2 硝酸(1+1)。

12.3 硫酸(1+1)。

12.4 混合酸：500 mL水中加入160 mL硫酸(1+1)和340 mL硝酸(ρ1.42 g/mL)。

12.5 过氧化氢(1+9)。

12.6 钛标准溶液：称取0.100 0 g金属钛(≥99.9%)于300 mL烧杯中，加入50 mL硫酸(12.3)和10 mL盐酸(1+1)，加热分解后再加入1 mL硝酸(12.2)，加热蒸发使之冒白烟。冷却后，小心加入约10 mL水，冷却至室温后，移入100 0 mL容量瓶中，以水稀释至刻度，混匀。此溶液1 mL含0.1 mg钛。

13 仪器

分光光度计。

14 试样

将试样加工成厚度不大于1 mm的碎屑。

15 分析步骤

15.1 试料

称取0.50 g试样，精确至0.000 1 g。

15.2 测定次数

独立地进行两次测定，取其平均值。

15.3 测定

15.3.1 将试料(15.1)置于300 mL烧杯中，盖上表皿，加入10 mL氢氧化钠溶液(12.1)，待剧烈反应停止后，加热至完全溶解。冷却后，用少量水冲洗表皿及杯壁，边搅拌边加入50 mL混合酸(12.4)，加热溶解盐类，再煮沸驱除氮的氧化物，冷却至室温。移入200 mL容量瓶中，用水稀释至刻度，混匀。

15.3.2 根据试料中钛含量，按表3移取试液(15.3.1)两份，分别置于50 mL容量瓶中，加入15 mL混合酸(12.4)，其中一份加5 mL过氧化氢(12.5)，另一份不加过氧化氢(12.5)，此溶液为补偿溶液；以水稀释至刻度，混匀。以水为参比，用2 cm吸收池，于分光光度计410 nm处测定吸光度，减去补偿溶液的吸光度后，从工作曲线上查得相应的钛量。

表 3

钛的质量分数/%	移取试液的体积/mL
0.5～4.0	10.00
>4.0～7.0	5.00

15.4 工作曲线的绘制

移取 0 mL、1.00 mL、2.00 mL、4.00 mL、6.00 mL、8.00 mL、10.00 mL 钛标准溶液(12.6)，分别置于 7 个 50 mL 容量瓶中，分别加入 15 mL 混合酸(12.4)，5 mL 过氧化氢(12.5)，以水稀释至刻度，混匀。移取系列标准溶液于 2 cm 吸收池中，于分光光度计波长 410 nm 处，以水为参比，测量其吸光度。以钛量为横坐标，以减去试剂空白溶液的吸光度为纵坐标，绘制工作曲线。

16 分析结果的计算

按式(2)计算钛的质量分数(%)：

$$w(\mathrm{Ti}) = \frac{m_1}{m_0 \times 10^3} \times 100 \qquad \cdots\cdots(2)$$

式中：

m_1——从工作曲线上查得的钛量，单位为毫克(mg)；

m_0——移取试料溶液中所相当的试料的质量，单位为克(g)。

17 精密度

17.1 重复性

在重复性条件下获得的两个独立测试结果的测定值，在以下给出的平均值范围内，这两个测试结果的绝对差值不超过重复性限(r)，超过重复性限(r)的情况不超过 5%，重复性限(r)按以下数据采用线性内插法求得。

钛的质量分数/%：　0.84　　2.11　　3.15

重复性限　r/%：　0.019 1　　0.031 9　　0.044 5

17.2 允许差

实验室之间分析结果的差值应不大于表 4 所列允许差。

表 4

钛的质量分数/%	允许差/%
0.50～1.00	0.08
>1.00～3.00	0.15
>3.00～7.00	0.25

18 质量控制与保证

分析时，用标准样品或控制样品进行校核，或每年至少用标准样品或控制样品对分析方法校核一次。当过程失控时，应找出原因。纠正错误后，重新进行校核。

方法三：铬变酸分光光度法

19 适用范围

本方法规定以一般分光光度法测定铝及铝合金中的钛。

本方法适用于测定 0.005%～0.3%(质量分数)的钛。

本方法对含硅量大于 1%(质量分数)的合金不完全适用，此时需按附录 C 所述进行修改。

20 方法原理

用氢氧化钠溶解试样，用硝酸和硫酸酸化碱性溶液。用抗坏血酸还原铁(Fe^{3+})，在 pH2～pH2.50 之间选定一个 pH 值，控制在 pH±0.05 范围内生成钛—铬变酸性络合物。于波长约 470 nm 进行分光光度测定带色的络合物。

21 试剂

分析过程一律用认可的分析纯试剂和蒸馏水或同等纯度的水。

21.1 氢氧化钠溶液(200 g/L 或约 5 mol/L)：将 200 g 的氢氧化钠置于镍皿中用水溶解。冷却后，稀释至 1 000 mL，混匀。将溶液直接移入塑料容器中。

21.2 氢氧化钠溶液(80 g/L 或约 2 mol/L)：将 80 g 的氢氧化钠置于镍皿中用水溶解。冷却后稀释至 1 000 mL，混匀。

21.3 硝酸溶液(ρ1.40 g/mL，约 15 mol/L)。

21.4 硫酸溶液(ρ1.48 g/mL，约 9 mol/L)：小心将 500 mL 硫酸溶液(ρ1.84 g/mL，约 18 mol/L)缓慢加入到 400 mL 水中。冷却后，稀释至 1 000 mL，混匀。

21.5 硫酸溶液(ρ1.21 g/mL，约 3.5 mol/L)：小心将 200 mL 硫酸溶液(ρ1.84 g/mL，约 18 mol/L)缓慢加入到 700 mL 水中。冷却后，稀释至 1 000 mL，混匀。

21.6 硫酸溶液(ρ1.06 g/mL，约 1 mol/L)：小心将 60mL 硫酸溶液(ρ1.84 g/mL，约 18 mol/L)缓慢加入到 500 mL 水中。冷却后，稀释至 1 000 mL，混匀。

21.7 亚硫酸(H_2SO_3)室温饱和溶液。

21.8 亚硫酸钠溶液(20 g/L)：溶 2 g 亚硫酸钠(Na_2SO_3)于水中，并稀释至 100 mL。(用前现配)

21.9 高锰酸钾溶液(1 g/L)：溶 0.1 g 高锰酸钾于水中并稀释至 100 mL。

21.10 缓冲溶液(pH 约 2.9)：溶 189 g 一氯化醋酸($CH_2ClCOOH$)于约 150 mL 水中，加入约 100 mL 水(预先溶解有 40 g 氢氧化钠)，仔细混匀，冷却至室温。必要时，用中速滤纸过滤，收集滤液于 500 mL 容量瓶中，用水洗涤，稀释至刻度并混匀。要用新配制的溶液(最多不超过一个星期)。

21.11 抗坏血酸溶液(40 g/L)：溶解 1 g 抗坏血酸于 25 mL 水中。(用前直接配制)

21.12 铬变酸溶液(20 g/L)

溶解 2 g 铬变酸(1,8-二羟萘-3,6-二磺酸)于 70 mL 含有 0.75 mL 冰醋酸(ρ 1.05 g/L，约18 mol/L)溶液的水中。

加入 0.2 g 焦亚硫酸钠($Na_2S_2O_5$)，摇动至溶解完全。必要时用微密纸过滤，收集滤液于 100 mL 容量瓶中，用水洗涤，稀释至刻度，混匀。

21.13 混合试剂(pH 约 0.50)：在 1 000 mL 的容量瓶中放入约 300 mL 水，加入 250.0 mL 的氢氧化钠溶液(21.1)，100.0 mL 硫酸溶液(21.4)和 18.0 mL 的硝酸溶液(21.3)，混匀，稀释至刻度，混匀。

21.14 钛标准溶液 (0.5 mg/mL)

按下述的方法之一制备溶液：

21.14.1 称 0.500 g 纯钛(纯度大于 99.5%)称准至 0.000 1 g，放入一个适当体积(例如 600 mL)的烧

杯中,用125 mL的硫酸溶液(21.5)溶解并加入几滴硝酸使之氧化。慢慢煮沸溶液直至硝酸烟冒完。冷却,适当稀释,与洗液一起移入1 000 mL容量瓶中,稀释至刻度,混匀。此标准溶液1 mL含0.5 mg的钛。

21.14.2 称1.848 5 g二水合草酸钛钾[$K_2TiO(C_2O_4)_2 \cdot 2H_2O$],称准至0.000 1 g,置于约100 mL的长颈烧瓶(Kjeldahl)中,加入1.8 g硫酸铵和15 mL硫酸溶液(ρ1.84 g/mL,约18 mol/L),小心加热直至反应停止,慢慢煮沸10 min。冷溶液和洗液移入250 mL盛有100 mL水的烧杯中。加几滴高锰酸钾溶液(21.9)直至得到不变的粉红色。移溶液和洗液于500 mL容量瓶中,稀释至刻度并混匀。

此标准溶液1 mL含0.5 mg的钛。

21.15 钛标准溶液(0.025 mg/mL):取50.0 mL的钛标准溶液(21.14)放入1 000 mL的容量瓶中,稀释至刻度混匀。此标准溶液1 mL含0.025 mg的钛。(用前直接配制)

21.16 钛标准溶液(0.015 mg/mL):取30.0 mL的钛标准溶液(21.14),放入1 000 mL的容量瓶中,加入2.0 mL的硫酸溶液(21.5),稀释至刻度并混匀。此标准溶液1 mL含0.015 mg的钛。(用前直接配制)

21.17 钛标准溶液(0.002 5 mg/mL):取50.0 mL钛标准溶液(21.15),放入500 mL的容量瓶中,加入2.50 mL的硫酸溶液(21.5),稀释至刻度并混匀。此标准溶液1 mL含0.002 5 mg的钛。(用前直接配制)

22 仪器

22.1 pH计,精确度至少在0.02 pH之内,并装有玻璃电极。

22.2 分光光度计。

23 试样

23.1 实验室样品。

23.2 试验样品

用铣或钻得到厚度不大于1 mm的碎屑。

24 分析步骤

24.1 对显色的最佳pH值的测定

如果显色反应在一个完全由实验测定的pH值进行,即对给出定量的钛的吸收值总是不变的。因此,需要预先用特殊的仪器一控制pH在2～2.50之间并采用给出定量(例如8.0 mL)的钛标准溶液(21.17)—间隔单位为±0.05 pH,按24.2.1、24.2.2和24.2.3的规定操作的吸收值保证不变。

其次,此pH值还用于标准曲线的绘制和测定。

24.2 标准曲线的绘制

24.2.1 钛含量在0.005%～0.03%之间。

24.2.1.1 为调节pH值的预先试验:

在6个100 mL的烧杯中,放入10.0 mL的混合试剂溶液(21.13)并分别加入0(补偿溶液)、1.0 mL、2.0 mL、4.0 mL、8.0 mL、12.0 mL钛标准溶液(21.17),然后给每个烧杯滴加高锰酸钾溶液(21.9)直至获得不变的浅粉红色。

用稍稍过量的亚硫酸钠溶液(21.8)除去过量的高锰酸钾,加10.0 mL的缓冲溶液(21.10),1.0 mL的抗坏血酸溶液(21.11),5.0 mL的铬变酸溶液,稀释至约45 mL并混匀。

用带刻度的移液管或滴管,在用pH计(22.1)检查的同时,向每种溶液加入氢氧化钠溶液(21.2)或硫酸溶液(21.6),同时搅拌,加入足够数量以得出相当于24.1中测定的最佳pH值。

注:标准pH值,不必完全采用本方法规定浓度的碱或酸溶液。约2 mol/L即可,较稀或较浓的也可用,只要校准

pH 值所需的碱和酸溶液的量不超过约 2 mL 即可，考虑到为显色而加入的试剂量和最终体积(50.0 mL)，这是为了不要过大地增加溶液的体积。

记录用于调节 pH 值的氢氧化钠和硫酸溶液的体积，并弃去这些溶液。

24.2.1.2 标准溶液的配制，用 4 cm 或 5 cm 的比色皿进行分光光度测量。

于 6 个 50 mL 的容量瓶中，加入 10.0 mL 的混合试剂溶液(21.13)并加入表 5 所示体积的钛标准溶液(21.17)。

表 5

钛标准溶液的体积(21.17)/mL	相应的钛量/mg
0（补偿溶液）	0
1.0	0.002 5
2.0	0.005
4.0	0.010
8.0	0.020
12.0	0.030

然后于每个瓶中，加入用作调节与钛浓度相应的 pH 值的预先试验(见 24.2.1.1)所需量的氢氧化钠溶液(21.2)或硫酸溶液(21.6)并混匀。

24.2.2 钛含量为 0.03%～0.3% 之间。

24.2.2.1 为调节 pH 值的预先试验：

于 7 个 100 mL 的烧杯中，放入 10.0 mL 的混合试剂溶液(21.13)并分别加入 0(补偿溶液)、1.0 mL、2.0 mL、4.0 mL、6.0 mL、8.0 mL、12.0 mL 的钛标准溶液(21.16)，然后给每个烧杯中滴加高锰酸钾溶液(21.9)直至得到不变的浅粉红色。

继续按 24.2.1.1 第二段起规定的分析步骤进行操作。

24.2.2.2 标准溶液的配制，用 1 cm 的比色皿进行分光光度测量。

于 7 个 50 mL 的容量瓶中放入 10.0 mL 的混合试剂溶液(21.13)，并加入表 6 所示体积的钛标准溶液(21.16)。

表 6

钛标准溶液的体积(3.16)/mL	相应的钛量/mg
0（补偿溶液）	0
1.0	0.015
2.0	0.030
4.0	0.060
6.0	0.090
8.0	0.120
12.0	0.180

然后于每个瓶中，加入用作调节与钛浓度相应的 pH 值的预先试验所需量的氢氧化钠溶液(21.2)或硫酸溶液(21.6)并混匀。

24.2.3 显色

于每个瓶中滴加高锰酸钾溶液(21.9)直至获得不变的浅粉红色。

用稍稍过量的亚硫酸钠溶液(21.8)除去过量的高锰酸钾，加入 10.0 mL 的缓冲溶液(21.10)，1.0 mL的抗坏血酸溶液(21.11)和 5.0 mL 的铬变酸溶液(21.12)。每加一种试剂后都需摇动。稀释至刻度并混匀。

24.2.4 分光光度的测定

以补偿溶液作参比，调节仪器的吸光度为零，再加入铬变酸溶液（21.12）之后的 15 min 以后且 40 min 内用分光光度计于最大吸收峰（波长约 470 nm）进行分光光度测定。

24.2.5 曲线的绘制

根据给出的，例如 50 mL 的标准溶液中的含钛量为横坐标，其值以毫克表示，以相应的吸收值为纵坐标，绘制两条曲线。

24.3 测定

24.3.1 称样

称取 1.00 g 的试样，称准至 0.000 1 g。

24.3.2 空白试验

在分析的同时，用分析所用的同量的全部试剂，按下述相同的分析步骤进行室内实验，但是用于酸化碱性溶样溶液（见 24.3.3）的硫酸溶液（21.4）的量减至 10.0 mL。

24.3.3 溶样

将试样（24.3.1）放入 250 mL 烧杯中，加入 25.0 mL 的氢氧化钠溶液（21.1），盖上玻璃表皿，必要时，慢慢加热至反应开始。

一旦溶解完全，就用少量温水冲洗玻璃表皿和烧杯壁。然后煮沸几分钟。随后冷却，稀释至约 60 mL，加入 1.80 mL 的硝酸溶液（21.3）和 16.50 mL 硫酸溶液（21.4）。

混匀并煮沸至盐类完全溶解，如有二氧化锰析出，则加几滴亚硫酸溶液（21.7）并煮沸几分钟。冷却至室温。

24.3.4 试验溶液的制备

将溶液（24.3.3）移入 100 mL 容量瓶中。用水洗涤，稀释至刻度并混匀。

注：为了避免溶液中钛的水解，在这一点上，不间断的测定是适宜的。

必要时，将溶液（或部分溶液）通过干的微密滤纸过滤，收集滤液于干的容器中。

24.3.5 调节 pH 值的预先试验

于 100 mL 的烧杯中，放入分取试液（24.3.4）（钛含量小于 0.15% 时，放入分取试液 10.0 mL；钛含量大于 0.15% 时，分取 5.0 mL 试液再加 50.0 mL 的空白试验溶液）。

滴加高锰酸钾溶液（21.9）直至获得不变的浅粉红色，按 24.2.1.1 的第二段开始规定的分析步骤继续进行操作。

24.3.6 显色

将分取试液（24.3.4）和所需的附加的空白试验溶液（24.3.2）与用于调节 pH 值相同的体积，一起放入 50 mL 的容量瓶中。加入用于调节 pH 值（见 24.3.5）的氢氧化钠溶液或硫酸溶液的量。

滴加高锰酸钾溶液（21.9）直至获得不变的浅粉红色。继续按 24.2.3 第二段规定的分析步骤进行操作。

24.3.7 试液颜色（本色）

如果试验的合金在溶液中含有形成带颜色离子的元素（例如铬），则从试液中分取 3 份等量的用于分析的试液，将分取试液放入 50 mL 的容量瓶中，除加铬变酸溶液（21.12）外，其余按 24.3.6 中规定的步骤进行显色。

24.3.8 分光光度的测定

以水作参比，调节仪器的吸光度为零，再加入铬变酸溶液（21.12）15 min 后，40 min 内用分光光度计（22.2）于最大吸收峰（波长约 470 nm）进行分光光度的测定。

假设

A_0——表示分取试液测定的吸光值。

A_1——表示相应的分取试液本色的吸光值。

A_2——表示相应的分取空白试液(24.3.2)测定的吸光值。

25 分析结果的计算

试验溶液，钛-铬变酸络合物的吸光度为$[A_0-(A_1+A_2)]$。

相应于上述不同的钛量，由标准曲线(见24.2.5)方法算出。

由式(3)计算钛(Ti)的质量百分数(%)：

$$w(\mathrm{Ti})=\frac{m_1\times D}{10\ m_0} \qquad\cdots\cdots(3)$$

式中：

m_0——试样称量(24.3.1)，单位为克(g)；

m_1——分取试液(24.3.4)中测得的钛量，单位为毫克(mg)；

D——试液与分取试液体积之比。

26 试验报告

试验报告应包括下列内容：

a) 试样号；

b) 所用方法的标准号；

c) 结果及所用的计算方法；

d) 测定过程中注意到的任何异常现象；

e) 本国际标准中未规定的或任选的可能影响结果的操作方法。

附 录 A
（资料性附录）
本部分章条编号与 ISO 6827:1981 章条编号对照

表 A.1 给出了本部分章条编号与 ISO 6827:1981 章条编号对照一览表。

表 A.1 本部分章条编号与 ISO 6827:1981 章条编号对照

本部分章条编号	对应的国际标准章条编号
3.1	3.2
3.2	3.4
3.3	3.6
3.5	3.3
3.6	3.1
3.7	3.8
3.8	3.9
3.9	3.11
3.11	3.12
3.12	3.13
6.4	6.2

附 录 B
（资料性附录）
本部分与 ISO 6827:1981 技术性差异及其原因

表 B.1 给出了本部分与 ISO 6827:1981 的技术性差异及其原因的一览表。

表 B.1 本部分与 ISO 6827:1981 技术性差异及其原因

本部分的章条编号	技术性差异	原　因
1	本标准钛测定范围:0.001 0% ～ 0.50% ISO 钛测定范围：0.003%～ 0.30 %	在 GB/T 6987.12—2001 版本中进行的修订扩限
3.9	本标准中铝溶液浓度为 20 mg/mL ISO 3.11 铝溶液浓度为 10 mg/mL	浓度增加 1 倍,补加铝溶液（表 1 ）时减少 1 倍,与 ISO 加入量一致
3.11	本标准钛标准贮存溶液 0.1 mg/mL ISO 3.12 钛标准贮存溶液 0.5 mg/mL	贮存溶液浓度大小不影响 3.12 钛标准溶液的配制,此处作技术性处理
3.11.2	本标准使用二氧化钛配制钛标准贮存溶液,ISO 3.11.2 用二水合草酸氧钛钾配制钛标准贮存溶液	二氧化钛配制钛标准贮存溶液较二水和草酸氧钛钾配制更容易,并且在市面上容易采购到
3.10	本标准二安替吡啉甲烷溶液为 50 g/L 的 1 mol/L 盐酸溶液,而 ISO 中为 50 g/L 的 0.1 mol/L盐酸溶液	经计算 ISO 此处为错误浓度
6.3.1	第二段中加热蒸发至体积不大于 50 mL,ISO 表述为加热蒸发至体积不大于 5 mL	此处为 ISO 标准印刷出现的错误

附　录　C
（规范性附录）
铝合金中硅含量大于1%（质量分数）的特殊情况

C.1　原理

对于含硅量较高的合金，为了保证硅的溶解完全，需将蒸发试样碱性溶液至糖浆状。然后按一般方法进行测定。

C.2　一般方法的修改

C.2.1　用下面所述代替24.3.2“空白试验”。

此特殊情况按下述操作进行，即在分析的同时，用与分析时所用的同量的所有试剂进行空白试验，但用于酸化碱性溶样溶液（见C.2.2）的硫酸溶液（21.4）的量缩减至10.0 mL。

C.2.2　用下面所述代替24.3.3“溶样”。

将试样放入适当体积的铂容器（例如：约200 mL的坩埚或皿）中，加入25.0 mL的氢氧化钠溶液（21.1），盖上铂盖，必要时缓慢加热至反应开始。当溶解完全后，用温水洗涤铂盖和铂容器壁，蒸发溶液至糖浆状，务必避免飞溅。冷却后，溶于约40 mL的温水中，缓慢加热至完全溶解，然后煮沸几分钟。冷却，稀释至约60 mL，加入1.80 mL硝酸溶液（21.3）和16.50 mL的硫酸溶液（21.4）。

混匀并煮沸至盐分溶解完毕。如有二氧化锰析出，则加几滴亚硫酸溶液（21.7）并煮沸几分钟。

ICS 77.120.10
H 12

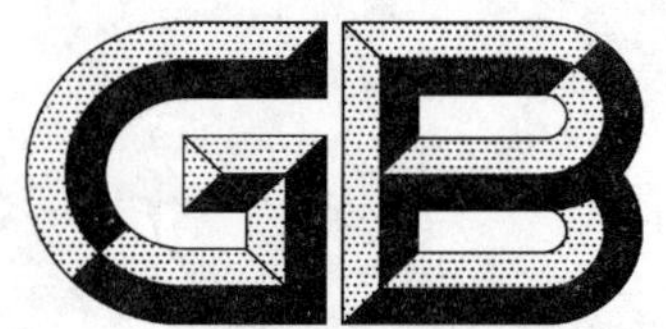

中华人民共和国国家标准

GB/T 20975.13—2008
代替 GB/T 6987.13—2001

铝及铝合金化学分析方法 第13部分:钒含量的测定 苯甲酰苯胲分光光度法

Methods for chemical analysis of aluminium and aluminium alloys—Part 13: Determination of vanadium content—N-benzoyl-Nphenylhydroxylamine spectrophotometric method

2008-03-31 发布　　　　2008-09-01 实施

中华人民共和国国家质量监督检验检疫总局
中国国家标准化管理委员会　发布

前　言

GB/T 20975《铝及铝合金化学分析方法》是对 GB/T 6987—2001《铝及铝合金化学分析方法》的修订，本次修订将原标准号 GB/T 6987 改为 GB/T 20975。

GB/T 20975《铝及铝合金化学分析方法》分为 25 个部分：

——第 1 部分：汞含量的测定　冷原子吸收光谱法
——第 2 部分：砷含量的测定　钼蓝分光光度法
——第 3 部分：铜含量的测定
——第 4 部分：铁含量的测定　邻二氮杂菲分光光度法
——第 5 部分：硅含量的测定
——第 6 部分：镉含量的测定　火焰原子吸收光谱法
——第 7 部分：锰含量的测定　高碘酸钾分光光度法
——第 8 部分：锌含量的测定
——第 9 部分：锂含量的测定　火焰原子吸收光谱法
——第 10 部分：锡含量的测定
——第 11 部分：铅含量的测定　火焰原子吸收光谱法
——第 12 部分：钛含量的测定
——第 13 部分：钒含量的测定　苯甲酰苯胲分光光度法
——第 14 部分：镍含量的测定
——第 15 部分：硼含量的测定
——第 16 部分：镁含量的测定
——第 17 部分：锶含量的测定　火焰原子吸收光谱法
——第 18 部分：铬含量的测定
——第 19 部分：锆含量的测定
——第 20 部分：镓含量的测定　丁基罗丹明 B 分光光度法
——第 21 部分：钙含量的测定　火焰原子吸收光谱法
——第 22 部分：铍含量的测定　依莱铬氰兰 R 分光光度法
——第 23 部分：锑含量的测定　碘化钾分光光度法
——第 24 部分：稀土总含量的测定
——第 25 部分：电感耦合等离子体原子发射光谱法

本部分为第 13 部分。对应于 ASTM E34—2002《铝及铝合金化学分析方法》中钒含量测定的部分，一致性程度为修改采用。

本部分代替 GB/T 6987.13—2001《铝及铝合金化学分析方法　苯甲酰苯胲光度法测定钒量》。

本部分与 GB/T 6987.13—2001 相比主要变化如下：

——增加了“8.1 重复性”条款；
——增加了“9 质量保证与控制”条款。

本部分由中国有色金属工业协会提出。

本部分由全国有色金属标准化技术委员会归口。

本部分由东北轻合金有限责任公司、中国有色金属工业标准计量质量研究所负责起草。

本部分起草单位：中国铝业股份有限公司郑州研究院。

本部分主要起草人：石磊、孟福海、吴豫强、张洁、席欢、葛立新、范顺科。

本部分所代替标准的历次版本发布情况为：

——GB/T 6987.13—1986、GB/T 6987.13—2001。

铝及铝合金化学分析方法
第13部分:钒含量的测定
苯甲酰苯胺分光光度法

1 范围

本部分规定了铝及铝合金中钒含量的测定方法。

本部分适用于铝及铝合金中钒含量的测定。测定范围:0.000 5%~0.50%。

2 方法提要

试料用氢氧化钠和过氧化氢分解。用硫酸酸化,在硫酸-磷酸介质中,用高锰酸钾将钒氧化为五价状态。在尿素存在下,以亚硝酸钠还原过剩的高锰酸钾。用三氯甲烷萃取钒与苯甲酰苯胺形成的黄色络合物。于分光光度计波长440 nm处,测量其吸光度。

六价铬的干扰用亚硫酸钠将其还原至低价而消除。

3 试剂

3.1 磷酸(ρ 1.69 g/mL)。

3.2 过氧化氢(ρ 1.10 g/mL)。

3.3 氢氧化钠溶液(200 g/L,贮存于聚乙烯瓶中)。

3.4 硫酸(1+1)。

3.5 亚硫酸钠溶液(30 g/L,用时配制)。

3.6 高锰酸钾溶液(1 g/L)。

3.7 尿素溶液(200 g/L)。

3.8 亚硝酸钠溶液(5 g/L)。

3.9 苯甲酰苯胺溶液(2 g/L):称取0.2 g苯甲酰苯胺溶解于20 mL无水乙醇和80 mL三氯甲烷混合液中。

3.10 钒标准贮存溶液:称取0.178 5 g已预先在110℃烘干1 h并在干燥器中冷却至室温的五氧化二钒(≥99.99%)置于300 mL烧杯中,加入5 mL氢氧化钠溶液(3.3)及20 mL水,微热至溶解完全,加入10 mL硫酸(3.4)酸化,冷却至室温。移入1 000 mL容量瓶中,用水稀释至刻度,混匀。此溶液1 mL含0.10 mg钒。

3.11 钒标准溶液:移取25.00 mL钒标准贮存溶液(3.10)于500 mL容量瓶中,用水稀释至刻度,混匀。此溶液1 mL含0.005 mg钒。

4 仪器

分光光度计。

5 试样

将试样加工成厚度不大于1 mm的碎屑。

6 分析步骤

6.1 试料

按表1称取试样，精确至0.000 1 g。

表1

钒的质量分数/%	试料/g	氢氧化钠溶液(3.3)体积	硫酸(3.4)体积	试液总体积	移取试液体积	补加硫酸(3.4)体积
		mL				
0.000 5～0.001	2.00	30	35	—	全部	0
>0.001～0.010	1.00	20	25	—	全部	0
>0.010～0.050	0.20	10	15	—	全部	0
>0.050～0.50	0.20	10	15	100	10.00	10

6.2 测定次数

独立地进行两次测定，取其平均值。

6.3 空白试验

随同试料做试剂空白。

6.4 测定

6.4.1 将试料(6.1)置于300 mL烧杯中，按表1加入氢氧化钠溶液(3.3)，盖上表皿，缓慢加热分解，加入数滴过氧化氢(3.2)，继续加热至完全分解。

6.4.2 加入30 mL水，按表1加入硫酸酸化，加热至盐类完全溶解，冷却至室温，加入3滴亚硫酸钠溶液(3.5)，摇匀。按表1将试液移入200 mL分液漏斗中，补加相应量的硫酸(3.4)，冷却至室温。加水使试液体积为90 mL～100 mL。

注：对于铜的质量分数大于0.1%的铝合金试样，用以下方法代替6.4.1和6.4.2进行：将试料(6.1)置于300 mL聚四氟乙烯烧杯中，按表1加入氢氧化钠溶液(3.3)，盖上表皿，缓慢加热分解，分次加入3 mL过氧化氢(3.2)，用少量水冲洗表皿及杯壁，加热蒸发至糊状(防止溅出)，如有必要，可用过氧化氢(3.2)进行反复处理，冷却。用30 mL温水冲洗杯壁，缓慢加热至盐类完全溶解，冷却。将碱性溶液移入盛有硫酸(见表1)的300 mL烧杯中，用温水洗涤聚四氟乙烯烧杯(如有氧化锰水合物析出粘附在聚四氟乙烯烧杯壁上，可加入少量硫酸(3.4)及几滴亚硫酸钠溶液(3.5)使其溶解，用温水洗入烧杯中)。加热煮沸使溶液澄清，必要时加数滴亚硫酸钠溶液(3.5)使氧化锰水合物完全溶解。煮沸1 min～2 min，冷却。

按表1将溶液移入200 mL分液漏斗中，补加相应量的硫酸(3.4)，冷却至室温。加水使体积为90 mL～100 mL。

6.4.3 在摇动下滴加高锰酸钾溶液(3.6)至呈稳定的微红色，摇匀，放置10 min。加入5 mL尿素溶液(3.7)，在不断摇动下滴加亚硝酸钠溶液(3.8)至微红色消失。激烈振荡10 s，分解过量的亚硝酸钠。于分液漏斗中加入3 mL磷酸(3.1)，摇匀。加入10.00 mL苯甲酰苯胲溶液(3.9)，振荡3 min，静置分层。用干滤纸卷擦干漏斗颈，填塞干滤纸或脱脂棉，将有机相过滤于1 cm吸收池中，以随同试料所做的空白试验溶液为参比，于分光光度计波长440 nm处，测量其吸光度。从工作曲线上查出相应的钒量。

6.5 工作曲线的绘制

6.5.1 于一组200 mL分液漏斗中各加入50 mL水，10 mL硫酸(3.4)，冷至室温。分别加入0、2.00、4.00、8.00、12.00、16.00、20.00 mL钒标准溶液(3.11)，加水使体积为90 mL～100 mL。以下按6.4.3进行。

6.5.2 以试剂空白溶液(不加钒标准溶液者)为参比，测量其吸光度。以钒量为横坐标，吸光度为纵坐标，绘制工作曲线。

7 分析结果的计算

按式(1)计算钒的质量分数(%)：

$$w(\mathrm{V}) = \frac{m_1 \times 10^{-3}}{m_0 \times \frac{V_1}{V_0}} \times 100 \quad \cdots\cdots(1)$$

式中：

m_1——从工作曲线上查得试样溶液的钒量，单位为毫克(mg)；

V_0——试液总体积，单位为毫升(mL)；

m_0——试样的质量，单位为克(g)；

V_1——移取试液的体积，单位为毫升(mL)。

8 精密度

8.1 重复性

在重复性条件下获得的两个独立测试结果的测定值，在以下给出的平均值范围内，这两个测试结果的绝对差值不超过重复性限(r)，超过重复性限(r)的情况不超过5%，重复性限(r)按以下数据采用线性内插法求得。

钒的质量分数/%：	0.000 50	0.006 0	0.030 1	0.401
重复性限 r/%：	0.000 070	0.000 30	0.001 4	0.010

8.2 允许差

实验室之间分析结果的差值应不大于表2所列允许差。

表 2

钒的质量分数/%	允许差/%
0.000 5～0.002 0	0.000 2
>0.002 0～0.005 0	0.000 5
>0.005 0～0.010	0.001
>0.010～0.020	0.003
>0.020～0.050	0.005
>0.05～0.10	0.01
>0.10～0.50	0.02

9 质量控制与保证

分析时，用标准样品或控制样品进行校核，或每年至少用标准样品或控制样品对分析方法校核一次。当过程失控时，应找出原因。纠正错误后，重新进行校核。

ISC 77.120.10
H 12

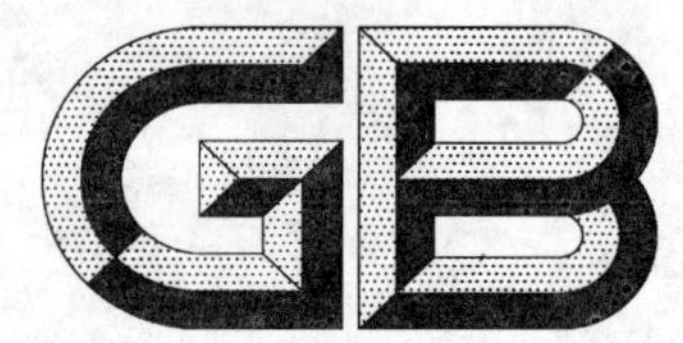

中华人民共和国国家标准

GB/T 20975.14—2008
代替 GB/T 6987.14—2001,GB/T 6987.15—2001

铝及铝合金化学分析方法 第14部分:镍含量的测定

Methods for chemical analysis of aluminium and aluminium alloys—Part 14: Determination of nickel content

2008-03-31 发布　　2008-09-01 实施

中华人民共和国国家质量监督检验检疫总局
中国国家标准化管理委员会　发布

前　言

GB/T 20975《铝及铝合金化学分析方法》是对 GB/T 6987—2001《铝及铝合金化学分析方法》的修订，本次修订将原标准号 GB/T 6987 改为 GB/T 20975。

GB/T 20975《铝及铝合金化学分析方法》分为 25 个部分：

——第 1 部分：汞含量的测定　冷原子吸收光谱法；

——第 2 部分：砷含量的测定　钼蓝分光光度法；

——第 3 部分：铜含量的测定；

——第 4 部分：铁含量的测定　邻二氮杂菲分光光度法；

——第 5 部分：硅含量的测定；

——第 6 部分：镉含量的测定　火焰原子吸收光谱法；

——第 7 部分：锰含量的测定　高碘酸钾分光光度法；

——第 8 部分：锌含量的测定；

——第 9 部分：锂含量的测定　火焰原子吸收光谱法；

——第 10 部分：锡含量的测定；

——第 11 部分：铅含量的测定　火焰原子吸收光谱法；

——第 12 部分：钛含量的测定；

——第 13 部分：钒含量的测定　苯甲酰苯胺分光光度法；

——第 14 部分：镍含量的测定；

——第 15 部分：硼含量的测定；

——第 16 部分：镁含量的测定；

——第 17 部分：锶含量的测定　火焰原子吸收光谱法；

——第 18 部分：铬含量的测定；

——第 19 部分：锆含量的测定；

——第 20 部分：镓含量的测定　丁基罗丹明 B 分光光度法；

——第 21 部分：钙含量的测定　火焰原子吸收光谱法；

——第 22 部分：铍含量的测定　依莱铬氰兰 R 分光光度法；

——第 23 部分：锑含量的测定　碘化钾分光光度法；

——第 24 部分：稀土总含量的测定；

——第 25 部分：电感耦合等离子体原子发射光谱法。

本部分为第 14 部分。对应于 ISO 3979:1977《铝合及铝合金——镍量的测定——丁二酮肟分光光度法》和 ISO 3981:1977《铝及铝合金——镍量的测定——原子吸收分光光度法》，一致性程度为修改采用。

本部分"方法一"修改采用国际标准 ISO 3979:1977《铝合及铝合金——镍量的测定——丁二酮肟分光光度法》，在资料性附录 A 中列出了本部分章条和对应的国际标准章条的对照一览表；在资料性附 B 中列出了本部分和对应的国际标准技术性差异。

本部分"方法二"修改采用国际标准 ISO 3981:1977《铝及铝合金——镍量的测定——原子吸收分光光度法》，在资料性附录 C 中列出了本部分章条和对应的国际标准章条的对照一览表；在资料性附 D 中列出了本部分和对应的国际标准技术性差异。

本部分代替 GB/T 6987.14—2001《铝及铝合金化学分析方法　丁二酮肟分光光度法测定镍量》和

GB/T 6987.15—2001《铝及铝合金化学分析方法 火焰原子吸收光谱法测定镍量》。本次修订将GB/T 6987.15—2001的相关内容纳入本部分。

本部分与GB/T 6987.14—200相比主要变化如下：

——增加了“方法二：火焰原子吸收光谱法”；

——将测定范围由原来的0.001%～3.00%改为0.001%～0.01%，并将标准中相应的表1和表2进行了修改；

——两个方法中均增加了“重复性”和“质量保证与控制”条款。

本部分的“方法一：丁二酮肟分光光度法”为硼含量在0.001%～0.01%(含0.01%)的铝及铝合金仲裁方法，“方法二：火焰原子吸收光谱法”为硼含量在0.01%～3.0%(不含0.01%)的铝及铝合金仲裁方法。

本部分的附录A、附录B、附录C、附录D均为资料性附录。

本部分由中国有色金属工业协会提出。

本部分由全国有色金属标准化技术委员会归口。

本部分由东北轻合金有限责任公司、中国有色金属工业标准计量质量研究所负责起草。

本部分起草单位：中国铝业贵州分公司。

本部分方法一主要起草人：王保生、王倩、魏玲、翟宁、席欢、马存真、范顺科。

本部分方法二主要起草人：袁艺、罗维、钟世华、席欢、葛立新、朱玉华。

本部分所代替标准的历次版本发布情况为：

——GB/T 6987.14—1986、GB/T 6987.14—2001。

——GB/T 6987.15—1986、GB/T 6987.15—2001。

铝及铝合金化学分析方法
第14部分:镍含量的测定

方法一:丁二酮肟分光光度法

1 范围

本部分规定了铝及铝合金中镍含量的测定方法。

本部分适用于铝及铝合金中镍含量的测定。测定范围:0.001%～0.01%。

2 方法提要

试料用盐酸溶解。在氢氧化钠溶液中,以铁为载体与镍共沉淀,过滤,沉淀溶解于混合酸中。在一定酸度下,加入酒石酸、盐酸羟胺和硫代硫酸钠络合干扰元素。用三氯甲烷萃取镍与丁二酮肟的络合物,然后用稀盐酸反萃取,使镍进入水相。用溴水氧化并在氨性溶液中加入丁二酮肟使镍显色,于分光光度计波长445 nm处测量其吸光度。

3 试剂

3.1 硝酸(ρ 1.42 g/mL)。

3.2 氢氟酸(ρ 1.14 g/mL)。

3.3 氨水(ρ 0.90 g/mL)。

3.4 过氧化氢(ρ 1.10 g/mL)。

3.5 溴水(饱和溶液)。

3.6 氨水(1+27)。

3.7 盐酸-硝酸混合酸:移取200 mL硝酸(3.1)与50 mL盐酸(3.9),混匀。

3.8 硫酸(1+1)。

3.9 盐酸(1+1)。

3.10 盐酸(1+5)。

3.11 盐酸(1+23)。

3.12 氢氧化钠溶液(250 g/L)贮存于塑料瓶中。

3.13 氢氧化钠溶液(2 g/L)。

3.14 酒石酸溶液(300 g/L)。

3.15 氯化铁溶液:称取0.48 g三氯化铁($FeCl_3 \cdot 6H_2O$)或0.3 g三氯化铁($FeCl_3$)溶解于5 mL盐酸(3.9)中,以水稀释至100 mL,混匀。此溶液1 mL含1 mg铁。

3.16 盐酸羟胺溶液(100 g/L),用时现配。

3.17 硫代硫酸钠溶液(500 g/L)。

3.18 丁二酮肟乙醇溶液(10 g/L)。

3.19 三氯甲烷。

3.20 镍标准贮存溶液

3.20.1 称取1.000 0 g镍置于250 mL烧杯中,加入10 mL水和10 mL硝酸(3.1),加热至完全溶解,加入10 mL盐酸(ρ 1.19 g/mL),加热蒸发至干(不能烘焦),再加入10 mL盐酸(ρ 1.19 g/mL),继续加热蒸发至干。加入适量水并加热使盐类溶解,移入1 000 mL容量瓶中,冷却。以水稀释至刻度,混匀。此溶液1 mL含1 mg镍。

3.20.2 移取100.0 mL镍标准贮存溶液(3.20.1)于1 000 mL容量瓶中,以水稀释至刻度,混匀,此溶液1 mL含0.1 mg镍。

3.21 镍标准溶液(用时现配):移取100.0 mL镍标准贮存溶液(3.20.2)于1 000 mL容量瓶中,以水稀释至刻度,混匀,此溶液1 mL含0.01 mg镍。

4 仪器

4.1 分光光度计。

4.2 酸度计。

5 试样

将试样加工成厚度不大于1 mm的碎屑。

6 分析步骤

6.1 试料

称取1.00 g试样,精确至0.000 1 g。

6.2 测定次数

独立地进行两次测定,取其平均值。

6.3 空白试验

随同试料(6.1)做空白试验。

6.4 测定

6.4.1 将试料(6.1)置于400 mL烧杯中,盖上表皿。缓慢加入25 mL盐酸(3.9),待剧烈反应停止后,加热至试料完全溶解。若试料难溶,则可滴加适量过氧化氢(3.4),使试料完全溶解并加热分解过量的过氧化氢。用水稀释至约80 mL,用慢速滤纸过滤。用热水洗涤,滤液及洗涤液收集于400 mL烧杯中。

6.4.2 将滤纸和残渣移入铂坩埚中,烘干后灰化完全(勿使滤纸燃着),冷却。加入1 mL～2 mL硫酸(3.8),5 mL氢氟酸(3.2),再滴加硝酸(3.1)至溶液清亮,加热蒸发至除尽硫酸烟。灼烧(≤700℃)10 min,冷却,加入数毫升热水和1 mL～2 mL盐酸(3.9)。微热使盐类溶解,将此溶液并入主滤液(6.4.1)中,用水稀释至约150 mL。

6.4.3 加入0.5 mL氯化铁溶液(3.15)(若试料中铁的质量分数大于0.2%,则不需加入氯化铁溶液)和45 mL氢氧化钠溶液(3.13),将试液加热至70℃～90℃并保持20 min,最后再煮沸2 min～3 min。

6.4.4 用多孔玻璃漏斗(ϕ4.5 μm～9 μm)过滤,立即用热的氢氧化钠溶液(3.13)洗涤。用刚经热水稀释的热的混合酸[10 mL热混合酸(3.7)与10 mL热水混合]溶解漏斗上的沉淀,用热水洗涤。滤液和洗涤液收集于原烧杯中,加热使盐类完全溶解,冷却。按表1将试液移入容量瓶中,以水稀释至刻度,混匀。

6.4.5 根据镍的质量分数,试液的体积,移取试液的体积及相应的稀释度,显色反应用的试液体积,均按表1进行。将显色用试液移入150 mL烧杯中。经浓缩或稀释使试液体积约为40 mL。

表1

镍的质量分数/%	盛试液(7.4.4)的容量瓶体积/mL	移取试液的体积(A)/mL	移取试液稀释后的体积(B)/mL	从(A)或(B)中移取显色用试液的体积/mL	吸收池厚度/cm
0.001～0.01	200	50.00	—	50.00(A)	0.5～3

6.4.6 加入10 mL酒石酸溶液(3.14)和5 mL盐酸羟胺溶液(3.16),在不断搅拌下加入氢氧化钠溶液(3.12)调至pH4.5～pH5.0。加入10 mL硫代硫酸钠溶液(3.17),在搅拌下先后用氢氧化钠溶液[(3.12)和(3.13)]调至pH6.5。将试液移入250 mL分液漏斗中,用尽量少的水洗涤。

6.4.7 加入5 mL丁二酮肟溶液(3.18),混匀。加入10 mL三氯甲烷(3.19),振荡2 min,静置分层。将有机相移入第二个100 mL分液漏斗中,用1 mL～2 mL三氯甲烷(3.19)洗涤(不振荡)水相并放入含有有机相的分液漏斗中。于水相中再加入5 mL三氯甲烷(3.19),振荡30 s,静置分层。将有机相也移入第二个分液漏斗中。再用5 mL三氯甲烷(3.19)重复萃取一次。合并有机相。弃去水相。

6.4.8 于盛有有机相的第二个分液漏斗中,加入20 mL氨水(3.6),振荡30 s,静置分层。将有机相移入第三个100 mL分液漏斗中。用1 mL～2 mL三氯甲烷(3.19)洗涤。有机相合并于第三个分液漏斗中,水相保存于第二个分液漏斗中。

6.4.9 于盛有有机相的第三个分液漏斗中,加入20 mL氨水(3.6),振荡30 s,静置分层。将有机相移入第四个100 mL分液漏斗中。用1 mL～2 mL三氯甲烷(3.19)洗涤。有机相合并于第四个分液漏斗中,将水相移入第二个分液漏斗中并用5 mL三氯甲烷(3.19)洗涤,振荡30 s。静置分层,放出有机相于第四个分液漏斗中。再用1 mL～2 mL三氯甲烷(3.19)洗涤。有机相合并,弃去水相。

6.4.10 于盛有有机相的第四个分液漏斗中,加入20 mL盐酸(3.11),振荡30 s,静置分层。将有机相移入第五个100 mL分液漏斗中。用1 mL～2 mL三氯甲烷洗涤(3.19)。有机相合并,水相保存于第四个分液漏斗中。再以每次10 mL盐酸(3.11)处理有机相两次,每次处理后静置分层。将有机相分别移入第六个和第七个分液漏斗中。分别用1 mL～2 mL三氯甲烷(3.19)洗涤,将所有水相收集于第四个分液漏斗中。经过第三次处理后弃去有机相。

6.4.11 于盛有水相的第四个分液漏斗中,加入5 mL三氯甲烷(3.19),振荡30 s,静置分层。弃去有机相。再加入5 mL三氯甲烷(3.19),振荡30 s,静置分层。小心放出有机相并弃去。

6.4.12 将水相移入100 mL容量瓶中,以水仔细洗涤,加入10 mL盐酸(3.10),以水稀释至约80 mL。加热至35℃～40℃,在不断摇动中,滴加溴水(3.5)至有橙黄色出现后再过量2 mL,冷却。在摇动中缓慢加入氨水(3.3)至颜色消失并过量1 mL,冷却。加入1 mL丁二酮肟溶液(3.18),以水稀释至刻度,混匀。放置30 min后测量吸光度,并在60 min内完成。

6.4.13 将部分试液(6.4.12)移入吸收池中,以随同试料所做的空白试验溶液(6.3)为参比,于分光光度计波长445 nm处测量其吸光度。从工作曲线上查出相应镍量。

6.5 工作曲线的绘制

6.5.1 移取0 mL、0.50 mL、1.00 mL、2.00 mL、5.00 mL、10.00 mL镍标准溶液(3.21)置于一组干燥的150 mL烧杯中,用水稀释至约40 mL。以下按6.4.6～6.4.12进行。

6.5.2 将部分溶液(6.5.1)移入吸收池中,以试剂空白溶液(不加镍标准溶液者)为参比,于分光光度计波长445 nm处测量其吸光度,以镍量为横坐标,吸光度为纵坐标,绘制工作曲线。

7 分析结果的计算

按式(1)计算镍的质量分数(%):

$$w(\mathrm{Ni}) = \frac{m_1}{m_0} \times 100 \qquad \cdots\cdots(1)$$

式中:

m_1——自工作曲线上查得的镍量,单位为克(g);

m_0——移取的试液相当于试料的质量,单位为克(g)。

8 精密度

8.1 重复性

在重复性条件下获得的两个独立测试结果的测定值,在以下给出的平均值范围内,这两个测试结果的绝对差值不超过重复性限(r),超过重复性限(r)的情况不超过5%,重复性限(r)按以下数据采用线性内插法求得。

镍的质量分数/%: 0.006 5　　0.012 6

重复性限　r/%: 0.000 4　　0.000 4

8.2　允许差

实验室之间分析结果的差值应不大于表2所列允许差。

表2

镍的质量分数/%	允许差/%
0.001 0~0.005 0	0.000 5
>0.005 0~0.010 0	0.001 0

9　质量控制与保证

分析时,用标准样品或控制样品进行校核,或每年至少用标准样品或控制样品对分析方法校核一次。当过程失控时,应找出原因。纠正错误后,重新进行校核。

方法二:火焰原子吸收光谱法

10　范围

本部分规定了铝及铝合金中镍含量的测定方法。

本部分适用于铝及铝合金中镍含量的测定。测定范围:0.005 0%~3.00%。

11　方法提要

试料用盐酸和过氧化氢溶解,于原子吸收光谱仪波长232.0 nm处,用空气-乙炔贫燃性火焰进行镍量的测定。

12　试剂

12.1　铝(99.99%,不含镍)。

12.2　硝酸(ρ 1.42 g/mL)。

12.3　氢氟酸(ρ 1.14 g/mL)。

12.4　过氧化氢(ρ 1.10 g/mL)。

12.5　盐酸(1+1)。

12.6　硫酸(1+1)。

12.7　铝溶液(20 mg/mL):称取20.00 g经酸洗的铝(12.1),置于1 000 mL烧杯中,盖上表皿,分次加入总量为600 mL盐酸(12.5),加1滴汞助溶。待剧烈反应停止后,缓慢加热至完全溶解,然后加入数滴过氧化氢(12.4),煮沸数分钟,分解过量的过氧化氢,冷却。将溶液移入1 000 mL容量瓶中,以水稀释至刻度,混匀。

12.8　镍标准贮存溶液:称取1.000 0 g镍(99.99%),置于400 mL烧杯中,盖上表皿,加入50 mL盐酸(12.5),滴加适量的过氧化氢(12.4),缓慢加热使镍完全溶解,煮沸数分钟,分解过量的过氧化氢,冷却。将溶液移入1 000 mL容量瓶中,以水稀释至刻度,混匀。此溶液1 mL含1.0 mg镍。

12.9　镍标准溶液:移取25.00 mL镍标准贮存溶液(12.8)于200 mL容量瓶中,以水稀释至刻度,混匀。此溶液1 mL含0.125 mg镍。

12.10　镍标准溶液:移取20.00 mL镍标准溶液(12.9)于100 mL容量瓶中,以水稀释至刻度,混匀。此溶液1 mL含0.025 mg镍。

13 仪器

原子吸收光谱仪，附镍空心阴极灯。

在仪器最佳工作条件下，凡能达到下列指标者均可使用：

灵敏度：在与测量试料溶液的基体相一致的溶液中，镍的特征浓度应不大于 0.1 μg/mL。

精密度：用最高浓度的标准溶液测量 10 次吸光度，其标准偏差应不超过平均吸光度的 1.0%；用最低浓度的标准溶液（不是“零”浓度溶液）测量 10 次吸光度，其标准偏差应不超过最高浓度标准溶液平均吸光度的 0.5%。

工作曲线线性：将工作曲线按浓度等分成五段，最高段的吸光度差值与最低段的吸光度差值之比，应不小于 0.7。

14 试样

将试样加工成厚度不大于 1 mm 的碎屑。

15 分析步骤

15.1 试料

称取 1.00 g 试样，精确至 0.000 1 g。

15.2 测定次数

独立地进行两次测定，取其平均值。

15.3 空白试验

称取 1.00 g 铝(12.1)代替试料(15.1)，随同试料做空白试验。

15.4 测定

15.4.1 将试料(15.1)置于 250 mL 烧杯中，盖上表皿，加入 30 mL～40 mL 水，分次加入总量为 30 mL 的盐酸(12.5)，加入 1 滴汞助溶。待剧烈反应停止后，缓慢加热至试料完全溶解。滴加适量的过氧化氢(12.4)，煮沸 10 分钟，以分解过量的过氧化氢，冷却。

15.4.2 如有不溶物，过滤、洗涤。将残渣连同滤纸置于铂坩锅中，灰化(勿使滤纸燃着)，在约 550℃灼烧，冷却。加入 2 mL 硫酸(12.6)，5 mL 氢氟酸(12.3)，滴加硝酸(12.2)至溶液清亮。加热蒸发至干，于 700℃灼烧数分钟，冷却。用尽量少的盐酸(12.5)溶解残渣(必要时过滤)，将此试液合并于原滤液中。

15.4.3 根据试料中镍含量分别按下述进行：

镍的质量分数在 0.005 0%～0.30%时，将试液(15.4.1)或处理不溶物合并的试液移入 100 mL 容量瓶中，以水稀释至刻度，混匀。

镍的质量分数在 0.25%～3.00%时，将试液(15.4.1)或处理不溶物合并的试液移入 1 000 mL 容量瓶中，以水稀释至刻度，混匀。

15.4.4 将随同试料所做的空白试验溶液(15.3)和根据试料中镍的质量分数而制备的试液(15.4.3)于原子吸收光谱仪波长 232.0 nm 处，用空气-乙炔贫燃性火焰，以水调零，测量镍的吸光度，从工作曲线上查出相应的镍量。

15.5 工作曲线的绘制

15.5.1 系列标准溶液的制备

适用于质量分数为 0.005 0%～0.30%镍含量：移取 0 mL、2.00 mL、4.00 mL、12.00 mL、20.00 mL镍标准溶液(12.10)和 8.00 mL、12.00 mL、16.00 mL、20.00 mL、24.00 mL 镍标准溶液(12.9)分别置于一组 100 mL 容量瓶中，各加入 50 mL 铝溶液(12.7)，以水稀释至刻度，混匀。

适用于质量分数为0.25%～3.00%镍含量：移取0 mL、2.00 mL、4.00 mL、8.00 mL、12.00 mL、16.00 mL、20.00 mL、24.00 mL镍标准溶液(12.9)分别置于一组100 mL容量瓶中，各加入5 mL铝溶液(12.7)以水稀释至刻度，混匀。

15.5.2 将系列标准溶液(15.5.1)于原子吸收光谱仪波长232.0 nm处，用空气-乙炔贫燃性火焰，以水调零，分别测量系列标准溶液和“零浓度”溶液(不加镍标准溶液者)的吸光度。以镍量为横坐标，吸光度(减去“零浓度”溶液的吸光度)为纵坐标，绘制工作曲线。

16 分析结果的计算

按式(2)计算镍的质量分数(%)：

$$w(\mathrm{Ni}) = \frac{(m_2 - m_1) \times R \times 10^{-3}}{m_0} \times 100 \qquad \cdots\cdots (2)$$

式中：

m_2——自工作曲线上查得的试液中的镍量，单位为毫克(mg)；

m_1——自工作曲线上查得的随同试料所做的空白试验溶液的镍量，单位为毫克(mg)；

R——稀释系数，15.4.3中两种情况的R值分别为1和10；

m_0——试料的质量，单位为克(g)。

17 精密度

17.1 重复性

在重复性条件下获得的两个独立测试结果的测定值，在以下给出的平均值范围内，这两个测试结果的绝对差值不超过重复性限(r)，超过重复性限(r)的情况不超过5%，重复性限(r)按以下数据采用线性内插法求得。

镍的质量分数/%：	0.005 4	0.059	0.60	1.49	2.51
重复性限 r/%：	0.000 65	0.004 7	0.027	0.051	0.073

17.2 允许差

实验室之间分析结果的差值应不大于表3所列允许差。

表3

镍的质量分数/%	允许差/%
0.005 0～0.010 0	0.001 0
>0.010 0～0.025 0	0.002 5
>0.025～0.050	0.005
>0.050～0.075	0.006
>0.075～0.100	0.010
>0.100～0.250	0.015
>0.250～0.500	0.020
>0.500～0.750	0.025
>0.750～1.000	0.030
>1.000～2.000	0.045
>2.00～3.00	0.06

18 质量控制与保证

分析时，用标准样品或控制样品进行校核，或每年至少用标准样品或控制样品对分析方法校核一次。当过程失控时，应找出原因。纠正错误后，重新进行校核。

附 录 A
（资料性附录）
本部分章条编号与 ISO 3979:1977 章条编号对照

表 A.1 给出了本部分章条编号与 ISO 3979:1977 章条编号对照一览表。

表 A.1 本部分章条编号与 ISO 3979:1977 章条编号对照

本部分章条编号	对应的国际标准章条编号
1	1,2
2	3
3,3.1 到 3.21	4,4.1 到 4.22
4,4.1 和 4.2	5,5.1 和 5.2
5	6.1,6.2
6	7
6.1,6.2	7.1
6.3	7.2
6.5	7.3.1
6.4.7,6.4.8,6.4.9	7.3.2
6.4.10,6.4.11	7.3.3
6.4.12	7.3.4
6.4.13	7.3.5
6.4.1 到 6.4.6	7.4.1 到 7.4.3
7	8
8.1,8.2	9

附 录 B
（资料性附录）
本部分与 ISO 3979:1977 技术性差异及其原因

表 B.1 给出了本部分与 ISO 3979:1977 的技术性差异及其原因的一览表。

表 B.1 本部分与 ISO 3979:1977 技术性差异及其原因

本部分的章条编号	技术性差异	原因
1	本部分将 ISO 3979:1977 的测定范围由测定范围 0.001%～3.00%缩至 0.001%～0.01%”	此方法较繁琐，含量较高时没必要使用此方法，可用其他方法测定
8	增加了 8 精密度条款	以便符合国家标准编写规范
9	本部分将 ISO 3979:1977 中“9 试验报告”改为“质量保证与控制”	以便符合国家标准编写规范

附 录 C
（资料性附录）
本部分章条编号与 ISO 3981:1977 章条编号对照

表 C.1 给出了本部分章条编号与 ISO 3981:1977 章条编号对照一览表。

表 C.1 本部分章条编号与 ISO 3981:1977 章条编号对照

本部分章条编号	对应的国际标准章条编号
10	1,2
11	3
12,12.1 到 12.10	4,4.1 到 4.8
13	5,5.1 到 5.3
14	6,6.1,6.2
15	7
15.1,15.2,15.3	7.1
15.5	7.2
15.5.1	7.2.1,7.2.1.1,7.2.1.2
15.5.2	7.2.2
15.4	7.3
15.4.1,15.4.2	7.3.1
15.4.3	7.3.1.1
15.4.4	7.3.2
16	8
17,17.1,17.2	9
18	10

附　录　D
（资料性附录）
本部分与 ISO 3981:1977 技术性差异及其原因

表 D.1 给出了本部分与 ISO 3981:1977 的技术性差异及其原因的一览表。

表 D.1　本部分与 ISO 3981:1977 技术性差异及其原因

本部分的章条编号	技术性差异	原因
17	增加了“17 精密度”条款	以便符合国家标准编写规范
18	本部分将 ISO 3981:1977 中“10 试验报告”改为“质量保证与控制”	以便符合国家标准编写规范

ICS 77.120.10
H 12

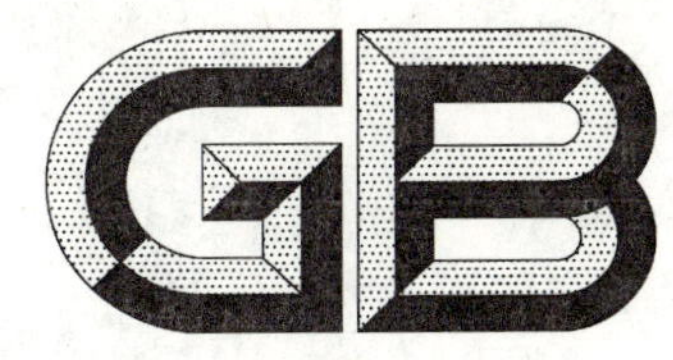

中华人民共和国国家标准

GB/T 20975.15—2008
代替 GB/T 6987.27—2001

铝及铝合金化学分析方法 第15部分：硼含量的测定

Methods for chemical analysis of aluminium and aluminium alloys—Part 15: Determination of boron content

2008-03-31 发布　　2008-09-01 实施

中华人民共和国国家质量监督检验检疫总局
中国国家标准化管理委员会　发布

前　言

GB/T 20975《铝及铝合金化学分析方法》是对 GB/T 6987—2001《铝及铝合金化学分析方法》的修订，本次修订将原标准号 GB/T 6987 改为 GB/T 20975。

GB/T 20975《铝及铝合金化学分析方法》分为 25 个部分：

——第 1 部分：汞含量的测定　冷原子吸收光谱法；

——第 2 部分：砷含量的测定　钼蓝分光光度法；

——第 3 部分：铜含量的测定；

——第 4 部分：铁含量的测定　邻二氮杂菲分光光度法；

——第 5 部分：硅含量的测定；

——第 6 部分：镉含量的测定　火焰原子吸收光谱法；

——第 7 部分：锰含量的测定　高碘酸钾分光光度法；

——第 8 部分：锌含量的测定；

——第 9 部分：锂含量的测定　火焰原子吸收光谱法；

——第 10 部分：锡含量的测定；

——第 11 部分：铅含量的测定　火焰原子吸收光谱法；

——第 12 部分：钛含量的测定；

——第 13 部分：钒含量的测定　苯甲酰苯胲分光光度法；

——第 14 部分：镍含量的测定；

——第 15 部分：硼含量的测定；

——第 16 部分：镁含量的测定；

——第 17 部分：锶含量的测定　火焰原子吸收光谱法；

——第 18 部分：铬含量的测定；

——第 19 部分：锆含量的测定；

——第 20 部分：镓含量的测定　丁基罗丹明 B 分光光度法；

——第 21 部分：钙含量的测定　火焰原子吸收光谱法；

——第 22 部分：铍含量的测定　依莱铬氰兰 R 分光光度法；

——第 23 部分：锑含量的测定　碘化钾分光光度法；

——第 24 部分：稀土总含量的测定；

——第 25 部分：电感耦合等离子体原子发射光谱法。

本部分为第 15 部分。对应于 ASTM E34—2002《铝及铝合金化学分析方法》中硼含量测定的部分。

本部分代替 GB/T 6987.27—2001《铝及铝合金化学分析方法　离子选择电极法测定硼量》。

本部分与 GB/T 6987.27—2001 相比主要变化如下：

——将测定范围：≥0.001％修订为测定范围：0.001％～5.0％；

——增加了“8.1　重复性”条款；

——增加了“9　质量保证与控制”条款；

——增加了“方法二：胭脂红分光光度法”。

本部分的“方法一：离子选择电极法”为仲裁方法。

本部分由中国有色金属工业协会提出。

本部分由全国有色金属标准化技术委员会归口。

本部分由东北轻合金有限责任公司、中国有色金属工业标准计量质量研究所负责起草。

本部分起草单位：中国铝业股份有限公司郑州研究院。

本部分方法一主要起草人：孟福海、石磊、李跃平、李瑾、席欢、葛立新、范顺科。

本部分方法二主要起草人：石磊、张树朝、李跃平、薛宁、席欢、马存真、朱玉华。

本部分所代替标准的历次版本发布情况为：

——GB/T 6987.27—2001。

铝及铝合金化学分析方法 第15部分:硼含量的测定

方法一:离子选择电极法

1 范围

本部分规定了铝及铝合金中硼含量的测定方法。

本部分适用于铝及铝合金中硼含量的测定。测定范围:0.001%~5.0%。

2 方法提要

试料用氢氟酸和过氧化氢溶解,硼转化为氟硼酸根离子,用氢氧化钠溶液调节溶液pH5~pH6,用氟硼酸根离子选择电极测定硼量。

大量铜、铁干扰测定,用乙二胺四乙酸二钠络合消除。

3 试剂

3.1 铝(≥99.95%,不含硼)。

3.2 氢氟酸(ρ 1.14 g/mL)。

3.3 过氧化氢(ρ 1.10 g/mL)。

3.4 乙二胺四乙酸二钠(EDTA)溶液(100 g/L)。

3.5 氢氧化钠溶液(200 g/L),贮于聚乙烯瓶中。

3.6 硼标准溶液:称取0.572 0 g已于真空干燥器中干燥过的硼酸(优级纯)于400 mL烧杯中,加入200 mL水,微热使其完全溶解。冷却后移入500 mL容量瓶中,用水稀释至刻度,混匀。贮于聚乙烯瓶中。此溶液1 mL含0.2 mg硼。

3.7 硼标准溶液:移取50.00 mL硼标准溶液(3.6)于500 mL容量瓶中,用水稀释至刻度,混匀。贮于聚乙烯瓶中。此溶液1 mL含0.02 mg硼。(用时现配)。

3.8 硼标准溶液:移取25.00 mL硼标准溶液(3.7)于100 mL容量瓶中,用水稀释至刻度,混匀。贮于聚乙烯瓶中。此溶液1 mL含0.005 mg硼。(用时现配)。

4 仪器

4.1 氟硼酸根离子选择电极:使用前应先将电极按使用说明书进行处理。

4.2 双液接饱和甘汞电极:外套管充注含3 mol/L氯化钾的30 g/L琼脂溶液。

4.3 数字式离子计,精度为0.1 mV。

4.4 电磁搅拌器。

5 试样

将试样加工成厚度不大于1 mm的碎屑。

6 分析步骤

6.1 试料

按表1称取试样,精确至0.000 1 g。

表 1

硼的质量分数/%	试料/g	氢氟酸加入量(3.2)/ mL
0.001～0.010	0.50	5.0
>0.010～0.100	0.20	4.0
>0.10～5.0	0.10	3.0

6.2 测定次数

独立地进行两次测定,取其平均值。

6.3 测定

6.3.1 将试料(6.1)置于100 mL聚乙烯烧杯中,加入20 mL水,按表1用聚乙烯刻度管加入氢氟酸(3.2)。

6.3.2 在沸水浴中加热溶解,滴加过氧化氢(3.3)至试料完全溶解,继续加热2min。取下冷却,加入5 mL EDTA溶液(3.4),摇匀。用氢氧化钠溶液(3.5)调节溶液pH5～pH6(用精密pH试纸检查),冷至室温。移入50 mL容量瓶中,用水稀释至刻度,混匀。

6.3.3 将试液(6.3.2)全部倒入原聚乙烯烧杯中,置于电磁搅拌器上,插入氟硼酸根离子选择电极和双液接饱和甘汞电极,恒速搅拌,测量平衡电位。从工作曲线上查得硼量。

注:1.测量过程中,应保持温度一致。

2.平衡电位系指电极电位的变化每分钟不大于0.2 mV。

3.试液的制备和测量应与工作曲线的绘制同步进行。

6.4 工作曲线的绘制

6.4.1 系列标准溶液的制备

适用于质量分数为0.001%～0.01%范围硼含量:移取1.00 mL,2.00 mL,4.00 mL,6.00 mL,8.00 mL,10.00 mL硼标准溶液(3.8)于6个预先称有0.500 0 g铝(3.1)的100 mL聚乙烯烧杯中,加入20 mL水,加入5.0 mL氢氟酸(3.2),以下按6.3.2与试料同步进行。

适用于质量分数为0.01%～0.10%范围硼含量:移取1.00 mL,2.00 mL,4.00 mL,6.00 mL,8.00 mL,10.00 mL硼标准溶液(3.7)于6个预先称有0.200 0 g铝(3.1)的100 mL聚乙烯烧杯中,加入20 mL水,加入4.0 mL氢氟酸(3.2),以下按6.3.2与试料同步进行。

适用于质量分数为0.10%～5.0%范围硼含量:移取0.50 mL,1.00 mL,2.00 mL,4.00 mL,6.00 mL,8.00 mL,10.00 mL硼标准溶液(3.6)于7个预先称有0.100 0 g铝(3.1)的100 mL聚乙烯烧杯中,加入20 mL水,加入3.0 mL氢氟酸(3.2),以下按6.3.2与试料同步进行。

6.4.2 测量

将系列标准溶液全部倒入原聚乙烯烧杯中,按氟硼酸根离子浓度增高的顺序,置于电磁搅拌器上,插入氟硼酸根离子选择电极和双液接饱和甘汞电极,恒速搅拌,测量平衡电位。以硼量为横坐标,电位值为纵坐标,在半对数坐标纸上绘制工作曲线。

7 分析结果的计算

按式(1)计算硼的质量分数(%):

$$w(B)=\frac{m_1\times 10^{-3}}{m_0}\times 100 \qquad \cdots\cdots(1)$$

式中:

m_1——自工作曲线上查得的硼量,单位为毫克(mg);

m_0——试样的质量,单位为克(g)。

8 精密度

8.1 重复性

在重复性条件下获得的两个独立测试结果的测定值，在以下给出的平均值范围内，这两个测试结果的绝对差值不超过重复性限(r)，超过重复性限(r)的情况不超过5%，重复性限(r)按以下数据采用线性内插法求得。

硼的质量分数/%：	0.004 88	0.018 3	0.171	1.154	3.154
重复性限 r/%：	0.000 35	0.001 8	0.012	0.023	0.064

8.2 允许差

实验室之间分析结果的差值应不大于表2所列允许差。

表 2

硼的质量分数/%	允许差/%
0.001～0.005 0	0.000 5
>0.005 0～0.010	0.001
>0.010～0.050	0.003
>0.050～0.10	0.01
>0.10～0.20	0.03
>0.20～0.50	0.05
>0.50～2.0	0.08
>2.0～5.0	0.15

9 质量控制与保证

分析时，用标准样品或控制样品进行校核，或每年至少用标准样品或控制样品对分析方法校核一次。当过程失控时，应找出原因。纠正错误后，重新进行校核。

方法二：胭脂红分光光度法

10 范围

本部分规定了铝及铝合金中硼含量的测定方法。

本部分适用于铝及铝合金中硼含量的测定。测定范围：0.005%～0.060%。

11 方法提要

试料用溴水和盐酸溶解，在浓硫酸介质中，硼以硼酸形式与胭脂红反应生成紫色络合物，在分光光度计波长585 nm处测定其吸光度。

当钒的质量分数大于0.3%时，对测定有干扰。

12 试剂

12.1 无水碳酸钠(优级纯)。

12.2 盐酸(ρ 1.19 g/mL)。

12.3 硫酸(ρ 1.84 g/mL)。

12.4 盐酸(1+1)。

12.5 硫酸(1+1)。

12.6 溴水(饱和)。

12.7 胭脂红溶液(0.92 g/L):称取0.46 g胭脂红于1 000 mL塑料烧杯中,加入500 mL硫酸(12.3),用塑料棒搅拌溶解完全,将溶液移入聚乙烯瓶中,于暗处保存。

12.8 硼标准溶液:称取0.285 7 g已于真空干燥器中干燥过的硼酸(优级纯)于400 mL烧杯中,溶解于温水中(不超过40℃)。冷却,移入1 000 mL容量瓶中,用水稀释至刻度,混匀。贮于聚乙烯瓶中。此溶液1 mL含0.050 mg硼。

13 仪器

分光光度计。

14 试样

将试样加工成厚度不大于1 mm的碎屑。

15 分析步骤

15.1 试料

称取1.00 g试样,精确至0.000 1 g。

15.2 测定次数

独立地进行两次测定,取其平均值。

15.3 空白试验

随同试料做试剂空白。

15.4 测定

15.4.1 将试料(15.1)置于250 mL烧杯中,加入15 mL溴水(12.5),加入20 mL盐酸(12.4),溶解完全后,加热至微沸驱尽过量的溴。

注:如反应速度快以至于溶液表面被气泡所覆盖,应将溶液加以冷却使反应减慢;如反应很慢,则需要将溶液稍加热。

15.4.2 用快速定量滤纸将溶液过滤于50 mL容量瓶中,以热水冲洗烧杯和滤纸各3次~4次(注意保持滤液体积不超过40 mL),将滤液保存。

15.4.3 称取0.25 g无水碳酸钠(12.1)覆盖于滤纸中残渣,将滤纸置于铂坩埚中,将铂坩埚置于马弗炉中低温干燥、灰化,缓慢升温至滤纸全部被氧化并熔融,继续加热熔融至透明(约10 min),取出,冷却至室温。

15.4.4 将熔融物用约5 mL热水溶解,滴加硫酸(12.5)至无气泡,将溶液移入到保留于50 mL容量瓶的滤液中,冷却至室温,用水稀释至刻度,混匀。

15.4.5 移取2.00 mL试液(15.4.4)于干燥的50 mL容量瓶中,加入10.0 mL硫酸(12.3),摇匀,冷却至室温,加入10.0 mL胭脂红溶液(12.6),混匀。置于暗处放置45 min。

15.4.6 将部分试液(15.4.5)和随同试料所做的空白试验溶液(15.3)分别移入1 cm干燥的吸收池中,以随同试料所做的空白试验溶液(15.3)作参比,于分光光度计波长585 nm处测量其吸光度。用其测量的吸光度,从工作曲线上查出相应的硼量。

15.5 工作曲线的绘制

15.5.1 移取0 mL、1.00 mL、2.00 mL、4.00 mL、6.00 mL、8.00 mL、10.00 mL、12.00 mL硼标准溶液(12.7)分别置于8个50 mL容量瓶中,加入10.0 mL硫酸(12.5),用水稀释至40 mL,摇匀,冷却至室温,稀释至刻度,混匀。以下按照15.4.5进行。

15.5.2 将部分试液(15.5.1)移入1 cm干燥的吸收池中,以"零浓度"溶液作参比,于分光光度计波长

585 nm 处测量其吸光度。以每 22 mL 溶液中的硼量为横坐标，吸光度（减去试剂空白溶液的吸光度）为纵坐标，绘制工作曲线。

16 分析结果的计算

按式(2)计算硼的质量分数(%)：

$$w(\mathrm{B}) = \frac{m_1 \times 10^{-3}}{m_0} \times 100 \qquad \cdots\cdots(2)$$

式中：

m_1——最后 22 mL 溶液中测得的硼量，单位为毫克(mg)；

m_0——最后 22 mL 溶液相当的试样量，单位为克(g)。

17 精密度

17.1 允许差

实验室之间分析结果的差值应不大于表 3 所列允许差。

表 3

硼的质量分数/%	允许差/%
0.005～0.010	0.002
>0.010～0.030	0.003
>0.030～0.060	0.005

18 质量控制与保证

分析时，用标准样品或控制样品进行校核，或每年至少用标准样品或控制样品对分析方法校核一次。当过程失控时，应找出原因。纠正错误后，重新进行校核。

ICS 77.120.10
H 12

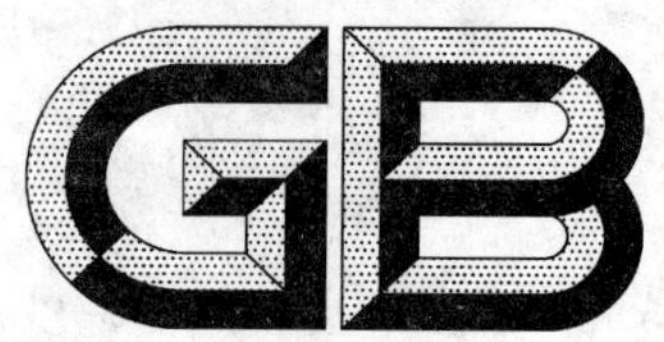

中华人民共和国国家标准

GB/T 20975.16—2008
代替 GB/T 6987.16—2001,GB/T 6987.17—2001

铝及铝合金化学分析方法 第16部分:镁含量的测定

Methods for chemical analysis of aluminium and aluminium alloys—Part 16: Determination of magnesium

2008-03-31 发布

2008-09-01 实施

中华人民共和国国家质量监督检验检疫总局
中国国家标准化管理委员会
发布

前　言

GB/T 20975《铝及铝合金化学分析方法》是对 GB/T 6987—2001《铝及铝合金化学分析方法》的修订，本次修订将原标准号 GB/T 6987 改为 GB/T 20975。

GB/T 20975《铝及铝合金化学分析方法》分为 25 个部分：

——第 1 部分：汞含量的测定　冷原子吸收光谱法

——第 2 部分：砷含量的测定　钼蓝分光光度法

——第 3 部分：铜含量的测定

——第 4 部分：铁含量的测定　邻二氮杂菲分光光度法

——第 5 部分：硅含量的测定

——第 6 部分：镉含量的测定　火焰原子吸收光谱法

——第 7 部分：锰含量的测定　高碘酸钾分光光度法

——第 8 部分：锌含量的测定

——第 9 部分：锂含量的测定　火焰原子吸收光谱法

——第 10 部分：锡含量的测定

——第 11 部分：铅含量的测定　火焰原子吸收光谱法

——第 12 部分：钛含量的测定

——第 13 部分：钒含量的测定　苯甲酰苯胲分光光度法

——第 14 部分：镍含量的测定

——第 15 部分：硼含量的测定

——第 16 部分：镁含量的测定

——第 17 部分：锶含量的测定　火焰原子吸收光谱法

——第 18 部分：铬含量的测定

——第 19 部分：锆含量的测定

——第 20 部分：镓含量的测定　丁基罗丹明 B 分光光度法

——第 21 部分：钙含量的测定　火焰原子吸收光谱法

——第 22 部分：铍含量的测定　依莱铬氰兰 R 分光光度法

——第 23 部分：锑含量的测定　碘化钾分光光度法

——第 24 部分：稀土总含量的测定

——第 25 部分：电感耦合等离子体原子发射光谱法

本部分为第 16 部分，对应于 ISO 2297:1973《铝及铝合金——络合滴定法测定镁量》和 ISO 3256:1977《铝及铝合金——镁量的测定——原子吸收分光光度法》，一致性程度为修改采用。

本部分“方法一”修改采用国际标准 ISO 2297:1973《铝及铝合金——络合滴定法测定镁量》，在资料性附录 A 中列出了本部分章条和对应的国际标准章条的对照一览表；在资料性附 B 中列出了本部分和对应的国际标准技术性差异。

本部分“方法二”修改采用国际标准 ISO 3256:1977《铝及铝合金——镁量的测定——原子吸收分光光度法》，在资料性附录 C 中列出了本部分章条和对应的国际标准章条的对照一览表；在资料性附 D 中列出了本部分和对应的国际标准技术性差异。

本部分代替 GB/T 6987.16—2001《铝及铝合金化学分析方法　CDTA 滴定法测定镁量》和 GB/T 6987.17—2001《铝及铝合金化学分析方法　火焰原子吸收光谱法测定镁量》。本次修订将

GB/T 6987.17—2001 的相关内容纳入本部分。

本部分与 GB/T 6987.16—2001 相比主要变化如下：

——将 GB/T 6987.17—2001 的内容作为本部分的“方法二”，并将测定范围由 0.005 0%～5.00% 扩至 0.002 0%～5.00%，同时增加了 0.005 g/L 镁标准溶液的配制方法；

——增加了“重复性”和“质量保证与控制”条款。

本部分的附录 A、附录 B、附录 C 和附录 D 是资料性附录。

本部分的“方法二：原子吸收分光光度法”为镁含量在 0.002%～5.0% 的铝及铝合金仲裁方法，“方法一：CDTA 滴定法”为镁含量在 5.0%～12.0% 的铝及铝合金仲裁方法。

本部分由中国有色金属工业协会提出。

本部分由全国有色金属标准化技术委员会归口。

本部分由东北轻合金有限责任公司、中国有色金属工业标准计量质量研究所负责起草。

本部分方法一起草单位：东北轻合金有限责任公司。

本部分方法二起草单位：中国铝业贵州分公司。

本部分方法一主要起草人：李庆玉、施立新、张红霞、李志云、席欢、葛立新、范顺科。

本部分方法二主要起草人：袁艺、罗维、钟世华、席欢、马存真、朱玉华。

本部分所代替标准的历次版本发布情况为：

——GB/T 6987.16—1986、GB/T 6987.16—2001；

——GB/T 6987.17—1986、GB/T 6987.17—2001。

铝及铝合金化学分析方法
第 16 部分:镁含量的测定

方法一:CDTA 滴定法

1 范围

本部分规定了铝及铝合金中镁含量的测定方法。

本部分适用于铝及铝合金中镁含量的测定。测定范围:0.100%～12.00%。

2 方法提要

试料以盐酸溶解,过滤回收残渣中镁。在过氧化氢、氰化钾和少量铁的存在下,以氢氧化钠沉淀镁并与大量铝、锌、铜、镍和铬分离。以盐酸溶解沉淀,在高锰酸钾存在下,以氧化锌沉淀分离少量铁、锰、铝和钛。试液以甲基麝香草酚蓝做指示剂。用 CDTA 标准溶液滴定镁。

3 试剂

3.1 氧化锌。

3.2 氢氟酸(ρ 1.14 g/mL)。

3.3 盐酸(1+1)。

3.4 盐酸(1+5)。

3.5 盐酸(约 0.05 mol/L)。

3.6 硝酸(2+3)。

3.7 硫酸(1+3)。

3.8 过氧化氢(ρ 1.10 g/mL)。

3.9 氨水(ρ 0.90 g/mL)。

3.10 氨水(1+1)。

3.11 氨水(1+13)。

3.12 氢氧化钠溶液(240 g/L)。贮于塑料瓶中。

3.13 氢氧化钠溶液(20 g/L)。贮于塑料瓶中。

3.14 氰化钾溶液(250 g/L)。用时现配。剧毒,使用时注意。

3.15 溴水(饱和溶液)。

3.16 三氯化铁溶液(1 mg/mL):称取 0.48 g 三氯化铁($FeCl_3 \cdot 6HO$)溶于 16 mL 盐酸(3.4)中,以水稀释至 100 mL,混匀。此溶液 1 mL 含 1 mg 铁。

3.17 盐酸羟胺溶液(18 g/L)。

3.18 高锰酸钾溶液(10 g/L)。

3.19 乙醇(1+3)。

3.20 乙二醇-双(3-氧基乙醚)四乙酸(EGTA)溶液(0.05 mol/L):称取 1.9 g EGTA 溶于 25 mL 氢氧化钠溶液(3.13)中,以水稀释至 100 mL,混匀。

3.21 甲基麝香草酚蓝指示剂:称取 0.1 g 甲基麝香草酚蓝与 10 g 氯化钠研细,混匀。

3.22 镁标准溶液:称取 1.000 0 g 镁(99.95%以上)置于 500 mL 烧杯中,加入 200 mL 水,分次加入总量为 30 mL 盐酸(3.3),待完全溶解后,移入 1 000 mL 容量瓶中,以水稀释至刻度,混匀。此溶液 1 mL

含 1 mg 镁。

3.23 镁标准溶液：移取 100.0 mL 镁标准溶液(3.22)于 500 mL 容量瓶中，加入 6 mL 盐酸(3.3)以水稀释至刻度，混匀。此溶液 1 mL 含 0.2 mg 镁。

3.24 1,2-环己二胺四乙酸(CDTA)标准溶液(0.035 mol/L)。

3.24.1 制备：称取 12.75 gCDTA 置于 1 000 mL 烧杯中，加入约 500 mL 水，加入 10 mL 氢氧化钠溶液(3.12)，搅拌数分钟。加入 10 mL～15 mL 氢氧化钠溶液(3.12)使其完全溶解。以水稀释至约 800 mL，用慢速滤纸过滤于 1 000 mL 容量瓶中，以水洗涤并稀释至刻度，混匀。贮存于聚乙烯瓶中。

3.24.2 标定：移取 25.00 mL 镁标准溶液(3.22)于 500 mL 锥形烧杯中，加入 5 g 氯化铵，以水稀释至约 250 mL，加入 100 mL 氨水(3.9)，冷却，加入 0.05 g～0.1 g 甲基麝香草酚蓝指示剂(3.21)，用CDTA 标准溶液(3.24.1)滴定至溶液从蓝色变为浅灰色(实际无色)，过量 2 滴颜色不变为终点。

3.24.3 按式(1)计算 CDTA 标准溶液对镁的实际浓度：

$$c = \frac{c_0 \times V_1}{M \times V_2} \qquad \cdots\cdots(1)$$

式中：

c——CDTA 标准溶液(3.24.1)对镁的实际浓度，单位为摩尔每升(mol/L)；

c_0——镁标准溶液(3.22)的浓度，单位为克每升(g/L)；

V_1——移取的镁标准溶液(3.22)的体积，单位为毫升(mL)；

V_2——标定时所消耗的 CDTA 标准溶液(3.24.1)的体积，单位为毫升(mL)；

M——镁的摩尔质量，24.305 g/moL。

3.25 1,2-环己二胺四乙酸(CDTA)标准溶液(0.01 mol/L)。

3.25.1 制备：称取 3.64 g CDTA 置于 1 000 mL 烧杯中，加入约 500 mL 水，加入 5 mL 氢氧化钠溶液(3.12)，搅拌数分钟。加入 10 mL～15 mL 氢氧化钠溶液(3.12)使其完全溶解。以水稀释至约 800 mL，用慢速滤纸过滤于 1 000 mL 容量瓶中，以水洗涤并稀释至刻度，混匀。贮存于聚乙烯瓶中。

3.25.2 标定：分取 30.00 mL 镁标准溶液(3.23)于 500 mL 锥形烧杯中，加入 5 g 氯化铵，以水稀释至约 250 mL，加入 100 mL 氨水(3.9)，冷却，加入 0.05 g～0.1 g 甲基麝香草酚蓝指示剂(3.21)，用CDTA 标准溶液(3.25.1)滴定至溶液从蓝色变为浅灰色(实际无色)，过量 2 滴颜色不变为终点。

3.25.3 按式(2)计算 CDTA 标准溶液对镁的实际浓度：

$$c = \frac{c_0 \times V_1}{M \times V_2} \qquad \cdots\cdots(2)$$

式中：

c——CDTA 标准溶液(3.25.1)对镁的实际浓度，单位为摩尔每升(mol/L)；

c_0——镁标准溶液(3.23)的浓度，单位为克每升(g/L)；

V_1——移取的镁标准溶液(3.23)的体积，单位为毫升(mL)；

V_2——标定时所消耗的 CDTA 标准溶液(3.25.1)的体积，单位为毫升(mL)；

M——镁的摩尔质量，24.305 g/moL。

4 仪器

酸度计。

5 试样

将试样加工成厚度不大于 1 mm 的碎屑。

6 分析步骤

6.1 试料

称取 2.00 g 试样(5),精确至 0.000 1 g。

6.2 测定次数

独立地进行两次测定,取其平均值。

6.3 空白试验

随同试料做试剂空白。

6.4 测定

6.4.1 将试料(6.1)置于 400 mL 烧杯中,盖上表皿,加约 50 mL 水,缓慢加入 50 mL 盐酸(3.3),待剧烈反应停止后,加热使其完全溶解,加入 10 mL 硝酸(3.6),加热(但不煮沸)至氢气放尽,煮沸 10 min。用热水洗涤表皿和杯壁并稀释体积至 150 mL～200 mL,以慢速滤纸过滤,用热盐酸(3.5)洗涤滤纸和残渣 8 次～10 次,收集滤液和洗液于 400 mL 烧杯中。如有大量残渣,则将滤纸连同残渣置于铂坩埚中,烘干后于 550℃灰化完全(不要燃着),冷却。加入 2 mL 硫酸(3.7),5 mL 氢氟酸(3.2),逐滴加入硝酸(3.6)至溶液清亮。加热蒸发至除尽硫酸烟,灼烧 10 min(≤ 700 ℃)。冷却。加入数毫升水和 1 mL～2 mL 盐酸(3.3),加热使沉淀完全溶解(如混浊需过滤),将此溶液合并于主试液中。

镁的质量分数≤ 1.5%时,浓缩体积至约 100 mL,全部用于测定。

镁的质量分数> 1.5%时,将试液移入 200 mL 容量瓶中,以水稀释至刻度,混匀。按表 1 分取试液于 400 mL 烧杯中,以水稀释体积至 100 mL。

表 1

镁的质量分数/%	试液体积/mL	分取试液体积/mL	相当于试料量/g
0.1～1.5	≈100	全部	2.000 0
>1.5～3.5	200	100.0	1.000 0
>3.5～7.0	200	50.00	0.500 0
>7.0～12.0	200	25.00	0.250 0

6.4.2 加入 5 mL 三氯化铁溶液(3.16)于试液(6.4.1)中,将试液移入预先盛有 100 mL 或 70 mL 氢氧化钠溶液(3.12)的 400 mL 烧杯中,混匀。加入 3 mL 或 2 mL 过氧化氢(3.8),煮沸 5 min～10 min。取下。加入 7.5 mL 或 5 mL 氰化钾溶液(3.14)煮沸 5 min。用热水稀释体积至约为 270 mL 或 200 mL。盖上表皿保温(但不煮沸)不少于 20 min。以慢速滤纸过滤,用热氢氧化钠溶液(3.13)洗涤沉淀和滤纸 5 次。保存烧杯。向滤液中加入 3 g 硫酸亚铁,混匀后弃去。

6.4.3 用热的 50 mL 盐酸(3.4)和 2 mL 盐酸羟胺溶液(3.17)的混合液将沉淀洗入原烧杯中,用热水充分洗涤并使体积小于 80 mL,加热至试液清亮。滴加溴水(3.15)至溴的颜色保持不变并过量 3 mL,煮沸除去过量溴,以水稀释至体积约 70 mL,冷却。

6.4.4 用氨水(3.10)调试液至 pH4,再用氨水(3.11)调试液至 pH(4.4±0.2),加热至沸,加入 0.3 g 氧化锌(3.1)(先用水调成糊状后移入试液中),混匀。滴加高锰酸钾溶液(3.18)至稳定的粉红色,加热至沸。取下,加入 2 mL 乙醇(3.19),混匀。置于沸水浴上加热 5 min,加入 2 mL 乙醇(3.19),混匀。置于沸水浴上继续加热 10 min。以慢速滤纸过滤将试液过滤于 500 mL 锥形烧杯中,用热水洗涤沉淀及滤纸 8 次。

6.4.5 将试液以水稀释至约 250 mL,冷却。用氨水(3.10)调至微碱性(用试纸检查)。如试液无色,加入 8 mL 氰化钾溶液(3.14),如试液呈蓝色,边搅拌边滴加氰化钾溶液(3.14)至试液变为无色并过量 8 mL。加入 1 mL EGTA 溶液(3.20)、100 mL 氨水(3.9)、0.05 g～0.1 g 甲基麝香草酚蓝指示剂(3.21)。搅拌,用 CDTA 标准溶液[镁的质量分数 ≤ 0.5%时,用 CDTA 标准溶液(3.25),镁的质量分数＞0.5％时，用CDTA标准溶液(3.24)]滴定至试液从蓝色变为灰白色(实际上无色)，过量2滴颜色不变为终点。

7 分析结果的计算

按式(3)计算镁的质量分数(％)：

$$w(\mathrm{Mg})=\frac{M\times c\times(V_1-V_0)\times10^{-3}}{m_0}\times100 \qquad (3)$$

式中：

M——镁的摩尔质量，24.305 g/moL；

c——CDTA标准溶液(3.25或3.24)对镁的实际浓度，单位为摩尔每升(mol/L)；

V_1——滴定时所消耗的CDTA标准溶液(3.25或3.24)的体积，单位为毫升(mL)；

V_0——滴定空白溶液所消耗的CDTA标准溶液(3.25或3.24)的体积，单位为毫升(mL)；

m_0——与被滴定的试液相当的试料量，单位为克(g)。

8 精密度

8.1 重复性

在重复性条件下获得的两个独立测试结果的测定值，在以下给出的平均值范围内，这两个测试结果的绝对差值不超过重复性限(r)，超过重复性限(r)的情况不超过5％，重复性限(r)按以下数据采用线性内插法求得。

镁的质量分数/％： 0.138 1.37 6.62 9.31

重复性限 r/％： 0.009 3 0.073 0.11 0.15

8.2 允许差

实验室之间分析结果的差值不应大于表2所列允许差。

表2

镁的质量分数/％	允许差/％
0.100～0.250	0.015
＞0.250～0.500	0.020
＞0.500～0.750	0.025
＞0.75～1.00	0.03
＞1.00～3.00	0.07
＞3.00～5.00	0.12
＞5.00～7.00	0.14
＞7.00～10.00	0.17
＞10.00～12.00	0.20

9 质量控制与保证

分析时，用标准样品或控制样品进行校核，或每年至少用标准样品或控制样品对分析方法校核一次。当过程失控时，应找出原因。纠正错误后，重新进行校核。

方法二：火焰原子吸收光谱法

10 范围

本部分规定了铝及铝合金中镁含量的测定方法。

本部分适用于铝及铝合金中镁含量的测定。测定范围：0.002 0%～5.00%。

11 方法提要

试料用盐酸和过氧化氢溶解，于原子吸收光谱仪波长 285.2 nm 或 279.6 nm 处，以一氧化二氮-乙炔（或在氯化锶存在下用空气-乙炔）贫燃性火焰进行镁量的测定。

12 试剂

12.1 铝（99.99%，不含镁）。

12.2 硝酸（ρ 1.42 g/mL）。

12.3 氢氟酸（ρ 1.14 g/mL）。

12.4 过氧化氢（ρ 1.10 g/mL）。

12.5 盐酸（1+1）。

12.6 硫酸（1+1）。

12.7 铝溶液（20 mg/mL）：称取 20.00 g 经酸洗的铝（12.1），置于 1 000 mL 烧杯中，盖上表皿，分次加入总量为 800 mL 的盐酸（12.5），加 1 滴汞助溶。待剧烈反应停止后，缓慢加热至完全溶解，加入数滴过氧化氢（12.4），煮沸数分钟，分解过量的过氧化氢，冷却。将溶液移入 1 000 mL 容量瓶中，以水稀释至刻度，混匀。

12.8 铝溶液（1 mg/mL）：移取 50.00 mL 铝溶液（12.7）于 1 000 容量瓶中，以水稀释至刻度，混匀。

12.9 氯化锶溶液（50 mg/mL）：称取 76 g 氯化锶于 500 mL 烧杯中，加入 400 mL 水溶解，移入500 mL 容量瓶中，以水稀释至刻度，混匀，贮存于塑料瓶中。

注：若用一氧化二氮-乙炔火焰时，可不用此溶液。

12.10 镁标准贮存溶液：称取 1.000 g 镁（99.95%）置于 1 000 mL 锥形烧杯中，加入 200 mL 水和 30 mL盐酸（12.5），待完全溶解后，移入 1 000 mL 容量瓶中，以水稀释至刻度，混匀，此溶液 1 mL 含 1.0 mg镁。

12.11 镁标准溶液：移取 50.00 mL 镁标准贮存溶液（12.10）于 1 000 mL 容量瓶中，以水稀释至刻度，混匀，此溶液 1 mL 含 0.05 mg 镁。

12.12 镁标准溶液：移取 10.00 mL 镁标准溶液（12.11）于 100 mL 容量瓶中，以水稀释至刻度，混匀，此溶液 1 mL 含 0.005 mg 镁。

13 仪器

原子吸收光谱仪，附镁空心阴极灯。

在仪器最佳工作条件下，凡能达到下列指标者均可使用：

灵敏度：在与测量试料溶液的基体相一致的溶液中，镁的特征浓度应不大于 0.008 μg/mL。

精密度：用最高浓度的标准溶液测量 10 次吸光度，其标准偏差应不超过平均吸光度的 1.0%；用最低浓度的标准溶液（不是“零浓度”溶液）测量 10 次吸光度，其标准偏差应不超过最高浓度标准溶液平均吸光度的 0.5%。

工作曲线线性：将工作曲线按浓度等分成五段，最高段的吸光度差值与最低段的吸光度差值之比，应不小于 0.7。

14 试样

将试样加工成厚度不大于1 mm的碎屑。

15 分析步骤

15.1 试料

称取0.50 g试样(14),精确至0.000 1 g。

15.2 测定次数

独立地进行两次测定,取其平均值。

15.3 空白试验

称取0.50 g铝(12.1)代替试料(15.1),随同试料做空白试验。

15.4 测定

15.4.1 将试料(15.1)置于250 mL烧杯中,盖上表皿,加入30 mL~40 mL水,分次加入总量为20 mL的盐酸(12.5),待剧烈反应停止后,缓慢加热至试料完全溶解,滴加适量的过氧化氢(12.4),煮沸10 min以分解过量的过氧化氢,冷却。

15.4.2 如有不溶物,过滤、洗涤。将残渣连同滤纸置于铂坩埚中,灰化(勿使滤纸燃着),在约550℃灼烧,冷却。加入2 mL硫酸(12.6),5 mL氢氟酸(12.3),滴加硝酸(12.2)至溶液清亮。加热蒸发至干,于700℃灼烧数分钟,冷却。用尽量少的盐酸(12.5)溶解残渣(必要时过滤),将此试液合并于原滤液中。

15.4.3 根据试料中镁含量分别按下述进行:

镁的质量分数在0.002%~0.05%时,将试液(15.4.1)或处理不溶物后合并的试液移入250 mL容量瓶中,仅当用空气-乙炔火焰时加入20 mL氯化锶溶液(12.9),以水稀释至刻度,混匀。

镁的质量分数在>0.05%~0.25%时,将试液(15.4.1)或处理不溶物后合并的试液移入500 mL容量瓶中,以水稀释至刻度,混匀。移取100.00 mL此试液于250 mL容量瓶中,仅当用空气-乙炔火焰时加入5 mL氯化锶溶液(12.9),以水稀释至刻度,混匀。

镁的质量分数在>0.25%~1.00%时,将试液(15.4.1)或处理不溶物后合并的试液移入500 mL容量瓶中,以水稀释至刻度,混匀。移取25.00 mL此试液于250 mL容量瓶中,仅当用空气-乙炔火焰时加入5 mL氯化锶溶液(12.9),以水稀释至刻度,混匀。

镁的质量分数在>1.00%~5.00%时,将试液(15.4.1)或处理不溶物后合并的试液移入500 mL容量瓶中,以水稀释至刻度,混匀。移取5.00 mL此试液于250 mL容量瓶中。仅当用空气-乙炔火焰时加入5 mL氯化锶溶液(12.9),以水稀释至刻度,混匀。

15.4.4 将随同试料所做的空白试验溶液(15.3)和根据试料中镁含量而制备的试液(15.4.3)于原子吸收光谱仪波长285.2 nm处或279.6 mm处,用一氧化二氮-乙炔(或空气-乙炔)贫燃性火焰,以水调零,测量镁的吸光度。从工作曲线上查出相应的镁量。

15.5 工作曲线的绘制

15.5.1 系列标准溶液的制备

15.5.1.1 适用于质量分数为0.002%~0.005%镁含量

移取0 mL、1.00 mL、2.00 mL、3.00 mL、4.00 mL、5.00 mL镁标准溶液(12.12)分别置于一组250 mL容量瓶中各加入25.0 mL的铝溶液(12.7),仅当用空气-乙炔火焰时加入20 mL氯化锶溶液(12.9)以水稀释至刻度,混匀。

15.5.1.2 适用于质量分数为0.005%~0.05%镁含量

移取0 mL、0.50 mL、1.00 mL、2.00 mL、3.00 mL、4.00 mL、5.00 mL镁标准溶液(12.11)分别置于一组250 mL容量瓶中各加入25.0 mL的铝溶液(12.7),仅当用空气-乙炔火焰时加入20 mL氯化锶

溶液(12.9)以水稀释至刻度,混匀。

15.5.1.3　适用于质量分数为0.05%～0.25%镁含量

移取0 mL、1.00 mL、2.00 mL、3.00 mL、4.00 mL、5.00 mL镁标准溶液(12.11)分别置于一组250 mL容量瓶中,各加入100 mL的铝溶液(12.8),仅当用空气-乙炔火焰时加入5 mL氯化锶溶液(12.9),以水稀释至刻度,混匀。

15.5.1.4　适用于质量分数为0.25%～1.00%镁含量

移取0 mL、1.00 mL、2.00 mL、3.00 mL、4.00 mL、5.00 mL镁标准的(12.11)溶液分别置于一组250 mL容量瓶中,各加入25.0 mL的铝溶液(12.8),仅当用空气-乙炔火焰时加入5 mL氯化锶溶液(12.9),以水稀释至刻度,混匀。

15.5.1.5　适用于质量分数为1.00%～5.00%镁含量

移取0 mL、1.00 mL、2.00 mL、3.00 mL、4.00 mL、5.00 mL镁标准溶液(12.11)分别置于一组250 mL容量瓶中,各加入5.0 mL的铝溶液(12.8),仅当用空气-乙炔火焰时加入5 mL氯化锶溶液(12.9),以水稀释至刻度,混匀。

15.5.2　测量

将系列标准溶液(15.5.1)于原子吸收光谱仪波长285.2 nm处或279.6 nm处,用一氧化二氮-乙炔(或空气-乙炔)贫燃性火焰,以水调零,分别测量系列标准溶液试液和"零浓度"溶液(不加镁标准溶液者)的吸光度,以镁量为横坐标,吸光度(减去"零浓度"溶液的吸光度)为纵坐标,绘制工作曲线。

16　分析结果的计算

按式(4)计算镁的质量分数(%):

$$w(\mathrm{Mg})=\frac{(m_2-m_1)\times R\times 10^{-3}}{m_0} \quad \cdots\cdots(4)$$

式中:

m_2——自工作曲线上查得的试液的镁量,单位为毫克(mg);

m_1——自工作曲线上查得的随同试料所做的空白试验溶液的镁量,单位为毫克(mg);

m_0——试料的质量,单位为克(g);

R——稀释系数。15.4.3中四种情况的R值分别为1、5、20、100。

17　精密度

17.1　重复性

在重复性条件下获得的两个独立测试结果的测定值,在以下给出的平均值范围内,这两个测试结果的绝对差值不超过重复性限(r),超过重复性限(r)的情况不超过5%,重复性限(r)按以下数据采用线性内插法求得。

镁的质量分数/%:　0.002 0　0.059　0.24　1.50　4.52

重复性限　r/%:　0.000 42　0.005 0　0.011　0.027　0.063

17.2　允许差

实验室之间分析结果的差值应不大于表3所列允许差。

表3

镁的质量分数/%	允许差/%
0.002 0～0.010	0.001
>0.010～0.025	0.002

表 3（续）

镁的质量分数/%	允许差/%
>0.025~0.050	0.004
>0.050~0.075	0.005
>0.075~0.100	0.008
>0.100~0.250	0.012
>0.250~0.500	0.018
>0.500~0.750	0.022
>0.750~1.000	0.030
>1.000~2.00	0.045
>2.00~3.00	0.06
>3.00~4.00	0.08
>4.00~5.00	0.12

18 质量控制与保证

分析时，用标准样品或控制样品进行校核，或每年至少用标准样品或控制样品对分析方法校核一次。当过程失控时，应找出原因。纠正错误后，重新进行校核。

附 录 A
（资料性附录）
本部分方法一章条编号与 ISO 2297:1973 章条编号对照

表 A.1 给出了本部分章条编号与 ISO 2297:1973 章条编号对照一览表。

表 A.1 本部分章条编号与 ISO 2297:1973 章条编号对照

本部分章条编号	对应的国际标准章条编号
1	1
2	2.1～2.4
3.1	3.1
3.2	3.7
3.3	3.2
3.4	3.3
3.5	3.4
3.6	3.5
3.7	3.6
3.8	3.14
3.9	3.10
3.10	3.11
3.11	3.12
3.12	3.8
3.13	3.9
3.14	3.15
3.15	3.17
3.16	3.13
3.17	3.16
3.18	3.18
3.19	3.19
3.20	3.20
3.21	3.25
3.22	3.21
3.23	3.22
3.24.1	3.23～3.23.1
3.24.2	3.23.2
3.24.3	3.23.3
3.25.1	3.24～3.24.1
3.25.2	3.24.2

表 A.1（续）

本部分章条编号	对应的国际标准章条编号
3.25.3	3.24.3
4.1	4.1
4.2	—
5	5.2
6.1	6.1
6.2	—
6.3	6.2
6.4	6.3
6.4.1	6.3.1
6.4.2	6.3.2
6.4.3	6.3.3
6.4.4	6.3.4
6.4.5	6.3.5
7	7
8.1～8.2	—
9	—

附 录 B
（资料性附录）
本部分方法一与 ISO 2297:1973 技术性差异及其原因

表 B.1 给出了本部分与 ISO 2297:1973 的技术性差异及其原因的一览表。

表 B.1 本部分与 ISO 2297:1973 技术性差异及其原因

本部分的章条编号	技术性差异	原 因
2	删除 ISO 2297:1973 第二章中 2.1～2.4 序号，综合表述为 2	改为适合我国国情的叙述，内容无变化
3	删除 ISO 2297:1973 中 3.1～3.2、3.15～3.19 中试剂配制过程中的描述	这些内容属描述性内容而非准确性要求，不宜写在标准正文中
3.24.3	修改了本条款的计算公式	原文中物质的量采用的滴定度已废除，不符合我国法定计量单位，本标准采用法定计量单位 mol
7	修改了 ISO 2297:1973(1)第七章中计算公式	原文中标准溶液采用滴定度，经 3.24.3 中修改后用 mol 浓度，需变化计算公式
8	删除了 ISO 2297:1973(1)第八章注解	原文注解中描述的内容已经放入正文中可以删除，本标准第八章为精密度描述了本方法的重复性和允许差
9	ISO 2297:1973(1)第九章内容修改	本标准增加质量控制和保证

附 录 C
（资料性附录）
本部分方法二章条编号与 ISO 3256:1977 章条编号对照

表 C.1 给出了本部分方法二章条编号与 ISO 3256:1977 章条编号对照一览表。

表 C.1 本部分章条编号与 ISO 3256:1977 章条编号对照

本部分章条编号	对应的国际标准章条编号
10	1、2
11	3
12、12.1～12.12	4、4.1～4.10
13	5
14	6、6.1、6.2
15	7
15.1、15.2、15.3	7.1
15.5、15.5.1	7.2、7.2.1
15.5.1.1～15.5.1.5	7.2.1.1～7.2.1.4
15.5.2	7.2.2
15.4	7.3
15.4.1、15.4.2	7.3.1
15.4.3、15.4.4	7.3.1.1～7.3.1.4
16	8
17、17.1、17.2	9

附 录 D
（资料性附录）
本部分方法二与 ISO 3256:1977 技术性差异及其原因

表 D.1 给出了本部分方法二与 ISO 3256:1977 的技术性差异及其原因的一览表。

表 D.1 本部分与 ISO 3256:1977 技术性差异及其原因

本部分的章条编号	技术性差异	原因
10	本部分将 ISO 3256:1977 的测定范围由 0.01%～5%扩至 0.002 0%～5.00%	根据我国产品标准中镁含量的范围，通过实验扩展测定范围
—	删除 ISO 3256:1977 第二条款“引用标准”	以便符合国家标准编写规范
17	将 ISO 3256:1977“9 结果的置信区间”改为“精密度”	以便符合国家标准编写规范
18	增加“质量保证与控制”条款。并删除 ISO 3256:1977 中“10 试验报告”条款	以便符合国家标准编写规范

ICS 77.120.10
H 12

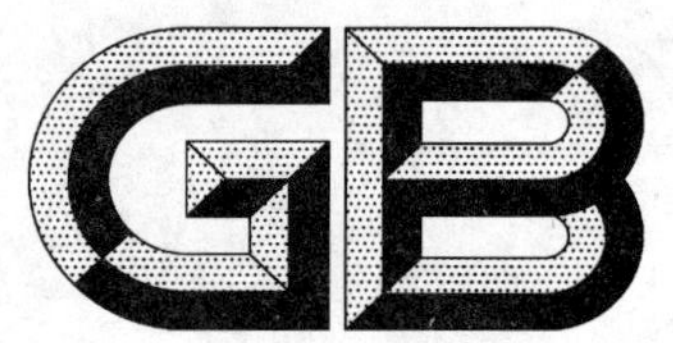

中华人民共和国国家标准

GB/T 20975.17—2008
代替 GB/T 6987.28—2001

铝及铝合金化学分析方法 第17部分:锶含量的测定 火焰原子吸收光谱法

Methods for chemical analysis of aluminium and aluminium alloys—
Part 17: Determination of strontium content—
Flame atomic absorption spectrometric method

2008-03-31 发布　　　　2008-09-01 实施

中华人民共和国国家质量监督检验检疫总局
中国国家标准化管理委员会　发布

前　言

GB/T 20975《铝及铝合金化学分析方法》是对 GB/T 6987—2001《铝及铝合金化学分析方法》的修订，本次修订将原标准号 GB/T 6987 改为 GB/T 20975。

GB/T 20975《铝及铝合金化学分析方法》分为 25 个部分：

——第 1 部分：汞含量的测定　冷原子吸收光谱法
——第 2 部分：砷含量的测定　钼蓝分光光度法
——第 3 部分：铜含量的测定
——第 4 部分：铁含量的测定　邻二氮杂菲分光光度法
——第 5 部分：硅含量的测定
——第 6 部分：镉含量的测定　火焰原子吸收光谱法
——第 7 部分：锰含量的测定　高碘酸钾分光光度法
——第 8 部分：锌含量的测定
——第 9 部分：锂含量的测定　火焰原子吸收光谱法
——第 10 部分：锡含量的测定
——第 11 部分：铅含量的测定　火焰原子吸收光谱法
——第 12 部分：钛含量的测定
——第 13 部分：钒含量的测定　苯甲酰苯胲分光光度法
——第 14 部分：镍含量的测定
——第 15 部分：硼含量的测定
——第 16 部分：镁含量的测定
——第 17 部分：锶含量的测定　火焰原子吸收光谱法
——第 18 部分：铬含量的测定
——第 19 部分：锆含量的测定
——第 20 部分：镓含量的测定　丁基罗丹明 B 分光光度法
——第 21 部分：钙含量的测定　火焰原子吸收光谱法
——第 22 部分：铍含量的测定　依莱铬氰兰 R 分光光度法
——第 23 部分：锑含量的测定　碘化钾分光光度法
——第 24 部分：稀土总含量的测定
——第 25 部分：电感耦合等离子体原子发射光谱法

本部分为第 17 部分。

本部分代替 GB/T 6987.28—2001《铝及铝合金化学分析方法火焰原子吸收光谱法测定锶含量》。

本部分与 GB/T 6987.28—2001 相比主要变化如下：

——增加了“重复性”和“质量保证与控制”条款。

本部分由中国有色金属工业协会提出。

本部分由全国有色金属标准化技术委员会归口。

本部分由东北轻合金有限责任公司、中国有色金属工业标准计量质量研究所负责起草。

本部分起草单位：抚顺铝业有限公司。

本部分主要起草人：冯颖新、杨宇宏、田光、席欢、葛立新、范顺科。

本部分所代替标准的历次版本发布情况为：

——GB/T 6987.28—2001。

铝及铝合金化学分析方法 第17部分：锶含量的测定 火焰原子吸收光谱法

1 范围

本部分规定了铝及铝合金中锶含量的测定方法。

本部分适用于铝及铝合金中锶含量的测定。测定范围：0.02%～12.00%。

2 方法提要

试料以盐酸和过氧化氢溶解，在氯化镧存在下于原子吸收光谱仪波长460.7 nm处，以空气-乙炔富燃性火焰进行锶量测定。

3 试剂

3.1 铝(≥99.99%，不含锶)。

3.2 氢氟酸(ρ 1.14 g/mL)。

3.3 过氧化氢(ρ 1.10 g/mL)。

3.4 盐酸(1+1)。

3.5 硝酸(ρ 1.42 g/mL)。

3.6 氯化镧溶液(200 g/L)：称取100 g氯化镧($LaCl_3 \cdot 6H_2O$)，以水定容于500 mL容量瓶中。

3.7 铝溶液(20 mg/mL)：称取20.00 g经酸洗的铝(3.1)置于1 000 mL烧杯中，盖上表皿，分次加入总量为500 mL的盐酸(3.4)。待剧烈反应停止后，缓慢加热至完全溶解，然后加入数滴过氧化氢(3.3)煮沸数分钟以分解过量的过氧化氢，冷却至室温。将溶液移入1 000 mL容量瓶中，以水稀释至刻度，混匀。

3.8 铝溶液(2.0 mg/mL)：移取50 mL铝溶液(3.7)于500 mL容量瓶中，以水稀释至刻度，混匀。

3.9 三乙醇胺溶液(1+1)。

3.10 缓冲溶液(pH10)：量取饱和氯化铵溶液22 mL，加22 mL氨水，以水稀释至300 mL。

3.11 乙二胺四乙酸二钠(EDTA)标准溶液(0.01 mol/L)。

3.12 铬黑T指示剂：称取1.00 g铬黑T和99.00 g氯化钠(105℃烘干)研磨而成。

3.13 镁标准溶液(1.0 mg/mL)。

3.14 指示剂：取5 mL镁标准溶液(3.13)于500 mL锥形杯中加30 mL水，10 mL缓冲溶液(3.10)，加少许铬黑T指示剂(3.12)，用EDTA标准溶液(3.11)滴定至终点亮蓝色。

3.15 锶标准贮存溶液(1.0 mg/mL)。

3.15.1 配制：称取3.042 9 g氯化锶($SrCl_2 \cdot 6H_2O$)置于250 mL烧杯中，加水溶解后，移入1 000 mL容量瓶中，以水稀释至刻度，混匀。

3.15.2 标定：移取25.00 mL锶标准贮存溶液(3.15.1)于300 mL烧杯中，加入40 mL水，10 mL三乙醇胺溶液(3.9)，10 mL缓冲溶液(3.10)，加10 mL～15 mL指示剂(3.14)，用EDTA标准溶液滴定至亮蓝色为终点。按式(1)计算锶标准贮存溶液的实际浓度(mg/mL)。

$$c = \frac{M \times c_0 \times V_1}{V} \qquad (1)$$

式中：

c——锶标准贮存溶液的实际浓度，单位为毫克每毫升(mg/mL)；

M——锶的摩尔质量，单位为克每摩尔(g/mol)；

c_0——EDTA 标准溶液的浓度，单位为摩尔每升(mol/L)；

V_1——滴定时消耗 EDTA 标准溶液的体积，单位为毫升(mL)；

V——移取锶标准贮存溶液的体积，单位为毫升(mL)。

3.16 锶标准溶液：移取 50.00 mL，锶标准贮存溶液(3.15)于 200 mL 容量瓶中，以水稀释至刻度，混匀，此溶液 1 mL 含 0.25 mg 锶。

3.17 锶标准溶液：移取 50.00 mL，锶标准贮存溶液(3.15)于 500 mL 容量瓶中，以水稀释至刻度，混匀，此溶液 1 mL 含 0.1 mg 锶。

4 仪器

原子吸收光谱仪，附锶空心阴极灯。

在仪器最佳工作条件下，凡能达到下列指标者均可使用：

灵敏度：在于测量试料溶液的基体相一致的溶液中，锶的特征浓度应不大于 0.25 μg/mL。

精密度：用最高浓度的标准溶液测量 10 次吸光度，其标准偏差应不超过平均吸光度的 1.0%；用最低浓度的标准溶液(不是“零浓度”溶液)测量 10 次吸光度，其标准偏差应不超过最高浓度标准溶液平均吸光度的 0.5%。

工作曲线线性：将工作曲线按浓度等分成五段，最高段的吸光度差值与最低的吸光度差值之比，应不小于 0.7。

5 试样

将试样加工成厚度不大于 1 mm 的碎屑。

6 分析步骤

6.1 试料

称取 0.50 g 试样，精确至 0.000 1 g。

6.2 测定次数

独立地进行两次测定，取其平均值。

6.3 空白试验

随同试料做空白试验。

6.4 测定

6.4.1 将试料(6.1)置于 250 mL 烧杯中，盖上表皿，加入 15 mL～20 mL 水，15 mL 盐酸(3.4)待剧烈反应后，加热至试料完全溶解。加入 2 滴～3 滴过氧化氢(3.3)煮沸慢慢蒸发至析出盐类，稍冷，加 30 mL 水，3.0 mL 盐酸(3.4)加热至盐类完全溶解，取下冷却。

6.4.2 如有不溶物需过滤、洗涤，将残渣连同滤纸置于铂坩埚中，灰化(勿使滤纸燃着)，在约 550℃灼烧，冷却。加入 5 mL 氢氟酸(3.2)，并逐滴加入硝酸(3.5)至溶液清亮。加热蒸发至干，于 700℃灼烧数分钟，冷却，用尽量少的盐酸(3.4)溶解残渣(必要时过滤)，将此溶液合并于原溶液中，再根据试料中锶含量按表 1 移入相应的容量瓶中，以水稀释至刻度，混匀。

表 1

锶的质量分数/%	试液总体积/mL	移取试液体积/mL	稀释体积/mL	氯化镧溶液(3.6)加入体积/mL
0.02～0.10	100	—	—	12
>0.10～0.50	100	20	100	6
>0.50～2.50	500	20	100	4
>2.50～12.0	500	10	250	3

6.4.3 将随同试料所作的空白试验溶液(6.3)及根据试料中锶含量而制备的试液(6.4.2)于原子吸收光谱仪波长 460.7 nm 处，用空气-乙炔富燃性火焰，以水调零，测量锶的吸光度，从工作曲线上查得相应的锶量。

6.5 工作曲线的绘制

6.5.1 锶的质量分数为 0.02%～0.10%时，移取 0、1.00、2.00、3.00、4.00、5.00 mL锶标准溶液(3.17)分别置于一组 100 mL 容量瓶中。各加入 25 mL 铝溶液(3.7)，12 mL 氯化镧溶液(3.6)，用水稀释至刻度，混匀。

6.5.2 锶的质量分数为 0.10%～0.50%时，移取 0、1.00、2.00、3.00、4.00、5.00 mL锶标准溶液(3.17)分别置于一组 100 mL 容量瓶中。各加入 5.0 mL 铝溶液(3.7)，6 mL 氯化镧溶液(3.6)，用水稀释至刻度，混匀。

6.5.3 锶的质量分数为 0.50%～2.50%时，移取 0、1.00、2.00、3.00、4.00、5.00 mL锶标准溶液(3.17)分别置于一组 100 mL 容量瓶中。各加入 10 mL 铝溶液(3.8)，4 mL 氯化镧溶液(3.6)，用水稀释至刻度，混匀。

6.5.4 锶的质量分数为 2.50%～12.00%时，移取 0、1.00、2.00、3.00、4.00、5.00 mL锶标准溶液(3.16)分别置于一组 250 mL 容量瓶中。各加入 5.0 mL 铝溶液(3.8)，3 mL 氯化镧溶液(3.6)，用水稀释至刻度，混匀。

6.6 测量

将系列标准溶液(6.5.1～6.5.4)于原子吸收光谱仪波长 460.7 nm 处以空气-乙炔富燃性火焰，以水调零，测量系列标准溶液和“零浓度”溶液(不加锶标准溶液者)的吸光度，以锶量为横坐标，吸光度(减去“零浓度”溶液的吸光度)为纵坐标，绘制工作曲线。

7 分析结果的计算

按式(2)计算锶的质量分数(%)：

$$w(\mathrm{Sr}) = \frac{(m_2 - m_1) \times 10^{-3} \times R}{m_0} \times 100 \qquad (2)$$

式中：

m_2——从工作曲线上查得的试料溶液的锶的质量，单位为毫克(mg)；

m_1——从工作曲线上查得的随同试料所作的空白溶液的锶的质量，单位为毫克(mg)；

R——稀释系数，6.4.3 中的四种情况的 R 值分别为 1、5、25、50；

m_0——试料的质量，单位为克(g)。

8 精密度

8.1 重复性

在重复性条件下获得的两个独立测试结果的测定值，在以下给出的平均值范围内，这两个测试结果的绝对值不超过重复性限(r)，超过重复性限(r)的情况不超过 5%。重复性限(r)按以下数据采用线性内插法求得：

锶的质量分数/%：　0.059　　0.201　　1.01　　9.96
重复性限　r/%：　0.003　　0.006　　0.05　　0.20

8.2 允许差

实验室之间分析结果的差值应不大于表2所列允许差。

表2

锶的质量分数/%	允许差/%
0.020～0.050	0.003
>0.050～0.100	0.005
>0.10～0.50	0.01
>0.50～1.00	0.03
>1.00～2.50	0.06
>2.50～5.00	0.10
>5.00～7.50	0.25
>7.50～10.00	0.40
>10.00～12.00	0.50

9 质量保证与控制

分析时，用标准样品或控制样品进行校核，或每半年至少用标准样品或控制样品对分析方法校核一次。当过程失控时，应找出原因。纠正错误后，重新进行校核。

ICS 77.120.10
H 12

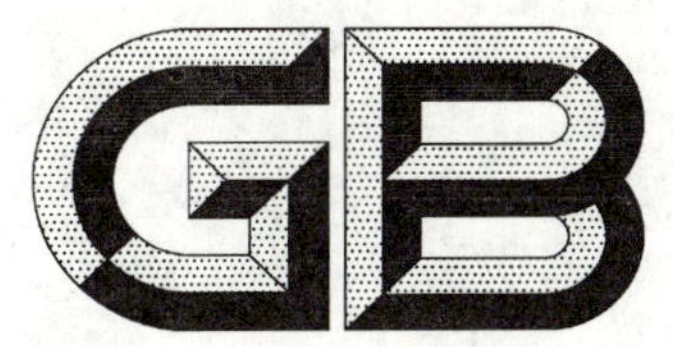

中华人民共和国国家标准

GB/T 20975.18—2008
代替 GB/T 6987.30—2001,GB/T 6987.18—2001

铝及铝合金化学分析方法 第 18 部分:铬含量的测定

Methods for chemical analysis of aluminium and aluminium alloys—Part 18:Determination of chromium content

2008-03-31 发布 2008-09-01 实施

中华人民共和国国家质量监督检验检疫总局
中国国家标准化管理委员会 发布

前　言

GB/T 20975《铝及铝合金化学分析方法》是对 GB/T 6987—2001《铝及铝合金化学分析方法》的修订，本次修订将原标准号 GB/T 6987 改为 GB/T 20975。

GB/T 20975《铝及铝合金化学分析方法》分为 25 个部分：

——第 1 部分：汞含量的测定　冷原子吸收光谱法；

——第 2 部分：砷含量的测定　钼蓝分光光度法；

——第 3 部分：铜含量的测定；

——第 4 部分：铁含量的测定　邻二氮杂菲分光光度法；

——第 5 部分：硅含量的测定；

——第 6 部分：镉含量的测定　火焰原子吸收光谱法；

——第 7 部分：锰含量的测定　高碘酸钾分光光度法；

——第 8 部分：锌含量的测定；

——第 9 部分：锂含量的测定　火焰原子吸收光谱法；

——第 10 部分：锡含量的测定；

——第 11 部分：铅含量的测定　火焰原子吸收光谱法；

——第 12 部分：钛含量的测定；

——第 13 部分：钒含量的测定　苯甲酰苯胲分光光度法；

——第 14 部分：镍含量的测定；

——第 15 部分：硼含量的测定；

——第 16 部分：镁含量的测定；

——第 17 部分：锶含量的测定　火焰原子吸收光谱法；

——第 18 部分：铬含量的测定；

——第 19 部分：锆含量的测定；

——第 20 部分：镓含量的测定　丁基罗丹明 B 分光光度法；

——第 21 部分：钙含量的测定　火焰原子吸收光谱法；

——第 22 部分：铍含量的测定　依莱铬氰兰 R 分光光度法；

——第 23 部分：锑含量的测定　碘化钾分光光度法；

——第 24 部分：稀土总含量的测定；

——第 25 部分：电感耦合等离子体原子发射光谱法。

本部分为第 18 部分，对应于 ISO 3978:1976《铝及铝合金——铬的测定——萃取后用二苯卡巴肼分光光度法》和 ISO 4193:1981《铝及铝合金——铬的测定——火焰原子吸收光谱法》，一致性程度为修改采用。

本部分"方法一：萃取分离-二苯基碳酰二肼分光光度法"修改采用 ISO 3978:1976。附录 A(表 A.1)中列出了本部分章条和对应的国际标准章条的对照一览表。本部分在采用国际标准时对部分内容进行了修改，这些技术性差异用垂直单线标识在它们所涉及的条款的页边空白处。在附录 B 中给出了技术性差异及其原因的一览表以供参考。

本部分"方法二：火焰原子吸收光谱法"修改采用 ISO 4193:1981。附录 A(表 A.2) 中列出了本部分章条和对应的国际标准章条的对照一览表。在采用国际标准时对部分内容进行了修改。这些技术性差异用垂直单线标识在它们所涉及的条款的页边空白处。主要技术差异如下：

——在第10章中铬的测定范围不包括0.003%～0.010%；

——在第13章中增加了使用仪器的技术指标；

——在第16章中以浓度、体积代替重量参数；

——在第17章中增加了精密度条款；

——在第18章中增加了质量保证与控制条款；

——减少了试验报告的内容要求。

本部分代替GB/T 6987.18—2001《铝及铝合金化学分析方法　火焰原子吸收光谱法测定铬量》和GB/T 6987.30—2001《铝及铝合金化学分析方法　萃取分离-二苯基碳酰二肼分光光度法测定铬量》。本次修订将GB/T 6987.30的有关内容纳入本部分。

与GB/T 6987.18—2001相比主要变化如下：

——将6987.30—2001内容作为本部分的“方法一：萃取分离-二苯基碳酰二肼分光光度法”，原标准内容作为“方法二：火焰原子吸收光谱法”；

——将测定范围由0.003 0%～0.60%修订为0.010%～0.60%；

——增加了“重复性”条款；

——增加了“质量保证与控制”条款；

——对允许差进行了修改。

本部分的附录A、附录B为资料性附录。

本部分的“方法一：萃取分离-二苯基碳酰二肼分光光度法”为仲裁方法。

本部分由中国有色金属工业协会提出。

本部分由全国有色金属标准化技术委员会归口。

本部分由东北轻合金有限责任公司、中国有色金属工业标准计量质量研究所负责起草。

本部分起草单位：广州有色金属研究院。

本部分方法一主要起草人：戴凤英、刘天平、张永进、席欢、葛立新、范顺科。

本部分方法二主要起草人：刘天平、戴凤英、谢辉、席欢、马存真、朱玉华。

本部分所代替标准的历次版本发布情况为：

——GB/T 6987.18—1986、GB/T 6987.18—2001；

——GB/T 6987.30—2001。

铝及铝合金化学分析方法 第18部分:铬含量的测定

方法一:萃取分离-二苯基碳酰二肼分光光度法

1 范围

本方法规定了铝及铝合金中铬含量的测定方法。

本方法适用于铝及铝合金中铬含量的测定。测定范围:0.000 1%~0.60%。

2 方法提要

试料经盐酸、硝酸和硫酸混合酸分解,过滤回收残渣中铬。

用硝酸铈铵将三价铬离子氧化成六价铬离子,再用4-甲基-戊酮-2萃取六价铬离子,然后将其转入到水相后使之与二苯基碳酰二肼形成有色络合物,于分光光度计波长545 nm处测量其吸光度。

3 试剂

3.1 硝酸(ρ1.42 g/mL)。

3.2 硫酸(ρ1.84 g/mL)。

3.3 盐酸(ρ1.19 g/mL)。

3.4 氢氟酸(ρ1.14 g/mL)。

3.5 硫酸(2+7)。

3.6 盐酸(1+1):贮存于冰箱中。

3.7 盐酸(1+24):贮存于冰箱中。

3.8 混合酸:将200 mL盐酸(3.3)和200 mL硝酸(3.1)及400 mL水置于适当大小的容器中进行混合。在冷却和不断搅拌下,小心地加入120 mL硫酸(3.2)。冷却后以水稀释至1 000 mL。混合酸贮存于深颜色的玻璃容器内。

3.9 硝酸铈铵溶液(21.90 g/L):称取2.19 g硝酸铈铵[$(NH_4)_2Ce(NO_3)_6$]溶解于少量水中并加入25 mL硫酸(3.5)。将溶液转移入100 mL容量瓶中,用水稀释至刻度,混匀。

3.10 4-甲基-戊酮-2按下述方法提纯:于1 000 mL分液漏斗中,移入250 mL预先冷却至5℃~10℃的4-甲基-戊酮-2[$CH_3COCH_2CH(CH_3)_2$],并加入250 mL冷却至同一温度的盐酸(3.7),用力摇动1 min;然后静置分层,弃去水相。将4-甲基-戊酮-2收集于适宜的容器中,此试剂应冷却使用。

3.11 二苯基碳酰二肼丙酮溶液(10 g/L):称取0.50 g熔点在170℃以上的二苯基碳酰二肼溶解于少量丙酮中,移入50 mL容量瓶中,冷却至5℃~10℃,并用丙酮稀释至刻度。此溶液在使用前配制。

3.12 氯化镍溶液(200 g/L):称取20 g六水合氯化镍溶解于少量水中,加入60 mL盐酸(3.3),用水稀释至100 mL。

3.13 铝基体溶液(20 g/L):称取20.00 g高纯铝[$w(Al)\geqslant 99.99\%$,不含铬],置于1 000 mL烧杯中,加入1 mL氯化镍溶液(3.12)并分次少量加入总量为200 mL盐酸(3.3),必要时用水稀释。待反应完毕后,加入200 mL硝酸(3.1),冷却,加入120 mL硫酸(3.2)。小心加热溶液至刚有三氧化硫白烟冒出后,取下冷却。用水吹洗杯壁,搅匀后继续加热至有三氧化硫白烟冒出,取下冷却,用水溶解并加热至溶液清亮。冷却后,将溶液移入1 000 mL容量瓶中,用水稀释至刻度,混匀。

3.14 铬标准贮存溶液:称取0.566 6 g预先在140℃下烘干并于干燥器中冷却的基准重铬酸钾,置于

400 mL 烧杯中，加入 100 mL 水溶解。加入 10 mL 盐酸(3.3)和 25 mL 乙醇[95%(体积分数)]。加热煮沸并浓缩溶液至 10 mL～20 mL。加入 10 mL 硫酸(3.2)和 5 mL 硝酸(3.1)。将溶液加热至刚有三氧化硫白烟冒出后，取下冷却。用水吹洗杯壁，摇匀后继续加热至冒三氧化硫白烟，取下冷却。用水溶解并加热至溶液清晰为止，冷却。将溶液移入 1 000 mL 容量瓶中，用水稀释至刻度，混匀。此溶液 1 mL含 0.20 mg 铬。

3.15 铬标准溶液：移取 50.00 mL 铬标准贮存溶液(3.14)至 500 mL 容量瓶内，用水稀释至刻度，混匀。此溶液 1 mL 含 20.00 μg 铬。

3.16 铬标准溶液：移取 50.00 mL 铬标准溶液(3.15)至 500 mL 容量瓶内，用水稀释至刻度，混匀。此溶液 1 mL 含 2.00 μg 铬。

4 仪器

分光光度计。

5 试样

将试样加工成厚度不大于 1 mm 的碎屑。

6 分析步骤

6.1 试料

按表 1 称取试样，精确至 0.000 1 g。

表 1

铬的质量分数/%	试料/g	分取试液体积/mL	加入铝基体溶液(3.13)体积/mL
0.000 1～0.050	1.00	20.00	—
>0.050～0.10	0.40	10.00	8.0
>0.10～0.60	0.10	10.00	9.5

6.2 测定次数

独立地进行两次测定，取其平均值。

6.3 空白试验

移取 10.00 mL 铝基体溶液(3.13)，置于 30 mL 刻度管中，用水稀释至约 20 mL，加入 2.0 mL 硝酸铈铵溶液(3.9)，混匀，用水洗管壁至体积为 30 mL，以下随同试料(6.1)按 6.4.2～6.4.6 进行。

6.4 测定

6.4.1 将试料(6.1)置于 250 mL 烧杯中，盖上表皿，分次加入总量为 50.0 mL 的混合酸(3.8)，[若分析测定极纯的铝，则加入混合酸前先滴加数滴氯化镍溶液(3.12)]。待反应停止后，用少量水洗涤杯壁和表皿。加热试液至刚有三氧化硫白烟冒出后，取下冷却，用水吹洗杯壁，摇匀后继续加热至冒三氧化硫白烟，取下冷却。用 40 mL～60 mL 水溶解并加热溶液至盐类完全溶解。若有硅析出，用致密滤纸过滤，以温热水洗涤硅，将滤液和洗涤液收集于 100 mL 容量瓶中。将残渣连同滤纸置于铂坩埚中，小心烘干，灰化，然后在 1 000℃下灼烧 20 min。

冷却后，加入 2 滴硫酸(3.2)、1 mL 硝酸(3.1)和数毫升氢氟酸(3.4)于坩埚中并小心加热至有三氧化硫白烟释放出。然后将坩埚加热至刚干，冷却，用少量水溶解残渣，必要时可加热至溶解完全并将此溶液合并于主滤液中。冷却后用水稀释至刻度，混匀。

6.4.2 按表 1 分取试液和相应体积的铝基体溶液(3.13)于 30 mL 刻度管中，加入 2.0 mL 硝酸铈铵溶液(3.9)，混匀，用水洗管壁至体积为 30 mL。

将刻度管浸于沸水浴中 25 min，移出刻度管，并先用流水冷却，然后放在冰浴中，至温度为

5℃～10℃。

注：分析过程中盐酸(3.6)和盐酸(3.7)，4-甲基-戊酮-2(3.10)以及二苯基碳酰二肼溶液(3.11)，存放同一冰浴中。

6.4.3　将溶液移入标有45 mL刻度的100 mL分液漏斗A中。用少量水洗涤刻度管，洗液并入分液漏斗中，控制体积为45 mL。加入4.5 mL在冰浴中冷却的盐酸(3.6)，混匀。加入25 mL冷却的4-甲基-戊酮-2(3.10)，振荡1 min。静置分层，移出水相并置于另一个分液漏斗B中。再往分液漏斗B中加入25 mL冷却的4-甲基-戊酮-2(3.10)并振荡1 min。静置分层，弃去水相，将有机相合并到分液漏斗A中，静置澄清溶液，弃去水相。往有机相中加入25 mL冷的盐酸(3.7)，振荡5 s，静置分层，弃去水相。

6.4.4　铬的质量分数在0.000 1%～0.005%时，加入10 mL水反萃取一次，第二、三次分别加入5 mL水反萃取，每次振荡30 s，放出的水相收集于25 mL容量瓶中。

铬的质量分数在>0.005%～0.60%时，将有机相中的六价铬离子用水连续三次反萃取，每次用水25 mL并振荡30 s，放出的水相收集于100 mL容量瓶内。

6.4.5　加入0.6 mL硫酸(3.5)于25 mL容量瓶中，混匀，加入0.5 mL冷的二苯基碳酰二肼溶液(3.11)，用水稀释至刻度，混匀。

加入2.5 mL硫酸(3.5)于100 mL容量瓶中，混匀，加入2.0 mL冷的二苯基碳酰二肼溶液(3.11)，用水稀释至刻度，混匀。

6.4.6　10 min后，移取部分试液于2 cm吸收池中，于分光光度计波长545 nm处，以水作参比，测量其吸光度，减去空白试验溶液的吸光度，从工作曲线上查得相应的铬量。

6.5　工作曲线的绘制

6.5.1　铬的质量分数在0.000 1%～0.005 0%时系列标准溶液的制备：

在预先盛有10.00 mL铝基体溶液(3.13)的6个30 mL刻度管中，分别加入0 mL、0.25 mL、0.50 mL、1.25 mL、2.50 mL、5.00 mL铬标准溶液(3.16)，各加入2.0 mL硝酸铈铵溶液(3.9)，混匀。用水洗管壁至体积为30 mL。以下按6.4.2～6.4.5进行。

6.5.2　铬的质量分数在>0.005 0%～0.60%时系列标准溶液的制备：

在预先盛有10.00 mL铝基体溶液(3.13)的7个30 mL刻度管中，加入0 mL、2.0 mL、5.0 mL、10.0 mL铬标准溶液(3.16)和2.0 mL、4.0 mL、6.0 mL铬标准溶液(3.15)，各加入2.0 mL硝酸铈铵溶液(3.9)，混匀，用水洗管壁至体积为30 mL。以下按6.4.2～6.4.5进行。

6.5.3　10 min后，移取部分系列标准溶液于2 cm吸收池中，于分光光度计波长545 nm处，以水为参比，测量其吸光度，减去试剂空白溶液的吸光度，以铬量为横坐标，吸光度为纵坐标，绘制工作曲线。

7　分析结果的计算

按式(1)计算铬的质量分数(%)：

$$w(\mathrm{Cr})=\frac{m_1\times V_0\times 10^{-6}}{m_0\times V_1}\times 100 \quad\cdots\cdots(1)$$

式中：

m_1——从工作曲线上查得的铬量，单位为微克(μg)；

m_0——试料的质量，单位为克(g)；

V_1——按表1分取的试液体积，单位为毫升(mL)；

V_0——试液总体积，单位为毫升(mL)。

8　精密度

8.1　重复性

在重复性条件下获得的两个独立测试结果的测定值，在以下给出的平均值范围内，这两个测试结果的绝对差值不超过重复性限(r)，超过重复性限(r)的情况不超过5%。重复性限(r)按以下数据采用线性内插法求得。

铬的质量分数/%：　0.000 50　0.005 3　0.070　0.500

重复性限 r/%：　0.000 17　0.000 70　0.004 5　0.024

8.2 允许差

实验室之间分析结果的差值不大于表2所列允许差。

表2

铬的质量分数/%	允许差/%
0.000 1～0.000 2	0.000 05
>0.000 2～0.000 4	0.000 1
>0.000 4～0.000 7	0.000 2
>0.000 7～0.001 0	0.000 3
>0.001 0～0.003 0	0.000 4
>0.003 0～0.007 0	0.000 7
>0.007 0～0.010	0.000 8
>0.010～0.030	0.002
>0.030～0.070	0.005
>0.070～0.10	0.008
>0.10～0.30	0.010
>0.30～0.60	0.025

9 质量保证与控制

分析时，用标准样品或控制样品进行校核，或每年至少用标准样品或控制样品对分析方法校核一次。当过程失控时，应找出原因。纠正错误后，重新进行校核。

方法二：火焰原子吸收光谱法

10 范围

本方法规定了铝及铝合金中铬含量的测定方法。

本方法适用于铝及铝合金中铬含量的测定。测定范围：0.010%～0.60%。

11 方法提要

试料用盐酸和过氧化氢溶解，于原子吸收光谱仪波长357.9 nm处，以一氧化二氮-乙炔(或空气-乙炔)富燃性火焰测量铬的吸光度。

12 试剂

12.1 高纯铝[$w(Al)\geq 99.99\%$，不含铬]。

12.2 硝酸(ρ1.42 g/mL)。

12.3 氢氟酸(ρ1.14 g/mL)。

12.4 过氧化氢(ρ1.10 g/mL)。

12.5 盐酸(1+1)。

12.6 硫酸(1+1)。

12.7 铝基体溶液(20 g/L):称取20.00 g经酸洗的高纯铝(12.1),置于1 000 mL烧杯中,盖上表皿。分次加入总量为600 mL的盐酸(12.5),加1滴汞助溶。待剧烈反应停止后,缓慢加热至完全溶解,然后加入数滴过氧化氢(12.4),煮沸数分钟,分解过量的过氧化氢,冷却。将溶液移入1 000 mL容量瓶中,以水稀释至刻度,混匀。

12.8 氯化镧溶液:称取100 g氧化镧,置于500 mL烧杯中,加入200 mL盐酸(ρ1.19 g/mL)溶解。移入1 000 mL容量瓶中,以水稀释至刻度,混匀。

12.9 铬标准溶液:称取1.414 g预先在140℃下烘干并于干燥器中冷却的基准重铬酸钾,置于400 mL烧杯中,盖上表皿。用20 mL水和10 mL盐酸(12.5)溶解。滴加10 mL过氧化氢(12.4),放置12 h~24 h至溶液黄色完全消失,温热(不要煮沸)分解过量的过氧化氢,冷却。将溶液移入1 000 mL容量瓶中,以水稀释至刻度,混匀。此溶液1 mL含0.5 mg铬。

12.10 铬标准溶液:移取25.00 mL铬标准溶液(12.9)于500 mL容量瓶中,以水稀释至刻度,混匀。此溶液1 mL含0.025 mg铬。

13 仪器

原子吸收光谱仪,附铬空心阴极灯。

在仪器最佳工作条件下,凡能达到下列指标者均可使用:

灵敏度:在与测量试料溶液的基体相一致的溶液中,铬的特征浓度应不大于0.1 μg/mL。

精密度:用最高浓度的标准溶液测量10次吸光度,其标准偏差应不超过平均吸光度的1.0%;用最低浓度的标准溶液(不是"零浓度"溶液)测量10次吸光度,其标准偏差应不超过最高浓度标准溶液平均吸光度的0.5%。

工作曲线线性:将工作曲线按浓度等分成五段,最高段的吸光度差值与最低段的吸光度差值之比应不小于0.7。

14 试样

将试样加工成厚度不大于1 mm的碎屑。

15 分析步骤

15.1 试料

称取1.00 g试样,精确至0.000 1 g。

15.2 测定次数

独立地进行两次测定,取其平均值。

15.3 空白试验

称取1.00 g高纯铝(12.1)代替试料(15.1)随同试料做空白试验。

15.4 测定

15.4.1 将试料(15.1)置于250 mL烧杯中,盖上表皿,加入30 mL~40 mL水,分次加入总量为30 mL的盐酸(12.5),待剧烈反应停止后,缓慢加热至试料完全溶解,滴加适量的过氧化氢(12.4),煮沸数分钟以分解过量的过氧化氢,冷却。

15.4.2 如有不溶物,过滤、洗涤。将残渣连同滤纸置于铂坩埚中,灰化,在约550℃灼烧,冷却。加入2 mL硫酸(12.6)和5 mL氢氟酸(12.3),并滴加硝酸(12.2)至溶液清亮。加热蒸发至干,在700℃灼烧数分钟,冷却。用尽量少的盐酸(12.5)溶解残渣(必要时过滤)。将此试液合并于原滤液中。

15.4.3 根据试料中铬的质量分数分别按下述处理:

铬的质量分数为0.010%~0.20 %时,将试液(15.4.1)或处理不溶物后合并的溶液移入100 mL

容量瓶中[若用空气-乙炔火焰测定并认为必需时,加入 5 mL 氯化镧溶液(12.8)],以水稀释至刻度,混匀。

铬的质量分数为>0.20 %~0.60 % 时,将试液(15.4.1)或处理不溶物后合并的溶液移入 100 mL 容量瓶中,以水稀释至刻度,混匀。分取 10.00 mL 此试液于 100 mL 容量瓶中,加入 45.00 mL 铝基体溶液(12.7)[若用空气-乙炔火焰测定并认为必需时,加入 5 mL 氯化镧溶液(12.8)],以水稀释至刻度,混匀。

15.4.4 将随同试料所做的空白试验溶液(15.3)及根据试料中铬的质量分数而制备的试液(15.4.3)于原子吸收光谱仪波长 357.9nm 处,用一氧化二氮-乙炔(或空气-乙炔)富燃性火焰,以水调零,测量铬的吸光度。所测吸光度减去空白试验(15.3)溶液的吸光度,从工作曲线上查出相应的铬浓度。

15.5 工作曲线的绘制

15.5.1 系列标准溶液的制备

移取 0 mL、1.00 mL、2.00 mL、4.00 mL、8.00 mL、20.00 mL 铬标准溶液(12.10)和 2.00 mL、3.00 mL、4.00 mL 铬标准溶液(12.9),分别置于 9 个 100 mL 容量瓶中,各加入 50.00 mL 铝基体溶液(12.7)[若用空气-乙炔火焰测定并认为必需时,加入 5 mL 氯化镧溶液(12.8)]。以水稀释至刻度,混匀。

15.5.2 在与试液测定相同条件下测量系列标准溶液的吸光度。以铬浓度为横坐标,吸光度(减去系列标准溶液中"零浓度"溶液的吸光度)为纵坐标,绘制工作曲线。

16 分析结果的计算

按式(2)计算铬的质量分数(%):

$$w(\mathrm{Cr}) = \frac{c \times V \times R \times 10^{-3}}{m_0} \times 100 \quad \cdots\cdots(2)$$

式中:

c——自工作曲线上查得的铬浓度,单位为毫克每毫升(mg/mL);

V——试液体积,单位为毫升(mL);

m_0——试料的质量,单位为克(g);

R——稀释系数,15.4.3 中两种情况的 R 值分别为 1 和 10。

17 精密度

17.1 重复性

在重复性条件下获得的两个独立测试结果的测定值,在以下给出的平均值范围内,这两个测试结果的绝对差值不超过重复性限(r),超过重复性限(r)的情况不超过 5%。重复性限(r)按以下数据采用线性内插法求得。

铬的质量分数/%:	0.069	0.200	0.500
重复性限 r/%:	0.004 2	0.009 7	0.023

17.2 允许差

实验室之间分析结果的差值应不大于表 3 所列允许差。

表 3

铬的质量分数/%	允许差/%
0.010～0.025	0.002 5
>0.025～0.050	0.004 0
>0.050～0.075	0.006 0
>0.075～0.10	0.008 0
>0.10～0.25	0.010
>0.25～0.60	0.025

18 质量保证与控制

分析时，用标准样品或控制样品进行校核，或每年至少用标准样品或控制样品对分析方法校核一次。当过程失控时，应找出原因。纠正错误后，重新进行校核。

附 录 A
（资料性附录）
本部分章条编号与 ISO 3978：1976、ISO 4193：1981 章条编号对照

表 A.1 给出了本部分方法一章条编号与 ISO 3978：1976 章条编号对照一览表，表 A.2 给出了本部分方法二章条编号与 ISO 4193：1981 章条编号对照一览表。

表 A.1　方法一章条编号与 ISO 3978：1976 章条编号对照

本部分章条编号	ISO 3978：1976 章条编号
1	1、2
2	3
3	4
3.1	4.1
3.2	4.2
3.3、3.6	4.5
3.4	4.4
3.5	4.3
3.7	4.6
3.8	4.7
3.9	4.8
3.10	4.9
3.11	4.10
3.12	4.11
3.13	4.12
3.14、3.15	4.13
3.16	4.14
4	5.1
5	6.1、6.2
6.1	7.1
6.2	—
6.3	7.2
6.4.1	7.3.1
6.4.2	7.3.2
6.4.3	7.3.3
6.4.4	7.3.4
6.4.5	7.3.5
6.4.6	7.3.6
6.5.1、6.5.2	7.4.1

表 A.1（续）

本部分章条编号	ISO 3978:1976 章条编号
6.5.3	7.4.2
7	8
8.1	—
8.2	—
9	—
—	9

表 A.2 方法二章条编号与 ISO 4193:1981 章条编号对照

本部分章条编号	ISO 4193:1981 章条编号
10	1
11	12
12.1	3.1
12.2	3.6
12.3	3.5
12.4	3.3
12.5	3.2
12.6	3.4
12.7	3.7
12.8	3.10
12.9	3.8
12.10	3.9
13	4.1、4.2、4.3、4.4、4.5、4.6
14	5.1、5.2
15.1	6.1
15.2	—
15.3	6.3.2
15.4.1、15.4.2	6.3.1
15.4.3	6.3.1.1、6.3.1.2
15.4.4	6.3.3
15.5.1	6.2.1
15.5.2	6.2.2
16	7
17.1	—
17.2	—
18	—
—	8

附 录 B
（资料性附录）
本部分方法一与 ISO 3978:1976 技术性差异及其原因

表 B.1 给出了本部分方法一与 ISO 3978:1976 的技术性差异及其原因一览表。

表 B.1 方法一与 ISO 3978:1976 技术性差异及其原因一览表

本部分的章条编号	技术性差异	原 因
1	测定范围由 0.002%～0.60%扩充为 0.000 1%～0.60%	方法可满足要求，为了适应高纯产品的生产要求
3.13、3.14、6.4.1	将“溶液加热至冒三氧化硫白烟后继续加热 10 min”改为“溶液加热至刚有三氧化硫白烟冒出后，取下冷却，用水吹洗杯壁，摇匀，继续加热至冒三氧化硫白烟”	用水吹洗摇匀后继续加热至冒烟，赶尽盐酸、硝酸，避免硫酸冒烟时间过长致使试液溅出
6.1	由固定称取 1 g 试样改为按铬质量分数不同选择称取 1.00 g、0.40 g、0.10 g(见表 1)	更便于操作。
6.4.1	由变化试液最终体积改为固定试液体积为 100 mL	与称样量及系列标准溶液范围相匹配
6.4.4	增加了铬质量分数在 0.000 1%～0.005%时的反萃取内容	与测定范围匹配
6.4.5	增加了铬质量分数在 0.000 1%～0.005%时的显色内容	与测定范围匹配
6.5.1	增加了铬质量分数在 0.000 1%～0.005%时系列标准溶液的制备	与测定范围匹配
7	简化了公式	表达简洁
—	删除了试验报告相关内容的要求	我国标准文本中不列此项
8.1	增加了重复性条款的要求	此内容属规范性内容，适应我国标准版式
8.2	增加了允许差值	便于实验室间检测结果的判定
9	增加了质量保证与控制条款	适应我国标准版式要求

ICS 77.120.10
H 12

中华人民共和国国家标准

GB/T 20975.19—2008
代替 GB/T 6987.19—2001

铝及铝合金化学分析方法 第 19 部分:锆含量的测定

Methods for chemical analysis of aluminium and aluminium alloys—
Part 19: Determination of zirconium content

2008-03-31 发布 2008-09-01 实施

中华人民共和国国家质量监督检验检疫总局
中国国家标准化管理委员会 发布

前　言

GB/T 20975《铝及铝合金化学分析方法》是对 GB/T 6987—2001《铝及铝合金化学分析方法》的修订，本次修订将原标准号 GB/T 6987 改为 GB/T 20975。

GB/T 20975《铝及铝合金化学分析方法》分为 25 个部分：

——第 1 部分：汞含量的测定　冷原子吸收光谱法

——第 2 部分：砷含量的测定　钼蓝分光光度法

——第 3 部分：铜含量的测定

——第 4 部分：铁含量的测定　邻二氮杂菲分光光度法

——第 5 部分：硅含量的测定

——第 6 部分：镉含量的测定　火焰原子吸收光谱法

——第 7 部分：锰含量的测定　高碘酸钾分光光度法

——第 8 部分：锌含量的测定

——第 9 部分：锂含量的测定　火焰原子吸收光谱法

——第 10 部分：锡含量的测定

——第 11 部分：铅含量的测定　火焰原子吸收光谱法

——第 12 部分：钛含量的测定

——第 13 部分：钒含量的测定　苯甲酰苯胲分光光度法

——第 14 部分：镍含量的测定

——第 15 部分：硼含量的测定

——第 16 部分：镁含量的测定

——第 17 部分：锶含量的测定　火焰原子吸收光谱法

——第 18 部分：铬含量的测定

——第 19 部分：锆含量的测定

——第 20 部分：镓含量的测定　丁基罗丹明 B 分光光度法

——第 21 部分：钙含量的测定　火焰原子吸收光谱法

——第 22 部分：铍含量的测定　依莱铬氰兰 R 分光光度法

——第 23 部分：锑含量的测定　碘化钾分光光度法

——第 24 部分：稀土总含量的测定

——第 25 部分：电感耦合等离子体原子发射光谱法

本部分为第 19 部分，对应于 ASTM E34—2002《铝及铝合金化学分析方法》中锆含量测定的部分。本部分与 ASTM E34—2002 的一致性程度为修改采用。

本部分代替 GB/T 6987.19—2001《铝及铝合金化学分析方法　二甲酚橙光度法测定锆量》。

本部分与 GB/T 6987.19—2001 相比主要变化如下：

——增加了“8.1　重复性”条款；

——增加了“9　质量保证与控制”条款；

——增加了“方法二：偶氮胂Ⅲ分光光度法”。

本部分的“方法一：二甲酚橙光度法”为锆含量在 0.04%～0.50%（含 0.04%）范围内的铝及铝合金仲裁方法；“方法二：偶氮胂Ⅲ分光光度法”为锆含量在 0.01%～0.04%（不含 0.04%）范围内的铝及铝合金仲裁方法。

本部分由中国有色金属工业协会提出。

本部分由全国有色金属标准化技术委员会归口。

本部分由东北轻合金有限责任公司、中国有色金属工业标准计量质量研究所负责起草。

本部分起草单位：中国铝业股份有限公司郑州研究院。

本部分方法一主要起草人：张元克、路培乾、郭永恒、路霞、席欢、葛立新、朱玉华。

本部分方法二主要起草人：石磊、张洁、赵广开、李瑾、席欢、马存真、范顺科。

本部分所代替标准的历次版本发布情况为：

——GB/T 6987.19—1986、GB/T 6987.19—2001。

铝及铝合金化学分析方法 第19部分：锆含量的测定

方法一：二甲酚橙分光光度法

1 范围

本部分规定了铝及铝合金中锆含量的测定方法。

本部分适用于铝及铝合金中锆含量的测定。测定范围：0.040%～0.50%。

2 方法提要

试料用盐酸和过氧化氢溶解，在高氯酸介质中，加入二甲酚橙显色后，于分光光度计波长535 nm处，测量其吸光度。

3 试剂

3.1 铝(≥99.80%，不含锆)。

3.2 盐酸(ρ1.19 g/mL)。

3.3 过氧化氢(ρ1.10 g/mL)。

3.4 盐酸(1+1)。

3.5 高氯酸[$c(HClO_4)$=6.5 mol/L]：移取275 mL高氯酸(70.0%～72.0%)，以水稀释至500 mL，混匀(必要时标定)。

3.6 二甲酚橙溶液(1 g/L)，贮于棕色瓶中，必要时过滤。

3.7 苦杏仁酸溶液(150 g/L)，过滤后使用。

3.8 洗涤液：1 000 mL水溶液中含有20 mL盐酸(3.2)及50 g苦杏仁酸。过滤后使用。

3.9 锆标准贮存溶液。

3.9.1 配制：称取1.77 g氧氯化锆($ZrOCl_2 \cdot 8H_2O$)置于400 mL烧杯中，加入100 mL水及166 mL盐酸(3.4)溶解，移入500 mL容量瓶中，以水稀释至刻度，混匀。此溶液1 mL约含1.0 mg锆。

3.9.2 标定：移取50.00 mL锆标准贮存溶液(3.9.1)于300 mL烧杯中，加入30 mL盐酸(3.2)，加热至近沸，加入50 mL苦杏仁酸溶液(3.7)，充分搅拌，置于80℃的恒温水浴锅中，保温30 min后，取出冷却。用中速滤纸过滤，用洗涤液洗净烧杯，将沉淀全部转移到滤纸上，用洗涤液洗涤沉淀6次～8次，将滤纸及沉淀置于已恒重的铂坩埚中，烘干，灰化，再放入1 000℃高温炉中灼烧2 h～3 h，取出，放入干燥器中冷却30 min后称量。

按公式(1)计算锆的浓度：

$$c = \frac{m \times 0.740\,3}{V} \qquad \cdots\cdots(1)$$

式中：

c——锆标准贮存溶液中锆的浓度，单位为毫克每毫升(mg/mL)；

m——灼烧后的二氧化锆量，单位为毫克(mg)；

V——移取的锆标准贮存溶液的体积，单位为毫升(mL)；

0.740 3——二氧化锆换算为锆的系数。

3.10 锆标准溶液：移取适量已标定好的锆标准贮存溶液(3.9.1)(25.00 mL左右)于250 mL容量瓶中，加入75 mL盐酸(3.4)，用水稀释至刻度，混匀。此溶液1 mL含0.1 mg锆。

3.11 锆标准溶液：移取50.00 mL锆标准溶液(3.10)于250 mL容量瓶中，加入8 mL盐酸(3.4)，用水稀释至刻度，混匀。此溶液1 mL含0.02 mg锆。

4 仪器

4.1 高温炉(1 000℃±20℃)。

4.2 电热恒温水浴锅。

4.3 分光光度计。

5 试样

将试样加工成厚度不大于1 mm的碎屑。

6 分析步骤

6.1 试料

称取0.50 g试样(5)，精确至0.000 1 g。

6.2 测定次数

独立地进行两次测定，取其平均值。

6.3 空白试验

称取0.50 g铝(3.1)代替试料(6.1)，随同试料做空白试验。

6.4 测定

6.4.1 将试料(6.1)置于250 mL烧杯中，盖上表皿，分次加入总量为25 mL盐酸(3.4)，待剧烈反应停止后，加入1 mL过氧化氢(3.3)，缓慢加热至试样完全溶解，煮沸分解过量的过氧化氢，冷却。移入100 mL容量瓶中，用水稀释至刻度，混匀。用中速滤纸干过滤。

注：对于试样中硅的质量分数大于1%的铝合金试样，用以下方法代替6.4.1进行：将试样置于300 mL聚四氟乙烯烧杯中，盖上表皿，加入10 mL氢氧化钠溶液(400 g/L)。待剧烈反应停止后，滴加1 mL过氧化氢(3.3)，用少量水洗表皿和杯壁，加热蒸至浆状，取下冷却，用约30 mL温水冲洗杯壁，缓慢加热使盐类溶解，取下稍冷。加入40 mL盐酸(3.4)，摇匀后，加热至溶液清亮，取下冷却，移入100 mL容量瓶中，以水稀释至刻度，混匀，用中速滤纸干过滤。

6.4.2 移取5.00 mL滤液(6.4.1)于100 mL容量瓶中，加入10.0 mL高氯酸(3.5)，混匀。加入5.00 mL二甲酚橙溶液(3.6)，以水稀释至刻度，混匀。在室温下放置30 min。

6.4.3 将部分试液(6.4.2)移入1 cm吸收池中，以随同试料所做的空白试验溶液(6.3)为参比，在分光光度计波长535 nm处，测量其吸光度。从工作曲线上查出相应的锆量。

6.5 工作曲线的绘制

6.5.1 称取0.50 g铝(3.1)，按6.4.1制备铝基体溶液。

6.5.2 移取5.00 mL铝基体溶液于一组100 mL容量瓶中，分别加入0 mL、0.50 mL、1.00 mL、2.00 mL、3.00 mL、4.00 mL、5.00 mL、6.00 mL、7.00 mL锆标准溶液(3.11)，加入10.0 mL高氯酸(3.5)，混匀。加入5.00 mL二甲酚橙溶液(3.6)，以水稀释至刻度，混匀。放置30 min。将部分系列标准溶液移入1 cm吸收池中，以试剂空白溶液为参比，于分光光度计波长535 nm处，测量其吸光度。以锆量为横坐标，以吸光度为纵坐标，绘制工作曲线。

7 分析结果的计算

按式(2)计算锆的质量分数(%)：

$$w(\mathrm{Zr}) = \frac{m_1 \times 10^{-3}}{m_0 \times \dfrac{V_1}{V_0}} \times 100 \qquad \cdots\cdots (2)$$

式中：

m_1——从工作曲线上查得的锆量，单位为毫克（mg）；

m_0——试样的质量，单位为克（g）；

V_1——移取试液体积，单位为毫升（mL）；

V_0——试液总体积，单位为毫升（mL）。

8 精密度

8.1 重复性

在重复性条件下获得的两个独立测试结果的测定值，在以下给出的平均值范围内，这两个测试结果的绝对差值不超过重复性限（r），超过重复性限（r）的情况不超过5%，重复性限（r）按以下数据采用线性内插法求得。

锆的质量分数/%：　0.048 7　0.107　0.456

重复性限 r/%：　0.002 9　0.004 0　0.011

8.2 允许差

实验室之间分析结果的差值应不大于表1所列允许差。

表 1

锆的质量分数/%	允许差/%
0.040～0.075	0.007
>0.075～0.100	0.010
>0.100～0.250	0.015
>0.250～0.500	0.020

9 质量控制与保证

分析时，用标准样品或控制样品进行校核，或每年至少用标准样品或控制样品对分析方法校核一次。当过程失控时，应找出原因。纠正错误后，重新进行校核。

方法二：偶氮胂Ⅲ分光光度法

10 范围

本部分规定了铝及铝合金中锆含量的测定方法。

本部分适用于铝及铝合金中锆含量的测定。测定范围：0.01%～0.30%。

11 方法提要

试样用盐酸溶解，在盐酸介质中，锆与偶氮胂Ⅲ反应生成络合物，于分光光度计波长665 nm处，测量其吸光度。

强氧化剂、还原性、硫酸盐及氟化物均有干扰。

12 试剂

12.1 盐酸（ρ1.19 g/mL）。

12.2 盐酸（1+1）。

12.3 硝酸铵洗液（50 g/L）：称取25 g硝酸铵（优级纯）溶解于约400 mL水中，用水稀释至500 mL。

12.4 磷酸氢二铵溶液（120 g/L）：称取60 g磷酸氢二铵（优级纯）溶解于约400 mL水中，用水稀释至

500 mL。

12.5 偶氮胂Ⅲ溶液(2.5 g/L):称取0.250 g偶氮胂Ⅲ[2,2'-(1,8-二羟基-3,6-二磺基萘撑-2,7-二偶氮二苯)胂酸]于含有0.3 g碳酸钠的90 mL水中,稍加热。用pH酸度计以盐酸(12.2)调节pH为4.0±0.1,冷却,移入100 mL容量瓶中,用水稀释至刻度,混匀。此溶液至少可稳定六个月。

注:有些批号试剂发现是不符合要求的,因此试剂在使用前应采用锆标准溶液进行检验,为了避免试剂质量的差异对结果造成影响,工作曲线的绘制最好应采用同一瓶试剂进行。

12.6 铝溶液(25 g/L):称取45 g六水合氯化铝($AlCl_3 \cdot 6H_2O$、优级纯)溶解于约150 mL盐酸(12.2)中,移入200 mL容量瓶中,用盐酸(12.2)稀释至刻度,混匀。

12.7 锆标准贮存溶液(0.100 mg/mL),按照12.7.1或12.7.2配制,保存于聚乙烯瓶中。

12.7.1 称取0.100 0 g锆(>99.5%)于250 mL烧杯中,加入30 mL甲醇(分析纯),边冷却边加入5 mL溴(分析纯),待反应停止后,缓慢加热使反应完全。加入20 mL盐酸(12.1)并蒸发至湿盐状,但不要焙干,加入75 mL盐酸(1+3),稍加热至盐类完全溶解,冷却,移入1 000 mL容量瓶中,用盐酸(1+3)稀释至刻度,混匀。此溶液1 mL含0.100 mg锆。

12.7.2 称取0.354 g氧氯化锆($ZrOCl_2 \cdot 8H_2O$)置于250 mL烧杯中,加入100 mL盐酸(1+3)溶解,煮沸5 min,冷却后,移入1 000 mL容量瓶中,用盐酸(1+3)稀释至刻度,混匀。如下法规定:移取200 mL溶液于400 mL烧杯中,加入2 mL过氧化氢(ρ1.10 g/mL)及25 mL磷酸氢二铵溶液(12.4),过氧化氢(ρ1.10 g/mL)始终必须保持过量。用中速定量滤纸过滤,用冷的硝酸铵洗液(12.3)充分洗涤,将滤纸移入铂坩埚中,烘干,小心灼烧使滤纸炭化(不要着火),滤纸炭化后,逐渐升温至炭全部烧掉,最后在1 050℃灼烧15 min,在干燥器中冷却至室温,称取焦磷酸锆(ZrP_2O_7)质量。此溶液1 mL含0.100 mg锆。

12.8 锆标准溶液(0.005 mg/mL):移取5.00 mL锆标准贮存溶液(12.7)于100 mL容量瓶中,加入2.5 mL盐酸(12.1),冷却,用盐酸(12.2)稀释至刻度,混匀。

注:锆标准溶液放置超过8 h以上的不要使用。

13 仪器

分光光度计。

14 试样

将试样加工成厚度不大于1 mm的碎屑。

15 分析步骤

15.1 试料

称取0.20 g试样,精确至0.000 5 g。

15.2 测定次数

独立地进行两次测定,取其平均值。

15.3 空白试验

移取2.00 mL铝溶液(12.6)于含有10 mL盐酸(12.2)的50 mL容量瓶中,以下按15.4.4进行操作。

15.4 测定

15.4.1 将试料(6.1)置于250 mL烧杯中,盖上表皿,加入20 mL盐酸(12.2),待剧烈反应停止后,加热至试样完全溶解,小心蒸发至湿盐状,冷却。加入180 mL盐酸(12.2),缓慢加热使盐类溶解。

15.4.2 冷却,将溶液移入200 mL容量瓶中,用盐酸(12.2)稀释至刻度,混匀。

注:对于溶液中的任何残渣均可以不考虑,静置容量瓶足够时间使残渣沉淀。

15.4.3 根据锆的质量分数分别按下述操作。

锆的质量分数在0.01%～0.1%时，移取20.00 mL试液(15.4.2)于50 mL容量瓶中，加入2.00 mL铝溶液(12.6)，混匀。

锆的质量分数在＞0.1%～0.2%时，移取10.00 mL试液(15.4.2)于50 mL容量瓶中，加入2.00 mL铝溶液(12.6)，混匀。

锆的质量分数在＞0.2%～0.3%时，移取5.00 mL试液(15.4.2)于50 mL容量瓶中，加入2.00 mL铝溶液(12.6)，混匀。

15.4.4 加入1.00 mL偶氮胂Ⅲ溶液(12.5)，以盐酸(12.2)稀释至刻度，混匀。在室温下放置10 min。

15.4.5 将部分试液(15.4.4)移入1 cm吸收池中，以随同试料所做的空白试验溶液(15.3)为参比，在分光光度计波长665 nm处，测量其吸光度。从工作曲线上查出相应的锆量。

15.5 工作曲线的绘制

15.5.1 移取0 mL、1.00 mL、2.00 mL、3.00 mL、4.00 mL、5.00 mL、6.00 mL锆标准溶液(12.8)于一组50 mL容量瓶中，分别加入2.00 mL铝溶液(12.6)，加入1.00 mL偶氮胂Ⅲ溶液(12.5)，以盐酸(12.2)稀释至刻度，混匀。在室温下放置10 min。

15.5.2 将部分系列标准溶液移入1 cm吸收池中，以试剂空白溶液(“零浓度”溶液)为参比，于分光光度计波长665 nm处，测量其吸光度。以锆量为横坐标，以吸光度为纵坐标，绘制工作曲线。

16 分析结果的计算

按式(3)计算锆的质量分数(%)：

$$w(\mathrm{Zr})=\frac{m_1\times10^{-3}}{m_0\times\frac{V_1}{V_0}}\times100 \qquad \cdots\cdots(3)$$

式中：

m_1——从工作曲线上查得的锆量，单位为毫克(mg)；

m_0——试样的质量，单位为克(g)；

V_1——移取试液体积，单位为毫升(mL)；

V_0——试液总体积，单位为毫升(mL)。

17 精密度

七家实验室按照该部分进行分析，获得八组分析结果，经过数理统计，结果见表2。

表2

试样名称	锆的质量分数/%	重复性	再现性
6151合金	0.023	0.002 7	0.003 3
2219合金	0.152	0.009 7	0.019
7046合金	0.282	0.027 8	0.060

18 质量控制与保证

分析时，用标准样品或控制样品进行校核，或每年至少用标准样品或控制样品对分析方法校核一次。当过程失控时，应找出原因。纠正错误后，重新进行校核。

ICS 77.120.10
H 12

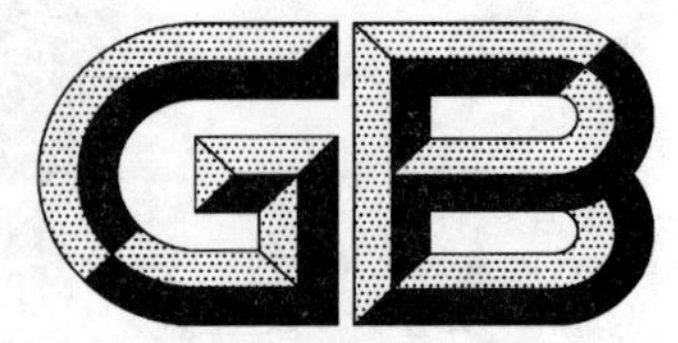

中华人民共和国国家标准

GB/T 20975.20—2008
代替 GB/T 6987.20—2001

铝及铝合金化学分析方法 第20部分:镓含量的测定 丁基罗丹明B分光光度法

Methods for chemical analysis of aluminium and aluminium alloys—Part 20:Determination of gallium content—Butyrhodamine B spectrophotometric method

2008-03-31 发布　　2008-09-01 实施

中华人民共和国国家质量监督检验检疫总局
中国国家标准化管理委员会　发布

前　言

GB/T 20975《铝及铝合金化学分析方法》是对 GB/T 6987—2001《铝及铝合金化学分析方法》的修订，本次修订将原标准号 GB/T 6987 改为 GB/T 20975。

GB/T 20975《铝及铝合金化学分析方法》分为 25 个部分：

——第 1 部分：汞含量的测定　冷原子吸收光谱法；

——第 2 部分：砷含量的测定　钼蓝分光光度法；

——第 3 部分：铜含量的测定；

——第 4 部分：铁含量的测定　邻二氮杂菲分光光度法；

——第 5 部分：硅含量的测定；

——第 6 部分：镉含量的测定　火焰原子吸收光谱法；

——第 7 部分：锰含量的测定　高碘酸钾分光光度法；

——第 8 部分：锌含量的测定；

——第 9 部分：锂含量的测定　火焰原子吸收光谱法；

——第 10 部分：锡含量的测定；

——第 11 部分：铅含量的测定　火焰原子吸收光谱法；

——第 12 部分：钛含量的测定；

——第 13 部分：钒含量的测定　苯甲酰苯胲分光光度法；

——第 14 部分：镍含量的测定；

——第 15 部分：硼含量的测定；

——第 16 部分：镁含量的测定；

——第 17 部分：锶含量的测定　火焰原子吸收光谱法；

——第 18 部分：铬含量的测定；

——第 19 部分：锆含量的测定；

——第 20 部分：镓含量的测定　丁基罗丹明 B 分光光度法；

——第 21 部分：钙含量的测定　火焰原子吸收光谱法；

——第 22 部分：铍含量的测定　依莱铬氰兰 R 分光光度法；

——第 23 部分：锑含量的测定　碘化钾分光光度法；

——第 24 部分：稀土总含量的测定；

——第 25 部分：电感耦合等离子体原子发射光谱法。

本部分为第 20 部分。

本部分代替 GB/T 6987.20—2001《铝及铝合金化学分析方法　丁基罗丹明 B 分光光度法测定镓量》。

本部分与 GB/T 6987.20—2001 相比主要变化如下：

——增加了“8.1 重复性”条款；

——增加了“9 质量保证与控制”条款。

本部分由中国有色金属工业协会提出。

本部分由全国有色金属标准化技术委员会归口。

本部分由东北轻合金有限责任公司、中国有色金属工业标准计量质量研究所负责起草。

本部分起草单位：中国铝业股份有限公司郑州研究院。

本部分主要起草人:张树朝、张晓春、张爱芬、马慧霞、席欢、马存真、范顺科。

本部分所代替标准的历次版本发布情况为:

——GB/T 6987.20—1986、GB/T 6987.20—2001。

铝及铝合金化学分析方法 第20部分:镓含量的测定 丁基罗丹明B分光光度法

1 范围

本部分规定了铝及铝合金中镓含量的测定方法。

本部分适用于铝及铝合金中镓含量的测定。测定范围:0.005%~0.050%。

2 方法提要

试料用盐酸溶解,用三氯化钛还原三价铁,在6 mol/L盐酸介质中,用苯萃取 $GaCl_4^-$ 与丁基罗丹明B生成的紫红色络合物,于分光光度计波长565 nm处测量其吸光度。

3 试剂

3.1 过氧化氢(ρ1.10 g/mL)。

3.2 苯。

3.3 三氯化钛溶液(15%~20%)。

3.4 盐酸[c(HCl)=6 mol/L]:移取500 mL盐酸(ρ1.19 g/mL)用水稀释至1 000 mL,混匀。

3.5 丁基罗丹明B溶液(4 g/L):称取0.40 g丁基罗丹明B置于烧杯中,加入盐酸(3.4)溶解后,移入100 mL容量瓶中,用盐酸溶液(3.4)稀释至刻度,混匀。

3.6 镓标准贮存溶液:称取0.268 8 g预先经800℃灼烧1 h的三氧化二镓于100 mL烧杯中,盖上表皿,加入20 mL盐酸(3.4),于水浴上加热至完全溶解,冷却,用盐酸(3.4)将溶液移入200 mL容量瓶中并以盐酸(3.4)稀释至刻度,混匀,此溶液1 mL含1.0 mg镓。

3.7 镓标准溶液:移取10.00 mL镓标准储存溶液(3.6)于100 mL容量瓶中,以盐酸溶液(3.4)稀释至刻度,混匀。此溶液1 mL含0.10 mg镓。

3.8 镓标准溶液:移取10.00 mL镓标准溶液(3.7)于1 000 mL容量瓶中,以盐酸溶液(3.4)稀释至刻度,混匀。此溶液1 mL含1.0 μg镓(用时现配)。

4 仪器

分光光度计。

5 试样

将试样加工成厚度不大于1 mm的碎屑。

6 分析步骤

6.1 试料

称取0.20 g试样(5),精确至0.000 1 g。

6.2 测定次数

独立地进行两次测定,取其平均值。

6.3 空白试验

随同试料做试剂空白。

6.4 测定

6.4.1 将试料(6.1)置于150 mL烧杯中,盖上表皿,加入20 mL盐酸(3.4),待剧烈反应停止后,滴加2滴～3滴过氧化氢(3.1),加热至完全溶解,冷却,用盐酸(3.4)将试液移入100 mL容量瓶中,以盐酸(3.4)稀释至刻度,混匀。

6.4.2 按表1移取试液(6.4.1)于干燥的125 mL的分液漏斗中。

表 1

镓的质量分数/%	移取试液(6.4.1)体积/mL	补加盐酸(3.4)体积/mL
0.005～0.025	10.00	0
>0.025～0.050	5.00	5.0

6.4.3 加入0.5 mL三氯化钛溶液(3.3),混匀。放置3 min～4 min。加入1 mL丁基罗丹明B溶液(3.5),混匀。加入10.00 mL苯(3.2),振荡1 min,静置分层后,弃去水相,将有机相移入离心管中离心分离。

6.4.4 将部分试液有机相(6.4.3)和随同试料所做的空白试验溶液有机相(6.3)分别移入1 cm吸收池中,以苯(3.2)作参比,于分光光度计波长565 nm处测量其吸光度。用试液有机相的吸光度减去空白试验溶液有机相的吸光度后,从工作曲线上查出相应的镓量。

6.5 工作曲线的绘制

6.5.1 移取0 mL、1.00 mL、2.00 mL、3.00 mL、4.00 mL、5.00 mL镓标准溶液(3.8)于一组干燥的125 mL的分液漏斗中,依次加入10.0 mL、9.0 mL、8.0 mL、7.0 mL、6.0 mL、5.0 mL盐酸(3.4),以下按照6.4.3进行。

6.5.2 将部分有机相(6.5.1)移入1 cm吸收池中,以苯(3.2)为参比,于分光光度计波长565 nm处测量其吸光度。以镓量为横坐标,吸光度(减去试剂空白溶液的吸光度)为纵坐标,绘制工作曲线。

7 分析结果的计算

按式(1)计算镓的质量分数(%):

$$w(\mathrm{Ga}) = \frac{m_1 \times 10^{-6}}{m_0 \times \dfrac{V_1}{V_0}} \times 100 \qquad \cdots\cdots(1)$$

式中:

m_1——从工作曲线上查得的镓量,单位为微克(μg);

V_0——试液总体积,单位为毫升(mL);

V_1——移取试液的体积,单位为毫升(mL);

m_0——试样的质量,单位为克(g)。

8 精密度

8.1 重复性

在重复性条件下获得的两次独立测试结果的测定值,在以下给出的平均值范围内,这两个测试结果的绝对差值不超过重复性限(r),超过重复性限(r)的情况不超过5%,重复性限(r)按以下数据采用线性内插法求得:

镓的质量分数/%:	0.005 2	0.015 6	0.025 2	0.040 5
重复性限 r/%:	0.000 80	0.001 2	0.001 7	0.002 0

8.2 允许差

实验室之间分析结果的差值应不大于表 2 所列允许差。

表 2

镓的质量分数/%	允许差/%
0.005～0.025	0.002
>0.025～0.050	0.003

9 质量保证与控制

分析时，用标准样品或控制样品进行校核，或每年至少用标准样品或控制样品对分析方法校核一次。当过程失控时，应找出原因，纠正错误后，重新进行校核。

ICS 77.120.10
H 12

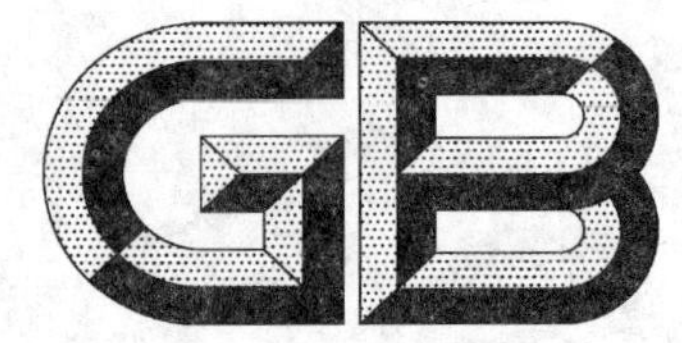

中华人民共和国国家标准

GB/T 20975.21—2008
代替 GB/T 6987.21—2001

铝及铝合金化学分析方法 第21部分:钙含量的测定 火焰原子吸收光谱法

Methods for chemical analysis of aluminium and aluminium alloys—Part 21: Determination of calcium content—Flame atomic absorption spectrometric method

2008-03-31 发布　　2008-09-01 实施

中华人民共和国国家质量监督检验检疫总局
中国国家标准化管理委员会　发布

前　言

GB/T 20975《铝及铝合金化学分析方法》是对 GB/T 6987—2001《铝及铝合金化学分析方法》的修订,本次修订将原标准号 GB/T 6987 改为 GB/T 20975。

GB/T 20975《铝及铝合金化学分析方法》分为 25 个部分:

——第 1 部分:汞含量的测定　冷原子吸收光谱法;
——第 2 部分:砷含量的测定　钼蓝分光光度法;
——第 3 部分:铜含量的测定;
——第 4 部分:铁含量的测定　邻二氮杂菲分光光度法;
——第 5 部分:硅含量的测定;
——第 6 部分:镉含量的测定　火焰原子吸收光谱法;
——第 7 部分:锰含量的测定　高碘酸钾分光光度法;
——第 8 部分:锌含量的测定;
——第 9 部分:锂含量的测定　火焰原子吸收光谱法;
——第 10 部分:锡含量的测定;
——第 11 部分:铅含量的测定　火焰原子吸收光谱法;
——第 12 部分:钛含量的测定;
——第 13 部分:钒含量的测定　苯甲酰苯胲分光光度法;
——第 14 部分:镍含量的测定;
——第 15 部分:硼含量的测定;
——第 16 部分:镁含量的测定;
——第 17 部分:锶含量的测定　火焰原子吸收光谱法;
——第 18 部分:铬含量的测定;
——第 19 部分:锆含量的测定;
——第 20 部分:镓含量的测定　丁基罗丹明 B 分光光度法;
——第 21 部分:钙含量的测定　火焰原子吸收光谱法;
——第 22 部分:铍含量的测定　依莱铬氰兰 R 分光光度法;
——第 23 部分:锑含量的测定　碘化钾分光光度法;
——第 24 部分:稀土总含量的测定;
——第 25 部分:电感耦合等离子体原子发射光谱法。

本部分为第 21 部分。

本部分代替 GB/T 6987.21—2001《铝及铝合金化学分析方法　火焰原子吸收光谱法测定钙量》。

本部分与 GB/T 6987.21—2001 相比主要变化如下:

——增加了"8.1 重复性"条款;
——增加了"9 质量保证与控制"条款。

本部分由中国有色金属工业协会提出。

本部分由全国有色金属标准化技术委员会归口。

本部分由东北轻合金有限责任公司、中国有色金属工业标准计量质量研究所负责起草。

本部分起草单位:北京有色金属研究总院。

本部分主要起草人:张文、刘英、童坚、刘兵、席欢、葛立新、朱玉华。

本部分所代替标准的历次版本发布情况为:

——GB/T 6987.21—1986、GB/T 6987.21—2001。

铝及铝合金化学分析方法 第21部分：钙含量的测定 火焰原子吸收光谱法

1 范围

本部分规定了铝及铝合金中钙含量的测定方法。

本部分适用于铝及铝合金中钙含量的测定。测定范围：0.01%～0.30%。

2 方法提要

试料用氢氧化钠溶液溶解，在盐酸介质中，以镧盐作释放剂，8-羟基喹啉作保护剂，于原子吸收光谱仪波长422.7 nm处，以一氧化二氮-乙炔富燃性火焰进行钙含量的测定。

3 试剂

3.1 铝(≥99.99%，不含钙)。

3.2 氢氧化钠(优级纯)溶液(200 g/L)。

3.3 盐酸(蒸馏提纯)。

3.4 镧盐溶液：称取25 g氧化镧，置于200 mL烧杯中，加入30 mL盐酸(3.3)，微热溶解，冷却，移入500 mL容量瓶中，以水稀释至刻度，混匀。

3.5 8-羟基喹啉溶液：称取25 g的8-羟基喹啉，置于200 mL烧杯中，加入30 mL盐酸(3.3)，微热溶解，冷却，移入500 mL容量瓶中，以水稀释至刻度，混匀。

3.6 铝溶液(5 mg/mL)：称取2.5 g铝(3.1)，置于250 mL银烧杯中，盖上银表皿，加入25 mL氢氧化钠(3.2)溶液，待剧烈反应停止后，置于电炉上加热片刻，冷却，将溶液倒入摇动的盛有150 mL盐酸(3.3)的250 mL锥形烧杯中，沿银烧杯壁加入50 mL盐酸(3.3)溶解残余的盐类，合并于锥形烧杯中，将溶液移入500 mL容量瓶中，以水稀释至刻度，混匀。

3.7 钙标准溶液：称取0.249 7 g预先于105℃烘干的碳酸钙，置于300 mL烧杯中，盖上表皿，加入10 mL水，逐滴加入盐酸(3.3)至完全溶解并过量20 mL，煮沸驱除二氧化碳，冷却，移入1 000 mL容量瓶中，以水稀释至刻度，混匀。此溶液1 mL含0.1 mg钙。

4 仪器

原子吸收光谱仪，配备一氧化二氮-乙炔火焰用燃烧器，钙空心阴极灯。

在仪器最佳工作条件下，凡能达到下列指示者均可使用：

——灵敏度：在与测量试料溶液的基体一致的溶液中，钙的特征浓度应不大于0.15 μg/mL。

——精密度：用最高浓度的标准溶液测量10次吸光度，其标准偏差应不超过平均吸光度的1.0%；用最低浓度的标准溶液(不是零浓度溶液)测量10次吸光度，其标准偏差应不超过最高浓度标准溶液平均吸光度的0.5%。

——工作曲线线性：将工作曲线按浓度等分成五段，最高段的吸光度差值与最低段的吸光度差值之比应不小于0.7。

5 试样

将试样加工成厚度不大于1 mm的碎屑。

6 分析步骤

6.1 试料

按表1称取试样(5),精确至0.000 1 g。

表 1

钙量/%	试料量/g	移取试液体积	工作曲线中加入铝溶液(3.6)体积
		mL	
<0.10	0.200 0	25.00	10.0
0.10~0.20	0.100 0	25.00	5.0
0.20~0.30	0.100 0	10.00	2.0

6.2 测定次数

独立地进行两次测定,取其平均值。

6.3 空白试验

称取与试料相同量的铝(3.1)代替试料(6.1),随同试料做空白试验。

6.4 测定

6.4.1 将试料(6.1)置于250 mL银烧杯中,盖上银表皿,加入5.0 mL氢氧化钠溶液(3.2),缓慢加热使其分解,稍冷,沿杯壁吹入少量水,微热使熔块溶解,冷却至室温。

6.4.2 将试液(6.4.1)移入摇动的盛有15 mL盐酸(3.3)的250 mL锥形瓶中,沿烧杯杯壁加入5 mL盐酸(3.3)溶解残存的盐类,合并于锥形烧杯中。

6.4.3 将试液(6.4.2)移入100 mL容量瓶中,以水稀释至刻度,混匀。

6.4.4 按表1移取试液(6.4.3)于100 mL容量瓶中,加入2 mL镧盐溶液(3.4),1 mL 8-羟基喹啉溶液(3.5),以水稀释至刻度,混匀。

6.4.5 将随同试料所作的空白试验溶液(6.3)及试液(6.4.4)于原子吸收光谱仪波长422.7 nm处,用一氧化二氮-乙炔富燃性火焰,以水调零,测量钙的吸光度。从工作曲线上查出相应的钙量。

6.5 工作曲线的绘制

6.5.1 移取0 mL、0.10 mL、0.20 mL、0.40 mL、0.60 mL、0.80 mL、1.0 mL钙标准溶液(3.7),分别置于一组100 mL容量瓶中,按表1加入铝溶液(3.6)及2.0 mL镧盐溶液(3.4),1.0 mL 8-羟基喹啉溶液(3.5),以水稀释至刻度,混匀。

6.5.2 将系列标准溶液(6.5.1)于原子吸收光谱仪波长422.7 nm处,用一氧化二氮-乙炔富燃性火焰,以水调零,以钙量为横坐标,以测量系列标准溶液和补偿溶液(不加钙标准溶液者)的吸光度(减去补偿溶液的吸光度)为纵坐标,绘制工作曲线。

7 分析结果的计算

按式(1)计算钙的质量分数(%):

$$w(\mathrm{Ca})=\frac{m_2-m_1}{m_0}\times 100 \qquad \cdots\cdots(1)$$

式中:

m_2——自工作曲线查得试样溶液的钙量,单位为克(g);

m_1——自工作曲线查得随同试样所做的空白试验溶液的钙量,单位为克(g);

m_0——移取的试液相当于试样量,单位为克(g)。

8 精密度

8.1 重复性

在重复性条件下获得的两个独立测试结果的测定值，在以下给出的平均值范围内，这两个测试结果的绝对差值不超过重复性限(r)，超过重复性限(r)的情况不超过5%，重复性限(r)按以下数据采用线性内插法求得。

钙的质量分数/%：	0.012	0.074	0.134	0.318
重复性限 r/%：	0.002	0.007	0.009	0.013

8.2 允许差

实验室之间分析结果的差值应不大于表2所列允许差。

表 2

钙质量分数/%	允许差/%
0.010～0.050	0.003
>0.05～0.10	0.01
>0.10～0.30	0.02

9 质量控制与保证

分析时，用标准样品或控制样品进行校核，或每年至少用标准样品或控制样品对分析方法校核一次。当过程失控时，应找出原因。纠正错误后，重新进行校核。

ICS 77.120.10
H 12

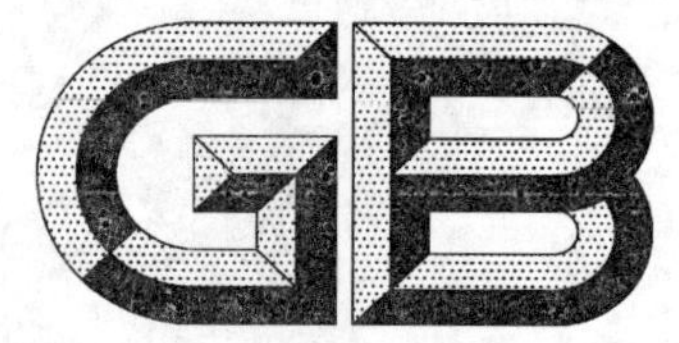

中华人民共和国国家标准

GB/T 20975.22—2008
代替 GB/T 6987.22—2001

铝及铝合金化学分析方法 第22部分:铍含量的测定 依莱铬氰兰R分光光度法

Methods for chemical analysis of aluminium and aluminium alloys—Part 22:Determination of beryllium content—SCR spectrophotometric method

2008-03-31 发布

2008-09-01 实施

中华人民共和国国家质量监督检验检疫总局
中国国家标准化管理委员会
发布

前　言

GB/T 20975《铝及铝合金化学分析方法》是对 GB/T 6987—2001《铝及铝合金化学分析方法》的修订，本次修订将原标准号 GB/T 6987 改为 GB/T 20975。

GB/T 20975《铝及铝合金化学分析方法》分为 25 个部分：

——第 1 部分：汞含量的测定　冷原子吸收光谱法；

——第 2 部分：砷含量的测定　钼蓝分光光度法；

——第 3 部分：铜含量的测定；

——第 4 部分：铁含量的测定　邻二氮杂菲分光光度法；

——第 5 部分：硅含量的测定；

——第 6 部分：镉含量的测定　火焰原子吸收光谱法；

——第 7 部分：锰含量的测定　高碘酸钾分光光度法；

——第 8 部分：锌含量的测定；

——第 9 部分：锂含量的测定　火焰原子吸收光谱法；

——第 10 部分：锡含量的测定；

——第 11 部分：铅含量的测定　火焰原子吸收光谱法；

——第 12 部分：钛含量的测定；

——第 13 部分：钒含量的测定　苯甲酰苯胺分光光度法；

——第 14 部分：镍含量的测定；

——第 15 部分：硼含量的测定；

——第 16 部分：镁含量的测定；

——第 17 部分：锶含量的测定　火焰原子吸收光谱法；

——第 18 部分：铬含量的测定；

——第 19 部分：锆含量的测定；

——第 20 部分：镓含量的测定　丁基罗丹明 B 分光光度法；

——第 21 部分：钙含量的测定　火焰原子吸收光谱法；

——第 22 部分：铍含量的测定　依莱铬氰兰 R 分光光度法；

——第 23 部分：锑含量的测定　碘化钾分光光度法；

——第 24 部分：稀土总含量的测定；

——第 25 部分：电感耦合等离子体原子发射光谱法。

本部分为第 22 部分。

本部分代替 GB/T 6987.22—2001《铝及铝合金化学分析方法　依莱铬氰兰 R 分光光度法测定铍量》。

本部分与 GB/T 6987.22—2001 相比主要变化如下：

——增加了“8.1 重复性”条款；

——增加了“9 质量保证与控制”条款；

——根据重复性限数值对其原有允许差范围进行了修改，使二者数值相互匹配。

本部分由中国有色金属工业协会提出。

本部分由全国有色金属标准化技术委员会归口。

本部分由东北轻合金有限责任公司、中国有色金属工业标准计量质量研究所负责起草。

本部分起草单位:中国铝业股份有限公司西北铝加工分公司。

本部分主要起草人:王俊峰、姚文殊、田永红、席欢、葛立新、范顺科。

本部分所代替标准的历次版本发布情况为:

——GB/T 6987.22—1987、GB/T 6987.22—2001。

铝及铝合金化学分析方法
第22部分：铍含量的测定
依莱铬氰兰R分光光度法

1 范围

本部分规定了铝及铝合金中铍含量的测定方法。

本部分适用于铝及铝合金中铍含量的测定。测定范围：0.000 10%～0.40%。

2 方法提要

试料用盐酸溶解，以乙二胺四乙酸二钠、酒石酸钠为掩蔽剂，在pH9.5的氨-硝酸铵缓冲溶液中，铍与依莱铬氰兰R(SCR)、溴化十六烷基三甲基铵(CTMAB)形成三元络合物，于分光光度计波长560 nm处测量其吸光度。

3 试剂

3.1 硫酸(ρ 1.84 g/mL)。

3.2 硝酸(ρ 1.42 g/mL)。

3.3 氢氟酸(ρ 1.14 g/mL)。

3.4 氨水(ρ 0.90 g/mL)。

3.5 盐酸(1+1)。

3.6 乙二胺四乙酸二钠(EDTA)溶液(100 g/L，需过滤)。

3.7 酒石酸钠溶液(1 mol/L，需过滤)。

3.8 依莱铬氰兰R(SCR—Solochrome cyanine R；2 g/L)：称取0.500 g SCR于250 mL烧杯中，加入2 mL硝酸(3.2)，用玻璃棒搅匀，再加入约150 mL水使之溶解完全，移入250 mL容量瓶中，以水稀释至刻度，混匀(如浑浊需过滤)。

3.9 溴化十六烷基三甲基铵(CTMAB)溶液(4 g/L)：称取1.000 g CTMAB于250 mL烧杯中，加入约150 mL水、10 mL乙醇，搅拌、温热使之溶解完全，移入250 mL容量瓶中，以水稀释至刻度，混匀(使用时如果还出现结晶可温热至清亮)。

3.10 氨-硝酸铵缓冲溶液：称取51.8 g硝酸铵溶解于约400 mL水中，加入65 mL氨水(3.4)，混匀。用氨水(3.4)或硝酸(1+1)调整至pH 9.5(pH计测定)，移入500 mL容量瓶中，以水稀释至刻度，混匀。

3.11 铝溶液(20 mg/mL)：称取20.00 g高纯铝(≥99.99 %)于2 000 mL烧杯中，盖上表皿，分次加入总量为600 mL的盐酸溶液(3.5)，缓慢加热至完全溶解，取下，冷却，移入1 000 mL容量瓶中，以水稀释至刻度，混匀。此溶液1 mL含20 mg铝。

3.12 铍标准贮存溶液

3.12.1 配制：称取2.00 g硫酸铍($BeSO_4 \cdot 4H_2O$)溶解于100 mL水中，过滤于1 000 mL容量瓶中，加入340 mL盐酸(3.5)，以水稀释至刻度，混匀。此溶液1 mL约含0.1 mg铍。也可以用硝酸铍、碳酸铍配制铍标准贮存溶液。

3.12.2 标定：移取50.00 mL溶液(3.12.1)于250 mL烧杯中，加入30 mL水，加热至沸，取下，加入2 mL EDTA(0.05 mol/L)，3滴麝香草酚兰溶液(1 g/L)，滴加氨水(3.4)至溶液呈明显的蓝色，并过量

3滴，微沸状态下保温30 min，取下放置过夜。用中速定量滤纸过滤，以氨水(5+95)洗涤烧杯5次～6次、沉淀7次～8次，将沉淀连同滤纸移入已恒重的瓷坩埚中，干燥，炭化，于1 000℃马弗炉中灼烧45 min，取出，稍冷，置于干燥器中60 min后称量。重复灼烧至恒重。

3.12.3 浓度计算

按公式(1)计算铍标准贮存溶液的浓度：

$$c(\mathrm{Be}) = \frac{m \times 0.360\,3}{V} \qquad \cdots\cdots(1)$$

式中：

$c(\mathrm{Be})$——铍标准贮存溶液的浓度，单位为毫克每毫升(mg/mL)；

m——灼烧后沉淀的质量，单位为毫克(mg)；

V——移取溶液(3.12.1)的体积，单位为毫升(mL)；

0.360 3——氧化铍换算成铍的系数。

3.13 铍标准溶液：移取约25 mL已标定好的铍标准贮存溶液(3.12)于500 mL容量瓶中，加入167 mL盐酸溶液(3.5)，以水稀释至刻度，混匀。此溶液1 mL含5 μg铍(用时现配)。

3.14 铍标准溶液：移取20.00 mL铍标准溶液(3.13)于100 mL容量瓶中，加入33 mL盐酸(3.5)，以水稀释至刻度，混匀。此溶液1 mL含1 μg铍(用时现配)。

3.15 铍标准溶液：移取20.00 mL铍标准溶液(3.13)于250 mL容量瓶中，加入83 mL盐酸(3.5)，以水稀释至刻度，混匀。此溶液1 mL含0.4 μg铍(用时现配)。

3.16 对硝基苯酚溶液(0.2 g/L)。

4 仪器

4.1 分光光度计。

4.2 pH计或离子计。

5 试样

将试样加工成厚度不大于1 mm的碎屑。

6 分析步骤

6.1 试料

按表1称取试样(5)，精确至0.000 1 g。

表1

铍的质量分数 /%	试料/g	试液体积	移取试液(6.4.1)体积	补加铝溶液(3.11)体积	吸收池厚度
		mL			cm
0.000 10～0.001 0	1.000	100	10.00	0	3
>0.001 0～0.005 0	1.000	250	10.00	3.00	3
>0.005 0～0.020	0.500 0	250	5.00	4.50	3
>0.020～0.060	0.500 0	500	10.00	4.50	1
>0.060～0.40	0.250 0	500	3.00	5.00	1

6.2 测定次数

独立地进行两次测定，取其平均值。

6.3 空白试验

移取 5.0 mL 铝溶液(3.11)于 50 mL 容量瓶(或比色管)中，以下按 6.4.4 进行操作。

6.4 测定

6.4.1 将试料(6.1)置于 300 mL 烧杯中，盖上表皿，分次加入总量为 30 mL 的盐酸(3.5)，待剧烈反应停止后，加热使试料溶解完全，取下，以中速定量滤纸过滤于如表 1 所示的试液体积相对应的容量瓶中，用热水洗涤烧杯 4 次～5 次、洗涤沉淀 7 次～8 次，冷却至室温。

6.4.2 若试料中硅的质量分数大于 1%时，则在过滤后，将沉淀连同滤纸置于铂坩埚中，炭化，于 700℃灼烧 30 min，取出，冷却，加入 2 mL 硫酸(3.1)，5 mL 氢氟酸(3.3)，滴加硝酸(3.2)使溶液清亮，加热使硅挥发，取下，冷却，滴加少量盐酸(3.5)溶解残渣(如浑浊需过滤)，合并于试液(6.4.1)中。

6.4.3 将试液(6.4.1)以水稀释至刻度，混匀。按表 1 移取试液(6.4.1)体积和补加相应体积的铝溶液(3.11)于 50 mL 容量瓶(或比色管)中。

6.4.4 加入 1.5 mL 酒石酸钠溶液(3.7)，充分混匀。加入 15.0 mL EDTA 溶液(3.6)，立即加入 1 滴对硝基苯酚溶液(3.16)并在不断摇动下用氨水(3.4)调整溶液由无色变为浅黄色，再加入 2.00 mL 氨水(3.4)。(加入 EDTA 溶液后不应放置，否则会出现 EDTA 结晶或浑浊，但发浑不会影响测定结果；以上几步操作要连续进行)。加入 5.0 mL 缓冲溶液(3.10)，混匀。加入 4.0 mL CTMAB 溶液(3.9)，缓慢混匀，放置约 5 min，加入 SCR 溶液(3.8)(测定质量分数为 0.000 10%～0.020%铍含量时加入 2.00 mL，测定质量分数>0.020%～0.40% 铍含量时加入 3.00 mL)，以水稀释至刻度，混匀。

6.4.5 将部分试液(6.4.4)移入表 1 所规定的吸收池中，以空白试验溶液(6.3)为参比，于分光光度计波长 560 nm 处测量其吸光度，从工作曲线上查出相应的铍量。

6.5 工作曲线的绘制

6.5.1 绘制铍的质量分数为 0.000 10%～0.020% 范围的工作曲线：

于一组 50 mL 容量瓶(或比色管)中，各加入 5.0 mL 铝溶液(3.11)，依次分别加入 0 mL、0.25 mL、1.25 mL、2.50 mL、3.75 mL、5.00 mL 铍标准溶液(3.15)，以下按 6.4.4 进行操作。

6.5.2 绘制铍的质量分数为>0.020%～0.40% 范围的工作曲线：

于一组 50 mL 容量瓶(或比色管)中，各加入 5.0 mL 铝溶液(3.11)，依次分别加入 0 mL、0.30 mL、1.00 mL、3.00 mL、5.00 mL、6.00 mL 铍标准溶液(3.14)，以下按 6.4.4 进行操作。

6.5.3 将部分系列标准溶液(6.5.1 或 6.5.2)移入表 1 所规定的吸收池中，以试剂空白溶液(未加铍标准溶液者)为参比，于分光光度计波长 560 nm 处测量其吸光度，以铍量为横坐标，吸光度为纵坐标，绘制工作曲线。

7 分析结果的计算

按式(2)计算铍的质量分数(%)：

$$w(\mathrm{Be}) = \frac{m_1 \times 10^{-6}}{m_0 \times \frac{V_1}{V_0}} \times 100 \qquad \cdots\cdots(2)$$

式中：

m_1——自工作曲线上查得铍的含量，单位为微克(μg)；

m_0——称取试料的质量，单位为克(g)；

V_1——如表 1 中的移取试液体积，单位为毫升(mL)；

V_0——如表 1 中的试液体积，单位为毫升(mL)。

8 精密度

8.1 重复性

在重复性条件下获得的两个独立测试结果的测定值，在以下给出的平均值范围内，这两个测试结果的绝对差值不超过重复性限(r),超过重复性限(r)的情况不超过5%,重复性限(r)按以下数据采用线性内插法求得。

铍的质量分数/%:	0.000 10	0.002 0	0.019	0.40
重复性限 r/%:	0.000 016	0.000 053	0.001 9	0.026

8.2 允许差

实验室之间分析结果的差值应不大于表2所列的允许差。

表 2

铍的质量分数 /%	允许差 /%
0.000 10～0.000 25	0.000 05
>0.000 25～0.000 50	0.000 10
>0.000 50～0.000 75	0.000 15
>0.000 75～0.001 00	0.000 20
>0.001 00～0.002 50	0.000 35
>0.002 50～0.005 00	0.000 75
>0.005 00～0.007 5	0.001 2
>0.007 5～0.010 0	0.001 5
>0.010 0～0.025 0	0.002 5
>0.025 0～0.050	0.005 0
>0.050～0.075	0.007 5
>0.075～0.100	0.010
>0.100～0.250	0.020
>0.250～0.400	0.030

9 质量控制与保证

分析时,用标准样品或控制样品进行校核,或每年至少用标准样品或控制样品对分析方法校核一次。当过程失控时,应找出原因。纠正错误后,重新进行校核。

ICS 77.120.10
H 12

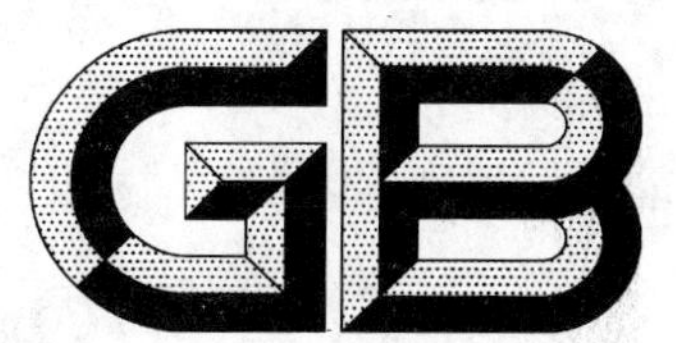

中华人民共和国国家标准

GB/T 20975.23—2008
代替 GB/T 6987.23—2001

铝及铝合金化学分析方法 第23部分:锑含量的测定 碘化钾分光光度法

Methods for chemical analysis of aluminium and aluminium alloys—Part 23:Determination of antimony content—Potassium iodide spectrophotometric method

2008-03-31 发布　　　　2008-09-01 实施

中华人民共和国国家质量监督检验检疫总局
中国国家标准化管理委员会　发布

前　言

GB/T 20975《铝及铝合金化学分析方法》是对 GB/T 6987—2001《铝及铝合金化学分析方法》的修订，本次修订将原标准号 GB/T 6987 改为 GB/T 20975。

GB/T 20975《铝及铝合金化学分析方法》分为 25 个部分：

——第 1 部分：汞含量的测定　冷原子吸收光谱法

——第 2 部分：砷含量的测定　钼蓝分光光度法

——第 3 部分：铜含量的测定

——第 4 部分：铁含量的测定　邻二氮杂菲分光光度法

——第 5 部分：硅含量的测定

——第 6 部分：镉含量的测定　火焰原子吸收光谱法

——第 7 部分：锰含量的测定　高碘酸钾分光光度法

——第 8 部分：锌含量的测定

——第 9 部分：锂含量的测定　火焰原子吸收光谱法

——第 10 部分：锡含量的测定

——第 11 部分：铅含量的测定　火焰原子吸收光谱法

——第 12 部分：钛含量的测定

——第 13 部分：钒含量的测定　苯甲酰苯胲分光光度法

——第 14 部分：镍含量的测定

——第 15 部分：硼含量的测定

——第 16 部分：镁含量的测定

——第 17 部分：锶含量的测定　火焰原子吸收光谱法

——第 18 部分：铬含量的测定

——第 19 部分：锆含量的测定

——第 20 部分：镓含量的测定　丁基罗丹明 B 分光光度法

——第 21 部分：钙含量的测定　火焰原子吸收光谱法

——第 22 部分：铍含量的测定　依莱铬氰兰 R 分光光度法

——第 23 部分：锑含量的测定　碘化钾分光光度法

——第 24 部分：稀土总含量的测定

——第 25 部分：电感耦合等离子体原子发射光谱法

本部分为第 23 部分。

本部分代替 GB/T 6987.23—2001《铝及铝合金化学分析方法　碘化钾分光光度法测定锑量》。

本部分与 GB/T 6987.23—2001 相比主要变化如下：

——增加了“8.1 重复性”条款；

——增加了“9 质量保证与控制”条款。

本部分由中国有色金属工业协会提出。

本部分由全国有色金属标准化技术委员会归口。

本部分由东北轻合金有限责任公司、中国有色金属工业标准计量质量研究所负责起草。

本部分起草单位：东北轻合金有限责任公司。

本部分主要起草人：周兵、董晓林、王志超、刘昕、王涛、席欢、葛立新、朱玉华。

本部分所代替标准的历次版本发布情况为：

——GB/T 6987.23—1986、GB/T 6987.23—2001。

铝及铝合金化学分析方法 第23部分:锑含量的测定 碘化钾分光光度法

1 范围

本部分规定了铝及铝合金中锑含量的测定方法。

本部分适用于铝及铝合金中锑含量的测定。测定范围:0.004%~0.25%。

2 方法提要

试料以氢氧化钠溶解,在硫酸介质中,用硫脲掩蔽铜,抗坏血酸掩蔽铁,碘化钾显色,于分光光度计波长330 nm处测量其吸光度。

3 试剂

3.1 铝(≥99.97%,不含锑)。

3.2 硫酸(ρ1.84 g/mL)。

3.3 硫酸(1+2.6,约5 mol/L)。

3.4 硫酸(约2.5 mol/L):将硫酸(3.3)稀释一倍。

3.5 碘化钾溶液(550 g/L)。

3.6 氢氧化钠溶液(200 g/L)。

3.7 抗坏血酸溶液(150 g/L,用时现配)。

3.8 硫脲溶液(100 g/L)。

3.9 硫酸铁铵溶液(含Fe为0.5 mg/mL):称取1.08 g硫酸铁铵[$Fe(NH_4)(SO_4)_2 \cdot 12H_2O$]溶解于含有25 mL硫酸(3.4)的水中,移入250 mL容量瓶中,以水稀释至刻度,混匀。

3.10 锑标准贮存溶液:称取0.100 0 g锑粉于100 mL烧杯中,加入5 mL硫酸(3.2),加热溶解,待溶解完全后,用硫酸(3.3)洗入1 000 mL容量瓶中,以硫酸(3.3)稀释至刻度,混匀。此溶液1 mL含0.1 mg锑。

3.11 锑标准溶液:移取25.00 mL锑标准贮存溶液(3.10)于250 mL容量瓶中,加入25 mL水,用硫酸(3.4)稀释至刻度,混匀。此溶液(硫酸浓度约2.5 mol/L)1 mL含0.01 mg锑。

4 仪器

紫外分光光度计,带石英吸收池。

5 试样

将试样加工成厚度不大于1 mm的碎屑。

6 分析步骤

6.1 试料

称取1.00 g试样(5),精确至0.000 1 g。

6.2 测定次数

独立地进行两次测定,取其平均值。

6.3 空白试验

称取 1.00 g 铝(3.1),加入与试料相应含量的铁(3.9),随同试料(6.1)做空白试验。

6.4 测定

6.4.1 将试料(6.1)置于 200 mL 烧杯中,盖上表皿,加入 20 mL 氢氧化钠溶液(3.6)。待剧烈反应停止后,缓慢加热至溶解完全。

6.4.2 取下,稍冷。加入 63 mL 硫酸(3.3),加热溶解盐类并蒸发至体积约 70 mL,稍冷。

6.4.3 用中速定量滤纸将试液过滤于 100 mL 容量瓶中,用热水洗涤烧杯和滤纸,冷却。用水稀释至刻度,混匀。

6.4.4 当锑的质量分数在 0.004%～0.06%范围时,移取 25.00 mL 试液(6.4.3)于 50 mL 容量瓶中,加入 5 mL 硫脲溶液(3.8),5 mL 抗坏血酸溶液(3.7),10 mL 碘化钾溶液(3.5),以水稀释至刻度,混匀。放置 10 min。以下按 6.4.5 进行。

当锑的质量分数在≥0.06%～0.25%范围时,移取 5.00 mL 试液(6.4.3)于 50 mL 容量瓶中,加入 22.0 mL 硫酸(3.4),加入 5 mL 硫脲溶液(3.8),5 mL 抗坏血酸溶液(3.7),10 mL 碘化钾溶液(3.5),以水稀释至刻度,混匀。放置 10 min。以下按 6.4.5 进行。

6.4.5 将部分试液(6.4.4)于 1 cm 石英吸收池中,以空白试验溶液(6.3)为参比,于紫外分光光度计波长 330 nm 处测量其吸光度。从工作曲线上查出相应的锑量。

6.5 工作曲线的绘制

6.5.1 移取 0、1.00、4.00、8.00、12.00、15.00 mL 锑标准溶液(3.11)于一组 50 mL 容量瓶中,依次补加 28.0、27.0、24.0、20.0、16.0、13.0 mL 硫酸(3.4)。加入 5 mL 硫脲溶液(3.8),5 mL 抗坏血酸溶液(3.7),10 mL 碘化钾溶液(3.5),以水稀释至刻度,混匀。放置 10 min。

6.5.2 将部分系列标准溶液(6.5.1)分别于 1 cm 石英吸收池中,以试剂空白(未加锑标准溶液者)为参比,于紫外分光光度计波长 330 nm 处测量其吸光度。以锑量为横坐标,吸光度为纵坐标,绘制工作曲线。

7 分析结果的计算

按式(1)计算锑的质量分数(%):

$$w(\mathrm{Sb}) = \frac{m_1}{m_0 \times \frac{V_1}{V_0}} \times 100 \qquad \cdots\cdots(1)$$

式中:

m_1——自工作曲线上查得的锑量,单位为克(g);

m_0——称取试料的质量,单位为克(g);

V_1——移取试液的体积,单位为毫升(mL);

V_0——试液的总体积,单位为毫升(mL)。

8 精密度

8.1 重复性

在重复性条件下获得的两个独立测试结果的测定值,在以下给出的平均值范围内,这两个测试结果的绝对差值不超过重复性限(r),超过重复性限(r)的情况不超过5%,重复性限(r)按以下数据采用线性内插法求得。

锑的质量分数/%:	0.006 5	0.013	0.062 6	0.233
重复性限 r/%:	0.000 90	0.001 2	0.007 7	0.013

8.2 允许差

实验室之间分析结果的差值应不大于表 1 所列允许差。

表 1

锑的质量分数/%	允许差/%
0.004～0.010	0.001
>0.010～0.025 0	0.002
>0.025 0～0.050	0.003
>0.050～0.10	0.008
>0.10～0.25	0.015

9 质量控制与保证

分析时，用标准样品或控制样品进行校核，或每年至少用标准样品或控制样品对分析方法校核一次。当过程失控时，应找出原因。纠正错误后，重新进行校核。

ICS 77.120.10
H 12

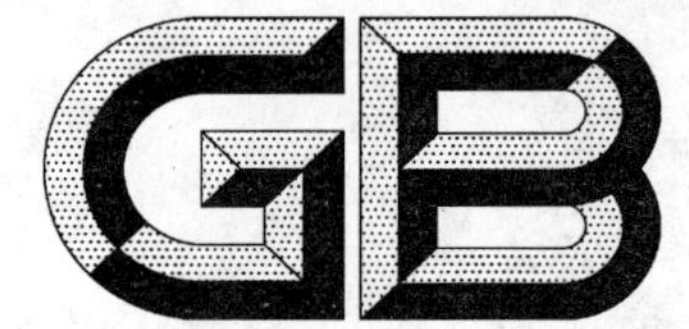

中华人民共和国国家标准

GB/T 20975.24—2008
代替 GB/T 6987.24—2001,GB/T 6987.32—2001

铝及铝合金化学分析方法 第24部分:稀土总含量的测定

**Methods for chemical analysis of aluminium and aluminium alloys—
Part 24:Determination of total rare earth contents**

2008-03-31 发布 2008-09-01 实施

中华人民共和国国家质量监督检验检疫总局
中国国家标准化管理委员会 发布

前　　言

GB/T 20975《铝及铝合金化学分析方法》是对 GB/T 6987—2001《铝及铝合金化学分析方法》的修订，本次修订将原标准号 GB/T 6987 改为 GB/T 20975。

GB/T 20975《铝及铝合金化学分析方法》分为 25 个部分：

——第 1 部分：汞含量的测定　冷原子吸收光谱法

——第 2 部分：砷含量的测定　钼蓝分光光度法

——第 3 部分：铜含量的测定

——第 4 部分：铁含量的测定　邻二氮杂菲分光光度法

——第 5 部分：硅含量的测定

——第 6 部分：镉含量的测定　火焰原子吸收光谱法

——第 7 部分：锰含量的测定　高碘酸钾分光光度法

——第 8 部分：锌含量的测定

——第 9 部分：锂含量的测定　火焰原子吸收光谱法

——第 10 部分：锡含量的测定　苯基荧光酮分光光度法

——第 11 部分：铅含量的测定　火焰原子吸收光谱法

——第 12 部分：钛含量的测定

——第 13 部分：钒含量的测定　苯甲酰苯胲分光光度法

——第 14 部分：镍含量的测定

——第 15 部分：硼含量的测定　离子选择电极法

——第 16 部分：镁含量的测定

——第 17 部分：锶含量的测定　火焰原子吸收光谱法

——第 18 部分：铬含量的测定

——第 19 部分：锆含量的测定　二甲酚橙分光光度法

——第 20 部分：镓含量的测定　丁基罗丹明 B 分光光度法

——第 21 部分：钙含量的测定　火焰原子吸收光谱法

——第 22 部分：铍含量的测定　依莱铬氰兰 R 分光光度法

——第 23 部分：锑含量的测定　碘化钾分光光度法

——第 24 部分：稀土总含量的测定

——第 25 部分：电感耦合等离子体原子发射光谱法

本部分为第 24 部分。

本部分代替 GB/T 6987.24—2001《铝及铝合金化学分析方法　三溴偶氮胂分光光度法测定铈组稀土元素总量》和 GB/T 6987.32—2001《铝及铝合金化学分析方法　草酸盐重量法测定稀土总量》。本次修订将 GB/T 6987.32—2001 的有关内容纳入本部分。

本部分与 GB/T 6987.24—2001 相比主要变化如下：

——将 GB/T 6987.24—2001 和 GB/T 6987.32—2001 分别作为本部分的“方法一”和“方法二”；

——两个方法中均增加了“重复性”和“质量保证与控制”条款。

本部分由中国有色金属工业协会提出。

本部分由全国有色金属标准化技术委员会归口。

本部分由东北轻合金有限责任公司、中国有色金属工业标准计量质量研究所负责起草。

本部分方法一起草单位:中国铝业股份有限公司西北铝加工分公司。

本部分方法二起草单位:北京有色金属研究总院起草。

本部分方法一主要起草人:王俊峰、姚文殊、田永红、席欢、葛立新、范顺科。

本部分方法二主要起草人:童坚、刘英、臧慕文、刘兵、席欢、马存真、朱玉华。

本部分所代替标准的历次版本发布情况为:

——GB/T 6987.24—1988、GB/T 6987.24—2001;

——GB/T 6987.32—2001。

铝及铝合金化学分析方法 第24部分:稀土总含量的测定

方法一:三溴偶氮胂分光光度法

1 范围

本部分规定了铝及铝合金中铈组稀土元素总含量的测定方法。

本部分适用于铝及铝合金中铈组稀土元素总含量的测定。测定范围:0.001 0% ～ 1.50%。

2 方法提要

试料以盐酸溶解,在盐酸-草酸介质中,以过氧化氢和乙醇消除四价钛离子和三价铁离子共存时的干扰,铈组稀土元素与三溴偶氮胂生成稳定的蓝紫色络合物,于分光光度计波长634 nm处测量其吸光度。

3 试剂

3.1 无水乙醇。

3.2 盐酸(1+1)。

3.3 过氧化氢(1+19)。

3.4 草酸($H_2C_2O_4 \cdot 2H_2O$)溶液(80 g/L)。

3.5 铝溶液(20 mg/mL):称取20.00 g纯铝(≥99.9%,不含稀土元素)于2 000 mL烧杯中,盖上表皿,分次加入总量为600 mL的盐酸(3.2)。缓慢加热至溶解完全,取下,冷却。移入1 000 mL容量瓶中,以水稀释至刻度,混匀。

3.6 三溴偶氮胂[2-(2-胂酸基苯偶氮)-7-(2,4,6-三溴苯偶氮)-1,8-二羟基-3,6-萘二磺酸]溶液(0.5 g/L)。

3.7 铈标准贮存溶液(1 mg/mL):称取0.614 2 g二氧化铈(纯度大于99.9 %,预先在800℃～900℃马弗炉中灼烧30 min,取下稍冷,于干燥器中放置60 min后称量),精确至0.000 1 g,置于200 mL烧杯中,加入5 mL高氯酸(ρ1.67 g/mL)、2 mL过氧化氢(ρ1.10 g/mL),盖上表皿,低温加热至二氧化铈完全溶解,蒸发至近干。取下,稍冷,加入50 mL盐酸(3.2),6滴过氧化氢(3.3),加热煮沸使盐类完全溶解并使过氧化氢分解完全,取下,冷却至室温,移入500 mL容量瓶中,加入35 mL盐酸(3.2),以水稀释至刻度,混匀。此溶液1 mL含1 mg铈。

注:在本标准测定条件下,铈或铈组稀土元素与三溴偶氮胂所生成络合物的吸光度一致,故可用铈代替铈组稀土元素总量为标准。

3.8 铈标准溶液(20 μg/mL):移取5.00 mL铈标准贮存溶液(3.7)于250 mL容量瓶中,加入40 mL盐酸溶液(3.2),以水稀释至刻度,混匀。此溶液1 mL含20 μg铈(用时现配)。

3.9 铈标准溶液(2 μg/mL):移取25.00 mL铈标准溶液(3.8)于250 mL容量瓶中,以水稀释至刻度,混匀。此溶液1 mL含2 μg铈(用时现配)。

4 仪器

分光光度计。

5 试样

将试样加工成厚度不大于 1 mm 的碎屑。

6 分析步骤

6.1 试料

根据铈组稀土元素总含量，按表 1 称取试样(5)，精确至 0.000 1 g。

表 1

铈组稀土元素总质量分数 /%	试料 /g	试液体积	移取试液(6.4.1)体积	补加铝溶液(3.5)体积	吸收池厚度/cm
		mL			
0.001 0～0.010	1.000 0	100	10.00	0	2
>0.010～0.10	0.500 0	250	5.00	4.50	2
>0.10～0.60	0.250 0	500	5.00	5.00	1
>0.60～1.50	0.250 0	500	2.00	5.00	1

6.2 测定次数

独立地进行两次测定，取其平均值。

6.3 空白试验

移取 5.0 mL 铝溶液(3.5)于 25 mL 容量瓶(或比色管)中，以下按 6.4.3 进行操作。

6.4 测定

6.4.1 将试料(6.1)置于 300 mL 烧杯中，盖上表皿，分次加入总量为 30 mL 的盐酸(3.2)，低温加热至试料溶解完全，取下，冷却，用中速滤纸过滤于如表 1 所示试液体积相对应的容量瓶中，吹洗烧杯及滤纸各 5 次～8 次，以水稀释至刻度，混匀。

6.4.2 按表 1 要求移取试液(6.4.1)于 25 mL 容量瓶(或比色管)中，并补加相应体积的铝溶液(3.5)。

6.4.3 加入 2.0 mL 盐酸溶液(3.2)、2.0 mL 草酸溶液(3.4)、2.0 mL 乙醇(3.1)、3 滴过氧化氢(3.3)，充分混匀。加入 2.00 mL 三溴偶氮胂溶液(3.6)，以水稀释至刻度，混匀。

6.4.4 将部分试液(6.4.3)置于表 1 所规定的吸收池中，以空白试验溶液(6.3)为参比，于分光光度计波长 634 nm 处测量其吸光度。从工作曲线上查出相应的铈组稀土元素总量。

6.5 工作曲线的绘制

6.5.1 绘制含铈组稀土元素总质量分数为 0.001 0%～0.10%范围的工作曲线：

于一组 25 mL 容量瓶(或比色管)中，各加入 5.0 mL 铝溶液(3.5)，依次分别加入 0 mL、0.50 mL、1.00 mL、2.50 mL、3.50 mL、5.00 mL 铈标准溶液(3.9)，以下按 6.4.3 进行操作。

6.5.2 绘制含铈组稀土元素总质量分数为>0.10%～1.50%范围的工作曲线：

于一组 25 mL 容量瓶(或比色管)中，各加入 5.0 mL 铝溶液(3.5)，依次分别加入 0 mL、0.50 mL、1.00 mL、2.50 mL、5.00 mL、6.50 mL、7.50 mL 铈标准溶液(3.9)，以下按 6.4.3 进行操作。

6.5.3 将部分系列标准溶液(6.5.1 或 6.5.2)置于表 1 所规定的吸收池中，以试剂空白溶液(未加铈标准溶液者)为参比，于分光光度计波长 634 nm 处测量其吸光度，以铈量为横坐标，吸光度为纵坐标，绘制工作曲线。

7 分析结果的计算

按式(1)计算铈组稀土元素总量的质量分数(%)：

$$w(\mathrm{RE})=\frac{m_1\times10^{-6}}{m_0\times\dfrac{V_1}{V_0}}\times100 \qquad\cdots\cdots(1)$$

式中：

m_1——自工作曲线上查得的铈组稀土元素总量，单位为微克(μg)；

V_1——如表1中的移取试液体积，单位为毫升(mL)；

V_0——如表1中的试液体积，单位为毫升(mL)；

m_0——称取试料的质量，单位为克(g)。

8 精密度

8.1 重复性

在重复性条件下获得的两个独立测试结果的测定值，在以下给出的平均值范围内，这两个测试结果的绝对差值不超过重复性限(r)，超过重复性限(r)的情况不超过5%，重复性限(r)按以下数据采用线性内插法求得。

铈的质量分数/%： 0.001 0　0.020　0.16　1.50

重复性限 r/%： 0.000 17　0.001 8　0.010　0.048

8.2 允许差

实验室之间分析结果的差值不应大于表2所列的允许差。

表 2

铈组稀土元素总的质量分数/%	允许差/%
0.001 0～0.002 5	0.000 3
>0.002 5～0.005 0	0.000 7
>0.005 0～0.007 5	0.001 0
>0.007 5～0.010	0.001 2
>0.010～0.025	0.003
>0.025～0.050	0.007
>0.050～0.075	0.010
>0.075～0.100	0.012
>0.100～0.25	0.015
>0.25～0.50	0.03
>0.50～1.00	0.05
>1.00～1.50	0.08

9 质量控制与保证

分析时，用标准样品或控制样品进行校核，或每年至少用标准样品或控制样品对分析方法校核一次。当过程失控时，应找出原因。纠正错误后，重新进行校核。

方法二：草酸盐重量法

10 范围

本部分规定了铝及铝合金中稀土总量的测定方法。

本部分适用于铝及铝合金中稀土总量的测定。测定范围：>1.50%。

11 方法提要

试料用氢氧化钠溶液溶解，使得Al、Mg、Ca、Zn、Si等得以分离，在pH2.0酸度下用草酸丙酮溶液作为沉淀剂沉淀稀土，于900℃将草酸稀土灼烧成氧化物，称其质量。由氧化稀土总量，根据试样所含各单一稀土相对比例及其氧化物组成，求算稀土元素总量。

12 试剂

12.1 过氧化氢（ρ1.10 g/mL）。

12.2 氢氧化钠溶液（200 g/L）。

12.3 盐酸（1+19）。

12.4 氨水（1+4）。

12.5 草酸丙酮溶液（40 g/L）：溶解40 g草酸于1 L丙酮中。

12.6 百里酚蓝乙醇溶液（1 g/L）：溶解0.1 g百里酚蓝于100 mL乙醇中。

12.7 草酸洗液（10 g/L）：溶解10 g草酸于1 L水中，用氨水（12.4）调节pH值至2.0。

13 仪器

马弗炉。

14 试样

将试样加工成厚度不大于1 mm的碎屑。

15 分析步骤

15.1 试料

称取1.00 g试样，精确至0.000 1 g。

15.2 测定次数

独立地进行两次测定，取其平均值。

15.3 测定

15.3.1 将试料（15.1）置于200 mL烧杯中，盖上表面皿加入40 mL氢氧化钠溶液（12.2），待剧烈反应停止后，继续加热至试料完全分解。补加水至体积100 mL，煮沸1 min。取下，冷却，以慢速定量滤纸过滤，沉淀用热水洗涤至近中性（pH7～pH8）。

15.3.2 将沉淀连同滤纸转移入原烧杯中，加入20 mL盐酸（12.3），加热至沉淀溶解，用玻璃棒将滤纸搅碎，补加1 mL过氧化氢（12.1），煮沸至无小泡，加水至80 mL，煮沸，取下，冷却。不断搅拌下加入20 mL草酸丙酮溶液（12.5），加入5滴百里酚蓝乙醇溶液（12.6），用氨水（12.4）调pH值为1.8～2.2，以水稀释至100 mL。在80℃水浴中保温1 h，自然冷却至室温。用慢速定量滤纸过滤，以草酸洗液（12.7）洗涤烧杯和沉淀各7次～8次。将滤纸及沉淀移入已恒重的瓷坩埚中，在电炉上灰化。

15.3.3 于马弗炉900℃灼烧1 h，取出，置于干燥器中冷却1 h后称量。

15.3.4 重复操作15.3.3至质量恒定。

16 分析结果的计算

按式(2)计算稀土总量的质量分数(%)：

$$w(\mathrm{RE})=\frac{m_1\times 0.831}{m_0} \quad \cdots\cdots(2)$$

式中：

m_1——试验所得沉淀质量，单位为克(g)；

m_0——试料的质量，单位为克(g)；

0.831——稀土氧化物换算为稀土的系数。

17 精密度

17.1 重复性

在重复性条件下获得的两个独立测试结果的测定值，在以下给出的平均值范围内，这两个测试结果的绝对差值不超过重复性限(r)，超过重复性限(r)的情况不超过5%，重复性限(r)按以下数据采用线性内插法求得。

稀土的质量分数/%：	1.49	4.98	10.00
重复性限 r/%：	0.12	0.10	0.09

17.2 允许差

实验室之间分析结果的差值应不大于表3所列的允许差。

表3

稀土的质量分数/%	允许差/%
>1.50～10.00	0.15

18 质量控制与保证

分析时，用标准样品或控制样品进行校核，或每年至少用标准样品或控制样品对分析方法校核一次。当过程失控时，应找出原因。纠正错误后，重新进行校核。

ICS 77.120.10
H 12

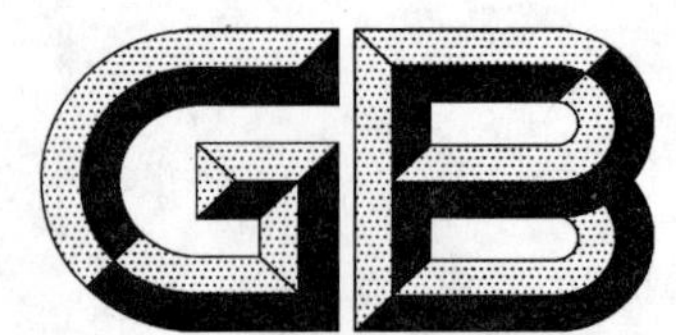

中华人民共和国国家标准

GB/T 20975.25—2008

铝及铝合金化学分析方法 第25部分：电感耦合等离子体原子发射光谱法

Methods for chemical analysis of aluminium and aluminium alloys—Part 25:Inductively coupled plasma atomic emission spectrometric method

2008-06-09 发布　　2008-12-01 实施

中华人民共和国国家质量监督检验检疫总局
中国国家标准化管理委员会　发布

前言

GB/T 20975《铝及铝合金化学分析方法》分为25个部分：

——第1部分：汞含量的测定　冷原子吸收光谱法；

——第2部分：砷含量的测定　钼蓝分光光度法；

——第3部分：铜含量的测定；

——第4部分：铁含量的测定　邻二氮杂菲分光光度法；

——第5部分：硅含量的测定；

——第6部分：镉含量的测定　火焰原子吸收光谱法；

——第7部分：锰含量的测定　高碘酸钾分光光度法；

——第8部分：锌含量的测定；

——第9部分：锂含量的测定　火焰原子吸收光谱法；

——第10部分：锡含量的测定；

——第11部分：铅含量的测定　火焰原子吸收光谱法；

——第12部分：钛含量的测定；

——第13部分：钒含量的测定　苯甲酰苯胲分光光度法；

——第14部分：镍含量的测定；

——第15部分：硼含量的测定；

——第16部分：镁含量的测定；

——第17部分：锶含量的测定　火焰原子吸收光谱法；

——第18部分：铬含量的测定；

——第19部分：锆含量的测定；

——第20部分：镓含量的测定　丁基罗丹明B分光光度法；

——第21部分：钙含量的测定　火焰原子吸收光谱法；

——第22部分：铍含量的测定　依莱铬氰兰R分光光度法；

——第23部分：锑含量的测定　碘化钾分光光度法；

——第24部分：稀土总含量的测定；

——第25部分：电感耦合等离子体原子发射光谱法。

本部分为第25部分。对应于EN 14242:2004《铝及铝合金——化学分析——电感耦合等离子体发射光谱法》，一致性程度为修改采用。

本部分附录A为规范性附录。

本部分由中国有色金属工业协会提出。

本部分由全国有色金属标准化技术委员会归口。

本部分由中国铝业股份有限公司郑州研究院、中国有色金属工业标准计量质量研究所负责起草。

本部分起草单位：东北轻合金有限责任公司、西南铝业(集团)有限责任公司、包头铝业股份有限公司、中国铝业股份有限公司河南分公司。

本部分主要起草人：李跃平、石磊、张树朝、席欢、吴豫强、张洁、薛宁、马存真。

本部分参加起草人：刘双庆、邓兰洪、沈清华、梁倩、周兵、陈雄立、赵洪生、董良。

铝及铝合金化学分析方法
第25部分：电感耦合等离子体原子发射光谱法

1 范围

本方法规定了铝及铝合金中铁、铜、镁、锰、镓、钛、钒、铟、锡、铋、铬、锌、镍、镉、锆、铍、铅、硼、硅、锶、钙、锑含量的测定方法。

本方法适用于铝及铝合金中铁、铜、镁、锰、镓、钛、钒、铟、锡、铋、铬、锌、镍、镉、锆、铍、铅、硼、硅、锶、钙、锑含量的测定，测定范围见表1。

表 1

元素	质量分数/%	元素	质量分数/%
铁	0.002 0～2.00	铬	0.002 0～0.50
铜	0.000 5～5.00	锌	0.001 0～5.00
镁	0.001 0～10.00	镍	0.002 0～1.00
锰	0.001 0～3.00	镉	0.002 0～0.25
镓	0.005 0～0.050	锆	0.002 0～1.00
钛	0.001 0～5.00	铍	0.000 5～0.40
钒	0.001 0～0.30	铅	0.10～1.00
铟	0.010～0.10	硼	0.005 0～5.00
锡	0.020～0.50	硅	0.50～10.00
铋	0.010～0.50	锶	0.000 5～0.10
钙	0.020～1.00	锑	0.010～0.25

2 方法提要

根据铝及铝合金的类型及元素的含量，采用以下方法分解试样：

——盐酸和硝酸混合酸分解试样；

——盐酸和过氧化氢分解试样；

——氢氧化钠分解试样。

溶液直接以氩等离子体光源激发，进行光谱测定，以基体匹配法校正基体对测定的影响。

3 试剂

3.1 过氧化氢(ρ1.10 g/mL)。

3.2 盐酸(ρ1.19 g/mL)，优级纯。

3.3 硝酸(ρ1.42 g/mL)，优级纯。

3.4 氢氟酸(1.14 g/mL)，优级纯。

3.5 氩气（>99.99%）。

3.6 盐酸(1+1)。

3.7 硝酸(1+1)。

3.8 硫酸(1+4)。

3.9 混合酸:3份盐酸(3.6)和1份硝酸(3.7)混合。

3.10 氢氧化钠溶液(400 g/L)。

3.11 高纯铝(Al≥99.999%)。

3.12 铝基体溶液的制备(20 mg/mL):称取20.00 g经酸洗过的高纯铝(3.11)置于1 000 mL烧杯中,盖上表皿,分次加入总量为600 mL盐酸(3.6),待剧烈反应停止后,缓慢加热至完全溶解,然后加入数滴过氧化氢(3.1),煮沸数分钟,分解过量的过氧化氢,冷却,将溶液移入1 000 mL的容量瓶中,用水稀释到刻度,摇匀。

3.13 各分析元素标准贮备溶液的配制方法见附录A,也可使用国家标准物质(溶液)。

3.14 标准溶液

3.14.1 多元素标准溶液的配制原则:互有化学干扰、产生沉淀及互有光谱干扰的元素应分组配制。

3.14.2 将标准贮存溶液(3.13)稀释为100 μg/mL,并与标准贮存溶液保持一致的酸度(用时稀释)。

3.14.3 将标准贮存溶液(3.13)稀释为10 μg/mL,并与标准贮存溶液保持一致的酸度(用时稀释)。

4 仪器

电感耦合等离子体原子发射光谱仪。

5 试样

将试样加工成厚度不大于1 mm的碎屑。

6 分析步骤

6.1 试料

根据分析试液的制备方法(6.4),按要求称取表2或表3中规定质量的试样,精确至0.000 1 g。

表2

质量分数/%	试料/g	试液体积/mL
0.000 5~0.050	0.50	100
>0.050~1.00	0.25	250
>1.00~10.00	0.25	500

表3

质量分数/%	试料/g	试液体积/mL
0.50~10.00	0.50	500

6.2 测定次数

独立地进行两次测定,取其平均值。

6.3 空白试验

称取与试料相同量的高纯铝(3.11),随同试料做空白试验。

6.4 分析试液的制备

6.4.1 溶样方法Ⅰ

此溶样方法适用于硅含量小于0.50%的铝及铝合金中铁、铜、镁、锰、镓、钛、钒、铟、锡、铋、铬、锌、镍、镉、锆、铍、铅、硼、锶、钙、锑含量的测定。

将按表2称取的试料(6.1)置于100 mL烧杯中，加入25 mL混合酸(3.9)，待剧烈反应停止后，低温加热至溶解完全，冷却至室温，移入表2相应体积的容量瓶中用水稀释至刻度，混匀。必要时根据工作曲线范围，稀释待测溶液。

6.4.2 溶样方法Ⅱ

此方法适用于铝及铝合金中铁、铜、镁、锰、镓、钛、钒、铟、锡、铅、铋、铬、锌、镍、镉、锆、铍、硼、锶、钙含量的测定。

6.4.2.1 将按表2称取的试料(6.1)置于250 mL烧杯中，加入25 mL盐酸(3.6)，待剧烈反应停止后，低温加热分解，加入适量的过氧化氢(3.1)，至试料完全溶解，煮沸分解过量的过氧化氢，冷却至室温。

6.4.2.2 硅含量大于0.50%时，如有不溶残渣，将试液过滤于表2中相应体积的容量瓶中，洗涤残渣。将残渣连同滤纸置于铂坩埚中，灰化(勿使滤纸燃烧)，然后在800℃灼烧5 min，冷却。加入5 mL氢氟酸(3.4)，并逐滴加入硝酸(3.7)至溶液清亮，加热蒸发至干，冷却，用5 mL盐酸(3.6)溶解残渣，将此试液合并于原滤液中，稀释至刻度，混匀。必要时根据工作曲线范围，稀释待测溶液。

6.4.3 溶样方法Ⅲ

此方法适用于铝及铝合金中硅、铁、铜、镁、锰、钛、钒、铬、锌、镍、锆、锶、锡、铅、钙元素的测定。

6.4.3.1 将按表3称取的试料(6.1)置于400 mL聚四氟乙烯烧杯中，加入少许水，加入6 mL氢氧化钠溶液(3.9)，待剧烈反应停止后，低温加热分解，加入适量的过氧化氢(3.1)，缓慢加热至试料完全溶解，煮沸分解过量的过氧化氢，冷却至室温。

6.4.3.2 如果试样中硅含量大于0.50%，将溶液蒸至浆状，稍冷，加入约30 mL水，缓慢加热直至完全溶解。

6.4.3.3 用水将溶液(6.4.3.2)稀释至约100 mL，边搅拌边加入25 mL硝酸(3.7)和25 mL盐酸(3.6)，低温加热使其完全溶解(出现二氧化锰棕色沉淀时，应加入无水亚硫酸钠溶液，使其分解)，冷却，将溶液移入500 mL容量瓶中，以水稀释至刻度，混匀。必要时根据工作曲线范围，稀释待测溶液。

注1：对易水解的元素如Ti、Sn、Zr、Sb，试液应保持10%的酸度。

注2：在做低含量的试样时，对易污染的元素如Ca、Pb、B，应使用高纯酸和石英亚沸蒸馏水。

6.5 系列标准溶液的配制

6.5.1 根据试液中铝的含量，移取适量的铝基体溶液(3.12)于一组100 mL容量瓶中，使标准溶液中的铝含量与试液中的铝含量基本一致，加入适量的待测元素标准溶液(3.13)或(3.14)，使溶液酸度与试液基本一致，用水稀释至刻度，混匀。以不加标准溶液的试液作为空白溶液，待测元素含量应在所做工作曲线范围之内，系列标准溶液的数量由精度要求决定，一般3个～5个。

6.5.2 采用氢氧化钠分解试样时按下述方法制备标准系列：

根据样品中铝的含量，称取适量的高纯铝(3.12)与一系列聚四氟乙烯烧杯中，盖上表皿，以下操作按6.4.3步骤进行，在未稀释到刻度前加入适量的待测元素标准溶液(3.13)或(3.14)，使标准溶液中的溶液酸度与试液基本一致，用水稀释至刻度，混匀。以不加标准溶液的试液作为空白溶液，待测元素含量应在所做工作曲线范围之内，系列标准溶液的数量由精度要求决定，一般3个～5个。

6.5.3 根据样品的牌号也可选择相应的标准系列样品(国家一级标样)，按分析试液的制备方法(6.4)配置系列标准溶液，系列标准溶液的数量由精度要求决定，一般3个～5个。

6.6 测定

6.6.1 推荐的分析线见表4。

6.6.2 分析条件：将系列标准溶液(6.5)引入电感耦合等离子体原子发射光谱仪中，输入根据试验所选择的仪器最佳测定条件，在各元素选定的波长处，测定系列标准溶液中各元素的强度，当工作曲线的线性相关系数≥0.999 5时，即可进行分析溶液(6.4)的测定，根据光强度和浓度的关系计算机自动给出样品中各元素的质量浓度。

表 4

元素	分析线/nm	元素	分析线/nm
Fe	259.940,239.562	Cr	267.716,283.563
Cu	324.754	Zn	213.856,206.200
Mg	285.213,279.553	Ni	231.604
Mn	259.373,257.610	Cd	228.802
Ga	294.364	Zr	339.198,349.621
Ti	334. 941,337.280	Be	234.861,313.042
V	292.402	Pb	220.353
Si	288.158,251.611	B	249.678,249.773
Sn	189.989	In	325.609
Bi	223.061	Sr	407.771,346.446
Ca	317.933,393.366	Sb	217.581

7 分析结果的计算

按公式(1)计算各待测元素的质量分数(%)：

$$w(\mathrm{X})=\frac{(c-c_0)\times V\times R\times 10^{-6}}{m_0}\times 100 \qquad (1)$$

式中：

c——自工作曲线上查得被测元素的质量浓度，单位为微克每毫升(μg/mL)；

c_0——自工作曲线上查得空白试验溶液中被测元素的质量浓度，单位为微克每毫升(μg/mL)；

V——测定试液的体积，单位为毫升(mL)；

m_0——试料的质量，单位为克(g)；

R——稀释系数。

8 精密度

8.1 重复性

在重复性条件下获得的两个独立测试结果的测定值，在以下给出的平均值范围内，这两个测试结果的绝对差值不超过重复性限(r)，超过重复性限(r)的情况不超过5%，重复性限(r)按表5数据采用线性内插法求得。

表 5

质量分数/%	0.000 5	0.001 0	0.005 0	0.010	0.050	0.10	0.50	1.00	5.00	10.00
重复性限 r/%	0.000 1	0.000 3	0.000 6	0.001 5	0.004	0.006	0.03	0.05	0.15	0.30

8.2 再现性

在再现性条件下获得的两次独立测试结果的绝对差值不大于再现性限(R)，超过再现性限(R)的情况不超过5%。再现性限(R)按表6数据采用线性内插法求得。

表 6

质量分数/%	0.000 5	0.001 0	0.005 0	0.010	0.050	0.10	0.50	1.00	5.00	10.00
再现性限 R/%	0.000 2	0.000 4	0.000 7	0.002 0	0.006	0.012	0.04	0.08	0.20	0.35

9 质量保证与控制

分析时，用标准样品或控制样品进行校核，或每年至少用标准样品或控制样品对分析方法校核一次。当过程失控时，应找出原因。纠正错误后，重新进行校核。

附 录 A
（规范性附录）
标准贮备溶液的制备

A.1 硅标准贮备溶液(0.5 mg/mL)

准确称取1.069 7 g预先在1 000℃灼烧至恒重的二氧化硅(优级纯)于铂坩埚中，盖上铂表皿，加入5 g碳酸钠和碳酸钾的混合物(1+1)，熔融至透明，冷却。用温水溶解熔块，移入聚乙烯杯中，用水稀释至700 mL，移入1 000 mL容量瓶中，以水稀释至刻度，混匀。此溶液1 mL含0.5 mg硅(贮存于聚乙烯瓶中)。

A.2 铁标准贮备溶液(1.0 mg/mL)

准确称取1.000 0 g铁(≥99.99%)置于400 mL烧杯中，盖上表皿，加入40 mL盐酸(3.6)，缓慢加热至完全溶解，冷却，将溶液移入1 000 mL容量瓶中，以水稀释至刻度，混匀。此溶液1 mL含1.0 mg铁。

A.3 铜标准贮备溶液(1.0 mg/mL)

准确称取1.000 0 g铜(≥99.99%)置于400 mL烧杯中，盖上表皿，加入10 mL硝酸(3.7)，缓慢加热至完全溶解，冷却，将溶液移入1 000 mL容量瓶中，以水稀释至刻度，混匀。此溶液1 mL含1.0 mg铜。

A.4 锰标准贮备溶液(1.0 mg/mL)

准确称取1.000 0 g锰(≥99.99%)置于400 mL烧杯中，盖上表皿，加入40 mL盐酸(3.6)，缓慢加热至完全溶解，冷却，将溶液移入1 000 mL容量瓶中，以水稀释至刻度，混匀。此溶液1 mL含1.0 mg锰。

A.5 镁标准贮备溶液(1.0 mg/mL)

准确称取1.000 0 g镁(≥99.99%)置于400 mL烧杯中，盖上表皿，加入40 mL盐酸(3.6)，缓慢加热至完全溶解，冷却，将溶液移入1 000 mL容量瓶中，以水稀释至刻度，混匀。此溶液1 mL含1.0 mg镁。

A.6 镍标准贮备溶液(1.0 mg/mL)

准确称取1.000 0 g镍(≥99.99%)置于400 mL烧杯中，盖上表皿，加入40 mL盐酸(3.6)，缓慢加热至完全溶解，冷却，将溶液移入1 000 mL容量瓶中，以水稀释至刻度，混匀。此溶液1 mL含1.0 mg镍。

A.7 锌标准贮备溶液(1.0 mg/mL)

准确称取1.000 0 g锌(≥99.99%)置于400 mL烧杯中，盖上表皿，加入40 mL盐酸(3.6)，缓慢加热至完全溶解，冷却，将溶液移入1 000 mL容量瓶中，以水稀释至刻度，混匀。此溶液1 mL含1.0 mg锌。

A.8 铍标准贮备溶液(1.0 mg/mL)

准确称取1.000 0 g铍(≥99.99%)置于400 mL烧杯中，盖上表皿，加入40 mL盐酸(3.6)，缓慢加热至完全溶解，冷却，将溶液移入 1 000 mL 容量瓶中，以水稀释至刻度，混匀。此溶液 1 mL 含 1.0 mg 铍。

A.9　铬标准贮备溶液(1.0 mg/mL)

准确称取预先在 140℃烘干的 2.828 5 g 重铬酸钾置于 400 mL 烧杯中，盖上表皿，加入 20 mL 水和 20 mL 盐酸(3.6)溶解。滴加 20 mL 过氧化氢，放置 12 h～24 h 至溶液黄色完全消失，缓慢加热(不要煮沸)分解过量的过氧化氢，冷却，将溶液转移入 1 000 mL 容量瓶中，以水稀释至刻度，混匀。此溶液 1 mL 含 1.0 mg 铬。

A.10　钛标准贮备溶液(1.0 mg/mL)

准确称取 1.000 0 g 金属钛(≥99.99%)于铂坩埚中，加入少许水后，慢慢滴加氢氟酸使样品溶解，再滴加硝酸将低价钛完全氧化，加入 10 mL 硫酸(3.8)，摇匀，加热蒸发至刚冒硫酸白烟，取下冷却后，将溶液移入 1 000 mL 容量瓶中，用硫酸(5%)稀释至刻度，混匀。此溶液 1 mL 含 1.0 mg 钛。

A.11　镓标准贮备溶液(1.0 mg/mL)

准确称取 1.000 0 g 镓(≥99.99%)置于 400 mL 烧杯中，盖上表皿，加入 40 mL 盐酸(3.7)，滴加几滴硝酸，缓慢加热至完全溶解，冷却，将溶液移入 1 000 mL 容量瓶中，以 5%的盐酸稀释至刻度，混匀。此溶液 1 mL 含 1.0 mg 镓。

A.12　钒标准贮备溶液(1.0 mg/mL)

准确称取 1.785 0 g 预先在 110℃烘干 1 h 并在干燥器中冷却至室温的五氧化二钒(≥99.99%)置于 300 mL 烧杯中，盖上表皿，加入 40 mL 氢氧化钠(3.10)，缓慢加热至完全溶解，冷却后加入 100 mL 硝酸(3.3)，将溶液移入 1 000 mL 容量瓶中，以水稀释至刻度，混匀。此溶液 1 mL 含 1.0 mg 钒。

A.13　镉标准贮备溶液(1.0 mg/mL)

准确称取 1.000 0 g 镉(≥99.99%)，置于 400 mL 烧杯中，盖上表皿，加入 10 mL 水，30 mL 硝酸(3.3)，缓慢加热至完全溶解，冷却，将溶液移入 1 000 mL 容量瓶中，以水稀释至刻度，混匀。此溶液 1 mL 含 1.0 mg 镉。

A.14　铅标准贮备溶液(1.0 mg/mL)

准确称取 1.000 0 g 铅(≥99.99%)置于 300 mL 烧杯中，盖上表皿，加入 10 mL 硝酸(3.3)，缓慢加热至完全溶解，煮沸数分钟，驱除氮氧化物，冷却，将溶液移入 1 000 mL 容量瓶中，以水稀释至刻度，混匀。此溶液 1 mL 含 1.0 mg 铅。

A.15　锡标准贮备溶液(0.5 mg/mL)

准确称取 0.500 0 g 锡(≥99.99%)置于 300 mL 烧杯中，盖上表皿，加入 100 mL 盐酸(3.2)，缓慢加热至完全溶解，冷却，将溶液移入 1 000 mL 容量瓶中，以水稀释至刻度，混匀。此溶液 1 mL 含 0.5 mg 锡。

A.16　硼标准贮备溶液(1.0 mg/mL)

准确称取 5.717 4 g 已于真空干燥器中干燥过的硼酸(优级纯)置于 400 mL 烧杯中，盖上表皿，加入 300 mL 水，微热使其完全溶解，冷却，将溶液移入 1 000 mL 容量瓶中，以水稀释至刻度，混匀。此溶液 1 mL 含 1.0 mg 硼。

A.17 锆标准贮备溶液(1.0 mg/mL)

准确称取 1.766 4 g 氧氯化锆($ZrOCl_2 \cdot 8H_2O$、优级纯)置于 400 mL 烧杯中,加入 100 mL 水及 170 mL 盐酸(3.6)溶解,将溶液移入 500 mL 容量瓶中,以水稀释至刻度,混匀。此溶液 1 mL 含 1.0 mg 锆。

A.18 铟标准贮备溶液(1.0 mg/mL)

准确称取 1.000 0 g 铟(≥99.99%),置于 400 mL 烧杯中,盖上表皿,加入 30 mL 盐酸(3.6),置于水浴上加热使其完全溶解,冷却,将溶液移入 1 000 mL 容量瓶中,以水稀释至刻度,混匀。此溶液 1 mL 含 1.0 mg 铟。

A.19 锶标准贮备溶液(1.0 mg/mL)

准确称取 3.042 0 g 氯化锶($SrCl_2 \cdot 6H_2O$)置于 250 mL 烧杯中,加入水溶解后,将溶液移入 1 000 mL 容量瓶中,以水稀释至刻度,混匀。此溶液 1 mL 含 1.0 mg 锶。

A.20 铋标准贮备溶液(1.0 mg/mL)

准确称取 1.000 0 g 铋(≥99.99%)置于 400 mL 烧杯中,加入 50 mL 硝酸(3.7)盖上表皿,缓慢加热使其完全溶解,冷却,将溶液移入 1 000 mL 容量瓶中,再用 50 mL 硝酸(3.7)洗涤杯壁,洗液并入容量瓶中,用水稀释至刻度,混匀。此溶液 1 mL 含 1.0 mg 铋。

A.21 钙标准贮备溶液(1.0 mg/mL)

准确称取 2.497 1 g 碳酸钙($CaCO_3$、基准试剂)置于 400 mL 烧杯中,加入 20 mL 水,然后滴加盐酸(3.6)至完全溶解,并过量 20 mL,煮沸驱除二氧化碳,冷却,将溶液移入 1 000 mL 容量瓶中,以水稀释至刻度,混匀。此溶液 1 mL 含 1.0 mg 钙。

A.22 锑标准溶液 (1.0 mg/mL)

准确称取 1.000 0 g 金属锑(≥99.99%)置于 300 mL 烧杯中,盖上表皿,加入 20 mL～30 mL 硫酸(3.8),缓慢加热至完全溶解,冷却,用硫酸(3.8)将溶液移入 1 000 mL 容量瓶中,以硫酸(3.8)稀释至刻度,混匀。此溶液 1 mL 含 1.0 mg 锑。

ICS 25.040.40;27.100
N 18

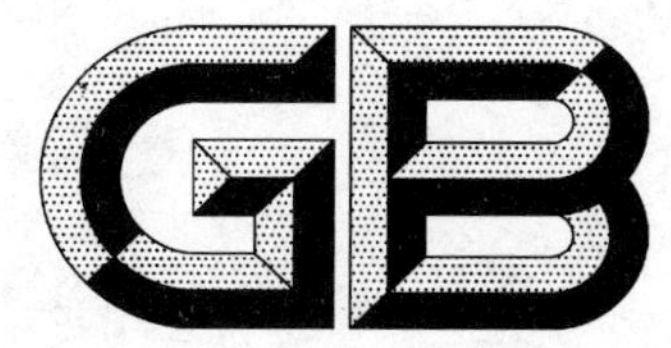

中华人民共和国国家标准化指导性技术文件

GB/Z 21193.2—2008/IEC TR 62140-2:2002

矿物燃烧蒸汽发电站 第2部分:汽包水位控制

Fossil-fired steam power stations—Part 2: Drum-level control

(IEC TR 62140-2:2002,IDT)

2008-06-18 发布　　　　2009-01-01 实施

中华人民共和国国家质量监督检验检疫总局
中国国家标准化管理委员会　发布

前　言

GB/Z 21193《矿物燃烧蒸汽发电站》分为如下几部分：

——第1部分：限幅控制；

——第2部分：汽包水位控制；

——第3部分：蒸汽温度控制。

本指导性技术文件为GB/Z 21193的第2部分。

本指导性技术文件等同采用IEC/TR 62140-2:2002《矿物燃烧蒸汽发电站　第2部分：汽包水位控制》(英文版)。

为便于使用，对IEC/TR 62140-2:2002做了下列编译性修改：

——"技术报告"一词改为"指导性技术文件"；

——删除IEC/TR 62140-2:2002的前言；

——删除IEC/TR 62140-2:2002的引言。

本指导性技术文件由中国机械工业联合会提出。

本指导性技术文件由全国工业过程测量和控制标准化技术委员会第二分技术委员会归口。

本指导性技术文件负责起草单位：西南大学。

本指导性技术文件参加起草单位：机械工业仪器仪表综合技术经济研究所、中国四联仪器仪表集团、西安热工研究院有限公司、北京机械工业自动化研究所、上海工业自动化仪表研究所。

本指导性技术文件主要起草人：赵亦欣、潘东波、祝培军。

本指导性技术文件参加起草人：冯晓升、刘进、周明、谢兵兵、陈诗恩。

引 言

本指导性技术文件是一个系列指导性技术文件中的一部分，它包含了对矿物燃烧发电站在控制回路上的正确设计和运行方面的建议。它们是基于目前所采用的技术解决方案，同时为了正确地理解，本指导性技术文件也提出了必要的背景信息。

本指导性技术文件提出或包含了特殊的技术解决方案，主要是针对满足相似的用户需求功能，形成一个公认的方法来表示矿物燃烧发电厂操作人员和供应商功能性需要。

在给出的时间内，本指导性技术文件被严格地视同为特定的技术解决方案例子，其目的是为了鼓励在该专题上观点统一而促进讨论。

本系列里有两种类型的指导性技术文件。

第一种类型的指导性技术文件涉及到锅炉的特殊控制回路，如汽包水位控制或蒸汽温度控制，以及它们所处于的正常运行条件。

第二种类型的指导性技术文件指出了在限制条件下确保正常运行的特殊方法，例如在上升和下降期间，或者在异常运行状况中，或者它们与机炉主控系统有关，如负荷控制系统或频率控制系统。这些指导性技术文件通常把发电站单元归为一个整体。

这个系列中的每个指导性技术文件都是相互独立的，然而，它们的内容很大程度上是相互协调的。这个系列是可以补充的。

矿物燃烧蒸汽发电站
第2部分:汽包水位控制

1 范围

本指导性技术文件的主题是自然循环或强制循环的矿物燃烧蒸汽发电站汽包水位控制。

本指导性技术文件首先是被控系统的描述、结构及设计、稳态特性、过渡过程特性和扰动特性,然后介绍了必要的控制结构,接下来给出了三种已被验证过的控制回路组态,并给出了各自的应用现场。本指导性技术文件的最后是构成控制回路所必须的各种测量元件和执行器的必要条件,还要依照特殊的国家法定要求,如关于汽包水位的监视及安全装置要求,这也是必须要考虑到的。

2 被控系统

2.1 被控系统描述

给水是以自然循环或者强制循环的方式流入锅炉的循环系统,并排出饱和蒸汽和最终的软水。如果流入和排出的质量流量之间有差异,循环系统的容量就发生变化,因此,容量的变化是质量流量之差的时间积分。通常,只有循环系统的上汽包水位可用作锅炉容量的测量值,在一些锅炉中有可能存在下汽包,下汽包通常是完全充满了水,因此,与本指导性技术文件没有更多的关系。只要质量流量之间有偏差,上汽包(以后就称为汽包)的水位就会发生变化,因此,汽包水位控制的任务是对应蒸汽流量来调节给水流量,以保证汽包水位在某个界限之内。用于对过热蒸汽减温的喷水流量旁路了汽包水流量,它和为了消除杂质的汽包排污水流量,都应被考虑成扰动变量。然而,主扰动变量是由锅炉产生的蒸汽流量。另外,其他扰动变量,如蒸汽压力、给水压力和炉膛输出也会间接地产生作用。

2.2 结构和设计

被控系统的特性受到下列技术尺寸的影响。

2.2.1 汽包的大小

汽包所要求的最小尺寸通常是由从循环水中分离饱和蒸汽的任务来决定。与锅炉容量有关的汽包越小,水位控制变得越困难,这是由于受到控制特性方面水位最大变化率的影响。

2.2.2 汽包水位设定点的位置

水位设定点是由汽包设计所决定的。水位设定点应设定在使水位的变化率尽可能小的位置。例如,水平圆筒型汽包的中心线处。

2.2.3 省煤器的大小和位置

进入到汽包中的水的焓值应尽可能接近饱和流体的焓值。

2.3 稳态和过渡特性

2.3.1 理想控制特性定义

一个简单的水位被控系统显示出“积分”特性,可被看作为“非自衡被控制系统”[见图1a)]。它可以采用积分时间 T_1 来描述。

2.3.2 理想控制特性的差异

由于各种原因,水位的实际控制特性是与理想控制特性有差异的。然而,并不要求很精确地确定水位的实际控制特性,一个近似值通常已能满足对控制特性的描述。这种差异是基于蒸发介质是水、汽混合物的实际情况而产生。流体的体积量与压力和温度都有关,因此,类似于延迟时间现象的各种现象可能会出现。

如果省煤器中的预热没有达到沸点温度，控制流量 $\dot{m}_{FW}$ 的增加将减少蒸发系统的空隙容量，这会导致水位 l 的瞬时下降[见图 1b)]，这种初始不规则的特性(非最小相位响应，T_{nmpr} 是非最小相位响应的时间常数)很难描述，并且，对于实际控制和理论处理都带来了困难。

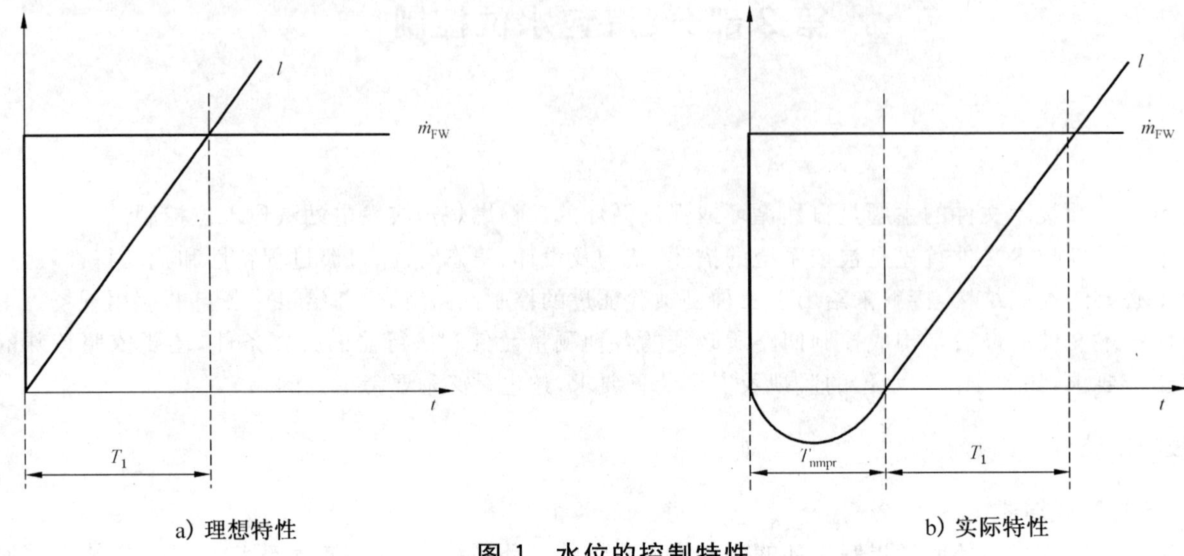

a) 理想特性　　b) 实际特性

图 1　水位的控制特性

2.3.3　扰动特性

为了设计控制结构和装置，并预测可达到的控制性能，除了控制特性以外，还必须要了解扰动特性以及扰动变量在大小、方向和随时间变化的波动情况。

主要的扰动变量有：

——蒸汽流量变化 $\dot{m}_S$；

——蒸汽压力变化 p；

——炉膛输出变化 $\dot{m}_F$。

图 2 显示了这些扰动变量可能产生的影响，与它们的传递函数一致。

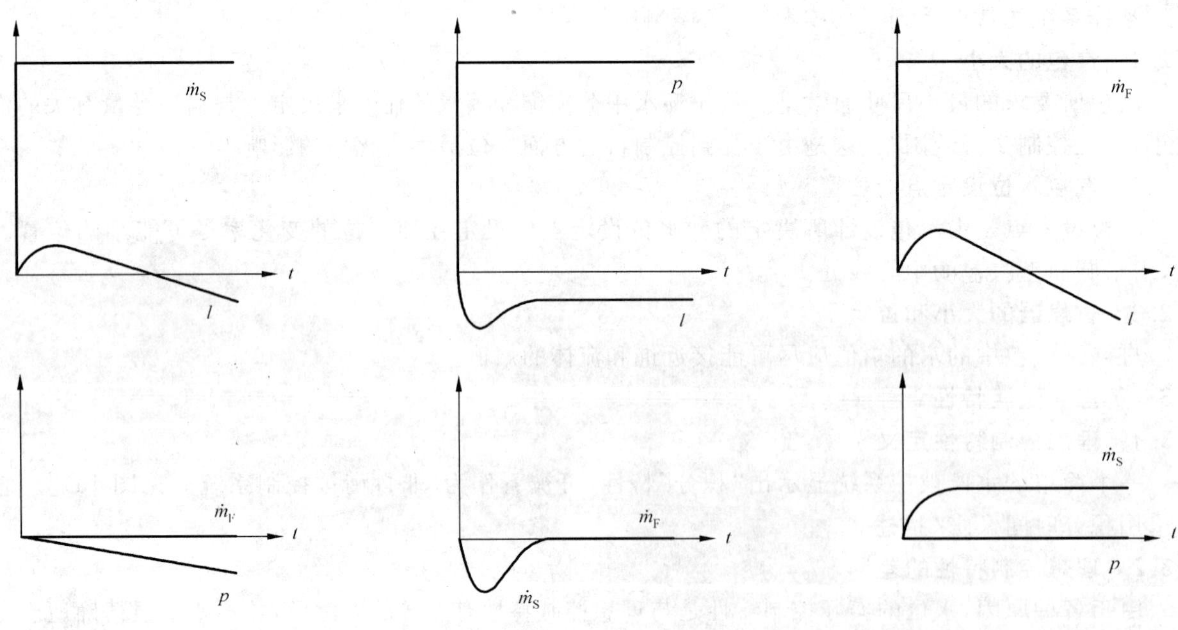

a) 蒸汽流量 m_S 单位阶跃变化　　b) 蒸汽压力 p 单位阶跃变化　　c) 炉膛输出 m_F 单位阶跃变化

图 2　水位的扰动特性

3 控制任务的系统阐述

3.1 控制设定值

期望的运行水位构成了被控变量的设定值(见图 3),它可由操作人员来调节。允许的稳态偏差和瞬时偏差随锅炉的设计而定。任何时候,实际值都不能降到低于许可的最低水位,也不能超过设计允许的最高水位。为了避免控制任务的不必要恶化,最低水位和最高水位之间的距离应设成设计阶段所允许的大小。至少有一个测量设备的测量范围始终大于最低水位和最高水位之间的范围,并且应包括设计的允许限制幅值。

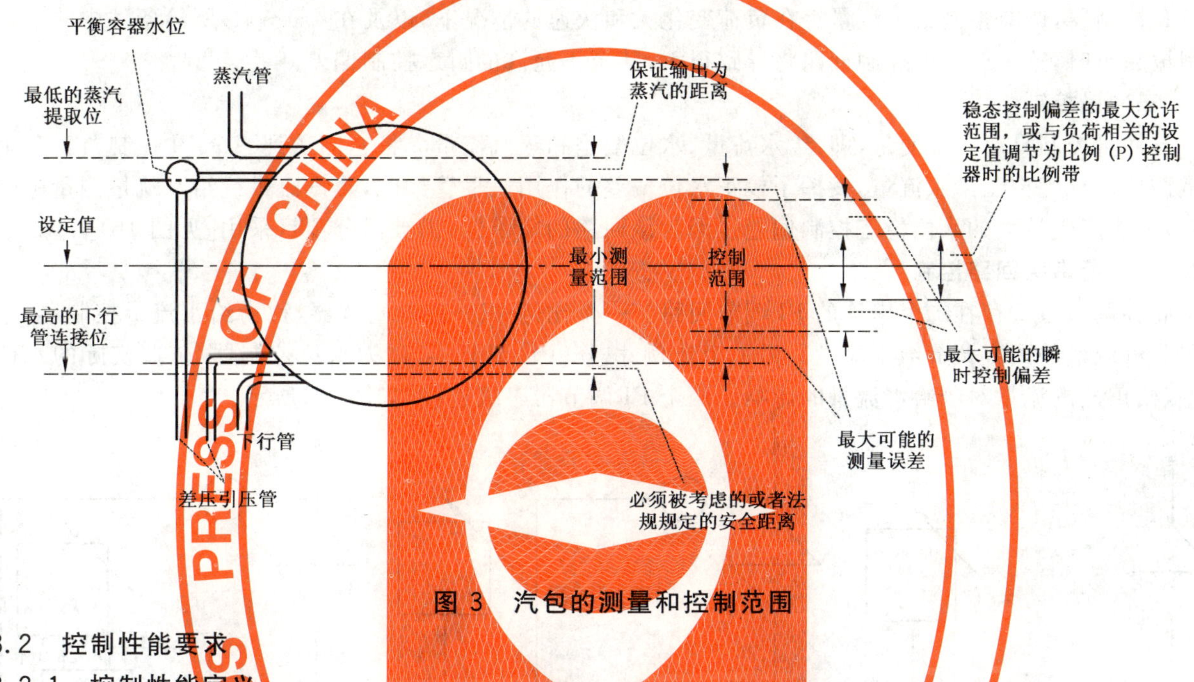

图 3 汽包的测量和控制范围

3.2 控制性能要求

3.2.1 控制性能定义

在汽包水位控制中,控制性能主要是通过稳态控制偏差和瞬时控制偏差(超调量宽度)来表征。

3.2.2 对控制性能的影响

控制性能受到所选择的控制回路配置(见第 4 章)、被控系统的控制过渡过程特性(见 2.3.1 和 2.3.2)、被控系统的扰动过渡过程特性、特别大和特别快的负荷变化(见 2.3.3),以及测量设备的特性(见 5.1)和控制设备的特性(见 5.2)的影响。

3.2.3 控制性能要求

稳态控制偏差或瞬时控制偏差不能超过图 3 中指明的限制,这也适用于负荷变化的情况下,过度严格的要求不会产生运行的有利条件。控制特性应该是完全衰减的。随机波动也被描述为“噪声”,对于处在满负荷和最小负荷之间负荷范围内的控制流量影响,不会大于满负荷流量±2%。

4 控制回路配置

建议按下列条件来选择控制回路配置。

a) 汽包水位的传递函数(见图 1)。

b) 要求的锅炉负荷变化速度。

c) 炉膛的时间响应和通过加热面的热传递。

d) 给水流量控制阀处出现的差压波动。

e) 实际阀门特性与期望阀门特性之间的差异(见 5.2.1.3)。

f) 汽包水位的恒定要求。

已采用的控制配置考虑了四个变量：

——汽包水位 l　　　　＝被控变量

——执行器的位置 y　　＝调节变量

——给水流量 $\dot{m}_{FW}$　　＝控制流量

——蒸汽流量 $\dot{m}$　　　＝主扰动变量

通常，控制回路按所采用的变量个数和它们的连接结构来区分。

4.1 单冲量控制

仅仅一个冲量，即水位变量。它与设定值进行比较[见图 4a)]，水位差值送到比例(P)或者比例-积分(PI)控制器，调节控制给水流量。在负荷变化大和快速的情况下，以及在 4a)～4f)所给条件中的某些限制被超出时，这种简单的控制回路将导致很大，甚至不允许的瞬态控制偏差。

4.2 三冲量控制

三冲量控制具有三个变量，即：给水流量、水位偏差和蒸汽流量。将它们送到一个 PI 控制器。三个变量按比例分配控制给水流量，发挥了校正水位偏差的作用。尽管如此，蒸汽流量或给水流量测量中的误差，可能产生较大的水位稳态控制偏差。因为该回路的简单性，仍被部分项目采用[见图 4b)]。

4.3 三冲量串级回路控制

此种调节方式存在二个串连的 PI 调节回路。一个比例-积分(PI)调节器，称为给水流量控制器，它按照蒸汽流量的函数调节给水流量。另一个比例-积分(PI)调节器，称为水位控制器，依照实际的水位偏差，校正蒸汽流量对于给水流量的影响。两个 PI 调节器串级连接，如图 4c)所示。

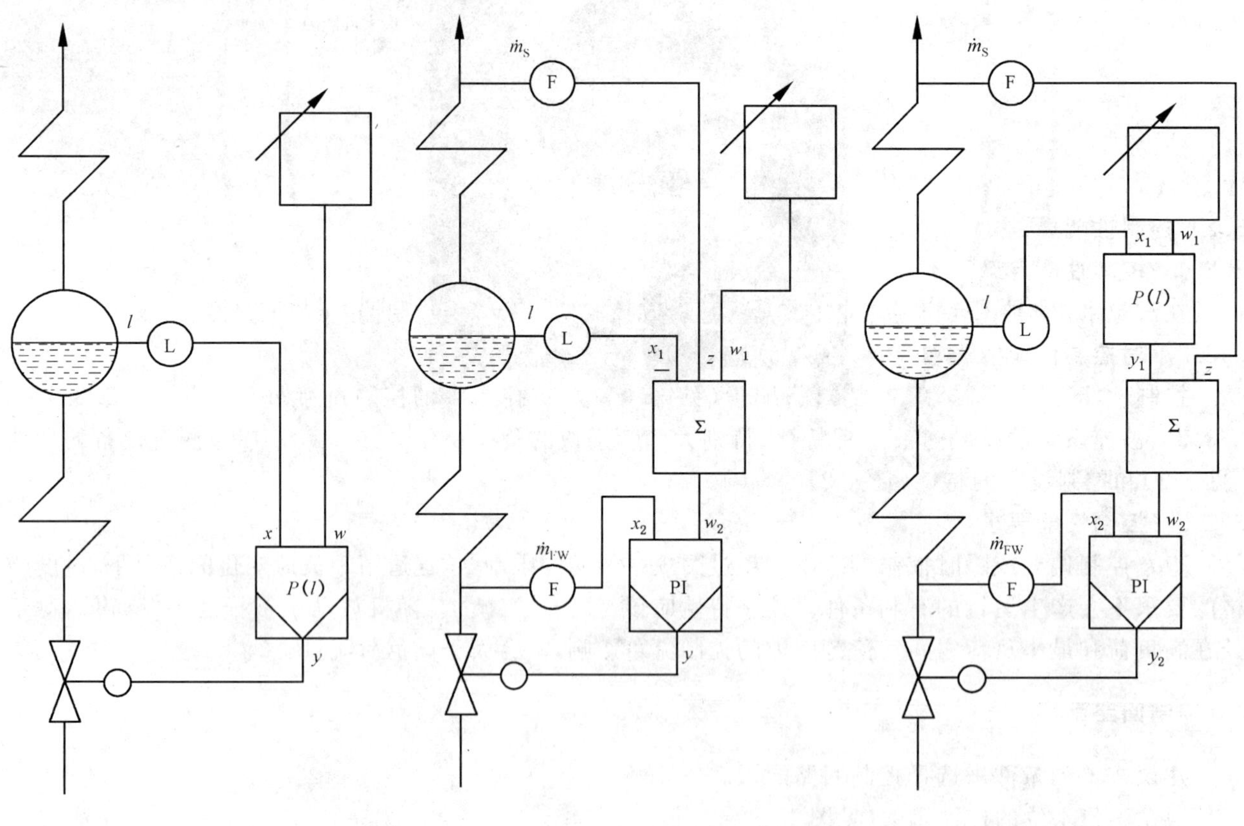

a) 单冲量控制　　b) 三冲量控制　　c) 三冲量串级回路控制

图 4 控制回路配置

5 控制回路的实现

5.1 测量元件

最重要的检测变量是汽包水位的高度(被控变量)。因为热力学和流动过程的原因,汽包中有虚假水位。因此每个测量设备只能显示所表现的平均水位。另外,多数测量技术还受制于系统误差。

如果有两个并排的就地水位表存在,那么远程水位测量的取样孔应设在两个就地水位表之间。如果只有一个就地水位表存在,远程水位测量应就近安装。实际中可供选择的方法是采用汽包两端两个测量值的平均值。

当设计取样孔位置时,下行管、上行管和给水入口的影响也必须被考虑。

即使采用高精度测量设备,由于各个测量过程中的系统误差,本身存在的水位和外部测量的水位之间的偏差还是会存在。当设计控制范围时,它们必须被考虑到。

5.1.1 物理测量技术

差压技术作为在电站中的一种测量方法已获得广泛的接受。在汽包水位测量时,汽包水位和平衡容器水位之间的静压差被用到(见图 3)。该方法意味着,即使在稳态条件下,汽包内部的密度变化通常也会引起测量误差,平衡容器水位的高取样点应该只稍稍高于被测的最高水位,低取样点应该只稍稍低于被测的最低水位,差压取样管路必须安装,以便从低取样点的高度得到一个尽可能稳定的温度。如果这些设计规范没有被遵守,即使环境温度轻微的变化,也会因为测量管路中的密度变化,而导致明显的测量误差。推荐对管路进行绝热。

其他的测量技术,如依照浮力原理,在汽包中或一个分离容器中用一个位移体来测量水位的方法,被用于小型电厂。

5.1.2 稳态特性

通常,测量设备的测量误差小于汽包水位测量所描述的系统测量误差。如果测量设备的运行状态偏离了设计状态,尤其是在锅炉启动期间,或者在滑压运行情况下,由于密度值偏离了设计状态,使得指示范围变宽和漂移,这将导致出现相当大的测量误差。在这种情况下,必须采用相应的校正措施。

5.1.3 时间响应

测量设备的时间延迟应尽可能小,以便快速响应汽包水位的变化。如果变化范围是在可能最大的变化速率之内,建议测量设备设计成可以显示最大控制范围的 10%的偏差来设计(见图 3)。

5.1.4 蒸汽流量和给水流量的测量传感器

常用的流量测量设备可被用到。尽管系统误差对于稳态特性是次要的,但是灵敏度必须高且滞后必须小。在某种环境下,如在变化压力运行情况下,应该对蒸汽流量测量提供状态校正。蒸汽流量和给水流量的传感器延迟时间相对于运行期间所产生的流量变化率必须要短到可被忽略。

5.2 调节给水流量的执行器

被要求输送给水进入锅炉的输出压力,是由一个或多个满负荷或部分负荷给水泵产生的。给水流量可以通过节流阀或者改变给水泵转速来调节,除了尽可能减少能源消耗之外,给水流量的控制元件也应被量化,以便于它们满足控制要求。所有给水系统的组件必须依照相应规范来设计。

5.2.1 常规性质

5.2.1.1 系统和泵的特性曲线

下列特性曲线对于执行器的设计具有决定性(见图 5)。

线 a 表示了锅炉常压点上的压力。给水特性曲线 b 表示了锅炉进水点压力,它被看作水流量的一个函数。线 a 和线 b 之间的差对应了进水点和常压点之间的流阻。线 b 和线 c 之间的差表示了在泵和进水点之间给水管道和仪表中的压降,它被看作水流量的一个函数。线 c 和线 d 之间的差对应了给水泵和过热器出口之间的测量高度差。系统特性曲线 d 表示了所要求给水泵出口的压力,它被看作为水流量的一个函数,尽管它没有包含给水控制阀上的压降,该压降在某种环境下是被要求的。

泵的特性曲线 e 表示了在运行条件下给水泵出口压力，它被看作在一个设定速度下通过泵（输送）的水流量的函数，该压力是由给水泵进口压力加上在运行温度下泵所提高的压力而得到的。给水流量是泵的输出流量扣除了通过泵最小流量阀和喷水流量所分流的流量之后而得到的流量。线 d 和线 e 之差表示了给水控制阀上的压差。

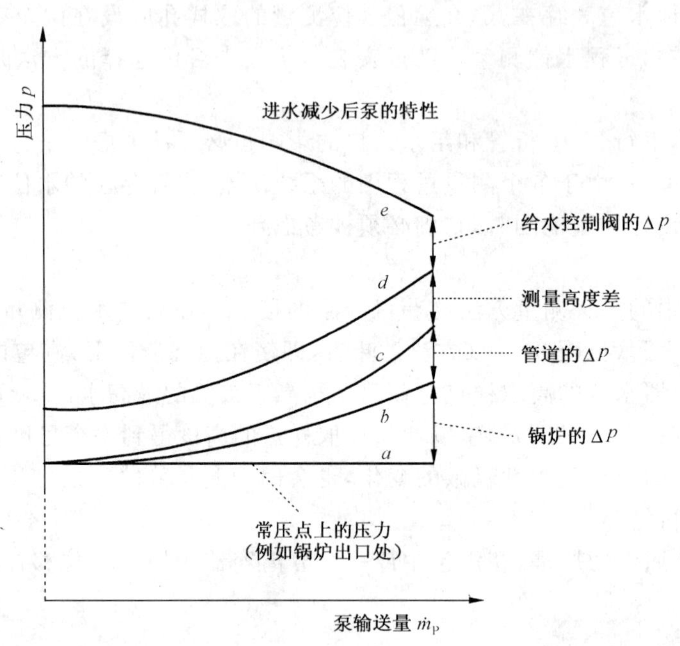

图 5　在恒定转速和泵最小流量阀关闭的情况下系统和泵的特性曲线

5.2.1.2　控制范围

控制范围必须包括下列限制：

——如果专用于启动和停止的控制阀存在，主执行器和其他执行器的控制范围应被设计成被控最小流量处于最低负荷 20% 附近，该最低负荷低于锅炉的最低负荷，在某些环境下也处于降低运行压力的最低负荷（给水控制元件应尽量不成为低锅炉出力限制的决定因素）。

——对于启动和停止如果没有附加的执行器存在，给水执行器必须能控制给水流量降至零。

——执行器必须能够提供锅炉在最高允许汽包压力下最高连续出力所需要的给水流量。

——计算误差的影响、损耗、控制性能的容差，以及对于所要求最大给水流量的理想调节，在对执行器以及其他执行器设计时都应被考虑到。

5.2.1.3　执行器特性曲线

执行器特性曲线或者阀调节特性曲线，表示控制流量是不同压力下执行器位置的函数，它随着相应的系统和泵特性曲线变化。在锅炉的最大负荷和最小负荷之间的范围内，该特性曲线应尽可能成线性（如果需要，仪表结构的非线性应被考虑）。

5.2.1.4　控制时间

相对于扰动变量的变化率，在考虑了行程时间的条件下，控制时间应可调，30 s 被设为标准值。

5.2.2　通过改变泵转速控制

给水流量是通过改变泵或者泵组的转速来调节的，因此，泵的特性曲线 $e_1 \cdots e_7$ 按照所要求的泵输送与系统特性曲线 d 相交（见图 6）。

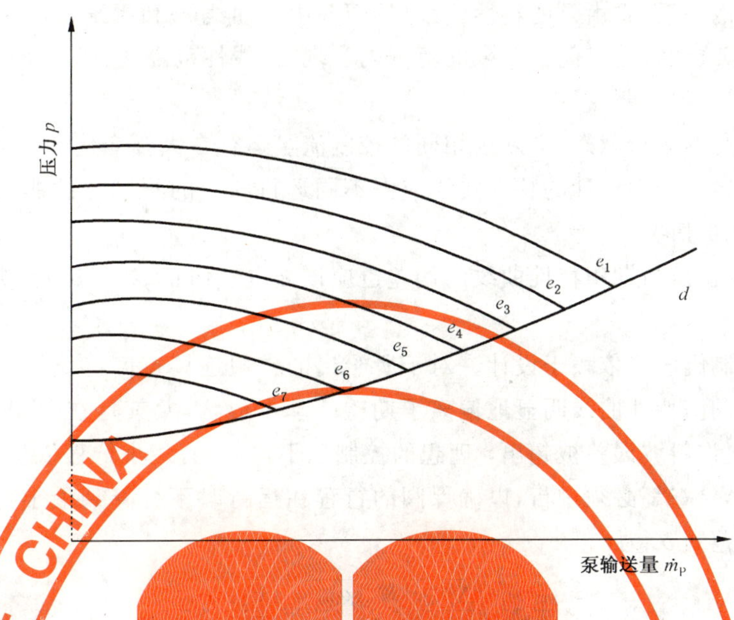

图 6　泵速可调特性曲线族

5.2.2.1　驱动装置

存在一系列具有特殊性能的变速驱动装置，应从控制和经济两个方面选择驱动装置。

5.2.2.2　特性曲线

预设输送压力下，泵的转速和泵的输送量之间的关系为常数，而不是线性关系。被调节变量和相应的负荷下驱动机构速度之间的关系是明显的非线性关系，所以，被调变量与泵输送量之比的特性曲线也常偏离所希望的线性关系。线性特性曲线的近似可以通过执行装置和驱动装置之间的机械或电子的线性化手段，或者通过适当的中间变量反馈来得到，如：转速或输送量。因此，现代的转速可变驱动装置，几乎都有内部的电子速度控制。

5.2.3　通过节流阀的控制

给水流量是通过带有节流阀的执行器（给水控制阀）改变不受控制给水泵和锅炉进口之间的流阻来调节，因此泵的特性曲线 e 按所要求的泵输送量与改变后的系统特性曲线 $d_1 \cdots d_4$ 相交（见图 7）。

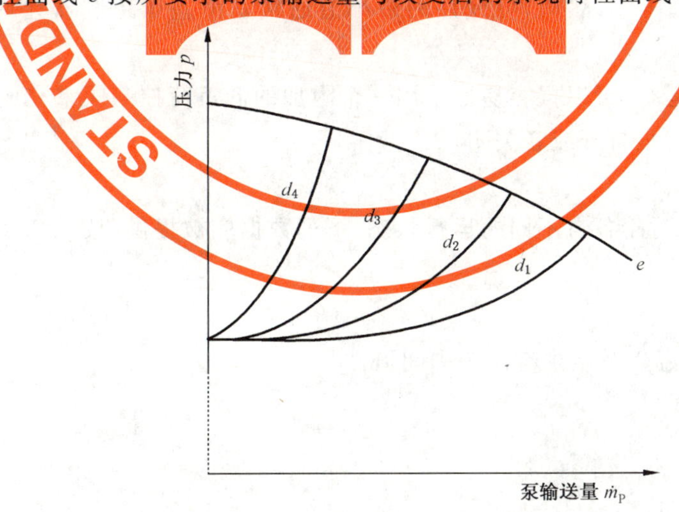

图 7　节流阀特性族

5.2.3.1　特性曲线

代表行程和给水流量之比的控制阀特性曲线应是线性的。与行程有关的阀的截面口径计算基础，是压差和给水流量之间的关系，它由泵的特性曲线(见图5中的曲线 e)和系统特性曲线(曲线 d)给出。

对于各种类型的阀，线性特性只能在有限的范围内实现，该线性范围包括锅炉连续负荷的被控最小值和最大值。

如果一个阀由于变化的运行状态，必须按相同的控制流量运行在大幅变化的压差下，每种运行状态的线性特性曲线都要确定。阀门设计的特性曲线应由不同运行状态的不同特性曲线构成，以便它能满足各种要求，并包括极端的情况。

在使用电气仪表系统时，与期望特性曲线的偏差也应该被电气修正，如，采用函数发生器。

5.2.3.2 要求的压差

阀门全开的给水控制阀压降依赖于设计。对于所给出的常规连接宽度，流通口径截面不能做成同期望的一样大。实际的阀门特性曲线明显地偏离了期望的基本形状，尤其是在关闭点附近。在低于最小行程时，特性曲线的允许斜坡误差被超出，理想的控制已不再可能，最小行程依赖于阀的特性曲线和阀的设计。各种情况下，检查都必须进行，以确保阀的行程在运行时不会降到最小行程以下。为此，最好确定阀所要求的工作范围 b_e 为：

$$b_e=\frac{\dot{m}_{100}}{\dot{m}_{\min}}\cdot\sqrt{\frac{\Delta p_{\min}}{\Delta p_{100}}}\cdot\sqrt{\frac{\rho_{100}}{\rho_{\min}}}=\frac{F_{100}}{F_{\min}}\cdot\frac{\beta_{100}}{\beta_{\min}}$$

其中：β 是阀门的流量校正值，ρ 是给水的密度，F 是流通口径截面，Δp 是压差。下标100对应于最大连续负荷。所选择的阀的允许工作范围是由阀的制造厂商标明，它必须大于所要求的工作范围 b_e：

$$b_e<b_{\max}$$

在上式中，当控制流量和密度比由于运行条件而固定时，通过选择带有阶跃的流量-压力特性曲线或带有平滑的流量-压力特性曲线的给水泵，压差比会受到影响。阀的适当压差 Δp_{100} 必须在此假定。

所选择压力余量越充足，控制任务就越容易完成。但是，这会导致能量损耗不断增加。

5.2.3.3 阀运行范围的减小

如果锅炉处于较小局部负荷运行，或者一个执行器被要求具有较大的工作范围，或者在满负荷时，执行器上很大的压降必须被允许，或者附加的差压控制器被安装，在这些情况中，控制器可用来保持在满负荷下给水控制阀上的压差尽可能低，因此，要求阀的运行范围 b_e 被压缩($\Delta p_{\min}$ 就变为 Δp_{100})。由于5.2.3.2已考虑可允许的最低压差，然而，可允许的最小值通常是由差压控制器允许的最小比例带所产生。

处在非常低的局部负荷运行，可以很容易地采用一个附加的低负荷控制阀来完成，该阀与主控制阀并行安装。两个阀都可以连续地打开或者关闭。

5.2.3.4 确定阀尺寸的数据

为了阀能够被选定尺寸，对于各自不同的运行状态，下列数据应被提供(按5.2.3.1给出的细节)：

——阀前压力；

——阀后压力；

——$\dot{m}_{\min}$、$\dot{m}_{100}$、$\dot{m}_{\max}$ 的水温以及至少有两个中间值。

最好按图表格式提供数据。

法规规范应被考虑。

5.2.3.5 小给水流量

如果阀的设计允许，阀芯可以不在线性特性范围内，那么在降低汽包压力运行时，例如：启炉和停炉期间，非常小的给水流量也可以调节。

5.2.3.6 无泄漏的关闭

在运行时，阀的无泄漏关闭是所希望的。长期以来，绝对的无泄漏只有单座阀能达到。通常，单座阀要求了大的驱动功率。双座阀虽然通常它们并不保证绝对的无泄漏，但是双座阀要求的驱动功率小弥补了单座阀的不足。在这种情况下，额外的截止阀必须被提供。

5.2.4 泵速可调和给水控制阀节流的组合控制

给水流量是通过给水控制阀的节流和给水泵通过调速在给水控制阀上设置一个恒定压差来调节。如果选择了线性特性曲线($k_V \sim \dot{m}$)，给水控制阀的位置与流量成正比。该解决方案提供经济运行，并特别适合于可控制的快速加热，例如一个燃油或燃气的锅炉。

ICS 83.140.50,23.100.60
G 43

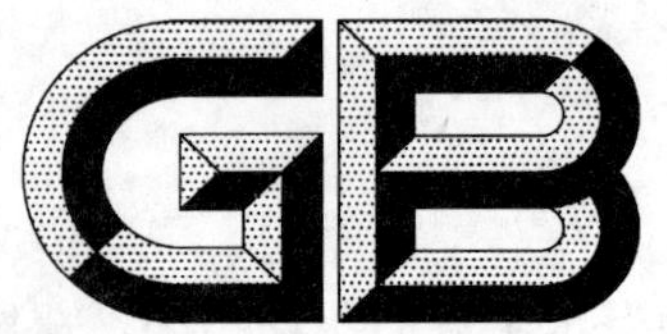

中华人民共和国国家标准

GB/T 21283.3—2008/ISO 16589-3:2001

密封元件为热塑性材料的旋转轴唇形密封圈 第3部分:贮存、搬运和安装

Rotary shaft lip-type seals incorporating thermoplastic sealing elements—Part 3:Storage, handling and installation

(ISO 16589-3:2001,IDT)

2008-05-14 发布　　2008-10-01 实施

中华人民共和国国家质量监督检验检疫总局
中国国家标准化管理委员会　发布

前　言

GB/T 21283《密封元件为热塑性材料的旋转轴唇形密封圈》分为6个部分：

——第1部分：基本尺寸和公差；

——第2部分：词汇；

——第3部分：贮存、搬运和安装；

——第4部分：性能试验程序；

——第5部分：外观缺陷的识别；

——第6部分：热塑性材料与弹性体包覆材料的性能要求。

本部分为GB/T 21283的第3部分。

本部分等同采用ISO 16589-3:2001《密封元件为热塑性材料的旋转轴唇形密封圈　第3部分：贮存、搬运和安装》(英文版)。

本部分等同翻译ISO 16589-3:2001，其中引用标准GB/T 21283.1修改采用ISO 16589-3:2001的引用标准ISO 16589-1:2001，但本标准的引用部分(即7.4的导入倒角)与ISO 16589-1:2001一致。

为了便于使用，本部分做了下列编辑性修改：

——删除国际标准的前言。

本部分由中国石油和化学工业协会提出。

本部分由全国橡胶与橡胶制品标准化技术委员会密封制品分技术委员会(SAC/TC 35/SC 3)归口。

本部分起草单位：浙江欧福密封件有限公司、常州朗博汽车零部件有限公司、青岛北海密封技术有限公司、青岛开世密封工业有限公司、西北橡胶塑料研究设计院、上海飞月密封件有限公司。

本部分主要起草人：胡志根、戚建国、陈益民、高鉴明、董玉玺、高静茹、余德利、胡培基。

引　言

旋转轴唇形密封圈是在压差相对较低的设备上用于密封液体的。最典型的是轴旋转而腔体静止，但在有些情况下轴是静止的而腔体旋转。

通常，动态密封在设计时轴和密封圈的柔性元件之间有过盈配合。

同样，在密封圈的外径和腔体内孔之间的过盈配合能密封液体并防止静态泄漏。

为了避免损害，在安装之前和在安装的过程中，有必要对所有的密封圈进行小心的贮存、搬运和安装，不当的贮存、搬运和安装会影响到密封圈的使用寿命。

密封元件为热塑性材料的旋转轴唇形密封圈 第3部分:贮存、搬运和安装

1 范围

GB/T 21283 的本部分描述了密封元件为热塑性材料的旋转轴唇形密封圈,密封元件是以热塑性材料如聚四氟乙烯(PTFE)为基,经适当配合制成的。

本部分规定了密封元件为热塑性材料的旋转轴唇形密封圈在贮存、搬运和安装中的使用指南。提示了所涉及到的危害以及避免这些危害的方法。

本部分适用于密封元件为热塑性材料的旋转轴唇形密封圈(以下简称密封圈)。

注:GB/T 21283 与 GB/T 13871 互为补充,GB/T 13871 规定的是弹性体密封圈。

2 规范性引用文件

下列文件中的条款通过 GB/T 21283 的本部分的引用而成为本部分的条款。凡是注日期的引用文件,其随后所有的修改单(不包括勘误的内容)或修订版均不适用于本部分,然而,鼓励根据本部分达成协议的各方研究是否可使用这些文件的最新版本。凡是不注日期的引用文件,其最新版本适用于本部分。

GB/T 17446 流体传动系统及元件 术语 (GB/T 17446—1998,idt ISO 5598:1985)

GB/T 21283.1 密封元件为热塑性材料的旋转轴唇形密封圈 第1部分:基本尺寸和公差(GB/T 21283.1—2007,ISO 16589-1:2001,MOD)

GB/T 21283.2 密封元件为热塑性材料的旋转轴唇形密封圈 第2部分:词汇(GB/T 21283.2—2007,ISO 16589-2:2001,IDT)

3 术语和定义

GB/T 17446 和 GB/T 21283.2 确立的术语和定义适用于本部分。

4 贮存

4.1 密封圈应妥善贮存,因为贮存会影响密封圈的性能,并直接影响轴承和其他贵重机械零件的使用寿命。密封圈在贮存时可能遇到的危害有:

——温度(见 4.2);

——湿度(见 4.2);

——放射性材料(见 4.6);

——烟雾(见 4.6);

——昆虫(见 4.7);

——啮齿类动物(见 4.7);

——灰尘(见 4.8);

——沙粒(见 4.8);

——机械损伤(见 4.8)。

4.2 贮存场地应保证温度在－10℃～25℃，平均湿度在40%～70%。

4.3 在贮存过程中，全橡胶包覆式密封圈或半橡胶包覆式密封圈应避免光照，尤其是避免阳光的直接照射。

4.4 对于库存周转，密封圈应按照“先入先出”的原则贮存。

4.5 为了便于运输和贮存，密封圈在供货时可装配在芯轴上。这些芯轴可以保护密封唇并防止唇的松弛，唇的松弛会导致过盈量增大。在被安装之前，密封圈应保留在芯轴上。在某些情况下，在供应密封圈的同时会提供可被用作装配工具的专用芯轴。

注：除非提供专用的芯轴，密封圈的生产厂家宜确保一个或多个密封圈先被装配到芯轴的后部。用户应从芯轴后部先卸下密封圈。

4.6 为了防止密封圈材料的老化，密封圈应避免放射性材料和烟雾的侵害。

4.7 密封圈应避免昆虫和啮齿类动物的侵害。

4.8 密封圈最好应贮存在非作业区以避免设备或下落物造成的机械损伤。封闭的包装箱能够防止机械损伤以及灰尘、沙粒和其他污染物。

4.9 装有密封圈的纸板箱在堆放时，应避免由于过重造成对密封圈的损害。

5 包装

5.1 在从生产厂家到用户的路途中以及在贮存过程中，应防止产品的损伤和外来杂质。

注：密封圈的包装有几种方法。良好的商业惯例规定最好的包装是既能提供所期望的防护而又成本最低。对于每一批零件运输中的包装要求，宜由买卖双方协商确定。

5.2 在拆开包装的过程中，应注意不要用尖锐的器具，如刀、螺丝刀等，在拆封散装、桶装和单独包装或箱装时，防止不当操作而造成割破或撕破密封元件。

注：密封圈宜在安装时才从包装中取出，这种做法能确保密封圈得到较好的保护和区分。

6 零散零件的维护

6.1 密封圈从包装中取出之后，应小心维护以防在安装之前被损害。应牢记密封唇是极易被损害的，最细小的缺口都可能是潜在的泄漏路径。

注：甚至指甲都能造成细小的缺口。

6.2 不允许用铁丝或细绳穿挂密封圈，或将密封圈悬挂在钉钩上。否则会导致密封唇变形甚至割口。

6.3 注意在处置密封圈时，密封圈可能会损害到其他的密封圈，尤其是当金属边缘接触到密封唇口时。

6.4 密封圈表面应避免接触沙粒、碎片和其他的研磨物。

6.5 如果有必要清洁密封圈，应要求生产厂家推荐适宜的清洁剂。

不允许在密封圈上使用研磨清洁剂，因为研磨清洁剂会磨掉热塑性材料和金属，导致磨损点和密封圈失效。

不应使用能导致密封元件和骨架之间的橡胶、热塑性材料、金属材料破坏的溶剂，或是导致金属骨架损坏的溶剂。

在对清洁溶剂的相容性有怀疑的情况下，宜与生产厂家联系。

7 密封圈的安装

7.1 在安装前应检验密封圈，以确保密封圈是清洁和完好无损的。

7.2 除厂家另有规定外，密封圈的唇口可装配到未润滑的轴上。

7.3 通常密封唇口应面向被密封的液体。

7.4 轴的端部以及腔体内孔的开口处应有 GB/T 21283.1 规定的导入倒角。

7.5 密封圈应与机械加工表面紧密配合以确保垂直安装。使用专门设计的安装装配工具(见图 1 和图 2)。安装配合表面应抛光,以免使密封圈装偏。

b) 安装工具的底部在轴端上

1——腔体内孔;

2——轴;

3——安装工具;

4——安装压力;

5——与腔体内孔相垂直的机械加工面;

6——与轴的轴线相垂直的轴端结构。

图 1 将密封圈安装到贯通内孔腔体内

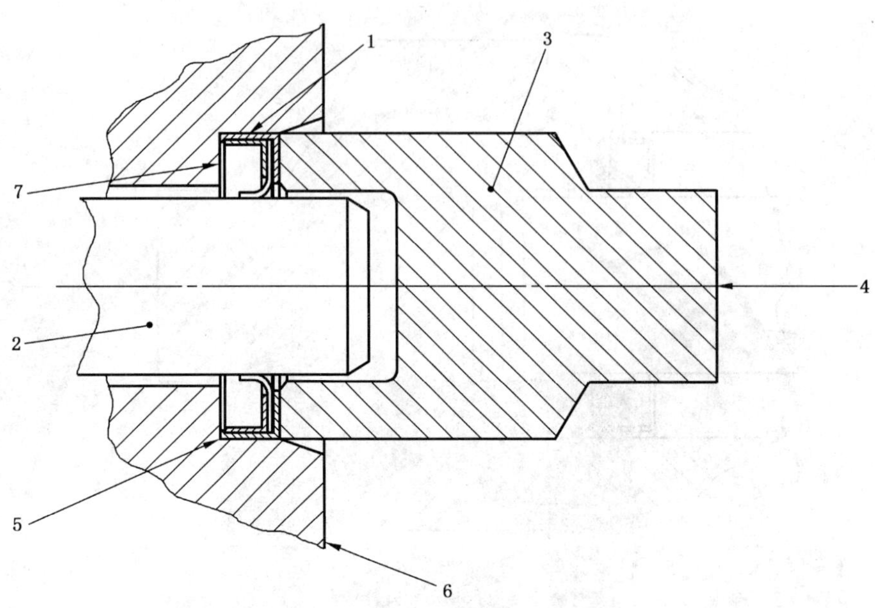

1——腔体内孔；

2——轴；

3——安装工具；

4——安装压力；

5——底部最小圆角；

6——铸态的表面；

7——与腔体内孔相垂直的机械加工肩部。

图 2　将密封圈安装到有机械加工肩部的腔体内孔中

7.6　在安装过程中，不应施加过大的压力以防密封圈骨架变形。

7.7　在安装过程中，密封唇口要滑过的任何表面应是光滑的，不应有粗糙之处。

7.8　为了便于密封圈安装到轴上，如图 3 所示的弹头形的装配工具有一个大的导入倒角。图 4 给出了密封唇要通过花键、键槽、孔或其他尖锐边缘时，使用弹头形的装配工具来防止密封唇的损害的示意图。

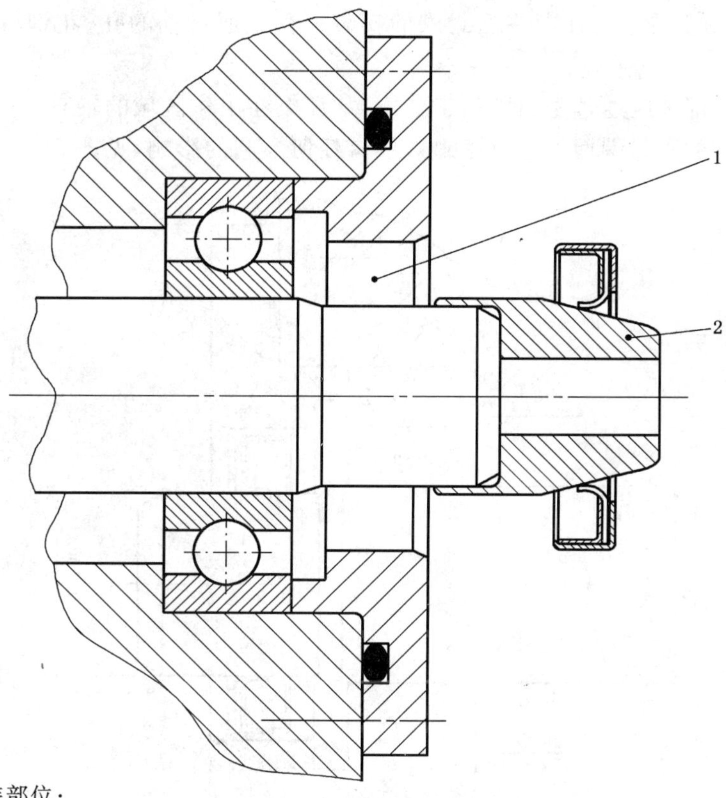

1——密封圈的安装部位；

2——弹头形的装配工具。

图 3　采用弹头形装配工具进行辅助装配的典型安装

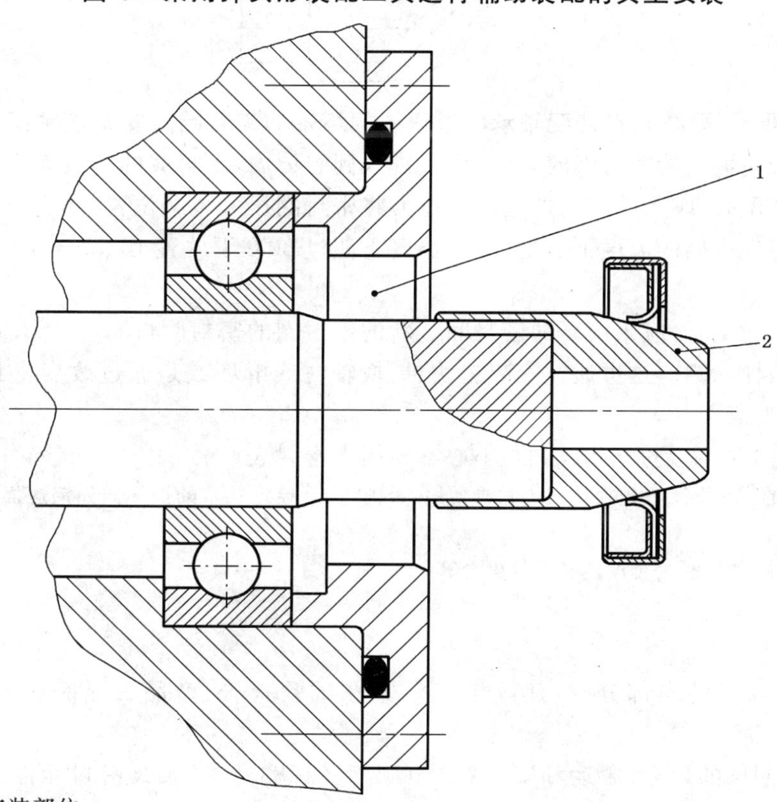

1——密封圈的安装部位；

2——弹头形的装配工具。

图 4　将孔、花键或键槽遮盖住的专用弹头形工具

7.9 图4所示的专用弹头形装配工具在密封圈的安装过程中通过轴的孔、花键或键槽时，防止了密封唇的损害。

7.10 如果紧压装配的部件应通过密封圈的工作区域，那么在工作区域的轴直径宜缩减0.2 mm。可以使用为这种轴专门设计的密封圈而不会对密封效果有任何不利的影响，见图5。

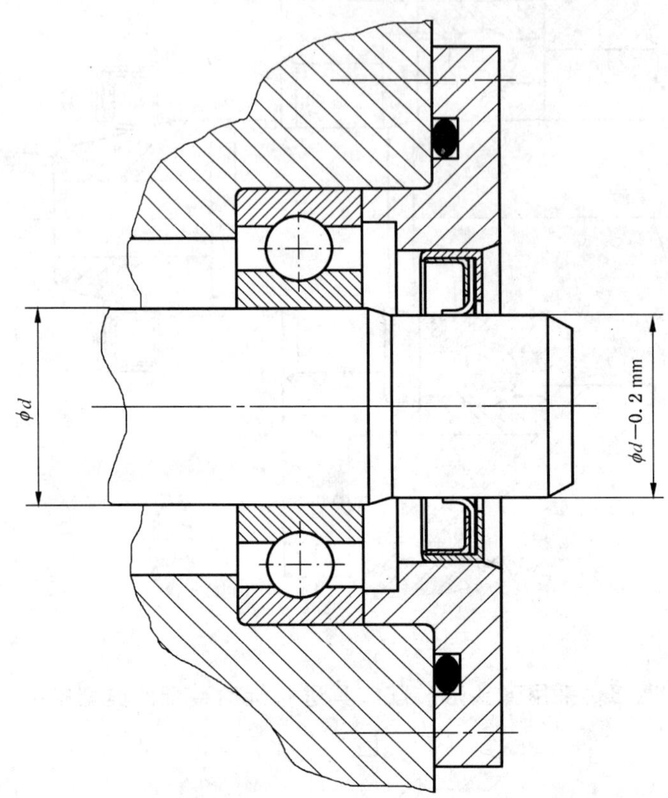

图5 要防止在装配轴承的过程中损坏轴的密封圈的安装接触面

7.11 当采用全橡胶包覆式的密封圈时，为了便于进入到腔体内，密封圈的外表面应涂上适宜的润滑剂润滑。在向腔体内装配时，应采用均匀的速度和压力将密封圈压入装配位置，并适当保压以防回弹。

7.12 如果密封圈应在很低的温度下装配，可在温度不超过30℃下放置10 min～15 min，待密封唇的弹性恢复后再装配。

7.13 当更换新的密封圈时，应采用新的密封圈。新的密封圈的密封唇口不应与以前的旋转轨迹吻合；新的密封圈应移向液体一侧。这可通过安装垫块、更换轴衬或滑环或是通过改变密封圈压入到内孔的深度来实现。

密封表面(轴和内孔)应是完全清洁的，小心不要损害密封表面。

注1：可重复使用的弹头形工具被损坏后不宜再使用，否则，它会导致唇口的损坏。如铝这样的软金属不宜用做这种工具。

注2：在某些应用中，使用易处理的塑料工具更合算。

8 标注说明

当遵守GB/T 21283的本部分时，建议生产厂家在试验报告、产品目录和销售文件上使用以下文字：

“旋转轴唇形密封圈的贮存、搬运和安装符合GB/T 21283.3—2008《密封元件为热塑性材料的旋转轴唇形密封圈 第3部分：贮存、搬运和安装》(ISO 16589-3:2001,IDT)”。

ICS 83.140.50,23.100.60
G 43

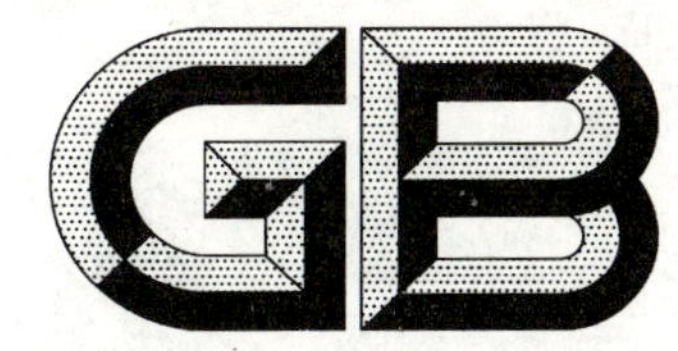

中华人民共和国国家标准

GB/T 21283.4—2008

密封元件为热塑性材料的旋转轴唇形密封圈 第4部分:性能试验程序

Rotary shaft lip-type seals incorporating thermoplastic sealing elements—Part 4: Performance test procedures

(ISO 16589-4:2001,MOD)

2008-05-14 发布 2008-10-01 实施

中华人民共和国国家质量监督检验检疫总局
中国国家标准化管理委员会 发布

前　言

GB/T 21283《密封元件为热塑性材料的旋转轴唇形密封圈》分为6个部分：

——第1部分：基本尺寸和公差；

——第2部分：词汇；

——第3部分：贮存、搬运和安装；

——第4部分：性能试验程序；

——第5部分：外观缺陷的识别；

——第6部分：热塑性材料与弹性体包覆材料的性能要求。

本部分为GB/T 21283的第4部分。

本部分修改采用ISO 16589-4:2001《密封元件为热塑性材料的旋转轴唇形密封圈　第4部分：性能试验程序》(英文版)。

本部分根据ISO 16589-4:2001重新起草。

由于我国工业的特殊需要，本部分在采用国际标准时进行了修改。这些技术性差异用垂直单线标识在它们所涉及的条款页边空白处。与ISO 16589-4:2001的技术性差异为：

——5.7改为“除非生产商和用户另有约定，6个密封圈均不应有可见的泄漏”，ISO 16589-4:2001的5.7为“除非生产商和用户另有约定，所有6个密封圈的总泄漏量不应超过12 mL，每一个单个密封圈的泄漏量不应超过3 mL”。由于目前我国各厂家和用户对旋转轴唇形密封圈质量要求都比较高，均不允许有泄漏，修改后提高了标准的技术要求。

为了便于使用，本部分还做了下列编辑性修改：

——删除国际标准的前言。

本部分的附录A、附录B、附录C和附录D均为资料性附录。

本部分由中国石油和化学工业协会提出。

本部分由全国橡胶与橡胶制品标准化技术委员会密封制品分技术委员会(SAC/TC 35/SC 3)归口。

本部分起草单位：浙江欧福密封件有限公司、常州朗博汽车零部件有限公司、青岛开世密封工业有限公司、青岛北海密封技术有限公司、西北橡胶塑料研究设计院、上海飞月密封件有限公司。

本部分主要起草人：胡志根、戚建国、高鉴明、陈益民、董玉玺、高静茹、余德利、胡培基。

引　　言

旋转轴唇形密封圈是在压差相对较低的设备上用于密封液体的。最典型的是轴旋转而腔体静止，但在有些情况下轴是静止的而腔体旋转。

通常，动态密封在设计时轴和密封圈的柔性元件之间有过盈配合。

同样，在密封圈的外径和腔体内孔之间的过盈配合能密封液体并防止静态泄漏。

为了避免损害，在安装之前和在安装的过程中，有必要对所有的密封圈进行小心的贮存、搬运和安装，不当的贮存、搬运和安装会影响到密封圈的使用寿命。

密封元件为热塑性材料的旋转轴唇形密封圈　第4部分：性能试验程序

警告——使用本部分的人员宜熟悉常用的实验室操作规程。本部分的意图并不是涉及到所有的安全问题，如果有的话，也与其使用有关，在操作热和冷的液体和装置时，需注意采用合理的预防措施。使用者有责任建立适当的安全和健康惯例，并确保符合国家法规的要求。

1　范围

GB/T 21283的本部分描述了密封元件为热塑性材料的旋转轴唇形密封圈，密封元件是以热塑性材料如聚四氟乙烯(PTFE)为基，经适当配合制成的。

本部分规定了可用于对密封元件为热塑性材料的旋转轴唇形密封圈进行合格鉴定的通用性能试验。还规定了动态试验和辅助低温试验和材料的要求。

本部分适用于密封元件为热塑性材料的旋转轴唇形密封圈(以下简称密封圈)。

注：GB/T 21283与GB/T 13871互为补充，GB/T 13871规定的是弹性体密封圈。

2　规范性引用文件

下列文件中的条款通过GB/T 21283的本部分的引用而成为本部分的条款。凡是注日期的引用文件，其随后所有的修改单(不包括勘误的内容)或修订版均不适用于本部分，然而，鼓励根据本部分达成协议的各方研究是否可使用这些文件的最新版本。凡是不注日期的引用文件，其最新版本适用于本部分。

GB/T 17446　流体传动系统及元件　术语(GB/T 17446—1998,idt ISO 5598:1985)

GB/T 21283.1—2007　密封元件为热塑性材料的旋转轴唇形密封圈　第1部分：基本尺寸和公差(ISO 16589-1:2001,MOD)

GB/T 21283.2　密封元件为热塑性材料的旋转轴唇形密封圈　第2部分：词汇(GB/T 21283.2—2007,ISO 16589-2:2001,IDT)

3　术语和定义

GB/T 17446和GB/T 21283.2确立的术语和定义适用于本部分。

4　试验前程序

4.1　检查所有提交试验的密封圈是否与密封圈制造商所提供的相关图纸和详细规范一致。

4.2　确保密封圈制造商所指定的材料批次与制造密封圈的材料批次一致。对于有弹性体部分的密封圈，确保密封圈制造商所指定的材料批次与制造密封圈弹性体部分的材料批次一致。

4.3　为了准确地分析试验结果，在进行试验之前，先测量与密封圈的物理特性和试验仪器有关的以下数据：

a)　装配前密封唇直径；

b)　装配前密封元件的厚度；

c)　密封圈外径和圆度；

d)　轴的直径、材料、硬度和表面粗糙度；

e)　腔体直径、材料和表面粗糙度；

f)　副唇的直径(若有的话)。

注1：对于a)、b)和f)，不宜使用带有尖锐边缘的测量仪器。

注 2：建议在试验前不测量密封唇的径向力。

4.4 确保规定的轴偏心量和试验设备的腔体偏心量相匹配。

5 动态试验

5.1 试验设备

试验设备应类似于图1所示的典型示意图，应由适当的腔体和一个旋转部分构成，腔体用来盛装试验液体并定位试验密封圈，旋转部分有一个水平安装在适当轴承上的芯轴。密封圈腔体的设计应符合GB/T 21283.1—2007规定的尺寸。腔体和旋转部分应能够调节偏心量和偏移，见4.4。

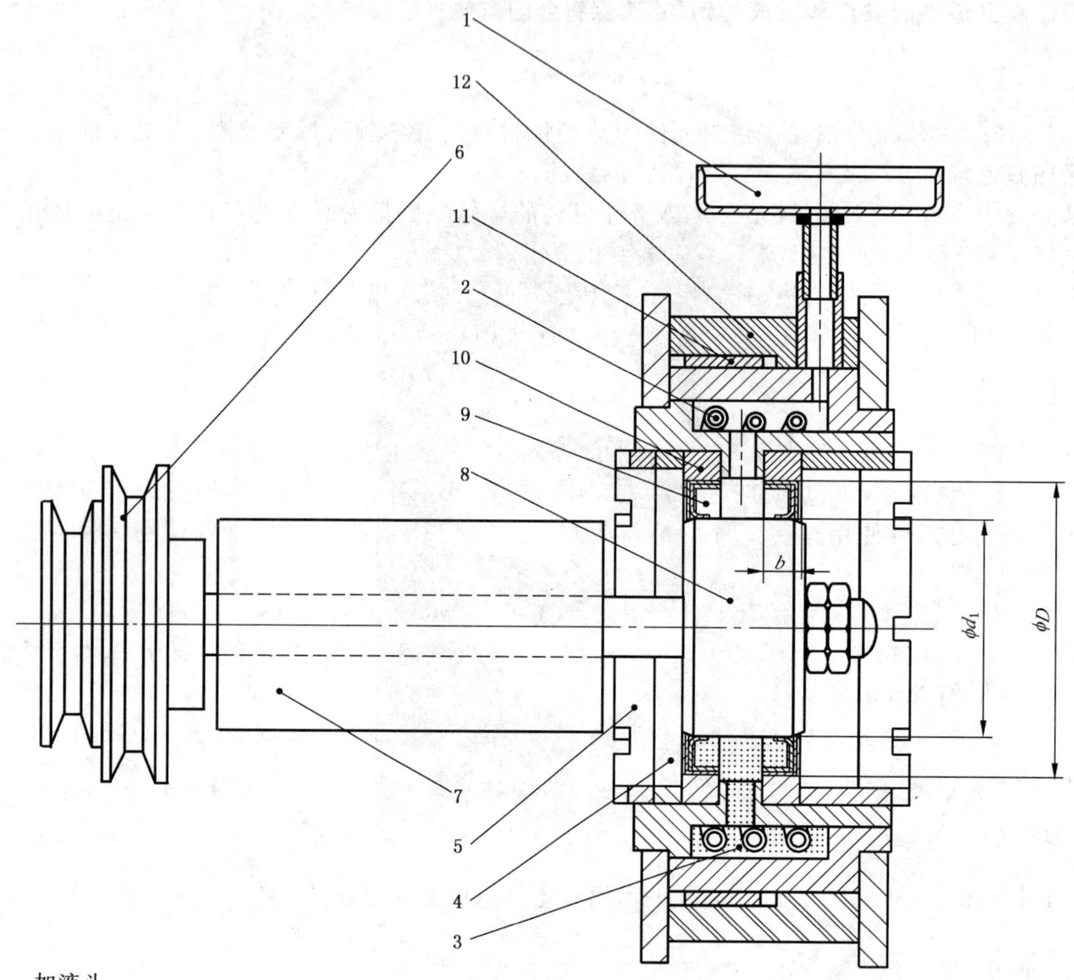

1——加液斗；
2——冷却管；
3——试验液体；
4——垫环；
5——紧固环；
6——皮带轮；
7——试验机头支架；
8——试验轴；
9——试验密封圈；
10——密封圈腔体；
11——加热带；
12——隔离材料。

注：符号见GB/T 21283.1—2007。

图1 动态试验装置的典型示例

试验设备还应符合以下附加要求：

a) 轴应能够旋转并/或保持轴转速误差不超过±5%；

b) 在每次试验过程中，轴应能够在动态状况下保持规定的试验偏心量在±0.03 mm内；

c) 试验机头的设计和构造应在整个工作温度范围内保持腔体内孔与试验轴的轴线在一条直线上，上下偏离不超过0.03 mm；

d) 试验机头支架的设计应确保变形和振动最小；

e) 试验机头和热传输系统应保持试验液体的温度误差不超过±5℃，并应与大气相通；

f) 采用的供热方式应避免试验液体的局部温度过高而引起液体分解；

g) 试验轴的表面不应有螺旋状的机加工痕迹，并应符合GB/T 21283.1—2007第7章的规定；

h) 试验的腔体内孔应符合GB/T 21283.1—2007第8章的规定；

i) 试验轴和试验腔体内孔的材料、精磨加工痕迹及尺寸应尽可能接近实际使用的轴和腔体内孔；

j) 试验液体的最少用量为0.75 L；

k) 试验机头内试验液体的液面应在轴径 d 的最低点以上 0.3 d～0.5 d 之处；

l) 对于有内置轴承的密封圈腔体，试验腔体应在轴承支座处适当泄压，以防止在轴承和密封圈之间的液体压力过大；

m) 应配备收集并计量试验过程中从密封圈泄漏的液体总量的装置。

5.2 安装

5.2.1 清除试验机头的污染物和外来杂质。

5.2.2 将密封圈安装到试验机头上，得到密封圈和试验机头的累计偏心量。

5.2.3 除非另有规定，确保密封圈的唇平面与轴的轴线垂直。

5.2.4 将试验轴固定，使得轴上未使用过的清洁表面与试验密封圈的密封元件相接触。

5.2.5 经图1所示的加液斗加入试验液体，试验液体宜与实际使用的液体相同。

5.2.6 如果试验液体的黏度太高，不能自动地从加液斗流出，卸下图1所示的加液斗，用一个配有加油嘴(滑脂嘴)的连接器代替。用注油枪通过加油嘴注入必需的试验液体用量。在启动之前卸下加油嘴，换上加液斗以防密封圈增压过高。

5.3 试验条件

采用的试验条件模拟用户规定的密封圈实际使用条件，即给定的工作温度、压力、给定的轴运转速度、预计的最高工作温度和最大轴运转速度(参见附录A)。

5.4 试验程序

取6个密封圈各进行10个周期的试验，每个周期持续24 h，其中根据实际使用条件，在正常的试验温度、压力和速度(参见附录A)下进行14 h，在预计的最高试验温度和速度下进行6 h，随后停机4 h使试验机台冷却到室温。

5.5 试验后的测量

试验完成以后，在试验轴上测量密封元件的厚度，在适用的场合下，还要测量副唇的直径。

5.6 记录

在密封圈的试验报告上记录所有的试验数据(密封圈动态试验的试验报告的示例参见附录A)。

5.7 合格标准

除非生产商和用户另有约定，6个密封圈均不应有可见的泄漏。

6 动态低温试验

6.1 总则

本试验适用于所有的最低使用温度在－10℃或－10℃以下的密封圈。

6.2 试验装置

试验装置应类似于图2所示的典型示例。

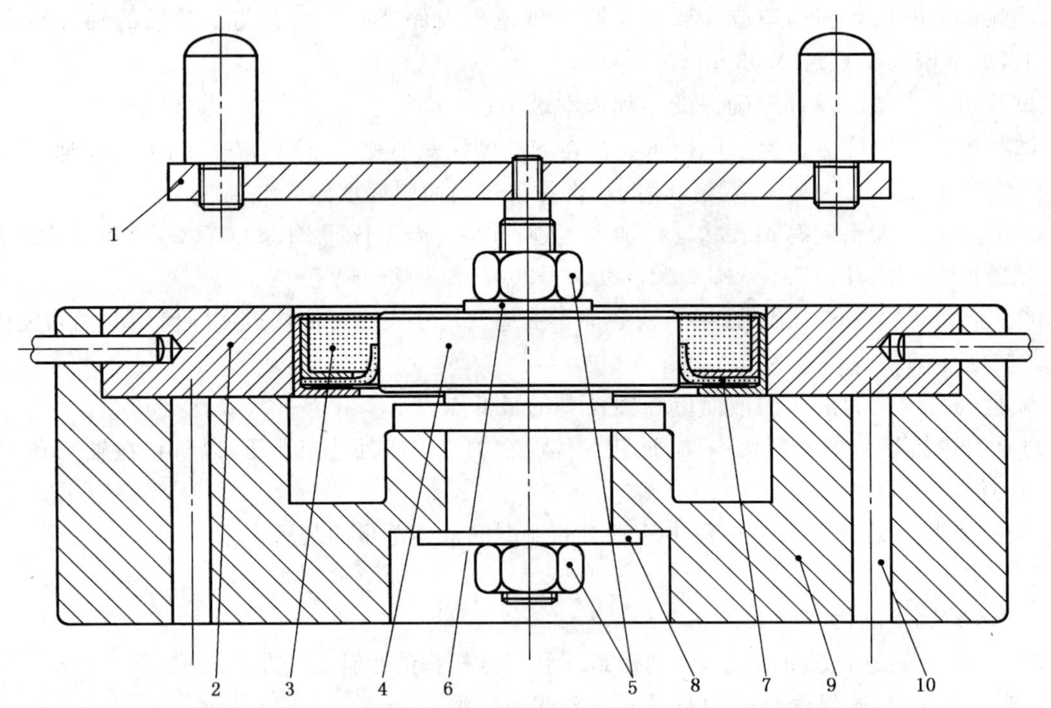

1——手柄；
2——密封圈腔体；
3——试验液体；
4——试验轴；
5——平面六角螺帽；
6——垫片；
7——试验密封圈；
8——垫片；
9——底座；
10——在冷冻机底座平台上的带销钉的定位孔。

图2 低温试验装置的典型示例

试验轴和密封圈腔体应模拟用户规定的预计最大偏心量。试验轴径、试验轴的表面粗糙度和密封圈腔体的尺寸也应符合用户的规定或GB/T 21283.1—2007的规定。

6.3 安装

应按照5.2.1、5.2.2和5.2.3的要求进行安装。

6.4 试验程序

取两个密封圈按下列程序进行试验：

a) 将密封圈正确地安装在试验装置上；

b) 将试验液体注入试验装置，使密封唇一侧被试验液体浸泡；

c) 将试验装置放入低温试验箱，在用户规定的最低温度下保持16 h；

d) 在低温试验箱内，将试验装置以大约60 r/min的速度，手动旋转十圈，每180°停止一次；

e) 从低温试验箱中取出试验装置，在室温下最少停放6 h；

f) 从试验装置上取下密封圈。

6.5 试验后的测量

检验在试验过程中是否出现泄漏，并且用目视法检查密封唇，观察是否出现龟裂、撕裂、裂口或缺陷。

6.6 记录

在密封圈试验报告上记录所有的数据(密封圈动态低温试验的试验报告的示例参见附录B)。

6.7 合格标准

密封唇上不应有可见的损伤，泄漏量不应超过用户的规定。

7 密封圈部件的材料试验

7.1 总则

应对制造试验密封圈的每一批次的材料进行质量控制试验。为了确定用于制造密封圈的材料与用于试验密封圈的材料没有太大的不同，随后的生产批次可能也需要试验，要由制造商和用户协商确定。

7.2 金属部件

应记录制造骨架或腔体的材料种类(如不锈钢、铝材等)及批号、热处理(如果适用的话)，以确定金属骨架的物理特性。如果适用和用户要求的话，应引用附加信息。

7.3 非金属部件

7.3.1 密封元件

热塑性密封元件通常是用聚四氟乙烯(PTFE)与适当的填料配合制成的。如果需要的话，宜规定填料的类型及供应商的说明书。热塑性材料以及弹性体材料的物理性能宜加以说明。

7.3.2 密封垫和密封层

制造内部密封垫和任何一种附加的密封层的材料的物理特性和相容特性均应加以说明。

8 标注说明

当遵守GB/T 21283的本部分时，建议生产厂家在试验报告、产品目录和销售文件上使用以下文字：

“旋转轴唇形密封圈性能试验程序符合GB/T 21283.4—2008《密封元件为热塑性材料的旋转轴唇形密封圈　第4部分：性能试验程序》(ISO 16589-4:2001，MOD)”。

附 录 A
（资料性附录）
密封圈动态试验报告示例

A.1 通用数据

试验报告的说明：

密封圈图纸的说明和规范：

密封圈的类型：

下面所列的材料性能应是包括在附录C和附录D的试验报告示例中的测量值。

热塑性材料	材料：		
	密度[a]： g/cm^3	拉伸强度[b]： MPa	拉断伸长率[b]： %
弹性体材料 （如果使用的话）	胶料：		
	密度[a]： g/cm^3	硬度[c]： Shore A	压缩永久变形[d]： %

[a] 符合 GB/T 533；
[b] 符合 GB/T 528；
[c] 符合 GB/T 531；
[d] 符合 GB/T 7759。

A.2 试验前的测量

试验密封圈的编号：						
密封元件的厚度： mm （装配前测量）						
密封圈的外骨架	平均直径： mm					
	圆度： mm					
副唇（如果有的话）	平均直径： mm					

A.3 试验条件

试验液体：

叙述：	
正常试验温度： ℃	ISO 黏度级别：
最高试验温度： ℃	ISO 分类：
正常压力： kPa	
最高压力： kPa	

轴：

直径： mm	材料：
硬度：	表面粗糙度，Ra： μm
偏心量： mm	正常工作速度： r/min
	最大工作速度： r/min

腔体：

直径： mm	材料：
偏心量： mm	表面粗糙度，Ra： μm

试验周期（如果与 5.4 的规定不同时）：

A.4 试验后的测量

试验密封圈的编号：						
密封元件的厚度： mm （从试验夹具上取下后测量）						
副唇（如果有的话）	平均直径： mm					

A.5 试验结果

试验密封圈的编号：						所有的密封圈：
泄漏量：						总量： g

试验前和试验后，密封圈状态的说明：

附 录 B
（资料性附录）
密封圈动态低温试验报告示例

B.1 通用数据

试验报告的说明：

密封圈图纸的说明和规范：

密封圈的类型：

下面所列的材料性能应是包括在附录C和附录D的试验报告示例中的测量值。

热塑性材料	材料：		
	密度[a]： g/cm³	拉伸强度[b]： MPa	拉断伸长率[b]： %
弹性体材料（如果使用的话）	胶料：		
	密度[a]： g/cm³	硬度[c]： Shore A	压缩永久变形[d]： %

[a] 符合GB/T 533；
[b] 符合GB/T 528；
[c] 符合GB/T 531；
[d] 符合GB/T 7759。

B.2 试验前的测量

试验密封圈的编号：						
密封唇的厚度：（装配前测量） mm						
密封圈的外骨架	平均直径： mm					
	圆度： mm					
副唇（如果有的话）	平均直径： mm					

B.3 试验条件

试验液体：

叙述：	
正常试验温度： ℃	ISO黏度级别：
最高试验温度： ℃	ISO分类：

轴：

直径： mm	材料：
硬度：	表面粗糙度，Ra： μm
偏心量： mm	正常工作速度： r/min
	最大工作速度： r/min

腔体：

直径： mm	材料：
偏心量： mm	表面粗糙度，Ra： μm

试验周期(如果与 5.4 的规定不同时)：

B.4 试验后的测量

试验密封圈的编号：							
密封唇的厚度： (从试验夹具上取下后测量)		mm					
副唇(如果有的话)	平均直径：	mm					

B.5 试验结果

试验密封圈的编号：						所有的密封圈：
泄漏量：						总量： g

试验前和试验后，密封圈状态的说明：

附 录 C
（资料性附录）
材料试验报告（热塑性材料）示例

C.1 通用数据

试验报告的说明：

密封圈图纸的说明和规范：

密封圈的类型：

热塑性材料的说明： 级别： 基本材料：

C.2 试验条件

通常的实验室环境条件，典型条件为：

温度：23℃±2℃；

相对湿度：(60±5)％。

C.3 试验结果

密度：

指标：	测定值：

拉伸强度：

指标：	测定值：

拉断伸长率：

指标：	测定值：

C.4 说明

附　录　D
（资料性附录）
材料试验报告（弹性体材料）示例

用于外包覆材料、副唇或密封垫的弹性体部件不是动态密封零件，只需建立其适用性的试验。其相互关系由用户和制造商来确定。

D.1　通用数据

试验报告的说明：

密封圈图纸的说明和规范：

密封圈的类型：

弹性体胶料的说明：　　　　　　　　　　　　　　类型：

D.2　试验条件

下列试验中，时间和温度取决于所使用的材料并应由制造商和买方协商确定。

a)　压缩永久变形

时间：　　　　　　　　　　温度：　　　　℃

b)　耐液体：

试验液体：

时间：　　　　　　　　　　温度：　　　　℃

c)　热空气老化：

时间：　　　　　　　　　　温度：　　　　℃

d)　低温脆性：

温度：　　　　℃

D.3　试验结果

密度：

指标：	测定值：

拉伸强度：

指标：	测定值：

拉断伸长率：

指标：	测定值：

压缩永久变形：

指标：	测定值：

耐液体：

指标：	测定值：

热空气老化：

指标：	测定值：

低温脆性：

指标：	测定值：

D.4 说明

ICS 83.140.50,23.100.60
G 43

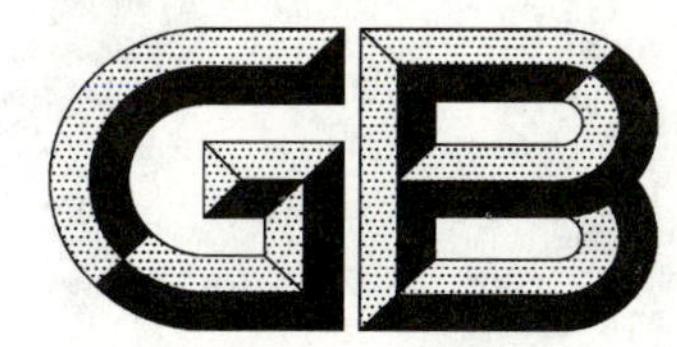

中华人民共和国国家标准

GB/T 21283.5—2008/ISO 16589-5:2001

密封元件为热塑性材料的旋转轴唇形密封圈 第5部分:外观缺陷的识别

Rotary shaft lip-type seals incorporating thermoplastic sealing elements—Part 5: Identification of visual imperfections

(ISO 16589-5:2001,IDT)

2008-05-14 发布　　　　2008-10-01 实施

中华人民共和国国家质量监督检验检疫总局
中国国家标准化管理委员会　发布

前　　言

GB/T 21283《密封元件为热塑性材料的旋转轴唇形密封圈》分为6个部分：

——第1部分：基本尺寸和公差；

——第2部分：词汇；

——第3部分：贮存、搬运和安装；

——第4部分：性能试验程序；

——第5部分：外观缺陷的识别；

——第6部分：热塑性材料与弹性体包覆材料的性能要求。

本部分为GB/T 21283的第5部分。

本部分等同采用ISO 16589-5:2001《密封元件为热塑性材料的旋转轴唇形密封圈　第5部分：外观缺陷的识别》(英文版)。

本部分等同翻译ISO 16589-5:2001。

为了便于使用，本部分做了下列编辑性修改：

——删除国际标准的前言。

本部分由中国石油和化学工业协会提出。

本部分由全国橡胶与橡胶制品标准化技术委员会密封制品分技术委员会(SAC/TC 35/SC 3)归口。

本部分起草单位：浙江欧福密封件有限公司、常州朗博汽车零部件有限公司、青岛北海密封技术有限公司、青岛开世密封工业有限公司、西北橡胶塑料研究设计院、上海飞月密封件有限公司。

本部分主要起草人：胡志根、戚建国、高鉴明、陈益民、董玉玺、高静茹、余德利、胡培基。

引　言

旋转轴唇形密封圈是在压差相对较低的设备上用于密封液体的。最典型的是轴旋转而腔体静止，但在有些情况下轴是静止的而腔体旋转。

通常，动态密封在设计时轴和密封圈的柔性元件之间有过盈配合。

同样，在密封圈的外径和腔体内孔之间的过盈配合能密封液体并防止静态泄漏。

为了避免损害，在安装之前和在安装的过程中，有必要对所有的密封圈进行小心的贮存、搬运和安装，不当的贮存、搬运和安装会影响到密封圈的使用寿命。

密封元件为热塑性材料的旋转轴唇形密封圈 第5部分:外观缺陷的识别

1 范围

GB/T 21283的本部分描述了密封元件为热塑性材料的旋转轴唇形密封圈,密封元件是以热塑性材料如聚四氟乙烯(PTFE)为基,经适当配合制成的。

本部分规定了密封元件为热塑性材料的旋转轴唇形密封圈(以下简称密封圈)的表面缺陷的分类,这些表面缺陷可能会减弱密封圈的作用,其目的是便于制造商和用户商讨这些缺陷对不同的使用场合的影响。

注:GB/T 21283与GB/T 13871互为补充,GB/T 13871规定的是弹性体密封圈。

2 规范性引用文件

下列文件中的条款通过GB/T 21283的本部分的引用而成为本部分的条款。凡是注日期的引用文件,其随后所有的修改单(不包括勘误的内容)或修订版均不适用于本部分,然而,鼓励根据本部分达成协议的各方研究是否可使用这些文件的最新版本。凡是不注日期的引用文件,其最新版本适用于本部分。

GB/T 17446 流体传动系统及元件 术语(GB/T 17446—1998,idt ISO 5598:1985)

GB/T 21283.2 密封元件为热塑性材料的旋转轴唇形密封圈 第2部分:词汇(GB/T 21283.2—2007,ISO 16589-2:2001,IDT)

3 术语和定义

GB/T 17446和GB/T 21283.2确立的术语和定义适用于本部分。

4 特性缺陷

4.1 密封唇接触部位

密封唇接触部位见图1。

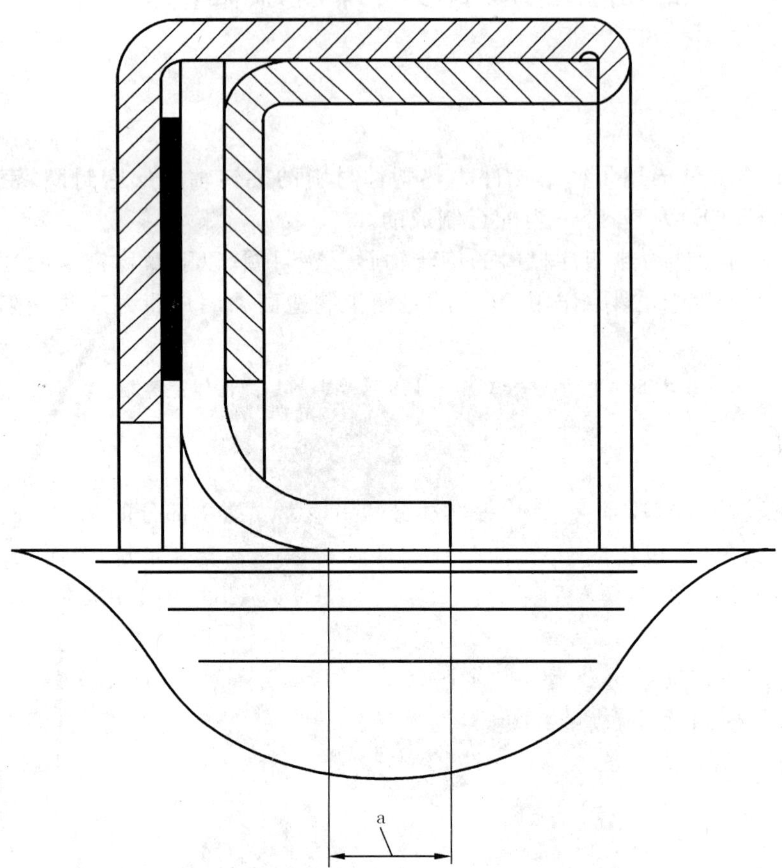

注：在磨损的情况下，密封唇接触部位的缺陷会在其使用寿命内减弱旋转轴唇形密封圈的作用。根据各个制造商的设计标准，该尺寸可有不同。

[a] 密封唇接触部位。

图 1 密封唇接触部位

4.2 典型缺陷

密封圈的典型缺陷列于表 1 和表 2，这些缺陷的图示见图 2～图 19。

表 1 典型缺陷

图 2 中的编号	描述	详细说明的图号
1	密封元件反向(内侧有流体动力辅助结构)	3
2	缺口	4
3	不正确的流体动力辅助结构	—
4	密封层外径不均匀	—
5	割口	5
6	龟裂	6
7	杂质	7
8	聚合物孔洞	8
9	撕裂	9
10	填料凸出	10
11	密封垫挤出	11
12	密封唇翻卷	12
13	修边不完全	13

表 2 典型的混合缺陷

描述	详细说明的图号
不正确的流体动力辅助结构	14
密封元件表面粗糙	15
夹持法兰的翻转不均匀	16
密封垫缺失	17
密封唇内圈与密封圈外圈偏心	18
密封唇偏离外骨架直径(密封元件的外径尺寸不足)	19

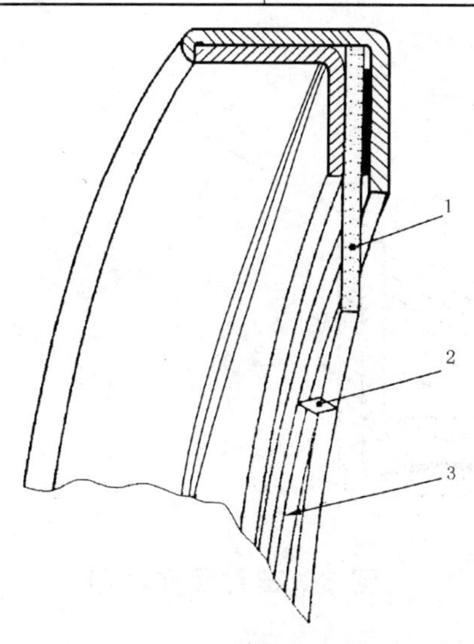

a) 密封唇定型前

图 2 典型缺陷

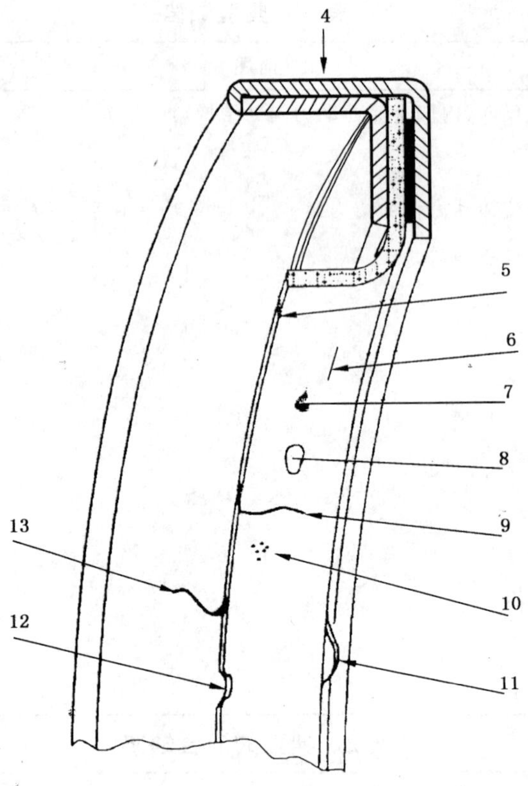

b) 密封唇定型后

图 2(续)

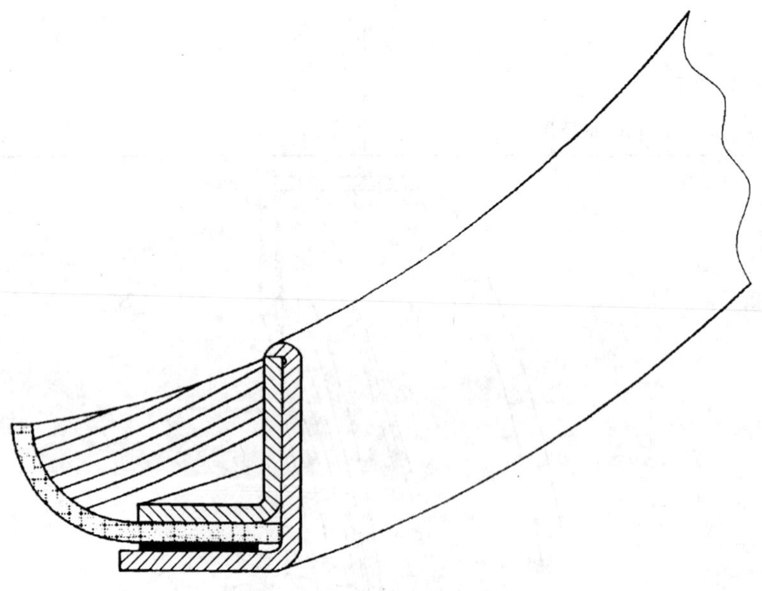

图 3 密封元件反向

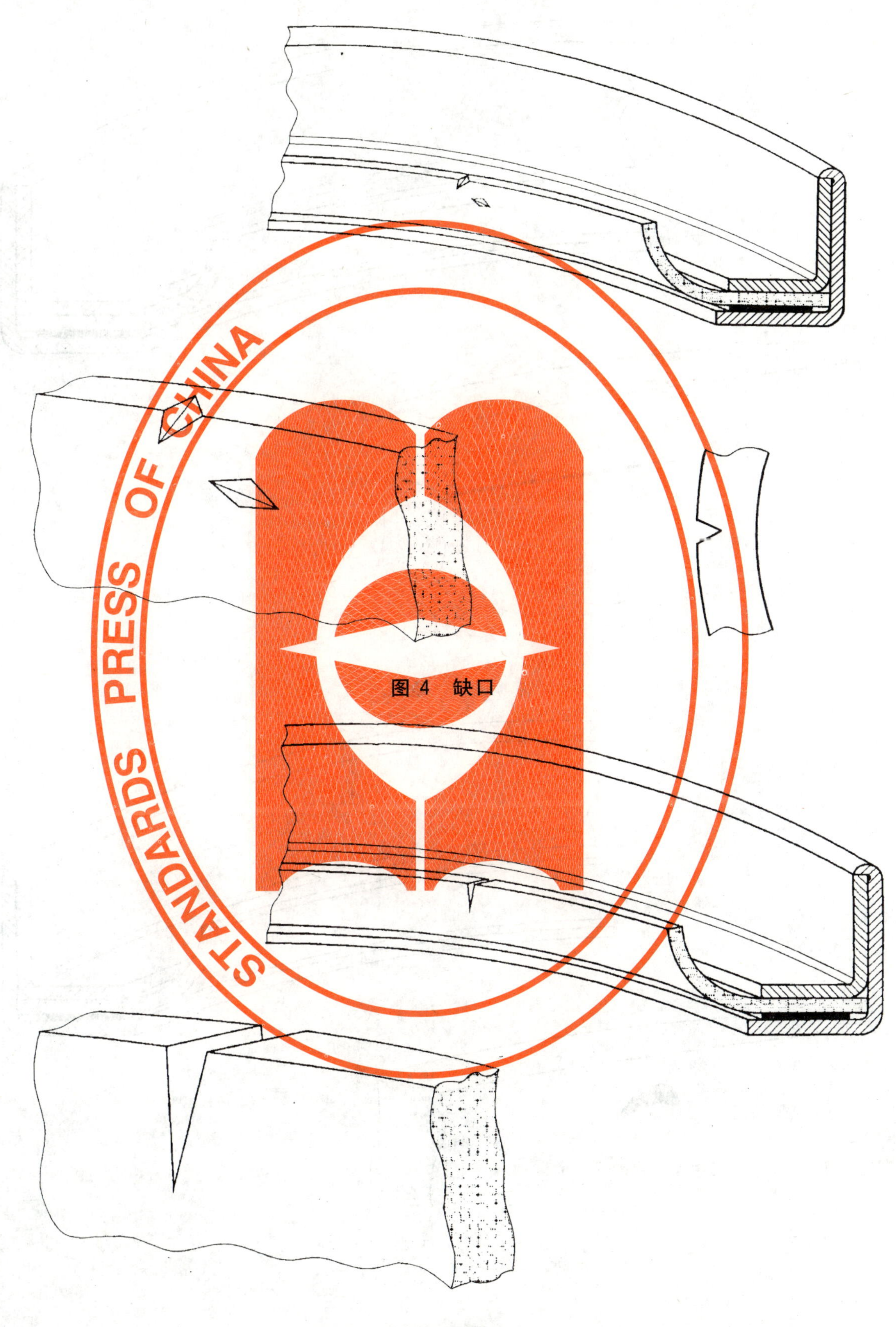

图4 缺口

图5 割口

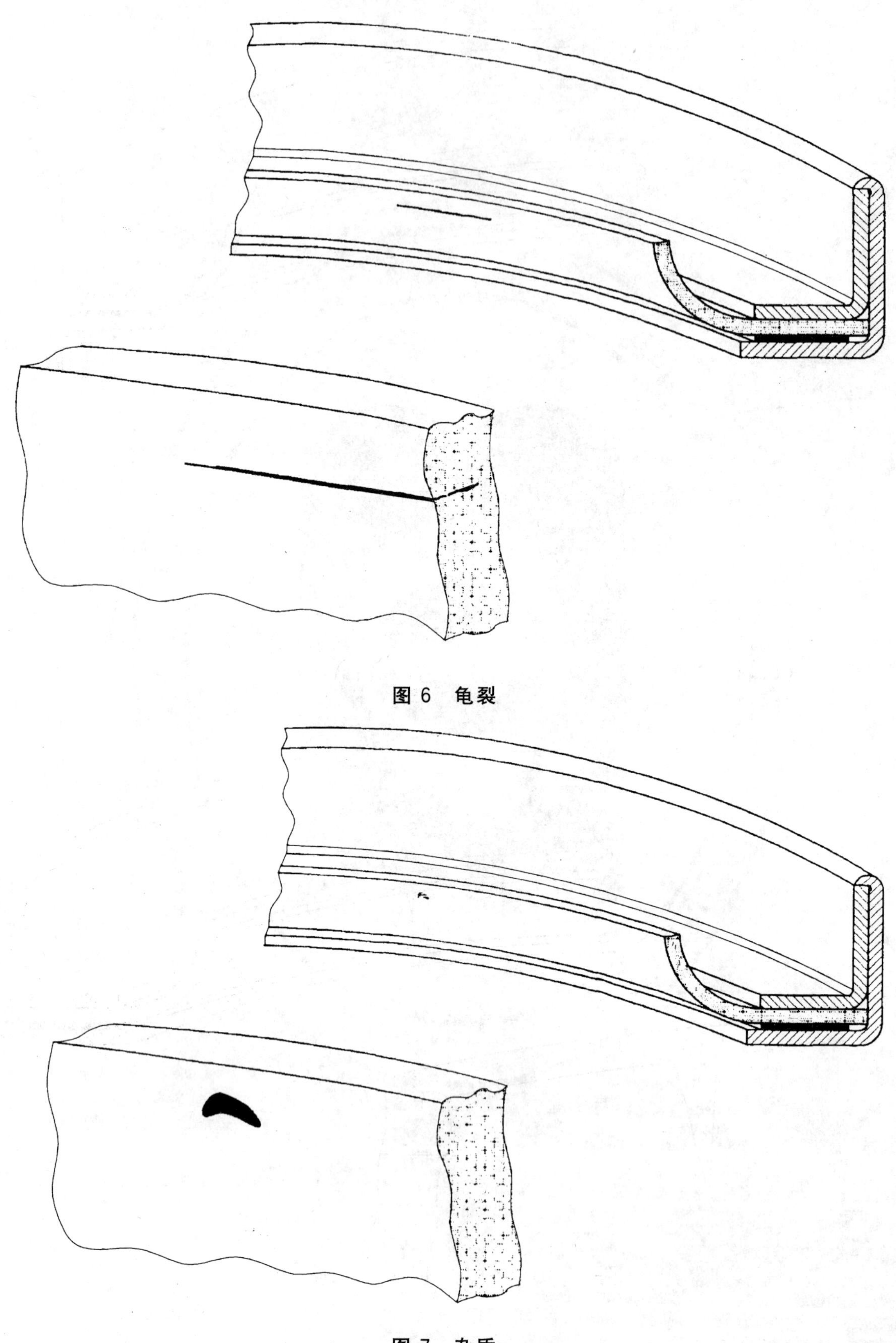

图 6　龟裂

图 7　杂质

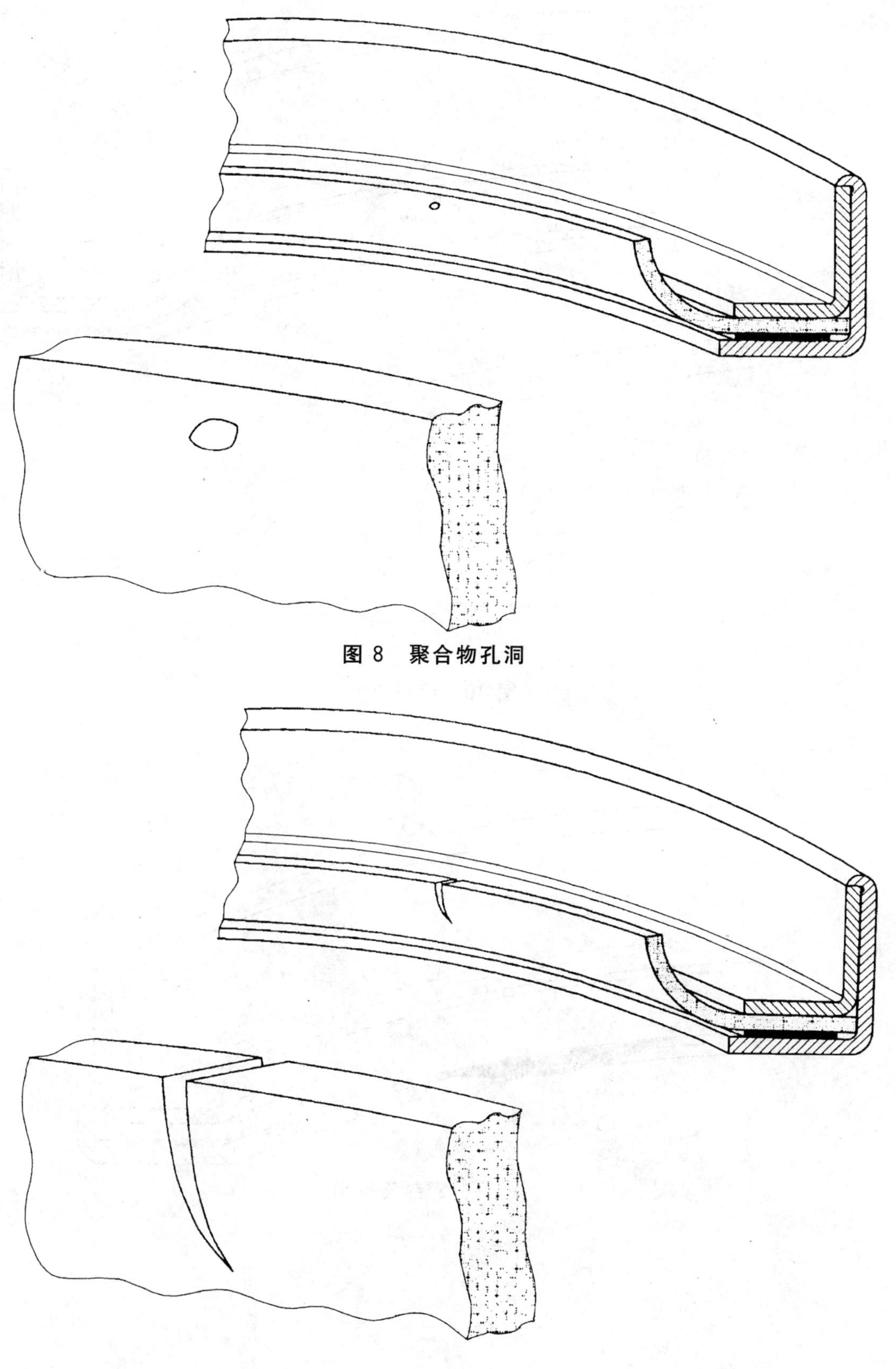

图 8 聚合物孔洞

图 9 撕裂

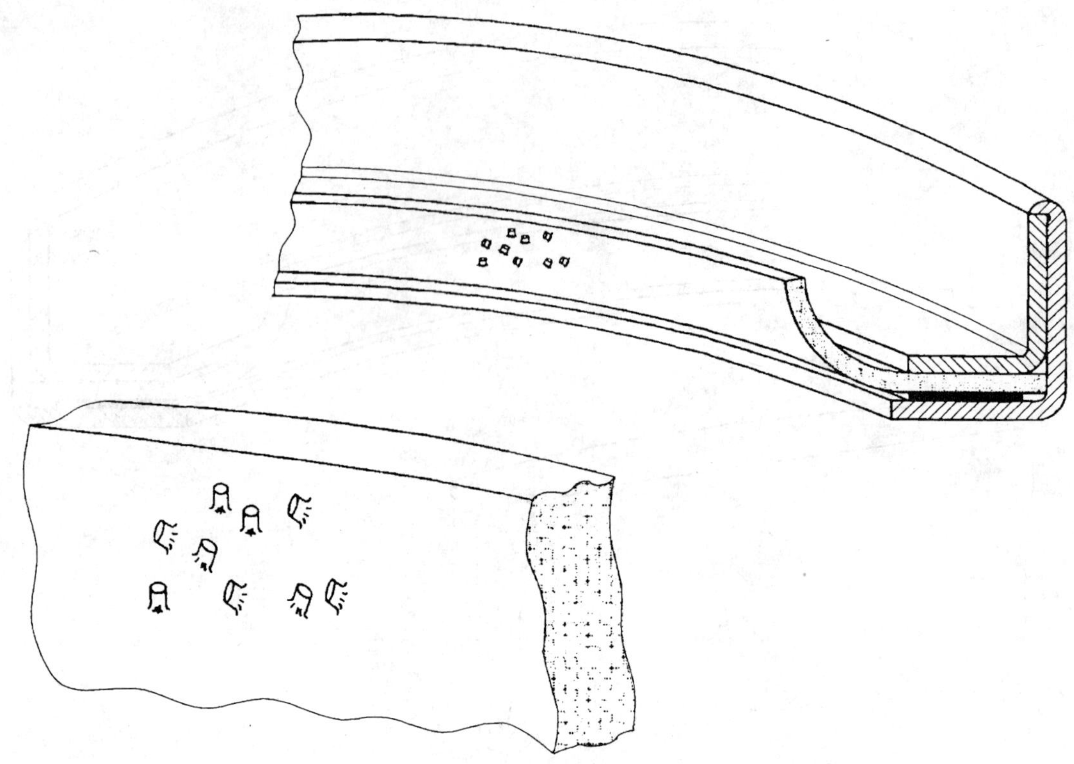

图 10　填料凸出

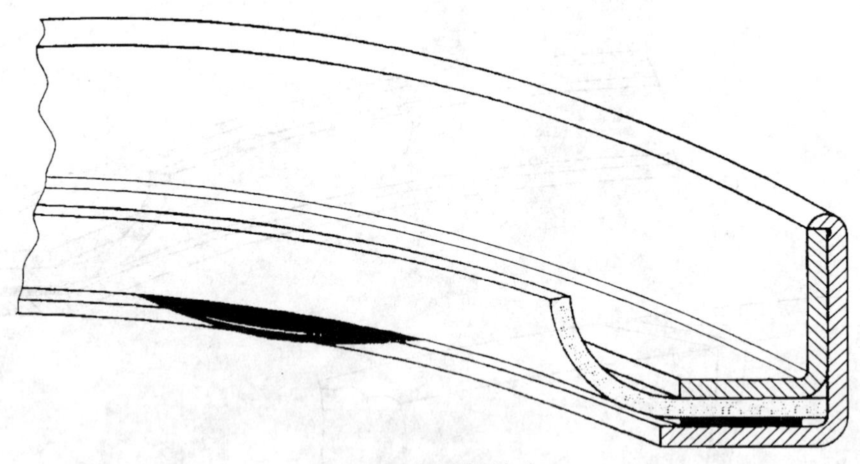

图 11　密封垫挤出

图 12　密封唇翻卷

图 13　修边不完全

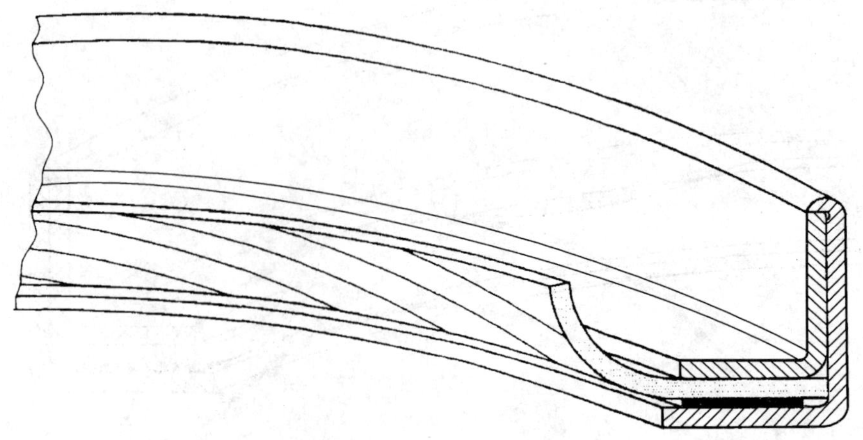

a) 正确的螺旋方向:当从背面(空气一侧)看时,流体动力辅助结构与顺时针的旋转轴相配

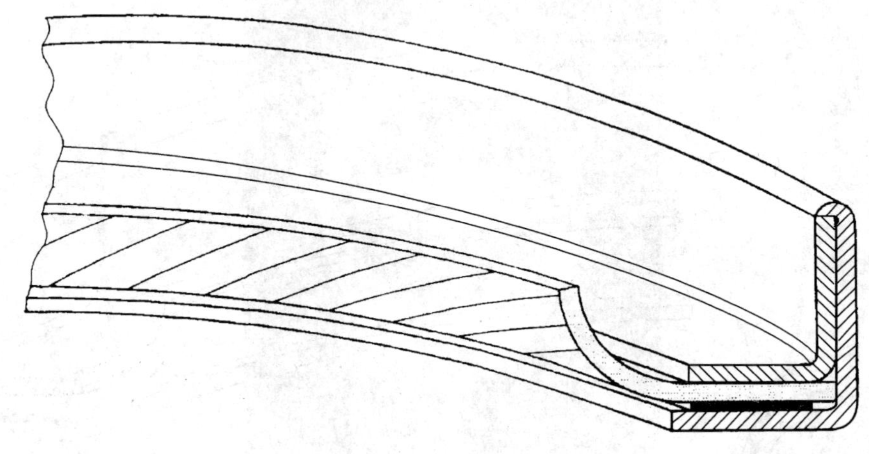

b) 不正确的螺旋方向:当从背面(空气一侧)看时,流体动力辅助结构与顺时针的旋转轴不相配

图 14 正确的和不正确的螺旋方向举例

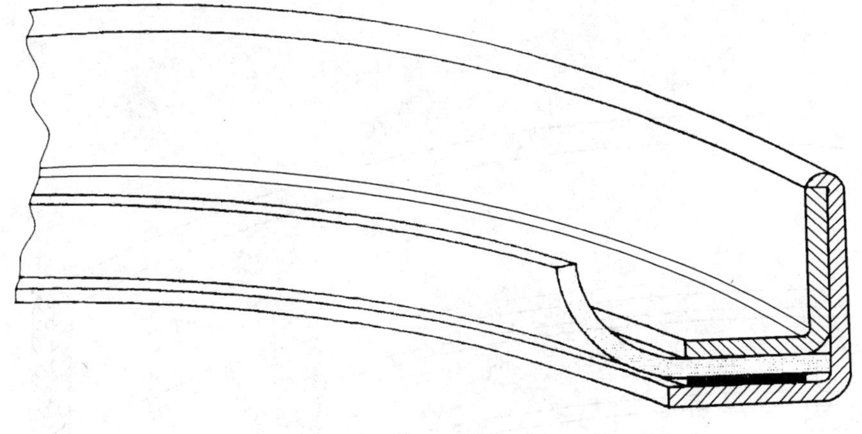

a） 合格的

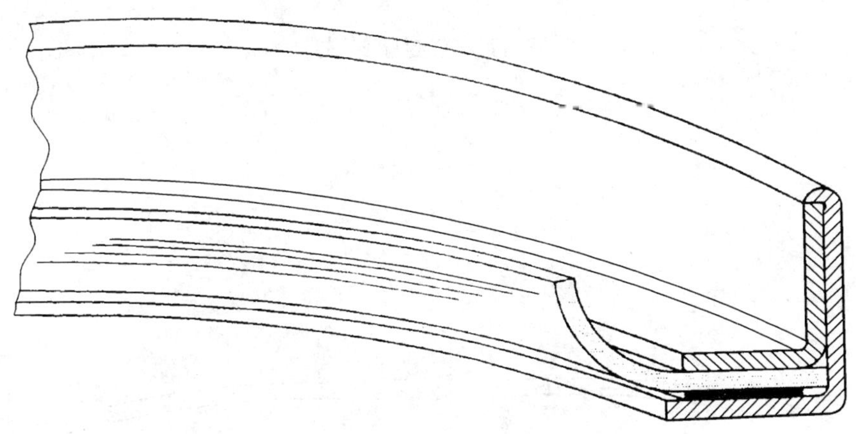

b） 不合格的

密封唇元件的平面表面粗糙的图示说明，例如有机加工沟槽。

图 15 密封元件表面粗糙

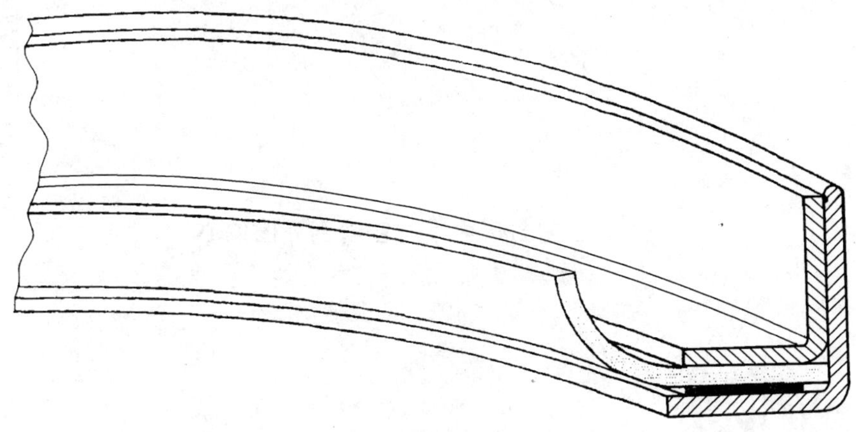

图 16 夹持法兰翻转不均匀

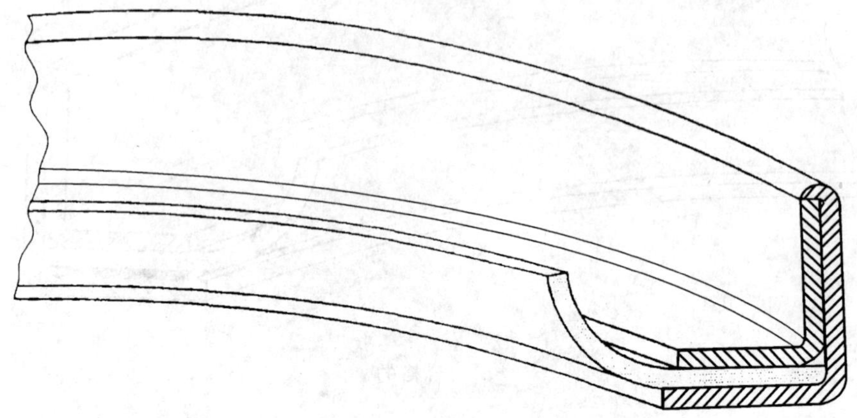

图 17 密封垫缺失

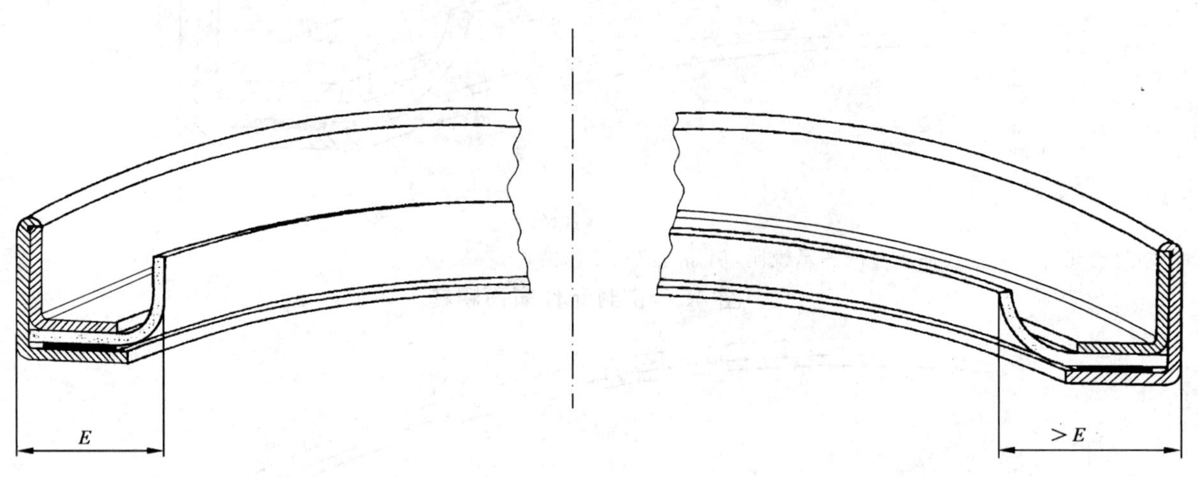

图 18 密封唇内圈与密封圈外圈偏心

通过密封圈 180°的断面来看

图 19　密封唇偏离外骨架直径(密封元件的外径尺寸不足)

4.3　密封圈附加部件上的外观缺陷

4.3.1　密封圈外部周边的缺陷

密封圈外部周边上的缺陷如下：

a)　刮伤；

b)　倒角错误；

c)　粘合不完全。

4.3.2　副唇缺陷

副唇缺陷如下：

a)　撕裂；

b)　割口或缺口；

c)　未充满；

d)　飞边。

5　标注说明

当遵守 GB/T 21283 的本部分时，建议生产厂家在试验报告、产品目录和销售文件上使用以下文字：

"旋转轴唇形密封圈的外观缺陷的分类符合 GB/T 21283.5—2008《密封元件为热塑性材料的旋转轴唇形密封圈　第 5 部分：外观缺陷的识别》(ISO 16589-5:2001，IDT)"。

ICS 65.020.01
B 30

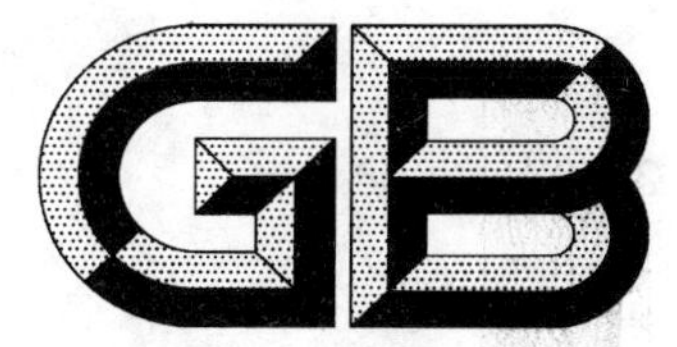

中华人民共和国国家标准

GB/T 22532—2008

移山参鉴定及分等质量

Identification and grade quality of transplanted ginseng

2008-11-20 发布　　2009-05-01 实施

中华人民共和国国家质量监督检验检疫总局
中国国家标准化管理委员会　发布

前　言

本标准的附录 A 为规范性附录。

本标准由国家标准化管理委员会提出并归口。

本标准负责起草单位:国家参茸产品质量监督检验中心、吉林人参研究院、吉林省参茸办公室。

本标准参加起草单位:农业部参茸测试中心、杭州市药品检验所、上海雷允上药业有限公司雷氏保健品分公司、杭州胡庆余堂国药号有限公司、吉林省延边野山参研究所、黑龙江省运加参茸研究所、辽宁祥云药业有限公司、吉林省通化师范学院。

本标准主要起草人:仲伟同、曹志强、冯家。

本标准参加起草人:迟美丽、李校堃、潘琳珍、郭怡飚、杨仲英、于振江、曾祥云、曹会磊、王少杰、蔡荣春。

移山参鉴定及分等质量

1 范围

本标准规定了移山参的术语和定义、技术要求、试验方法、检验规则、标志、标签和包装以及运输和贮存。

本标准适用于移山参的加工和鉴定。

人参作为药用时应遵循《中华人民共和国药典》(最新版本)。

2 规范性引用文件

下列文件中的条款通过本标准的引用而成为本标准的条款。凡是注日期的引用文件，其随后所有的修改单(不包括勘误的内容)或修订版均不适用于本标准，然而，鼓励根据本标准达成协议的各方研究是否可使用这些文件的最新版本。凡是不注日期的引用文件，其最新版本适用于本标准。

GB/T 191 包装储运图示标志

GB/T 5009.11 食品中总砷及无机砷的测定

GB/T 5009.12 食品中铅的测定

GB/T 5009.13 食品中铜的测定

GB/T 5009.15 食品中镉的测定

GB/T 5009.17 食品中总汞及有机汞的测定

GB/T 5009.19 食品中有机氯农药多组分残留量的测定

GB/T 5009.20 食品中有机磷农药残留量的测定

GB/T 5009.22 食品中黄曲霉毒素 B_1 的测定

GB/T 5009.34 食品中亚硫酸盐的测定

GB/T 5009.36 粮食卫生标准的分析方法

GB/T 5009.103 植物性食品中甲胺磷和乙酰甲胺磷农药残留量的测定

GB/T 5009.104 植物性食品中氨基甲酸酯类农药残留量的测定

GB/T 5009.110 植物性食品中氯氰菊酯、氰戊菊酯和溴氰菊酯残留量的测定

GB/T 5009.136 植物性食品中五氯硝基苯残留量的测定

GB/T 5009.145 植物性食品中有机磷和氨基甲酸酯类农药多种残留的测定

GB 7718 预包装食品标签通则

《中华人民共和国药典》(2005 年版一部)

3 术语和定义

下列术语和定义适用于本标准。

3.1

野生人参 original ecological ginseng

自然传播，生长于深山密林的原生态人参。

3.2

野山参 wild ginseng

自然生长于深山密林下的人参(不包括野生人参)。

3.3

移山参　transplanted wild ginseng

移栽在山林中具有野山参部分特征的人参。

3.3.1

野山参移栽　transplantation of wild ginseng

野山参苗移植于林下自然生长，有野山参部分特征。

3.3.2

园趴　pahuo ginseng

人参幼苗移植于林下自然生长若干年后，有野山参部分特征。

3.3.3

池底　chidi ginseng

园参收获后，遗留在参地中自然生长若干年后，有野山参部分特征。

3.4

生晒移山参　dried transplanted ginseng

鲜移山参经过刷洗后烘干或晒干的产品。

3.5

人参芽苞　dormant bud of ginseng

人参芦头上的越冬芽。

3.6

芦碗　node in the shape of bowl

人参地上茎的残痕。

3.7

移山参五形　five shapes

芦、艼、体、纹、须。

3.8

人参芦　rhizome

主根上部的根茎。

3.8.1

圆芦　column rhizome

芦下部与主根相连的一段芦，呈圆柱状，其上有疙瘩状芦碗残痕。

3.8.2

堆花芦　duihua rhizome

圆芦上部的一段芦，芦碗较大，状如马牙。

3.8.3

马牙芦　rhizome in the shape of horse tooth

堆花芦上部的一段芦，芦碗较大，状如马牙。

3.8.4

二节芦　rhizome with two sections

同时具有圆芦和堆花芦或堆花芦和马牙芦的根茎。

3.8.5

三节芦　rhizome with three sections

同时具有圆芦、堆花芦、马牙芦的根茎。

3.8.6

缩脖芦　neck-shrinking rhizome

因生长条件限制，芦较短。

3.8.7

后憋芦　regenerated rhizome

原有芦损伤后的再生芦。

3.8.8

竹节芦　rhizome in the shape of bamboo joint

芦碗间距大，不紧密，形如竹节。

3.9

人参艼　adventitious roots

芦上生长出的不定根。

3.9.1

枣核艼　adventitious roots in the shape of jujube pit

两端细、中间粗、形如枣核的人参艼。

3.9.2

毛毛艼　hairy adventitious roots

较细的不定根。

3.9.3

蒜瓣艼　adventitious roots in the shape of garlic clove

形如大蒜的不定根瓣。

3.10

体　body

人参的主根。

3.10.1

灵体　spirited body

形如元宝形或菱角状，两条腿明显分开的体。

3.10.2

疙瘩体　lumpish body

主根粗短，形如疙瘩状。

3.10.3

顺体　slender body

主根顺长。

3.10.4

笨体　clumsy body

主根形状不灵活，腿有两条以上。

3.10.5

过梁体　body in the shape of ridge

主根分岔角度较大，形如山梁。

3.10.6

横体　horizontal body

主根横向生长。

3.11

芋变 deformed adventitious root

主根消失,芋继续生长代替主根,又称芋变参。

3.12

纹 grains

在主根上形成的纹理。

3.12.1

浮纹 float grains

浮浅的人参纹。

3.12.2

断纹 broken grains

环纹不连续。

3.12.3

粗纹 rough grains

粗糙的人参纹。

3.12.4

跑纹 grains running down

肩膀头的环纹延伸到主体下部。

3.12.5

环纹 ring-like grains

一圈一圈的环状纹。

3.13

人参腿 legs

人参较粗的支根。

3.14

须 fibrus roots

移山参腿上生长的细长根。

3.15

珍珠疙瘩 pearl nodule

须根上的瘤状凸起。

3.16

异物 xenenthesis

人参本身以外之物,如:金属、木条等。

3.17

红皮(水锈) rusty substance in the cuticle

人参表皮呈现铁锈颜色的现象。

3.18

疤痕 scar

因损伤留下的痕迹。

3.19

跑浆 loss of sap

鲜人参主体变软的现象,俗称“跑浆”。

3.20

移山参粉　the powder of transplanted wild ginseng

粉碎至60目～100目的移山参粉末。

4　技术要求

4.1　感官要求

4.1.1　基本要求

鲜移山参、生晒移山参，任何部位不得粘接，体内无异物，体不得做纹。

4.1.2　规格要求

规格应满足表1、表2的要求。

表1　鲜移山参规格

级　别	单支重量 X/g
一级	X≥100
二级	100>X≥80
三级	80>X≥60
四级	60>X≥40
五级	40>X≥20
六级	20>X≥10
七级	X<10

表2　生晒移山参规格

级　别	单支重量 X/g
一级	X≥25
二级	25>X≥20
三级	20>X≥15
四级	15>X≥10
五级	10>X≥5
六级	5>X≥2.5
七级	X<2.5

4.1.3　等级要求

移山参等级应满足表3、表4的要求。

表3　鲜移山参等级

项目	一等品	二等品	三等品
芦	芦长，有两节芦或三节芦，芦碗较大，芽苞完整	有两节芦或三节芦，多为竹节芦，芦碗较大，芽苞完整	有两节芦，多为竹节芦、缩脖芦，芦碗较小
艼	枣核艼、毛毛艼，艼不超过主体40%，无疤痕水锈	有枣核艼、毛毛艼，艼不超过主体50%，无水锈	艼变或没艼，有伤残、水锈
体	灵体、短体，淡黄白色，有光泽，腿分裆自然，不跑浆，无疤痕、水锈	顺体、过梁体、笨体，不跑浆，淡黄色，有光泽，无疤痕、水锈	没艼没体或艼变，有伤残、水锈
纹	环纹细而深	环纹粗而浅，或断纹、跑纹	纹残缺不全
须	须长，柔韧性好	须长不清疏，柔韧性差	须不清疏，柔韧性差

表 4　生晒移山参等级

项目	一等品	二等品	三等品
芦	芦长，有两节芦或三节芦，芦碗较大	有两节芦或三节芦，多为竹节芦，芦碗较大	有两节芦，多为竹节芦、缩脖芦，芦碗较小
艼	艼大小不超过主体 40%，无疤痕水锈	艼大小不超过主体 50%，无水锈	艼大，有伤残水锈
体	灵体、短体，淡黄白色，有光泽，腿分裆自然，不抽沟，无疤痕、水锈	顺体、过梁体、笨体，有光泽，不抽沟，无疤痕、水锈	艼变或没艼，有伤残、水锈
纹	环纹细而深	环纹粗而浅，或断纹、跑纹	纹残缺不全
须	须长，柔韧性好	较长，不清疏，柔韧性差	较短，须不清疏，柔韧性差

4.1.4　移山参粉的加工要求

移山参粉加工销售时，应符合表 4 的规定。

4.2　理化指标

移山参的理化指标应满足表 5 的要求。

表 5　移山参的理化指标

序号	项　　目		一、二、三等品
1	干品水分/%		≤12.0
2	灰分/%	总灰分	≤4.0
		酸性不溶灰分	≤0.9
3	Rb_1、Re、Rg_1 薄层鉴别		应符合《中华人民共和国药典》(2005 年版一部)的规定
4	人参皂苷/%	Rb_1	≥0.40
		$Re+Rg_1$	≥0.30
5	人参总皂苷/%		≥3.50
注：鲜移山参的上述指标以干燥品计算。			

4.3　卫生指标

移山参的卫生指标应满足表 6 的要求。

表 6　移山参的卫生指标

序号	项　　目		一、二、三等品
1	卫生检验/(个/g)(只满足于密封类干燥产品)		菌落总数<10 000； 霉菌总数<100； 致病性大肠杆菌不得检出
	黄曲霉毒素 B_1/(mg/kg)		≤0.005[a]
2	有机氯农药残留/(mg/kg)	六六六(4 种异构体总量)	≤0.10
		滴滴涕(4 种异构体总量)	≤0.10
		五氯硝基苯	≤0.10
		七氯	≤0.02
		艾氏剂+狄氏剂	≤0.02
		氯氰菊酯	≤0.2

表 6（续）

序号	项目		一、二、三等品
3	有机磷农药残留/(mg/kg)	马拉硫磷	≤0.5
		对硫磷	≤0.05
		久效磷	≤0.02
		乐果	≤0.05
		甲胺磷	≤0.05[a]
		克百威	≤0.1
		毒死蜱	≤0.5
4	二氧化硫/(g/kg)	二氧化硫(SO_2)	≤0.05
5	有害元素/(mg/kg)	砷(As)	≤2.0
		铅(Pb)	≤0.5
		镉(Cd)	≤0.5
		汞(Hg)	≤0.1
		铜(Cu)	≤20.0
注：鲜移山参的上述指标以干燥品计算。			
[a] 该数值为检验方法的最低检出限。			

5 试验方法

5.1 抽样和数量

每一批产品中按随机方法抽取样品，外观指标的检验，应逐支(盒)进行检验。作为原料用移山参进行理化指标检验时，每次取样品不得少于 10 g。

5.1.1 作为原料用移山参应符合表 4 的规定，并进行理化、卫生指标检验，应随机抽样。理化、卫生指标应符合表 5、表 6 的要求。

5.1.2 作为原料用移山参进行理化指标检验委托时，检验单位只对样品负责。

5.2 规格等级

5.2.1 外观

按各种产品规格等级要求进行采样，取样后放在白瓷盘中。外观特征在自然光线下目测，重量用天平(0.1 g)检验，应符合 4.1 的要求。标示量：打开包装后立即称量，不得低于标示量。

5.2.2 外观质量检查

5.2.2.1 外观质量、规格的检验用目测、天平称量，应符合表 1～表 4 的规定。

5.2.2.2 粘接的鉴别首先用放大镜检查移山参的芦、艼、支根及须根等部位，当肉眼和放大镜看不清时，可以采取特殊方法。

5.2.3 体内异物的检验

可用金属探测设备进行检测。

5.3 理化指标检查

5.3.1 水分

按《中华人民共和国药典》(2005 年版一部)附录水分测定法中“烘干法”执行。

5.3.2 总灰分及酸不溶性灰分的测定

取样约 3 g，其他按《中华人民共和国药典》(2005 年版一部)附录(Ⅸ K)灰分测定方法执行。

5.3.3 **人参皂苷 Rb_1、Re、Rg_1 的鉴别**

按《中华人民共和国药典》(2005 年版一部)"人参鉴别"项下(2)方法鉴别。

5.3.4 **人参皂苷 Rb_1、Re+Rg_1 含量测定**

按《中华人民共和国药典》(2005 年版一部)"人参"项下含量测定方法附录(Ⅵ D)测定。

5.3.5 **人参总皂苷含量测定**

人参总皂苷含量测定方法见附录 A。

5.4 **卫生指标检查**

5.4.1 **微生物检验**

5.4.1.1 **常规卫生检验**

按《中华人民共和国药典》(2005 年版一部)附录(XⅢ C)微生物限度检查方法执行。

5.4.1.2 **黄曲霉毒素 B_1 的检测**

按 GB/T 5009.22 规定执行。

5.4.2 **六六六、滴滴涕的检测**

按 GB/T 5009.19 规定执行。

5.4.3 **五氯硝基苯的检测**

按 GB/T 5009.136 规定执行。

5.4.4 **七氯、艾氏剂和狄氏剂的检测**

按 GB/T 5009.36 规定执行。

5.4.5 **氯氰菊酯的检测**

按 GB/T 5009.110 规定执行。

5.4.6 **马拉硫磷、对硫磷、久效磷、乐果的检测**

按 GB/T 5009.20 规定执行。

5.4.7 **甲胺磷的检测**

按 GB/T 5009.103 规定执行。

5.4.8 **克百威的检测**

按 GB/T 5009.104 规定执行。

5.4.9 **毒死蜱的检测**

按 GB/T 5009.145 规定执行。

5.4.10 **二氧化硫的检测**

按 GB/T 5009.34 规定执行。

5.5 **砷、铅、铜、镉、汞的检测**

砷的检测按 GB/T 5009.11 规定执行。

铅的检测按 GB/T 5009.12 规定执行。

铜的检测按 GB/T 5009.13 规定执行。

镉的检测按 GB/T 5009.15 规定执行。

汞的检测按 GB/T 5009.17 规定执行。

6 检验规则

移山参鉴定以外观鉴定为判定合格的标准，必要时进行理化和卫生指标的检验(型式检验)。

6.1 移山参产品必须成批提交检验，检验分为出厂检验和型式检验。

6.2 出厂检验

每一批产品出厂前，由专业检验部门按 4.1 规定逐支(盒)进行检验，符合要求的应逐支拍照片，并上网备查，出具检验报告，检验证书至少要有 2 人签字，其中一名应是授权签字人，检验报告应经授权签字人签字同时加盖检验单位检验专用章。

6.3 型式检验

6.3.1 买卖双方发生质量争议时，可要求质量鉴定部门进行外观鉴定。外观鉴定如不能满足需要时，可要求质量鉴定部门进行理化和卫生检验。

6.3.2 作为原料用的移山参，应符合 4.1.3、4.2 和 4.3 的规定。

6.4 判定规则

6.4.1 不符合 4.1 规定的，判定不合格。

6.4.2 作为原料移山参的理化指标有一项不合格时，再从该产品中加倍采样重新复检，如全部合格时可判定产品合格，仍有一项不合格时，可判定该产品为不合格产品。

6.4.3 卫生指标中有一项不合格时，判定不合格，细菌和霉菌监测指标不能复检。

6.4.4 如有粘接，视为伪品。

7 标志、标签和包装

7.1 标志、标签

应标明产品名称、等级、质量、包装日期、产地等，外包装应标注“小心轻放”、“防雨”、“防摔”等符号，其他应符合 GB/T 191、GB 7718 的规定。如是地理标志产品，应粘贴地理标志产品保护专用标志。

7.2 包装

每支移山参包装应用防潮、无毒、无异味的木盒或精制纸盒包装，移山参固定在台板上或散装，鉴定证书放在盒内，包装材料应符合卫生要求。

8 运输和贮存

8.1 运输

运输的交通工具应清洁、卫生、无异味；运输时应防雨、防潮、防曝晒，小心轻放；严禁与有毒、易污染物品混装、混运。

8.2 贮存

成品移山参应贮存在清洁卫生、阴凉干燥(温度不超过 20 ℃、相对湿度不高于 65%)、通风、防潮、防虫、无异味的库房中或冰柜中，鲜参应使用保鲜专柜，定期检查贮存情况。

附　录　A
（规范性附录）
移山参总皂苷含量的测定方法

A.1　原理

因人参皂苷在正丁醇中分配系数较大，故用乙醚脱脂后，用水饱和正丁醇超声萃取纯化皂苷，人参皂苷可以与硫酸-香草醛显色，在 544 nm 波长处有最大吸收峰，在一定浓度下符合朗伯-比尔定律。

A.2　仪器

A.2.1　紫外-可见分光光度计。

A.2.2　索氏提取器。

A.3　试剂

A.3.1　乙醚、甲醇、硫酸、正丁醇、无水乙醇、香草醛均为分析纯。

A.3.2　人参皂苷 Re 对照品：应购于中国药品生物制品检定所。

A.3.3　8％香草醛乙醇试液：取香草醛 0.8 g，加无水乙醇使其溶解成 10 mL，溶解，摇匀，即得（配制溶液一周内可以使用）。

A.3.4　72％硫酸溶液：取硫酸 72 mL，缓缓注入适量水中，冷却至室温，加水稀释至 100 mL，摇匀，即得。

A.3.5　对照品溶液的制备：精密称取人参皂苷 Re 对照品 10 mg，置 10 mL 量瓶中，加甲醇适量使溶解并稀释至刻度，摇匀，即得。

A.4　分析步骤

A.4.1　供试品溶液的制备

取供试品约 1 g，精密称定，用中性滤纸包好，置于索式提取器中，加入乙醚，微沸回流提取 1 h，弃去乙醚液，供试品药包挥干乙醚溶剂，再置于另一索式提取器中加入甲醇浸泡过夜，次日再加入适量甲醇开始微沸回流提取，回流 6 次，以人参皂苷提尽为准（定性鉴别阴性）。合并甲醇提取液，回收甲醇，少量甲醇提取液置于蒸发皿中，水浴蒸干。用蒸馏水溶解提取物，加水 30 mL～40 mL 至分液漏斗中用水饱和的正丁醇 30 mL 进行萃取，共 4 次。取上层液蒸干，加甲醇溶解后，转移至 10 mL 量瓶中，用甲醇稀释至刻度，摇匀，即得。

A.4.2　人参皂苷提取定性鉴别

供试品回流提取 6 次以后，取少量点于硅胶 G 薄层板（105 ℃活化 10 min）上，用 10％硫酸乙醇液显色，即将薄层板置于通风橱内，喷 10％硫酸乙醇溶液，105 ℃加热 10 min，总皂苷阳性应为紫红色斑点。也可将薄层板置于碘气缸中数秒钟即取出，以没有紫黄色斑点为阴性。判断人参皂苷是否提取完全，应以索式提取器中载供试品瓶中的溶液定性鉴别为阴性为准。

A.4.3　标准曲线的制作

精密吸取人参皂苷 Re 对照品 10、20、30、40、60 μL，置于磨口带塞试管中，水浴蒸干甲醇后，加入 8％香草醛乙醇试液 0.5 mL、72％硫酸试液 5 mL，充分振摇混匀后置于 60 ℃恒温水浴上加热 10 min，立即用冰水冷却 10 min，摇匀。以试剂作空白，按照分光光度法于 544 nm 波长处分别测定吸收度，绘制浓度吸收曲线，如图 A.1。做回归方程：[CONC]＝a×abs＋b[回归方程参考《中华人民共和国药典》(2005 年版二部）方法]。

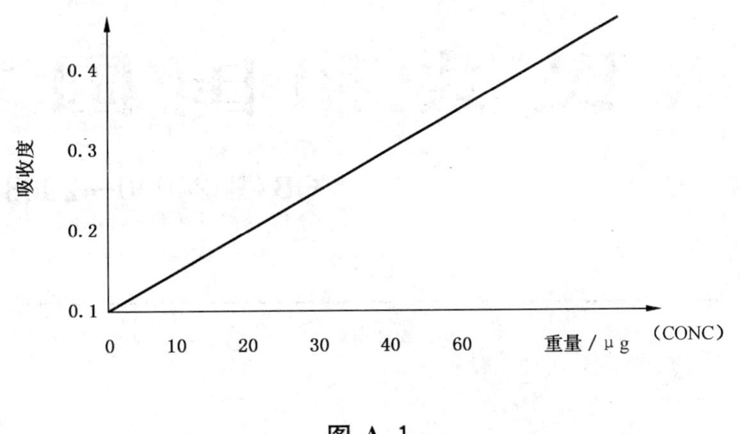

图 A.1

A.4.4 测定

精密吸取供试品溶液 20 μL,置于具塞刻度试管中,蒸干甲醇后,加入 8%香草醛乙醇试液 0.5 mL,72%硫酸试液 5 mL,充分振摇混匀后置于 60 ℃恒温水浴上加热 10 min,立即用冰水冷却 10 min,摇匀。以试剂作空白,按照分光光度法于 544 nm 波长处分别测定吸光度。

A.4.5 分析结果计算

以质量分数(%)表示的移山参中人参总皂苷含量(X)按式(A.1)计算。

$$X = ([CONC]/V_2 \times V_1)/m \times 100 \qquad \text{(A.1)}$$

式中:

[CONC]——a×abs+b,a 为回归系数,abs 为实测光密度值,b 为截距;

V_1——定容体积,单位为毫升(mL);

V_2——取样体积,单位为微升(μL);

m——供试品称样量,单位为毫克(mg)。

ICS 13.020.10
Z 00

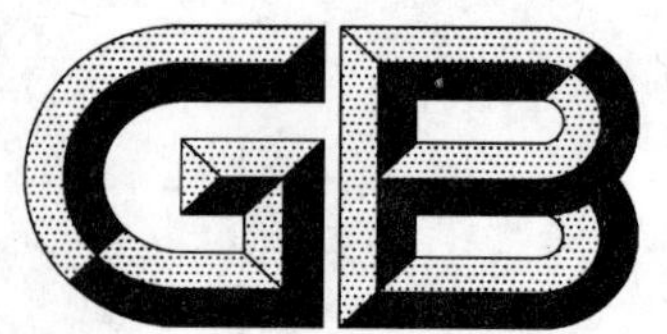

中华人民共和国国家标准

GB/T 24040—2008/ISO 14040:2006
部分代替 GB/T 24040—1999;GB/T 24041—2000;
GB/T 24042—2002;GB/T 24043—2002

环境管理 生命周期评价 原则与框架

Environmental management—Life cycle assessment—Principles and frameworks

(ISO 14040:2006,IDT)

2008-05-26 发布 2008-11-01 实施

中华人民共和国国家质量监督检验检疫总局
中国国家标准化管理委员会 发布

前　言

本标准等同采用国际标准 ISO 14040:2006《环境管理　生命周期评价　原则与框架》(英文版)。

本标准为生命周期评价系列标准之一。生命周期评价系列标准共有二项标准,另外一项标准为:

——GB/T 24044　环境管理　生命周期评价　要求与指南

为便于使用,本标准做了下列编辑性修改:

a)　"ISO 14040"一词改为"GB/T 24040";

b)　用"本标准"代替"本国际标准";

c)　用小数点"."代替作为小数点的逗号",";

d)　删除 ISO 14040:2006 的前言,增加了中文前言;

e)　对于 ISO 14040:2006 引用的其他国际标准中有被等同采用为我国标准的,本标准采用我国的这些国家标准或行业标准代替对应的国际标准,其余未等同采用为我国标准的国际标准,在本标准中均被直接引用。

本标准和 GB/T 24044 共同代替 GB/T 24040—1999《环境管理　生命周期评价　原则与框架》、GB/T 24041—2000《环境管理　生命周期评价　目的与范围的确定和清单分析》、GB/T 24042—2002《环境管理　生命周期评价　生命周期影响评价》和 GB/T 24043—2002《环境管理　生命周期评价　生命周期解释》。

本标准和 GB/T 24040—1999 的主要差异为:

a)　对术语做了如下修改:

——删除了 GB/T 24040—1999 中对执业者术语的定义;

——增加了 GB/T 24041—2000 中对辅助性输入、共生产品、数据质量、能量流、原料能、中间产品、过程能量、基准流、敏感性分析和不确定性分析等 10 个术语的定义;

——增加了 GB/T 24042—2002 中对生命周期清单分析结果、影响类型、生命周期影响类型参数、类型终点、特征化因子和环境机制等 6 个术语的定义;

——增加了 GB/T 24043—2002 中对完整性检查、一致性检查、评估和敏感性检查等 4 个术语的定义;

——新增对产品、过程、取舍准则、中间流、产品流、排放物、鉴定性评审等 7 个术语的定义;

——对能量流、中间产品、生命周期清单分析结果、输出、过程能量、产品流、产品系统、系统边界、不确定性分析、单元过程、废物、类型终点、一致性检查等 13 个术语的定义进行了修改。

b)　在内容上做了如下修改:

——在"4　LCA 总体描述"一章中增加了"4.1　LCA 的原则"及"4.4　产品系统的总体概念"等内容;

——在 5.2.2 中增加了对基准流的介绍;

——在 5.2.3 中增加了对系统边界需要考虑的内容的介绍;

——在 5.3 中将 GB/T 24041—2000 中相关内容合并到本标准中;

——在 5.4 中将 GB/T 24042—2002 中相关内容合并到本标准中;

——在 5.5 中将 GB/T 24043—2002 中相关内容合并到本标准中;

——增减了关于 LCA 应用的资料性附录;

——对参考文献进行了修订,列出所有本标准中引用的相关标准。

本标准附录 A 为资料性附录。

本标准由全国环境管理标准化技术委员会提出并归口。

本标准起草单位:中国标准化研究院、清华大学、中国科学院生态环境研究中心、中国合格评定国家认可中心、人民大学。

本标准主要起草人:陈亮、刘玫、张天柱、杨建新、李燕、李江华、周文权、黄进。

本标准于 1999 年首次发布。

引　言

随着环境保护意识的提高和对产品[1]生产与消费中可能伴随的影响的进一步了解，人们希望建立一些方法，来更好的理解和说明这些影响。生命周期评价(LCA)就是基于这一目的而发展起来的技术之一。

LCA 能用于帮助：

——识别改进产品生命周期各个阶段中环境绩效的机会；

——给产业、政府或非政府组织中的决策者提供信息(例如为战略规划、确定优先项对产品或过程的设计或再设计的目的)；

——选择有关的环境绩效参数，包括测量技术；

——营销(如实施生态标志制度、发表环境声明或发布产品声明)。

GB/T 24044 标准为 LCA 的从业者详细规定了开展 LCA 的要求。

LCA 强调贯穿于从获取原材料、生产、使用、生命末期的处理、循环和最终处置(即从摇篮到坟墓)的产品生命周期的环境因素和潜在的环境影响[2](例如资源的使用和废物排放的环境结果)。

在 LCA 研究中有以下 4 个阶段：

a)　目的和范围的确定；

b)　清单分析；

c)　影响评价；

d)　解释。

LCA 研究的范围(包括系统边界和详细程度)取决于研究的对象和应用意图。不同目的的 LCA，其深度和广度可存在很大的差异。

生命周期清单分析(LCI)阶段是 LCA 的第二个阶段。它是对所研究系统中输入和输出数据建立清单的过程，这一过程包括对满足研究目的的数据的收集。

生命周期影响评价(LCIA)阶段是 LCA 的第三个阶段。LCIA 的目的是提供进一步的信息以帮助评价产品系统的 LCI 结果，从而更好地理解它们对环境影响的重要性。

生命周期解释是 LCA 的最后一个阶段。本阶段根据所定义的研究目的和范围，对 LCI、或 LCIA、或两者的结果进行总结和讨论，为结论、建议以及决策的制定提供基础。

在某些情况下，仅仅通过清单分析和解释就能很好地实现 LCA 的目的。这通常被视为 LCI 研究。

本标准涵盖了 2 种类型的研究：生命周期评价研究(LCA 研究)和生命周期清单研究(LCI 研究)。LCI 研究和 LCA 研究相类似，但不包括 LCIA 阶段。LCI 研究不应与 LCA 研究中的 LCI 阶段相混淆。

一般来说，从 LCA 或 LCI 研究所取得的信息可作为其他更全面的决策过程的一部分加以应用。对于不同的 LCA 或 LCI 研究，只有当它们的假设和背景条件相同时，才有可能对其结果进行比较。因此本标准针对这些问题包含了若干要求和建议以确保透明性。

LCA 只是环境管理技术(例如风险评价、环境绩效评价、环境审核、环境影响评价)中的一种，它并非在所有情况下都是最适用的。LCA 通常不涉及产品中的经济和社会因素，但在本标准中描述的生命周期的方法和方法学可以与这些因素结合使用。

本标准和其他标准一样，不是用来制造非关税贸易壁垒，也不增加或改变一个组织的法律责任。

---

1)　本标准中，术语“产品”包括服务。

2)　“潜在的环境影响”是一个相对的表述，因为它与产品系统的功能单位相关联。

环境管理 生命周期评价 原则与框架

1 范围

本标准阐述了生命周期评价(LCA)的原则与框架,包括:

a) LCA目的和范围的确定;

b) 生命周期清单分析(LCI)阶段;

c) 生命周期影响评价(LCIA)阶段;

d) 生命周期解释阶段;

e) LCA的报告和鉴定性评审;

f) LCA的局限性;

g) LCA各阶段间的关系;

h) 价值选择和可选要素应用的条件。

本标准涵盖了生命周期评价(LCA)研究和生命周期清单(LCI)研究,但未详述LCA的技术,也不对LCA各阶段的方法学进行规定。

对LCA和LCI结果的应用在定义目的和范围时应予以考虑,但应用本身不在本标准的范围之内。

本标准不拟用于契约、法规、注册和认证等。

2 规范性引用文件

下列文件中的条款通过本标准的引用而成为本标准的条款。凡是注日期的引用文件,其随后所有的修改单(不包括勘误的内容)或修订版均不适用于本标准,然而,鼓励根据本标准达成协议的各方研究是否可使用这些文件的最新版本。凡是不注日期的引用文件,其最新版本适用于本标准。

GB/T 24044—2008 环境管理 生命周期评价 要求与指南(ISO 14044:2006, Environmental management—Life cycle assessment—Requirements and guidelines, IDT)

3 术语和定义

下列术语和定义适用于本标准。

3.1

生命周期 life cycle

产品系统中前后衔接的一系列阶段,从自然界或从自然资源中获取原材料,直至最终处置。

3.2

生命周期评价 life cycle assessment (LCA)

对一个产品系统的生命周期中输入、输出及其潜在环境影响的汇编和评价。

3.3

生命周期清单分析 life cycle inventory analysis (LCI)

生命周期评价中对所研究产品整个生命周期中输入和输出进行汇编和量化的阶段。

3.4

生命周期影响评价 life cycle impact assessment (LCIA)

生命周期评价中理解和评价产品系统在产品整个生命周期中的潜在环境影响大小和重要性的

阶段。

3.5

生命周期解释　life cycle interpretation

生命周期评价中根据规定的目的和范围的要求对清单分析和(或)影响评价的结果进行评估以形成结论和建议的阶段。

3.6

对比论断　comparative assertion

对于一种产品优于或等同于具有同样功能的竞争产品的环境声明。

3.7

透明性　transparency

对信息的公开、全面和明确表述。

3.8

环境因素　environmental aspect

一个组织的活动、产品或服务中能与环境发生相互作用的要素。

[GB/T 24001:2004，定义 3.6]

3.9

产品　product

任何商品或服务。

注 1：商品按如下分类：

——服务(例如运输)；

——软件(例如计算机程序、字典)；

——硬件(例如发动机机械零件)；

——流程性材料(例如润滑油)。

注 2：服务分为有形和无形两部分，它包括如下几个方面：

——在顾客提供的有形产品(例如维修的汽车)上所完成的活动；

——在顾客提供的无形产品(例如为纳税所进行的收入申报)上所完成的活动；

——无形产品的支付(例如知识传授方面的信息提供)；

——为顾客创造氛围(例如在宾馆和饭店)。

软件由信息组成，通常是无形产品并可以方法、论文或程序的形式存在。

硬件通常是有形产品，其量具有计数的特性。流程性材料通常是有形产品，其量具有连续的特性。

注 3：源自 GB/T 24021—2001 和 ISO 9000:2005。

3.10

共生产品　co-product

同一单元过程或产品系统中产出的两种或两种以上的产品。

3.11

过程　process

一组将输入转化为输出的相互关联或相互作用的活动。

[ISO 9000:2005，定义 3.4.1(不包括注解)]

3.12

基本流　elementary flow

取自环境，进入所研究系统之前没有经过人为转化的物质或能量，或者是离开所研究系统，进入环境之后不再进行人为转化的物质或能量。

3.13

能量流　energy flow

单元过程或产品系统中以能量单位计量的输入或输出。

注：输入的能量流称为能量输入；输出的能量流称为能量输出。

3.14

原料能　feedstock energy

输入到产品系统中的原材料所含的不作为能源使用的燃烧热，它通过热值的高低来表示。

注：有必要确保原材料的能量不被重复计算。

3.15

原材料　raw material

用于生产某种产品的初级和次级材料。

注：次级材料包括再生利用材料。

3.16

辅助性输入　ancillary input

单元过程中用于生产有关产品，但不构成该产品一部分的物质输入。

3.17

分配　allocation

将过程或产品系统中的输入和输出流划分到所研究的产品系统以及一个或更多的其他产品系统中。

3.18

取舍准则　cut-off criteria

对与单元过程或产品系统相关的物质和能量流的数量或环境影响重要性程度是否被排除在研究范围之外所做出的规定。

3.19

数据质量　data quality

数据在满足所声明的要求方面的能力特性。

3.20

功能单位　functional unit

用来作为基准单位的量化的产品系统性能。

3.21

输入　input

进入一个单元过程的产品、物质或能量流。

注：产品和物质包括原材料、中间产品和共生产品。

3.22

中间流　intermediate flow

介于所研究的产品系统的单元过程之间的产品、物质和能量流。

3.23

中间产品　intermediate product

在系统中还需要作为其他过程单元的输入而发生继续转化的某个过程单元的产出。

3.24

生命周期清单分析结果　life cycle inventory analysis result (LCI result)

生命周期清单分析的成果，据此对通过系统边界的能量流和物质流进行分类，并作为生命周期影响评价的起点。

3.25

输出 output

离开一个单元过程的产品、物质或能量流。

注:产品和物质包括原材料、中间产品、共生产品和排放物。

3.26

过程能量 process energy

在单元过程中,用于运行该过程或其中的设备所需的能量输入,不包括能量自身生产和运输所需的能量输入。

3.27

产品流 product flow

产品从其他产品系统进入到本产品系统或离开本产品系统而进入其他产品系统。

3.28

产品系统 product system

拥有基本流和产品流,同时具有一种或多种特定功能,并能模拟产品生命周期的单元过程的集合。

3.29

基准流 reference flow

在给定产品系统中,为实现一个功能单位的功能所需的过程输出量。

3.30

排放物 releases

排放到空气、水体和土壤中的物质。

3.31

敏感性分析 sensitivity analysis

用来估计所选用方法和数据对研究结果影响的系统化程序。

3.32

系统边界 system boundary

通过一组准则确定哪些单元过程属于产品系统的一部分。

注:在本标准中,术语“系统边界”与LCIA无关。

3.33

不确定性分析 uncertainty analysis

用来量化由于模型的不准确性、输入的不确定性和数据变动的累积而给生命周期清单分析结果带来的不确定性的系统化程序。

注:区间或概率分布被用来确定结果中的不确定性。

3.34

单元过程 unit process

进行生命周期清单分析时为量化输入和输出数据而确定的最基本部分。

3.35

废物 waste

处置的或打算予以处置的物质或物品。

注:本定义源自《控制危险废物越境转移及其处置的巴塞尔公约》(1989年3月22日),但在本标准中不局限于危险废物。

3.36

类型终点 category endpoint

用于识别特定环境问题所涉及的自然环境、人体健康或资源的属性或组成,并给出相应的原因。

3.37

特征化因子　characterization factor

由特征化模型导出，用来将生命周期清单分析结果转换成类型参数共同单位的因子。

注：共同单位使类型参数结果的计算得以实现。

3.38

环境机制　environmental mechanism

特定影响类型的物理、化学或生物过程系统，它将生命周期清单分析结果与类型参数和类型终点相联系。

3.39

影响类型　impact category

所关注的环境问题的分类，生命周期清单分析的结果可划归到其中。

3.40

影响类型参数　impact category indicator

对影响类型的量化表达。

注：为便于阅读，在本标准中使用缩略语"类型参数"。

3.41

完整性检查　completeness check

验证生命周期评价各阶段所得出的信息是否足以得出与目的和范围相一致的结论的过程。

3.42

一致性检查　consistency check

验证在得出结论之前研究过程中所应用的假设、方法和数据的前后一致性，以及是否与所规定的目的和范围保持一致的过程。

3.43

敏感性检查　sensitivity check

验证在敏感性分析中所获得的信息是否与结论和给出的建议相关的过程。

3.44

评估　evaluation

在生命周期解释阶段中用于确定生命周期结果置信度的要素。

注：评估包括完整性检查、敏感性检查、一致性检查以及对任何根据研究规定的目的和范围所进行的核查。

3.45

鉴定性评审　critical review

确保生命周期评价和生命周期评价标准的原则与要求保持一致的过程。

注1：原则在本标准的4.1中已做出规定。

注2：要求在GB/T 24044做出了规定。

3.46

相关方　interested party

关注一个产品系统的环境绩效或其生命周期评价的结果，或受到它们影响的个人或团体。

4　生命周期评价(LCA)的总体描述

4.1　LCA的原则

4.1.1　概述

以下原则均是最基本的，宜作为决定策划和实施LCA的指导。

4.1.2　生命周期的观点

LCA考虑产品的整个生命周期，即从原材料的获取、能源和材料的生产、产品制造和使用、到产品生命末期的处理以及最终处置。通过这种系统的观点，就可以识别并可能避免整个生命周期各阶段或各环节的潜在环境负荷的转移。

4.1.3 以环境为焦点

LCA 关注产品系统中的环境因素和环境影响，通常不考虑经济和社会因素及其影响。其他的工具可以结合 LCA 进行更广泛的评价。

4.1.4 相对的方法和功能单位

LCA 是围绕功能单位构建的一个相对的方法。功能单位定义了研究的对象。所有的后续分析以及 LCI 中的输入输出和 LCIA 结果都与功能单位相对应。

4.1.5 反复的方法

LCA 是一种反复的技术。LCA 的每个阶段都使用其他阶段的结果。在每个阶段中以及各阶段之间应用这种反复的方法将使研究工作以及报告结果具有全面性和一致性。

4.1.6 透明性

由于 LCA 固有的复杂性，透明性是实施 LCA 中的一个重要指导原则，以确保对结果做出恰当的解释。

4.1.7 全面性

LCA 考虑了自然环境、人类健康和资源的所有属性或因素。通过对一项研究中所有属性和因素进行全视角的考虑，就能识别并评价需要进行权衡的问题。

4.1.8 科学方法的优先性

LCA 中的决策更适宜以自然科学为基础。如果不可能，则可以应用其他的科学方法（例如社会和经济科学）或者是参考国际惯例。如果既没有科学基础存在，也没有基于其他科学方法的理由，同时也没有国际惯例可以遵循，那么所做的决策可建立在价值选择的基础之上。

4.2 LCA 的阶段

4.2.1 LCA 研究包括以下 4 个阶段，其相互关系见图 1。

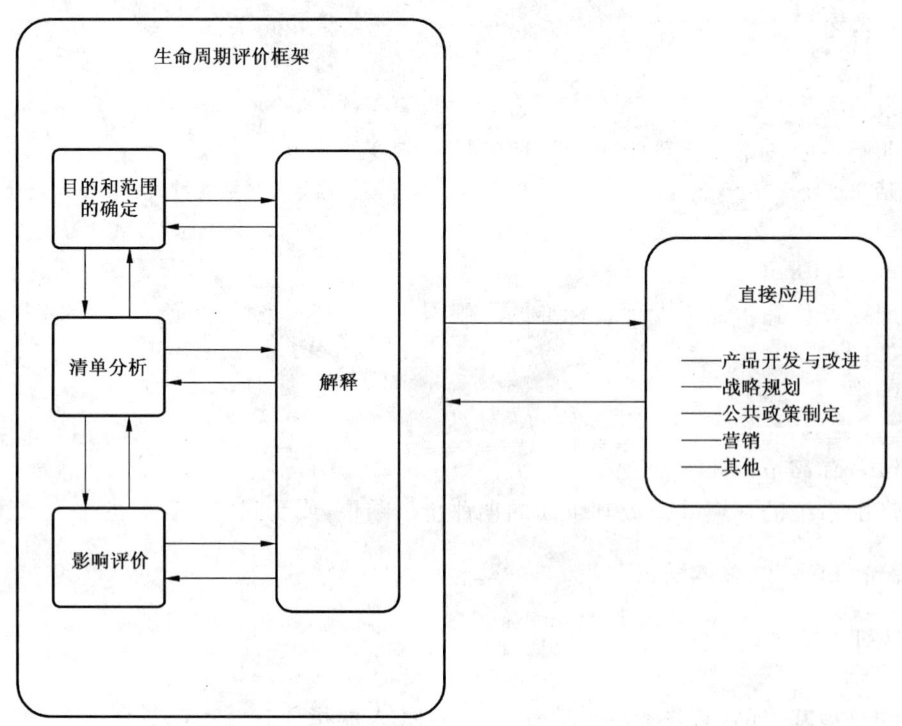

图 1 LCA 的阶段

——目的和范围的确定；

——清单分析；

——影响评价；

——解释。

4.2.2 LCI 研究包括以下 3 个阶段：

——目的和范围的确定；

——清单分析；

——解释。

4.2.3 LCA 的结果可应用于各类决策过程。对 LCA 或 LCI 研究结果的直接应用见图 1，例如按照 LCA 或 LCI 研究目的和范围中所打算的应用。更多的 LCA 应用领域方面的信息参见附录 A。

4.3 LCA 的主要特征

LCA 方法学的一些主要特征概述如下：

a) LCA 根据所确定的目的和范围，从原材料的获取到最终处置的全过程，对产品系统的环境因素和影响进行系统的评价；

b) LCA 相对性应归因于方法学中功能单位的特征；

c) LCA 研究的时间跨度和研究深度可存在很大的不同，这取决于所确定的目的和范围；

d) 按照 LCA 的应用意图，对保密和所有权做出规定；

e) LCA 方法学是开放的，以便容纳新的科学发现与最新技术发展；

f) 用于向公众发布对比论断的 LCA 研究要考虑一些具体要求；

g) LCA 研究不存在一种统一模式，组织按照本标准提供的原则和框架，并根据应用意图和组织的要求，予以灵活的实施；

h) LCA 不同于许多其他的技术(例如环境绩效评价、环境影响和风险评价等)，因为它是基于功能单位的一个相对的方法；然而，LCA 可以利用通过其他技术得到的信息；

i) LCA 关注潜在的环境影响；但 LCA 不预测绝对的或精确的环境影响，因为：

——它是基于基准单位对潜在环境影响的相对表述，

——它是对环境数据在空间和时间上的整合，

——它具有环境影响模拟中固有的不确定性，

——某些可能的环境影响明显是指未来影响；

j) LCIA 结合 LCA 其他阶段为一个或多个产品系统提供了一个关于环境和资源问题的系统的全景；

k) LCIA 将 LCI 的结果划归到相应的影响类型；每种影响类型选择一个类型参数，并计算得出类型参数结果；全部类型参数结果(LCIA 结果)提供了关于产品系统输入和输出中环境问题的相关信息；

l) 目前还没有一个科学的依据将 LCA 结果简化为一个单一的综合得分或数值，因为加权要求进行价值选择；

m) 生命周期解释是为实现研究中所规定的目的和范围中的要求，在 LCA 发现的基础上，利用一套系统化的程序来确定、证明、检查、评估并得出其结论；

n) 生命周期解释在解释阶段和 LCA 其他阶段中反复运用这一套程序；

o) 生命周期解释通过强调与 LCA 研究目的和范围相关的优势和局限性，对 LCA 和其他环境管理技术的相互衔接做出了相应规定。

4.4 产品系统的总体概念

LCA 将产品的生命周期作为产品系统进行模拟，该系统具有一个或多个特定功能。

一个产品系统的基本性质取决于它的功能，而不能仅从最终产品的角度来表述。图 2 为一个产品系统的例子。

产品系统可再分为一组单元过程(见图 3)。单元过程之间通过中间产品流和(或)待处理的废物质流相联系，与其他产品系统之间通过产品流相联系，与环境之间通过基本流相联系。

将一个产品系统划分为单元过程，有助于识别产品系统的输入与输出。在许多情况下，某些输入参与输出产品的构成，而有些输入(辅助性输入)仅用于单元过程的内部而不参与输出产品的构成。作为单元过程活动的结果，还产生其他输出[基本流和(或)产品]。单元过程边界的确定取决于为满足研究目的而建立的模型的详略程度。

基本流包括系统中资源的使用以及向空气、水体和土壤的排放物。解释就是根据 LCA 研究的目的和范围从这些数据中(LCI 的结果，并作为 LCIA 的输入)做出的。

示例：

进入过程单元的基本流：原油和太阳辐射。

离开过程单元的基本流：向空气、水体和土壤中的排放以及辐射。

中间产品流：基础材料或部件。

进入或离开系统的产品流：再生材料和再使用部件。

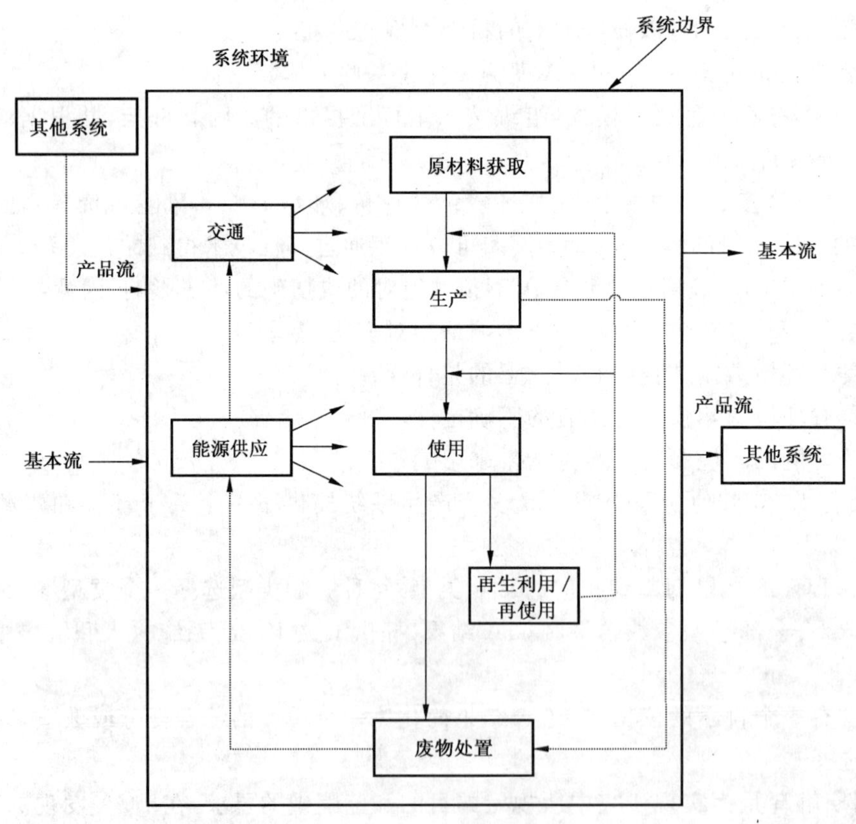

图 2　LCA 中产品系统的示例

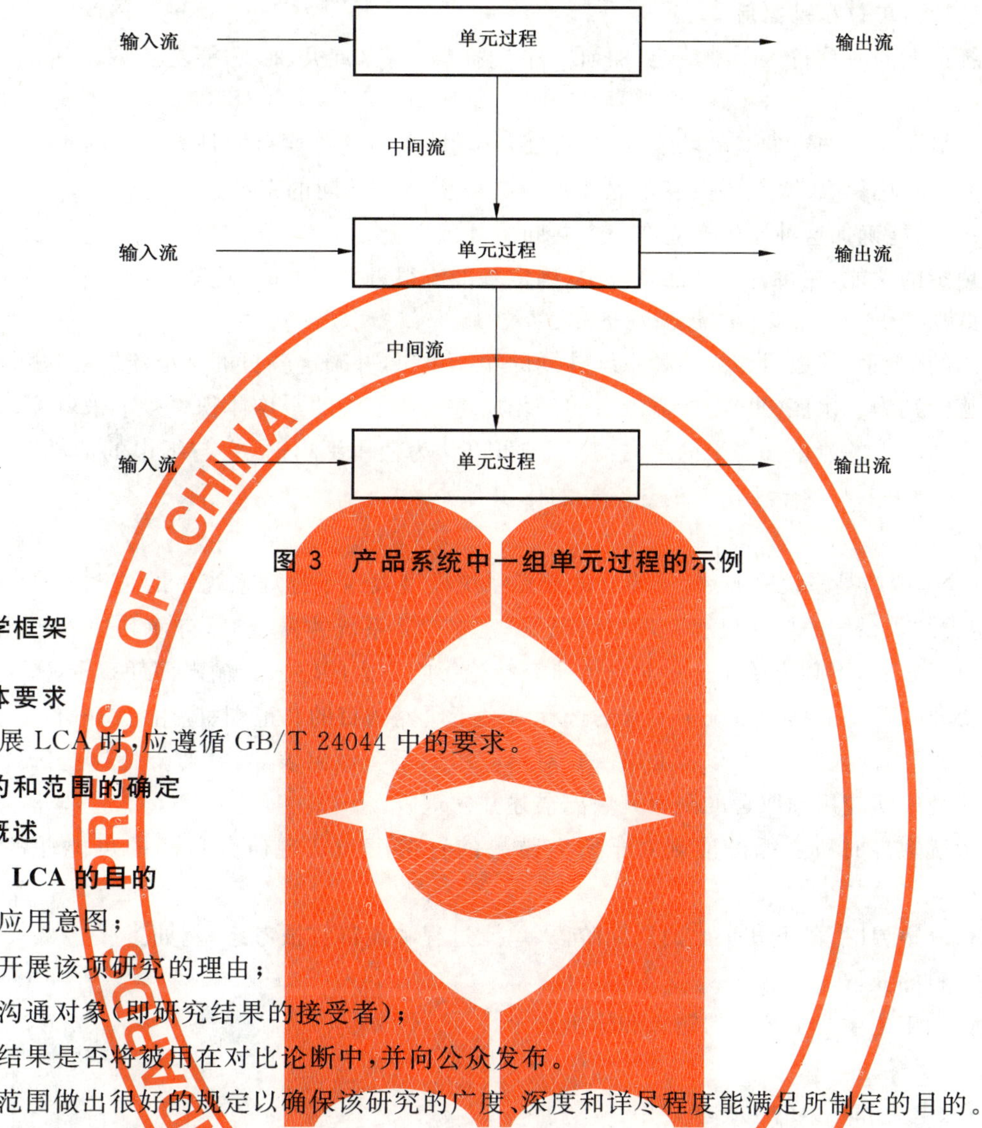

图 3　产品系统中一组单元过程的示例

5　方法学框架

5.1　总体要求

当开展 LCA 时，应遵循 GB/T 24044 中的要求。

5.2　目的和范围的确定

5.2.1　概述

5.2.1.1　LCA 的目的

——应用意图；

——开展该项研究的理由；

——沟通对象(即研究结果的接受者)；

——结果是否将被用在对比论断中，并向公众发布。

宜对范围做出很好的规定以确保该研究的广度、深度和详尽程度能满足所制定的目的。

5.2.1.2　LCA 的范围

——所研究的产品系统；

——产品系统的功能，或在比较研究的情况下系统的功能；

——功能单位；

——系统边界；

——分配程序；

——所选择的影响类型和影响评价的方法学，以及后续对应用的解释；

——数据要求；

——假设；

——限制；

——初始数据质量要求；

——鉴定性评审的类型(如果有)；

——研究所要求的报告类型和格式。

LCA 研究是一个反复的技术，随着对数据和信息的收集，可能须要对研究范围的各个方面加以修改，以满足原定的研究目的。

5.2.2 功能、功能单位和基准流

一个系统可能同时具备若干种功能，而研究中选择哪一种（或几种）功能主要取决于LCA的目的和范围。

功能单位量化了所选定的产品功能（绩效特征）。功能单位的首要目的是为相关的输入和输出提供参考。这种参考对确保LCA结果具有可比性很有必要。当对不同的系统进行评价时，LCA结果的可比性十分关键，它能确保这种比较建立在一个共同的基础之上。

为实现预定的功能，在每一个产品系统中，确定基准流很重要，例如实现某功能所需产品的数量。

示例：对提供“干手”功能的纸巾和空气干手机两种系统的研究。

可将相同的“干手”的数量作为两种系统共同的功能单位，并确定各自的基准流。在这两种情况下，相应的基准流分别为一次擦（烘）干所需纸巾的平均质量和热空气的平均体积。接下来就可以根据基准流编制出输入和输出的清单。在最简单的情况下，可以认为使用纸巾时，它与纸巾的消耗量有关，使用空气干手机时，则主要与烘干手所需的热空气的体积有关。

5.2.3 系统边界

LCA通过模拟产品系统来开展，所建立的产品系统模型表达了物理系统中的关键要素。确定系统边界，即确定要纳入系统的单元过程。理想情况下，建立产品系统的模型时，宜使其边界上的输入和输出均为基本流。然而，不必为量化那些对总体研究结论影响不大的输入和输出而耗费资源。

对于所要建立模型的物理系统中要素的选择取决于研究的目的和范围、应用意图和沟通对象、所做的假设、数据和费用的限制，以及取舍准则。宜对所应用的模型做出表述，并对支持这些选择的假设加以识别。在研究中所应用的取舍准则也宜做出描述并被理解。

在设定系统边界时所遵循的准则对于研究结果的置信度和实现研究目的的可能性都是十分重要的。

当设定系统边界时，以下几个生命周期阶段、单元过程和流都宜被考虑，例如：

——原材料的获取；

——制造加工主生产工艺中的输入和输出；

——配送/运输；

——燃料、电力和热力的生产和使用；

——产品的使用和维护；

——过程废物和产品的处置；

——用后产品的回收（包括再使用、再生利用和能量回收）；

——辅助性物质的生产；

——固定设备的生产、维护和报废；

——辅助性作业，例如照明和供热。

在很多情况下，最初定义的系统边界需要不断地进行改进。

5.2.4 数据质量要求

数据质量要求规定了研究所需数据的特征。

数据质量的描述对于理解研究结果的可靠性和解释研究结果十分重要。

5.3 生命周期清单分析（LCI）

5.3.1 概述

清单分析包括数据的收集和计算，以此来量化产品系统中相关输入和输出。

进行清单分析是一个反复的过程。当取得了一批数据，并对系统有进一步的认识后，可能会出现新的数据要求，或发现原有的局限性，因而要求对数据收集程序做出修改，以适应研究目的。有时也会要

求对研究目的和范围加以修改。

5.3.2 数据收集

在系统边界中每一个单元过程的数据可以按以下类型来划分，包括：

——能量输入、原材料输入、辅助性输入、其他实物输入；

——产品、共生产品和废物；

——向空气、水体和土壤中的排放物；

——其他环境因素。

数据收集是一个资源密集的过程。在数据收集中受到的实际限制宜在研究范围中予以考虑，并载入研究报告。

5.3.3 数据计算

数据收集后，计算程序包括：

——对所收集数据的审定；

——数据与单元过程的关联；

——数据与功能单位的基准流的关联。

对该模拟的产品系统中每一单元过程和功能单位求得清单结果。

对能量流的计算应对不同的燃料或电力来源、能量转换和传输的效率，以及产生和使用上述能量流时的输入和输出予以考虑。

5.3.4 物质流、能量流和排放物的分配

只产出单一产品，或者其原材料输入和输出仅体现为一种线性关系的工业过程极为少见。事实上，大部分工业过程都是产出多种产品，并将中间产品和弃置的产品通过再生利用当作原材料。

因此，在对包含有多个产品或循环体系的系统时，宜考虑分配程序的需要。

5.4 生命周期影响评价(LCIA)

5.4.1 概述

LCA 中影响评价的目的是根据 LCI 的结果对潜在环境影响的程度进行评价。一般说来，这一过程包括与清单数据相关联的具体的环境影响类型和类型参数，这样便于认识这些影响。LCIA 还为生命周期解释阶段提供必要的信息。

影响评价可以包括一个反复评审 LCA 研究目的和范围的过程，通过这个过程来确定是否已经达到研究目的，如果研究目的无法实现，则需要对目的和范围进行修改。

在 LCIA 阶段，影响类型的选择、模拟，以及评估等都受到主观因素的影响。因此，为确保能清楚的说明和报告研究中的假设，透明性对于影响评价十分关键。

5.4.2 LCIA 的要素

LCIA 阶段的要素见图 4。

注：关于 LCIA 术语更多的解释见 GB/T 24044。

将 LCIA 阶段划分为不同的要素是十分有必要的，也是十分有帮助的，原因如下：

a) LCIA 的每种要素都有不同特点并能明确定义；

b) 便于在 LCA 研究目的和范围的确定阶段对每种要素分别加以考虑；

c) 便于对每项要素的 LCIA 方法、假设以及其他决定分别进行质量评价；

d) 能使每项要素中的 LCIA 程序、假设以及其他操作具有透明度，以便进行鉴定性评审和编写报告；

e) 能使每项要素中对价值的选用和主观性(以下称价值选择)具有透明度，以便进行鉴定性评审和编写报告。

评价的详细程度、评价哪些影响以及采用的方法是由研究的目的和范围决定的。

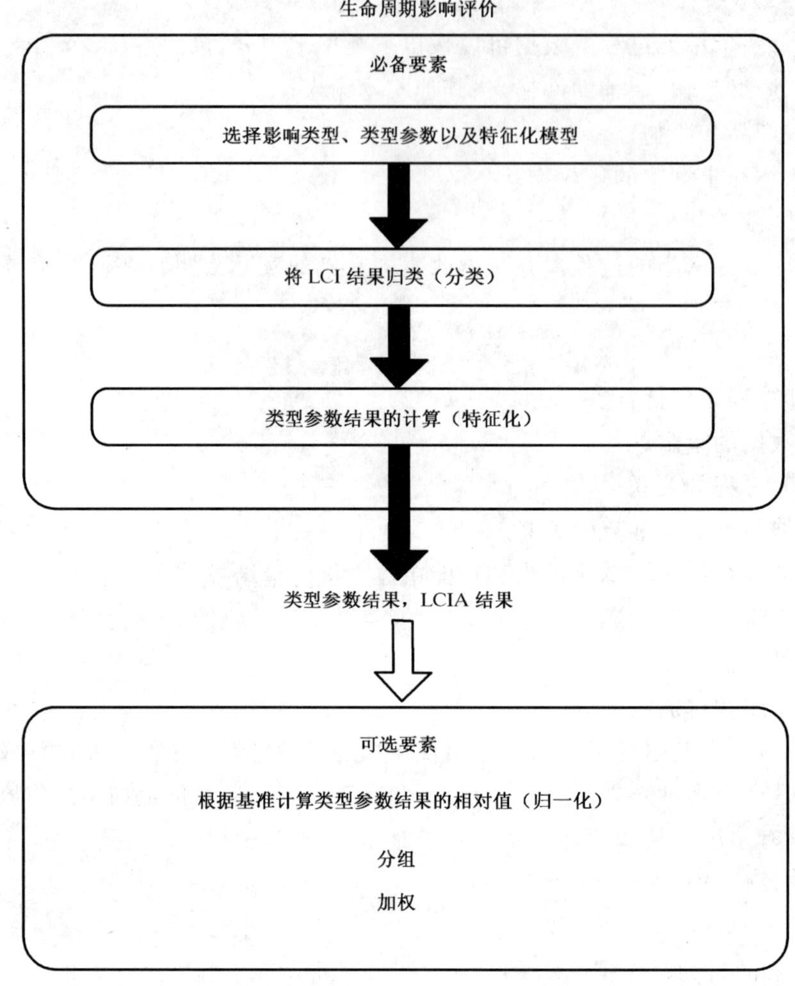

图4 LCIA阶段的要素

5.4.3 LCIA的局限性

LCIA仅涉及在目的和范围内所识别的那些环境问题。因此，LCIA并不是对所研究的产品系统中所有环境问题的完整评价。

LCIA不是总能反映影响类型和备选产品系统的有关参数结果中的重大差别。这是因为：

——LCIA阶段的特征化模型、敏感性分析和不确定性分析不是很完善；

——来自LCI阶段的局限，例如由于取舍和数据断档使设定的系统边界未纳入产品系统可能的所有单元过程或未包括每个单元过程的所有输入和输出；

——来自LCI阶段的局限，例如由于分配和合并程序的不确定性或差异产生的LCI数据质量问题；

——每种影响类型所收集的清单数据在适宜性和代表性方面的不足所带来的局限。

LCI结果中缺乏时空属性给LCIA结果带来不确定性。这种不确定性因具体影响类型的空间和时间特性而异。

目前在清单数据和具体的潜在环境影响之间建立一致、准确的联系过程中，尚不存在普遍接受的方法。各种影响类型的模型目前处在不同的发展阶段。

5.5 生命周期解释

生命周期解释是综合考虑清单分析和影响评价发现的一个阶段。如果仅仅是LCI，则只考虑清单分析的结果。解释阶段的结果应与所规定的目的和范围保持一致,并得出相应的结论、对局限性做出解释,以及提出建议。

解释宜反映出LCIA的结果是基于一个相对的方法得出的事实。该结果表明的是潜在的环境影响,它并不对类型终点、超出阈值、安全极限或风险等实际影响进行预测。

解释的发现可根据研究目的和范围,采取向决策者提交结论和建议的形式。

生命周期解释还根据研究目的和范围提供关于LCA研究结果的易于理解的、完整的和一致性的说明。

解释阶段可包含一个根据研究目的对LCA的范围以及所收集数据的性质和质量进行评审与修订的反复过程。

生命周期解释的发现宜反映出评估要素的结果。

6 报告

报告是一个完整的LCA所必不可少的部分。一个有效的报告宜对所研究的不同阶段分别做出说明。

以适当的形式向沟通对象报告LCA的结果和结论,解释研究中的数据、方法、假设以及局限性。

如果研究延伸至LCIA阶段,并且要向第三方报告,则宜对下列问题做出报告:

——与LCI结果的关系;

——数据质量的描述;

——所保护的类型终点;

——影响类型的选择;

——特征化模型;

——因子和环境机制;

——LCIA结果。

在报告中宜说明LCIA结果的相对性,以及对类型终点影响预测的不足性。在LCIA阶段,宜针对特征化模型、归一化、加权等要素中所使用的价值选择进行描述并提供参考。

当研究结果要以对比论断的形式向公众发布时,还应包括GB/T 24044中的其他要求。此外,在报告解释阶段,GB/T 24044要求在价值选择、基本原理和专家判断中保持完全透明。

7 鉴定性评审

7.1 概述

鉴定性评审是一个核查某个LCA是否满足方法学、数据、解释和报告要求的过程,同时也核查它是否符合基本原则。

一般情况下,LCA的鉴定性评审可选用7.3中所列出的任何一种方式。鉴定性评审不能核查或审定LCA研究的委托方所选定的目的,也不能核查或审定LCA结果应用的途径。

7.2 鉴定性评审的必要性

鉴定性评审有助于各方(例如相关方)对LCA研究的理解并提高研究的可信度。

如果利用LCA研究的结果支持对比论断,则会引起特殊的关注,因此需要进行鉴定性评审,因为该应用可能影响到LCA研究以外的相关方。进行了鉴定性评审并不意味着认可基于该LCA研究的对比论断。

7.3 鉴定性评审过程

7.3.1 概述

鉴定性评审的范围和类型应在LCA的范围中予以确定。范围中应明确说明鉴定性评审的原因、内容、详细程度以及参与者。

评审应确保分类、特征化、归一化、分组以及加权等要素的充分性并形成书面文件，以保证生命周期解释能够开展。

需要时可加入 LCA 内容的保密协议。

7.3.2 内部或外部专家的鉴定性评审

内部或外部专家宜熟悉 LCA 的要求，并具有适当的科学技术经验。

7.3.3 相关方评审组的鉴定性评审

由研究的委托方选定一名独立的外部专家担任评审组负责人，评审组至少包括 3 名成员。根据评审的目的、范围和经费，负责人宜挑选其他独立的具备资格的评审专家。

评审组中可包含受 LCA 研究结论影响的其他相关方，例如政府机构、非官方团体、竞争对手以及受影响的企业等。

附 录 A
（资料性附录）
LCA 的应用

A.1 应用领域

A.1.1 LCA 的应用意图在 4.2 中做了说明(见图 1)，它不是唯一的，是可以效仿的。LCA 的应用不在本标准的范围之内。

在环境管理体系和工具领域中更多的应用包括：

a) 环境管理体系和环境绩效评价(GB/T 24001、GB/T 24004、GB/T 24031 和 ISO/TR 14032)，例如组织中产品和服务的重要环境因素的识别；

b) 环境标志和声明(GB/T 24020、GB/T 24021 和 ISO 14025)；

c) 将环境因素引入产品的设计和开发(环境设计)(ISO/TR 14062)；

d) 产品标准中对环境因素的考虑指南(ISO 指南 64)；

e) 环境信息交流(ISO 14063)；

f) 组织和项目层次的温室气体排放和清除的量化、监测和报告以及对温室气体声明的审定和核查(ISO 14064)。

在私有和公有的组织中有很多潜在的更深入的应用。下面所列的技术、方法和工具并不是以 LCA 技术为基础的，但它们都很好的运用了生命周期的方法、原则和框架。它们是：

——环境影响评价(EIA)；

——环境管理会计(EMA)；

——政策评价(再生利用模式等)；

——可持续性评价；经济和社会因素虽然没有包括在 LCA 中，但它的程序和准则可被有能力的团体所应用；

——物质流分析(SFA 和 MFA)；

——化学品的危害和风险评价；

——设备和工厂的风险分析和管理；

——产品防护、供应链管理；

——生命周期管理(LCM)；

——体现生命周期思想的设计理念；

——生命周期成本(LCC)。

对于不同应用的澄清、考虑、实践、简化和选择不在本标准的范围之内。

A.1.2 如何在决策制定中最有效地应用 LCA 工具并没有一个独一无二的方法。每一个组织必须根据组织的规模和文化、产品、战略、内部体系、工具和程序以及外部的驱动力等因素来解决这一问题。

LCA 可以在很多领域应用。对 LCA 在很多潜在领域的独立应用、改进和实践都是以 GB/T 24044 标准为基础的。

另外，LCA 技术经过验证之后可以应用到非 LCA 或 LCI 的研究之中。例如：

——摇篮到厂门的研究；

——厂门到厂门的研究；

——生命周期的特定部分(例如废物管理、产品的组成等)。

对于这些研究，在本标准和 GB/T 24044 中的大部分要求都是可以应用的(例如数据质量、收集和计算，以及分配和鉴定性评审)，但并不是所有的要求在系统边界内都可以应用。

A.1.3 在某些应用中，作为LCIA的一部分，确定每一个单元过程或生命周期各阶段的指标结果，以及通过将不同的单元过程或阶段的指标结果进行加和来计算整个产品系统的指标结果都是可行的。

只要满足如下条件，则这些应用也符合本标准的要求。

——在目的和范围确定阶段予以明确；

——表明通过这些应用得出的结果与根据本标准和GB/T 24044的指南所进行的LCA的结果是等同的。

A.2 应用途径

在界定LCA范围时有必要从决策层面考虑，例如所研究的产品系统宜重点关注受应用意图影响的产品和过程。

各种应用都与决策相关，其目的是为改善环境，这也正是GB/T 24000系列标准关注的问题。因此，LCA应研究那些由LCA支持的决策所影响的产品和过程。

某些LCA应用并没有直接表现出要改善环境，例如将LCA用于产品生命周期的教育和信息中。然而，一旦这些信息得以应用到实践中，就可以起到改善环境的作用。因此，有必要对这些信息给予特殊的关注以确保它们在可以被应用的地方得到利用。

近年来，有两种不同的LCA方法得到了发展。它们是：

a) 研究一个特定的产品系统的基本流和潜在的环境影响，例如对不同时期的产品进行核算；

b) 在可替代的产品系统中研究可能(未来)的环境结果的变化。

参 考 文 献

[1] ISO 9000:2005, Quality management systems—Fundamentals and vocabulary

[2] GB/T 24001，环境管理体系 要求及使用指南(GB/T 24001—2004,ISO 14001:2004,IDT)

[3] GB/T 24004:2004，环境管理体系 原则、体系和支持技术通用指南(GB/T 24004—2004，ISO 14004:2004,IDT)

[4] GB/T 24020,环境管理 环境标志和声明 通用原则(GB/T 24020—2000,ISO 14020:1998,IDT)

[5] GB/T 24021,环境管理 环境标志和声明 自我环境声明(Ⅱ型环境标志)(GB/T 24021—2001,ISO 14021:1999,IDT)

[6] ISO 14025, Environmental labels and declarations—Type III environmental declarations—Principles and procedures

[7] GB/T 24031,环境管理 环境表现评价 指南(GB/T 24031—2001,ISO 14031:1999,IDT)

[8] ISO/TR 14032, Environmental management—Examples of environmental performance evaluation(EPE)

[9] ISO/TR 14047, Environmental management—Life cycle impact assessment—Examples of application of ISO 14042

[10] ISO/TS 14048, Environmental management—Life cycle assessment—Data documentation of format

[11] ISO/TR 14049, Environmental management—Life cycle assessment—Examples of application of ISO 14041 to goal and scope definition and inventory analysis

[12] GB/T 24050,环境管理 术语(GB/T 24050—2003,ISO 14050:2002,IDT)

[13] ISO/TR 14062, Environmental management—Integrating environmental aspects into product design and development

[14] ISO 14063, Environmental management—Environmental communication—Guidelines and examples

[15] ISO 14064-1, Greenhouse gases—Part 1: Specification with guidance at the organization level for quantification and reporting of greenhouse gas emissions and removals

[16] ISO 14064-2, Greenhouse gases—Part 2: Specification with guidance at the project level for quantification, monitoring and reporting of greenhouse gas emission reductions or removal enhancements

[17] ISO 14064-3, Greenhouse gases—Part 3: Specification with guidance for the validation and verification of greenhouse gas assertions

[18] ISO Guide 64, Guide for the inclusion of environmental aspects in product standards

ICS 13.020.10
Z 00

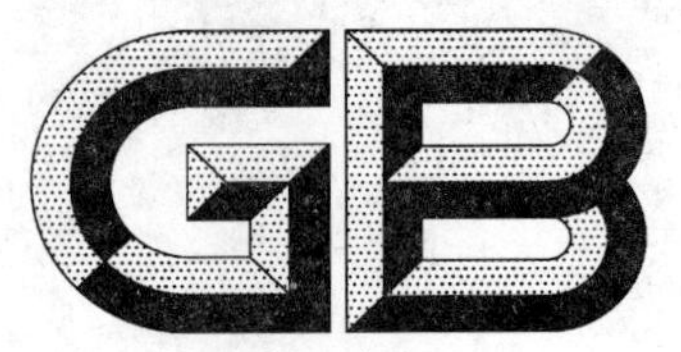

中华人民共和国国家标准

GB/T 24044—2008/ISO 14044:2006
部分代替GB/T 24040—1999;GB/T 24041—2000;
GB/T 24042—2002;GB/T 24043—2002

环境管理 生命周期评价 要求与指南

Environmental management—Life cycle assessment—Requirements and guidelines

(ISO 14044:2006, IDT)

2008-05-26 发布 2008-11-01 实施

中华人民共和国国家质量监督检验检疫总局
中国国家标准化管理委员会 发布

前　言

本标准等同采用国际标准 ISO 14044:2006《环境管理　生命周期评价　要求与指南》(英文版)。

本标准为生命周期评价系列标准之一。生命周期评价系列标准共有二项标准,另外一项标准为:

——GB/T 24040　环境管理　生命周期评价　原则与框架

为便于使用,本标准做出了下列编辑性修改:

a) “ISO 14044”一词改为“GB/T 24044”;

b) 用“本标准”代替“本国际标准”;

c) 用小数点“.”代替作为小数点的逗号“,”;

d) 删除 ISO 14044:2006 的前言,增加了中文前言;

e) 对于 ISO 14044:2006 引用的其他国际标准中有被等同采用为我国标准的,本标准采用我国的这些国家标准或行业标准代替对应的国际标准,其余未等同采用为我国标准的国际标准,在本标准中均被直接引用。

本标准和 GB/T 24040 共同代替 GB/T 24040—1999《环境管理　生命周期评价　原则与框架》、GB/T 24041—2000《环境管理　生命周期评价　目的与范围的确定和清单分析》、GB/T 24042—2002《环境管理　生命周期评价　生命周期影响评价》、GB/T 24043—2002《环境管理　生命周期评价　生命周期解释》。

本标准对 GB/T 24040—1999、GB/T 24041—2000、GB/T 24042—2002、GB/T 24043—2002 的内容进行了合并和补充,它们之间的差异主要为:

a) 对术语做了如下修改:

——删除了 GB/T 24040—1999 中对执业者术语的定义;

——增加了 GB/T 24041—2000 中对辅助性输入、共生产品、数据质量、能量流、原料能、中间产品、过程能量、基准流、敏感性分析和不确定性分析等 10 个术语的定义;

——增加了 GB/T 24042—2002 中对生命周期清单分析结果、影响类型、生命周期影响类型参数、类型终点、特征化因子和环境机制等 6 个术语的定义;

——增加了 GB/T 24043—2002 中对完整性检查、一致性检查、评估和敏感性检查等 4 个术语的定义;

——新增对产品、过程、取舍准则、中间流、产品流、排放物、鉴定性评审等 7 个术语的定义;

——对能量流、中间产品、生命周期清单分析结果、输出、过程能量、产品流、产品系统、系统边界、不确定性分析、单元过程、废物、类型终点、一致性检查等 13 个术语的定义进行了修改。

b) 在内容上做了如下调整:

——新增 4.1;

——4.2 中将 GB/T 24040—1999 和 GB/T 24041—2000 的相关内容进行了合并,并补充了相关内容;

——4.3 中将 GB/T 24041—2000 的相关内容进行了调整,并补充了相关内容;

——4.4 中将 GB/T 24042—2002 的相关内容进行了调整,并补充了相关内容;

——4.5 中将 GB/T 24043—2002 的相关内容进行了调整,并补充了相关内容;

——新增 5.1;

——5.2 中将 GB/T 24041—2000 的相关内容进行了调整,并补充了相关内容;

——5.3 中将 GB/T 24040—1999 和 GB/T 24042—2002 的相关内容进行了合并调整，并补充了相关内容；

——6.1 和 6.2 中将 GB/T 24040—1999 的相关内容进行了调整，并补充了相关内容；

——将 GB/T 24041—2000、GB/T 24042—2002、GB/T 24043—2002 中的资料性附录进行了合并，形成了两个资料性附录；

——对参考文献进行了修订，列出所有本标准中引用的相关标准。

本标准的附录 A 和附录 B 是资料性附录。

本标准由全国环境管理标准化技术委员会提出并归口。

本标准起草单位：中国标准化研究院、中国科学院生态环境研究中心、清华大学、人民大学、中国合格评定国家认可中心。

本标准主要起草人：陈亮、黄进、杨建新、张天柱、李江华、李燕、周文权、刘玫。

本标准于 1999 年首次发布。

引　言

随着环境保护意识的提高和对产品[1]生产与消费中可能伴随的影响的进一步了解，人们希望建立一些方法，来更好的理解和说明这些影响。生命周期评价(LCA)就是基于这一目的而发展起来的技术之一。

LCA 能用于帮助：

——识别改进产品生命周期各个阶段中环境绩效的机会；

——给产业、政府或非政府组织中的决策者提供信息(例如为战略规划、确定优先项对产品或过程的设计或再设计的目的)；

——选择有关的环境绩效参数，包括测量技术；

——营销(如实施生态标志制度、发表环境声明或发布产品声明)。

GB/T 24044 标准为 LCA 的从业者详细规定了开展 LCA 的要求。

LCA 强调贯穿于从获取原材料、生产、使用、生命末期的处理、循环和最终处置(即从摇篮到坟墓)的产品生命周期的环境因素和潜在的环境影响[2](例如资源的使用和废物排放的环境结果)。

在 LCA 研究中有以下 4 个阶段：

a)　目的和范围的确定；

b)　清单分析；

c)　影响评价；

d)　解释。

LCA 研究的范围(包括系统边界和详细程度)取决于研究的对象和应用意图。不同目的的 LCA，其深度和广度可存在很大的差异。

生命周期清单分析(LCI)阶段是 LCA 的第二个阶段。它是对所研究系统中输入和输出数据建立清单的过程，这一过程包括对满足研究目的的数据的收集。

生命周期影响评价(LCIA)阶段是 LCA 的第三个阶段。LCIA 的目的是提供进一步的信息以帮助评价产品系统的 LCI 结果，从而更好地理解它们对环境影响的重要性。

生命周期解释是 LCA 的最后一个阶段。本阶段根据所定义的研究目的和范围，对 LCI、或 LCIA、或两者的结果进行总结和讨论，为结论、建议以及决策的制定提供基础。

在某些情况下，仅仅通过清单分析和解释就能很好地实现 LCA 的目的。这通常被视为 LCI 研究。

本标准涵盖了 2 种类型的研究：生命周期评价研究(LCA 研究)和生命周期清单研究(LCI 研究)。LCI 研究和 LCA 研究相类似，但不包括 LCIA 阶段。LCI 研究不应与 LCA 研究中的 LCI 阶段相混淆。

一般来说，从 LCA 或 LCI 研究所取得的信息可作为其他更全面的决策过程的一部分加以应用。对于不同的 LCA 或 LCI 研究，只有当它们的假设和背景条件相同时，才有可能对其结果进行比较。因此本标准针对这些问题包含了若干要求和建议以确保透明性。

LCA 只是环境管理技术(例如风险评价、环境绩效评价、环境审核、环境影响评价)中的一种，它并非在所有情况下都是最适用的。LCA 通常不涉及产品中的经济和社会因素，但在本标准中描述的生命周期的方法和方法学可以与这些因素结合使用。

本标准和其他标准一样，不是用来制造非关税贸易壁垒，也不增加或改变一个组织的法律责任。

---

1)　本标准中，术语“产品”包括服务。

2)　“潜在的环境影响”是一个相对的表述，因为它与产品系统的功能单位相关联。

环境管理
生命周期评价 要求与指南

1 范围

本标准规定了生命周期评价(LCA)的要求,并提供了指南,包括:

a) LCA 目的和范围的确定;
b) 生命周期清单分析(LCI)阶段;
c) 生命周期影响评价(LCIA)阶段;
d) 生命周期解释阶段;
e) LCA 的报告和鉴定性评审;
f) LCA 的局限性;
g) LCA 各个阶段间的关系;
h) 价值选择和可选要素应用的条件。

本标准涵盖生命周期评价(LCA)研究和生命周期清单(LCI)研究。

对 LCA 和 LCI 结果的应用应考虑在所定义的目的和范围之内进行,但对它的应用不在本标准的范围之内。

本标准不拟用于契约、法规、注册和认证等。

2 规范性引用文件

下列文件中的条款通过本标准的引用而成为本标准的条款。凡是注日期的引用文件,其随后所有的修改单(不包括勘误的内容)或修订版均不适用于本标准,然而,鼓励根据本标准达成协议的各方研究是否可使用这些文件的最新版本。凡是不注日期的引用文件,其最新版本适用于本标准。

GB/T 24040—2008 环境管理 生命周期评价 原则与框架(ISO 14040:2006,Environmental management—Life cycle assessment—Principles and frameworks,IDT)

3 术语和定义

下列术语和定义适用于本标准。

注:为使用本标准用户的方便,以下术语和定义摘自 GB/T 24040—2008。

3.1

生命周期 life cycle

产品系统中前后衔接的一系列阶段,从自然界或从自然资源中获取原材料,直至最终处置。

3.2

生命周期评价 life cycle assessment(LCA)

对一个产品系统的生命周期中输入、输出及其潜在环境影响的汇编和评价。

3.3

生命周期清单分析 life cycle inventory analysis (LCI)

生命周期评价中对所研究产品整个生命周期中输入和输出进行汇编和量化的阶段。

3.4

生命周期影响评价 life cycle impact assessment (LCIA)

生命周期评价中理解和评价产品系统在产品整个生命周期中的潜在环境影响的大小和重要性的阶段。

3.5

生命周期解释 life cycle interpretation

生命周期评价中根据规定的目的和范围要求对清单分析和(或)影响评价的结果进行评估以形成结论和建议的阶段。

3.6

对比论断 comparative assertion

对于一种产品优于或等同于具有同样功能的竞争产品的环境声明。

3.7

透明性 transparency

对信息的公开、全面和明确表述。

3.8

环境因素 environmental aspect

一个组织的活动、产品或服务中能与环境发生相互作用的要素。

[GB/T 24001:2004,定义 3.6]

3.9

产品 product

任何商品或服务。

注 1:商品按如下分类:

——服务(例如运输);

——软件(例如计算机程序、字典);

——硬件(例如发动机机械零件);

——流程性材料(例如润滑油)。

注 2:服务分为有形和无形两部分,它包括如下几个方面:

——在顾客提供的有形产品(例如维修的汽车)上所完成的活动;

——在顾客提供的无形产品(例如为纳税所进行的收入申报)上所完成的活动;

——无形产品的支付(例如知识传授方面的信息提供);

——为顾客创造氛围(例如在宾馆和饭店)。

软件由信息组成,通常是无形产品并可以方法、论文或程序的形式存在。

硬件通常是有形产品,其量具有计数的特性。流程性材料通常是有形产品,其量具有连续的特性。

注 3:源自 GB/T 24021:2001 和 ISO 9000:2005。

3.10

共生产品 co-product

同一单元过程或产品系统中产出的两种或两种以上的产品。

3.11

过程 process

一组将输入转化为输出的相互关联或相互作用的活动。

[ISO 9000:2005,定义 3.4.1(不包括注解)]

3.12

基本流 elementary flow

取自环境,进入所研究系统之前没有经过人为转化的物质或能量,或者是离开所研究系统,进入环境之后不再进行人为转化的物质或能量。

3.13

能量流 energy flow

单元过程或产品系统中以能量单位计量的输入或输出。

注:输入的能量流称为能量输入;输出的能量流称为能量输出。

3.14

原料能 feedstock energy

输入到产品系统中的原材料所含的不作为能源使用的燃烧热，它通过热值的高低来表示。

注：有必要确保原材料的能量不被重复计算。

3.15

原材料 raw material

用于生产某种产品的初级和次级材料。

注：次级材料包括再生利用材料。

3.16

辅助性输入 ancillary input

单元过程中用于生产有关产品，但不构成该产品一部分的物质输入。

3.17

分配 allocation

将过程或产品系统中的输入和输出流划分到所研究的产品系统以及一个或更多的其他产品系统中。

3.18

取舍准则 cut-off criteria

对与单元过程或产品系统相关的物质和能量流的数量或环境影响重要性程度是否被排除在研究范围之外所做出的规定。

3.19

数据质量 data quality

数据在满足所声明的要求方面的能力特性。

3.20

功能单位 functional unit

用来作为基准单位的量化的产品系统性能。

3.21

输入 input

进入一个单元过程的产品、物质或能量流。

注：产品和物质包括原材料、中间产品和共生产品。

3.22

中间流 intermediate flow

介于所研究的产品系统的单元过程之间的产品、物质和能量流。

3.23

中间产品 intermediate product

在系统中还需要作为其他过程单元的输入而发生继续转化的某个过程单元的产出。

3.24

生命周期清单分析结果 life cycle inventory analysis result(LCI result)

生命周期清单分析的成果，据此对通过系统边界的能量流和物质流进行分类，并作为生命周期影响评价的起点。

3.25

输出 output

离开一个单元过程的产品、物质或能量流。

注：产品和物质包括原材料、中间产品、共生产品和排放物。

3.26

过程能量　process energy

在单元过程中,用于运行该过程或其中的设备所需的能量输入,不包括能量自身生产和运输所需的能量输入。

3.27

产品流　product flow

产品从其他产品系统进入到本产品系统或离开本产品系统而进入其他产品系统。

3.28

产品系统　product system

拥有基本流和产品流,同时具有一种或多种特定功能,并能模拟产品生命周期的单元过程的集合。

3.29

基准流　reference flow

在给定产品系统中,为实现一个功能单位的功能所需的过程输出量。

3.30

排放物　releases

排放到空气、水体和土壤中的物质。

3.31

敏感性分析　sensitivity analysis

用来估计所选用方法和数据对研究结果影响的系统化程序。

3.32

系统边界　system boundary

通过一组准则确定哪些单元过程属于产品系统的一部分。

注:在本标准中,术语"系统边界"与 LCIA 无关。

3.33

不确定性分析　uncertainty analysis

用来量化由于模型的不准确性、输入的不确定性和数据变动的累积而给生命周期清单分析结果带来的不确定性的系统化程序。

注:区间或概率分布被用来确定结果中的不确定性。

3.34

单元过程　unit process

进行生命周期清单分析时为量化输入和输出数据而确定的最基本部分。

3.35

废物　waste

处置的或打算予以处置的物质或物品。

注:本定义源自《控制危险废物越境转移及其处置的巴塞尔公约》(1989 年 3 月 22 日),但在本标准中不局限于危险废物。

3.36

类型终点　category endpoint

用于识别特定环境问题所涉及的自然环境、人体健康或资源的属性或组成,并给出相应的原因。

3.37

特征化因子　characterization factor

由特征化模型导出,用来将生命周期清单分析结果转换成类型参数共同单位的因子。

注:共同单位使类型参数结果的计算得以实现。

3.38

环境机制　environmental mechanism

特定影响类型的物理、化学或生物过程系统，它将生命周期清单分析结果与类型参数和类型终点相联系。

3.39

影响类型　impact category

所关注的环境问题的分类，生命周期清单分析的结果可划归到其中。

3.40

影响类型参数　impact category indicator

对影响类型的量化表达。

注：为便于阅读，在本标准中使用缩略语“类型参数”。

3.41

完整性检查　completeness check

验证生命周期评价各阶段所得出的信息是否足以得出与目的和范围相一致的结论的过程。

3.42

致性检查　consistency check

验证在得出结论之前研究过程中所应用的假设、方法和数据的前后一致性，以及是否与所规定的目的和范围保持一致的过程。

3.43

敏感性检查　sensitivity check

验证在敏感性分析中所获得的信息是否与结论和给出的建议相关的过程。

3.44

评估　evaluation

在生命周期解释阶段中用于确定生命周期结果置信度的要素。

注：评估包括完整性检查、敏感性检查、一致性检查以及对任何根据研究规定的目的和范围所进行的核查。

3.45

鉴定性评审　critical review

确保生命周期评价和生命周期评价标准的原则与要求保持一致的过程。

注1：原则在 GB/T 24040 的 4.1 中已做出规定。

注2：要求在本标准中做出了规定。

3.46

相关方　interested party

关注一个产品系统的环境绩效或其生命周期评价的结果，或受到它们影响的个人或团体。

4　LCA 方法学框架

4.1　总体要求

LCA 的原则和框架见 GB/T 24040。

LCA 研究应包括目的和范围的确定、清单分析、影响评价及对结果的解释。

LCI 研究应包括目的和范围的确定、清单分析和对结果的解释。本标准所做出的要求和建议，除了针对影响评价的条款外，其余的都适用于生命周期清单分析研究。

单独的 LCI 研究不应用于向公众公布的对比论断的比较中。

宜意识到目前还没有一个科学的依据来将 LCA 结果简化为一个单一的综合得分或数值。

4.2 目的和范围的确定

4.2.1 概述

LCA 的目的和范围应明确定义并符合应用的意图。鉴于 LCA 的反复性，可能需要对研究范围不断调整完善。

4.2.2 研究目的

定义 LCA 目的时，应明确说明以下问题：

——应用意图；

——开展该项研究的理由；

——沟通对象(即研究结果的接收者)；

——结果是否用于向公众发布的对比论断。

4.2.3 研究范围

4.2.3.1 概述

定义 LCA 范围时，应考虑以下内容并对其做出清晰描述：

——所研究的产品系统；

——产品系统的功能，或在比较研究的情况下系统的功能；

——功能单位；

——系统边界；

——分配程序；

——LCIA 的方法学与影响类型；

——解释；

——数据要求；

——假设；

——价值选择和可选要素；

——局限性；

——数据质量要求；

——鉴定性评审的类型(如果有)；

——研究所要求的报告的类型和格式。

由于一些不可预见的限制或增添新的信息，研究的目的和范围在某些情况下可进行调整。调整的内容及理由宜进行书面说明。

上述内容在 4.2.3.2～4.2.3.8 中将会详细介绍。

4.2.3.2 功能和功能单位

LCA 的研究范围中应明确规定所研究系统的功能(绩效特征)。功能单位应与研究的目的和范围保持一致。功能单位的主要目的之一是为输入和输出数据的归一化(从数学的角度)提供基准。因此应对功能单位做出明确的定义并使其可测算。

定义功能单位后，应对基准流做出说明。系统之间的比较应建立在相同功能的基础之上，这些功能通过相同的功能单位以基准流的形式来进行量化。在功能单位的比较中，如果没有考虑某个系统中的其他功能，那么对这些省略应进行解释并书面说明。反之，和某功能相关联的系统可以加入到其他系统的边界中以使系统之间更具可比性。在这种情况下，对所选择的过程应做出解释并书面说明。

4.2.3.3 系统边界

4.2.3.3.1 系统边界决定哪些单元过程应包括在 LCA 中。系统边界的选择应与研究的目的相一致。应对建立系统边界的准则做出说明并解释。

应对研究中所包括的单元过程以及对这些单元过程研究的详细程度做出规定。

对研究的总体结论不会造成显著影响的生命周期的阶段、过程、输入或输出才允许被排除，但应明确说明并解释排除的原因及可能造成的后果。

应对 LCA 所应包括的输入和输出及其详细程度做出说明。

4.2.3.3.2 以流程图形式来描述系统是十分有帮助的，它可以展现出各单元过程和它们之间的相互关系。宜对每个单元过程做出如下基本描述：

——通过原材料或中间产品的输入确定单元过程的起点；

——单元过程中的转化和运行特征；

——通过中间和最终产品的输出确定单元过程的终点。

在理想状况下，产品系统的模拟宜以输入和输出均为基本流和产品流的方式进行。对产品系统中宜追溯到环境中的输入输出的确定是一个反复的过程，即需要确定在所研究的产品系统中宜包括的输入输出单元过程。最初的确定是根据可获得数据而做出的。在研究的过程中宜通过对进一步的数据的收集而更加全面的确定输入输出，然后对其进行敏感性分析(见 4.3.3.4)。

对于物质输入，分析应从初始选择的输入入手。这种选择宜基于每个所模拟的单元过程中对输入的确定。这项工作的开展有赖于从特定的地方或公开的来源所收集到的数据。目的就是要确定和每一个单元过程相关联的重要的输入。

能量的输入输出应作为 LCA 中其他的输入和输出。不同类型的能量输入和输出应包括所模拟的系统中燃料、原料能以及过程能量的生产和传输等。

4.2.3.3.3 对初始输入输出的取舍准则及其假设等应做出明确的描述。所选择的取舍准则对研究结果产生的影响也应在最终的报告中做出评价和解释。

LCA 中用于确定输入的取舍准则应包括在评价中，例如物质、能量和环境影响重要性等。如果仅考虑物质的贡献来确定输入可能会导致研究中的某些重要的输入被忽略。因此，在这一过程中宜考虑将能量和环境影响重要性也作为取舍准则。

a) 物质量：在运用物质准则时，当物质输入的累计总量超过该产品系统物质输入总量一定比例时，就要纳入系统输入。

b) 能量：同样的，在运用能量准则时，当能量输入的累积总量超过该产品系统能量输入总量一定比例时，就要纳入系统输入。

c) 环境影响重要性：在运用环境影响重要性准则时，如果产品系统是通过环境相关性选择出来的，则当该产品系统中一种数据输入超过该数据估计量一定比例时，就要纳入系统输入。

相似的取舍准则可以被用来确定哪些输出宜追溯至环境中，例如通过最终废物的处置过程。

当研究用于进行向公众发布的对比论断，则输入输出数据的最终敏感性分析应包括物质、能量和环境重要性的准则，以使所有累积贡献超过一定比例的输入都包括在内。

所有在本过程中被确定的输入宜被作为基本流进行模拟。

宜确定哪些输入输出数据需追溯到其他的产品系统中，包括要分配的流。宜对系统进行详尽而明确的表述，以使其他人能反复进行清单分析。

4.2.3.4 LCIA 方法学和影响类型

应确定在 LCA 研究中包括哪些影响类型、类型参数和特征化模型。在 LCIA 方法学中影响类型、类型参数和特征化模型的选择应与研究的目的保持一致(见 4.4.2.2)。

4.2.3.5 数据的种类和来源

LCA 中所选择的数据取决于研究的目的和范围。这些数据可以从系统边界内与单元过程相关的生产场所中收集，或者可以通过其他渠道获取或计算得出。实际上，所有的数据可能是通过测量、计算或估计得出的。

输入可以包括但不局限于矿物资源的利用(例如原生或再生金属、运输或能源供给等服务以及辅助物质的应用例如润滑剂或肥料等)。

作为大气排放物中的一部分，一氧化碳、二氧化碳、硫氧化物、氮氧化物等的排放可以单独确定。

向大气、水体和土壤中排放通常是指经过污染控制设施后从点源或面源中释放出来的排放物。如果无组织排放很重要，则数据中也宜包括它们。指标参数可以包括但不局限于下列：

——生化需氧量(BOD)；

——化学需氧量(COD)；

——可吸收的有机卤素化合物(AOX)；

——总卤素物质(TOX)；

——挥发性有机化合物(VOC)。

另外，噪声和振动、土地利用、辐射、气味以及余热等数据也可收集。

4.2.3.6 数据质量要求

4.2.3.6.1 为满足 LCA 的目的和范围，应对数据质量要求做出规定。

4.2.3.6.2 数据质量要求宜注意如下问题：

a) 时间跨度：数据的年份以及所收集数据的最小时间跨度；

b) 地域范围：为实现研究目的所收集的单元过程数据的地域；

c) 技术覆盖面：具体的技术或技术组合；

d) 精度：对每一个数据值的变动的度量(例如方差)；

e) 完整性：测量或测算的流所占的比例；

f) 代表性：对数据集合反映实际关注群(例如地理范围、时间跨度以及技术覆盖面等)的定性评价；

g) 一致性：对该研究的方法学是否能统一应用到不同的分析内容中而进行的定性评价；

h) 可再现性：对其他独立从业人员采用同一方法学和数据值信息获取相同研究结果的可能性的定性评价；

i) 数据源；

j) 信息的不确定性(例如数据、模型和假设)。

当某研究拟应用到向公众公布的对比论断中时，应对上述 a)～j)提到的数据质量要求做出说明。

4.2.3.6.3 对缺失数据的处理应做出书面说明。对每个数据缺失的单元过程和报告地点应予以识别，并宜对缺失数据及其断档进行处理，代之为：

——以“非零”数据表示；

——以“零”表示；

——以从采用类似技术的单元过程报送的数据计算得出的数值表示。

通过定量和定性因素以及收集和整合这些数据所使用的方法体现数据质量。

那些对所研究的系统贡献大部分物质流和能量流的单元过程宜使用现场收集的数据或具有代表性的平均数据，这些数据是在敏感性分析中(见 4.3.3.4)确定的。如果可能，那些与环境相关的输入和输出的单元过程也宜使用现场收集的数据。

4.2.3.7 系统间比较

进行比较研究时，在对结果解释前应对所比较的系统间的等同性做出评估。因此，应基于系统的可比性确定研究范围。系统之间进行比较应采用相同的功能单位和等同的方法学的考虑，例如绩效、系统边界、数据质量、分配程序、评估输入输出和影响评价的决定规则等。系统之间的这些参数的任何差异都应识别并报告。如果该研究拟进行向公众发布的对比论断，则相关方应对这份评估做出鉴定性评审。

拟向公众发布对比论断的研究应进行生命周期影响评价。

4.2.3.8 对鉴定性评审的考虑

研究范围中应说明：

——是否有必要进行鉴定性评审，如果有，如何进行；

——所需的鉴定性评审的类型(见第 6 章)；

——参与评审者,以及他们的专业水平。

4.3 生命周期清单分析(LCI)

4.3.1 概述

研究目的和范围的确定提供了进行 LCA 中生命周期清单阶段的初始计划。图 1 列出了生命周期清单分析宜包括的步骤(注意:一些反复进行的步骤并没有显示在图 1 中)。

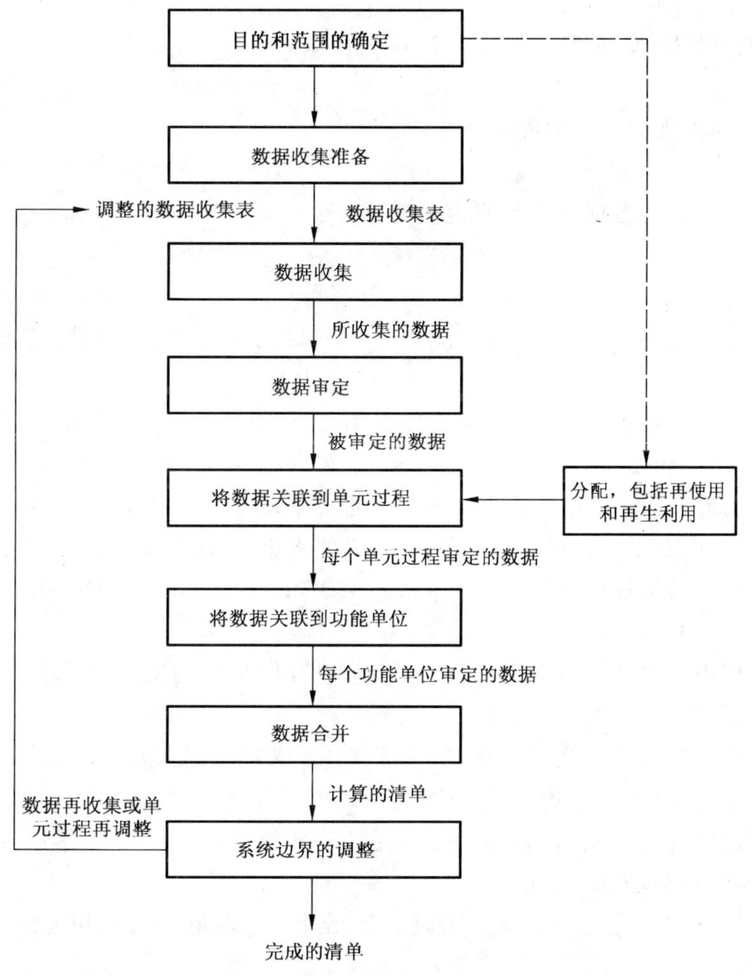

图 1 清单分析的简化流程

4.3.2 数据收集

4.3.2.1 应在系统边界内的每一个单元过程中收集清单中的定性和定量数据。这些数据用来量化单元过程的输入输出,它们是通过测量、计算或估算得到的。

当数据是通过公开的来源收集到的,则应注明出处。对于那些可能对研究结论有重要影响的数据,则应注明相关的收集过程、收集时间以及关于数据质量指标的详细信息。如果这些数据不符合数据质量的要求,对此也应做出说明。

为减少误解的风险(例如在审定或再使用所收集的数据时所产生的反复计算),应对每个单元过程进行书面描述。

由于数据的收集可能源于多个报告地点和发表的文献,因此宜采取相应的措施以保证对所模拟的产品系统的理解是一致和统一的。

4.3.2.2 这些措施宜包括:

——绘制流程简图,以描绘所有被模拟的单元过程和它们之间的关系;

——详细描述每个单元过程中影响输入和输出的因子;

——列出每个单元过程中与运行条件相关的流和数据；

——列出所研究的单元；

——描述所有数据收集和计算所需的技术；

——提出要求，将所报送数据的特殊情况、异常点和其他问题予以明确记录。

数据收集表的示例参见附录A。

4.3.2.3 数据可归入的类型包括：

——能量输入、原材料输入、辅助性输入和其他实物输入；

——产品、共生产品和废物；

——向大气、水体和土壤中的排放物；

——其他环境因素。

应进一步细化上述各类型数据以满足研究目的。

4.3.3 数据计算

4.3.3.1 概述

应书面说明所有计算程序，所做的假设也应做出明确的说明和解释。相同的计算程序宜在整个研究中保持一致。

当确定和生产相关联的基本流时，宜尽可能地应用实际的生产组合以反映出所消耗的不同的资源类型。例如：对电力的生产和传输，应考虑电力结构，燃料的燃烧、转换、传输的效率以及配送的损失等。

与可燃物质相关的输入输出(例如油、气或煤)可通过乘以它们的燃烧热值而将其转化为能量的输入输出。在这种情况下，应对采用高热值还是采用低热值来进行计算做出说明。

数据计算所需的几个操作性的步骤在4.3.3.2～4.3.3.4以及4.3.4中做出了说明。

4.3.3.2 数据审定

在数据收集的过程中应对数据的有效性进行检查，以确保数据的质量要求符合其应用意图，并可以提供相应的证据予以证实。

有效性的确认可以包括建立如物质平衡、能量平衡和(或)进行排放因子的比较分析。由于每个单元过程都遵循物质和能量守恒定律，因此物质和能量的平衡能为单元过程的有效性提供有用的检查。通过该程序发现的明显异常的数据需用其他数据替换，这些数据的选择应符合4.2.3.5中的规定。

4.3.3.3 数据与单元过程和功能单位的关联

对于每一个单元过程都应确定一个合适的流。单元过程中定量的输入和输出数据应以和这条流的关系为依据来进行计算。

以流程图和各单元过程间的流为基础，所有单元过程的流都与基准流建立了联系。计算宜以功能单位为基础得出系统中所有的输入和输出数据。

在合并产品系统的输入输出数据时应慎重。合并的程度应与研究的目的保持一致。仅当数据类型涉及等价物质并具有类似的环境影响时才允许进行数据合并。如果还有更详细的合并原则，则宜在研究的目的和范围确定阶段加以解释，或留到此后的影响评价阶段解释。

4.3.3.4 系统边界的调整

反复性是LCA的固有特征，应根据由敏感性分析所判定的数据重要性来决定数据的取舍，从而对4.2.3.3中所述的初始分析加以验证。初始系统边界应根据在范围界定中所规定的取舍准则进行调整。这个调整的过程和敏感性分析应书面说明。

敏感性分析可：

——排除经敏感性分析判定为缺乏重要性的生命周期阶段或单元过程；

——排除对研究结果缺乏重要性的输入和输出；

——纳入经敏感性分析认为重要的新的单元过程、输入输出。

进行敏感性分析有助于把数据处理限制在被判定为对LCA研究目的具有重要性的输入输出数据

范围内。

4.3.4 分配

4.3.4.1 概述

应根据明确规定的程序将输入输出分配到不同的产品中，并与分配程序一并做出书面说明。

一个单元过程分配的输入输出的总和应与其分配前的输入输出相等。

当同时有几种备选的分配程序时，应通过进行敏感性分析来阐明背离所选方法的后果。

4.3.4.2 分配程序

研究应确定和其他产品系统共享的过程，并且根据以下程序[3]逐步处理。

a) 第1步：只要可能，宜通过以下方法避免分配：

   1) 将拟分配的单元过程进一步划分为两个或更多的子过程，并收集与这些子过程相关的输入和输出数据；

   2) 把产品系统加以扩展，将与共生产品相关的功能包括进来，在进行这一处理时要考虑到4.2.3.3中的要求。

b) 第2步：如果分配不可避免时，则宜将系统的输入输出以能反映出它们潜在物理关系的方式划分到其中的不同产品或功能中；例如，输入输出如何随着系统所提供的产品或功能中的量变而变化。

c) 第3步：当物理关系无法建立或无法单独用来作为分配基础时，则宜以能反映它们之间其他关系的方式将输入输出在产品或功能间进行分配。例如可以根据产品的经济价值按比例将输入输出数据分配到共生产品。

有些输出可能同时包括共生产品和废物两种成分，此时需确定两者的比例，因为输入输出只对其中共生产品部分进行分配。

对系统中相似的输入输出，应采用同样的分配程序。例如离开系统的可用产品(例如中间产品或丢弃的产品)的分配程序应和进入系统的同类产品的分配程序相同。

清单是以输入和输出之间的物质平衡为基础的。因此，分配程序宜尽可能的接近这些基本的输入输出关系和特征。

4.3.4.3 再使用和再生利用的分配程序[4]

4.3.4.3.1 在4.3.4.1和4.3.4.2中述及的分配原则和程序也适用于再使用和再生利用。

应考虑物质固有属性的变化。另外，特别对于在初始和后续的产品系统之间的回收利用过程，系统边界应被界定并对其进行解释，以确保遵循在4.3.4.2中的分配原则。

4.3.4.3.2 然而，在上述情况下，对分配程序需要补充进一步的细节，因为：

——在再使用和再生利用(以及可归入再使用和再生利用的堆肥、能量回收和其他过程)中，有关原材料获取和加工或产品最终处置的单元过程的输入输出可能为多个产品系统所共有；

——再使用和再生利用可能在后续使用中改变材料的固有特性；

——宜特别注意对回收利用过程系统边界的确定。

4.3.4.3.3 某些分配程序适用于再使用和再生利用。这些程序的应用在图2中做了概念性的示意，下面将简述其中的区别，以说明如何满足上述限制条件。

a) 闭环分配程序适用于闭环产品系统。也适用于再生利用材料的固有特性不发生变化的开环产品系统。在这种情况下，由于是用次级材料取代初级材料，故不必进行分配。然而，在应用的开环产品系统中对初级材料的第一次使用可采用在b)中列出的开环分配程序。

b) 开环分配程序适用于材料被再生利用输入到其他产品系统且其固有特性发生改变的开环产品系统。

---

3) 通常，第1步不是分配程序的一部分。

4) 在一些国家或地区，再生利用包括再使用、再循环以及物质和能量回收。

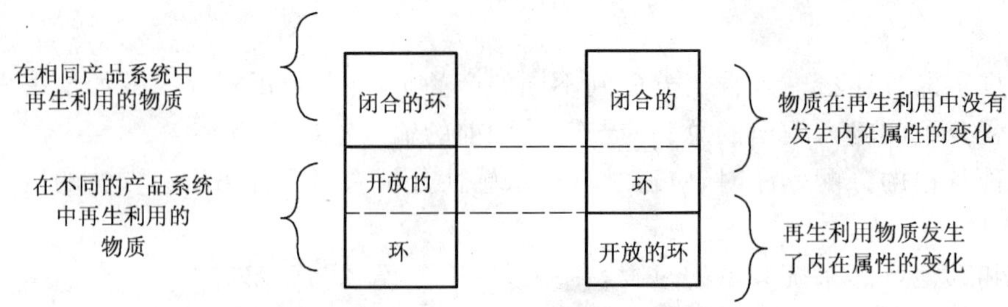

图 2　产品系统的技术描述和再生利用分配程序之间的区别

4.3.4.3.4　在 4.3.4.3 中提到的共享单元过程的分配程序(如果可行并且以此作为分配的基础)宜采用如下顺序：

——物理属性(例如质量)；

——经济价值(例如废料和再生利用物质的市场价值与初级材料市场价值的比值)；

——再生利用材料的后续使用的次数(见 ISO/TR 14049)。

4.4　生命周期影响评价(LCIA)

4.4.1　概述

LCIA 和其他技术，例如环境绩效评价、环境影响评价和风险评价等不同，因为它是一种基于功能单位的相对方法。LCIA 可以使用来自这些其他技术的信息。

应对 LCIA 进行精心计划以满足 LCA 目的和范围。LCIA 阶段应同 LCA 的其他阶段相协调，并且考虑下列可能的遗漏和不确定性的来源：

a) LCI 在数据和结果质量上是否能满足根据目的和范围的需求开展 LCIA 的要求；

b) 对系统边界和数据取舍的决定是否做了足够的评审以确保得到所需的 LCI 结果，以便计算 LCIA 的参数结果；

c) LCI 阶段功能单位的计算、全系统内的平均、合并和分配等是否削弱了 LCIA 参数结果的环境相关性。

LCIA 阶段包括不同的影响类型下参数结果的收集，这些指标结果体现了产品系统的 LCIA 结果。

LCIA 包括必备和可选两类要素。

4.4.2　LCIA 必备要素

4.4.2.1　概述

LCIA 阶段应包括下列必备要素：

——影响类型、类型参数和特征化模型的选择；

——将 LCI 结果划分到所选的影响类型中(分类)；

——类型参数结果的计算(特征化)。

4.4.2.2　影响类型、类型参数和特征化模型的选择

4.4.2.2.1　在 LCA 中，对任何有关影响类型、类型参数和特征化模型的选择，均应注明相关信息及来源。这也适用于新的影响类型、类型参数或特征化模型的确定。

注：影响类型的示例见 ISO/TR 14047。

应赋予影响类型和类型参数准确的描述性名称。

影响类型、类型参数和特征化模型的选择应通过验证并符合 LCA 的目的和范围。

所选择的影响类型在考虑到研究的目的和范围的同时，应能全面反映产品系统所涉及的环境问题。

应对环境机制与特征化模型进行说明，它们将 LCI 结果和类型参数相联系并为特征化因子提供

基础。

根据研究目的和范围,应对用来导出类型参数的特征化模型的适用性进行说明。

应对 LCI 结果中除物质流和能量流以外的数据(例如土地利用)也加以识别,并确定它们和相应的类型参数之间的关系。

对于大多数的 LCA 研究,通常选择现有的影响类型、类型参数和特征化模型。然而,在有些情况下,现有的影响类型、类型参数和特征化模型不能满足 LCA 研究的目的和范围的需要,就要定义新的影响类型、类型参数和特征化模型,而这时本条款中的建议仍然适用。

图 3 说明了基于环境机制下的类型参数的概念。在图 3 中以“酸化”这一影响类型为例进行说明。每种影响类型都有其自身的环境机制。

特征化模型通过表述 LCI 结果、类型参数以及类型终点(在某些情况下)之间的关系反映环境机制。特征化模型用来导出特征化因子。环境机制是与影响的特征相关联的环境过程的总和。

4.4.2.2.2 对于每一种影响类型,LCIA 内容应包括:

——识别类型终点;

——就给定的类型终点定义类型参数;

——识别能归属到一定影响类型的适当的 LCI 结果(考虑选定的类型参数和所识别的类型终点);

——确定特征化模型和特征化因子。

这一程序有助于对 LCI 结果的收集、归类和建立特征化模型,同时有助于突出特征化模型的科学技术有效性、假设、价值选择和准确度。

可在 LCI 结果和类型终点之间的环境机制中任何环节选择类型参数(见图 3)。表 1 提供了本标准术语的示例。

注:更详细的示例参见 ISO/TR 14047。

环境相关性是对类型参数结果和类型终点之间关联程度的一个定性评价;例如可分为高、中、低关联程度。

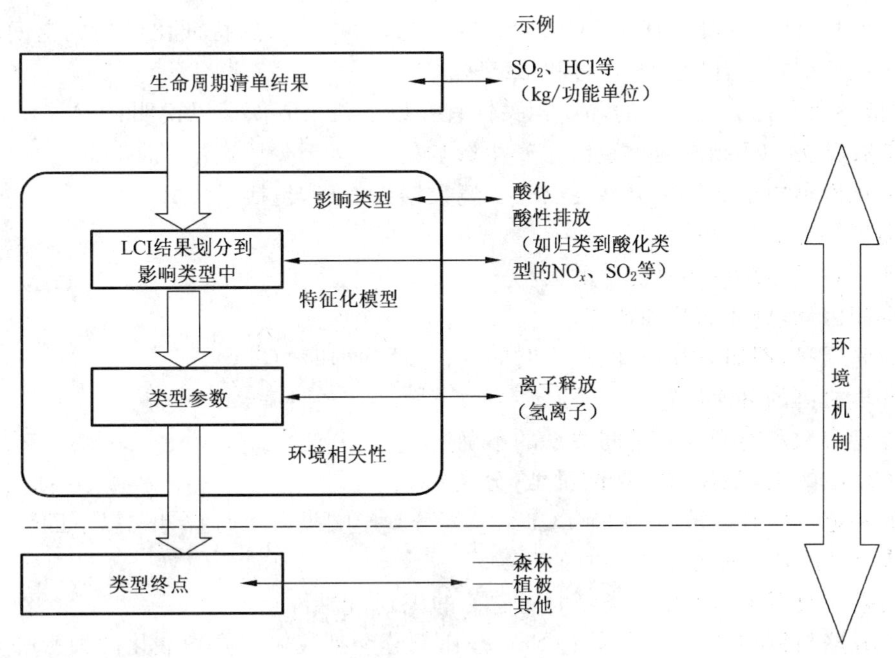

图 3 类型参数的概念

表 1 术语示例

术 语	示 例
影响类型	气候变化
LCI 结果	每个功能单位的温室气体量
特征化模型	IPCC 的 100 年基准线模型
类型参数	红外辐射强度(W/m^2)
特征化因子	每种温室气体(kg CO_2 当量/kg 气体)的全球变暖潜值(GWP_{100})
类型参数结果	每个功能单位的千克 CO_2 当量
类型终点	珊瑚礁、森林、谷物
环境相关性	红外辐射强度反映了潜在的气候影响，这取决于由排放引起的总的大气热吸收以及在一定时期内热吸收的分布

4.4.2.2.3 除了在 4.4.2.2.1 中规定的要求外，以下建议也适用于影响类型、类型参数和特征化模型的选择：

a) 影响类型、类型参数和特征化模型宜为国际上能接受的，例如：基于国际协议或被有资格的国际机构所批准的；

b) 影响类型宜通过类型参数反映产品系统在类型终点的输入和输出的总影响；

c) 在选择影响类型、类型参数和特征化模型时宜尽量少用价值选择和假设；

d) 除非是出于研究目的和范围的要求，宜避免对影响类型、类型参数和特征化模型进行反复计算，例如研究中同时涉及人类健康和致癌性；

e) 每种类型参数的特征化模型宜在科学技术上是有效的，并基于可明确识别的环境机制和可再现的经验观察；

f) 宜对特征化模型和特征化因子在科学技术上的有效程度加以识别；

g) 类型参数宜具有环境相关性。

根据环境机制和目的及范围，宜对 LCI 结果和类型参数相联系的特征化模型的空间和时间差异予以考虑。特征化模型中宜包含物质的转移和最终去向。

4.4.2.2.4 类型参数和特征化模型的环境相关性宜在以下几个方面予以说明：

a) 类型参数反映 LCI 结果对类型终点产生影响的能力(至少要定性说明)；

b) 在特征化模型中添加有关类型终点的环境数据或信息，包括：

——类型终点的状况；

——评价各类型终点相对变化的大小；

——空间因素，例如面积和范围；

——时间因素，例如时间跨度、滞留时间、持久性和即时性等；

——环境机制的可逆性；

——类型参数和类型终点之间关系的不确定性。

4.4.2.3 将 LCI 结果划分到所选的影响类型(分类)

除非在目的和范围中有要求，否则将 LCI 结果划分到影响类型中时宜考虑以下因素：

a) LCI 结果仅涉及一种影响类型时的归类；

b) LCI 结果涉及不止一种影响类型时对它们的识别，包括：

——在并联机制中的区分(例如将 SO_2 按比例分配到人体健康和酸化两种影响类型)，

——在串联机制中分配(例如可将 NO_x 分别划归到地面臭氧形成和酸化两种影响类型中)。

4.4.2.4 类型参数结果的计算(特征化)

参数结果的计算(特征化)包括对 LCI 结果进行统一单位换算，并在相同的影响类型内对换算结果进行合并。这一转化采用特征化因子。特征化的结果是一个量化指标。

应对参数结果的计算方法,包括所使用的价值选择和假设,加以确定并进行书面说明。

如果 LCI 的结果无法获得,或者数据质量无法支持 LCIA 实现研究的目的和范围,则需要反复收集数据或调整目的和范围。

参数结果对特定目的和范围的适用性取决于特征化模型和特征化因子的准确性、有效性和性质。由于影响类型的不同,用于特征化模型类型参数的价值选择和简化假设的数量和种类也有所不同,这取决于地理区域。特征化模型的简化性和准确性之间往往存在折中。各种影响类型中类型参数质量的差异可能对整个 LCA 研究的准确性产生影响,引起这些差异的原因例如:

——系统边界和类型终点之间环境机制的复杂性;

——时间和空间特性,例如某种物质在环境中的持久性;

——剂量-反应特性。

关于环境状况的更多信息能赋予参数结果更多的含义并提高其可用性,在进行数据质量分析时也可加以考虑。

4.4.2.5 特征化后的结果数据

在进行特征化后及可选要素(见 4.4.3)之前,产品系统的输入和输出通过下列方面来体现:

——将不同影响类型的 LCIA 类型参数结果分别进行汇总,成为 LCIA 的结果;

——一套基本流的清单结果,但由于缺少环境相关性,它们尚未划分至各影响类型中;

——一套没有反映基本流的数据。

4.4.3 LCIA 的可选要素

4.4.3.1 概述

除了 LCIA 要素(见 4.4.2.2)外,还可根据 LCA 的目的和范围,列出如下可选要素和信息:

a) 归一化:根据基准信息对类型参数结果的大小进行计算;

b) 分组:对影响类型进行分类并尽可能排序;

c) 加权:使用基于价值选择所得到的数值因子对不同的影响类型的参数结果进行转化和尽可能的合并,加权前的数据宜保留;

d) 数据质量分析:更好的理解参数结果收集的可靠性以及 LCIA 结果。

这些 LCIA 的可选要素可以使用来自 LCIA 框架外的信息。对这些信息的使用宜做出解释,并将这些解释予以记载。

归一化、分组和加权方法的应用应与 LCA 研究的目的和范围保持一致,并且它应是全部透明的。所有采用的方法和计算都应做出书面说明以提供透明性。

4.4.3.2 归一化

4.4.3.2.1 归一化是根据基准信息对类型参数结果的大小进行计算。归一化的目的是更好的认识所研究的产品系统中每一个参数结果的相对大小。它是一个可选要素,它有助于:

——检查不一致性;

——提供和交流关于参数结果相对重要性的信息;

——为其他阶段例如分组、加权、生命周期解释等做准备。

4.4.3.2.2 在归一化中,通过选定一个基准值做除数对参数结果进行转化,例如:

——特定范围内(例如全球、区域、国家和局地)的输入和输出总量;

——特定范围内人均(或类似均值)的输入和输出总量;

——基准线情景方案,例如特定的备选产品系统的输入和输出。

对基准系统的选择宜考虑环境机制和基准值在时间和空间范围上的一致性。

参数结果的归一化可改变从 LCIA 阶段得出的结论。它可能需要使用若干个基准系统以体现对 LCIA 阶段的必备要素结果的影响。敏感性分析可提供关于选择基准数据的额外信息。归一化的类型参数结果集合反映归一化后的LCIA结果。

4.4.3.3 分组

分组是把影响类型划分到在目的和范围确定阶段预先规定的一个或若干组影响类型中去，其中可包括分类和(或)排序。分组是一种可选要素，包括以下两个不同的可能的步骤：

——根据性质对影响类型进行分类(例如属于输入还是输出，是全球性、区域性还是局地性的)；

——或根据预定的等级规则对影响类型进行排序(例如属于高、中、低级)。

排序基于价值选择。由于不同的个人、组织和人群可能具有不同的倾向性，它们对于同样的参数结果或归一化的参数结果可能得出不同的排序结果。

4.4.3.4 加权

4.4.3.4.1 加权是使用基于价值选择所得到的数值因子对不同影响类型的参数结果进行转化的过程，其中可包含已加权的参数结果的合并。

4.4.3.4.2 加权是一种可选要素，包括以下两个可能的步骤之一：

——用选定的加权因子对参数结果或归一化的结果进行转换；

——对各个影响类型中转换后的参数结果或归一化的结果进行合并。

加权是基于价值选择而不是基于科学。由于不同的个人、组织和人群可能具有不同的倾向性，它们对于同样的参数结果或归一化的参数结果可能得到不同的加权结果。在一项LCA研究中可能要使用若干不同的加权因子和加权方法，并进行敏感性分析来评价不同的价值选择和加权方法对LCIA结果的影响。

4.4.3.4.3 宜将加权前所取得的数据和参数结果或归一化的结果和加权结果一同予以提供，以确保：

——决策者和其他使用者能熟悉所做的权衡和其他信息；

——使用者能掌握这些结果的全面情况和有关细节。

4.4.4 进一步的LCIA数据质量分析

4.4.4.1 为更好的认识LCIA结果的重要性、不确定性和敏感性，可能需要更多的有关方法和信息，以便：

——判别是否存在重要差异；

——确定可忽略的LCI结果；

——指导LCIA的反复性过程。

对方法的需求和选择取决于实现LCA研究目的和范围所需的准确性和详尽程度。

4.4.4.2 有关方法及其作用如下：

a) 重要度分析(例如帕雷托分析)是一种用来识别对参数结果具有最重要影响的数据的统计流程。将识别的数据进行优先研究，以确保做出正确决定。

b) 不确定性分析是一个用来确定在计算中数据和假设的不确定程度及其对LCIA结果可信度的影响程度的流程。

c) 敏感性分析是一个确定变化(例如在数据和方法学的选择上发生的变化)对LCIA结果的影响程度的流程。

与LCA反复性的本质相一致，LCIA数据质量分析的结果可以导致对LCI阶段的重新修订。

4.4.5 用于向公众发布对比论断的LCIA

用于向公众发布对比论断的LCIA应使用一套足够广泛的类型参数。应对类型参数进行逐个对比。

在用于向公众发布对比论断中，不应以LCIA作为判定整体环境优越性或等价性的单一基础。因此为克服一些LCIA内在的局限性，可能需要更多的信息支持。价值选择没有包括有关时间、空间、阈值和剂量-反应等方面信息，相对的方法以及不同影响类型的准确度等内容都是LCIA局限性的例子。LCIA结果不对类型终点、超出阈值、安全极限或风险等影响进行预测。

被用在向公众发布对比论断的参数类型至少应：

——从科学技术的角度上是正确的，即基于可明确识别的环境机制或可再现的经验观察；

——有环境相关性，即和类型终点有足够明显的联系，包括(但不仅限于)空间和时间特性。

被用在向公众发布的对比论断的类型参数宜为国际上能够接受的。

加权(见 4.4.3.4)不应被用在向公众发布的对比论断的 LCA 研究中。

对于向公众发布的对比论断的研究，应对研究结果进行敏感性和不确定性分析。

4.5 生命周期解释

4.5.1 概述

4.5.1.1 LCA 和 LCI 研究中的生命周期解释阶段由以下几个要素组成(见图 4)：

——以 LCA 中 LCI 和 LCIA 阶段的结果为基础对重大问题的识别；

——评估，包括完整性、敏感性和一致性检查；

——结论、局限和建议。

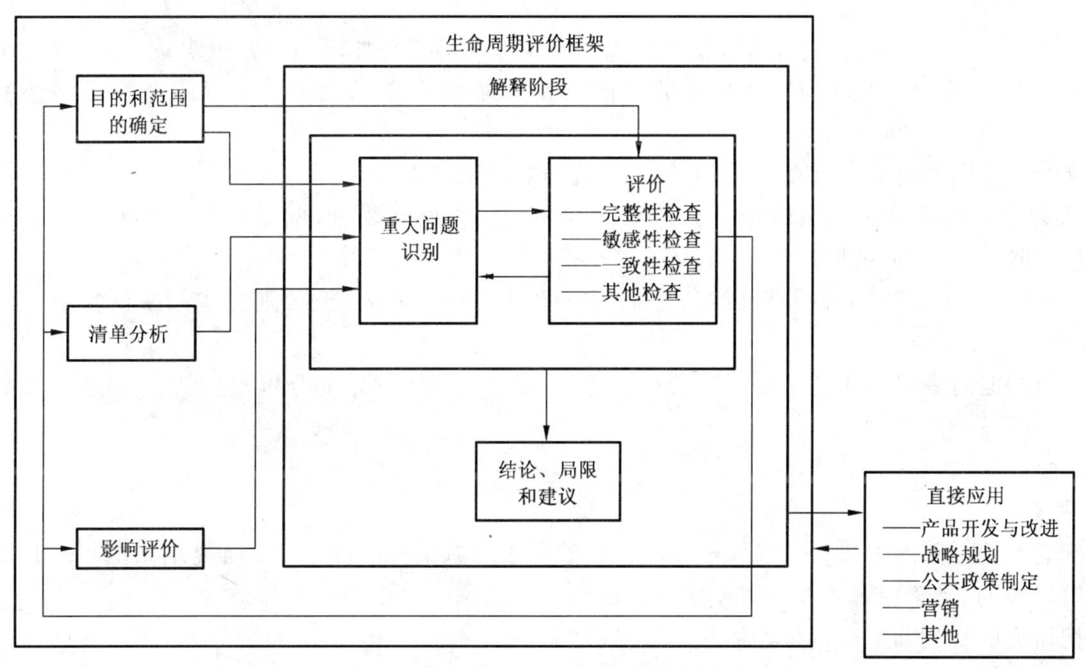

图 4 LCA 解释阶段的要素与其他阶段之间的关系

图 4 描述了生命周期解释与 LCA 其他阶段之间的关系。

目的与范围的确定阶段和解释阶段决定着 LCA 的研究意图，而其他阶段(LCI 和 LCIA)则提供了有关产品系统的信息。

应根据研究的目的和范围对 LCI 和 LCIA 阶段的结果做出解释。解释应包括对重要的输入、输出和方法学的选择的评价和敏感性检查，以便理解结果的不确定性。

4.5.1.2 解释应根据研究的目的考虑如下内容：

——系统功能、功能单位和系统边界定义的适当性；

——数据质量评价和敏感性分析所识别出的局限性。

应对源于 LCI 和 LCIA 结果的数据质量评价、敏感性分析、结论以及任何建议予以检查。

对 LCI 结果做出的解释宜谨慎，因为该结果是指输入和输出数据，而不是指环境影响。另外，LCI 结果的不确定性是由输入的不确定性和数据的变化所产生的复合效应导致的。结果的不确定性可以通过分布区间或概率分布表达。只要可行，就宜采用这种分析方法来更好地解释和支持 LCI 的结论。

关于生命周期解释更多的信息和示例参见附录 B。

4.5.2 重大问题识别

4.5.2.1 本要素旨在根据确定的目的和范围以及与评价要素的相互作用,对LCI或LCIA阶段得出的结果进行组织,以便有助于确定重大问题。这种交互的目的将包括前面阶段所涉及的使用方法和所做的假设等,例如分配规则、取舍准则、影响类型、类型参数和模型的选择。

4.5.2.2 重大问题的示例

——清单数据,例如能源、排放物、废物;

——影响类型,例如资源使用、气候变化;

——生命周期各阶段对LCI或LCIA结果的主要贡献,例如运输、能源生产等单一单元过程或过程组。

现有各种具体的途径、方法和工具来识别环境问题并确定其重要性。

注:示例参见B.2。

4.5.2.3 LCA前几个阶段要求

包括以下四种类型的信息:

a) LCI和LCIA的发现:应将这些发现与数据质量方面的信息加以汇总并组织;

b) 方法学的选择:诸如LCI所规定的分配规则和系统边界以及LCIA所使用的类型参数和模型;

c) 目的和范围的确定中所确定的LCA研究使用的价值选择;

d) 目的和范围所确定的与应用有关的不同相关方的作用和职责,例如同时实施鉴定性评审过程,则还包括评审结果。

当前面阶段(LCI,LCIA)的结果已经满足了研究的目的和范围的要求,则这些结果的重要性应被确定。

应对所有当时可获得的相关结果进行汇总并整合,以便进行更深入的分析,包括关于数据质量方面的信息。

4.5.3 评估

4.5.3.1 概述

本要素旨在建立并增强包括前一要素中所识别的重大问题的LCA或LCI研究结果的可信性和可靠性。宜以清晰的、易于理解的方式向委托方或任何其他相关方提交评估的结果。

应根据研究的目的和范围进行评估。

在评估过程中应考虑使用以下三种技术:

——完整性检查(见4.5.3.2);

——敏感性检查(见4.5.3.3);

——一致性检查(见4.5.3.4)。

宜以不确定性分析结果和数据质量分析结果作为对上述检查的补充。

评估宜考虑研究结果的最终应用意图。

注:示例参见B.3。

4.5.3.2 完整性检查

完整性检查的目的是确保解释所需的所有相关信息和数据已经获得,并且是完整的。如果某些信息缺失或不完整,则应考虑这些信息对满足LCA研究目的和范围的必要性。并且应记录这一发现及其理由。

如果某些对于确定重大问题十分必要的信息缺失或不完整,则宜重新检查前面的阶段(LCI、LCIA),或对目的和范围加以调整。如果缺失的信息是不必要的,则宜记录相应的理由。

4.5.3.3 敏感性检查

敏感性检查的目的是通过确定最终结果和结论是如何受到数据、分配方法或类型参数结果的计算等的不确定性的影响，来评价其可靠性。

如果在LCI和LCIA阶段已经做了敏感性分析和不确定性分析，则该评价应包括这些分析的结果。

敏感性检查应考虑如下因素：

——研究的目的和范围中预先确定的问题；

——研究中所有其他阶段所形成的结果；

——专家判断和经验。

当LCA被用于向外界公布的对比论断中时，评估应包括基于敏感性分析所做的解释性声明。

敏感性检查所要求的详细程度主要取决于清单分析的发现，如果进行了影响评价，则还取决于影响评价的发现。

敏感性检查的结果决定是否有必要进行更广泛和(或)更精确的敏感性分析，并表明对研究结果产生的显著影响。

敏感性检查未发现不同研究之间的重大区别，并不意味着这种区别不存在。但没有重大区别可以作为研究结果的终点。

4.5.3.4 一致性检查

一致性检查的目的是确认假设、方法和数据是否与目的和范围的要求相一致。

如果与LCA或LCI研究有关，则以下问题应予以说明。

a) 同一产品系统生命周期中以及不同产品系统间数据质量的差别是否与研究的目的和范围一致？

b) 是否一致地应用了地域的和(或)时间的差别(如果存在)？

c) 所有的产品系统是否都应用了一致的分配规则和系统边界？

d) 所应用的各影响评价要素是否一致？

4.5.4 结论、局限和建议

本部分的目的旨在针对LCA研究的沟通对象形成结论、识别局限，并提出建议。

结论应从研究中得出。它宜与生命周期解释阶段的其他要素一起通过反复的过程获得。该过程的逻辑顺序如下所述：

a) 识别重大问题；

b) 评估方法学和结果的完整性、敏感性和一致性；

c) 形成初步结论并检查该结论是否符合研究目的和范围的要求，特别是数据质量要求、预先确定的假设和数值、方法学和研究的局限，以及应用所需的要求；

d) 如果结论是一致的，则作为报告的完整结论，否则返回到前面相应的步骤a)、b)或c)。

应根据研究的最终结论提出建议，建议应合理的反映结论。

只要向决策者提出的具体建议适合于研究的目的和范围，就应对此做出解释。

建议宜与应用意图相关。

5 报告

5.1 总体要求和考虑

5.1.1 报告的类型和格式应在研究的范围中予以确定。

LCA研究的结果和结论应完整地、准确地、不带偏向性地向沟通对象予以报告。结果、数据、方法、假设和局限性应是透明的，并且有足够详细的说明，以便读者能理解其固有的复杂性和所做出的权衡。报告也应允许其结果和解释可被用在与研究的目的相一致的其他方面。

5.1.2 除了5.1.1和5.2 c)中列出的内容外，在编制第三方报告时也宜考虑下列内容：

a) 对初始范围的修改及理由；

b) 系统边界，包括：

——系统基本流中的输入和输出的类型；

——边界确定准则；

c) 单元过程的描述，包括：

——所确定的分配方法；

d) 数据，包括：

——数据的确定；

——每个数据的细节；

——数据质量要求；

e) 影响类型和类型参数的选择。

5.1.3 在报告中用图形表示LCI结果和LCIA结果可能有助于说明问题，但宜考虑到它有对比和下结论的隐含效果。

5.2 第三方报告的附加要求和指南

当LCA的结果要通报任何第三方(即除研究的委托方或从业者之外的相关方)时，无论通报形式如何，均应编制第三方报告。

第三方报告可基于含有保密信息的研究文本来完成，但这些保密信息可不出现在第三方报告中。

第三方报告为一份说明文件，任何被通报结果的第三方都应能够得到这一报告。第三方报告应包括下列内容：

a) 基本情况

1) LCA委托方、LCA从业者(内部和外部的)；

2) 报告日期；

3) 该项研究是根据本标准进行的声明。

b) 研究目的

1) 开展研究的原因；

2) 应用意图；

3) 预期的沟通对象；

4) 对该研究是否用于向公众发布的对比论断进行声明。

c) 研究范围

1) 功能，包括：

i) 性能特征的表述；

ii) 进行比较时所忽略的其他功能；

2) 功能单位，包括：

i) 和目的与范围的一致性；

ii) 定义；

iii) 性能测量的结果；

3) 系统边界，包括：

i) 所忽略的生命周期阶段、过程或数据需求；

ii) 能量和物质的输入和输出的量化；

iii) 电力生产的假设；

4) 输入和输出初步选择的取舍准则，包括：

i) 取舍准则和假设的描述；

ii) 准则的选用对结果的影响；

iii) 包含的物质、能量和环境取舍准则。

d) 生命周期清单分析

1） 数据收集程序；
2） 单元过程的定性和定量描述；
3） 公开出版的文献来源；
4） 计算程序；
5） 数据的审定，包括：
i） 数据质量评价；
ii） 对缺失数据的处理；
6） 为修改系统边界所作的敏感性分析；
7） 分配原则和程序，包括：
i） 分配程序文件的编制和论证；
ii） 分配程序的统一应用。

e） 生命周期影响评价（适用时）
1） LCIA 环节、计算和结果；
2） 基于 LCA 目的和范围的 LCIA 结果的局限；
3） LCIA 结果与上述目的和范围之间的关系（见 4.2）；
4） LCIA 与 LCI 结果之间的关系（见 4.4）；
5） 所考虑的影响类型和类型参数，包括选择的理由和来源；
6） 使用的特征化模型、特征化因子和方法，以及所有假设和局限的表述或引用；
7） 影响类型、特征化模型、特征化因子、归一化、分组、加权和 LCIA 中其他方面所用到的价值选择的表述或引用，选用的理由以及它们对结果、结论和建议的影响；
8） 声明 LCIA 结果只是一种相对概念，而不预测对类型终点的影响、超出阈值、安全极限或风险等情况。

当它作为 LCA 研究的一部分时，还应考虑：
i） 表述和论证 LCIA 中使用的任何新的影响类型、类型参数或特征化模型；
ii） 对所有影响类型分组的声明和论证；
iii） 对参数结果进行转化的其他程序和选择基准值和加权因子的论证；
iv） 对参数结果的任何分析，例如敏感性和不确定性分析、环境数据的使用以及这些结果的内在含义；
v） 在归一化、分组或加权之前得到的数据和参数结果应与归一化、分组或加权之后得到的结果同时提供。

f） 生命周期解释
1） 结果；
2） 结果解释中与方法学和数据有关的假设和局限；
3） 数据质量评价；
4） 在价值选择、基本原理和专家判断上保持完全的透明。

g） 鉴定性评审（适用时），包括：
1） 评审人员的姓名和单位；
2） 鉴定性评审报告；
3） 对建议的答复。

5.3 向公众发布的对比论断进行报告的要求

5.3.1 当 LCA 研究用于支持向外界公布的对比论断时，在报告中除了要包括 5.1 和 5.2 中的内容外还应说明如下问题：

a） 为判定物质流和能量流是否包括在系统边界内所做的分析；

b) 对所使用的数据的准确性、完整性和代表性的评价;
c) 根据 4.2.3.7 对比较的系统等价性的描述;
d) 对鉴定性评审过程的描述;
e) 对 LCIA 完整性的评估;
f) 声明所选用的类型参数是否为国际上所接受,并对其使用进行论证;
g) 对研究使用的类型参数的科学技术有效性和环境相关性进行解释说明;
h) 不确定性和敏感性分析的结果;
i) 对发现的差异的重要性的评估。

5.3.2 如果在 LCA 中包括分组,则应增加:
a) 分组程序和结果;
b) 声明通过分组所做出的结论和建议都是基于价值选择;
c) 对用来进行归一化和分组的准则的论证(这些准则可以是个人的、组织的或国家的价值选择);
d) 声明"GB/T 24044 不规定任何具体方法或支持特定的价值选择对影响类型进行分组";
e) 声明"研究的委托方自行对分组程序中的价值选择和判断负责"(研究的委托方可为政府、社区、组织等)。

6 鉴定性评审

6.1 概述

鉴定性评审应确保:
——用于进行 LCA 的方法符合本标准;
——用于进行 LCA 的方法在科学上和技术上是有效的;
——就研究目的而言,所使用的数据是恰当和合理的;
——解释能反映所识别的局限性和研究目的;
——研究报告具有透明性和一致性。

鉴定性评审的范围和类型应在确定 LCA 研究范围的阶段予以确定,并且鉴定性评审的类型的确定也应被记录。

为减少外部相关方发生误解或受到负面影响的可能性,对结果用于支持向公众公布的对比论断的 LCA 研究,应由相关方评审组来开展鉴定性评审。

6.2 内部或外部专家进行的鉴定性评审

鉴定性评审可由内部或外部的专家来进行。进行评审的专家必须是独立于 LCA 研究的。评审报告书、从业者的意见和对评审人员建议的答复都应纳入到 LCA 的研究报告中。

6.3 相关方评审组的鉴定性评审

鉴定性评审可由相关方来进行。此时,宜由研究的委托方选定一名独立的外部专家担任评审组的负责人,评审组至少有 3 名成员。该负责人宜根据研究的目的和范围,挑选其他具备资格的独立人员担任评审员。评审组中可包含受 LCA 研究结论影响的其他相关方,例如政府机构、非政府团体、竞争对手以及受影响的行业。

LCIA 评审者除应具有其他相关技能和兴趣外,还应考虑他们在与重要影响类型有关的学科方面的能力。

评审声明和评审组报告,以及专家意见和对评审人员或评审组建议的答复均应纳入到 LCA 报告中。

附 录 A
（资料性附录）
数据收集表示例

A.1 概述

在本附录中的数据收集表可作为资料性示例使用，用来说明从报送地点收集的有关单元过程的信息的性质。

选用数据收集表中的数据时应审慎。所选的数据及其具体程度应与研究目的相符。因而所给的数据仅仅是示意性的。有些研究对数据的要求非常具体，例如，在草拟向土地排放的清单时要考虑具体的化合物，而不是此处所示的较为一般的数据。

这些收集表可同时附有关于数据收集和输入的说明，此处还可以包括有关数据输入的问题，以便深入了解输入数据的性质和取得数据的方式。

可以在这些收集表中增添有关其他项目的栏目，例如数据质量（不确定性或测量值、计算值、估算值等）。

A.2 用于上游运输的数据收集表示例

本例中需要收集数据的中间产品的名称和吨数已经记录在要研究的系统模型中。本示例假设两个有关单元过程之间的运输方式为公路运输。同样的收集表也适用于铁路和水路运输。

中间产品名称	公路运输			
	路程 (km)	卡车装载能力 (t)	实际负荷 (t)	空载返回 (是/否)

燃料消耗和相应的空气排放通过运输模型进行计算。

A.3 用于内部运输的数据收集表示例

本例为工厂内部的运输清单。其中的数据是取自一个特定的时段，给出燃料消耗的实际数量。如果还需要来自其他时段的最大值和最小值，可在表中增添新的栏目。

内部运输也须进行分配，例如对某场所总耗电量的分配。

空气排放采用燃料消耗模型计算。

	输入的运输总量	消耗的燃料总量
柴油		
汽油		
LPG[a]		

[a] LPG 指液化石油气。

A.4 用于单元过程的数据收集表示例

制表人：	制表日期：			
单元过程标识：	报送地点：			
时段：年	起始月：		终止月：	
单元过程表述（如需要可加附页）				
材料输入	单位	数量	取样程序描述	来源
水消耗[a]	单位	数量		
能量输入[b]	单位	数量	取样程序描述	来源
材料输出（包括产品）	单位	数量	取样程序描述	目的地
注：此数据收集表中的数据是指规定时段内所有未分配的输入和输出。				
a 例如地表水、饮用水。 b 例如重燃料油、中燃料油、轻燃料油、煤油、汽油、天然气、丙烷、煤、生物质、网电。				

A.5 生命周期清单分析数据收集表示例

<table>
<tr><td colspan="3">单元过程名称：</td><td>报送地点：</td></tr>
<tr><td>向空气排放[a]</td><td>单位</td><td>数量</td><td>取样程序描述(如需要可加附页)</td></tr>
<tr><td></td><td></td><td></td><td></td></tr>
<tr><td></td><td></td><td></td><td></td></tr>
<tr><td colspan="4"></td></tr>
<tr><td>向水体排放[b]</td><td>单位</td><td>数量</td><td>取样程序描述(如需要可加附页)</td></tr>
<tr><td></td><td></td><td></td><td></td></tr>
<tr><td></td><td></td><td></td><td></td></tr>
<tr><td colspan="4"></td></tr>
<tr><td>向土壤排放[c]</td><td>单位</td><td>数量</td><td>取样程序描述(如需要可加附页)</td></tr>
<tr><td></td><td></td><td></td><td></td></tr>
<tr><td></td><td></td><td></td><td></td></tr>
<tr><td colspan="4"></td></tr>
<tr><td>其他排放[d]</td><td>单位</td><td>数量</td><td>取样程序描述(如需要可加附页)</td></tr>
<tr><td></td><td></td><td></td><td></td></tr>
<tr><td></td><td></td><td></td><td></td></tr>
<tr><td colspan="4">对与单元过程功能描述不同的任何计算、数据收集、取样或变化加以说明(如需要可加附页)。</td></tr>
<tr><td colspan="4">a 例如无机物：Cl_2、CO、CO_2、粉尘/颗粒物、F_2、H_2S、H_2SO_4、HCl、HF、N_2O、NH_3、NO_x、SO_x；有机物：烃、多氯联苯(PCB)、二噁英、酚类；金属：Hg、Pb、Cr、Fe、Zn、Ni。
b 例如：生化需氧量(BOD)、化学耗氧量(COD)、酸、Cl_2、CN_2^-、洗涤剂/油脂、溶解性有机物、F^-、Fe^{2+}、Hg^+、烃、Na^+、NH_4^+、NO_3^-、有机氯、其他金属、其他氮化合物、酚类、磷酸盐、SO_4^{2-}、悬浮物。
c 例如：矿物废物、工业混合废物、城市固体废物、有毒废物(列出属于本数据类型的化合物)。
d 例如：噪声、辐射、振动、恶臭、余热。</td></tr>
</table>

附 录 B
（资料性附录）
生命周期解释示例

B.1 概述

为帮助使用者理解如何进行生命周期解释，本附录将为 LCA 或 LCI 研究解释阶段中的要素提供示例。

B.2 识别重大问题的示例

B.2.1 识别要素（见 4.5.2）和评估要素（见 4.5.3）是交互反复进行的。它包括了信息的识别和组织以及随后对重大问题的确定。对可获得数据和信息加以组织是一个与 LCI 阶段、LCIA 阶段（如果进行）以及目的与范围的确定同时进行的、反复的过程。信息的组织可能已在以前的 LCI 或 LCIA 阶段完成，并旨在为这些早期阶段的结果提供综述。这有助于确定重大环境问题，形成结论和建议。在信息组织的基础上，将运用分析技术进行任何后续的确定。

B.2.2 根据研究的目的和范围可运用不同的组织方法。其中，可采用以下可能的组织方法：

a） 生命周期阶段的区分：例如原材料生产、产品的制造、使用、再生利用和废物处理（见表 B.1）；

b） 过程组之间的区分：例如运输、能源供给（见表 B.4）；

c） 不同程度管理影响下的过程之间的区分。例如，变化和改进可被控制的内部过程，外部职责，例如国家能源政策、供方的特定边界条件等所确定的过程（见表 B.5）；

d） 各个单元过程之间的区分。这可能是最细化的分解层次。

这一组织过程的输出可以二维矩阵表述，其中，上述区分准则构成了列，清单输入输出或各类型参数结果构成了行。采用这种组织方式有可能对各个影响类型进行更详尽的检查。

重大问题的确定基于所组织的信息。

B.2.3 与各个清单数据相关联的数据可在目的和范围阶段预先确定，也可从清单分析或其他来源（例如公司的环境管理体系或环境政策）获得。有多种可能的方法。根据研究的目的和范围以及所要求的详尽程度，可以应用以下方法：

a） 贡献分析：检查生命周期阶段（见表 B.2 和表 B.8）或过程组（见表 B.4）对总体结果的贡献，例如，以百分比表示对总体结果的贡献；

b） 优势分析：应用统计工具或其他技术，例如：定性或定量排列（例如 ABC 分析），以检查显著的或重大的贡献（见表 B.3）；

c） 影响分析：检查影响环境问题的可能性（见表 B.5）；

d） 异常分析：根据以前的经验，观察对预期或正常结果的反常偏离。从而可进行后续检查并指导改进评价（见表 B.6）。

该确定过程的结果也可以矩阵形式表述，其中上述区分准则构成列，清单输入输出或类型参数结构构成行。

对从目的和范围确定中所选取的任何特定输入和输出，或对任何单一的影响类型，也可实施该程序，以进行更详细的检查。在此识别过程中，并未对数据加以改变或重新计算，只是将数据转化为百分比等。

在表 B.1～表 B.8 中，对如何组织信息并予以列表提供示例。这些列表方法对 LCI 和 LCIA 结果都适用。

信息的组织可基于目的和范围的特定要求，或 LCI 或 LCIA 的发现。

B.2.4 表B.1是将LCI输入和输出与表示生命周期各阶段的单元过程组对照列表的示例。在表B.2中它是以百分比的形式出现的。

表B.1 生命周期各阶段的LCI输入和输出

LCI输入/输出	原材料生产/kg	制造过程/kg	使用阶段/kg	其他/kg	合计/kg
硬煤	1 200	25	500	—	1 725
CO_2	4 500	100	2 000	150	6 750
NO_x	40	10	20	20	90
磷酸盐	2.5	25	0.5	—	28
AOX[a]	0.05	0.5	0.01	0.05	0.61
城市废物	15	150	2	5	172
尾渣	1 500	—	—	250	1 750

[a] AOX指可吸收的有机卤化物。

表B.1提供的LCI结果表明了不同输入和输出在各个过程或生命周期阶段所占份额的大小。后续的评估可据此揭示并表明这些数据的内涵和稳定性，为形成结论和建议提供基础。评估可以是定量的，也可以是定性的。

表B.2 生命周期各阶段的LCI输入和输出的百分比贡献

LCI输入/输出	原材料生产/%	制造过程/%	使用阶段/%	其他/%	合计/%
硬煤	69.6	1.5	28.9	—	100
CO_2	66.7	1.5	29.6	2.2	100
NO_x	44.5	11.1	22.2	22.2	100
磷酸盐	8.9	89.3	1.8	—	100
AOX	8.2	82.0	1.6	8.22	100
城市废物	8.7	87.2	1.2	2.9	100
尾渣	85.7	—	—	14.3	100

此外，可通过特定的排列程序或目的和范围中预先确定的规则将这些结果排列并确定其优先次序。表B.3显示了应用这种排列程序，根据下列排列准则进行排序的结果。

A：最重要，有重大影响，即：贡献率＞50%

B：非常重要，有相关影响，即：25%＜贡献率＜50%

C：较重要，有一些影响，即：10%＜贡献率＜25%

D：较不重要，有较小影响，即：2.5%＜贡献率＜10%

E：不重要，影响可以忽略，即：贡献率＜2.5%

表B.3 生命周期各阶段LCI输入和输出的排列

LCI输入/输出	原材料生产	制造过程	使用阶段	其他	合计/kg
硬煤	A	E	B	—	1 725
CO_2	A	E	B	D	6 750
NO_x	B	C	C	C	90
磷酸盐	D	A	E	—	28
AOX	D	A	E	D	0.61
城市废物	D	A	E	D	172
尾渣	A	—	—	C	1 750

在表 B.4 中,使用了同样的 LCI 示例来说明另一种可能的架构方式。本表显示了架构不同过程组 LCI 输入和输出的示例。

表 B.4　按过程组分类的结构矩阵

LCA 输入/输出	能量供给/kg	运输/kg	其他/kg	合计/kg
硬煤	1 500	75	150	1 725
CO_2	5 500	1 000	250	6 750
NO_x	65	20	5	90
磷酸盐	5	10	13	28
AOX	0.01	—	0.6	0.61
城市废物	10	120	42	172
尾渣	1 000	250	500	1 750

其他的技术诸如确定相关的贡献并按所选择的准则加以排列的技术,遵循表 B.2 和 B.3 所显示的同样的程序。

B.2.5　表 B.5 显示了按照影响程度排列并按照单元过程组加以组织的 LCI 输入和输出示例,表述了不同的 LCI 输入和输出过程组。影响程度表述如下:

A:有效控制,可能有大的改进;

B:一般控制,可能有某些改进;

C:无控制。

表 B.5　各过程组的 LCI 输入输出影响程度排列

LCI 输入/输出	网电	现场能量供给	运输	其他	合计/kg
硬煤	C	A	B	B	1 725
CO_2	C	A	B	A	6 750
NO_x	C	A	B	C	90
磷酸盐	C	B	C	A	28
AOX	C	B	—	A	0.61
城市废物	C	A	C	A	172
尾渣	C	C	C	C	1 750

B.2.6　表 B.6 显示了对异常和非预期的结果进行评价并按单元过程组构成的 LCI 结果示例,表述了不同 LCI 输入和输出过程组,这种异常和非预期的结果标识如下:

●:非预期结果,例如贡献太大或太小;

#:异常结果,例如在预想无排放处发生了一定量的排放;

o:无注释。

异常结果可以表示计算或数据传送中的误差,因而宜予以认真考虑。在形成结论之前应对 LCI 或 LCIA 结果进行检查。

非预期结果也宜重新考虑并检查。

表 B.6 过程组的 LCI 输入和输出异常和非预期结果的标识

LCI 输入/输出	网电	现场能量供给	运输	其他	合计/kg
硬煤	○	○	●	○	1 725
CO_2	○	○	●	○	6 750
NO_x	○	○	○	○	90
磷酸盐	○	○	#	○	28
AOX	○	○	○	○	0.61
城市废物	○	●	○	●	172
尾渣	○	○	○	○	1 750

B.2.7 表 B.7 是一个基于 LCIA 结果的可能组织过程的示例。它将生命周期各阶段与类型参数结果，即全球变暖潜值(GWP_{100})进行对照列表，显示了生命周期各阶段不同的类型参数。

通过表 B.7 中特定物质对类型参数结果的贡献进行分析，可确定具有最大贡献的过程或生命周期阶段。

表 B.7 生命周期阶段类型参数结果(GWP100)的架构

全球变暖潜值(GWP_{100})的来源	原材料生产 kg CO_2 当量	制造过程 kg CO_2 当量	使用阶段 kg CO_2 当量	其他 kg CO_2 当量	总 GWP kg CO_2 当量
CO_2	500	250	1 800	200	2 750
CO	25	100	150	25	300
CH_4	750	50	100	150	1 050
N_2O	1 500	100	150	50	1 800
CF_4	1900	250	—	—	2 150
其他	200	150	120	80	550
合计	4 875	900	2 320	505	8 600

表 B.8 生命周期阶段类型参数结果(GWP100)的百分比架构

GWP_{100}的来源	原材料生产/%	制造过程/%	使用阶段/%	其他/%	总 GWP/%
CO_2	5.8	2	20.9	2.3	31.9
CO	0.3	1.1	1.7	0.3	3.4
CH_4	8.7	0.6	1.2	1.8	12.3
N_2O	17.4	1.2	1.8	0.6	21
CF_4	22.1	2.9	—	—	25.0
其他	2.4	1.7	1.4	0.9	6.4
合计	56.7	10.4	27	5.9	100

此外，还可考虑方法学的问题，例如运作不同的情景方案。通过显示那些与其他假设并行的结果，或通过确定哪些排放确实发生，可很容易的检查分配准则和取舍选择等的影响。

同样的，可通过证实各种假设对结果的不同影响来表明特征因素(例如 GWP_{100} 和 GWP_{500})对 LCIA 的影响或所选数据集对归一化和加权的影响。

B.2.8 总之，识别要素是为此后评估研究数据、信息和发现提供一种信息组织方法。建议考虑下列问题：

——各清单数据:排放物、能量和物质资源、废物等;
——各过程、单元过程或其他过程组;
——各生命周期阶段;
——各类型参数。

B.3 评估要素的示例

B.3.1 总则

评估要素和识别要素是同时进行的过程。为确定识别要素结果的可靠性和稳定性,这一反复进行的过程将对一些问题和任务做更详细的讨论。

B.3.2 完整性检查

完整性检查旨在确保所有阶段要求的全部信息和数据已被使用,并可用于解释。此外,还要确定数据断档并评估完成获取数据的需要。识别要素对于这些考虑是有价值的。表 B.9 显示了一个完整性检查的示例,它是针对 A 和 B 两种选择之间的比较研究的。然而,完整性只是一个经验值,它是用来保证没有遗漏重要的已知因素。

表 B.9 完整性检查一览表

过程单元	方案 A	是否完整	要求的措施	方案 B	是否完整	要求的措施
原材料生产	×	是		×	是	
能源供给	×	是		×	否	重新计算
运输	×	未知	检查清单	×	是	
加工	×	否	检查清单	×	是	
包装	×	是		—	否	与 A 比较
使用	×	未知	与 B 比较	×	是	
最终处置	×	未知	与 B 比较	×	未知	与 A 比较
注:×:数据可获得;—:当前无数据。						

表 B.9 中得出的结果显示了一些需要做的工作。对原始清单进行再计算或再核查时需要一个反馈环。

例如,当某项产品的废物管理未知时,应对两种可能的选择进行比较。这种比较会导致对废物管理状态进行深入的研究,也可得出两种选择无明显不同或这种区别与规定的目的和范围无关的结论。

这种检查的基础是使用一份检查单,其中包括含规定的清单参数(例如排放物、能量和物质资源、废物)、规定的生命周期阶段和过程以及规定的类型参数等。

B.3.3 敏感性检查

敏感性分析(敏感性检查)试图确定假设、方法和数据的变化对结果的影响。通常所确定的最重大问题的敏感性都要通过检查。敏感性分析的程序是将使用某些给定的假设、方法或数据所获得的结果与使用改变了的假设、方法或数据所获得的结果进行对比。

在敏感性分析中,通常是在一定范围内改变假设和数据的范围(例如±25%),检查对结果的影响,然后对比两种结果。敏感性可以变化的百分比或以结果的绝对偏差来表示。在此基础上,结果的重大变化(例如大于 10%)即可被确定。

另外,敏感性分析既可以在目的和范围的确定中提出,也可以基于经验或假设在研究过程中加以确定。敏感性分析对于以下假设、方法或数据的示例而言可能是有价值的:

——分配规则;
——取舍准则;

——边界设定和系统定义；
——数据的判断和假设；
——影响类型的选择；
——将清单结果划分到所选的影响类型中(分类)；
——类型参数结果的计算(特征化)；
——归一化结果；
——加权结果；
——加权方法；
——数据质量。

表 B.10、表 B.11 和表 B.12 展示了如何在现有的 LCI 和 LCIA 敏感性分析结果基础上进行敏感性检查的示例。

表 B.10 对分配准则的敏感性检查

硬煤需求	方案 A	方案 B	差　值
按质量[物]分配/MJ	1 200	800	400
按经济价值分配/MJ	900	900	0
偏差/MJ	−300	+100	400
偏差/%	−25	+12.5	重大
敏感度/%	25	12.5	

从表 B.10 中可见分配具有显著影响，A 和 B 两种方案在此情况下没有真正的差值。

表 B.11 对数据不确定性的敏感性检查

硬煤需求	原材料生产	制造过程	使用阶段	合计
基础值/MJ	200	250	350	800
变化的假设/MJ	200	150	350	700
偏差/MJ	0	−100	0	−100
偏差/%	0	−40		−12.5
敏感性/%	0	40	0	12.5

从表 B.11 可以看到发生了重大变化，这些变化改变了结果。如果不确定性此时具有显著影响，则需要收集更新后的数据。

表 B.12 对特征性数据的敏感性检查

GWP 数据输入/影响	方案 A	方案 B	差　值
GWP 得分＝100CO_2 当量	2 800	3 200	400
GWP 得分＝500CO_2 当量	3 600	3 400	−200
偏差	+800	+200	600
偏差/%	+28.6	+6.25	重大
敏感性/%	28.6	6.25	

从表 B.12 可以看到发生了重大变化，变化了的假设可以改变结论甚至得出相反结论；同时 A 和 B 两种方案之间的区别比最初预想的要小。

B.3.4 一致性检查

一致性检查旨在确定假设、方法、模型和数据在产品的生命周期进程中或几种方案之间是否始终一致。不一致的示例如下：

a） 数据来源不同，例如方案 A 的数据来源于文献资料，而方案 B 的数据来源于原始数据；

b） 数据的准确性不同，例如方案 A 可以得到一个非常详细的过程树和过程表述，而方案 B 则被表述为一个累积的黑箱系统；

c） 技术覆盖面不同，例如方案 A 的数据基于实验过程（例如中间实验阶段使用新型催化剂使过程效率更高），而方案 B 的数据则是基于现有大规模使用的技术；

d） 时间跨度不同，例如方案 A 的数据描述了最近开发的技术，而方案 B 则描述了技术组合，包括新建的和原有的工厂；

e） 数据年限不同，例如方案 A 的数据是已收集了 5 年之久的原始数据，而方案 B 的数据是最近刚收集的；

f） 地域广度不同，例如方案 A 的数据描述了一个典型的欧洲技术组合，而方案 B 则描述了具有严格环境保护政策的欧盟成员国家或一个单一的工厂。

有些不一致，可以按规定的目的和范围进行调整。在其他所有情况下，存在重大区别，还应在得出结论和提出建议之前考虑其有效性和影响。

表 B.13 提供了 LCI 研究中一致性检查结果的示例。

表 B.13 一致性检查的结果

检查	方案 A		方案 B		A 与 B 比较	措施
数据来源	文献资料	是	原始数据	OK	一致	无
数据精确性	良好	是	弱	不符合目的和范围	不一致	再访问 B
数据年限	2 年	是	3 年	OK	一致	无
技术覆盖面	现有技术	是	试点工厂	OK	不一致	满足研究目标时无
时间跨度	最近	是	现在	OK	一致	无
地域广度	欧洲	是	美国	OK	一致	无

参 考 文 献

[1] ISO 9000:2005, Quality management systems—Fundamentals and vocabulary

[2] GB/T 24001 环境管理体系 要求及使用指南(GB/T 24001—2004,ISO 14001:2004,IDT)

[3] GB/T 24021 环境管理 环境标志和声明 自我环境声明(Ⅱ型环境标志)(GB/T 24021—2001,ISO 14021:1999,IDT)

[4] ISO/TR 14047 Environmental management—Life cycle impact assessment—Examples of application of ISO 14042

[5] ISO/TS 14048 Environmental management—Life cycle assessment—Data documentation of format

[6] ISO/TR 14049 Environmental management—Life cycle assessment—Examples of application of ISO 14041 to goal and scope definition and inventory analysis

[7] GB/T 24050 环境管理 术语(GB/T 24050—2003,ISO 14050:2002,IDT)

ICS 03.120.20
A 00

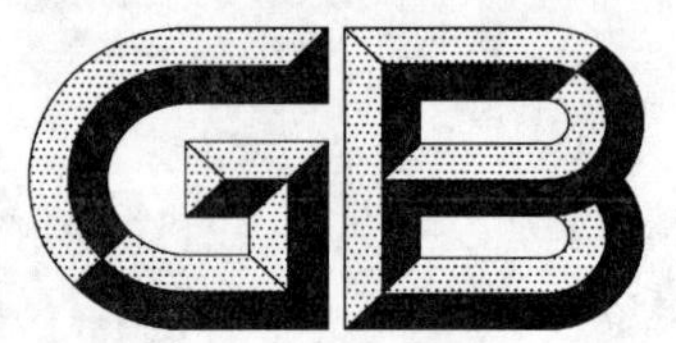

中华人民共和国国家标准

GB/T 27023—2008/ISO/IEC Guide 23:1982

第三方认证制度中标准符合性的表示方法

Methods of indicating conformity with standards for third-party certification systems

(ISO/IEC Guide 23:1982,IDT)

2008-05-06 发布　　2008-10-01 实施

中华人民共和国国家质量监督检验检疫总局
中国国家标准化管理委员会　发布

前　言

本标准等同采用 ISO/IEC 指南 23:1982《第三方认证制度中标准符合性的表示方法》。ISO/IEC 指南 23:1982 是国际标准化组织(ISO)的认证委员会(CERTICO)起草的标准。认证委员会(CERTICO)于 1985 年改名为合格评定委员会(CASCO)。

为了便于使用,本标准作了相应的编辑性修改:

——将引言提前到标准前言之后,正文之前;

——第 1 章的标题由“适用的范围和领域”改为“范围”,第 2 章的标题由“引用文件”改为“规范性引用文件”,第 3 章的标题由“定义”改为“术语和定义”;

——增加规范性引用文件的“引导语”;

——删去两处有关 ISO/IEC 的描述,第 1 章中“ISO/IEC 指南 23 主要用于国际标准,但也可以用于国家标准或其他目的。”和第 8 章中“一个规定了表示符合性(符合性标志和符合性证书)要求的国际标准,由于国家、法律或其他原因,可能不会被所有 ISO 或 IEC 成员采用。”

本标准由全国认证认可标准化技术委员会(SAC/TC 261)提出并归口。

本标准起草单位:中国质量认证中心、国家认证认可监督管理委员会、中国合格评定国家认可委员会、方圆标志认证集团、深圳电子产品质量检测中心、广州日用电器检测所、上海市质量监督检验技术研究院。

本标准主要起草人:刘彦宾、贾真、刘晓红、赵志伟、李华宁、马昆、王海龙、王克勤、柳荣贵、俞毅敏、李兰芬。

引　　言

随着国际贸易的不断发展和政府机构、购买者、消费者及其他方对确定产品或服务是否符合标准的需求不断增加，清楚地了解表示这种符合性的方法变得越来越重要。

考虑这个需求时，提出如下问题：

——认证对象是什么？

——谁实施认证？

——谁需要认证？

——为什么需要符合性证明？

——如何以最佳方式将符合性信息传递给买方、用户（消费者）或者政府机构？

第三方认证制度中标准符合性的表示方法

1 范围

本标准规定了与标准及标准中引用文件的符合性的表示方法。它主要针对标准的符合性，也同样适用于其他技术规范的符合性。它适用于认证机构授权下所做的符合性表示。

2 规范性引用文件

下列文件中的条款通过本标准的引用而成为本标准的条款。凡是注日期的引用文件，其随后所有的修改单(不包括勘误的内容)或修订版均不适用于本标准，然而，鼓励根据本标准达成协议的各方研究是否可使用这些文件的最新版本。凡是不注日期的引用文件，其最新版本适用于本标准。

GB/T 20000.1—2002 标准化工作指南 第1部分：标准化和相关活动的通用词汇(ISO/IEC 指南 2:1996,MOD)

3 术语和定义

GB/T 20000.1—2002 中确立的以及下列术语和定义适用于本标准。

3.1

符合性标志 mark of conformity

按照第三方认证制度的程序，为符合特定标准或其他技术规范的产品或服务而使用或颁发的、经过合法注册的认证标志。

3.2

符合性证书 certificate of conformity

按照第三方认证制度的程序，为符合特定标准或其他技术规范的产品或服务颁发的证明文件[1)]。

4 标准符合性信息的需求方

4.1 制造商可能需要大家了解其产品符合相关标准。

4.2 购买者可能需要了解其购买的产品符合规定的要求。

"购买者"一词不一定指成品的最终用户。例如，他可以购买钢材加工成紧固件。

4.3 检查组织、保险公司等可能需要符合性的信息以便有信心为产品承担风险。

4.4 监管机构，例如政府等，可能需要法规覆盖的产品符合要求标准的证据。

5 购买者的种类

4.2 提到的购买者可分为以下种类：

5.1 消费者(即大众范畴的个人)

消费者被认为是具有较少或者没有任何技术知识，并且很少接触标准的人。

5.2 专业购买者

专业购买者被认为是具有丰富的知识而且能够理解其工作领域内的标准的人。

6 符合性认证所依据的标准种类

6.1 概述

符合性认证可能需要各种种类(类型)的标准。面临的问题是使用何种表示符合性的方法，才能将

1) 在不同的国家，符合性证书有不同的含义和应用。

关于符合标准的信息和由谁批准的信息传递给用户、购买者、检查组织、监管机构等。产品标准种类(产品范围从原材料、元器件到最终产品)通常可划分为以下两种主要类型：

6.1.1 综合性产品标准

这类标准的目的在于规定产品具备其预期的用途所必需的基本特性、要求、试验方法等。

6.1.2 具体特性标准

此类型标准覆盖某些具体特性，但不必是综合性产品标准。它们可以规定一个具体的特性，例如纺织品“耐光色牢度”，也可以规定多个特性。这类标准经常用于法规性目的，例如仅就产品的安全方面进行规定。

7 标准符合性的表示方法

7.1 符合性标志

符合性标志只限于第三方认证制度中使用，表明在该制度监督下与标准相符合。

采用“符合性标志”方法，必须注意清楚地表明其覆盖的范围。

如果一个产品只有某些元器件带符合性标志，则应当注意不得误导消费者以为整个产品是通过认证的。

只有符合了标准的全部要求，而不是选定部分内容或特性时，才能用符合性标志，并且符合性标志应当在适用的具体规则下运作。使用符合性标志的批准证书或许可证书由认证机构颁发。

7.2 符合性证书

采用“符合性证书”的方法旨在为用户提供关于证书所覆盖的标准的信息。这个方法可用来表明符合综合性产品标准或具体特性标准。符合性证书可以涉及某一标准的全部要求，也可只涉及所选定的部分内容或某些特性。符合性证书按照第三方认证制度的程序颁发，可以是自愿性的，也可以是强制性的。符合性证书应当至少包括以下信息：

a) 认证机构的名称和地址；

b) 制造商的名称和地址；

c) 获认证产品的标识和认证所适用的批次、序列号、型号规格；

d) 认证引用的适用标准(名称、标准编号和年代号)；当认证仅依据标准的某一部分，应当明确指出所适用的部分；

e) 颁发证书的日期；

f) 授权人签字及其职务。

提供的信息应能使证书与其所依据的试验结果联系起来。

第三方认证制度的规则还可规定其他附加信息。

8 标准中引用符合性标志和符合性证书的限制

标准的主要用途是在买方和卖方关系中作为技术文件，或作为技术法规的基础。因此，将表示符合性的要求写入标准时要慎重考虑。

有关符合性标志和符合性证书的问题不应出现在标准中，而应使用单独的文件，这些文件应当涉及与符合性标志和符合性证书的使用有关的所有问题。

如果符合性标志和符合性证书是按照第三方认证制度的程序颁发的，这些文件应当由认证机构编制。

只表示特性、代号或分类的标记，不认为是“符合性标志”，可以写进标准中。

9 符合性标志的形式

9.1 推荐使用的符合性标志

为了区分综合性产品标准的符合性和具体特性标准的符合性，可能希望使用不同的符合性标志，然而这将会使消费者不易理解甚至造成误解。需要在每一个标志下面附上文字说明，以示区别。

相关的符合性标志希望在国际上被普遍接受，然而语言障碍使这一问题更加复杂。ISO 和 IEC 的国际语言是英文、法文和俄文，产品的接收者除了本国语言不一定能够阅读英文、法文和俄文的文字说明。

建议符合性标志用于符合综合性产品标准的产品更为合适。

例如：

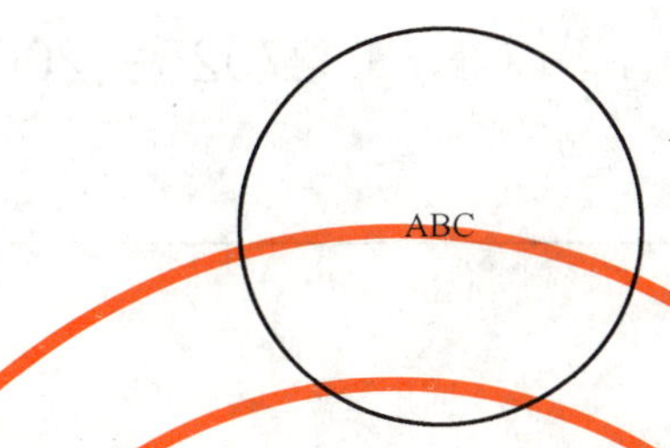

ABC 59-1974*

如果标准包含不同的等级或类型，说明性文字（最好是能被普遍理解的符号）应当标在最靠近符合性标志的地方以表明所认证的等级或类型。

如果标准中未规定等级或数值，而留由制造商声明其等级或数值，则这种等级或数值应当紧靠标志，表明性质或特性及其声明的等级或数值。

9.2 其他考虑

在考虑过所有因素后，如果仍有充分的理由需要将符合性标志用于符合仅包含产品具体特性标准的产品上，则建议将符合性标志、引用标准和标准包含的特性的简短说明一起施加在产品上。最好使用普遍理解的符号，而不是说明性文字。

例如：

ABC 224-1979—只限色牢度*

然而建议在这种情况下应当考虑使用符合性证书，这样提供的信息更加准确。

10 国际认证制度中使用符合性标志时认证机构的表示方法

使用符合性标志的任何国际认证制度都应当由参与这个制度的认证机构来管理，因此必须确定是否需要在产品上标明对该符合性标志管理的认证机构。使用这种表示方法时，应当注意不与国家的标志或其他符合性标志相混淆。

11 为消费者提供的信息

符合性标志、符合性证书和说明性标记的内容必须使消费者能够理解。要尽可能提供广泛的信息，以保证消费者明白这些内容的含义。

---

* 这仅是示例，是否要包括标准的日期，或其他追溯标准的方式，或所认证的特性的标识，由认证制度确定。

ICS 03.120.20
A 00

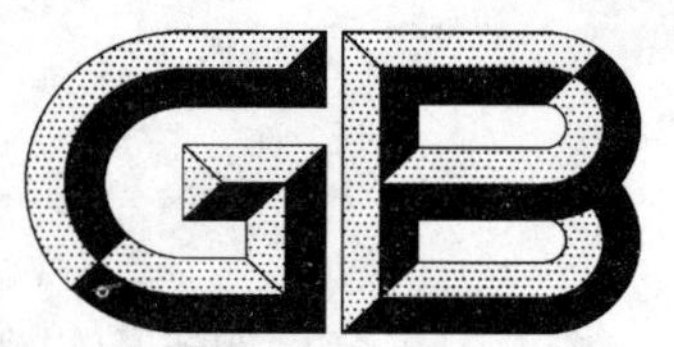

中华人民共和国国家标准

GB/T 27025—2008/ISO/IEC 17025:2005
代替 GB/T 15481—2000

检测和校准实验室能力的通用要求

General requirements for the competence of testing and calibration laboratories

(ISO/IEC 17025:2005,IDT)

2008-05-08 发布　　　　2008-08-01 实施

中华人民共和国国家质量监督检验检疫总局
中国国家标准化管理委员会　发布

前　言

本标准等同采用 ISO/IEC 17025:2005《检测和校准实验室能力的通用要求》及其技术勘误表（Technical corrigendum 1,2006-08-15 发布）。

本标准自实施之日起代替 GB/T 15481—2000《检测和校准实验室能力的通用要求》(idt ISO/IEC 17025:1999)。本标准与 GB/T 15481 的主要变化体现在对 GB/T 19001 的引用方面。GB/T 15481—2000 中引用的是 GB/T 19001—1994,而当前 GB/T 19001 已经转化到了 2000 版,因此,本标准中修订为引用 GB/T 19001—2000,增加了 GB/T 19001—2000 中的相关要求,以保持与 GB/T 19001—2000 的协调,此外,还增加了“4.10　改进”要素,强调了持续改进的作用。

为满足我国合格评定系列国家标准体系的要求,本标准的编号改变为 GB/T 27025,但与 GB/T 15481—2000 仍为继承关系。GB/T 15481—2000 等同采用 ISO/IEC 17025:1999(即第一版),本标准等同采用 ISO/IEC 17025:2005(第二版)。

本标准的附录 A、附录 B 为资料性附录。

本标准由全国认证认可标准化技术委员会(SAC/TC 261)提出并归口。

本标准由中国合格评定国家认可中心负责起草。

本标准参加起草单位:国家认证认可监督管理委员会、中国计量科学研究院、广州电器科学研究院、中华人民共和国北京出入境检验检疫局、中华人民共和国山东出入境检验检疫局、中华人民共和国辽宁出入境检验检疫局。

本标准主要起草人:刘安平、齐晓、乔东、宋桂兰、翟培军、施昌彦、于亚东、茅祖兴、吴国平、曹实、张明霞、刘学惠、曹志军、刘来福。

本标准所代替标准的历次版本发布情况为:

——GB/T 15481—2000。

引　言

本标准包含了检测和校准实验室希望证明已经运作了管理体系、具有技术能力并能出具技术上有效结果的所有要求。

本标准的第4章规定了实验室开展有效管理的要求；第5章规定了实验室所从事的检测和(或)校准的技术能力要求。

随着管理体系的广泛应用，对作为较大组织一部分的实验室或提供其他服务的实验室，要求其按照既符合GB/T 19001又符合本标准的管理体系运作的需要也在增长。本标准注意纳入了GB/T 19001中与实验室管理体系所覆盖的检测和校准服务范围有关的所有要求。因此，遵循了本标准的检测和校准实验室也是依据GB/T 19001运作的。

实验室质量管理体系符合GB/T 19001的要求，并不证明实验室具有出具技术上有效数据和结果的能力；实验室质量管理体系符合本标准，也不意味其运作符合GB/T 19001的所有要求。

本标准所等同采用的ISO/IEC 17025是国际上检测和校准实验室认可机构采用的基础标准。实验室遵循本标准并获得我国认可机构的认可，其检测和校准结果可以借助于我国认可机构与其他国家相应机构签订的互认协议而得到更广泛的承认。

本标准的应用在方便实验室与其他机构的合作、信息和经验的交流以及标准和程序的协调等方面均具有积极的意义。

检测和校准实验室能力的通用要求

1 范围

1.1 本标准规定了实验室进行检测和(或)校准的能力(包括抽样能力)的通用要求。这些检测和校准包括应用标准方法、非标准方法和实验室制定的方法进行的检测和校准。

1.2 本标准适用于所有从事检测和(或)校准的组织,包括诸如第一方、第二方和第三方实验室,以及将检测和(或)校准作为检查和产品认证工作一部分的实验室。

本标准适用于所有实验室,不论其人员数量的多少或检测和(或)校准活动范围的大小。当实验室不从事本标准所包括的一种或多种活动,例如抽样和新方法的设计(制定)时,可不采用本标准中相关条款的要求。

1.3 本标准中的注是对正文的说明、举例和指导。它们既不包含要求,也不构成本标准的主体部分。

1.4 本标准用于实验室建立质量、行政和技术运作的管理体系。实验室的用户、监管机构和认可机构也可使用本标准对实验室的能力进行确认或承认。本标准不旨在用作实验室认证的基础。

注1:术语"管理体系"在本标准中是指控制实验室运作的质量、行政和技术体系。

注2:管理体系的认证有时也称为注册。

1.5 本标准不包含实验室运作中应符合的法规和安全要求。

1.6 如果检测和校准实验室遵守本标准的要求,其针对检测和校准活动所运作的质量管理体系也就满足了GB/T 19001的原则。附录A提供了本标准与GB/T 19001的条款对照。本标准包含了GB/T 19001中未包含的技术能力要求。

注1:为确保应用的一致性,或许有必要对本标准的某些要求进行说明或解释。附录B给出了制定特定领域应用细则的指南,尤其适用于认可机构(见GB/T 27011)。

注2:如果实验室希望其部分或全部检测和校准活动获得认可,应当选择一个依据GB/T 27011运作的认可机构。

2 规范性引用文件

下列文件中的条款通过本标准的引用而成为本标准的条款。凡是注日期的引用文件,其随后所有的修改单(不包括勘误的内容)或修订版均不适用于本标准,然而,鼓励根据本标准达成协议的各方研究是否可使用这些文件的最新版本。凡是不注日期的引用文件,其最新版本适用于本标准。

GB/T 27000 合格评定 词汇和通用原则(GB/T 27000—2006, ISO/IEC 17000:2004,IDT)

VIM,国际通用计量学基本术语,由国际计量局(BIPM)、国际电工委员会(IEC)、国际临床化学和实验医学联合会(IFCC)、国际标准化组织(ISO)、国际理论化学和应用化学联合会(IUPAC)、国际理论物理和应用物理联合会(IUPAP)和国际法制计量组织(OIML)发布

注:参考文献中给出了更多与本标准有关的标准、指南等。

3 术语和定义

本标准使用GB/T 27000和VIM中给出的相关术语和定义。

注:GB/T 19000规定了与质量有关的通用定义,GB/T 27000则专门规定了与认证和实验室认可有关的定义。若GB/T 19000与GB/T 27000和VIM中给出的定义有差异,优先使用GB/T 27000和VIM中的定义。

4 管理要求

4.1 组织

4.1.1 实验室或其所在组织应是一个能够承担法律责任的实体。

4.1.2 实验室有责任确保所从事检测和校准活动符合本标准的要求,并能满足客户、监管机构或对其

提供承认的组织的需求。

4.1.3 实验室的管理体系应覆盖实验室在固定设施内、离开其固定设施的场所，或在相关的临时或移动设施中进行的工作。

4.1.4 如果实验室所在的组织还从事检测和(或)校准以外的活动，为识别潜在利益冲突，应规定该组织中参与检测和(或)校准活动，或对检测和(或)校准活动有影响的关键人员的职责。

注1：如果实验室是某个较大组织的一部分，该组织的设置应当使有利益冲突的部门，如生产、经营或财务部门，不对实验室满足本标准的要求产生不良影响。

注2：如果实验室希望作为第三方实验室得到承认，实验室应能证明其公正性，并能证明实验室及其员工不受任何不正当的商业、财务和其他可能影响其技术判断的压力。第三方检测或校准实验室不应当从事任何可能损害其判断独立性和检测或校准诚信度的活动。

4.1.5 实验室应：

a) 有管理人员和技术人员，不论他们的其他责任，他们应具有所需的权力和资源来履行包括实施、保持和改进管理体系的职责，识别对管理体系或检测和(或)校准程序的偏离，以及采取措施预防或减少这些偏离(见5.2)；

b) 有措施确保其管理层和员工不受任何来自内外部的不正当的商业、财务和其他对工作质量有不良影响的压力和影响；

c) 有保护客户的机密信息和所有权的政策和程序，包括电子存储和传输结果的保护程序；

d) 有政策和程序以避免参与任何会降低其在能力、公正性、判断力或运作诚实性方面的可信度的活动；

e) 确定实验室的组织和管理结构、其在母体组织中的地位，以及质量管理、技术运作和支持服务之间的关系；

f) 规定对检测和(或)校准质量有影响的所有管理、操作和核查人员的职责、权力和相互关系；

g) 由熟悉各项检测和(或)校准的方法、程序、目的和结果评价的人员，对检测和校准人员包括在培员工进行充分地监督；

h) 有技术管理者，全面负责技术运作和提供确保实验室运作质量所需的资源；

i) 指定一名员工作为质量主管(不论如何称谓)，不论其他职责，应赋予其在任何时候都能确保与质量有关的管理体系得到实施和遵循的责任和权力。质量主管应有直接渠道接触决定实验室政策或资源的最高管理者；

j) 指定关键管理人员的代理人(见注)；

k) 确保实验室人员理解他们活动的相关性和重要性，以及如何为实现管理体系目标作出贡献。

注：一个人可能有多项职能，对每项职能都指定代理人可能是不现实的。

4.1.6 最高管理者应确保在实验室内部建立适宜的沟通机制并就管理体系有效性的事宜进行沟通。

4.2 管理体系

4.2.1 实验室应建立、实施和保持与其活动范围相适应的管理体系。实验室应将其政策、制度、计划、程序和指导书形成文件。文件化的程度应保证实验室检测和(或)校准结果的质量。体系文件应传达至有关人员，并被其理解、获取和执行。

4.2.2 实验室管理体系中与质量有关的政策，包括质量方针声明，应在质量手册(不论如何称谓)中阐明。应制定总体目标并在管理评审时加以评审。质量方针声明应在最高管理者的授权下发布，至少包括下列内容：

a) 实验室管理者对良好职业行为和为客户提供检测和校准服务质量的承诺；

b) 管理者关于实验室服务标准的声明；

c) 与质量有关的管理体系的目的；

d) 要求实验室所有与检测和校准活动有关的人员熟悉质量文件，并在工作中执行政策和程序；

e) 实验室管理者对遵守本标准及持续改进管理体系有效性的承诺。

注：质量方针声明应当简明，可包括应始终按照声明的方法和客户的要求来进行检测和(或)校准的要求。当检测和(或)校准实验室是某个较大组织的一部分时，某些质量方针要素可以列于其他文件之中。

4.2.3 最高管理者应提供建立和实施管理体系以及持续改进其有效性承诺的证据。

4.2.4 最高管理者应将满足客户要求和法定要求的重要性传达到本组织。

4.2.5 质量手册应包括或指明含技术程序在内的支持性程序，并概述管理体系中所用文件的架构。

4.2.6 质量手册中应规定技术管理者和质量主管的作用和责任，包括确保遵守本标准的责任。

4.2.7 当策划和实施管理体系的变更时，最高管理者应确保保持管理体系的完整性。

4.3 文件控制

4.3.1 总则

实验室应建立和保持程序来控制构成其管理体系的所有文件(内部制定或来自外部的)，诸如法规、标准、其他规范化文件、检测和(或)校准方法，以及图纸、软件、规范、指导书和手册。

注1：本标准中的"文件"可以是方针声明、程序、规范、校准表格、图表、教科书、张贴品、通知、备忘录、软件、图纸、计划等。这些文件可能承载在各种载体上，无论是硬拷贝或是电子媒体，并且可以是数字的、模拟的、图片的或书面的形式。

注2：有关检测和校准数据的控制在5.4.7中规定。记录的控制在4.13中规定。

4.3.2 文件的批准和发布

4.3.2.1 发放给实验室人员的所有管理体系文件，在发布之前应由授权人员审查并批准使用。实验室应建立识别管理体系中文件当前的修订状态和分发的控制清单或等效的文件控制程序，并使之易于获取，以防止使用无效和(或)作废的文件。

4.3.2.2 文件控制程序应确保：

a) 在对实验室有效运作起重要作用的所有作业场所都能得到相应文件的授权版本；

b) 定期审查文件，必要时进行修订，以确保其持续适用并满足使用要求；

c) 及时地从所有使用或发布处撤除无效或作废文件，或用其他方法保证防止误用；

d) 出于法律或知识保存目的而保留的作废文件，应有适当的标记。

4.3.2.3 实验室制定的管理体系文件应有唯一性标识。该标识应包括发布日期和(或)修订标识、页码、总页数或表示文件结束的标记和发布机构。

4.3.3 文件变更

4.3.3.1 除非另有特别指定，文件的变更应由原审查责任人进行审查和批准。被指定的人员应获得进行审查和批准所依据的有关背景资料。

4.3.3.2 若可行，更改的或新的内容应在文件或适当的附件中标明。

4.3.3.3 如果实验室的文件控制系统允许在文件再版之前对文件进行手写修改，则应确定修改的程序和权限。修改之处应有清晰的标注、签名缩写并注明日期。修订的文件应尽快地正式发布。

4.3.3.4 应制定程序来描述如何更改和控制保存在计算机系统中的文件。

4.4 要求、标书和合同的评审

4.4.1 实验室应建立和保持评审客户要求、标书和合同的程序。这些为签订检测和(或)校准合同而进行评审的政策和程序应确保：

a) 对包括所用方法在内的要求予以充分规定，形成文件，并易于理解(见5.4.2)；

b) 实验室有能力和资源满足这些要求；

c) 选择适当的、能满足客户要求的检测和(或)校准方法(见5.4.2)。

客户的要求或标书与合同之间的任何差异，应在工作开始之前得到解决。每项合同应被实验室和客户双方接受。

注1：对要求、标书和合同的评审应当以可行和有效的方式进行，并考虑财务、法律和时间安排的影响。对内部客户，要求、标书和合同的评审可以简化方式进行。

注2：对实验室能力的评审，应当证实实验室具备了必要的物力、人力和信息资源，且实验室人员对所从事的检测和（或）校准具有必要的技能和专业技术。该评审也可包括以前参加的实验室间比对或能力验证的结果和（或）为确定测量不确定度、检出限、置信限等而使用的已知值样品或物品所做的试验性检测或校准计划的结果。

注3：合同可以是为客户提供检测和（或）校准服务的任何书面的或口头的协议。

4.4.2 应保存包括任何重大变化在内的评审的记录。在执行合同期间，就客户的要求或工作结果与客户进行讨论的有关记录，也应予以保存。

注：对例行和其他简单任务的评审，由实验室中负责合同工作的人员注明日期并加以标识（如签名缩写）即可。对于重复性的例行工作，如果客户要求不变，仅需在初期调查阶段，或在与客户的总协议下对持续进行的例行工作合同批准时进行评审。对于新的、复杂的或先进的检测和（或）校准任务，则应当保存更为全面的记录。

4.4.3 评审的内容应包括被实验室分包出去的任何工作。

4.4.4 对合同的任何偏离均应通知客户。

4.4.5 工作开始后如果需要修改合同，应重复进行同样的合同评审过程，并将所有修改内容通知所有受到影响的人员。

4.5 检测和校准的分包

4.5.1 实验室由于未预料的原因（如工作量、需要更多专业技术或暂时不具备能力）或持续性的原因（如通过长期分包、代理或特殊协议）需将工作分包时，应分包给有能力的分包方，例如按照本标准开展所承担分包工作的分包方。

4.5.2 实验室应将分包安排以书面形式通知客户，适当时应得到客户的准许，最好是书面的同意。

4.5.3 实验室应就分包方的工作对客户负责，由客户或法定管理机构指定的分包方除外。

4.5.4 实验室应保存检测和（或）校准中使用的所有分包方的登记表，并保存其有关工作符合本标准的证明记录。

4.6 服务和供应品的采购

4.6.1 实验室应有选择和购买对检测和（或）校准质量有影响的服务和供应品的政策和程序。还应有与检测和校准有关的试剂和消耗材料的购买、接收和存储的程序。

4.6.2 实验室应确保所购买的、影响检测和（或）校准质量的供应品、试剂和消耗材料，只有在经检验或以其他方式验证了符合有关检测和（或）校准方法中规定的标准规范或要求之后才投入使用。所使用的服务和供应品应符合规定的要求。应保存所采取的符合性检查活动的记录。

4.6.3 影响实验室输出质量的物品的采购文件，应包含描述所购服务和供应品的信息。这些采购文件在发出之前，其技术内容应经过审查和批准。

注：该描述可包括型式、类别、等级、准确的标识、规格、图纸、检验说明，以及包括检测结果批准、质量要求和进行这些工作所依据的管理体系标准在内的其他技术信息。

4.6.4 实验室应对影响检测和校准质量的重要消耗品、供应品和服务的供应商进行评价，并保存这些评价的记录和获批准的供应商名单。

4.7 服务客户

4.7.1 在确保为其他客户保密的前提下，实验室在明确客户要求和允许客户监视其相关工作表现方面应积极与客户或其代表合作。

注1：这种合作可包括：

a) 允许客户或其代表合理进入实验室的相关区域直接观察为其进行的检测和（或）校准。

b) 客户出于验证目的所需的检测和（或）校准物品的准备、包装和发送。

注2：客户非常重视与实验室保持技术方面的良好沟通并获得建议和指导，以及根据结果得出的意见和解释。实验室在整个工作过程中，应当与客户尤其是大宗业务的客户保持沟通。实验室应当将检测和（或）校准过程中的任何延误或主要偏离通知客户。

4.7.2 实验室应向客户征求反馈，无论是正面的还是负面的。应分析和利用这些反馈，以改进管理体系、检测和校准活动及客户服务。

注：反馈的类型示例包括：客户满意度调查、与客户一起评价检测或校准报告。

4.8 投诉

实验室应有政策和程序处理来自客户或其他方面的投诉。应保存所有投诉的记录以及实验室针对投诉所开展的调查和纠正措施的记录(见 4.11)。

4.9 不符合检测和(或)校准工作的控制

4.9.1 在检测和(或)校准工作的任何方面,或该工作的结果不符合其程序或与客户达成一致的要求时,实验室应实施既定的政策和程序。该政策和程序应确保:

a) 确定对不符合工作进行管理的责任和权力,规定当识别出不符合工作时所采取的措施(包括必要时暂停工作、扣发检测报告和校准证书);

b) 对不符合工作的严重性进行评价;

c) 立即进行纠正,同时对不符合工作的可接受性作出决定;

d) 必要时,通知客户并取消工作;

e) 规定批准恢复工作的职责。

注:对管理体系或检测和(或)校准活动的不符合工作或问题的识别,可能发生在管理体系和技术运作的各个环节,例如客户投诉、质量控制、仪器校准、消耗材料的核查、对员工的考查或监督、检测报告和校准证书的核查、管理评审和内部或外部审核。

4.9.2 当评价表明不符合工作可能再度发生,或对实验室的运作与其政策和程序的符合性产生怀疑时,应立即执行 4.11 中规定的纠正措施程序。

4.10 改进

实验室应通过利用质量方针、质量目标、审核结果、数据分析、纠正措施、预防措施和管理评审来持续改进管理体系的有效性。

4.11 纠正措施

4.11.1 总则

实验室应制定纠正措施的政策和程序,并应指定合适的人员,在识别出不符合工作或对管理体系或技术运作政策和程序有偏离时实施纠正措施。

注:实验室管理体系或技术运作中的问题可以通过各种活动来识别,例如不符合工作的控制、内部或外部审核、管理评审、客户的反馈或员工的观察。

4.11.2 原因分析

纠正措施程序应从确定问题根本原因的调查开始。

注:原因分析是纠正措施程序中最关键有时也是最困难的部分。根本原因通常并不明显,因此需要仔细分析产生问题的所有潜在原因。潜在原因可包括:客户要求、样品、样品规格、方法和程序、员工的技能和培训、消耗品、设备及其校准。

4.11.3 纠正措施的选择和实施

需要采取纠正措施时,实验室应识别出各项可能的纠正措施,并选择和实施最可能消除问题和防止问题再次发生的措施。

纠正措施应与问题的严重程度和风险大小相适应。

实验室应将纠正措施所导致的任何变更制定成文件并加以实施。

4.11.4 纠正措施的监控

实验室应对纠正措施的结果进行监控,以确保所采取的纠正措施是有效的。

4.11.5 附加审核

当对不符合或偏离的识别,导致对实验室符合其政策和程序或符合本标准产生怀疑时,实验室应尽快依据 4.14 的规定对相关活动区域进行审核。

注:附加审核常在纠正措施实施后进行,以确定纠正措施的有效性。仅在识别出问题严重或对业务有危害时,才有必要进行附加审核。

4.12 预防措施

4.12.1 应识别技术方面和管理体系方面所需的改进和潜在不符合的原因。当识别出改进机会或需采取预防措施时，应制定措施计划并加以实施和监控，以减少这类不符合情况发生的可能性并改进。

4.12.2 预防措施程序应包括措施的启动和控制，以确保其有效性。

注1：预防措施是事先主动识别改进机会的过程，而不是对已发现问题或投诉的反应。

注2：除对运作程序进行评审之外，预防措施还可能涉及数据分析，包括趋势和风险分析以及能力验证结果。

4.13 记录的控制

4.13.1 总则

4.13.1.1 实验室应建立和保持识别、收集、索引、存取、存档、存放、维护和清理质量记录和技术记录的程序。质量记录应包括内部审核报告和管理评审报告以及纠正措施和预防措施的记录。

4.13.1.2 所有记录应清晰明了，并以便于存取的方式存放和保存在具有防止损坏、变质、丢失的适宜环境的设施中。应规定记录的保存期。

注：记录可存于任何媒体上，例如硬拷贝或电子媒体。

4.13.1.3 所有记录应予安全保护和保密。

4.13.1.4 实验室应有程序来保护和备份以电子形式存储的记录，并防止未经授权的侵入或修改。

4.13.2 技术记录

4.13.2.1 实验室应将原始观察、导出数据和建立审核路径的足够信息的记录、校准记录、员工记录以及发出的每份检测报告或校准证书的副本按规定的时间保存。每项检测或校准的记录应包含足够的信息，以便在可能时识别不确定度的影响因素，并确保该检测或校准在尽可能接近原条件的情况下能够复现。记录应包括负责抽样的人员、每项检测和(或)校准的操作人员和结果校核人员的标识。

注1：在某些领域，保留所有的原始观察记录也许是不可能或不实际的。

注2：技术记录是进行检测和(或)校准所得数据(见5.4.7)和信息的累积，它们表明检测和(或)校准是否达到了规定的质量或过程参数。技术记录可包括表格、合同、工作单、工作手册、核查表、工作笔记、控制图、外部和内部的检测报告及校准证书、客户信函、文件和反馈。

4.13.2.2 观察结果、数据和计算应在产生的当时予以记录，并能按照特定任务分类识别。

4.13.2.3 当记录中出现错误时，每一错误应划改，不可擦涂掉，以免字迹模糊或消失，并将正确值填写在其旁边。对记录的所有改动应有改动人的签名或签名缩写。对电子存储的记录也应采取同等措施，以避免原始数据的丢失或改动。

4.14 内部审核

4.14.1 实验室应根据预定的日程表和程序，定期地对其活动进行内部审核，以验证其运作持续符合管理体系和本标准的要求。内部审核计划应涉及管理体系的全部要素，包括检测和(或)校准活动。质量主管负责按照日程表的要求和管理层的需要策划和组织内部审核。审核应由经过培训和具备资格的人员来执行，只要资源允许，审核人员应独立于被审核的活动。

注：内部审核的周期通常应当为一年。

4.14.2 当审核中发现的问题导致对运作的有效性，或对实验室检测和(或)校准结果的正确性或有效性产生怀疑时，实验室应及时采取纠正措施。如果调查表明实验室的结果可能已受影响，应书面通知客户。

4.14.3 审核活动的领域、审核发现的情况和因此采取的纠正措施，应予以记录。

4.14.4 跟踪审核活动应验证和记录纠正措施的实施情况及有效性。

4.15 管理评审

4.15.1 实验室的最高管理者应根据预定的日程表和程序，定期地对实验室的管理体系和检测和(或)校准活动进行评审，以确保其持续适用和有效，并进行必要的变更或改进。评审应考虑到：

——政策和程序的适用性；

——管理和监督人员的报告；

——近期内部审核的结果；

——纠正措施和预防措施；

——由外部机构进行的评审；

——实验室间比对或能力验证的结果；

——工作量和工作类型的变化；

——客户反馈；

——投诉；

——改进的建议；

——其他相关因素，如质量控制活动、资源以及员工培训。

注1：管理评审的典型周期为12个月。

注2：评审结果应当输入实验室策划系统，并包括下年度的目的、目标和活动计划。

注3：管理评审包括对日常管理会议中有关议题的研究。

4.15.2 应记录管理评审中的发现和由此采取的措施。管理者应确保这些措施在适当和约定的时限内得到实施。

5 技术要求

5.1 总则

5.1.1 决定实验室检测和(或)校准的正确性和可靠性的因素有很多，包括：

——人员(5.2)；

——设施和环境条件(5.3)；

——检测和校准方法及方法确认(5.4)；

——设备(5.5)；

——测量的溯源性(5.6)；

——抽样(5.7)；

——检测和校准物品的处置(5.8)。

5.1.2 上述因素对总的测量不确定度的影响程度，在(各类)检测之间和(各类)校准之间明显不同。实验室在制定检测和校准的方法和程序、培训和考核人员、选择和校准所用设备时，应考虑到这些因素。

5.2 人员

5.2.1 实验室管理者应确保所有操作专门设备、从事检测和(或)校准、评价结果、签署检测报告和校准证书的人员的能力。当使用在培员工时，应对其安排适当的监督。对从事特定工作的人员，应按要求根据相应的教育、培训、经验和(或)可证明的技能进行资格确认。

注1：某些技术领域(如无损检测)可能要求从事某些工作的人员持有资格证书，实验室有责任满足规定的人员资格要求。人员资格的要求可能是法定的、特殊技术领域标准包含的，或是客户要求的。

注2：对检测报告所含意见和解释负责的人员，除了具备相应的资格、培训、经验以及所进行的检测方面的充分知识外，还需具有：

——制造被检测物品、材料、产品等所需的相关技术知识、已使用或拟使用方法的知识、在使用过程中可能出现的缺陷或降级等方面的知识；

——法规和标准中阐明的通用要求的知识；

——对相关物品、材料和产品等非正常使用时所产生影响程度的了解。

5.2.2 实验室管理者应制定实验室人员的教育、培训和技能目标。实验室应有确定培训需求和提供人员培训的政策和程序。培训计划应与实验室当前和预期的任务相适应。应对这些培训活动的有效性进行评价。

5.2.3 实验室应使用长期雇佣人员或签约人员。在使用签约人员及其他技术人员及关键支持人员时，实验室应确保这些人员是胜任的且受到监督，并按照实验室管理体系要求工作。

5.2.4 对与检测和(或)校准有关的管理人员、技术人员和关键支持人员，实验室应保留其当前工作的描述。

注：工作描述可用多种方式规定。但至少应当规定以下内容：

——从事检测和(或)校准工作方面的职责；

——检测和(或)校准策划和结果评价方面的职责；

——提交意见和解释的职责；

——方法改进、新方法制定和确认方面的职责；

——所需的专业知识和经验；

——资格和培训计划；

——管理职责。

5.2.5 管理层应授权专门人员进行特定类型的抽样、检测和(或)校准、签发检测报告和校准证书、提出意见和解释以及操作特定类型的设备。实验室应保留所有技术人员(包括签约人员)的相关授权、能力、教育和专业资格、培训、技能和经验的记录，并包含授权和(或)能力确认的日期。这些信息应易于获取。

5.3 设施和环境条件

5.3.1 用于检测和(或)校准的实验室设施，包括但不限于能源、照明和环境条件，应有利于检测和(或)校准的正确实施。

实验室应确保其环境条件不会使结果无效，或对所要求的测量质量产生不良影响。在实验室固定设施以外的场所进行抽样、检测和(或)校准时，应予以特别注意。对影响检测和校准结果的设施和环境条件的技术要求应制定成文件。

5.3.2 相关的规范、方法和程序有要求，或对结果的质量有影响时，实验室应监测、控制和记录环境条件。对诸如生物消毒、灰尘、电磁干扰、辐射、湿度、供电、温度、声级和振级等应予以重视，使其适应于相关的技术活动。当环境条件危及到检测和(或)校准的结果时，应停止检测和校准。

5.3.3 应将不相容活动的相邻区域进行有效隔离。应采取措施以防止交叉污染。

5.3.4 应对影响检测和(或)校准质量的区域的进入和使用加以控制。实验室应根据其特定情况确定控制的程度。

5.3.5 应采取措施确保实验室的良好内务，必要时应制定专门的程序。

5.4 检测和校准方法及方法的确认

5.4.1 总则

实验室应使用适合的方法和程序进行所有检测和(或)校准，包括被检测和(或)校准物品的抽样、处理、运输、存储和准备，适当时，还应包括测量不确定度的评定、分析检测和(或)校准数据的统计技术。

如果缺少指导书可能影响检测和(或)校准结果，实验室应具有所有相关设备的使用和操作指导书和(或)处置、准备检测和(或)校准物品的指导书。所有与实验室工作有关的指导书、标准、手册和参考资料应保持现行有效并易于员工取阅(见 4.3)。对检测和校准方法的偏离，仅应在该偏离已被文件规定、经技术判断、获得批准和客户接受的情况下才允许发生。

注：如果国际的、区域的或国家的标准，或其他公认的规范已包含了如何进行检测和(或)校准的简要而足够的信息，并且这些标准是以可被实验室操作人员使用的方式书写时，则不需再进行补充或改写为内部程序。对方法中的可选择步骤或其他细节，可能有必要提供附加文件。

5.4.2 方法的选择

实验室应采用满足客户需求并适用于所进行的检测和(或)校准的方法，包括抽样的方法。应优先使用以国际、区域或国家标准发布的方法。实验室应确保使用标准的最新有效版本，除非该版本不适宜或不可能使用。必要时，应采用附加细则对标准加以补充，以确保应用的一致性。

当客户未指定所用方法时，实验室应从国际、区域或国家标准中发布的，或由知名的技术组织或有关科学书籍或期刊公布的，或由设备制造商指定的方法中选择合适的方法。实验室制定的或采用的方法如能满足预期用途并经过确认，也可使用。所选用的方法应通知客户。在引入检测或校准之前，实验室应证实能够正确地运用标准方法。如果标准方法发生了变化,应重新进行证实。

当认为客户建议的方法不适合或已过期时,实验室应通知客户。

5.4.3 实验室制定的方法

实验室为其应用而制定检测和校准方法的过程应是有计划的活动,并应指定具有足够资源的有资格的人员进行。

计划应随方法制定的进度加以更新,并确保所有有关人员之间的有效沟通。

5.4.4 非标准方法

当有必要使用标准方法中未包含的方法时,应征得客户的同意,理解客户的要求,明确检测和(或)校准的目的。所制定的方法在使用前应经适当的确认。

注:对新的检测和(或)校准方法,在进行检测和(或)校准之前应当制定程序。程序中至少应该包含下列信息:

a) 适当的标识;

b) 范围;

c) 被检测或校准物品类型的描述;

d) 被测定的参数或量和范围;

e) 仪器和设备,包括技术性能要求;

f) 所需的参考标准和标准物质;

g) 要求的环境条件和所需的稳定周期;

h) 程序的描述,包括:

——物品的附加识别标志、处置、运输、存储和准备;

——工作开始前所进行的检查;

——检查设备工作是否正常,需要时,在每次使用之前对设备进行校准和调整;

——观察和结果的记录方法;

——需遵循的安全措施;

i) 接受(或拒绝)的标准和(或)要求;

j) 需记录的数据以及分析和表达的方法;

k) 不确定度或评定不确定度的程序。

5.4.5 方法的确认

5.4.5.1 确认是通过检查并提供客观证据,以证实某一特定预期用途的特定要求得到满足。

5.4.5.2 实验室应对非标准方法、实验室设计(制定)的方法、超出其预定范围使用的标准方法、扩充和修改过的标准方法进行确认,以证实该方法适用于预期的用途。确认应尽可能全面,以满足预定用途或应用领域的需要。实验室应记录所获得的结果、使用的确认程序以及该方法是否适合预期用途的声明。

注1:可包括对抽样、处置和运输程序的确认。

注2:用于确定某方法性能的技术应当是下列之一,或是其组合:

——使用参考标准或标准物质进行校准;

——与其他方法所得的结果进行比较;

——实验室间比对;

——对影响结果的因素作系统性评审;

——根据对方法的理论原理和实践经验的科学理解,对所得结果不确定度进行的评定。

注3:当对已确认的非标准方法作某些改动时,应当将这些改动的影响制定成文件,适当时应当重新进行确认。

5.4.5.3 按照预期用途对被确认方法进行评价时,方法所得值的范围和准确度应适应客户的需求。上述值如:结果的不确定度、检出限、方法的选择性、线性、重复性限和(或)复现性限、抵御外来影响的稳健度和(或)抵御来自样品(或检测物)基体干扰的交互灵敏度。

注1:确认包括对要求的详细说明、对方法特性量的测定、对利用该方法能满足要求的核查以及对有效性的声明。

注2:在方法制定过程中,应当进行定期评审,以验证客户的需求持续得到满足。引起调整方法制定计划的任何要求上的变化,均应当得到批准和授权。

注3：确认通常是成本、风险和技术可行性之间的一种平衡。许多情况下，由于缺乏信息，数值（如：准确度、检出限、选择性、线性、重复性、复现性、稳健度和交互灵敏度）的范围和不确定度只能以简化的方式给出。

5.4.6 测量不确定度的评定

5.4.6.1 校准实验室或进行自校准的检测实验室，对所有的校准和各种校准类型都应具有并应用评定测量不确定度的程序。

5.4.6.2 检测实验室应具有并应用评定测量不确定度的程序。某些情况下，检测方法的性质会妨碍对测量不确定度进行严密的计量学和统计学上的有效计算。这种情况下，实验室至少应努力找出不确定度的所有分量且作出合理评定，并确保结果的报告方式不会对不确定度造成错觉。合理的评定应依据对方法特性的理解和测量范围，并利用诸如过去的经验和确认的数据。

注1：测量不确定度评定所需的严密程度取决于某些因素，诸如：

——检测方法的要求；

——客户的要求；

——据以作出满足某规范决定的窄限。

注2：某些情况下，公认的检测方法规定了测量不确定度主要来源的值的极限，并规定了计算结果的表示方式，这时，实验室只要遵守该检测方法和报告的说明(5.10)，即被认为符合本条的要求。

5.4.6.3 在评定测量不确定度时，对给定条件下的所有重要不确定度分量，均应采用适当的分析方法加以考虑。

注1：不确定度的来源包括（但不限于）所用的参考标准和标准物质、方法和设备、环境条件、被检测或校准物品的性能和状态以及操作人员。

注2：在评定测量不确定度时，通常不考虑被检测和（或）校准物品预计的长期性能。

注3：进一步信息参见ISO 5725和《测量不确定度表述指南》(GUM)（见参考文献）。

5.4.7 数据控制

5.4.7.1 应对计算和数据传输进行系统和适当的检查。

5.4.7.2 当利用计算机或自动设备对检测或校准数据进行采集、处理、记录、报告、存储或检索时，实验室应确保：

a) 由使用者开发的计算机软件应被制定成足够详细的文件，并对其适用性进行适当确认；

b) 建立并实施数据保护的程序。这些程序应包括（但不限于）：数据输入或采集、数据存储、数据传输和数据处理的完整性和保密性；

c) 维护计算机和自动设备以确保其功能正常，并提供保护检测和校准数据完整性所必需的环境和运行条件。

注：通用的商用软件（如文字处理、数据库和统计程序），在其设计的应用范围内可认为是经充分确认的，但实验室对软件进行了配置或调整，则应当按5.4.7.2 a)进行确认。

5.5 设备

5.5.1 实验室应配备正确进行检测和（或）校准（包括抽样、物品制备、数据处理与分析）所要求的所有抽样、测量和检测设备。当实验室需要使用永久控制之外的设备时，应确保满足本标准的要求。

5.5.2 用于检测、校准和抽样的设备及其软件应达到要求的准确度，并符合检测和（或）校准相应的规范要求。对结果有重要影响的仪器的关键量或值，应制定校准计划。设备（包括用于抽样的设备）在投入使用前应进行校准或核查，以证实其能够满足实验室的规范要求和相应的标准规范。设备在使用前应进行核查和（或）校准（见5.6）。

5.5.3 设备应由经过授权的人员操作。设备使用和维护的最新版说明书（包括设备制造商提供的有关手册）应便于实验室有关人员取用。

5.5.4 用于检测和校准并对结果有重要影响的每一设备及其软件，如可能，均应加以唯一性标识。

5.5.5 应保存对检测和（或）校准具有重要影响的每一设备及其软件的记录。该记录至少应包括：

a) 设备及其软件的标识；

b) 制造商名称、型式标识、系列号或其他唯一性标识；

c) 对设备是否符合规范的核查(见5.5.2)；

d) 当前的位置(如果适用)；

e) 制造商的说明书(如果有)，或指明其地点；

f) 所有校准报告和证书的日期、结果及复印件，设备调整、验收标准和下次校准的预定日期；

g) 设备维护计划(适当时)，以及已进行的维护；

h) 设备的任何损坏、故障、改装或修理。

5.5.6 实验室应具有安全处置、运输、存放、使用和有计划维护测量设备的程序，以确保其功能正常并防止污染或性能退化。

注：在实验室固定场所外使用测量设备进行检测、校准或抽样时，可能需要附加的程序。

5.5.7 曾经过载或处置不当、给出可疑结果，或已显示出缺陷、超出规定限度的设备，均应停止使用。这些设备应予以隔离以防误用，或加贴标签、标记以清晰表明该设备已停用，直至修复并通过校准或测试表明能正常工作为止。实验室应核查这些缺陷或偏离规定极限对先前的检测和(或)校准的影响，并执行"不符合工作控制"程序(见4.9)。

5.5.8 实验室控制下的需校准的所有设备，只要可行，应使用标签、编码或其他标识表明其校准状态，包括上次校准的日期、再校准或失效日期。

5.5.9 无论什么原因，若设备脱离了实验室的直接控制，实验室应确保该设备返回后，在使用前对其功能和校准状态进行核查并能显示满意结果。

5.5.10 当需要利用期间核查以保持设备校准状态的可信度时，应按照规定的程序进行。

5.5.11 当校准产生了一组修正因子时，实验室应有程序确保其所有备份(例如计算机软件中的备份)得到正确更新。

5.5.12 检测和校准设备包括硬件和软件应得到保护，以避免发生致使检测和(或)校准结果失效的调整。

5.6 测量溯源性

5.6.1 总则

用于检测和(或)校准的对检测、校准和抽样结果的准确性或有效性有显著影响的所有设备，包括辅助测量设备(例如用于测量环境条件的设备)，在投入使用前应进行校准。实验室应制定设备校准的计划和程序。

注：该计划应当包含一个对测量标准、用做测量标准的标准物质以及用于检测和校准的测量与检测设备进行选择、使用、校准、核查、控制和维护的系统。

5.6.2 特定要求

5.6.2.1 校准

5.6.2.1.1 对于校准实验室，设备校准计划的制定和实施应确保实验室所进行的校准和测量可溯源到国际单位制(SI)。

校准实验室通过不间断的校准链或比较链与相应测量的SI单位基准相连接，以建立测量标准和测量仪器对SI的溯源性。对SI的链接可以通过参比国家测量标准来达到。国家测量标准可以是基准，它们是SI单位的原级实现或是以基本物理常量为根据的SI单位约定的表达式，或是由其他国家计量院所校准的次级标准。当使用外部校准服务时，应使用能够证明资格、测量能力和溯源性的实验室的校准服务，以保证测量的溯源性。由这些实验室发布的校准证书应有包括测量不确定度和(或)符合确定的计量规范声明的测量结果(见5.10.4.2)。

注1：满足本标准要求的校准实验室即被认为是有资格的。由依据本标准认可的校准实验室发布的带有认可机构标志的校准证书，对相关校准来说，是所报告校准数据溯源性的充分证明。

注2：对测量SI单位的溯源可以通过参比适当的基准(见VIM:1993,6.4)，或参比一个自然常数来达到，用相对SI

单位表示的该常数的值是已知的，并由国际计量大会(CGPM)和国际计量委员会(CIPM)推荐。

注3：持有自己的基准或基于基本物理常量的SI单位表达式的校准实验室，只有在将这些标准直接或间接地与国家计量院的类似标准进行比对之后，方能宣称溯源到SI单位制。

注4：“确定的计量规范”是指在校准证书中必须清楚表明该测量已与何种规范进行过比对，这可以通过在证书中包含该规范或明确指出已参照了该规范来达到。

注5：当“国际标准”和“国家标准”与溯源性关联使用时，则是假定这些标准满足了实现SI单位基准的性能。

注6：对国家测量标准的溯源不要求必须使用实验室所在国的国家计量院。

注7：如果校准实验室希望或需要溯源到本国以外的其他国家计量院，应当选择直接参与或通过区域组织积极参与国际计量局(BIPM)活动的国家计量院。

注8：不间断的校准或比较链，可以通过不同的、能证明溯源性的实验室经过若干步骤来实现。

5.6.2.1.2 某些校准目前尚不能严格按照SI单位进行，这种情况下，校准应通过建立对适当测量标准的溯源来提供测量的可信度，例如：

——使用有能力的供应者提供的有证标准物质来对某种材料给出可靠的物理或化学特性；

——使用规定的方法和(或)被有关各方接受并且描述清晰的协议标准。

可能时，要求参加适当的实验室间比对计划。

5.6.2.2 **检测**

5.6.2.2.1 对检测实验室，5.6.2.1中给出的要求适用于测量设备和具有测量功能的检测设备，除非已经证实校准带来的贡献对检测结果总的不确定度几乎没有影响。这种情况下，实验室应确保所用设备能够提供所需的测量不确定度。

注：对5.6.2.1的遵循程度应当取决于校准的不确定度对总的不确定度的相对贡献。如果校准是主导因素，则应当严格遵守该要求。

5.6.2.2.2 测量无法溯源到SI单位或与之无关时，与对校准实验室的要求一样，要求测量能够溯源到诸如有证标准物质、约定的方法和(或)协议标准(见5.6.2.1.2)。

5.6.3 **参考标准和标准物质**

5.6.3.1 **参考标准**

实验室应有校准其参考标准的计划和程序。参考标准应由5.6.2.1中所述的能够提供溯源的机构进行校准。实验室持有的测量参考标准应仅用于校准而不用于其他目的，除非能证明作为参考标准的性能不会失效。参考标准在任何调整之前和之后均应校准。

5.6.3.2 **标准物质**

可能时，标准物质应溯源到SI测量单位或有证标准物质。只要技术和经济条件允许，应对内部标准物质进行核查。

注：“标准物质”在我国一些领域也被称为“参考物质”和“标准样品”。

5.6.3.3 **期间核查**

应根据规定的程序和日程对参考标准、基准、传递标准或工作标准以及标准物质进行核查，以保持其校准状态的置信度。

5.6.3.4 **运输和储存**

实验室应有程序来安全处置、运输、存储和使用参考标准和标准物质，以防止污染或损坏，确保其完整性。

注：当参考标准和标准物质用于实验室固定场所以外的检测、校准或抽样时，也许有必要制定附加的程序。

5.7 **抽样**

5.7.1 实验室为后续检测或校准而对物质、材料或产品进行抽样时，应有用于抽样的抽样计划和程序。抽样计划和程序在抽样的地点应能够得到。只要合理，抽样计划应根据适当的统计方法制定。抽样过程应注意需要控制的因素，以确保检测和校准结果的有效性。

注1：抽样是取出物质、材料或产品的一部分作为其整体的代表性样品进行检测或校准的一种规定程序。抽样也可

能是由检测或校准该物质、材料或产品的相关规范要求的。某些情况下(如法庭科学分析),样品可能不具备代表性,而是由其可获性所决定。

注2:抽样程序应当对取自某个物质、材料或产品的一个或多个样品的选择、抽样计划、提取和制备进行描述,以提供所需的信息。

5.7.2 当客户对文件规定的抽样程序有偏离、添加或删节的要求时,应详细记录这些要求和相关抽样信息,并纳入包含检测和(或)校准结果的所有文件中,同时告知相关人员。

5.7.3 当抽样作为检测或校准工作的一部分时,实验室应有程序记录与抽样有关的资料和操作。这些记录应包括所用的抽样程序、抽样人的识别、环境条件(如果相关)、必要时有抽样位置的图示或其他等效方法,如果合适,还应包括抽样程序所依据的统计方法。

5.8 检测和校准物品的处置

5.8.1 实验室应有用于检测和(或)校准物品的运输、接收、处置、保护、存储、保留和(或)清理的程序,包括为保护检测和(或)校准物品的完整性以及实验室与客户利益所需的全部条款。

5.8.2 实验室应具有检测和(或)校准物品的标识系统。物品在实验室的整个期间应保留该标识。标识系统的设计和使用应确保物品不会在实物上或在涉及的记录和其他文件中混淆。如果合适,标识系统应包含物品群组的细分和物品在实验室内外部的传递。

5.8.3 在接收检测或校准物品时,应记录异常情况或对检测或校准方法中所述正常(或规定)条件的偏离。当对物品是否适合于检测或校准存有疑问,或当物品不符合所提供的描述,或对所要求的检测或校准规定得不够详尽时,实验室应在开始工作之前问询客户,以得到进一步的说明,并记录下讨论的内容。

5.8.4 实验室应有程序和适当的设施避免检测或校准物品在存储、处置和准备过程中发生退化、丢失或损坏。应遵守随物品提供的处理说明。当物品需要被存放或在规定的环境条件下养护时,应保持、监控和记录这些条件。当一个检测或校准物品或其一部分需要安全保护时,实验室应对存放和安全作出安排,以保护该物品或其有关部分的状态和完整性。

注1:在检测之后要重新投入使用的被测物品,需特别注意确保物品的处置、检测或存储或等待过程中不被破坏或损伤。

注2:应当向负责抽样和运输样品的人员提供抽样程序,及有关样品存储和运输的信息,包括影响检测或校准结果的抽样信息。

注3:维护检测或校准物品安全的理由是出自记录、安全或价值,或是为了日后进行补充检测和(或)校准的考虑。

5.9 检测和校准结果质量的保证

5.9.1 实验室应有质量控制程序以监控检测和校准的有效性。所得数据的记录方式应便于发现其发展趋势,如可行,应采用统计技术对结果进行审查。这种监控应有计划并加以评审,可包括(但不限于)下列内容:

a) 定期使用有证标准物质进行监控,和(或)使用次级标准物质开展内部质量控制;

b) 参加实验室间的比对或能力验证计划;

c) 使用相同或不同方法进行重复检测或校准;

d) 对存留物品进行再检测或再校准;

e) 分析一个物品不同特性量的结果的相关性。

注:选用的方法应当与所进行工作的类型和工作量相适应。

5.9.2 应分析质量控制的数据,当发现质量控制数据超出预先确定的判据时,应采取已计划的措施来纠正出现的问题,并防止报告错误的结果。

5.10 结果报告

5.10.1 总则

实验室应准确、清晰、明确和客观地报告每一项检测、校准,或一系列的检测或校准的结果,并符合检测或校准方法中规定的要求。

结果通常应以检测报告或校准证书的形式出具,并且应包括客户要求的、说明检测或校准结果所必需的和所用方法要求的全部信息。这些信息通常是5.10.2和5.10.3或5.10.4中要求的内容。

在为内部客户进行检测和校准或与客户有书面协议的情况下，可用简化的方式报告结果。对于5.10.2至5.10.4中所列却未向客户报告的信息，应能方便地从进行检测和(或)校准的实验室中获得。

注1：检测报告和校准证书有时分别称为检测证书和校准报告。

注2：只要满足本标准的要求，检测报告或校准证书可用硬拷贝或电子数据传输的方式发布。

5.10.2 检测报告和校准证书

除非实验室有充分的理由，否则每份检测报告或校准证书应至少包括下列信息：

a) 标题(例如“检测报告”或“校准证书”)；

b) 实验室的名称和地址，进行检测和(或)校准的地点(如果与实验室的地址不同)；

c) 检测报告或校准证书的唯一性标识(如系列号)和每一页上的标识，以确保能够识别该页是属于检测报告或校准证书的一部分，以及表明检测报告或校准证书结束的清晰标识；

d) 客户的名称和地址；

e) 所用方法的识别；

f) 检测或校准物品的描述、状态和明确的标识；

g) 对结果的有效性和应用至关重要的检测或校准物品的接收日期和进行检测或校准的日期；

h) 如与结果的有效性或应用相关时，实验室或其他机构所用的抽样计划和程序的说明；

i) 检测和校准的结果，适用时，带有测量单位；

j) 检测报告或校准证书批准人的姓名、职务、签字或等效的标识；

k) 相关时，结果仅与被检测或被校准物品有关的声明。

注1：检测报告和校准证书的硬拷贝应当有页码和总页数。

注2：建议实验室作出未经实验室书面批准，不得复制(全文复制除外)检测报告或校准证书的声明。

5.10.3 检测报告

5.10.3.1 当需对检测结果作出解释时，除5.10.2中所列的要求之外，检测报告中还应包括下列内容：

a) 对检测方法的偏离、增添或删节，以及特定检测条件的信息，如环境条件；

b) 相关时，符合(或不符合)要求和(或)规范的声明；

c) 适用时，评定测量不确定度的声明。当不确定度与检测结果的有效性或应用有关，或客户的指令中有要求，或当不确定度影响到对规范限度的符合性时，检测报告中还需要包括有关不确定度的信息；

d) 适用且需要时，提出意见和解释(见5.10.5)；

e) 特定方法、客户或客户群体要求的附加信息。

5.10.3.2 当需对检测结果作解释时，对含抽样结果在内的检测报告，除了5.10.2和5.10.3.1所列的要求之外，还应包括下列内容：

a) 抽样日期；

b) 抽取的物质、材料或产品的清晰标识(适当时，包括制造者的名称、标示的型号或类型和相应的系列号)；

c) 抽样位置，包括任何简图、草图或照片；

d) 列出所用的抽样计划和程序；

e) 抽样过程中可能影响检测结果解释的环境条件的详细信息；

f) 与抽样方法或程序有关的标准或规范，以及对这些规范的偏离、增添或删节。

5.10.4 校准证书

5.10.4.1 如需对校准结果进行解释时，除5.10.2中所列的要求之外，校准证书还应包含下列内容：

a) 校准活动中对测量结果有影响的条件(例如环境条件)；

b) 测量不确定度和(或)符合确定的计量规范或条款的声明；

c) 测量可溯源的证据(见5.6.2.1.1注2)。

5.10.4.2 校准证书应仅与量和功能性测试的结果有关。如欲作出符合某规范的声明,应指明符合或不符合该规范的哪些条款。

当符合某规范的声明中略去了测量结果和相关的不确定度时,实验室应记录并保存这些结果,以备日后查阅。

作出符合性声明时,应考虑测量不确定度。

5.10.4.3 当被校准的仪器已被调整或修理时,应报告调整或修理前后的校准结果(如果可获得)。

5.10.4.4 校准证书(或校准标签)不应包含对校准时间间隔的建议,除非已与客户达成协议。该要求可能被法规取代。

5.10.5 意见和解释

当含有意见和解释时,实验室应把作出意见和解释的依据制定成文件。意见和解释应在检测报告中清晰标注。

注1:意见和解释不应与GB/T 18346和GB/T 27065中所指的检查和产品认证相混淆。

注2:检测报告中包含的意见和解释可以包括(但不限于)下列内容:

——对结果符合(或不符合)要求声明的意见;

——合同要求的履行;

如何使用结果的建议;

——用于改进的指导。

注3:许多情况下,通过与客户直接对话来传达意见和解释或许更为恰当,但这些对话应当有文字记录。

5.10.6 从分包方获得的检测和校准结果

当检测报告包含了由分包方所出具的检测结果时,这些结果应予以清晰标明。分包方应以书面或电子方式报告结果。

当校准工作被分包时,执行该工作的实验室应向分包给其工作的实验室出具校准证书。

5.10.7 结果的电子传送

当用电话、电传、传真或其他电子或电磁方式传送检测或校准结果时,应满足本标准的要求(见5.4.7)。

5.10.8 报告和证书的格式

报告和证书的格式应设计为适用于所进行的各种检测或校准类型,并尽量减小产生误解或误用的可能性。

注1:应当注意检测报告或校准证书的编排,尤其是检测或校准数据的表达方式,并易于读者理解。

注2:表头应当尽可能地标准化。

5.10.9 检测报告和校准证书的修改

对已发布的检测报告或校准证书的实质性修改,应仅以追加文件或信息变更的形式,并包括如下声明:

"对检测报告(或校准证书)的补充,系列号……(或其他标识)",或其他等效的文字形式。

这种修改应满足本标准的所有要求。

当有必要发布全新的检测报告或校准证书时,应注以唯一性标识,并注明所替代的原件。

附 录 A
（资料性附录）
与 GB/T 19001—2000 的条款对照

表 A.1 与 GB/T 19001—2000 的条款对照

GB/T 19001—2000	GB/T 27025[a]
第 1 章	第 1 章
第 2 章	第 2 章
第 3 章	第 3 章
4.1	4.1，4.1.1,4.1.2,4.1.3,4.1.4,4.1.5，4.2，4.2.1,4.2.2,4.2.3,4.2.4
4.2.1	4.2.2，4.2.3，4.3.1
4.2.2	4.2.2,4.2.5
4.2.3	4.3
4.2.4	4.3.1，4.13
5.1	4.2.2，4.2.3
5.1a)	4.1.2，4.2.4
5.1b)	4.2.2
5.1c)	4.2.2
5.1d)	4.15
5.1e)	4.1.5
5.2	4.4.1
5.3	4.2.2
5.3a)	4.2.2
5.3b)	4.2.3
5.3c)	4.2.2
5.3d)	4.2.2
5.3e)	4.2.2
5.4.1	4.2.2
5.4.2	4.2.1
5.4.2a)	4.2.1
5.4.2b)	4.2.7
5.5.1	4.1.5a)，f)，h)
5.5.2	4.1.5i)
5.5.2a)	4.1.5i)
5.5.2b)	4.1.5i)

表 A.1(续)

GB/T 19001—2000	GB/T 27025[a]
5.5.2c)	4.2.4
5.5.3	4.1.6
5.6.1	4.15
5.6.2	4.15
5.6.3	4.15
6.1a)	4.10
6.1b)	4.4.1, 4.7, 5.4.2,5.4.3,5.4.4, 5.10.1
6.2.1	5.2.1
6.2.2a)	5.2.2, 5.5.3
6.2.2b)	5.2.1, 5.2.2
6.2.2c)	5.2.2
6.2.2d)	4.1.5k)
6.2.2e)	5.2.5
6.3a)	4.1.3,5.3
6.3b)	5.4.7.2,5.5,5.6
6.3c)	4.6, 5.5.6, 5.6.3.4, 5.8, 5.10
6.4	5.3.1, 5.3.2, 5.3.3, 5.3.4, 5.3.5
7.1	
7.1a)	4.2.2
7.1b)	4.1.5a), 4.2.1, 4.2.3
7.1c)	5.4, 5.9
7.1d)	4.1, 5.4, 5.9
7.2.1	4.4.1, 4.4.2, 4.4.3, 4.4.4,4.4.5, 5.4
7.2.2	4.4.1, 4.4.2, 4.4.3, 4.4.4,4.4.5, 5.4
7.2.3	4.4.2, 4.4.4, 4.5, 4.7, 4.8
7.3	5.4, 5.9
7.4.1	4.6.1, 4.6.2, 4.6.4
7.4.2	4.6.3
7.4.3	4.6.2
7.5.1	5.1, 5.2, 5.4, 5.5, 5.6, 5.7, 5.8, 5.9
7.5.1a)	4.3.1
7.5.1b)	4.2.1
7.5.1c)	5.3,5.5
7.5.1d)	5.5

表 A.1(续)

GB/T 19001—2000	GB/T 27025[a]
7.5.1e)	5.3
7.5.1f)	4.7,5.8,5.9,5.10
7.5.2	5.2.5, 5.4.2, 5.4.5
7.5.2a)	5.4.1
7.5.2b)	5.2.5,5.5.2
7.5.2c)	5.4.1
7.5.2d)	4.13
7.5.2e)	5.9
7.5.3	5.8.2
7.5.4	4.1.5c), 5.8
7.5.5	4.6.1, 4.12, 5.8, 5.10
7.6	5.5, 5.6
8.1	4.10, 5.4, 5.9
8.1a)	5.4,5.9
8.1b)	4.14
8.1c)	4.10
8.2.1	4.7.2
8.2.2	4.11.5, 4.14
8.2.3	4.11.5, 4.14, 5.9
8.2.4	4.5, 4.6, 4.9, 5.5.2, 5.5.9,5.8
8.3	4.9
8.4	5.9
8.4a)	4.7.2
8.4b)	4.4,5.4
8.4c)	5.9
8.4d)	4.6.4
8.5.1	4.10
8.5.2	4.11
8.5.3	4.12

[a] GB/T 27025 包含了一系列 GB/T 19001—2000 中未包含的技术能力要求。

附 录 B
(资料性附录)
制定特定领域应用细则的指南

B.1 本标准中所规定的要求是通用意义上的陈述,当应用于所有检测和校准实验室时,可能需要加以解释。这种有关应用的解释在此称为应用细则。应用细则不应包括本标准中未包含的附加的通用要求。

B.2 应用细则可被认为是本标准一般陈述性准则(要求)在特定检测和校准、检测技术、产品、材料领域或特定的检测或校准的细化。因此,应用细则应由具备适当技术知识和经验的人员来制定,并应确定对于正确实施检测或校准有实质性或重要作用的条款。

B.3 根据当前的应用情况,也许有必要为本标准的技术要求制定应用细则。应用细则的制定,可以通过对每一条款中已经陈述的要求仅提供细节或增添附加信息(如对实验室中温度和湿度的专门规定)来完成。

某些情况下,应用细则的涉及面相当窄,仅适用于一个或一组给定的检测或校准方法。而在另一些情况下,应用细则的涉及面又会很宽,可用于各类产品或项目的检测或校准,甚至于整个检测或校准领域。

B.4 如果应用细则适用于某个完整的技术领域中的一组检测或校准方法,对所有的方法应使用相同的措辞。

另外,对于特定类型或组别的检测或校准,检测或校准的产品、材料或技术领域,也可制定单独的细则文件来补充本标准。这种文件应仅提供必要的补充信息,同时作为参考文件以维持本标准的主导文件地位。应用细则应避免过于专门化,以限制过细文件的泛滥。

B.5 本附录中的指南应在认可机构和其他评价机构为其需要(例如对特定领域的认可)而制定应用细则时使用。

参 考 文 献

[1] ISO 5725-1, Accuracy (trueness and precision) of measurement methods and results —Part 1: General principles and definitions

[2] ISO 5725-2, Accuracy (trueness and precision) of measurement methods and results —Part 2: Basic method for the determination of repeatability of a standard measurement method

[3] ISO 5725-3, Accuracy (trueness and precision) of measurement methods and results —Part 3: Intermediate measurement of the precision of a standard measurement method

[4] ISO 5725-4, Accuracy (trueness and precision) of measurement methods and results —Part 4: Basic method for the determination of the trueness of a standard measurement method

[5] ISO 5725-6, Accuracy (trueness and precision) of measurement methods and results —Part 6: Use in practice of accuracy values

[6] GB/T 19000—2000 质量管理体系 基础和术语(ISO 9000:2000,IDT)

[7] GB/T 19001—2000 质量管理体系 要求(ISO 9001:2000,IDT)

[8] ISO/IEC 90003, Software engineering—Guidelines for the application of ISO 9001:2000 to computer software

[9] GB/T 19022—2003 测量管理体系 测量过程和测量设备的要求(ISO 10012:2003,IDT)

[10] GB/T 27011—2005 合格评定 认可机构通用要求 (ISO/IEC 17011,IDT)

[11] GB/T 18346—2001 各类检查机构的通用要求(ISO/IEC 17020,IDT)

[12] GB/T 19011 质量和(或)环境管理体系审核指南 (ISO 19011,IDT)

[13] ISO Guide 30, Terms and definitions used in connection with reference materials (GB/T 15000.2—1994 参照此国际标准制定)

[14] GB/T 15000.4—2003 标准样品工作导则(4) 标准样品证书和标签的内容(ISO Guide 31, IDT)

[15] GB/T 15000.9—2004 标准样品工作导则(9) 分析化学中的校准和有证标准样品的使用(ISO Guide 32,IDT)

[16] GB/T 15000.8—2003 标准样品工作导则(8) 有证标准样品的使用(ISO Guide 33,IDT)

[17] GB/T 15000.7—2001 标准样品工作导则(7) 标准样品生产者能力的通用要求 (ISO Guide 34,IDT)

[18] ISO Guide 35, Certification of reference materials—General and statistical principles

[19] GB/T 15483.1 利用实验室间比对的能力验证 第1部分:能力验证计划的建立和运作(ISO/IEC Guide 43-1,IDT)

[20] GB/T 15483.2 利用实验室间比对的能力验证 第2部分:实验室认可机构对能力验证计划的选择和使用(ISO/IEC Guide 43-2,IDT)

[21] GB/T 15486—1995 校准和检验实验室认可体系 运作和承认的通用要求 (ISO/IEC Guide 58:1993,IDT)

[22] GB/T 27065—2004 产品认证机构通用要求(ISO/IEC Guide 65,IDT)

[23] GUM, Guide to the expression of uncertainty in measurement, 由 BIPM、IEC、IFCC、ISO、IUPAC、IUPAP and OIML 发布 (我国 JJF1059—1999 原则上等同采用了该指南)

[24] 有关实验室认可的信息和文件可从国际实验室认可合作组织(ILAC)网上查阅:www.ilac.org

ICS 03.120.20
A 00

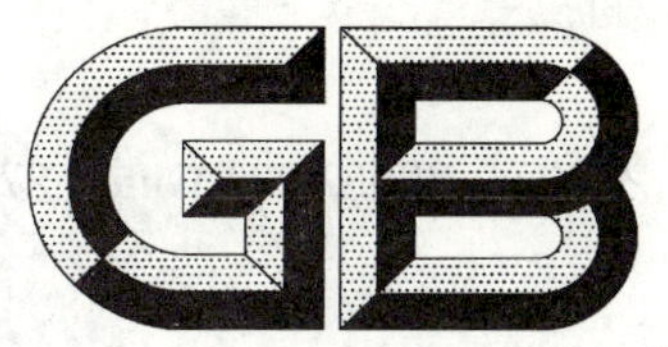

中华人民共和国国家标准

GB/T 27027—2008/ISO Guide 27:1983

认证机构对误用其符合性标志采取纠正措施的实施指南

Guidelines for corrective action to be taken by a certification body in the event of misuse of its mark of conformity

(ISO Guide 27:1983,IDT)

2008-05-06 发布　　2008-10-01 实施

中华人民共和国国家质量监督检验检疫总局
中国国家标准化管理委员会　发布

前　言

本标准等同采用ISO指南27:1983《认证机构对误用其符合性标志采取纠正措施的实施指南》。为了便于使用,本标准进行了如下编辑性的修改:

——“本指南”统一译为“本标准”;

——根据上下文的关系,去掉了“1.1.1～1.1.5”的条号,改为“——”;

——第9章只有“9.1”没有后续条款,故删除“9.1”条号。

本标准由全国认证认可标准化技术委员会(SAC/TC 261)提出并归口。

本标准起草单位:中国电子技术标准化研究所、国家认证认可监督管理委员会、中国合格评定国家认可中心、泰尔认证中心、中国建筑材料检验认证中心、中国质量认证中心、中国电磁兼容认证中心、日电信息系统(中国)有限公司、大用软件有限责任公司、同方股份有限公司。

本标准主要起草人:宋红茹、宋茂恩、石新勇、吴晶、王凌、张宏、贾祥道、李亚方、邓云峰、李华宁、王晓冬、陈志刚、田中领、柳宏、童本敏。

认证机构对误用其符合性标志采取纠正措施的实施指南

1 引言

1.1 本标准的目的在于确定一系列程序，供认证机构(非政府的)在决定如何解决下列问题时考虑：

a) 据举报认证机构颁发的符合性标志被误用[1)]；或

b) 事后发现认证产品有危害[2)]的。

认证机构采取的措施视具体情形而定。例如，误用符合性标志的有关法律规定；认证机构与误用标志的组织之间的合同或协议的性质；误用的严重程度；误用是无意的还是故意的；产品是否有危害[3)]。

产品的制造商或销售商误用标志可能有两种截然不同的情形，即作为误用者或事后发现带有标志的产品有危害的发现者。

预见所有潜在的误用形式或其他任何可能导致带有标志产品变得有危害的使用形式，要比防止明显的和常见的误用形式更困难。这些不同情况所产生的危害都需要采取纠正措施，但对每种情况的责任评估需要作完全不同的考虑。

认证机构在决定采取何种纠正措施时，既要考虑产品大量生产和销售的问题，又要保护其标志的可信性，帮助因标志误用而被误导的人们，平等对待使用标志的竞争对手。一般来说，本标准所述的纠正措施需具备下列前提条件：

——认证制度包括符合性标志的使用，该符合性标志用在各获证的产品上。

——认证机构拥有自己注册的符合性标志或者至少其标志的使用得到认证机构总部所在国家法律的保护。

——在认证机构和获准使用标志方之间签有符合性标志使用或误用处理措施的合同或具有法律效力的协议。

——获准使用标志方有能力对认证产品实行持续控制以确保满足合同或协议的所有条款。

——除非得到认证机构的授权和控制，不得将符合性标志应用于产品。

1.2 伪造认证机构的标志或没有任何合同或协议约定而使用符合性标志时，认证机构通常应采取有力的纠正措施，能够采取的措施依照国家法律中有关伪造和误用标志的相应规定。

2 术语和定义

2.1

召回 recall

误用者、事后发现产品有危害的生产者或负责提供产品使用的其他方，从用户、市场或经销地点收

1) “误用”可能有多种形式，例如：

a) 误用标志或在不合格品上使用标志，不合格品的产生例如：违背合同、质量控制不当、认证机构或实验室评定有误；

b) 未经获准使用标志，例如，标志出现在未认证的产品上。

2) 事后发现产品有危害的原因：

a) 标准不适当；

b) 未预料到产品的最终用途；

c) 制造缺陷。

3) 本标准仅限用于使用符合性标志时的纠正措施；需要时，有关符合性证书的情况可在以后阶段考虑，本标准主要是针对非政府的认证机构，但推行类似认证制度的政府机构也可使用。

回这些产品，送回生产厂或其他可接受的地方，并采取相应的纠正措施。

注：由于所有权的法律问题，召回须由制造商或负责产品销售的其他方实施。

2.2

误用者　misuser

任何误用了符合性标志的个人、组织或其他法人机构，无论该产品是否符合使用标志的条件。

2.3

事后发现产品有危害的生产者　producer of a subsequently hazardous product

符合认证机构全部的要求，并恰当地使用了该机构的产品符合性标志，但后来发现其产品存在“危害”的个人、组织或其他法人机构。

2.4

危害　hazardous

对于制造的产品而言，是指使生命、人身或财产面临危险或危急的状态。如果含有危险或危急状态产品的数量达到了不可接受的比例，并有下列情况之一时，即认为这种产品是具有危害的：

a) 结构不安全；或

b) 产品得到了广泛的应用，但某些用途在制定标准时没有预见到，而对这些用途，产品在认证时也未考虑：

——在标准中没有提供具体应用范围；并且

——在产品销售的使用说明书中，制造商没有提出任何限制使用的范围。

注：有时固有危害是产品实现其预期功能所必须的，例如，食品搅拌机的旋转搅拌器的危害不应按本定义作为“危害”来对待。

2.5

纠正措施　corrective action

认证机构要求误用者、事后发现产品有危害的生产者或负责提供产品使用的其他方为消除误用的后果和排除危害而采取的必要和切实可行的措施。

3　采取纠正措施的条件

3.1　加贴了符合性标志的产品发生如下情况之一时，认证机构应要求误用者采取纠正措施：

——具有危害的；

——未经获准施加了符合性标志。例如，因为没有记录证明该产品已获认证，或不符合认证要求，从而一定程度上损害到符合性标志的可信性；

——使用了未经授权的符合性标志(例如伪造认证标志)；

——违背认证协议。

3.2　当收到误用符合性标志或收到使用符合性标志的产品出现危害的报告时，认证机构应调查报告的真实性。如确认已经发生误用，认证机构应判定误用的范围，包括产品、型号、序列号、生产厂的生产设施、生产批次和所涉及的数量。

4　采取纠正措施的种类

纠正措施可以是下列措施中的一种或几种：

a) 如果认证机构认为采取召回的措施对保护公众利益是必要的，则由认证机构通知被授权方和负责执行召回的各方，并允许其实施；

b) 从产品上去除符合性标志；(通常，只在生产厂或其他产品集中的场所进行，以便从仓库、市场、经销地点或用户处的产品上去除符合性标志；或者与有处置接受或拒收产品权限的监管部门合作，在现场从产品上去除符合性标志。)

c) 对产品进行整改,使其满足相关的认证要求;(产品整改最好在生产厂完成。但若把某些有问题的装置召回生产厂不现实时,也可授权在现场进行整改。例如,电气开关或大型熔炉。)

d) 对既不能通过去除符合性标志又不能通过整改来满足相关认证要求的产品,则采取报废或适当的退换措施;

e) 当存在危害又不能实行以上 a)、b)、c)、d) 的纠正措施时,应向公众发布有关危害的公告,或采取符合国家法律规定的其他措施。

注:对事后发现产品有危害的生产者,认证机构宜采取纠正措施,建议修订标准以消除危害,并采取措施确保具有同样危害的产品不施加符合性标志。

5 针对误用者可选择的措施

5.1 采取的纠正措施取决于标志误用的性质及其产生的后果。

5.2 未签订或未履行合同使用符合性标志时,可诉诸法律,由法院决定采取什么样的纠正措施。

6 采取纠正措施的时机

6.1 当事实表明需要采取纠正措施,并有误用者对其误用行为负责或有事后发现产品有危害的生产者时,认证机构要立即启动纠正措施。

6.2 当事实确凿,且纠正措施明确,但没有对其误用行为负责的误用者或没有事后发现产品有危害的生产者(例如:公司已经破产),或有问题的产品已经停止生产多年,已不再能从市场上买到时,认证机构宜寻求法律咨询并通知政府相关部门、监管部门和公共机构。

7 纠正措施的启动

7.1 在有确凿的证据证明产品有危害或误用了符合性标志的情况下,认证机构宜启动纠正措施,通过电话或传真通知误用者,必要时通知监管机构,并应立即暂停该产品使用符合性标志的授权。

7.2 在具有危害的产品使用了符合性标志的情况下,认证机构宜通知标志误用者采取适当的措施告知用户,说明危害并建议所采取的措施。

7.3 最初通知误用者宜采用挂号信(该信件应能适合某些具体情况,例如,将有问题的产品收回生产厂是否可行)或其他等效形式书面确认,同时报送有关监管机构和(或)其他相关机构。另外,该信件通常应包括:采取纠正措施的理由、可能存在的危险情况、误用者为解决该问题应采取的措施,以及一份包括采取措施以确保不将符合性标志用于不符合要求的产品上的声明。

8 纠正措施的完成

当认证机构对纠正措施确认有效后,宜进行下列工作:

a) 再次以书面形式通知要求采取纠正措施的各方;该通知宜

——说明已经解除对误用者采取的暂停使用符合性标志的措施,恢复其使用符合性标志的授权;

——概述误用者所采取的纠正措施;

——适用时,描述所需采用的新标记以区分采取纠正措施后的产品与先前不可接受的产品情况。

b) 更新认证档案,纳入由于采取纠正措施而需要修正的内容。

认证机构还应审查如下内容:

——认证的批准和监督职责,以确定误用行为的哪些方面是由认证机构自身的不足所致;

——认证机构或其实验室有关批准和监督的程序,以确定该程序是否能够修改,尽可能确保类似误用标志情况不再发生。

9 纠正措施的完成程度

认证机构希望对误用标志的所有产品采取纠正措施,实际上这难以实现,特别是产品已在市场上销售了相当长的时间。如果符合下列情况,认证机构通常就认为相应的纠正措施已满意实施:

a) 误用者已按要求发布了适当的公告;

b) 市场或经销地点的不符合要求的产品在监督下已被召回、整改、退换或销毁,或已按要求最大程度地采取了其他纠正措施;

c) 误用者已经同意对用户持有的产品继续采取必要的纠正措施,直至认证机构对已取得的最大实际效果满意为止;并且

d) 在制造过程中已经采取了必要的措施,防止再次出现需采取类似纠正措施的产品。

10 拒绝采取纠正措施

10.1 如果误用者拒绝采取纠正措施时,认证机构宜采取以下步骤:

a) 解除与误用者签订的相应认证合同;

b) 情况严重时,应把误用者拒绝采取纠正措施及认证合同已被解除的情况,通知监管机构和(或)其他有关机构;

c) 应寻求法律支持以便采取其他可能的措施(例如,法院做出的禁止性决定,认证机构依法举行的新闻发布会)。

10.2 事后发现产品有危害的生产者得知其产品即使符合适用的标准,但仍然有危害,可能自愿采取纠正措施。

10.3 如果事后发现产品有危害的生产者拒绝采取纠正措施,认证机构宜与有关监管机构商讨并进行法律咨询以确定进一步的措施。除监管机构可能采取的措施外,认证机构也可采取如下措施:

a) 尽快修订标准以消除危害,并在标准修订发布后要求所有获证的该种产品尽早满足新标准;

b) 通过最适当的新闻媒介,将发现的危害公布于众。

ICS 03.120.20
A 00

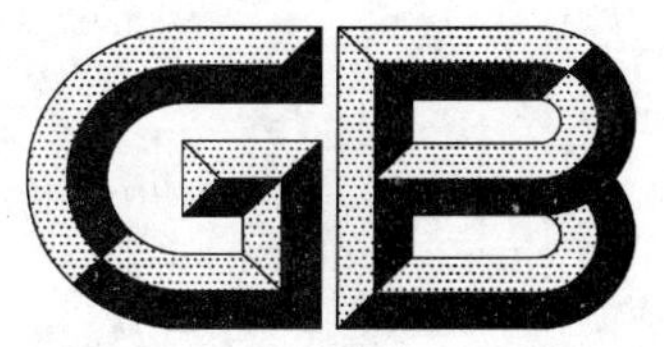

中华人民共和国国家标准

GB/T 27028—2008/ISO/IEC Guide 28:2004

合格评定 第三方产品认证制度应用指南

Conformity assessment—
Guidance on a third-party certification system for products

(ISO/IEC Guide 28:2004,IDT)

2008-05-12 发布　　2008-12-01 实施

中华人民共和国国家质量监督检验检疫总局
中国国家标准化管理委员会　发布

前　　言

本标准等同采用 ISO/IEC 指南 28:2004《合格评定　第三方产品认证制度应用指南》(第二版)。

本标准的附录 A、附录 B、附录 C、附录 D、附录 E 及附录 F 为资料性附录。

本标准由全国认证认可标准化技术委员会提出并归口。

本标准起草单位:中国质量认证中心、国家认证认可监督管理委员会、中国电器科学研究院、深圳电子产品质量检测中心、中国合格评定国家认可委员会、方圆标志认证集团、广州威凯检测技术研究所、北京鉴衡认证中心、中国电子技术标准化研究所。

本标准主要起草人:陆梅、姜文博、赵家瑞、张赟、曹雅斌、陈昕、王晓冬、吴国平、王克勤、吴晓龙、刘晓红、赵志伟、傅佳、周玉林、刘彦宾、张宏、秦海岩。

引　言

本标准提供了一种第三方产品认证制度的模式,但不排除存在其他可用的第三方合格评定制度模式。实际应用中存在很多可行的制度类型,这依赖于需要认证的产品类别。

作为典型的第三方产品认证制度,本标准所等同采用的ISO/IEC指南28:2004已经得到广泛的应用和认可,这一2004年修订版本进一步确立了该典型的第三方产品认证制度作为权威性的和可信赖的产品认证制度模式的地位。

合格评定 第三方产品认证制度应用指南

1 范围

本标准是特定产品认证制度的通用指南。

本标准适用于通过对产品样品的初始检测、对相关质量体系的评审和监督以及通过对从工厂和(或)市场获得的产品样品进行检测实施监督,以确定产品符合特定要求的第三方产品认证制度。本标准还提出了使用符合性标志的条件和授予符合性证书的条件。

本制度对应 GB/T 27067—2006 中描述的产品认证制度 5。

附录 A 给出了第三方认证制度的典型的认证规则内容清单。

2 规范性引用文件

下列文件中的条款通过本标准的引用而成为本标准的条款。凡是注日期的引用文件,其随后所有的修改单(不包括勘误的内容)或修订版均不适用于本标准,然而,鼓励根据本标准达成协议的各方研究是否可使用这些文件的最新版本。凡是不注日期的引用文件,其最新版本适用于本标准。

GB/T 27000—2006 合格评定 词汇和通用原则(ISO/IEC 17000:2004,IDT)

GB/T 27065—2004 产品认证机构通用要求(ISO/IEC Guide 65:1996,IDT)

3 术语和定义

GB/T 27000—2006 确立的术语和定义适用于本标准。

4 认证申请

申请认证需要使用认证机构提供的专用表格。附录 B 给出了此类表格的样式。

申请应明确申请人提出认证的特定产品或产品组,并且这些特定产品或产品组应是在产品认证方案中所确定的。

在收到填好的申请表和预付保证金后,需要时,认证机构向申请人提供预计完成产品初始评价所需要的时间以及受理申请所需的进一步信息。

5 初始评审

5.1 概述

为了实施本模式的产品认证制度,认证机构应符合 GB/T 27065—2004 的要求。

在确认接受申请以后,认证机构应当按照产品认证方案,为申请人就初始评审进行必要的安排。

认证机构对特定认证方案中包括的全部活动负责,这些活动包括取样、检测、生产过程或质量体系的评审和获证产品的监督。认证机构根据产品认证方案可以接受现有的合格评定结果。

认证机构应当将初始评审和检测的结果通知申请人。

如果认证机构确定认证要求未被全部满足,应当将不符合要求的方面通知申请人。

如果申请人能够表明在规定的时限内已采取了纠正措施,并满足了全部要求,则认证机构应当仅重复初始评审和检测的必要部分。

认证机构在其申请程序中规定了费用限额情况下,则可能需要提交一个新申请或增加费用限额。

对于其后提交的相同产品可不必重复评审。

5.2 生产过程和质量体系的评审

按照产品认证方案对申请人的生产过程或质量体系进行评审构成初始评审的一部分。

附录C中提供了工厂评审调查表的示例。

认证机构的评审活动中应当能获得所有与认证相关的质量体系实施的记录。

申请人应当保证在其质量体系中明确规定对认证机构应负的责任。可指定一个人员，就履行其技术工作职责而言，此人要独立于生产管理，并具有资格与认证机构保持联系。

5.3 初始检测[1)]

5.3.1 取样

检测和检验的取样依据产品认证方案进行。

样品应当是整个生产线或被认证的产品组中具有代表性的，所使用的元件和组件应当与生产中使用的元件和组件相同，样品应当用生产设备进行制造，并用生产流程确定的方法进行装配。

如果检测是在原型样品上进行的，适当时，则应当在生产样品上进行确认检测或检验。

5.3.2 初始检测的实施

初始检测应当按照适用的标准或要求以及产品认证方案来进行。

5.3.3 对其他机构出具的试验数据的使用

当认证机构选择使用其他机构(包括在确定条件下的供方实验室)出具的试验数据时，该机构应当确保检测方的适宜性和执行检测的能力满足GB/T 27025的要求。

6 评价(复核)

应当通过确定生产过程或质量体系的初始评审结果和初始检测结果是否满足规定的要求来进行评价。

7 决定

当完成评价(复核)后，应当对其符合性做出决定。作为决定的结果，其符合性表述可以采取报告、声明、证书(证书范例见附录D)或标志的形式，以此来传递满足规定要求的保证信息。

8 许可

在做出认证决定(证明)后，认证机构应当向申请人提供认证决定和需申请人签署的许可协议。当许可协议签署后，认证机构应当授予许可。附录E和附录F给出了协议和许可的范例。

注：如果许可协议提出的条款已包含在申请表中，则"许可协议"不是必需的。

该协议应当明确标志或证书的使用条件，并制定误用情况下的处理规则。

9 认证范围的扩大

被许可方希望将认证范围扩大到与已获证产品具有相同规定要求的附加产品类型或型号时，应当使用申请表(附录B)向认证机构提出申请。在这样的情况下，认证机构可以决定不进行生产过程或质量体系的评审，而要求提供扩展类型产品的检测样品，以确定这些样品符合特定要求。如果检测合格，则应当扩大认证范围，并可修改许可协议。

如果被许可方希望就另外的产品类型提出认证申请，但这些产品与已获证产品具有不同的规定要求，或者如果希望将认证扩大到原许可未覆盖的现场中，则必须对原有申请程序中未覆盖到的新增部分重新进行评审。

---

1) 这里所使用的"初始检测"是指认证机构自授予许可或扩大许可范围之前由认证机构所进行的检测，有时也称作"型式检测"。

10 监督

认证机构应当以相关标准的要求和产品认证方案的要素或要求为基础对产品实施监督。认证机构应当以产品认证方案的相关要求为基础对生产过程或质量体系实施监督。认证机构可依照产品认证方案接受现有的合格评定结果。

在某些情况下,监督可不必重复初始合格评定的全部要素。这种安排适用于客户定制产品和初始检测非常复杂或样品非常昂贵的情况。此时,监督可仅以检验为基础,或结合更简单的识别性检测,以保证产品与被检测的样品一致。这样的识别性检测应当在产品认证方案中描述。

应当将监督结果通知被许可方。

被许可方应当将可能影响产品符合性的产品、生产过程或质量体系的预期变更的情况通知认证机构。认证机构应当确定这些变更是否需要再次的初始检测和评审,或其他的进一步调查。对于这种情况,被许可方在接到认证机构相应通知之前,不允许交付变更后的产品。

被许可方应当保存与许可覆盖的产品有关的所有投诉和处置的记录,在认证机构有需求时负责提供。

11 符合性证书或标志的使用

11.1 符合性证书或符合性标志

参考 GB/T 27023 和 GB/T 27030,符合性证书或符合性标志应当便于识别,同时至少应当:

——具备所有权性质,其构成和使用的控制受法律保护;

——采用编码或其他设计方式,以便发现伪造或其他形式的误用;

——不得转用到其他产品上。

符合性标志应当直接加施到每一个单独的产品上,当该产品的尺寸或产品类型不允许时,标志可以施加到销售产品的最小包装上。

11.2 标记

在特定情况下,可以配合符合性证书或标志使用其他标记,例如:

——当通过符合性证书或标志不能确定认证机构时,可加注认证机构的名称或商标;

——在产品分类不十分明显的场合,加注产品分类名称;

——相关标准的标识。

这样的证书或标记应当符合产品认证方案的规定。

如果认证方案中所采用的标准被修订,按照适用的情况将修订标准的相应版本或日期代码清晰地标记或列出是非常重要的,以便正确地告知用户该产品的规定要求。

12 被许可方的公开信息

被许可方有权发布对许可适用的产品已获得授权出示符合性证书或加施符合性标志。

在任何时候,被许可方应当充分注意其出版物和广告不得引起已认证产品和非认证产品的混淆。

被许可方不应当在用户信息中给出这样的声称或起到这样的作用,即会导致购买者将实际上认证未被覆盖的产品性能、用途,误认为已被认证所覆盖。如果产品认证方案中有要求,与产品认证方案有关的产品的随附说明书或其他使用信息应当得到认证机构的批准。

13 保密性

认证机构有责任确保其雇员和分包方对获得的被许可方全部相关信息保密。

14 符合性证书或符合性标志的误用

当发现符合性证书或标志未经授权使用、被错误使用或误导性使用时，认证机构应当采取行动。

在广告、样本等中发现对认证制度的错误引用或对证书或标志的误导性使用，应当采取适当的行动进行处理，该行动可包括采用法律行动或纠正措施，或将其违规公布于众。

被许可方误用符合性证书或符合性标志时，应当采取纠正措施。(见 GB/T 27027)

15 产品许可的暂停

在下列情况下，可暂停特定产品许可：

——如果监督结果显示其不符合要求，但其性质不属于需要立即撤销许可的情况；

——如果被许可方不恰当地使用证书或标志(如有误导性的出版物或广告)，且没有通过适当的回收和采取适当的纠正措施予以解决；

——如果有任何其他违反认证机构的产品认证方案或程序的情况。

当该类产品的许可被暂停时，应当禁止被许可方将其已生产的产品作为获证产品来标识。

由于一段时间内停产或其他原因，在认证机构和被许可方双方商定后，也可暂停许可。

认证机构应当以挂号信的方式(或等效方式)通知被许可方对正式的暂停进行确认。

认证机构应当说明取消暂停许可的条件，例如按照第 14 章采取了纠正行动。

暂停期限结束后，认证机构应当调查恢复许可的规定条件是否已被满足。

一旦条件已满足，应当通知被许可方取消暂停。

16 撤销

16.1 除了暂停许可外，在下列情况应当撤销许可：

——如果监督表明不符合的性质严重；

——如果被许可方没有履行其应付的财务责任；

——如果有任何其他违反许可协议的情况；

——在暂停的情况下，如果被许可方采取的措施不够充分。

在上述情况下，认证机构应当有权撤销许可并通过书面形式通知被许可方。有关时间期限的规定，见许可协议模板的条款 10(附录 E)。

被许可方可以就此提出申诉，认证机构考虑申诉时，可以(根据性质的严重程度)决定是否仍维持撤销许可的决定。

在撤销许可之前，认证机构应根据对该许可的获证产品造成的影响，决定是否应当从库存的产品，甚至可行时，从已售出的全部产品上取下符合性标志，或者是否应该允许在短期内将库存内的带标志产品清仓，以及是否要求采取其他措施。

16.2 此外，在下列情况下，可以撤销许可：

——如果被许可方不希望延长该许可的使用期；

——如果标准或规则改变，且被许可方不准备或不能保证符合新的要求(见第 15 章)；

——如果被许可方的产品不再生产或停业；

——根据许可协议中其他条款的规定。

16.3 许可的撤销可以由认证机构来发布。

17 对标准修订的执行

在确定认证依据标准的修订版本中的产品要求的实施日期(生效日期)时,应当考虑多种因素。

注:也见附录E的条款11。

标准变更的实施日期应当由认证机构通知所有相关的被许可方,以允许他们有足够的时间来重新申请。

选择实施日期时,考虑的因素如下,但不限于此:

——符合修订后的健康、安全或环保要求的急迫性;

——设备改造或制造符合修订后要求的产品所需时间和费用;

——现有库存程度以及是否能返工以满足修订后的要求;

——避免无意地给特定的制造或设计带来商业优势;

——认证机构实施中的问题。

18 责任

凡是涉及产品责任的问题,应当依据相关法律处理。

19 申诉

出现申诉时,可启动认证机构的申诉程序。

20 费用

认证机构应当确定实施每一个产品认证方案的费用。

附　录　A
（资料性附录）
认证规则内容清单示例

在每一个产品认证方案中都应当考虑生产方式和该方案所覆盖的产品或产品组的种类（见第5章），建立一套特定的规则。建立一个方案的特定规则时，可以使用下列清单来表明应当关注的内容。

a） 标明方案所适用的产品和相关标准。

b） 初始检测和评审的要求，如：

1） 需评审和检测的项目（可包括产品设计文件）；

2） 取样程序；

3） 初始产品检测和检测方法；

4） 检测结果的评价；

5） 生产过程的初始评审[2)]；

6） 评审结果的评价；

7） 工厂质量体系的评价（见附录C）；

8） 工厂工作人员能力的评价；

9） 制造商使用的测量和检测设备的评价（包括校准设备）；

10） 在产品上加施标识（与符合性标志相关的）；

11） 可能的说明书（如用于安装和使用的）的清单；和

12） 符合性证书（文件内容）。

c） 监督程序的要求，如：

1） 核查产品检测及生产过程的评审；

2） 核查结果的评价；和

3） 核查检测和评审的（最低）频次。

d） 方案的收费和成本构成。

e） 认证机构和被许可方之间建立的合同的详细内容。

f） 适用时，检测报告的格式。

2） 包括为验证接收的采购品符合合同要求而进行的评审，以及对原材料、零部件和最终产品的储存及内部运输进行的评审。

附　录　B
（资料性附录）
产品认证申请表示例

使用符合性证书或标志的产品认证申请表示例

致______________________________（认证机构）

地址：

申请人的相关信息：

申请人的名称和注册地址：	电话和传真号码：
质量管理体系负责人的姓名及职务： 办公地址： 电话和传真号码： 电子邮件地址：	产品的生产地或制造地：

申请符合性认证的产品的相关说明：

产品描述，包括类别号、型号或其他描述性信息	相关标准 标准号： 标准名称： 发布日期：	相关特定规则 规则号： 规则名称： 发布日期：

声明[3]：我们在此声明将支付与本申请相关的费用。

声明[3]：我们在此声明愿意在初始检测和评审得到肯定结果的情况下，在规定的时间内就上述产品签订认证协议。

申请日期______________________________

申请人的授权签字人的姓名和职务：

____

（使用正楷书写）

签字：______________________________

3）仅作示例。

附 录 C
（资料性附录）
工厂评审调查表示例

注：本示例选自目前某国的一个实例，其表述未曾与本标准主要部分进行协调。根据特定的认证方案，本示例可按照实际情况来调整。

____________________申请的附件

此调查表应当填写完整，并与申请表一起返回。其目的在于提供有关申请人及其控制产品质量和持续地符合有关规范要求能力的初步信息。

作为初始评价的一部分，在涉及一个或多个工厂进行预访问时，认证机构的评审人员将使用此文件。

有必要时，可以增加补充说明。

所涉及的每一个生产过程应当填写一个单独的文件，或者明确指出各过程之间的差异部分。

此调查表的陈述内容应当描述到在此填写日期前已存在的工厂能力。

此文件中给出的信息将作为最严格的机密来对待。

下列有关项目的信息将进一步帮助对申请的处理：

——何时得到评价用样品？

——这是生产(线)产品还是原型样品？

——如果是原型样品，计划何时投产？

——是否对照标准对产品进行过检测或评审？（若是，请附上检测报告）

——申请的紧迫性。

索引

1——工厂组织机构

2——材料、元件和服务

3——生产

4——质量体系和检测

5——记录和文件

6——符合性表示方式的应用

1 工厂组织机构

1.1 程序

请给出有关基本体系的下列信息。

a) 你们是按照订单或库存生产么？

b) 你们下达工作指令或类似文件吗？

c) 如果下达，它能否识别出某产品为哪一批次？

d) 在生产过程中，产品或其包装物是否带有工作指令标识？

e) 如果没有，在对质量有怀疑的情况下，如何隔离有问题的产品？

f) 请给出该基本体系的其他相关信息。

1.2 质量体系和评审人员

请给出质量体系人员组织结构方面的下列信息：

a) 谁是质量保证负责人？

b) 向谁报告？

c） 有独立的质量体系或评审部门吗？

如果有，请写明：

1） 主任检查员，如果不同于a)的话，以及

2） 相关人员是否了解相关标准中的检测和评审方法。

d） 仓库管理员或生产操作人员负责以下方面的评审和检测吗？

1） 材料？

2） 生产过程操作？

3） 最终产品？

e） 如果进行，他们受质量体系人员的监控吗？

f） 进行质量审核吗，由谁进行？

g） 请给出质量体系人员组织结构方面的任何其他信息。

2 材料、元件和服务

2.1 采购规范和材料质量保证

请详述采购的主要材料、所用规范和涉及的主要供方。

也请给出接收材料、元件或服务时所采用的质量保证方法，指出拒收时采取的行动。

3 生产

3.1 （生产）系统

请详述生产的各工序（最好提供一份生产过程安排和/或附以流程图以表明生产各阶段情况的资料。）

3.2 设备和装置的维护系统

运行何种维护系统？

4 质量体系和检测

4.1 体系

请详述包括取样方案在内的质量体系，并在其后特别注明相关标准中的各项检测。最好提供一份质量体系方案或能与3.1所要求的流程图相互参照的补充资料。

请附上发给工作人员的质量体系手册或质量体系指导文件。

4.2 测量和检测设备

请详述使用的检测设备，包括制造商名称和设备名称，并说明核查体系和频次，以及是否有证书。

5 记录和文件

5.1 概述

请说明主要规范的形式，如图纸、产品部件工艺过程、标（准）样（品）等。并说明可提供的其他通用性记录。

请说明修改设计和规范所使用的系统。

5.2 符合性——规范

请说明之前6个月中发现的不符合产品的情况。如果已经按照相关标准进行了检测，如能提供，请附上相关检测结果的副本。

请说明在质量保证期和/或其他情况下提出索赔/申诉的情况，并给出占出厂数量的百分比。

是否对照标准对这些产品进行过独立的检测？由谁进行的？如有，请附上报告副本。

6 符合性表示方式的应用

6.1 符合性标志

如有,请附上符合性标志的图例,并说明表示符合性标志所使用的方法(如专门的标签、模压加工)。请指明在生产的哪一阶段施加符合性标志。

6.2 符合性证书

请附上建议采用的证书格式,并指明在制造或发货的哪一阶段发出证书。附录D中复制了一个证书模板。

附 录 D
（资料性附录）
符合性证书示例

符合性证书

证书编号＿＿＿＿＿＿

＿＿＿＿＿＿＿＿＿＿＿［认证机构名称］特此证明＿＿＿＿＿＿＿＿＿＿＿＿＿＿＿＿＿＿＿＿（在下文称作的厂商）其在附表中列出的＿＿＿＿＿＿［产品名称］的制造，符合已发布的编号为＿＿＿＿＿＿＿＿的相关认证方案中的通用和特定规则。

这些规则强制要求提交所涉及产品的样品，由认证机构根据该方案引用的标准进行检查和检测。此外，该方案要求厂商：

a) 允许认证机构对其地处＿＿＿＿＿＿的工厂进行定期检查；并

b) 允许从生产线或从市场选择附表中所列产品的样品，进行独立的检测和检查，以确保其持续的符合性。

本证书由＿＿＿＿＿＿＿＿（认证机构名称）的认证委员会授权批准。该认证机构的授权范围在20　　年　　月　　日的第　　　号文件中规定。

特此，该厂商与认证机构一致同意，充分注意到并遵从附表中所列标准、通用规则和特定规则法规和认证机构制定的用于认证方案的任何规则的要求。

认证机构签名：＿＿＿＿＿＿＿＿＿＿＿＿＿＿＿＿＿＿＿＿＿＿＿＿（负责人）

日期：＿＿＿＿＿＿＿＿＿＿＿＿＿＿＿＿

厂商签名：＿＿＿＿＿＿＿＿日期：＿＿＿＿＿＿＿＿＿＿＿＿＿＿＿＿

注：第三方认证制度的规则也可以规定一些附加信息列在其中。

附 录 E
（资料性附录）
使用符合性认证或标志的许可协议示例

注册地位于＿＿＿＿＿＿＿＿的＿＿＿＿＿＿＿＿认证机构（以下称为认证机构），在本事项中由（姓名）＿＿＿＿＿＿（职务）＿＿＿＿＿＿作为该认证机构代表，特此授予注册办公地点位于＿＿＿＿＿＿处的＿＿＿＿＿＿（以下称为被许可方）许可，证明所附的许可覆盖的产品是由该认证机构批准的，该有效许可的第一栏中所列的这些产品由被许可方在遵循第2栏中列明的标准，并在遵循在第3栏中列明的规则以及在下列通用性协议条款的情况下进行控制。

条款1 认证和评审规则

该认证制度的通用规则中的要求（正在讨论中）适用于这一协议以及适用于所附许可中列明的标准和特定规则。

条款2 权利和义务

2.1 被许可方同意在基于并附于本协议后的许可所列明的产品范围内，由其制造和提供的获证产品将满足许可中列明的标准和通用、特殊规则中所陈述的要求。因此，认证机构授权被许可方按照产品认证方案中的规定，标示许可所覆盖的产品。

2.2 被许可方同意在相关工厂的正常工作时间内，认证机构的代表可以无阻碍地进入许可覆盖的厂区，而无需事先通知。

2.3 被许可方同意其获证产品将按照与认证机构通过初始检测证明符合标准的样品的相同规范进行生产。

条款3 监督

3.1 按照认证制度通用规则中列出的条件和许可中列明的该认证方案特定规则，认证机构对被许可方履行其义务的情况进行持续的监督。

3.2 由认证机构的工作人员或其代理机构的工作人员代表认证机构实施监督。

条款4 生产变更的信息

被许可方应将其产品、生产过程或质量体系方面准备进行的任何变更通知认证机构。

条款5 投诉

被许可方应遵照认证机构的需求，保存许可覆盖产品的投诉记录，并报告给认证机构。

条款6 公开信息

6.1 被许可方有权宣布他已被授权用证书证明许可适用的产品。

6.2 认证机构在公开杂志上对用证书证明符合标准的授权给予宣传，以及适当时取消与被许可方之间的协议是其他方法之一。

条款7 保密

认证机构负责确保其工作人员对与被许可方的接触中了解到的所有机密信息保守秘密。

条款 8　付费

被许可方应向认证机构支付与监督有关的所有费用,包括取样、检测、评审的费用和管理费。

条款 9　协议期限

本协议自　　年　　月　　日开始生效,除非因正当理由撤销协议,或由任何一方正式通知另一方撤销协议,否则其有效期至　　年　　月　　日。

条款 10　许可的撤销

如需撤销许可,可根据导致撤销的不同原因,在撤销许可前留出必要的时间预先通知对方。

依撤销原因不同而定的通知时间表如下:

需要发出通知撤销许可的情况	撤销前,提前通知的天数
制造商希望撤销	由认证机构确定
认证机构确认产品是危险的	立即撤销
因非安全原因,违反现行标准	最多 60 天
未向认证机构交纳费用	最多 30 天
未满足许可协议的其他规定	最多 60 天
强制符合修订标准中的新要求	按产品认证方案来确定

撤销的意见应以挂号信(或类似方式)发送给对方,并说明协议终止的原因和日期。

条款 11　产品要求的修改

11.1　如果适用于这一协议所覆盖产品的要求进行了修改,认证机构应立即以挂号信(或类似方式)通知被许可方人,说明修订后的要求何时生效,并向被许可方提出这一协议所覆盖的产品所需进行的补充检验的建议。

11.2　在收到 11.1 所述建议后的规定期间内,被许可方应以挂号信(或类似方式)通知认证机构其是否准备接受这些修改。如果被许可方在规定的期限内确定接受该修改,并且补充检验结果是合格的,将颁发附加许可,或对认证机构的记录进行相应的修改。

11.3　如果在 11.2 中规定的时间内,被许可方通知认证机构其不准备接受此修改,或被许可方为推迟接受修改许诺一个期限,或者补充检验的结果不合格,则覆盖这些特定产品的许可从修订的规范对认证机构生效之日起,应不再有效,除非认证机构另有决定。

条款 12　法律责任

结合相关法律体系进行规定。

条款 13　申诉或争议

可能引起的与本协议相关的所有争议按照认证机构的申诉程序来解决。

本协议一式两份,并由认证机构和申请人的授权代表签署。

认证机构:　　　　　　　　　　　　申请人:

日期:________________　　　　日期:________________

________________　　　　　　　________________

(签字)　(职务)　　　　　　　　(签字)　(职务)

附 录 F
（资料性附录）
使用符合性证书或标志的许可的格式示例

（符合性证书或标志的图例应附在本格式后或可插入此处）

对应＿＿＿＿＿＿号协议的编号为＿＿＿＿＿＿＿＿＿＿＿＿＿＿＿＿的许可，由认证机构：＿＿＿＿＿＿＿＿＿＿＿＿＿＿＿＿＿＿＿＿＿＿（认证机构名称）颁发给被许可方：＿＿＿＿＿＿＿＿＿＿＿＿＿＿＿＿＿＿＿＿＿＿＿（被许可方名称）

获准许可的产品	产品类别号、型号或其他描述性信息	标准	特定规则

颁发日期＿＿＿＿＿＿＿＿＿＿＿＿＿＿＿＿＿＿＿＿＿＿＿＿＿＿＿

认证机构签字＿＿＿＿＿＿＿＿＿＿＿＿＿＿＿＿＿＿＿＿＿＿＿＿

（签名）（职务）

参 考 文 献

［1］ ISO/IEC 指南 7:1994　起草符合性评审所用标准的导则
［2］ GB/T 27023—2008　第三方认证制度中标准符合性的表示方法(ISO/IEC 指南 23:1982，IDT)
［3］ GB/T 27027—2008　认证机构对误用其符合性标志采取纠正措施的实施指南(ISO/IEC 指南 27:1983)
［4］ GB/T 27067—2006　合格评定　产品认证基础(ISO/IEC 指南 67:2004,IDT)
［5］ GB/T 18346—2001　各类检查机构运行的通用准则 (ISO/IEC 17020:1998,IDT)
［6］ GB/T 27025—2008　检测和校准实验室能力的通用要求 (ISO/IEC 17025:2005,IDT)
［7］ GB/T 27030—2006　合格评定　第三方符合性标志的通用要求 (ISO/IEC 17030:2003，IDT)

ICS 03.120.20
A 00

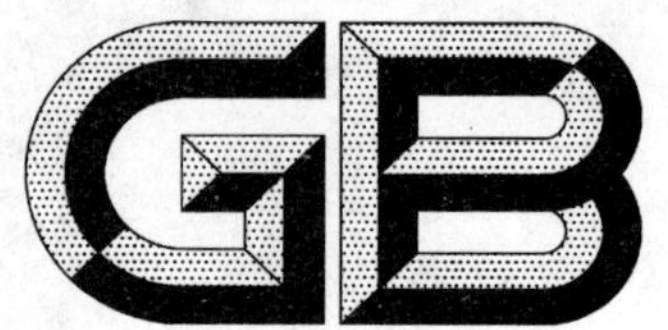

中华人民共和国国家标准

GB/T 27053—2008/ISO/IEC Guide 53:2005

合格评定 产品认证中利用组织质量管理体系的指南

Conformity assessment—Guidance on the use of an organization's quality management system in product certification

(ISO/IEC Guide 53:2005,IDT)

2008-05-12 发布　　2008-12-01 实施

中华人民共和国国家质量监督检验检疫总局
中国国家标准化管理委员会 发布

前　言

本标准等同采用ISO/IEC指南53:2005《合格评定　产品认证中利用组织质量管理体系的指南》(英文版)。

本标准是产品认证中利用组织质量管理体系的指南。

本标准的附录A和附录B为资料性附录。

本标准由全国认证认可标准化技术委员会提出并归口。

本标准负责起草单位:中国标准化研究院。

本标准参加起草单位:国家认证认可监督管理委员会、中国合格评定国家认可中心、中国质量认证中心、方圆标志认证集团、中联认证中心、广州威凯检测技术研究所。

本标准主要起草人:朱春雁、许增德、陈云华、苏慎之、张伟、隰永才、陈志田、吴可秋、葛红梅、李伯宁、闵静、蒋洁。

引　言

在产品认证方案中利用组织质量管理体系有益于组织和认证机构确定产品是否符合规定要求，并保证持续符合这些要求。

在这种类型的方案中，产品认证是以评定组织的质量管理体系及产品是否符合规定要求为基础的。本标准范围内的产品认证方案包含了认证机构可以进行的这两方面的评定。

产品认证方案可以采取多种形式，包括不利用组织质量管理体系的方案。产品认证方案无优劣之分。而且，当认证机构对于某种产品有若干种产品认证方案时，组织有权选择自己认为适宜的方案。

注：某些国家的技术法规预先规定应采用的产品认证方案类型。

使用本标准制定产品认证方案的有关各方应熟悉：

——ISO 9000族国际标准涉及的各项原则和惯例；

——在GB/T 27067中制定的针对产品认证制度的更通用的认证和监督条款；

——特定产品要求。

合格评定　产品认证中利用组织质量管理体系的指南

1　范围

1.1　本标准概述了认证机构制定和实施产品认证方案中利用组织质量管理体系的通用方法。本标准给出的条款不是产品认证机构认可的要求，也不能代替 GB/T 27065—2004 的要求。

1.2　本标准所含方案仅适合于产品认证，且无论在何种情况均应包括下列原则：

a)　评定组织的质量管理体系及其持续稳定地提供符合规定要求的产品的能力；

b)　检验、检查或对比确认产品符合方案准则和规定要求；

c)　采用适宜的监督方案以确保组织提供的产品持续符合规定要求；

d)　认证机构的符合性标志和/或标识(徽标)的控制。

1.3　在产品认证方案中，认证机构可能要采取各种方法证明是否符合规定要求，包括评定申请人的质量管理体系。无论所制定的是何种形式的产品认证方案，认证机构均有决定是否通过认证的权利。除本标准描述的准则之外，认证机构还可酌情规定其他方案准则。

2　规范性引用文件

下列文件中的条款通过本标准的引用而成为本标准的条款。凡是注日期的引用文件，其随后所有的修订单(不包括勘误的内容)或修订版均不适用于本标准，然而，鼓励根据本标准达成协议的各方研究是否可使用这些文件的最新版本。凡是不注日期的引用文件，其最新版本适用于本标准。

GB/T 19000—2000　质量管理体系　基础和术语(idt ISO 9000:2000)

GB/T 27000—2006　合格评定　词汇和通用原则(ISO/IEC 17000:2004,IDT)

3　术语和定义

GB/T 19000、GB/T 27000 确立的以及下列术语和定义适用于本标准。

3.1

检查员　assessor

产品认证机构指派的单独或者作为检查组成员对组织进行检查的有资格的人员。

4　产品认证方案的步骤

4.1　确定方案

为达到产品认证方案所期望的保证目的，方案准则宜包含：GB/T 19001 或类似质量管理体系标准中规定的质量管理体系要求。

注：这种质量管理体系要求可以以 GB/T 19001 及其某一行业的应用标准(例如 GB/T 18305 和 ISO/TS 29001)或类似的质量管理体系标准为基础。

产品认证机构在确定将多少质量管理体系要求纳入认证方案时，宜考虑运用该产品认证方案可能的风险和成本。

如果风险程度高，认证机构宜考虑将更多的质量管理体系要求纳入认证方案。

4.2 产品认证方案实施的功能阶段

本标准范围内的产品认证方案包括以下功能阶段：

a) 选取；

b) 确定；

c) 复核与证明；

d) 监督。

注：这些功能与 GB/T 27065 规定的要求一致。GB/T 27067 给出了认证机构采用本标准制定的产品认证方案。关于上述功能的描述参见 GB/T 27000。

第 5 章至第 8 章分别描述了以上功能的活动，这些活动与利用组织质量管理体系作为产品认证方案的一部分是相关的。

5 选取

5.1 在选取阶段，为了确定符合要求的程度，认证机构宜收集信息(见第 6 章)。

5.2 当组织已实施某种质量管理体系时，认证机构宜对文件进行审查，以确定组织在质量管理体系方面的准备情况、质量管理体系建立的程度及其实施的能力。

5.3 为便于评审，申请人需要以方案资料记录表的形式提供相关信息。附录 A 和附录 B 提供了两种方案调查表的例子，从利用质量管理体系要求的数量来看，一个比较简单，一个比较复杂。

5.4 认证机构宜确保组织在提交产品认证申请之前具有实施质量管理体系的最低限度的经验，这种要求取决于产品认证方案的类型以及该方案利用组织质量管理体系的程度。

5.5 认证机构可考虑组织现有的质量管理体系认证证书所覆盖的认证范围是否包括：

a) 正在考虑的产品范围；

b) 活动发生的场所。

注：还可以考虑承认依据相关国家和国际标准(例如 GB/T 27021 和/或 ISO 17040)通过认可和/或同行评审的认证机构完成的质量管理体系认证。

5.6 认证机构宜对所提供的信息进行评估，必要时要求提供其他信息，决定认证工作是否可以进入到下一阶段，即确定阶段。

5.7 认证机构宜安排对申请的组织进行现场检查，并成立检查组，检查组成员应具备以下能力：

a) 熟悉适用的产品要求；

b) 熟悉相应的检验和/或检查程序和技术；

c) 熟悉合格评定程序；

d) 熟悉本方案包括的质量管理体系要求；以及

e) 熟悉 GB/T 19011 推荐的检查方法。

注：对检查活动、检查员的个人素质、知识和技能的有关信息可以参考 GB/T 19011。

6 确定

6.1 检查组在现场核查的具体内容会因相关产品认证方案所包含的特定质量管理体系要求的不同而有很大不同。但是，检查小组通常宜采取以下行动：

a) 确定申请书中所含信息的正确性和完整性；

b) 实施检查，以确定组织配备了必需的设备、设施和人员来完成产品认证方案中要求组织完成的任务；

c) 要求组织证明其有能力监视和测量产品，以确保符合产品认证方案中规定的特定产品要求。这可能需要认证机构核实检验结果或检查报告；

d) 确认组织实施了作为认证方案组成部分的质量管理体系程序，并且组织进行了必要的策划安排，以确保该质量管理体系程序能够持续得到有效实施和保持。

6.2 认证机构检查组对质量管理体系进行检查后，宜根据检查情况编写检查报告。该报告应与完整的申请资料一并提交认证机构中负责决定是否批准认证和在何种条件下批准认证的人员或小组。这种条件与申请人的质量管理体系在确保持续地生产和提供符合规定要求的产品方面所表现出来的可信赖程度有关。

6.3 当认证机构确认组织的新增产品符合规定要求，且在适用时，认证机构完成了与新产品直接相关的质量管理体系的检查，组织才能获得该新增产品的认证。

6.4 如果相关产品认证方案有要求，组织在产品设计过程中涉及的所有场所（无论是否是组织的一部分）均应纳入认证机构的确定阶段。

6.5 当组织的质量管理体系已被认可的或经同行评审认可的认证机构认证时，则认证机构宜考虑检查时间的总量。

注：还可以考虑承认依据相关国家和国际标准（例如 GB/T 27021 和/或 ISO 17040）通过认可和/或同行评审的认证机构完成的质量管理体系认证。

7 复核和证明

7.1 利用可接受的质量管理体系的特定方式取决于相关产品认证方案的特定要求。

认证过程宜按认证方案的描述完成，产品认证所覆盖的各个认证场所的组织的质量管理体系的可接受性也宜包括在认证文件中。

7.2 举例来说，一个简单的程序可能是仅基于组织的实验室提供检测数据的可接受性，也就是说，在检查时只涉及那些与组织的检测设施和操作有关的要求（参见附录 A）。在这种情况下，认证机构的检查员宜现场检查实验室，以便：

a) 见证所有类型的测试或检验过程，包括取样；或

b) 见证某些类型的测试或检验过程；或

c) 复核组织的测试结果或检验报告，如果符合规定要求，即可接受。

注：对于测试和校准实验室，GB/T 27025 既规定有管理体系要求也规定有技术能力要求。当依照本标准进行产品认证时，仅对相关的质量管理体系要求进行检查，GB/T 27025 不作为实验室质量管理认证的依据。

7.3 再举一例（参见附录 B），对组织质量管理体系的各种过程检查和产品认证方案中要求的所有其他评审工作完成后，认证机构许可组织在被持续监督条件下对该种产品使用其标志。

7.4 附录 A 和附录 B 分别举例展示了很少利用（附录 A）和较多利用（附录 B）组织质量管理体系要求的产品认证方案。除此之外，认证机构为满足不同需求，还可能使用不同的组合。

注：基于本标准的产品认证方案提供的产品认证不意味着其相关的质量管理体系也获得了认证。

8 监督

产品认证方案的监督阶段是为了确保认证产品在规定的期限内持续符合规定要求。

具体监督内容可以视方案类型的需要而定，但应遵守以下原则：

a) 在对组织进行现场监督时，认证机构的检查员应确保产品认证方案所描述的所有质量管理体系要求得到实施，且方案中所覆盖的产品持续符合规定要求。监督工作通常还包括见证某些选定的测试或检验、验证其记录和检查产品，以确定是否符合要求。

b) 监督期间，宜考虑与批准的产品范围内的新产品或变更的产品有关的方案准则。如果确定产品变化可能影响到新产品或变更的产品使用认证标志，则检查员应将意见提交给认证机构中全面负责认证决定的人员或小组。

c) 产品认证方案宜规定监督的最低频次。宜对产品认证方案覆盖的所有场所进行监督。例如，如果产品的制造或提供与其设计、测试和检验不在同一地点进行，而所有这些活动均在产品认证方案之内，则宜对各相关场所进行监督(另请参见6.4)。

9 符合性标志

GB/T 27030对签发和使用第三方符合性标志作了相应规定。详细指南请参见GB/T 27023—2008《第三方认证制度中标准符合性的表示方法》和GB/T 27027—2008《认证机构对误用其符合性标志采取纠正措施的指南》。

附 录 A
（资料性附录）
利用少量组织质量管理体系要求的产品认证方案调查表示例

A.1 导言(不作为本方案调查表的一部分)

以下是认证机构要求申请认证的组织填写的方案调查表示例,该方案需要利用组织的检验实验室产生的部分或所有检验数据以表明是否符合适用要求。本示例以 GB/T 19001 的要求为依据。

在本示例中,认证机构按认证方案对组织的质量管理体系要求进行检查将涉及到:

——监视和测量设备的控制(例如 GB/T 19001—2000,7.6);以及

——产品的监视和测量(例如 GB/T 19001—2000,8.2.4)。

组织的质量管理体系检查涉及以下各项:

——实验室操作程序或说明;

——所有相关测量设备和检验设备的精确度;

——实施校准的环境条件;

——实施检验的环境条件;

——测量和检验方法;

——测量和检测设备的有效性;

——检测所需资源是否充足;

——组织的设备校准程序;

——能够按照认证机构规定要求进行检测的证明。

选取阶段,认证机构可以考虑:

a) 与组织共同确定认证联络的指定代表和代理人;

b) 评价组织对适用要求的理解程度以及持续保持这种理解的方式;

c) 检查产品检验人员是否具备相应的工作能力,包括按照要求进行检验的能力。

与上述各项有关的信息参见方案调查表(参见第 A.2 章)。

A.2 方案调查表(范本)

文件:
组织:

介绍和说明

本表旨在向认证机构提供以下各方面的信息:

a) 组织的质量管理体系确保所有加贴认证机构标志的产品符合其适用的要求;及

b) 组织中负责本产品认证方案的工作人员的能力和职责。

对于以下问题,认证机构要求予以文件证明,以便确认所作出的回答。认证机构应保存其副本。

本表应由该组织填写,在认证机构的检查员对组织检查之前,连同支持文件一并提交给认证机构。每个新场所或附加场所均应另外填表。

本表完成后将与有关文件和该组织的合格评定方案一起作为评审的依据。

若本表所报告的组织、人员、信息或其他内容有变动,组织应立即书面通知认证机构,以便使本方案下的认证工作能够进行。认证机构的工作人员将在随后现场检查期间定期复核本表所含信息,以确定和记录所发生的变化。

若本表没有足够空间容纳有关申请信息，则宜在适宜的地方加注，例如“参见注明日期为……的附录……”。所要求的材料必须注明日期、标识和所附文件。

本表完成后即应作为机密文件保存，认证机构也应如此。

1　地点和负责人	
检验或检查场所(地址全称)：	
a)　现场负责处理与本产品认证方案有关事宜的人员	
姓名：	
职位：	
地点：	
电话：	
E-mail：	
传真：	
此人应被书面授权代表所在组织执行认证机构的要求，并按照认证机构的标准和相关文件的要求对生产检验设施和程序作必要的修改。	
是否被授权？	是□　否□
此人应向谁报告？(姓名和职位)	
b)　承担与1a)相同职责的代理人：	
2　生产(或供应)场所	
姓名(全称)：	
地址(全称)：	
在生产(或供应)场所负责本产品认证方案事宜的人员：	
姓名(全称)：	
职位：	
电话：	
E-mail：	
传真：	
3　质量管理体系	
3.1　组织是否实施符合 GB/T 19001 或等效质量管理体系标准？ 若适用，请详细说明等效的质量管理体系标准。	是□　否□
3.2　该质量管理体系是否已经通过被认可的认证机构的认证？	是□　否□

3.3 该质量管理体系认证的范围是否涵盖产品认证范围内的产品的生产(或供应)过程?	是□ 否□
3.4 所有负责生产(或供应)的场所是否均在质量管理体系证书的覆盖范围之内? 如果是,请附上最新质量管理体系证书,或者最新审核报告的副本。	是□ 否□
4 人员 请附上质量管理体系文件,该文件规定负责检验或检查产品是否符合要求和撰写产品监视和测量记录的人员的职责和权限。 请附上上述人员的相关资格文件以及他们在教育、培训、经验和技能方面的履历。	
5 监视和测量装置的控制 准则:该质量管理体系应能有效控制 GB/T 19001—2000 中 7.6 或等效质量管理体系标准(宜注明标识)规定的用于验证产品是否符合要求的监视和测量装置。	
5.1 采用哪些监视和测量装置进行检验? 根据情况列明序列号和数量,并提供各项检验的精确度。	
5.2 监视和测量装置的校准周期? 列出各项设备的校准周期。	
5.3 监视和测量装置的校准状态标识?	
5.4 采用哪些基准设备进行校准?	
5.5 是否对各相关监视和测量装置的校准记录进行永久性存档?	是□ 否□
5.6 是否有书面的校准程序?	是□ 否□
5.7 谁负责批准发布实施?	
5.8 描述这些基准设备如何溯源到国际标准或国家标准。	
6 检验程序	
6.1 是否对所有的产品检验制定了文件化的检验程序?	是□ 否□
6.2 谁负责批准发布?	

6.3 检验程序是否提供给所有检验人员？
6.4 检验人员是否了解检验程序？是否能够顺利执行所需的检验？ 请列出能够执行检验的相关人员名单。
6.5 文件化的控制程序中是否包括当相关要求变更时对检验方法进行复核和批准的要求？ 是□ 否□ 请详细说明。
6.6 是否有关于本方案认证产品的检验结果或检查结果的记录？ 是□ 否□ 如果没有，为什么？请详细说明。

附　录　B
（资料性附录）
利用多项组织质量管理体系要求的产品认证方案调查表示例

B.1　导言（不作为本方案调查表的一部分）

以下是认证机构为申请认证的组织（在本示例中是电工行业类组织）填写的方案调查表格示例，该方案利用了多项组织质量管理体系要求。该方案涉及的要求包括以下内容：产品实现的策划、与顾客有关的过程、设计和开发、采购、生产和服务的提供、产品的监视和测量、监视和测量装置的控制、不合格品的控制、纠正措施、预防措施、文件控制和记录控制。

本例以 GB/T 19001 为依据。

B.2　方案调查表（范本）

文件：
组织：

介绍和说明

本表旨在向认证机构提供以下各方面的信息：

a)　组织的质量管理体系，确保所有加贴认证机构标志的产品符合其适用的要求；及

b)　组织中负责本产品认证方案的工作人员的能力和职责。

对于以下方面，认证机构要求提供证明文件和记录，例如程序、图表、图纸、检验记录和检查报告以及能够执行本方案的能力证明。认证机构应保存其副本。

本表由组织填写，在认证机构的检查员对组织进行现场检查之前连同支持文件一并提交给认证机构。每个新场所或附加场所均宜另外填表。

完成后的表格、有关文件、组织的符合性控制方案作为检查的依据。

为保持依据本方案进行的认证，若本表所报告的组织、人员、信息或其他内容有变动，组织应立即书面通知认证机构，认证机构的人员将在随后的现场检查中定期复核本表所含信息，以评审其可接受性，确定并记录所发生的变化。

若本表没有足够空间容纳有关信息，则应在适宜的地方加注，例如“参见注明日期为……的附录……”。所要求的材料宜被标识、注明日期、签署和提供附录文件。

本表完成后即应作为机密文件保存，由认证机构按保密文件处理。

组织应同意编写本表所要求的文件，以确保符合产品要求。

组织至少应指定两人负责操作本方案，其中一人负主要责任，另一人作为代理人在主要负责人缺席时履行有关职责。只有这些人可以授权批准使用认证机构的标志。

1　地点和负责人
1.1　产品提供场所（地址全称）：
1.2　在产品提供场所负责处理与本产品认证方案有关事宜的人员：
姓名：

职位：
地点：
电话：
E-mail：
传真：
此人应向谁报告(姓名和职位)？
1.3 代理负责人：
姓名：
职位：
地点：
电话：
E-mail：
传真：
此人应向谁汇报(姓名和职位)
1.4 提供组织机构图，描述上述人员与组织的关系。 如果针对某场所的认证申请取决于该组织的另一个产品实现策划和/或设计与开发的地点，请提供1.2和1.3所要求的信息以便对该地点进行控制。
2 职责与权限
2.1 在1.2和1.3中分别识别的人应被书面授权负责以下活动。 a) 要求在使用认证标志之前改正不符合项。 他们是否有这项授权？ 是□ 否□ 他们是否行使这项授权？ 是□ 否□ b) 要求更改与说明书、图纸、采购等有关的要求。 他们是否有这项授权？ 是□ 否□ 他们是否行使这项授权？ 是□ 否□ c) 安排并核实从不符合认证机构要求的产品或不在本方案认证范围内产品上去掉认证标志。 他们是否有这项授权？ 是□ 否□ 他们是否行使这项授权？ 是□ 否□
2.2 有关能力的准则 上述1.2和1.3所述的负责人和代理人应能胜任这项工作。他们拥有哪些相关的经验？接受过哪些正规的在职培训？
2.3 在1.2和1.3所识别人员应有责任和权利确保： a) 认证标志只能应用于认证机构书面授权使用的产品。 他们是否有这项授权和责任？ 是□ 否□ b) 现场备有关于适用要求的最新有效文件。 他们是否有这项授权和责任？ 是□ 否□

c) 贴有认证标志的产品在放行前符合适用要求。 他们是否有这项授权和责任？　　是□　否□ d) 在现场执行并遵守以下部分的适用要求。 他们是否有这项授权和责任？　　是□　否□ 提供负责主管签署的上述授权和责任授权的文件。
3 **质量管理体系**
3.1 组织是否依据 GB/T 19001 或等效质量管理体系标准实施质量管理体系？ 是□　否□ 适用时，详细说明等效质量管理体系标准。 若是，请提供质量手册和/或质量管理体系文件复印件。
3.2 质量管理体系是否通过被认可的认证机构的认证？　　是□　否□
3.3 认证范围是否覆盖产品认证范围内的产品的生产和/或提供活动？　　是□　否□
3.4 所有负责生产(或提供)的场所是否均在质量管理体系证书的覆盖范围之内？　　是□　否□ 如果是，请附上最新质量管理体系证书复印件，如果可行，请提供最新审核报告的复印件。
3.5 质量管理体系文件宜包括以下各项的详细内容： a) 组织结构、职责与权限； b) 检查和检验计划； c) 形成文件的程序； d) 所需外部文件(例如，适用于产品的技术标准、法律法规要求)； e) 组织制定的特别文件(例如，说明书、图纸、作业指导书和有效实施质量管理体系、控制生产与服务提供以及产品合格评定所需的表格)； f) 记录。 质量管理体系文件是否有上述信息？　　是□　否□
4 **人员** 请附上质量管理体系文件，该文件规定有负责产品设计、测量设备校准、新产品的验证、检验或检查产品是否符合要求以及撰写产品监视和测量记录的员工的职责与权限。 请附上上述人员的相关资格文件以及他们在教育、培训、经验和技能方面的履历。
5 **产品实现的策划** 准则：质量管理体系应符合 GB/T 19001—2000 中 7.1 要求或等效质量管理体系标准(应得以识别)。
5.1 产品实现策划的结果是否有文件记载？　　是□　否□
5.2 质量管理体系是否有对 GB/T 19001—2000 中 7.3、7.4、7.5.2 和 7.5.4 要求有删减的情况？　　是□　否□ 若有，请说明删减及理由。

6 与顾客有关的过程

准则:质量管理体系应符合 GB/T 19001—2000 中 7.2 或等效质量管理体系标准(应得以识别)。

6.1 组织在承诺向顾客提供产品之前是否对与产品有关的要求进行了评审,以确保:

——产品要求清楚明确;

——与以前表述不一样的合同或订单要求已得到解决;

——组织有能力符合这些要求。

是□ 否□

6.2 是否保持评审记录? 是□ 否□

6.3 是否保持顾客投诉记录? 是□ 否□

7 设计和开发

(仅供负责产品设计和开发的组织使用)

准则:该质量管理体系应符合 GB/T 19001—2000 中 7.3 或等效质量管理体系标准(应得以识别)。

7.1 是否对每个产品设计阶段进行了验证? 是□ 否□

7.2 是否有验证记录? 是□ 否□

7.3 是否对每个产品设计阶段进行了评审,以确保:

——评审设计结果符合要求的能力?

——发现问题和建议采取必要措施?

是□ 否□

7.4 是否有评审记录? 是□ 否□

7.5 产品设计、设计验证和设计评审是在何处进行的?

7.6 应有证据表明,原型产品在准予生产之前符合所有相关要求。该场所应有存档声明以供认证机构查阅。

该场所的记录是否提供有相关证据? 是□ 否□

8 采购

准则:质量管理体系应符合 GB/T 19001—2000 中 7.4 要求或等效质量管理体系标准(应得以识别)。

8.1 应保存含有以下信息的所有被检验元件的记录:

a) 部件描述,比如开关、继电器;

b) 供应商名称;

c) 足以提供特殊标识的类别或型号名称;

d) 额定电功率;

e) 用于确定符合性的标准、公告、通知和其他要求的记录;

f) 检验结果。

是否保持上述记录: 是□ 否□

保存形式? ____________________

保存期限? ____________________

可获得的地点? ________________

9 生产和服务的提供

准则：质量管理体系应符合 GB/T 19001—2000 中 7.5 要求或等效质量管理体系标准(应得以识别)，若有删减，请说明理由。

9.1 是否对产品进行识别? 是□ 否□
若否，请说明。

9.2 如何识别产品的监测和测量状态?

9.3 产品是否可追溯? 是□ 否□

9.4 是否有顾客财产纳入到最终产品? 是□ 否□
若是，请列出。

9.5 是否进行了过程确认? 是□ 否□
若是，请说明哪些过程被确认和确认准则。

10 监视和测量装置的控制

准则：质量管理体系应符合 GB/T 19001—2000 中 7.6 要求或等效质量管理体系标准(应得以识别)。

10.1 使用哪些监视和测量装置?请列明每种装置的型号、数量和序列号。

10.2 测量装置的校准周期?

10.3 是否每种测量装置都有形成文件的校准程序? 是□ 否□

10.4 如何识别测量装置的校准状态?

10.5 是否对每种测量装置都保存有校准记录? 是□ 否□

10.6 每种测量装置是否都有标识，以表明最后一次校准的情况? 是□ 否□

10.7 采用了哪些标准进行校准?
按照型号和序列号详细说明，显示最后校准时间和下一次应该校准的时间。

10.8 描述如何将这些标准溯源到国际标准或国家标准。

10.9 描述如何控制监视和测量的环境条件。

11 产品的监视和测量

准则：质量管理体系应符合 GB/T 19001—2000 中 8.2.4 或等效质量管理体系标准(应得以识别)。
注：产品检查或检验活动包括在 GB/T 19001—2000 中，作为对产品进行的监视和测量。

11.1 应对监视和测量活动进行策划并形成文件，描述所有生产监测和测量活动，以确保本产品认证方案范围内的产品在交付前符合要求。该策划应包括以下关于如何实施的详细内容：

a) 适用于来料和部件、生产过程中和最终产品监视和测量的控制的详细内容；

b) 记录生产线监视和测量结果的体系；

c) 关于不合格品控制方法的详细内容；

d) 关于产品所有必须的监视和测量的详细内容。

上述检查和检验计划是否已经形成文件存档? 是□ 否□
请附上该策划的复印件。

11.2 在每一个为了证实符合认证机构要求而进行检查和检验的现场，是否可获得被检查和/或被检验的特性清单以及验收准则?
这些场所是否备有上述信息? 是□ 否□

11.3 关于产品监视和测量记录的准则

证明最终产品符合要求的监测和测量记录至少应包括以下内容：

——产品标识；

——所实施的监视和测量；

——监视和测量结果；

——接收准则；

——不符合；

——监视和/或测量日期；

——授权产品放行的人员。

是否保存有上述记录？ 是□ 否□

记录是否包含有上述信息？ 是□ 否□

保存地点？______________________________

11.4 关于产品记录的准则

应针对本产品认证方案范围内的产品保存以下记录：

a) 显示产品认证标志、标识和额定电功率的铭牌、铭牌图纸或标记的副本；

b) 证明原型产品是否符合要求的监视和测量结果以及环境条件；

c) 附有充分说明(比如图纸和/或文本)的展示产品及其元件的外视图和内视图的照片，以便提供产品设计初始评价记录是否适用产品要求的记录；

d) 一次电路和二次电路的示意图；

e) 一次电路元件清单，包括关于该元件的描述或图纸以及证明符合适用要求的相关试验数据；

f) 二次电路元件清单，该元件：

——是安全电路的元件；

——不是2级电路的元件；

——是临界电路的元件(比如联锁回路、电气医疗设备中的患者回路)。

是否保存有这些记录？ 是□ 否□

这些记录是否包含有上述信息？ 是□ 否□

谁有权并负责保存这些记录？

姓名：______________________________

保存地点：______________________________

12 **不合格品的控制**

准则：质量管理体系应符合GB/T 19001—2000中8.3要求或等效质量管理体系标准(应得以识别)。

12.1 组织应制定文件化的程序对不合格品进行控制。

是否实施这样的程序？ 是□ 否□

12.2 对返工和返修的产品应进行再验证以确认是否符合要求。

是否已实施？ 是□ 否□

12.3 贴有认证机构的认证标志但不符合要求或者不在本产品认证方案范围内的产品应在出厂前将该认证标志去掉。

是否已实施？ 是□ 否□

13 纠正措施

准则:质量管理体系应符合 GB/T 19001—2000 中 8.5.2 要求或等效质量管理体系标准(应得以识别)。

13.1 该组织应建立文件化的纠正措施程序。
该程序是否已实施? 是□ 否□

13.2 应调查不合格品,确定原因。
是否已实施? 是□ 否□

13.3 确定不合格产品的原因之后,应采取适当措施避免类似情况发生。
是否已实施? 是□ 否□

13.4 纠正措施记录举例。

14 预防性措施

准则:质量管理体系应符合 GB/T 19001—2000 中 8.5.3 要求或等效质量管理体系标准(应得以识别)。

14.1 组织应建立预防措施程序。
该程序是否已实施? 是□ 否□

14.2 应对潜在的不合格因素进行调查,确定原因。
这项工作是否已实施? 是□ 否□

14.3 确定可能存在不合格原因之后,应采取适当措施预防情况发生。
这项工作是否已实施? 是□ 否□

14.4 预防措施记录举例。

15 文件控制

准则:质量管理体系应符合 GB/T 19001—2000 中 4.2.3 要求或等效质量管理体系标准(应得以识别)。

15.1 组织应建立文件控制程序。
该程序是否已实施? 是□ 否□

请附上文件控制程序。

16 记录控制

准则:质量管理体系应符合 GB/T 19001—2000 中 4.2.4 要求或等效质量管理体系标准(应得以识别)。

16.1 组织应建立记录控制程序。

该程序是否已实施？ 是□ 否□

请附上记录控制程序。

17 一般信息汇总

日期：______________________________

组织名称(全称)：________________________

地址(全称)：__________________________

17.1 生产(供应)地点名称(全称)：

____

地址(全称)：__________________________

17.2 设计、检验和检查场所(若适用)：

名称(全称)：__________________________

地址(全称)：__________________________

17.3 负责处理与认证机构有关事务的代表：

代表姓名：___________________________

职位：______________________________

地点：______________________________

17.4 在生产地制造的产品种类：

____

____

____

17.5 申请表

由组织代表填写：

姓名：______________________________

(印刷体)

签名：______________________________

日期：______________________________

仅供认证机构使用

认证机构评审小组负责人复核：

姓名：______________________________

(印刷体)

签名：______________________________

日期：______________________________

参 考 文 献

[1] GB/T 19001—2000 质量管理体系 要求(idt ISO 9001:2000)

[2] GB/T 18305—2003 质量管理体系 汽车生产件及相关服务件组织应用 GB/T 19001—2000 的特别要求(ISO/TS 16949:2002,IDT)

[3] GB/T 19011—2003 质量和(或)环境管理体系审核指南(ISO 19011:2002,IDT)

[4] ISO/TS 29001—2003 石油、化工产品和天然气工业 部门专用质量管理体系 产品和服务机构的要求

[5] GB/T 27021—2007 合格评定 管理体系审核认证机构的要求(ISO/IEC 17021:2006,IDT)

[6] GB/T 27025—2008 检测和校准实验室能力的通用要求(ISO/IEC 17025:2005,IDT)

[7] GB/T 27030—2006 合格评定 第三方符合性标志的通用要求(ISO/IEC 17030:2003,IDT)

[8] ISO/IEC 17040:2005 合格评定 合格评定机构和认可机构同行评审通用要求

[9] GB/T 27023—2008 第三方认证制度表示标准符合性的规则(ISO/IEC Guide 23:1982,IDT)

[10] GB/T 27027—2008 认证机构对误用其符合性标志采取纠正措施的实施指南(ISO/IEC Guide 27:1983)

[11] GB/T 27065—2004 产品认证机构通用要求(ISO/IEC Guide 65:1996,IDT)

[12] GB/T 27067—2006 合格评定 产品认证基础(ISO/IEC Guide 67:2004,IDT)

ICS 67.040
X 00

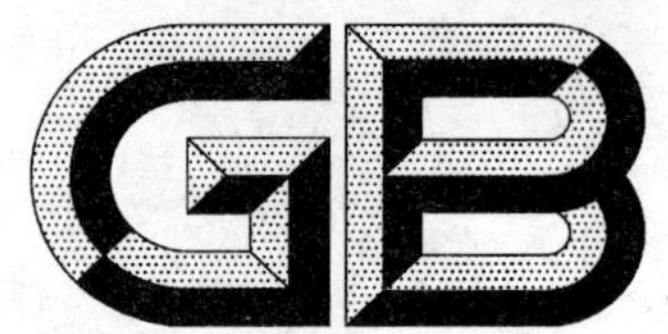

中华人民共和国国家标准

GB/T 27301—2008

食品安全管理体系 肉及肉制品生产企业要求

Food safety management system—Requirements for meat and meat product establishments

2008-08-28 发布　　2008-12-01 实施

中华人民共和国国家质量监督检验检疫总局
中国国家标准化管理委员会　发布

前　言

本标准附录A为资料性附录。

本标准由中国合格评定国家认可中心和中华人民共和国河北出入境检验检疫局提出。

本标准由全国认证认可标准化技术委员会(SAC/TC 261)归口。

本标准起草单位:中国合格评定国家认可中心、中华人民共和国河北出入境检验检疫局、国家认证认可监督管理委员会注册管理部、中国质量认证中心、石家庄市牧工商开发总公司、河南双汇集团、福喜食品有限公司、北京华都肉鸡公司、中华人民共和国江苏出入境检验检疫局、商务部屠宰技术鉴定中心。

本标准主要起草人:王孝霞、高永丰、樊恩健、游安君、张涛、孟凡亚、佘峰、刘庆龙、王刚、赵箭、延静清、陈忘名。

引　言

本标准从我国肉及肉制品产品安全存在的关键问题入手，采取自主创新和积极引进并重的原则，结合肉及肉制品企业生产特点，提出了建立我国肉及肉制品企业食品安全管理体系的特定要求。

本标准的编制基础为“十五”国家重大科技专项“食品企业和餐饮业 HACCP 体系的建立和实施”科研成果之一“食品安全管理体系　肉及肉制品生产企业要求”。

GB/T 22000—2006《食品安全管理体系　食品链中各类组织的要求》提供了通用要求，肉及肉制品生产企业及相关方在使用 GB/T 22000 中，提出了针对本类型食品企业生产特点对通用要求进一步细化的需求。

为了确保肉及肉制品生产企业的食品安全管理体系符合国内外有关法规、文件要求，本标准明确提出应用 GB 19303—2003《熟肉制品企业生产卫生规范》和 GB/T 20094—2006《屠宰和肉类加工企业卫生管理规范》中的相关要求。本标准提出了“关键过程控制”要求，其中包括原料验收，用以强调食品安全始于农场的理念；包括宰前、宰后检验要求，用以体现肉类屠宰的特殊性；同时也引入微生物控制的要求，提倡通过过程卫生监控，确保产品的安全。鉴于肉制品生产企业在生产加工过程方面的差异，本标准只提出了对肉制品生产企业的一般要求。为了确保与其他法规的一致性，本标准还引入了卫生标准操作程序(SSOP)的概念和要求。

食品安全管理体系
肉及肉制品生产企业要求

1 范围

本标准规定了肉及肉制品生产企业食品安全管理体系的特定要求，包括人力资源、前提方案、关键过程控制、检验、产品追溯和撤回。

本标准配合 GB/T 22000 以适用于肉及肉制品生产企业建立、实施与自我评价其食品安全管理体系，也可用于对此类生产企业食品安全管理体系的外部评价和认证。

本标准用于认证目的时，应与 GB/T 22000 一起使用。GB/T 22000 与本标准之间的对应关系参见附录 A。

2 规范性引用文件

下列文件中的条款通过本标准的引用而成为本标准的条款。凡是注日期的引用文件，其随后所有的修改单(不包括勘误的内容)或修订版均不适用于本标准，然而，鼓励根据本标准达成协议的各方研究是否可使用这些文件的最新版本。凡是不注日期的引用文件，其最新版本适用于本标准。

GB 2760　食品添加剂使用卫生标准

GB 19303—2003　熟肉制品企业生产卫生规范

GB/T 20094—2006　屠宰和肉类加工企业卫生管理规范

GB/T 22000—2006　食品安全管理体系　食品链中各类组织的要求(ISO 22000:2005,IDT)

3 术语和定义

GB/T 22000—2006 确立的以及下列术语和定义适用于本标准。

3.1

肉　meat

适合人类食用的家养或野生哺乳动物和禽类的肉以及可食用的副产品。

3.2

宰前检验　ante-mortem inspection

在动物屠宰前，判定动物是否健康和适合人类食用进行的检验。

3.3

宰后检验　post-mortem inspection

在动物屠宰后，判定动物是否健康和适合人类食用，对其头、胴体、内脏和动物其他部分进行的检验。

3.4

肉类卫生　meat hygiene

保证肉类安全、适合人类食用的所有条件和措施。

3.5

肉制品　meat product

以肉类为主要原料制成并能体现肉类特征的产品(罐头除外)。

3.6

卫生标准操作程序 sanitation standard operation procedure，SSOP

为了保证达到食品卫生要求所制定的控制生产加工卫生的操作程序。

4 人力资源

4.1 食品安全小组的组成

食品安全小组应由具有相关知识和经验的多专业人员组成，通常包括从事卫生质量控制、生产加工、工艺制定、实验室检验、设备维护、原辅料采购、仓储管理及销售等工作的人员。

4.2 能力、意识和培训

4.2.1 组织内与食品安全相关的人员应具备相应的资格和能力。

4.2.2 食品安全小组成员应理解 HACCP 原理和食品安全管理体系的相关标准。

4.2.3 肉类加工和检验人员应熟悉肉类生产基本知识及加工工艺。

4.2.4 从事肉类工艺制定、卫生质量控制、实验室检验工作的人员应具备相关知识。

4.2.5 生产人员熟悉卫生要求，遵守相应法律、法规及其他要求。

4.2.6 动物屠宰企业应配备足够数量的兽医。从事畜禽宰前、宰后检验的人员应具有相应的兽医专业知识和能力。

5 前提方案

5.1 总则

在根据 GB/T 22000 建立食品安全管理体系时，从事肉及肉制品生产企业的前提方案应符合 GB/T 20094—2006和(或)GB 19303—2003 的相关要求。

5.2 基础设施和维护

肉类屠宰生产企业设备设施的布局、维护保养应至少符合 GB/T 20094—2006 中第 6 章至第 9 章的相关要求；肉制品生产企业设备设施的布局、维护保养应至少符合 GB 19303—2003 中第 4 章至第 6 章的相关要求。

5.3 卫生标准操作程序(SSOP)

5.3.1 肉及肉制品生产企业在制定前提方案时，宜制定书面的卫生标准操作程序(SSOP)，明确执行人的职责，确定执行的方法、步骤和频率，实施有效的监控和相应的纠正预防措施。

5.3.2 企业制定的卫生标准操作程序(SSOP)，至少应包括以下的内容：

a) 肉及肉制品加工过程中使用的水和冰应当符合安全、卫生要求；

b) 接触食品的器具、手套和内外包装材料等应清洁、卫生和安全；

c) 确保食品免受交叉污染；

d) 保证操作人员手的清洗消毒、洗手间设施的维护与卫生；

e) 防止润滑剂、燃料、清洗消毒用品、冷凝水及其他化学、物理和生物等污染物对食品造成安全危害；

f) 正确标注、存放和使用各类有毒化学物质；

g) 保证与食品接触的员工的身体健康和卫生；

h) 清除和预防鼠害、虫害。

5.4 人员健康和卫生要求

5.4.1 从事肉类生产、检验和管理的人员应符合《中华人民共和国食品卫生法》中关于从事食品加工人员卫生要求和健康检查的规定。每年应进行一次健康检查及卫生知识培训，必要时实施临时健康检查，体检合格后方可上岗。

5.4.2 直接从事肉类生产、检验和管理的人员，凡患有影响食品卫生疾病者，应调离本岗位。

6 关键过程控制

6.1 总则

企业根据 GB/T 22000 进行危害分析时应至少关注本章所述的相关关键过程，并选择适宜的控制措施组合对危害实施控制。

6.2 原料验收

6.2.1 对供宰动物的要求

供宰动物应来自经国家主管部门批准的饲养场，饲养场按照相关规定和饲养规范对养殖过程实施了有效控制，出场动物应附有检疫合格证明。

6.2.2 肉制品加工的原料、辅料的卫生要求

a) 原料肉应来自定点的肉类屠宰加工生产企业，附有检疫合格证明，并经验收合格；

b) 进口的原料肉应来自经国家主管部门注册的国外肉类生产企业，并附有出口国(地区)官方兽医部门出具的检验检疫证明和进境口岸检验检疫部门出具的入境货物检验检疫证明；

c) 辅料应具有检验合格证，并经过进厂验收合格后方准使用。原、辅材料应专库存放；

d) 超过保质期的原料、辅料不应用于生产加工；

e) 原料、辅料、半成品、成品以及生、熟产品应分别存放，防止污染。

6.3 宰前检验

6.3.1 供宰动物应来自非疫区，并附有相关证明。屠宰企业不得屠宰在运输过程中死亡的动物、有传染病或疑似传染病的动物、来源不明或证明不全的动物。

6.3.2 供宰动物应按国家有关规定进行宰前检验。宰前检验应考虑饲养场的相关信息，如动物饲养情况、用药及疫病防治情况等，并按照有关程序观察活动物的外表，如动物的行为、体态、身体状况、体表、排泄物及气味等。对有异常症状的动物应隔离观察，测量体温，并作进一步兽医检查。必要时，进行实验室检测。

6.3.3 对判定为不适宜正常屠宰的动物，应按照有关兽医规定处理。

6.3.4 应将宰前检验的信息及时反馈给饲养场和宰后检验人员，并做好宰前检验记录。

6.4 宰后检验

6.4.1 宰后对动物头部、胴体和内脏的检验应按照国家有关规定、程序和标准执行。

6.4.2 应利用宰前检验信息和宰后检验结果，判定肉类是否适合人类食用。

6.4.3 感官检验不能准确判定肉类是否适合人类食用时，应进一步检验或进行实验室检测。

6.4.4 废弃的肉类或动物的其他部分，应做适当标记，并用防止与其他肉类交叉污染的方式处理。废弃处理应做好记录。

6.4.5 为确保能充分完成宰后检验，主管兽医有权减慢或停止屠宰加工。

6.4.6 宰后检验应做好记录，宰后检验结果应及时分析，汇总后上报有关部门。必要时，反馈给饲养场。

6.5 粪便、奶汁、胆汁等可见污染物的控制

肉类屠宰生产企业应使粪便、奶汁、胆汁等可见污染物得到控制，确保产品不受污染。

6.6 肉及肉制品微生物的控制

生产企业应根据产品的卫生要求，制定书面的微生物控制规程，定期或不定期对产品生产的主要过程、成品和半成品进行监控。

6.7 物理危害的控制

生产企业应利用必要的监控设备如金属探测仪、X 射线检测仪等控制物理危害。

6.8 化学危害的控制

生产企业应充分考虑原料和加工过程(配辅料，注射或浸渍)中可能引起的化学危害(如：农兽药残

留、环境污染物、添加剂的误用等)并加以有效控制。食品添加剂的使用范围和加入量应符合 GB 2760 的规定,不能使用未经许可或禁止使用的食品添加剂。

6.9 加工过程中温度的控制

车间温度应按照产品工艺要求控制在规定的范围内。预冷间/设施温度控制在 0 ℃~4 ℃,分割间、肉制品加工车间的温度不高于 12 ℃(除加热工序),冻结间温度不高于-28 ℃;冷藏库温度不高于-18 ℃,包装车间的温度不高于 10 ℃,解冻和腌制车间的温度不高于 4 ℃。肉制品加工过程中温度及产品中心温度、时间的控制应符合 GB 19303—2003 中 6.3 的要求。熟肉制品的加热工序应能保证加热温度的均匀性。

6.10 肉制品加工过程区域控制

生制品加工应分清洁区和非清洁区,熟制品加工应严格划分生熟界面。

6.11 产品储存和运输

储存库的温度应符合储存肉类的特定要求。储存库内应保持清洁、整齐、通风,不得存放有碍卫生的物品,同一库内不得存放可能造成相互污染或者串味的食品。有防霉、防鼠、防虫设施,定期消毒。

运输工具应符合卫生要求,并根据产品特点配备制冷、保温等设施。运输过程中应保持适宜的温度。运输工具应及时清洗消毒,保持清洁卫生。

7 检验

7.1 检验能力

7.1.1 应有与生产能力相适应的内部检验部门和具备相应资格的检验人员。

7.1.2 内部检验部门应具备检验工作所需要的标准资料、检验设施和仪器设备;检验仪器应按规定进行计量检定。

7.1.3 委托企业外部检验机构承担检测工作的,该检验机构应具有相应的资格。

7.2 检验要求

7.2.1 产品应按照相关产品国家、行业等标准要求进行检测判定。

7.2.2 产品微生物检测项目包括常规卫生指标(如:细菌总数、大肠菌群等)和致病菌。

7.2.3 食品添加剂,农药、兽药残留,环境污染物等项目的检测和判定,按现行有效的国家标准执行,必要时参照国际标准或者进口国标准。

8 产品追溯和撤回

8.1 不合格品控制

企业应制定和执行对不合格品的控制制度,包括不合格品的标识、记录、评价、隔离处置等内容。

8.2 产品追溯和撤回

企业应建立和实施产品的追溯和撤回程序,当肉及肉制品存在不可接受风险时,确保能追溯并及时撤回产品。必要时定期演练。

附 录 A
（资料性附录）
GB/T 22000—2006 与 GB/T 27301—2008 之间的对应关系

表 A.1 GB/T 22000—2006 与 GB/T 27301—2008 之间的对应关系

GB/T 22000—2006		GB/T 27301—2008	
引言			引言
范围	1	1	范围
规范性引用文件	2	2	规范性引用文件
术语和定义	3	3	术语和定义
食品安全管理体系	4		
总要求	4.1		
文件要求 总则 文件控制 记录控制	4.2 4.2.1 4.2.2 4.2.3		
管理职责	5		
管理承诺	5.1		
食品安全方针	5.2		
食品安全管理体系策划	5.3		
职责和权限	5.4		
食品安全小组组长	5.5		
沟通 外部沟通 内部沟通	5.6 5.6.1 5.6.2		
应急准备和响应	5.7		
管理评审 总则 评审输入 评审输出	5.8 5.8.1 5.8.2 5.8.3		
资源管理	6		
资源提供	6.1	7.1	检验能力
人力资源 总则 能力、意识和培训	6.2 6.2.1 6.2.2	4 4.1 4.2	人力资源 食品安全小组的组成 能力、意识和培训
基础设施	6.3	5	前提方案
工作环境	6.4	5	前提方案
安全产品的策划和实现	7	6	关键过程控制
总则	7.1		

表 A.1(续)

GB/T 22000—2006		GB/T 27301—2008	
前提方案(PRPs)	7.2	5 5.1 5.2 5.3 5.4	前提方案 总则 基础设施和维护 卫生标准操作程序(SSOP) 人员健康和卫生要求
实施危害分析的预备步骤 总则 食品安全小组 产品特性 预期用途 流程图、过程步骤和控制措施	 7.3 7.3.1 7.3.2 7.3.3 7.3.4 7.3.5	 4.1	 食品安全小组的组成
危害分析 总则 危害识别和可接受水平的确定 危害评估 控制措施的选择和评估	7.4 7.4.1 7.4.2 7.4.3 7.4.4	6	关键过程控制
操作性前提方案(PRPs)的建立	7.5	6	关键过程控制
HACCP 计划的建立 HACCP 计划 关键控制点(CCPs)的确定 关键控制点的关键限值的确定 关键控制点的监视系统 监视结果超出关键限值时采取的措施	7.6 7.6.1 7.6.2 7.6.3 7.6.4 7.6.5	6	关键过程控制
预备信息的更新、规定前提方案和 HACCP 计划文件的更新	7.7		
验证策划	7.8	7	检验
可追溯性系统	7.9	8.2	产品追溯和撤回
不符合控制 纠正 纠正措施 潜在不安全产品的处置 撤回	7.10 7.10.1 7.10.2 7.10.3 7.10.4	8.1 8.2	不合格品控制 产品追溯和撤回
食品安全管理体系的确认、验证和改进	8		
总则	8.1		
控制措施组合的确认	8.2		
监视和测量的控制	8.3	7	检验
食品安全管理体系的验证 内部审核 单项验证结果的评价 验证活动结果的分析	8.4 8.4.1 8.4.2 8.4.3		
改进 持续改进 食品安全管理体系的更新	8.5 8.5.1 8.5.2		

参 考 文 献

［1］ 中华人民共和国食品卫生法

［2］ 中华人民共和国质量法

［3］ 中华人民共和国计量法

［4］ 中华人民共和国标准化法

［5］ 中华人民共和国进出口商品检验法及实施条例

［6］ 中华人民共和国进出境动植物检疫法及实施条例

［7］ 中华人民共和国国境卫生检疫法及实施细则

［8］ 国家质量监督检验检疫总局.出口食品生产企业卫生注册登记管理规定.2002年第20号令.

［9］ 国家质量监督检验检疫总局.食品召回管理规定.2007年第98号令.

［10］ 国家质量监督检验检疫总局.食品标识管理规定.2007年第102号令.

［11］ 国家认证认可监督管理委员会.食品生产企业危害分析与关键控制点（HACCP）管理体系认证管理规定.2002年第3号公告.

［12］ 国家认证认可监督管理委员会.食品安全管理体系认证实施规则.2007年第3号公告.

［13］ GB 5749—2006 生活饮用水卫生标准

［14］ GB 14881—1994 食品企业通用卫生规范

［15］ 王凤清.中国出口食品卫生注册管理指南.北京：中国对外经济贸易出版社，2000.

［16］ 国家认证认可监督管理委员会.食品安全控制与卫生注册评审.北京：知识产权出版社，2002.

［17］ 中国合格评定国家认可中心."十五"国家重大科技专项"食品安全关键技术"课题成果，中国食品企业和餐饮业HACCP体系的建立和实施丛书：食品安全管理体系评价准则、认证制度和认可制度.北京：中国标准出版社，2006.

ICS 67.040
X 00

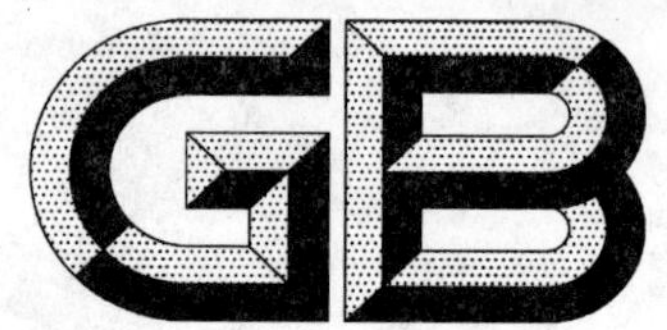

中华人民共和国国家标准

GB/T 27302—2008

食品安全管理体系 速冻方便食品生产企业要求

Food safety management system—
Requirements for quick frozen convenience food product establishments

2008-08-28 发布　　2008-12-01 实施

中华人民共和国国家质量监督检验检疫总局
中国国家标准化管理委员会　发布

前　言

本标准的附录A为资料性附录。

本标准由中国合格评定国家认可中心和中华人民共和国浙江出入境检验检疫局提出。

本标准由全国认证认可标准化技术委员会(SAC/TC 261)归口。

本标准起草单位:中国合格评定国家认可中心、中华人民共和国浙江出入境检验检疫局、国家认证认可监督管理委员会注册管理部、中华人民共和国河南出入境检验检疫局、中国质量认证中心、郑州三全食品股份有限公司、中华人民共和国上海浦江出入境检验检疫局、扬州五亭食品有限公司、上海市食品研究所、中国认证认可协会。

本标准主要起草人:蔡宇、虞跃、赵军强、王宏敏、梁小峻、吴晶、张柳、林荣蕙、傅瑞云、盛满钰、陈恩成、尚晓旭。

引　言

本标准从我国速冻方便食品安全存在的关键问题入手，采取自主创新和积极引进并重的原则，结合速冻方便食品生产企业的特点，提出了建立速冻方便食品企业食品安全管理体系的特定要求。

本标准的编制基础为“十五”国家重大科技专项“食品企业和餐饮业 HACCP 体系的建立和实施”科研成果之一“食品安全管理体系　含肉和(或)水产品的速冻方便食品生产企业要求”。

GB/T 22000—2006《食品安全管理体系　食品链中各类组织的要求》为食品链中的各类组织提供了通用要求。速冻方便食品生产企业及相关方在使用 GB/T 22000 中，提出了针对本类型食品专业生产特点对通用要求进一步细化的需求。

鉴于速冻方便食品生产企业的生产加工过程的差异性，本标准提出了针对本类产品特点的“关键过程控制”要求。主要包括原辅料控制，强调组织对其食品链中上游组织的管理；重点提出内包装材料、食品添加剂的控制；突出加工、运输、储藏过程中产品及环境温度的控制对于食品安全的重要性，体现加工全过程冷链控制的特殊性；同时关注加工设施设备的结构和清洗消毒以控制微生物繁殖，提倡通过过程卫生监控，确保产品的安全；特别强调过敏原、转基因原料的控制，避免产品交叉污染，确保消费者食用安全。

食品安全管理体系
速冻方便食品生产企业要求

1 范围

本标准规定了速冻方便食品生产企业建立和实施食品安全管理体系的特定要求，包括人力资源、前提方案、关键过程控制、检验、产品追溯和撤回。

本标准配合 GB/T 22000 以适用于速冻方便食品生产企业建立、实施与自我评价其食品安全管理体系，也可用于对此类食品生产企业食品安全管理体系的外部评价和认证。

本标准用于认证目的时，应与 GB/T 22000 一起使用。GB/T 22000 与本标准之间的对应关系参见附录 A。

2 规范性引用文件

下列文件中的条款通过本标准的引用而成为本标准的条款。凡是注日期的引用文件，其随后所有的修改单(不包括勘误的内容)或修订版均不适用于本标准，然而，鼓励根据本标准达成协议的各方研究是否可使用这些文件的最新版本。凡是不注日期的引用文件，其最新版本适用于本标准。

GB 2760 食品添加剂使用卫生标准

GB 5749 生活饮用水卫生标准

GB 14881—1994 食品企业通用卫生规范

GB/T 18517—2001 制冷术语

GB/T 22000—2006 食品安全管理体系 食品链中各类组织的要求 (ISO 22000:2005, IDT)

3 术语和定义

GB/T 22000—2006 及 GB/T 18517—2001 确立的以及下列术语和定义适用于本标准。

3.1

速冻方便食品 quick frozen convenience food

以粮谷、果蔬、畜禽肉、水产品等为原料，经调制、加热(或未经加热)、速冻和包装等加工工艺生产，并在－18 ℃或以下的温度下储存，简单处理即可食用的食品。

3.2

速冻 quick frozen

将预处理后的食品在最短时间内通过最大冰晶生成带温度，并使其中心温度达到－18 ℃或以下的过程。

3.3

冷链 cold chain

为保持食品的品质，使其在从生产到消费的全过程中，始终处于低温状态的配有专门设施设备的物流网络。

4 人力资源

4.1 食品安全小组的组成

食品安全小组应由具有相关知识和经验的多专业人员组成，通常包括从事食品卫生和质量控制、生产加工、工艺制定、检验、设备维护、原辅料采购、仓储管理及销售等工作的人员。

4.2 能力、意识和培训

4.2.1 食品安全小组成员应理解 HACCP 原理和食品安全管理体系标准。

4.2.2 从事速冻方便食品工艺制定、食品卫生和质量控制、实验室检验等工作的人员应具备相关知识。

4.2.3 生产加工人员应熟悉速冻方便食品生产基本知识及加工工艺，并经过相关法律法规中关于人员卫生要求的培训。

5 前提方案

5.1 厂区环境及布局

5.1.1 企业不得建在有污染源和其他有碍食品卫生的区域；厂区内不得生产、存放有碍食品卫生的其他产品。

5.1.2 厂区布局应合理，生产区与生活区应分开。锅炉房、贮煤场所、污水及污物处理设施应与加工车间相隔一定的距离，并位于主风向的下风处。锅炉房应设有消烟除尘设施。

5.1.3 厂区应建有与生产能力相适应的符合卫生要求的原料、辅料、化学物品、包装物料储存等辅助设施和封闭的废弃物、垃圾暂存设施。

5.1.4 厂区内人员、原料、成品、废弃物等应避免发生交叉污染。

5.1.5 厂区路面平整、无积水，通道应铺设水泥等硬质路面，空地应绿化。

5.1.6 厂区排水系统畅通，厂区地面不得有积水，生产中产生的废水的排放或者处理应符合国家相关规定。

5.1.7 厂区卫生间应有冲水、洗手、防蝇、防虫、防鼠设施，墙壁及地面应易清洗消毒，并保持清洁。

5.1.8 废弃物应及时得到清除或处理。

5.1.9 厂区内禁止饲养与生产无关的动物。

5.1.10 工厂应有虫害控制计划、灭鼠图，定期灭鼠除虫。

5.1.11 必要时在厂区的合适位置应设有原料运输工具的清洗消毒设施。

5.2 车间和设施设备

5.2.1 车间面积应与生产能力相适应，车间结构和设备应布局合理，并保持清洁和完好。车间出口、与外界相连的车间排水出口和通风口应安装防鼠、防蝇、防虫等设施。

5.2.2 生、熟加工区应严格隔离，防止交叉污染。

5.2.3 不同清洁区域应分设工器具清洗消毒间，清洗消毒间应备有冷、热水及清洗消毒设施和适当的排气通风装置。

5.2.4 车间地面应采用防滑、坚固、不透水、耐腐蚀的无毒建筑材料，并保持一定坡度，无积水，易于清洗消毒。

5.2.5 车间内墙壁、屋顶或者天花板应使用无毒、浅色、防水、防霉、不脱落、易于清洗的材料修建。墙角、地角、顶角应采取弧形连接，易于清洁。

5.2.6 车间门窗应使用浅色、平滑、易清洗、不透水、耐腐蚀的坚固材料制作，结构严密；非封闭的窗户应装设纱窗；车间窗户不宜有内窗台，若有内窗台的，内窗台台面应向下斜约 45°。

5.2.7 车间入口处应设有洗手和鞋靴消毒设施，洗手消毒设施应与生产人员数量相适宜，备有洗手用品及消毒液和符合卫生要求的干手用品。水龙头为非手动开关，水温应适宜。必要时应在车间内适当位置设有适当数量的洗手消毒设施。

5.2.8 应设有与车间相连接的更衣室。必要时，应设置卫生间、淋浴间等，其设施和布局不得对车间造成潜在的污染。

5.2.9 卫生间的门应能自动关闭，门、窗不得直接开向车间，且关闭严密。卫生间的墙壁和地面应采用易清洗消毒、不透水、耐腐蚀的坚固材料。卫生间的面积和设施应与生产人员数量相适宜，设有洗手和干手设施,每个便池设施应设冲水装置,便于清洗消毒。卫生间内应通风良好、清洁卫生。

5.2.10 不同清洁程度要求的区域应设有单独的更衣室,个人物品(如:鞋、包等物品)与工作服应分别存放,防止产生交叉污染。更衣室的面积和设施应与生产人员的数量相适宜,并保持通风良好。更衣室内宜配备更衣镜、不靠墙的更衣架和鞋架。更衣室内的更衣柜应采用不易发霉、不生锈、内外表面易清洁的材料制作,保持清洁干燥。更衣柜应有编号,便于清洗消毒。更衣室应配备空气消毒设施。

5.2.11 生产工艺有要求时,应在车间内适当位置设置缓冲间(或区域)。

5.2.12 应分设内外包装间,内包装间应备有消毒设施。

5.2.13 有温度要求的工序和场所应安装温度显示和记录装置,车间温度按照产品工艺要求控制在规定的范围内。加工车间的温度不应高于 25 ℃(加热工序除外),包装间的温度不应高于 20 ℃。

5.2.14 设施设备应满足以下要求:

a) 车间内接触加工品的设备、设施、工器具应使用化学性质稳定、无毒、无害、无味、耐腐蚀、不生锈、易清洗消毒、表面光滑而且防吸附、坚固的材料制作。对工艺中应使用、且无法替代的竹木器具及棉麻制品,在确保食品安全卫生的前提下,方可使用;

b) 所有速冻方便食品加工用的机器设备的设计和构造应能防止危害食品卫生,机器设备应尽可能易于拆卸,以便于清洗消毒,并容易检查保养,且不会造成伤害。应有使用时可防止润滑油、金属碎屑、污水或其他可能引起污染的物质混入食品中;

c) 需经常冲洗的机械动力设备,其电线接点均应使用防水型;

d) 食品接触面应平滑、无凹陷或裂缝,以减少食品碎屑、污垢及有机物之聚积,使微生物的生长降低到最低程度;

e) 加工设备的安装位置应按工艺流程合理布局,防止加工过程中发生交叉污染,并便于维护和清洗消毒;

f) 加热设施应符合热加工工艺要求,并配置符合要求的温度计、压力表,必要时应配备自动温度记录装置。

5.2.15 辅助设施应满足以下要求:

a) 供、排水设施应符合 GB 14881—1994 中 4.3.7 的要求;

b) 通风设施应采用正压通风方式。进气口应远离污染源和排气口。进气口应有过滤装置,过滤装置应定期消毒。排气口应设有防蝇、虫和防尘装置。蒸、煮、油炸、烟熏、烘烤等设施的上方应设有与之相适应的排油烟和通风装置。气流的流向不应对产品造成污染;

c) 生产区域的照明设施应装有防护装置。生产线上检验台的照明强度应不低于 540 lx;生产车间的照明强度应不低于 220 lx;其他区域照明强度不低于 110 lx。光线应以不影响判定被加工物本色为宜。

5.2.16 生产用水应满足以下要求:

a) 加工和制冰用水应符合 GB 5749 的要求。企业应备有供水网络图,并对出水口标注水质监测取样点编号;

b) 企业在加工前应对加工用水(冰)的余氯含量进行检测,并定期对加工用水(冰)进行微生物项目检测,以确保加工用水(冰)的卫生质量。对水质的公共卫生检测每年不少于两次;

c) 原料解冻不得使用静止水。

5.2.17 需要使用蒸汽的操作的应保证足够压力的蒸汽供应。

5.2.18 供电应满足生产要求,并保持电压的稳定,以确保冷冻产品温度的维持和防止设备的损坏。

5.2.19 企业应确保足够的制冷能力和必需的设施,并确保满足冷链控制各过程所需的制冷要求。

5.3 维护保养

5.3.1 厂房、设施、设备和工器具应保持良好的工作状态。

5.3.2 仪器设备应定期进行维护、计量检定和(或)校准。

5.3.3 应制定设备、设施维修保养计划,保证其正常运转和使用。对于设备、设施维修保养应做好详细的记录。

5.3.4 暂时不用的设施设备应保持清洁卫生状态,并有适当的防护措施。

5.4 有毒有害物品的控制

5.4.1 应建立并实施有毒有害物品的储存和使用管理计划,确保有毒有害物品得到有效控制。

5.4.2 应设置有毒有害物品的专用储存设施,加锁并有专人保管。有毒有害物品均应有固定包装,标志清楚。

5.4.3 使用有毒有害物品时,应由经过专门培训的人员按照规定进行操作,避免对食品、食品接触表面和食品包装材料造成污染。

5.4.4 应建立和保持有毒有害物品的控制记录。

5.5 人员健康和卫生

5.5.1 企业应建立员工健康档案。从事食品生产、检验、管理和经营的人员应符合《中华人民共和国食品卫生法》中相关健康检查的规定,体检合格后方可从事相关工作。

5.5.2 直接从事食品生产、检验、管理和经营的人员,如患有影响食品卫生疾病者,应调离本岗位。

5.5.3 生产、检验、管理和经营的人员应保持个人清洁卫生,不得将与生产无关的物品带入车间;工作时不得戴饰品、手表,不得化妆。

5.5.4 进入车间时应洗手、消毒并穿着工作服、帽、鞋,离开车间时换下工作服、帽、鞋;工作服、帽、鞋应统一发放,集中管理,统一清洗、消毒。不同卫生要求的区域和(或)岗位的人员应穿戴不同颜色或标志的工作服、帽、鞋以示区别。不同区域人员不得串岗。加热(调制)、预冷、速冻、内包装人员应带口罩。

6 关键过程控制

6.1 总则

企业根据 GB/T 22000 进行危害分析时应至少关注本章所述各关键过程,并选择适宜的控制措施组合对危害实施控制。

6.2 原辅料的控制

6.2.1 原辅料的要求

6.2.1.1 原辅料的采购和验收

a) 原辅料应当符合相关安全卫生要求;

b) 应建立原辅料合格供方名录,并制定原辅料的验收标准、抽样方案及检验方法等,并有效实施;

c) 接收原辅料时,应检查供方提供的安全卫生检测报告,必要时进行相关项目的验证。

6.2.1.2 原辅料的储藏和运输

a) 应根据产品特性,将不同的原辅料分别存放于适宜的储存库中,避免交叉污染、串味和变质;

b) 不同种类的原辅料应分别存放,必要时配备温度显示装置和自动温度记录装置;

c) 原辅料的进出应避免与成品、人员发生交叉污染;

d) 原辅料的使用应遵从先进先出原则;

e) 冷冻原料解冻时应在能防止原料品质下降的条件下进行。

6.2.2 食品添加剂的控制

6.2.2.1 食品添加剂的采购和验收

a) 食品添加剂应当符合相关产品标准和安全卫生要求;

b) 应建立食品添加剂合格供方名录,并制定食品添加剂的验收标准、抽样方案及检验方法等,并有效实施;

c) 食品添加剂接收时应检查供方提供的安全卫生检测报告,验收合格后,方可入库。

6.2.2.2 **食品添加剂的储藏**

食品添加剂应根据产品特性存放于适宜的储存库中，必要时分别存放，并有标志。避免交叉污染、失效。领取时应记录使用的种类、许可证号、进货量、使用量及有效期限等。

6.2.2.3 **食品添加剂的使用**

a） 食品添加剂的使用应符合 GB 2760 和其他相关安全卫生要求；

b） 应对食品添加剂的称量与投料建立复核制度，有专人负责，使用添加剂前操作人员应逐项核对并依序添加，确保正确执行并做好记录。

6.2.3 **过敏原、转基因原料的控制**

6.2.3.1 应建立过敏原、转基因原料一览表，包括原料名称、对应的合格供方名录、产品名称、加工中进入的工序、产品的相应标志等。

6.2.3.2 含有过敏原、转基因成分的原料在生产加工过程中，应采取区域隔离；产品更换过程中采取严格的清洗消毒程序等措施以确保产品的安全性。

6.2.3.3 应建立过敏原、转基因的控制措施组合，包括合理的生产排序，生产品种转换时的清洁、标志的传递，返工管理，标签和配方的核对等。

6.2.3.4 应有效实施过敏原、转基因的控制措施并保持相应记录。

6.3 **内包装材料的控制**

6.3.1 **内包装材料的采购和验收**

6.3.1.1 内包装材料的材质应当符合相关安全卫生要求。

6.3.1.2 应建立与食品直接接触的内包装材料合格供方名录，制定验收标准，并有效实施。

6.3.1.3 内包装材料接收时应检查供方提供的安全卫生检测报告，必要时进行相关项目的验证。

6.3.1.4 当供方或内包装材料的材质发生变化时，应重新评价，并要求供方提供有资质的机构出具的安全卫生项目检验报告。

6.3.2 **内包装材料的储藏和运输**

6.3.2.1 内包装材料应存放于适宜的储存库中，有适当的防护设施避免交叉污染，并有标志。对温湿度敏感的，应控制储存库的温湿度。

6.3.2.2 运输工具应清洁干燥，避免污染内包装材料。

6.4 **加工过程的控制**

6.4.1 对于加工过程中的安全和卫生控制点，应规定检查和（或）检验的项目、依据的标准、抽样规则及方法等，确保执行并做好记录。

6.4.2 加工中发生异常现象时，应迅速追查原因并加以纠正，对在异常情况下生产的产品应分别存放，正确评估，按照纠正措施的要求进行处理。

6.4.3 对时间和温度有控制要求的工序，如漂烫、蒸煮、冷却、储存等，应严格按照产品工艺要求进行操作。

6.4.4 应控制馅心类半成品暂存过程的温度、时间，并经验证其对产品安全性没有影响。

6.4.5 更换产品时应对生产流水线、工器具进行清洗、消毒，以避免交叉污染，同时做好标志区分。

6.4.6 当加热工序由操作性前提方案或 HACCP 计划进行控制时，应对加热工艺规程进行确认，当控制因素发生变化时，进行再确认。

6.4.7 当存在返工或回料投放时，应制定控制措施并有效实施以确保产品的安全卫生。

6.4.8 加热后的产品，速冻前应在符合卫生要求的预冷设施内进行预冷处理，预冷中要防止污染，同时应采用有效的除冷凝水措施，预冷后的产品应及时速冻。

6.4.9 速冻时，产品应以最快的速度通过产品的最大冰晶区（大部分食品是－1 ℃～－5 ℃）。产品冻结后，中心温度应低于－18 ℃。速冻加工后的食品在运送到冻藏库过程中，应采取有效的措施，使温升保持在最低限度。

6.4.10 包装应在温度受控制的环境中进行。

6.5 贮存过程的控制

6.5.1 冻藏库的室内空气应适当流动以保持均匀，温度应保持在－18 ℃或以下。

6.5.2 冻藏库的库内温度应定时核查、记录。应配备温度显示装置和自动温度记录仪。

6.5.3 冻藏库内产品的堆码不应阻碍空气循环。产品与地面的间隔不小于 10 cm，产品与库墙的间隔不小于 30 cm。

6.5.4 冻藏库内贮存的产品出库应遵从先进先出的原则。

6.5.5 冻藏库应定期整理、清洁消毒。

6.6 运输和配送过程的控制

6.6.1 运输和配送产品应使用适宜的运输工具，并保持工具清洁卫生。

6.6.2 运输和配送产品的冷藏车应设有能记录运输过程厢体温度的仪表，还应有车厢外面能直接观察的温度显示设施，运输人员应定时检查厢内的温度并控制温升。冷藏车厢体温度在装载前应预冷到 10 ℃或更低，产品装载要迅速。

6.6.3 运输产品的厢体宜使产品温度保持在－18 ℃或以下，运输初期产品温度应保持在－18 ℃或以下，途中产品温度不得超过－15 ℃。

6.6.4 配送过程中产品温度宜保持在－18 ℃或以下，最高不得高于－12 ℃，并在交货后尽快降至－18 ℃。

6.7 冷链的保持及控制

6.7.1 应采取有效措施确保以下过程中的温度控制要求得到满足：

——冷冻原料(如：畜肉、禽肉、水产品等)的运输和储存；

——馅料或半成品的调制和暂存；

——速冻过程控制；

——内包装工序；

——产品运输和配送。

6.7.2 应配置冷链控制所需的温度监控仪、全程制冷车辆等设施。

6.7.3 应保持各冷链控制过程的记录。

7 检验

7.1 检验能力

7.1.1 企业应有与生产能力相适应的内部检验部门，并具备相应资格的检验人员。

7.1.2 企业内部检验部门应具备检验工作所需要的标准资料、检验设施和仪器设备；检测仪器应按规定进行校准和(或)检定，并具备相应的检测能力。

7.1.3 企业委托外部检验机构承担检测工作的，该检验机构应具备相应的资质和能力。

7.2 检验要求

抽样应按照规定的程序和方法执行，确保抽样工作的公正性和样品的代表性、真实性，抽样方案应科学；抽样人员应经专门的培训，具备相应资质。

产品检测方法应满足现行有效的国家标准和行业标准的要求；农残、兽残等项目的检测，按现行有效的国家标准执行；出口产品按进口国法律法规及合同、信用证规定的方法执行。

8 产品追溯和撤回

8.1 产品追溯

企业应建立和实施产品追溯系统，以确保从原辅料到成品的标志清楚，具有可追溯性。产品追溯系统应覆盖原辅料的验收与使用，半成品和成品入(出)库批次、标志的管理等内容，实现从原辅料验收到产品分销处和(或)零售点全过程的标志与追溯。

对反映产品卫生质量情况的有关记录,应制定其标记、收集、编目、归档、存储、保管和处理的程序,并贯彻执行;所有质量记录应真实、准确、规范,产品记录应根据产品特性确定保存期限。

8.2 产品撤回

企业应建立不安全批次产品的撤回方案,应能够追溯到销售批次和客户,应采用模拟撤回、实际撤回或其他方式来验证产品撤回方案的有效性。

附 录 A
（资料性附录）
GB/T 22000—2006 与 GB/T 27302—2008 之间的对应关系

表 A.1 GB/T 22000—2006 与 GB/T 27302—2008 之间的对应关系表

GB/T 22000—2006		GB/T 27302—2008	
引言			引言
范围	1	1	范围
规范性引用文件	2	2	规范性引用文件
术语和定义	3	3	术语和定义
食品安全管理体系	4		
总要求	4.1		
文件要求 总则 文件控制 记录控制	4.2 4.2.1 4.2.2 4.2.3		
管理职责	5		
管理承诺	5.1		
食品安全方针	5.2		
食品安全管理体系策划	5.3		
职责和权限	5.4		
食品安全小组组长	5.5		
沟通 外部沟通 内部沟通	5.6 5.6.1 5.6.2		
应急准备和响应	5.7		
管理评审 总则 评审输入 评审输出	5.8 5.8.1 5.8.2 5.8.3		
资源管理	6		
资源提供	6.1	7.1	检验能力
人力资源 总则 能力、意识和培训	6.2 6.2.1 6.2.2	4 4.1 4.2	人力资源 食品安全小组的组成 能力、意思和培训
基础设施	6.3	5	前提方案
工作环境	6.4	5	前提方案
安全产品的策划和实现	7	6	关键过程控制

表 A.1(续)

GB/T 22000—2006		GB/T 27302—2008	
总则	7.1		
前提方案(PRPs)	7.2	5	前提方案
	7.2.1		
	7.2.2		
	7.2.3	5.1	厂区环境及布局
		5.2	车间和设施设备
		5.3	维护保养
		5.4	有毒有害物品的控制
		5.5	人员健康和卫生
		6.2	原辅料的控制
		6.3	内包装材料的控制
		6.5	贮存过程的控制
		6.6	运输和配送过程的控制
实施危害分析的预备步骤	7.3		
总则	7.3.1		
食品安全小组	7.3.2	4.1	食品安全小组的组成
产品特性	7.3.3		
预期用途	7.3.4		
流程图、过程步骤和控制措施	7.3.5		
危害分析	7.4	6	关键过程控制
总则	7.4.1		
危害识别和可接受水平的确定	7.4.2		
危害评估	7.4.3		
控制措施的选择和评估	7.4.4		
操作性前提方案(PRPs)的建立	7.5	6	关键过程控制
HACCP 计划的建立	7.6	6	关键过程控制
HACCP 计划	7.6.1		
关键控制点(CCPs)的确定	7.6.2		
关键控制点的关键限值的确定	7.6.3		
关键控制点的监视系统	7.6.4		
监视结果超出关键限值时采取的措施	7.6.5		
预备信息的更新、规定前提方案和 HACCP 计划文件的更新	7.7		
验证策划	7.8	7	检验
可追溯性系统	7.9	8.1	产品追溯
不符合控制	7.10		
纠正	7.10.1		
纠正措施	7.10.2		
潜在不安全产品的处置	7.10.3		
撤回	7.10.4	8.2	产品撤回

表 A.1(续)

GB/T 22000—2006		GB/T 27302—2008	
食品安全管理体系的确认、验证和改进	8		
总则	8.1		
控制措施组合的确认	8.2	6.4.6	
监视和测量的控制	8.3	7	检验
食品安全管理体系的验证 内部审核 单项验证结果的评价 验证活动结果的分析	8.4 8.4.1 8.4.2 8.4.3		
改进 持续改进 食品安全管理体系的更新	8.5 8.5.1 8.5.2		

参 考 文 献

[1] GB 7718—2004 预包装食品标签通则

[2] GB 12694—1990 肉类加工厂卫生规范

[3] GB/T 15091—1995 食品工业基本术语

[4] GB 19295—2003 速冻预包装面米食品卫生标准

[5] GB/T 22004—2007 食品安全管理体系 GB/T 22000—2006 的应用指南

[6] BRC 全球标准.食品.2005 年

[7] CAC/RCP08—1976 速冻食品加工和处理的操作规程

[8] SB/T 10412—2007 速冻米面食品

[9] SN/T 0795 出口速冻方便食品检验规程

[10] 出口速冻方便食品生产企业注册卫生规范

[11] 国家质量监督检验检疫总局.出口食品生产企业卫生注册登记管理规定.2002 年第 20 号令.

[12] 国家质量监督检验检疫总局.出口食品生产企业卫生要求.2002 年第 20 号令附件 2.

[13] 国家质量监督检验检疫总局.食品召回管理规定.2007 年第 98 号令.

[14] 国家质量监督检验检疫总局.食品标识管理规定.2007 年第 102 号令.

[15] 国家认证认可监督管理委员会.食品生产企业危害分析与关键控制点(HACCP)管理体系认证管理规定.2002 年第 3 号公告.

[16] 国家认证认可监督管理委员会.食品安全管理体系认证实施规则.2007 年第 3 号公告.

[17] 中国认证机构国家认可委员会,中国认证人员与培训机构国家认可委员会,全国质量管理和质量保证标准化技术委员会.GB/T 19011—2003 质量和(或)环境管理体系审核指南.北京:中国标准出版社,2003.

[18] 中国合格评定国家认可中心."十五"国家重大科技专项"食品安全关键技术"课题成果,中国食品企业和餐饮业 HACCP 体系的建立和实施丛书:食品安全管理体系评价准则、认证制度和认可制度.北京:中国标准出版社,2006.

ICS 67.040
X 00

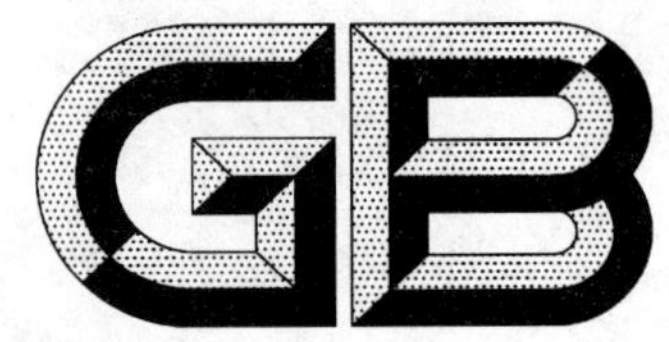

中华人民共和国国家标准

GB/T 27303—2008

食品安全管理体系 罐头食品生产企业要求

Food safety management system—Requirements for canned food product establishments

2008-09-10 发布

2009-01-04 实施

中华人民共和国国家质量监督检验检疫总局
中国国家标准化管理委员会 发布

前　言

本标准的附录A为资料性附录。

本标准由中国合格评定国家认可中心和中华人民共和国河北出入境检验检疫局提出。

本标准由全国认证认可标准化技术委员会(SAC/TC 261)归口。

本标准起草单位:中国合格评定国家认可中心、中华人民共和国河北出入境检验检疫局、国家认证认可监督管理委员会注册管理部、北京中大华远认证中心、中国检验认证集团认证公司、济南公正食品检验行、上海梅林正广和股份有限公司、中国罐头工业协会、中华人民共和国福建出入境检验检疫局、中国食品发酵工业研究院、浙江新昌百思得食品有限公司。

本标准主要起草人:杨铭、张锐、顾绍平、马立田、李宏、施伟良、武斌、师敏、郭淑明、林勇湫、王柏琴、葛双林。

引　言

本标准从我国罐头食品安全存在的关键问题入手，采取自主创新和积极引进并重的原则，结合罐头食品生产企业的特点，提出了建立我国罐头食品企业食品安全管理体系的特定要求。

本标准的编制基础为“十五”国家重大科技专项“食品企业和餐饮业 HACCP 体系的建立和实施”科研成果之一“食品安全管理体系　罐头食品生产企业要求”。

GB/T 22000—2006《食品安全管理体系　食品链中各类组织的要求》为食品链中的各类组织提供了通用要求。罐头食品生产企业及相关方在使用 GB/T 22000 中，针对本类型食品专业生产特点提出了对通用要求进一步细化的需求。

鉴于罐头食品生产企业的生产加工过程的差异性，本标准提出了“关键过程控制”要求，主要包括原辅材料控制、装罐密封、热力杀菌、冷却、产品标识等关键过程。

食品安全管理体系
罐头食品生产企业要求

1 范围

本标准规定了罐头食品生产企业建立和实施食品安全管理体系的特定要求，包括人力资源、前提方案、关键过程控制、检验、产品追溯和撤回。

本标准配合 GB/T 22000 以适用于罐头食品生产企业建立、实施与自我评价其食品安全管理体系，也可用于对此类食品生产企业食品安全管理体系的外部评价和认证。

本标准用于认证目的时，应与 GB/T 22000 一起使用。GB/T 22000 与本标准之间的对应关系参见附录 A。

2 规范性引用文件

下列文件中的条款通过本标准的引用而成为本标准的条款。凡是注日期的引用文件，其随后所有的修改单(不包括勘误的内容)或修订版均不适用于本标准，然而，鼓励根据本标准达成协议的各方研究是否可使用这些文件的最新版本。凡是不注日期的引用文件，其最新版本适用于本标准。

GB 2760 食品添加剂使用卫生标准

GB 5749—2006 生活饮用水卫生标准

GB 7718—2004 预包装食品标签通则

GB 8950—1988 罐头厂卫生规范

GB/T 14251—1999 镀锡薄钢板圆形罐头容器技术条件

GB/T 18454—2001 液体食品无菌包装用复合袋

GB/T 22000—2006 食品安全管理体系 食品链中各类组织的要求

GB/T 20938—2007 罐头食品企业良好操作规范

SN/T 0400.5 进出口罐头食品检验规程 第 5 部分：罐装

SN/T 0400.6 进出口罐头食品检验规程 第 6 部分：热力杀菌

QB/T 2683—2005 罐头食品代号的标示要求

QB/T 1006 罐头食品的检验规则

QB/T 3563—1999 500 毫升罐头瓶

3 术语和定义

GB/T 22000—2006 确立的以及下列术语和定义适用于本标准。

3.1

罐头食品 canned food

将符合要求的原料经处理、装填、密封、杀菌，或无菌装填、密封，达到商业无菌，在常温下能长期保存的食品。

3.2

罐头食品的商业无菌 commercial sterilization of canned food

罐头食品经过适当的热力杀菌以后，不含有致病微生物，也不含有在通常温度下能在其中繁殖的非致病微生物，这种状态称为商业无菌。

3.3

密封 hermetical seal

食品容器经密封后能阻止微生物进入的状态。

3.4

杀菌关键因子 critical factor of sterilization

指其发生变化时,会影响热力杀菌工艺规程达到预期的杀菌目的的任何性质、特征、条件、形态或参数。

4 人力资源

4.1 食品安全小组的组成

食品安全小组应由具有相关知识和经验的多专业人员组成,通常包括从事食品卫生和质量控制、生产加工、工艺制定、检验、设备维护、原辅料采购、仓储管理及销售等工作的人员。

4.2 能力、意识和培训

4.2.1 影响食品安全活动的人员应具备相应的能力和技能。

4.2.2 食品安全小组应能理解 HACCP 原理和食品安全管理体系标准。

4.2.3 企业应具有熟悉罐头生产基本知识及加工工艺的人员。

4.2.4 从事罐头工艺制定、卫生质量控制、原料和检验工作的人员应具备相关知识。

4.2.5 生产人员应熟悉卫生要求,遵守相应法律法规要求。

4.2.6 从事封口、杀菌操作的人员应经过培训,具备相应能力。

5 前提方案

5.1 基础设施和维护

企业的基础设施应满足 GB 8950—1988 中第 4 章的要求。出口罐头企业还应满足出口国和进口国的相关法规要求。

5.1.1 厂区

5.1.1.1 企业应建在无碍食品卫生的区域。厂区内不应兼营、生产、存放有碍食品卫生的其他产品和物品。厂区路面应平整、无积水、易于清洗。厂区应适当绿化,无泥土裸露地面。生产区域应与生活区域隔离。

5.1.1.2 厂区内污水处理设施、锅炉房、贮煤场等应远离生产区域和主干道,并位于主风向的下风处。

5.1.1.3 废弃物暂存场地应远离实罐车间,并应及时清运出厂。配备防止在废弃物暂存和清运过程中污染厂区环境的设施,并定期清洗消毒。

5.1.1.4 应设有污水处理系统。污水排放应符合国家环境保护的规定。

5.1.2 厂房

厂房结构应合理,牢固且维修良好。厂房面积应与生产能力相适应。厂房应有防止蚊、蝇、鼠等害虫和烟、尘等环境污染物进入的设施。

5.1.3 实罐车间

5.1.3.1 布局

车间面积应与生产能力相适应,生产设施及设备布局应合理,便于生产操作,应实施有效措施防止交叉污染。

5.1.3.2 车间建筑

a) 车间内地面、墙壁、天花板的覆盖材料应使用浅色、无毒、耐用、平整、易清洗的材料;地面应有充足的坡度,不积水;墙角、地角、顶角应接缝良好,光滑易清洗;天花板和顶灯的建造和装饰应能尽量减少积尘、水珠凝结及碎物脱落;加工区域应通风良好;

b) 车间的门窗，应用浅色、易清洗、不透水、耐腐蚀、表面光滑而且防吸附的坚固材料制作，结构严密，必要部位应有防蚊蝇虫设施；内窗台应采用无窗台结构或有倾斜度；

c) 必要时，应设置与车间相连的更衣室、卫生间及淋浴室，其面积和设施能够满足需要。更衣室、卫生间、淋浴室应保持清洁卫生，门窗不得直接开向车间，不得对生产车间构成污染。卫生间内应设有洗手、消毒设施，便池均应设置独立的冲水装置，应设置排气通风设施和防蚊蝇虫设施。

5.1.3.3 **卫生设施**

a) 在车间入口处和车间内的适当位置应设置足够数量的洗手、消毒、清洗以及干手设施(必要时)，配备清洁剂和消毒液。水龙头应为非手动开关并保证水温适宜；

b) 在生产区域的人员入口处应设有鞋靴消毒池。

5.1.3.4 **生产设施**

a) 车间内接触加工品的设备、工器具，应使用化学性质稳定、无毒、无味、耐腐蚀、不生锈、易清洗消毒、表面光滑而且防吸附、坚固的材料制作，不应使用竹木器具。根据特定生产工艺需要，如果确需使用竹木器具，应有充足的理由，并采取防止产生危害的控制措施；

b) 车间内应设置清洗生产场地、设备以及工器具用的移动水源，加工含有动物性原料或者动植物脂肪原料时应有热水供应。车间内移动水源的软质水管上设置的喷头或者水枪应保持正常工作状态，不得落地和入水；

c) 车间内不同用途的容器应有明显的标识，不得混用；

d) 废弃物容器应选用适合的材料制作，对于需加盖的废弃物容器，应配置非手动开启的盖；

e) 车间内应设有符合要求的非手动式洗手消毒设施；

f) 盛装半成品的食品容器，应放置在距地面有一定高度的架子上，不应随意摆放在地上；

g) 所有实罐设备都应易于拆卸，便于清洗、消毒；

h) 所有容器、设备的焊接点应平整光滑，防止微生物滋生。

5.1.3.5 **灯具及照明**

生产场所应有充足的自然照明或人工照明，厂房内照明色泽应尽量不改变加工物的本色。照度应满足工作场所和操作人员的正常工作需要。车间内的照明设施应有防护罩。

5.1.3.6 **温度控制**

需要时，应控制车间的温度，按照设定的温度要求进行控制，定时记录。

5.1.3.7 **排水**

车间内，应有畅通的排水系统，出口应有防护网罩；水流应从高清洁区域流向低清洁区域；排水沟底部为圆弧形，应有适当的坡度。

5.1.3.8 **通风**

车间内，应安装通风设备，保持空气新鲜；应设置空气清洁装置；空气应由高清洁区向低清洁区流动。

5.1.4 **附属设施**

应有与生产能力相适应的、符合卫生要求的原辅材料、化学物品、包装物料、成品的储存等辅助设施。

5.1.5 **维护保养**

应制定和实施设备、设施维修保养计划，保证其正常运转和使用。对于关键部件应制定和实施强制性保养和更换计划。

5.2 **卫生保证控制措施**

企业应识别、评估、确定生产加工全过程的污染源，并在满足法律法规、顾客要求和危害分析的基础上制定卫生保证控制措施，形成文件，并对其实施有效的监视，保持对监视与采取纠正或纠正措施的记录。卫生保证控制措施应至少满足如下方面的要求：

a) 接触食品(包括原料、半成品、成品)或与食品接触物的水和(或)冰应达到 GB 5749—2006 中第 4 章的要求；

b) 接触食品的器具、手套和内外包装材料等应清洁、卫生和安全；

c) 确保食品免受交叉污染；

d) 保证操作人员的手的清洗消毒，保持洗手间设施的清洁；

e) 防止润滑剂、燃料、清洗消毒用品、冷凝水及其他化学、物理和生物等污染物对食品造成安全危害；

f) 正确标注、存放和使用各类有毒化学物质；

g) 保证与食品接触的员工的身体健康和卫生；

h) 清除和预防鼠害、虫害；

i) 包装、贮运方式及环境应避免日光直射、雨淋、温度和湿度的急剧变化和撞击等，以防止食品的品质、成分、外观等受到不良的影响。

5.3 人员健康和卫生要求

5.3.1 从事直接与产品接触食品生产、检验和管理人员应符合《中华人民共和国食品卫生法》等关于从事食品加工人员的卫生要求和健康检查的规定。每年应进行一次健康检查，必要时做临时健康检查，体检合格后方可上岗。

5.3.2 凡患有影响食品卫生的疾病者，应调离直接从事食品生产、检验和管理等需要进入食品生产现场的岗位。

5.3.3 生产、检验和管理人员应保持个人清洁卫生，不应将与生产无关的物品带入车间；工作时不应戴首饰、手表，不得化妆；进入车间时应洗手、消毒并穿着工作服、帽、鞋，离开车间时换下工作服、帽、鞋；工作帽、服应集中管理，统一清洗、消毒，统一发放。不同卫生要求的区域或岗位人员应穿戴不同颜色或标志的工作服、帽，以便区别。不同区域人员不应串岗。

6 关键过程控制

6.1 总则

罐头食品生产企业应建立产品实现关键过程的操作和监视程序，并形成文件，明确规定操作要求、监视项目及限值、监视频率、监视人员、纠正和纠正措施等。关键过程的操作和监视程序的实施应形成记录，并由具备能力的人员定期验证。

6.2 原辅材料控制

6.2.1 原辅材料要求

6.2.1.1 畜禽肉类原料要求

畜禽肉类原料应采用来自非疫区健康良好的畜禽，每批原料应有产地动物防疫部门出具的兽医检疫合格证明。重金属、兽药和其他有毒有害化学物质残留量应符合相关的法律法规和标准要求。

进口的畜禽肉类原料应来自经国家有关部门批准的肉类生产企业，附有出口国家或地区官方兽医部门出具的检疫合格证书和(或)入境口岸有关官方部门出具的检验检疫合格证书。

畜禽肉类原料应在满足产品特性的温度条件下储藏和运输，保持清洁卫生。

6.2.1.2 水产类原料要求

水产类原料应来自无污染的水域，重金属、兽药和其他有毒有害化学物质残留量应符合适用的法律法规和标准要求。

进口水产类原料应附有出口国家或地区官方部门出具的卫生合格证书和(或)入境口岸有关官方部门出具的检验检疫合格证书。

水产类原料应在满足产品特性的温度条件下储藏和运输，不应使用未经许可的或成分不明的化学物质，并保持清洁卫生。

6.2.1.3 植物类及食用菌原料要求

植物类原料应来自安全无污染的种植区域，重金属、农药和其他有毒有害化学物质残留量应符合相关的法律法规和标准要求。

植物类原料应在满足产品特性的温度下储存和运输。对有特殊加工时间要求的原料，应明确从采摘、收购到进厂加工的时限。

6.2.1.4 食品添加剂的使用要求

使用食品添加剂的品种和添加数量应符合 GB 2760 的要求，出口产品应符合进口国的相关要求。

6.2.1.5 罐头容器要求

罐头食品所使用包装容器的材质、内涂料、接缝补涂料及密封胶应符合相关卫生标准的要求。包装容器在储存和运输过程中应保持清洁卫生。装有食品的包装容器的密封性能应满足要求。

金属罐头容器应符合 GB/T 14251—1999 中第 4 章的要求。

液体食品无菌包装用复合袋应符合 GB/T 18454—2001 中第 4 章的要求。

500 毫升罐头瓶应符合 QB/T 3563—1999 中第 2 章的要求。

6.2.2 采购控制

罐头食品生产企业应建立选择、评价供方的程序，对原料、辅料、容器及包装物料的供方进行评价、选择，并建立合格供方名录。

罐头食品生产企业宜优先选择符合良好农业（含水产养殖）规范（GAP）和良好兽医规范（GVP）要求的原料供应商作为合格供方。

金属罐头容器的生产控制应符合 GB/T 14251—1999 中第 4 章的要求。

6.2.3 验收

罐头食品生产企业应按照 GB/T 22000 中 7.3.3.1 规定的要求对原料和辅料进行描述，制定与采购原料、辅料预期用途相适宜的接收准则或规范。

6.3 装罐密封

6.3.1 装罐

装罐应符合 SN/T 0400.5 的控制要求。

罐头食品生产企业应控制罐头固形物的最大装罐量。

酸化食品在生产过程中应控制 pH 值，保证平衡后最终产品的 pH 值小于 4.6。

6.3.2 容器密封

罐头食品容器的密封性应符合相应材质容器的有关要求。

6.3.3 纠正和纠正措施

当监视发现装罐密封未能满足规定的要求时，应及时实施预先制定的纠正和纠正措施程序。

对有问题的产品应实施隔离，并由有资格的人员进行评价和处理。

处理结果应经过食品安全小组的评估和确认。

6.4 热力杀菌

6.4.1 杀菌工艺规程

罐头食品生产企业应制定热力杀菌工艺规程，保证杀菌强度达到足以杀灭目标菌，并应提供制定热力杀菌工艺规程的技术依据。

6.4.2 杀菌装置

杀菌装置应满足 SN/T 0400.6 的要求。

罐头食品生产企业应确保热力杀菌装置的热分布均匀，在新装置使用前或对装置进行改造后应实施热分布测定，绘制热分布图。

杀菌的测量设备在使用过程中应定期进行校准，杀菌装置在使用过程中应定期进行测定。

6.4.3 杀菌控制

6.4.3.1 罐头食品生产企业应对杀菌关键因子实施控制,严格按照杀菌工艺操作规程进行操作。杀菌控制应满足 SN/T 0400.6 的要求。

6.4.3.2 已杀菌和未杀菌产品应有明显的标识加以区分。

6.4.3.3 罐头食品生产企业发现所实施的热力杀菌过程未能满足热力杀菌工艺规程的要求时,应及时实施制定的纠正和纠正措施程序。

对有问题的产品实施隔离,由有资格的人员进行评价和处理。

处理结果应经过食品安全小组的评估和确认。

6.5 冷却

6.5.1 如冷却方法涉及到外循环冷却水或水槽、水池的使用,杀菌冷却水应加氯处理或用其他方法消毒。冷却系统的冷却水排放处的消毒剂余量要达到相关规定要求。

对于间歇式杀菌,应按每锅次对余氯含量进行测定;对于连续式杀菌,应按照足以确保维持有效杀菌强度的时间间隔对排水口的消毒剂余量进行测定。

6.5.2 当罐头食品生产企业发现消毒剂残留量未能满足规定的要求时,应及时实施制定的纠正和纠正措施。

对已冷却的产品实施隔离,由有资格的人员对其安全性实施评价和处理。处理结果应经过食品安全小组的评估和确认。

6.6 产品标识

罐头食品生产企业应建立和实施产品标识程序,并形成文件。其中,产品代码应符合 QB/T 2683—2005 中第 4 章和第 5 章及附录 A 的要求,食品标签应符合 GB 7718—2004 中第 4 章和第 5 章的要求。

7 检验

7.1 检验能力

罐头食品生产企业应建立与其生产能力相适应的检验机构。检验机构应具备满足要求的检验能力,其人员、环境和设施、使用的检验标准/方法、检验设备及其校准等方面应满足相关法律法规和标准的要求。

7.2 检验要求

罐头食品生产企业应规定产品的品质、规格、检验项目、检验标准、抽样及检验分析方法,并按照 GB/T 20938—2007 中 10.3、10.4、10.5 和 QB/T 1006 的规定以及相关的产品标准规定对产品检验进行控制。出口产品应满足进口国(地区)的相关要求。

8 产品追溯和撤回

8.1 产品追溯

罐头食品生产企业应建立产品追溯程序,能够从最终成品追溯到所使用主要原料的来源。用于产品可追溯的记录应包括原料来源、产品批次、产品的直接接受者、关键工序加工者等信息。罐头食品生产企业应建立与食品安全情况有关记录的标记、收集、编目、归档、存储、保管和处理的程序,记录应至少保存至产品保质期过后 12 个月以上,并不得低于 3 年。

8.2 产品撤回

罐头食品生产企业应建立产品撤回程序,规定产品撤回的方法、范围。应对撤回程序进行验证,如对撤回程序进行演练。

附 录 A
（资料性附录）
GB/T 22000—2006 与 GB/T 27303—2008 之间的对应关系

表 A.1 GB/T 22000—2006 与 GB/T 27303—2008 之间的对应关系

GB/T 22000—2006		GB/T 27303—2008	
前言			前言
引言			引言
范围	1	1	范围
规范性引用文件	2	2	规范性引用文件
术语和定义	3	3	术语和定义
食品安全管理体系	4		
总要求	4.1		
文件要求 总则 文件控制 记录控制	4.2 4.2.1 4.2.2 4.2.3	8.1	产品追溯
管理职责	5		
管理承诺	5.1		
食品安全方针	5.2		
食品安全管理体系策划	5.3		
职责和权限	5.4		
食品安全小组组长	5.5		
沟通 外部沟通 内部沟通	5.6 5.6.1 5.6.2		
应急准备和响应	5.7		
管理评审 总则 评审输入 评审输出	5.8 5.8.1 5.8.2 5.8.3		
资源管理	6		
资源提供	6.1		
人力资源 总则 能力、意识和培训	6.2 6.2.1 6.2.2	4 4.2	人力资源 能力、意识和培训
基础设施	6.3	5.1	基础设施和维护
工作环境	6.4		

表 A.1(续)

GB/T 22000—2006		GB/T 27303—2008	
安全产品的策划和实现	7		
总则	7.1		
前提方案(PRPs)	7.2		
	7.2.1		
	7.2.2		
	7.2.3	5.3	人员健康和卫生要求
		5.1	基础设施和维护
		5.2	卫生保证控制措施
		6.2	原辅材料控制
实施危害分析的预备步骤	7.3		
总则	7.3.1	6.2	原辅材料控制
食品安全小组	7.3.2	4.1	食品安全小组的组成
产品特性	7.3.3		
预期用途	7.3.4	6.6	产品标识
流程图、过程步骤和控制措施	7.3.5	6.3	装罐密封
		6.4	热力杀菌
		6.5	冷却
危害分析	7.4		
总则	7.4.1		
危害识别和可接受水平的确定	7.4.2		
危害评估	7.4.3		
控制措施的选择和评估	7.4.4		
操作性前提方案(PRPs)的建立	7.5	5.2	卫生保证控制措施
		6.1	总则
HACCP 计划的建立	7.6		
HACCP 计划	7.6.1		
确定关键控制点(CCPs)的确定	7.6.2		
关键控制点的关键限值确定	7.6.3		
关键控制点的监视系统	7.6.4		
监视结果超出关键限值时采取的措施	7.6.5		
预备信息的更新、描述前提方案和 HACCP 计划的文件的更新	7.7		
验证策划	7.8	7	检验
可追溯性系统	7.9	6.6	产品标识
		8	产品追溯和撤回
		8.1	产品追溯
不符合控制	7.10		
纠正	7.10.1		
纠正措施	7.10.2		
潜在不安全产品的处置	7.10.3		
撤回	7.10.4	8	产品追溯和撤回

表 A.1（续）

GB/T 22000—2006		GB/T 27303—2008	
食品安全管理体系的确认、验证和改进	8		
总则	8.1		
控制措施组合的确认	8.2	7	检验
监视和测量的控制	8.3		
食品安全管理体系的验证 内部审核 单项验证结果的评价 验证活动结果的分析	8.4 8.4.1 8.4.2 8.4.3		
改进 持续改进 食品安全管理体系的更新	8.5 8.5.1 8.5.2		

参 考 文 献

[1] 中国进出口商品检验总公司.食品生产企业HACCP体系咨询与审核[M].北京:中国农业科学技术出版社,2002.8.

[2] 国家认证认可监督管理委员会.食品安全管理体系认证实施规则.2007年第3号公告.

[3] 国家认证认可监督管理委员会.食品生产企业危害分析与关键控制点(HACCP)管理体系认证管理规定.2002年第3号公告.

[4] 中国合格评定国家认可中心."十五"国家重大科技专项"食品安全关键技术"课题成果,中国食品企业和餐饮业HACCP体系的建立和实施丛书:食品安全管理体系评价准则、认证制度和认可制度.北京:中国标准出版社,2006.

ICS 67.040
X 00

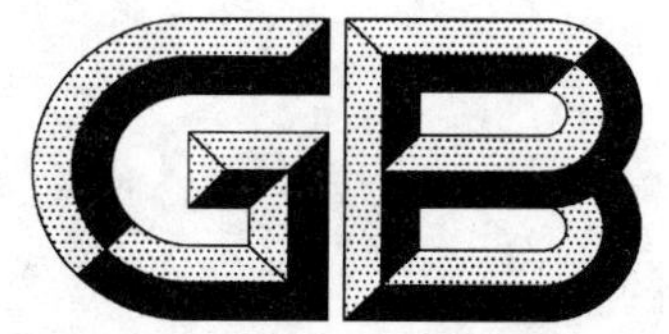

中华人民共和国国家标准

GB/T 27304—2008

食品安全管理体系 水产品加工企业要求

Food safety management system—
Requirements for fish and fishery product processing establishments

2008-10-22 发布　　2009-01-01 实施

中华人民共和国国家质量监督检验检疫总局
中国国家标准化管理委员会　发布

前　　言

本标准的附录 A 为资料性附录。

本标准由全国认证认可标准化技术委员会(SAC/TC 261)提出并归口。

本标准起草单位:中国合格评定国家认可中心、中华人民共和国山东出入境检验检疫局、中华人民共和国厦门出入境检验检疫局、国家认证认可监督管理委员会、中国水产科学研究院黄海水产研究所、中国质量认证中心、上海质量体系审核中心、农业部农产品质量安全中心、太平洋恩利食品有限公司。

本标准主要起草人:陈云华、孔繁明、陈争、顾绍平、王联珠、唐金艳、谭平、段祥、丁保华、付志高、张荣华。

引　言

本标准从我国水产品安全中存在的关键问题入手，采取自主创新和积极引进并重的原则，结合水产品加工企业的特点，提出了建立我国水产品加工企业食品安全管理体系的特定要求。

本标准的编制基础为"十五"国家重大科技专项"食品企业和餐饮业 HACCP 体系的建立和实施"科研成果之一"食品安全管理体系　水产品加工企业要求"。

GB/T 22000—2006《食品安全管理体系　食品链中各类组织的要求》为食品链中的各类组织提供了通用要求。水产品加工企业及相关方在使用 GB/T 22000 中，提出了针对本类型食品专业生产特点对通用要求进一步细化的需求。

鉴于水产品加工企业生产加工过程的差异性，本标准提出了针对本类产品特点的"关键过程控制"要求，包括原辅料控制、加工过程、标识、贮存、运输等。

食品安全管理体系 水产品加工企业要求

1 范围

本标准规定了水产品加工企业建立和实施食品安全管理体系的特定要求，包括人力资源、前提方案、关键过程控制、检验以及产品追溯和撤回。

本标准配合 GB/T 22000 以适用于水产品加工企业建立、实施与自我评价其食品安全管理体系，也适用于对此类食品生产企业食品安全管理体系的外部评价和认证。

本标准用于认证目的时，应与 GB/T 22000 一起使用。GB/T 22000 与本标准的对应关系见附录 A。

2 规范性引用文件

下列文件中的条款通过本标准的引用而成为本标准的条款。凡是注日期的引用文件，其随后所有的修改单（不包括勘误的内容）或修订版均不适用于本标准，然而，鼓励根据本标准达成协议的各方研究是否可使用这些文件的最新版本。凡是不注日期的引用文件，其最新版本适用于本标准。

GB 2760　食品添加剂使用卫生标准

GB 5749　生活饮用水卫生标准

GB 7718　预包装食品标签通则

GB/T 22000—2006　食品安全管理体系　食品链中各类组织的要求（ISO 22000:2005，IDT）

3 术语和定义

GB/T 22000—2006 确立的以及下列术语和定义适用于本标准。

3.1

水产品　fish and fishery product

所有适合人类食用的淡、海水水生动物及两栖类动物，以及以它们为特征组分制成的食品。

3.2

双壳贝类　bivalve molluscs

任何新鲜或冷冻的、可食用的牡蛎、蛤、贻贝或其他双壳滤食性瓣鳃纲海洋动物，或这些种类动物的可食部分，完全由闭壳肌组成的产品除外。

3.3

烟熏　smoking

利用木材或木屑不完全燃烧时产生的含有酚、醛、酸等成分的烟雾处理食品，或直接添加烟熏剂，使产品具有烟熏食品特殊风味的过程。

3.4

腌制　curing process

腌制保藏　curing preservation; preserved by curing process

将食盐、酱或酱油、食糖或有机酸渗入或注射入食品组织内，脱去部分水分或降低水分活度，造成渗透压较高的环境，有选择地控制微生物繁殖，进行食品保藏或改善食品风味的过程。

4 人力资源

4.1 食品安全小组的组成

应由多专业的人员组成，包括从事卫生质量控制、生产加工、工艺制定、检验、设备维护、原辅料采购、仓储管理、销售等工作的人员。

4.2 能力、意识和培训

4.2.1 食品安全小组应理解 HACCP 原理和食品安全管理体系标准。

4.2.2 应具备满足需要的熟悉水产品生产基本知识及加工工艺的人员。

4.2.3 从事水产品卫生质量控制、检验等工作的人员应具备相关知识。

4.2.4 应制定和实施人员培训计划，提供培训或其他措施以持续满足要求，保证不同岗位的人员掌握水产品安全卫生知识和技能。

5 前提方案

5.1 厂区

5.1.1 厂区内外环境应满足以下要求：

a) 工厂应远离污染源，周边清洁卫生，不应建在有碍食品卫生的区域；交通便利，水源充足；
b) 厂区内不应兼营、生产、存放有碍食品卫生的其他产品；
c) 不应饲养与生产加工无关的动物。

5.1.2 厂区布局和设计应满足以下要求：

a) 应布局合理，建有与生产能力相适应并符合卫生要求的原料、辅料、成品、有毒有害化学物质和包装物料的贮存设施，以及污水处理、废弃物、垃圾暂存等设施；
b) 生产区与生活区应分开，生活区对生产区不应造成影响。

5.1.3 主要道路应铺设适于车辆通行的坚硬路面(如混凝土或沥青路面等)，路面平整、易冲洗、无积水。

5.1.4 厂区卫生应满足以下要求：

a) 不应有卫生死角和蚊蝇孳生地；废弃物和垃圾应用加盖的、不漏水且防腐蚀的容器盛放和运输，放置废弃物和垃圾的场所应密闭，废弃物和垃圾应及时清理出厂；
b) 应设有防鼠、防蝇、防虫设施；
c) 厂区排水系统畅通。

5.1.5 生产中产生的废水、废料、烟尘的处理与排放应符合国家有关规定。

5.1.6 卫生间应有冲水、洗手、通风、防蝇、防虫、防鼠设施，易于清洗并保持清洁。

5.2 车间和设施设备

5.2.1 车间

5.2.1.1 车间布局应满足以下要求：

a) 应合理，防止交叉污染，符合所加工水产品的工艺流程和加工卫生要求。加工车间的面积、高度应与生产能力和设备的安置相适应；
b) 应设有能够满足工器具和设备清洗、消毒的区域，其操作对加工过程和产品不会造成污染；
c) 应有足够的区域分别存放有毒有害化学物质、辅料、包装物料、下脚料、废弃物等，避免交叉污染；
d) 应设有与车间相连接的更衣室，车间、更衣室和卫生间的设施和布局不应对产品造成潜在的污染；
e) 应设有独立的内、外包装区域。

5.2.1.2 车间内墙壁、屋顶或天花板应使用无毒、浅色、防水、防霉、不脱落、易于清洗消毒的材料修建，且墙壁、屋顶或者天花板上方的固定物在结构上应能防止灰尘和冷凝水的形成以及杂物的脱落。

5.2.1.3 地面应满足以下要求：

a) 应耐腐蚀、耐磨、防滑并有适当坡度，易于排水、无积水，易于清洗消毒并保持清洁；
b) 地面和墙壁之间的连接部分应呈弧形。

5.2.1.4 门、窗应使用浅色、平滑、易清洗消毒、不透水、耐腐蚀的坚固材料制造，且结构严密。

5.2.1.5 与外界相连的出口、排水口、通风处应安装防鼠、防蝇、防虫及防尘等设施。

5.2.1.6 采光应满足以下要求：

a) 应有充足的自然采光或者照明，光线应不影响判定被加工物的本色；

b) 照明设施应装有防护罩。

5.2.1.7 排水应满足以下要求：

a) 管道和下水道应保证排水畅通，不积水，应有防止固体废弃物排入的装置，排水沟底角应呈弧形，易于清洗，排水设施应有防止异味溢出的装置以及防鼠网；

b) 加工污水不应直排地面，加工污水应由高清洁区流向低清洁区。

5.2.1.8 通风应满足以下要求：

a) 通风应良好，如安装通风设备，其设计和安装应符合养护和清洁的要求；

b) 进气口应远离污染源和排气口；

c) 蒸煮、油炸、烟熏、烘烤等产生大量水蒸气和烟雾的区域，应设有与之相适应的强制通风和排油烟设施；

d) 废气排放应符合国家有关规定。

5.2.2 **设施**

5.2.2.1 供电设施应满足以下要求：

a) 满足生产需要；

b) 车间内的所有用电设施应防潮、防水，确保使用安全。

5.2.2.2 供水设施应满足以下要求：

a) 应能保证各部位供水的流量、压力符合要求；

b) 加工用水管道、冰的制作与贮水(冰)设施应采用无毒、无害、防腐蚀、易于清洗消毒的材料制成，应有防止产生回流的装置。饮用水与非饮用水的管道应有标识加以区分，饮用水和非饮用水管道不能相联接；

c) 加工用水可以根据当地水质特点和产品的要求增设水质净化设施；

d) 贮水设施应建在无污染区域，定期清洗消毒。

5.2.2.3 更衣室应满足以下要求：

a) 不同清洁程度要求的区域应设有单独的更衣室，面积与车间人数相适应，温度和湿度适宜，保持清洁卫生、通风良好，有适当照明；

b) 应有分开存放个人衣物与工作服的设施；

c) 更衣室应设置消毒设施。

5.2.2.4 洗手消毒设施应满足以下要求：

a) 在车间入口处、卫生间及车间内适当的位置应设置与生产能力相适应的、水温适宜的洗手消毒和干手设施，车间入口处应设置鞋靴消毒设施，消毒液浓度应能达到有效的消毒效果；

b) 洗手水龙头应为非手动开关；

c) 洗手设施的排水应直接接入下水管道。

5.2.2.5 卫生间应满足以下要求：

a) 门应能自动关闭，门、窗不应直接开向车间；

b) 应设置排气通风设施和防蝇防虫设施，并保持清洁卫生，无异味。

5.2.3 **设备和工器具**

5.2.3.1 材料应满足以下要求：

a) 应采用无毒、无味、不吸水、耐腐蚀、不生锈、易清洗消毒、坚固的材料制作，在正常的操作条件下与水产品、洗涤剂、消毒剂不发生化学反应；

b) 不应使用竹木器具(6.2.2.3除外)。

5.2.3.2 设计和制作应满足以下要求:

a) 应避免明显的内角、凸起、缝隙或裂口。设备应耐用、易于拆卸清洗,安装应符合工艺卫生要求;

b) 安装或存放应与地面、屋顶、墙壁保持一定距离,以便于进行维护保养、清洗消毒和卫生监控。

5.2.3.3 专用容器应满足以下要求:

a) 应有明显的标识,可食用产品的容器和废弃物的容器不应混用。废弃物的容器应防水、防腐蚀、防渗漏;

b) 如使用管道输送废弃物,则管道的建造、安装和维护应避免对产品造成污染。

5.3 维护保养

5.3.1 厂房、设施、设备和工器具应有维护保养计划,并按计划进行维护,以保持良好的工作状态。

5.3.2 维护设备时,不应污染原料、辅料、半成品、成品,维护后应对区域进行清洗消毒。

5.3.3 应定期对仪器设备进行维护、计量检定和(或)校准。

5.4 卫生控制

为了保证达到食品卫生要求,企业应建立和实施控制加工卫生的操作程序。这些程序应包括(但不限于)以下方面:

a) 与食品接触或与食品接触表面接触的水(冰)的安全;

b) 与食品接触的表面(包括设备、手套、工作服等)的状况及清洁度;

c) 确保食品免受交叉污染;

d) 保证操作人员手的清洗与消毒,保持卫生间设施的清洁;

e) 防止润滑剂、燃料、清洗消毒用品、冷凝水及其他化学、物理和生物等污染物对食品造成安全危害;

f) 有毒有害化学物质的正确标识、存放和使用;

g) 保证与食品直接或间接接触的员工的身体健康和卫生;

h) 清除和预防鼠害、虫害。

5.5 人员健康和卫生

5.5.1 从事水产品生产加工和管理的人员应经体检和卫生培训合格后方可上岗。应每年进行一次健康检查,必要时做临时健康检查。凡患有如活动性肺结核、传染性肝炎、伤寒病、肠道传染病及带菌者、化脓性或渗出性皮肤病、疥疮、手有外伤以及其他有碍食品卫生的疾病者,应调离食品生产岗位。

5.5.2 从事水产品生产加工和管理的人员应保持个人清洁,遵守工厂卫生规定;工厂应设立专用洗衣房,工作服应集中管理、清洗、消毒和发放。

5.5.3 清洁区与非清洁区、生区与熟区等不同岗位的人员应穿戴不同颜色或标志的工作服或帽,以便区分。不同加工区域的人员不应串岗。

5.5.4 进入车间的其他人员(包括参观人员)均应遵守5.5的要求。

6 关键过程控制

6.1 原辅料控制

6.1.1 原料要求

6.1.1.1 总则

应针对原料制定有效控制程序,保证原料的安全卫生。所有原料应来自安全卫生的水域。在原料的贮存、运输等过程中应保证适宜的温度和时间,不应使用未经许可的或成分不明的化学物质。应确保原料供应满足以下相关要求,并对原料基地进行评价或管理,保持记录。

注:水产品中与原料品种相关的潜在危害及其控制,可参见GB/T 19838—2005《水产品危害分析与关键控制点

(HACCP)体系及其应用指南》的适用内容。

6.1.1.2 捕捞水产品

a) 应来自符合卫生要求,并获得国家主管机构的许可捕捞船、加工船或运输船;

b) 活水产品应在适宜的存活条件下运输;

c) 冰鲜水产品捕捞后应立即冷却,水产品的温度保持在 0 ℃~4 ℃为宜;

d) 保鲜用冰(水)应清洁、卫生;

e) 捕捞和在船上的前处理、冷却、冷冻处理等操作应符合国家卫生要求。

6.1.1.3 养殖水产品

a) 应来自于国家主管机构许可的养殖场,养殖环境和水质应符合安全卫生要求;

b) 养殖用饲料和兽药应符合规定,保证来源和成分清楚,并附有相应的证明材料,养殖过程中应有饲养日志及用药记录,不应使用禁用药;

c) 应在适当的卫生条件下宰杀或处理,不应被泥土、黏液或粪便污染,如果宰后不能立即加工,应保持冷却;

d) 捕捞和运输应符合 6.1.1.1 的要求。

6.1.1.4 进口水产品

应有输出国主管机构的卫生证书和原产地证书,经检验检疫部门检验合格后方可使用。

6.1.1.5 双壳贝类

除了满足 6.1.1.1、6.1.1.2 和 6.1.1.3 的相关要求外,加工企业应确保:

a) 来自国家允许养殖或捕捞的水域,并在必要时进行净化处理。贝类原料的养殖者或捕捞者应有国家主管机构颁发的许可证;

b) 双壳贝类的吐沙和去壳等操作也应符合安全卫生要求;

c) 定期有针对性地对贝类原料进行贝毒检测,验证原料的安全性;

d) 贝类原料应有注明贝类养殖或捕捞的日期、地点、种类、数量以及养殖者或捕捞者名称的记录或标签;去壳贝类还应注明去壳加工企业的名称、地址等必要的信息;企业应验收并保留相关信息资料。

6.1.1.6 其他

a) 河豚鱼等自身带有生物毒素的出口水产品原料的处理和验收,应符合国家和进口国的有关规定;

b) 水产品的半成品原料应来自于国家主管部门许可的企业。

6.1.2 辅料要求

6.1.2.1 辅料(包括食品添加剂等)应符合国家有关规定,并经验收合格后方准使用。食品添加剂的使用要符合 GB 2760 的规定。出口水产品使用的辅料还应符合进口国要求。

6.1.2.2 辅料应设专库存放,避免污染;超过保质期的辅料不应使用。

6.1.3 包装材料

6.1.3.1 包装材料应符合国家有关规定,并经验收合格后方准使用。

6.1.3.2 内、外包装材料应分别专库存放,包装材料库应防虫、防鼠,保持清洁、卫生、干燥。

6.1.3.3 内包装材料在使用前应进行消毒。

6.1.4 生产用水

6.1.4.1 加工用水和制冰用水应符合 GB 5749 的要求。企业应有供水网络图,并对出水口标注水质监测取样点编号。

6.1.4.2 在加工前应对加工用水(冰)的余氯含量进行检测(适用时),并定期对加工用水(冰)进行微生物项目检测,以确保加工用水(冰)的卫生质量。每年应定期对水质进行公共卫生检测。

6.1.4.3 如生产中使用海水,应确保其清洁卫生,并经充分消毒后使用。

6.2 加工过程

6.2.1 温度和时间的控制

6.2.1.1 前处理、烹煮、油炸、冷却和加工等工序的时间和温度控制应严格按照产品工艺及卫生要求进行。

6.2.1.2 有温度控制要求的工序或场所应安装温度显示装置。加工车间应有适当的降温措施，温度不应高于 21 ℃（加热工序除外）。产品经冷冻后进行包装时，包装间的温度应控制在 10 ℃以下。

6.2.1.3 应根据加工工艺的特性，在加工过程中控制产品的内部温度和暴露时间。若在加工过程中产品的内部温度在 21 ℃以上，则加工产品的累计暴露时间不应超过 2 h；若在加工过程中产品的内部温度在 21 ℃以下、10 ℃以上，则加工产品的累计暴露时间不应超过 6 h；若在加工过程中产品的内部温度在 21 ℃上下波动时，则加工产品超过 21 ℃以上的累计暴露时间不得超过 2 h，加工产品超过 10 ℃以上的累计暴露时间不得超过 4 h。

6.2.1.4 加热杀菌设备应进行热分布测试，以确保加热杀菌的均匀性；热杀菌工艺应进行确认以保证其科学有效。

6.2.1.5 对于易产生鲭鱼毒素的鱼种，应根据产品特性加强对从原料接收到成品全过程的时间和温度控制，必要时应进行组胺等指标的检测。

6.2.2 加工条件的特殊要求

6.2.2.1 烟熏水产品

a) 烟熏应在单独的烟熏间(炉)进行，必要时，应装有通风系统，以及时排出燃烧产生的烟和热，防止影响其他生产加工工序；

b) 用于烟熏的发烟材料应符合卫生要求，不应存放在烟熏间内，其使用不应污染产品；

c) 不应使用涂有油漆或清漆的、经胶合的或经过任何化学防腐处理的木料进行燃烧发烟；

d) 产品烟熏后、包装前应迅速冷却至产品保存所需的温度；

e) 在熏制或加热过程中，应严格执行工艺要求以有效防止肉毒梭状芽孢杆菌的生长和毒素的形成。

6.2.2.2 腌制水产品

a) 腌制操作应在独立的加工区域内进行，不应影响其他的加工操作；

b) 加工用盐、糖等配料应符合相应的卫生要求，不应重复使用，贮存场所应清洁干燥，避免污染；

c) 用于腌制的容器，其结构和材质应能防止产品在腌制过程中受到污染。

6.2.2.3 其他

对于必须使用传统工艺和宗教习俗生产加工的产品，在保证水产品安全卫生的前提下，可以按传统工艺和宗教习俗生产加工。

6.2.3 金属碎片危害的控制

对捕捞和生产加工过程中易混入金属碎片的产品应进行金属探测，金属探测器在使用前、使用后和使用过程中应定时校准。

6.3 标识

水产品的外包装应标识清楚。预包装水产品的标签应符合 GB 7718 的要求。

6.4 贮存

6.4.1 贮存库内应保持清洁、卫生、整齐，不应存放有碍卫生的物品，同一库内不应存放可能造成相互污染或者串味的食品。应设有防霉、防鼠、防虫设施，定期消毒。

6.4.2 库内物品与墙壁距离不少于 30 cm，与地面距离不少于 10 cm，与天花板保持一定的距离，并分垛存放，标识清楚；物品出库应遵循先进先出的原则。

6.4.3 贮存库的温度、湿度应满足产品特性要求。冷藏库、速冻库、冻藏库应配备自动温度记录装置，并定期校准。冷藏库的温度控制在 0 ℃～4 ℃之间为宜；冻藏库温度应控制在－18 ℃以下；速冻库温度应控制在－28 ℃以下。

6.5 运输

6.5.1 运输工具应符合有关安全卫生要求，保持清洁卫生，必要时应清洗消毒。运输时不应与其他可能污染水产品的物品混装。

6.5.2 运输工具应根据产品特点配备制冷、保温和温度记录等设施。运输过程中应保持适宜的温度。

7 检验

7.1 检验能力

7.1.1 应有与生产能力相适应的内部检验部门和具备相应资格的检验人员。

7.1.2 内部检验部门应具备检验工作所需要的管理文件、标准资料、检验设施和仪器设备；检验仪器应按规定进行计量检定和(或)校准；应自行开展水质和微生物等项目的检测。

7.1.3 委托外部检验机构承担检验工作的，该检验机构承担委托检验项目的资质和能力应得到确认。

7.2 检验要求

7.2.1 应按照规定的程序和方法抽样，确保抽样工作的公正性和样品的代表性、真实性。

7.2.2 应按照相关国家标准、行业标准、企业标准等要求对产品进行检验判定。

8 产品追溯和撤回

8.1 产品追溯

应建立和实施追溯系统，确保从原辅料到成品的标志清楚，具有可追溯性，实现从原辅料验收到产品出库、从产品出库到直接销售商的全过程追溯。

8.2 撤回

应建立和实施不安全批次产品的撤回程序，应定期采用模拟撤回、实际撤回或其他方式来验证产品撤回程序的有效性。

8.3 记录的管理

应制定产品追溯和撤回记录管理程序，规定记录的标记、收集、编目、归档、存储、保管和处理。记录应真实、准确、规范。

记录的保存期不少于两年。若法律法规另有规定，按法律法规的规定执行。法律法规中未作强制要求的记录保存时间应超过产品保质期，以保证追溯的实现。

附　录　A
（资料性附录）
GB/T 22000—2006 与 GB/T 27304—2008 之间的对应关系

表 A.1　GB/T 22000—2006 与 GB/T 27304—2008 之间的对应关系

GB/T 22000—2006		GB/T 27304—2008	
引言			引言
范围	1	1	范围
规范性引用文件	2	2	规范性引用文件
术语和定义	3	3	术语和定义
食品安全管理体系	4		
总要求	4.1		
文件要求 总则 文件控制 记录控制	4.2 4.2.1 4.2.2 4.2.3	 8.3	 记录的管理
管理职责	5		
管理承诺	5.1		
食品安全方针	5.2		
食品安全管理体系策划	5.3		
职责和权限	5.4		
食品安全小组组长	5.5		
沟通 外部沟通 内部沟通	5.6 5.6.1 5.6.2		
应急准备和响应	5.7		
管理评审 总则 评审输入 评审输出	5.8 5.8.1 5.8.2 5.8.3		
资源管理	6		
资源提供	6.1	7.1	检验能力
人力资源 总则 能力、意识和培训	6.2 6.2.1 6.2.2	 4.1 4.2	 食品安全小组的组成 能力、意识和培训
基础设施	6.3	5	前提方案
工作环境	6.4	5	前提方案
安全产品的策划和实现	7	6	关键过程控制

表 A.1（续）

GB/T 22000—2006		GB/T 27304—2008	
总则	7.1		
前提方案(PRPs)	7.2 7.2.1 7.2.2 7.2.3	 5.1 5.2 5.3 5.4 5.5 6.1 6.4 6.5	 厂区 车间和设施设备 维护保养 卫生控制 人员健康和卫生要求 原辅料控制 贮存 运输
实施危害分析的预备步骤 总则 食品安全小组 产品特性 预期用途 流程图、过程步骤和控制措施	7.3 7.3.1 7.3.2 7.3.3 7.3.4 7.3.5	 4.1 6	 食品安全小组的组成 关键过程控制
危害分析 总则 危害识别和可接受水平的确定 危害评估 控制措施的选择和评估	7.4 7.4.1 7.4.2 7.4.3 7.4.4		
操作性前提方案(PRPs)的建立	7.5	6	关键过程控制
HACCP 计划的建立 HACCP 计划 关键控制点(CCPs)的确定 关键控制点的关键限值的确定 关键控制点的监视系统 监视结果超出关键限值时采取的措施	7.6 7.6.1 7.6.2 7.6.3 7.6.4 7.6.5	6	关键过程控制
预备信息的更新、规定前提方案和 HACCP 计划文件的更新	7.7		
验证策划	7.8		
可追溯性系统	7.9	6.3 8.1 8.3	标识 产品追溯 记录的管理
不符合控制 纠正 纠正措施 潜在不安全产品的处置 撤回	7.10 7.10.1 7.10.2 7.10.3 7.10.4	 8.2 8.3	 撤回 记录的管理

表 A.1(续)

GB/T 22000—2006		GB/T 27304—2008	
食品安全管理体系的确认、验证和改进	8		
总则	8.1		
控制措施组合的确认	8.2		
监视和测量的控制	8.3	7	检验
食品安全管理体系的验证 内部审核 单项验证结果的评价	8.4 8.4.1 8.4.2		
验证活动结果的分析	8.4.3		
改进 持续改进 食品安全管理体系的更新	8.5 8.5.1 8.5.2		

参 考 文 献

[1] 国家认证认可监督管理委员会.食品安全管理体系认证实施规则.2007年第3号公告

[2] GB/T 15091—1994 食品工业基本术语

[3] GB/T 20941—2007 水产食品加工企业良好操作规范

[4] GB/T 22004—2007 食品安全管理体系 GB/T 22000—2006的应用指南(ISO/TS 22004:2005,IDT)

[5] GB/T 19838—2005 水产品危害分析与关键控制点(HACCP)体系及其应用指南

[6] SN/T 1347—2004 水产品生产企业卫生注册规范

[7] SC/T 3009—1999 水产品加工质量管理规范

[8] SC/T 3002—1988 船上渔获物加冰保鲜操作技术规程

[9] British Retail Consortium(BRC)Global Standard-Food 2005

[10] 中国合格评定国家认可中心:"十五"国家重大科技专项"食品安全关键技术"课题成果 中国食品企业和餐饮业HACCP体系的建立和实施丛书:《食品安全管理体系评价准则、认证制度和认可制度》.北京:中国标准出版社,2006年11月

[11] Recommended International Code of Practice General Principles of Food Hygiene (CAC/RCP 1—1969,Rev.4—2003)

[12] CAC Code of Practice for Fish and Fishery Products(CAC/RCP 52—2003)

[13] Commission Decision 94/356/EEC laying down detailed. rules for the application of Council Directive 91/493/EEC,as regards own health Checks on Fishery Products

[14] Regulation (EC) 852/2004 on the hygiene of foodstuffs

[15] Regulation (EC) 853/2004 laying down specific hygiene rules for food of animal origin

[16] Regulation (EC) 854/2004 laying down specific rules for the organisation of official controls on products of animal origin intended for human consumption

[17] Seafood HACCP Regulation(21CFR123、1240)

[18] 《CURRENT GOOD MANUFACTURING PRACTICE IN MANUFACTURING,PACKING,OR HOLDING HUMAN FOOD》(21CFR110)

[19] Fish and Fishery Products Hazards and Controls Guidance(Third Edition)

[20] National Shellfish Sanitation Program(NSSP)(2005 Revision)

ICS 67.040
X 00

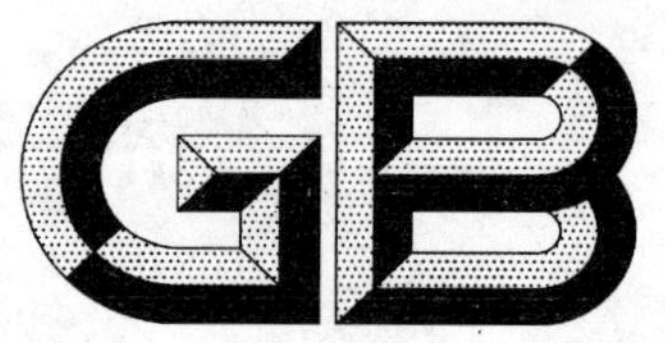

中华人民共和国国家标准

GB/T 27305—2008

食品安全管理体系 果汁和蔬菜汁类生产企业要求

Food safety management system—Requirements for fruit and vegetable juices producing establishments

2008-09-10 发布　　　　2009-01-04 实施

中华人民共和国国家质量监督检验检疫总局
中国国家标准化管理委员会　发布

前 言

本标准的附录 A 为资料性附录。

本标准由中国合格评定国家认可中心和中华人民共和国陕西出入境检验检疫局提出。

本标准由全国认证认可标准化技术委员会(SAC/TC 261)归口。

本标准起草单位:中国合格评定国家认可中心、中华人民共和国陕西出入境检验检疫局、国家认证认可监督管理委员会注册管理部、中华人民共和国青岛出入境检验检疫局、中国饮料工业协会、北京中大华远认证中心、北京汇源饮料食品集团有限公司、陕西恒兴果汁饮料有限公司、大连海升果业有限责任公司。

本标准主要起草人:岑巍群、吴双民、顾绍平、林爱东、马立田、李俊岚、武小省、胡军、余清谋、代晓霞、马杰。

引　言

本标准从我国果汁和蔬菜汁类食品安全存在的关键问题入手，采取自主创新和积极引进并重的原则，结合果汁和蔬菜汁类食品生产企业特点，提出了建立果汁和蔬菜汁类企业食品安全管理体系的特定要求。

本标准的编制基础为“十五”国家重大科技专项“食品企业和餐饮业 HACCP 体系的建立和实施”科研成果之一“食品安全管理体系 果蔬汁生产企业要求”。

GB/T 22000—2006《食品安全管理体系　食品链中各类组织的要求》为食品链中的各类组织提供了通用要求。果汁和蔬菜汁类生产企业及相关方在使用 GB/T 22000 中，提出了针对本类型食品专业生产特点对通用要求进一步细化的需求。

鉴于果汁和蔬菜汁类生产企业在生产加工过程方面的差异，为确保产品安全，除必须关注的一些通用要求外，本标准还特别提出了“关键过程控制”要求，主要包括原辅料验收和储存、原料果蔬的拣选、配料，杀菌和包装(灌装)等过程的卫生控制，过敏原、转基因等特殊原料使用的控制，以避免产品交叉污染，确保消费者食用安全。

食品安全管理体系 果汁和蔬菜汁类生产企业要求

1 范围

本标准规定了经加工制成的果汁和蔬菜汁类生产企业食品安全管理体系的特定要求,包括人力资源、前提方案、关键过程控制、检验、产品追溯和撤回。

本标准配合 GB/T 22000 以适用于果汁和蔬菜汁类生产企业建立、实施与自我评价其食品安全管理体系,也适用于对此类生产企业食品安全管理体系的外部评价和认证。

本标准用于认证目的时,应与 GB/T 22000 一起使用。GB/T 22000 与本标准之间的对应关系参见附录 A。

2 规范性引用文件

下列文件中的条款通过本标准的引用而成为本标准的条款。凡是注日期的引用文件,其随后所有的修改单(不包括勘误的内容)或修订版本均不适用于本标准,然而,鼓励根据本标准达成协议的各方研究是否可使用这些文件的最新版本。凡是不标注日期的引用文件,其最新版本适用于本标准。

GB 2760 食品添加剂使用卫生标准

GB 2761 食品中真菌毒素限量

GB 5749 生活饮用水卫生标准

GB 7718 预包装食品标签通则

GB 10789—2007 饮料通则

GB/T 10791 软饮料原辅材料的要求

GB 12695—2003 饮料企业良好生产规范

GB 13432 预包装特殊膳食用食品标签通则

GB 14880 食品营养强化剂使用卫生标准

GB 16740 保健(功能)食品通用标准

GB 17325 食品工业用浓缩果蔬汁(浆)卫生标准

GB/T 22000—2006 食品安全管理体系 食品链中各类组织的要求(ISO 22000:2005, IDT)

3 术语和定义

GB/T 22000—2006 确立的以及下列术语和定义适用于本标准。

3.1

果汁和蔬菜汁类 fruit and vegetable juices

用水果和(或)蔬菜(包括可食的根、茎、叶、花、果实)等为原料,经加工或发酵制成的饮料。[GB 10789—2007,定义 5.2。]

3.2

拣选 culled

将腐烂变质、受损和其他不适于加工的果蔬剔除的过程。

3.3

病原体 5-log 减少 5-log pathogen reduction

使果汁和蔬菜汁类产品中相关病原体(致病菌)的数量至少减少 100 000 倍(5-log)的处理。

3.4

原位清洗　clear in place,CIP

应用水、清洗剂、消毒剂等和相关设备对闭路的食品设备及其管道内部所进行的循环性冲洗处理。

3.5

拆卸清洗　clear off place,COP

应用水、清洗剂、消毒剂等和相关设备对拆卸打开的设备及其管道所进行的开放性冲洗处理。

4　人力资源

4.1　食品安全小组的组成

食品安全小组的组成应满足果汁和蔬菜汁类生产企业的专业覆盖范围的要求,应由多专业的人员组成,包括从事原辅料采购和验收、工艺制定、设备维护、卫生质量控制、生产加工、检验、储运管理、销售等方面的人员,必要时可聘请专家。

4.2　能力、意识和培训

4.2.1　食品安全小组应熟悉:

a)　果汁和蔬菜汁类的法律法规和标准;

b)　HACCP原理及应用于食品安全管理体系的知识;

c)　果汁和蔬菜汁类基本知识及加工工艺。

4.2.2　从事原辅料采购和验收、工艺制定、设备维护、卫生质量控制、生产加工、检验、储运管理和销售等方面的人员应具备相关能力。检验人员应具有相应的上岗资格。

5　前提方案

5.1　基础设施和维护

生产企业的基础设施和维护保养应符合GB 12695—2003第4、5、6章的要求。

5.2　卫生标准操作程序

5.2.1　企业应识别、评估、确定生产加工全过程的卫生污染,建立卫生标准操作程序,形成文件,并对其实施有效的监视(包括监视的频率、人员),制定相应的预防性纠正措施。保持对监视、纠正过程的记录。

5.2.2　接触产品(包括原料、半成品、成品)或加工设备器具的水应当符合GB 5749的要求。

5.2.3　接触产品的设备、器具和工作服等的表面应符合卫生要求。

5.2.4　应确保产品免受交叉污染。

5.2.5　进入生产现场人员的手和与产品接触的部位应清洗消毒。应保持卫生间设施完好与清洁。

5.2.6　防止润滑剂、燃料、清洗消毒用品、冷凝水及其他污染物对产品造成危害。

5.2.7　正确标识、存放和使用各类化学品。

5.2.8　预防和消除虫、鼠害。

5.2.9　产品的储存和运输的条件应符合产品特性要求。需冷冻的产品应在−18 ℃以下的条件下保存和运输。

5.2.10　清洗消毒的控制应满足以下要求:

a)　使用的清洗剂、消毒剂应符合食品卫生要求;

b)　对设备及管道的清洗消毒可采用原位清洗(CIP)或拆卸清洗(COP),并应定期对清洗消毒效果进行验证;

c)　应定期对场地、工具、容器等进行清洗消毒,应在车间设置专用的工器具清洗消毒场所;

d)　清洗、拣选、破(粉)碎、榨(取)汁、酶解、浓缩、调配、过滤、杀菌、灌装、封口、冷却等工序的设备及附件,应按照规定严格清洗消毒;

e)　灌装前对与产品直接接触的内包装材料应进行消毒处理,确保其卫生符合要求。

5.3 人员健康和卫生

5.3.1 从事生产、检验和管理的人员以及其他与产品有接触的人员健康卫生应符合 GB 12695—2003 的 8.5 及 8.6 的要求。

5.3.2 不同卫生要求的区域或岗位的人员应有明显的标志予以区别，不同加工区域的人员不得串岗。

6 关键过程控制

6.1 原辅料验收和储存

6.1.1 生产企业应建立原辅料的验收准则，并通知供方。原辅料应符合 GB 12695—2003 的 9.2 和 GB/T 10791 的要求，原辅料中的农、兽药等有害物质的残留应符合相关规定。原辅料经过验收合格后方可使用。

6.1.2 生产企业所用的浓缩果蔬汁(浆)应符合 GB 17325 及相关要求。

6.2 原料果蔬的拣选

在原料果、蔬破(粉)碎前应通过有效的拣选，剔除霉烂变质、受损和不适于加工的部分，应使真菌毒素水平控制符合 GB 2761 的要求。

6.3 配料

6.3.1 食品添加剂、加工助剂、营养强化剂等的使用应符合 GB 2760 和 GB 14880 的规定。

6.3.2 投料前应对各种配料的质量和用量进行核查，并做好记录。

6.4 杀菌

对需杀菌处理的产品应制定和实施杀菌工艺规程，其效果应达到病原体 5-log 减少的要求，并保持记录。

6.5 包装(灌装)

6.5.1 包装(灌装)用的内包装材料应符合相应质量卫生标准的规定。

6.5.2 包装(灌装)的区域应予以有效隔离，包装(灌装)环境应满足不同产品的安全卫生要求。

6.5.3 应对包装(灌装)后的容器密封性实施检查。

7 检验

7.1 检验能力

7.1.1 机构和人员

生产企业应有与生产能力相适应的内部检验部门，并具有满足 4.2.2 要求的检验人员。

7.1.2 设施和设备

生产企业的设施和仪器设备应满足检验需要，仪器应按规定进行检定或校准。

7.1.3 委托检验

生产企业委托外部检验机构承担检验工作时，该检验机构承担委托检验项目的资质和能力应得到确认。

7.2 检验要求

7.2.1 检验方法

生产企业内部检验部门的检验方法应满足顾客、法律法规和相关标准的要求，相关的检验方法在使用前应得到确认。

7.2.2 抽样

生产企业应规定抽样的程序和方法，抽样人员应经专门的培训并能熟练操作。

8 产品追溯和撤回

8.1 标识

预包装产品的标签应符合相关法律法规和 GB 7718、GB 10789、GB 13432、GB 16740 等的要求。适用时产品包装上应标明产品名称、生产企业名称、卫生注册登记号、批号、生产日期、检验检疫标志、过敏原、转基因成分和辐照处理等内容。

8.2 产品追溯

8.2.1 生产企业应建立和实施追溯系统，追溯系统应包括原辅料的验收使用、半成品和成品入(出)库批次、标志的管理等内容，实现从原辅料验收到产品销售的全过程的标识和记录，使其具有可追溯性。

8.2.2 生产企业应建立记录控制程序，包括法律法规、产品预期用途和顾客要求的记录，各项记录至少保存 3 年。

8.3 撤回

生产企业应建立当产品出现不安全产品批次时的撤回方案，应采用模拟撤回、实际撤回或其他方式来验证产品撤回方案的有效性。

附 录 A
（资料性附录）
GB/T 22000—2006 与 GB/T 27305—2008 之间的对应关系

表 A.1 GB/T 22000—2006 与 GB/T 27305—2008 之间的对应关系

GB/T 22000—2006		GB/T 27305—2008	
引言			引言
范围	1	1	范围
规范性引用文件	2	2	规范性引用文件
术语和定义	3	3	术语和定义
食品安全管理体系	4		
总要求	4.1		
文件要求 总则 文件控制 记录控制	4.2 4.2.1 4.2.2 4.2.3		
管理职责	5		
管理承诺	5.1		
食品安全方针	5.2		
食品安全管理体系策划	5.3		
职责和权限	5.4		
食品安全小组组长	5.5		
沟通 外部沟通 内部沟通	5.6 5.6.1 5.6.2		
应急准备和响应	5.7		
管理评审 总则 评审输入 评审输出	5.8 5.8.1 5.8.2 5.8.3		
资源管理	6		
资源提供	6.1	7.1	检验能力
人力资源 总则 能力、意识和培训	6.2 6.2.1 6.2.2	4 4.2	人力资源 能力、意识和培训
基础设施	6.3	5.1	基础设施和维护
工作环境	6.4		
安全产品的策划和实现	7	6	关键过程控制

表 A.1(续)

GB/T 22000—2006		GB/T 27305—2008	
总则	7.1		
前提方案(PRPs)	7.2 7.2.1 7.2.2 7.2.3	5 5.1 5.2 5.3	前提方案 基础设施和维护 卫生标准操作程序 人员健康和卫生
实施危害分析的预备步骤 总则 食品安全小组 产品特性 预期用途 流程图、过程步骤和控制措施	7.3 7.3.1 7.3.2 7.3.3 7.3.4 7.3.5	 4.1	 食品安全小组的组成
危害分析 总则 危害识别和可接受水平的确定 危害评估 控制措施的选择和评估	7.4 7.4.1 7.4.2 7.4.3 7.4.4	6	关键过程控制
操作性前提方案(PRPs)的建立	7.5	6	关键过程控制
HACCP 计划的建立 HACCP 计划 关键控制点(CCPs)的确定 关键控制点的关键限值的确定 关键控制点的监视系统 监视结果超出关键限值时采取的措施	7.6 7.6.1 7.6.2 7.6.3 7.6.4 7.6.5	6 6.1 6.2 6.3 6.4 6.5	关键过程控制 原辅料验收和储存 原料果蔬的拣选 配料 杀菌 包装(灌装)
预备信息的更新、规定前提方案和 HACCP 计划文件的更新	7.7		
验证策划	7.8	7	检验
可追溯性系统	7.9	8.1 8.2	标识 产品追溯
不符合控制 纠正 纠正措施 潜在不安全产品的处置 撤回	7.10 7.10.1 7.10.2 7.10.3 7.10.4	 8.3	 撤回
食品安全管理体系的确认、验证和改进	8		
总则	8.1		
控制措施组合的确认	8.2		
监视和测量的控制	8.3	7	检验

表 A.1(续)

GB/T 22000—2006		GB/T 27305—2008	
食品安全管理体系的验证	8.4		
内部审核	8.4.1		
单项验证结果的评价	8.4.2		
验证活动结果的分析	8.4.3		
改进	8.5		
持续改进	8.5.1		
食品安全管理体系的更新	8.5.2		

参考文献

[1] GB 4803—1994 食品容器、包装材料用聚氯乙烯树脂卫生标准

[2] GB 7105—1986 食品容器过氯乙烯内壁涂料卫生标准

[3] GB 9681—1988 食品包装用聚氯乙烯成型品卫生标准

[4] GB 9683—1988 复合食品包装袋卫生标准

[5] GB 9685—2003 食品容器、包装材料用助剂使用卫生标准

[6] GB 9687—1988 食品包装用聚乙烯成型品卫生标准

[7] GB 9688—1988 食品包装用聚丙烯成型品卫生标准

[8] GB 9689—1988 食品包装用聚苯乙烯成型品卫生标准

[9] GB 9691—1988 食品包装用聚乙烯树脂卫生标准

[10] GB 9692—1988 食品包装用聚苯乙烯树脂卫生标准

[11] GB 9693—1988 食品包装用聚丙烯树脂卫生标准

[12] GB 11677—1989 水基改性环氧易拉罐内壁涂料卫生标准

[13] GB 11680—1989 食品包装用原纸卫生标准

[14] GB 13113—1991 食品容器及包装材料用聚对苯二甲酸乙二醇酯成型品卫生标准

[15] GB 13114—1991 食品容器及包装材料用聚对苯二甲酸乙二醇酯树脂卫生标准

[16] GB 14942—1994 食品容器、包装材料用聚碳酸酯成型品卫生标准

[17] GB 14944—1994 食品包装用聚氯乙烯瓶盖垫片及涂料卫生标准

[18] GB 16331—1996 食品包装材料用尼龙 6 树脂卫生标准

[19] GB 17326—1998 食品容器、包装材料用橡胶改性的丙烯腈-丁二烯-苯乙烯成型品卫生标准

[20] GB 17327—1998 食品容器、包装材料用丙烯腈-苯乙烯成型品卫生标准

[21] GB/T 22004—2007 食品安全管理体系 GB/T 22000—2006 的应用指南

[22] 国家质量监督检验检疫总局.出口食品生产企业卫生注册登记管理规定.2002 年第 20 号令.

[23] 国家质量监督检验检疫总局.出口食品生产企业卫生要求.2002 年第 20 号令附件 2.

[24] 国家质量监督检验检疫总局.食品召回管理规定.2007 年第 98 号令.

[25] 国家质量监督检验检疫总局.食品标识管理规定.2007 年第 102 号令.

[26] 国家认证认可监督管理委员会.食品生产企业危害分析与关键控制点(HACCP)管理体系认证管理规定.2002 年第 3 号公告.

[27] 国家认证认可监督管理委员会.食品安全管理体系认证实施规则.2007 年第 3 号公告.

[28] BRC 全球标准.食品.2005.

[29] 中国国家认证认可监督管理委员会.果蔬汁 HACCP 体系的建立与实施.北京:知识产权出版社,2002.

[30] 中国认证机构国家认可委员会等.GB/T 19011—2003 质量和(或)环境管理体系审核指南.北京:中国标准出版社,2003.

[31] 中国合格评定国家认可中心."十五"国家重大科技专项"食品安全关键技术"课题成果,中国

食品企业和餐饮业 HACCP 体系的建立和实施丛书:食品安全管理体系评价准则、认证制度和认可制度.北京:中国标准出版社,2006.

［32］ 吴双民,王文捷.果蔬汁危害与控制及其生产企业 HACCP 体系建立和实施指南.北京:中国标准出版社,2008 年.

ICS 67.040
X 00

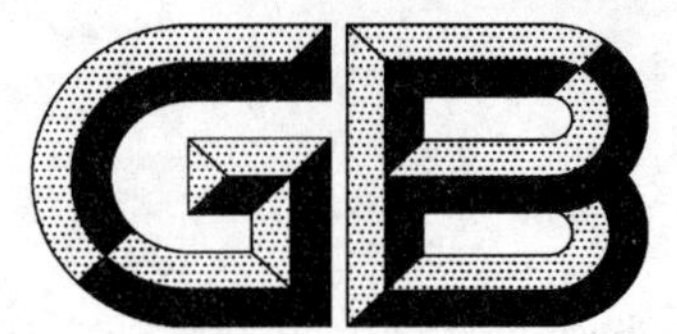

中华人民共和国国家标准

GB/T 27306—2008

食品安全管理体系　餐饮业要求

**Food safety management system—
Requirements for catering services**

2008-10-22 发布　　2009-05-01 实施

中华人民共和国国家质量监督检验检疫总局
中国国家标准化管理委员会　发布

前　言

本标准的附录 A、附录 B 和附录 C 为资料性附录。

本标准由中国合格评定国家认可中心提出。

本标准由全国认证认可标准化技术委员会(SAC/TC 261)归口。

本标准起草单位:中国合格评定国家认可中心、中国质量认证中心、杭州万泰认证有限公司、中国疾病预防控制中心营养与食品安全所、青岛市卫生局卫生监督局、中华人民共和国天津出入境检验检疫局、北京都丽梦食品有限公司、杭州楼外楼实业有限公司、北京和合谷餐饮管理有限公司、浙江省卫生厅卫生监督局、中国认证认可协会、国家认证认可监督管理委员会注册管理部、青岛市市级机关东部管理中心青岛府新大厦。

本标准主要起草人:李荷芳、游安君、李风度、樊永祥、靳晓梅、贾伟、赵忠良、周忻、胡向东、李秀莲、孙亮、冯涛、赵春玲、牛东波、杨志刚、崔杰。

引　言

本标准从我国餐饮食品安全存在的关键问题入手，采取自主创新和积极引进并重的原则，结合餐饮业特点，针对我国餐饮业卫生安全生产环境和条件、控制措施的选择、关键过程控制、产品检验等，提出了建立我国餐饮业食品安全管理体系的特定要求。

本标准的编制基础为"十五"国家重大科技专项"食品企业和餐饮业 HACCP 体系的建立和实施"科研成果之一"食品安全管理体系　餐饮业要求"。

GB/T 22000—2006《食品安全管理体系　食品链中各类组织的要求》为食品链中的各类组织提供了通用要求。餐饮业及相关方在使用 GB/T 22000 中，提出了针对本类型企业生产和经营特点对通用要求进一步细化的需求。

鉴于餐饮业在生产经营过程方面的差异，为确保食品安全，除了餐饮食品控制中应关注的通用要求外，本标准还特别提出了针对餐饮业特点的"关键过程控制"要求。重点提出对餐饮食品加工的原辅料采购、储存和粗加工的控制，突出不同原辅料特性对采购、储存和粗加工过程中食品安全控制的特点；同时关注对热菜、凉菜、点心、冷加工糕点、鲜榨果汁、果盘、生食海产品的加工特殊性以及配送食品的管理；对影响食品安全的餐饮前台服务过程、餐饮具清洗消毒方法和效果评价，要求实施就餐环境控制、服务过程精细化、避免产品交叉污染、严格餐饮具清洗消毒，提倡通过过程检验和产品验证，确保食品安全。

食品安全管理体系　餐饮业要求

1　范围

本标准规定了餐饮业建立和实施食品安全管理体系的特定要求，包括人力资源、前提方案、关键过程控制、检验、产品追溯与撤回。

本标准配合 GB/T 22000 以适用于餐饮业建立、实施与自我评价其食品安全管理体系，也适用于对餐饮食品提供者食品安全管理体系的外部评价和认证。

本标准用于认证目的时，应与 GB/T 22000 一起使用。GB/T 22000 与本标准之间的对应关系参见附录 A。

2　规范性引用文件

下列文件中的条款通过本标准的引用而成为本标准的条款。凡是注日期的引用文件，其随后所有的修改单（不包括勘误的内容）或修订版均不适用于本标准，然而，鼓励根据本标准达成协议的各方研究是否可使用这些文件的最新版本。凡是不注日期的引用文件，其最新版本适用于本标准。

GB 2760　食品添加剂使用卫生标准

GB 5749　生活饮用水卫生标准

GB 14934　食（饮）具消毒卫生标准

GB 16153　饭馆（餐厅）卫生标准

GB/T 22000—2006　食品安全管理体系　食品链中各类组织的要求（ISO 22000:2005，IDT）

3　术语和定义

GB/T 22000—2006 确立的以及下列术语和定义适用于本标准。

3.1

餐饮业　catering

从事餐饮服务的机构或者个人，包括集体用餐配送单位和食堂。

3.2

餐饮服务　catering service

通过即时制作加工、商业销售、服务性劳动等手段，向消费者提供食品、消费场所及设施的食品加工、销售和消费服务活动。

3.3

集体用餐配送单位　deliver food enterprise

根据集体服务对象订购要求，集中加工、分送食品但不提供就餐场所的单位。

3.4

凉菜　cold dish

对经过烹制成熟之后冷却或者腌渍入味的食品进行简单制作并装盘，一般无需加热即可食用的菜肴，又称冷荤、冷菜。

注：凉菜包括对于植物性食品原料不作加热等加工处理或仅作简单调味处理后直接食用的食品。

3.5

凉菜间　cold dish room

加工制作凉菜的操作间。

3.6

半成品　precooked food

经初步或部分加工后，尚需进一步加工制作的食品或原料。

3.7

成品　cooked food

经加工制成的可直接食用的食品。

3.8

冷藏　chill storage

为保鲜和防腐的需要，将食品或原料置于冰点以上较低温度条件下贮存的过程，冷藏温度的范围在0 ℃～10 ℃之间。

3.9

冷冻　frozen storage

将食品或原料置于冰点温度以下，以保持冰冻状态的贮存过程，冷冻温度的范围在－20 ℃～－1 ℃ 之间。

3.10

生食海产品　raw sea food

不经过加热处理即供食用的生长于海洋的鱼类、贝壳类、头足类等水产品。

3.11

冷加工糕点　reprocessing pastry at room or low temperature after heated

在各种加热熟制工序后，在常温或低温条件下再进行二次加工的一类糕点。

4　人力资源

4.1　食品安全小组的组成

食品安全小组应由具有与餐饮食品相关的专业知识和经验的人员组成，通常包括从事食品卫生、质量控制和加工等相关工作的人员。

4.2　能力、意识和培训

从业人员应接受与其岗位相适应的食品安全有关法规、卫生知识、操作技能的培训，使其理解卫生控制要求，自觉遵守相关法规，具备食品安全的控制能力。

食品安全小组应理解 HACCP 原理和食品安全管理体系的标准，具备餐饮业管理基本知识。

5　前提方案

5.1　建筑物和相关设施的设计

5.1.1　餐饮场所不应设在易受到污染的区域。

5.1.2　建筑结构应坚固耐用、易于维修、易于保持清洁，应能避免有害动物的侵入和栖息。

5.1.3　应配备符合卫生要求的环境控制设施，包括清洗消毒设施、员工更衣设施、防虫害设施、采光照明设施、通风排烟设施、适宜场所的空调设施。

5.1.4　应配备与加工食品相适应的生产设施，包括供水设施、原料清洗设施、贮存设施、烹调加工设施、配餐运送工具、餐饮具清洗消毒设施、废弃物存储设施。

5.1.5　加工场所的地面、墙壁、门窗、天花板等设施的设计和构造应有利于保证食品卫生，易于清洗消毒，便于检查。

5.2　工作空间和员工设施的布局

5.2.1　应设置粗加工、烹调、餐饮具清洗消毒等专用场所，并设置原料和(或)半成品贮存、切配和(或)备餐的场所。进行凉菜配制、生食海产品制作、裱花操作和集体用餐配送单位进行食品分装操作的，应分别设置相应专间。

5.2.2 专间应为独立隔间,专间内应设有专用工具清洗消毒设施和空气消毒设施,应对专间内的温度实施控制,宜设有独立的空调设施。专间入口处应设置有洗手、消毒、更衣设施。总面积在 500 m^2 以上的餐饮企业应设置通过式缓冲间。

5.2.3 食品处理区应按照原料进入、原料处理、半成品加工、成品供应的流程合理布局,食品加工处理流程宜为“生进熟出”的单一流向。成品通道与原料通道,成品通道与使用后的餐饮具回收通道均宜分开设置。

5.2.4 食品处理区空气流向应由高清洁区流向低清洁区。

5.2.5 对各类清洗消毒设施应根据不同功能和卫生要求分别设置。

5.2.5.1 粗加工场所内应分别设置动物性食品和植物性食品的清洗水池,水产品的清洗水池宜独立设置,各类水池应加施明显标识标明其用途。水池数量和容积应与加工食品的数量和种类相适应。

5.2.5.2 食品处理区内应设清洁工具的清洗水池,其位置应不会污染食品及其加工操作过程。

5.2.5.3 食品处理区内应设置足够数目的洗手设施,其位置应设置在方便从业人员的区域。洗手消毒的水龙头宜采用非手动式开关,附近有足够数量的清洗、消毒用品和干手设施。

5.2.5.4 清洗消毒餐饮具应有固定的场所和专门区域,清洗池和冲(漂)洗池不与配菜、烹调等加工场所相混。清洗消毒设施的容积和数量应能满足加工需要。清洗消毒设施的布局,应按从脏到净的顺序安排。

5.2.6 应设置与员工数量相适应的更衣场所。更衣场所与加工经营场所应处于同一建筑物内,应为独立隔间,其出口处宜设置洗手设施。更衣场所的位置宜在食品处理区的入口处。

5.2.7 厕所不应设在食品处理区,应采用冲水式,设置非手动洗手设施,设有效排气(臭)装置。

5.3 空气、水、能源的供给

5.3.1 工作空间应保持良好通风,无异味或空气中不含可能对食品造成污染的物质。排气口应装有易清洗、耐腐蚀并可防止有害动物侵入的网罩。清洁操作区送风管道入口应设置在清洁的环境内或增加消毒过滤设施。

5.3.2 供水应能保证加工和服务需要,水质应符合 GB 5749 的要求。

5.3.3 应定期对输水管道进行检查。应以不同颜色明显区分不与食品接触的非饮用水和食品加工用水的管道系统,并以完全分离的管路输送,确保无逆流或相互交接现象。

5.3.4 具备自备水源或二次供水设施的,应配备水源防护设施,建立水池清洗消毒及水消毒与检验程序。

5.3.5 应具备稳定、可靠的电力和燃料供应。

5.4 废弃物和污水的处理

5.4.1 食品处理区内可能产生废弃物或垃圾的场所均应设有密闭的废弃物容器。在加工经营场所外适当地点宜设置废弃物临时集中存放设施,其结构应密闭,不污染环境,并能防止害虫进入和孳生。

5.4.2 烹调场所应有良好的通风排烟设施。产生油烟的设备上部,应加设附有机械排风及油烟过滤的排气装置,油烟过滤器应便于清洗和更换。

5.4.3 污水的排放走向从高清洁区到低清洁区。

5.4.4 应能保证废弃物和污水得到处理。

5.5 设备、用具适宜性及其清洁、保养

5.5.1 所有用于食品处理区及可能接触食品的设备与用具,应由无毒、无臭或无异味、耐腐蚀、不易发霉、表面平滑且可重复清洗和消毒、符合相应卫生标准的材料制造。

5.5.2 用于原料、半成品、成品的工具和容器,应分开并有明显的区分标志。

5.5.3 集体用餐配送单位应根据配送的时间、产品性质、环境温度等确定配送车辆的设置,配备盛装、分送集体用餐的专用密闭容器。运送车辆应为专用封闭式,车内宜有温度控制设备,车辆内部的结构应

平整，以便于清洁。

5.5.4 应对食品加工、储存、消毒等设备和用具的使用、清洁、保养、校准和维护建立操作规程。

5.6 采购材料的管理

5.6.1 应对所有供应商建立审核批准管理程序。

5.6.2 应制定所有采购材料的检查、批准和处理的程序，保证所接收的原材料均来自合格供应商。

5.6.3 应建立采购材料的质量标准，确保采购的产品符合规定的采购要求和国家有关的食品卫生标准。

5.6.4 餐饮具、包装材料应符合卫生标准并且保持清洁卫生，不含有毒有害物质，不易褪色。

5.6.5 食品企业或餐饮业所使用的化学品应为相关主管部门批准生产并允许使用的。

5.7 产品贮存管理

5.7.1 食品库房应根据贮存条件的不同分别设置，必要时设冷冻(藏)库。冷藏库、冷冻库的温度应满足食品的储存要求，并配备测量温度的装置。

5.7.2 食品和非食品、生食和熟食、原料、半成品和成品、植物性食品和动物性食品应分开储存，同一库房内贮存不同性质食品和物品时，应区分存放区域，不同区域应有明显的标识。不存放有碍食品卫生的物品。

5.7.3 储存设施应保持清洁、定期消毒，有防霉、防鼠、防虫设施。

5.7.4 对清洁剂、消毒剂、杀虫剂等化学品应有专门的场所或固定容器贮存，并由专人进行管理。对于有毒的化学品应严格控制，标明名称、毒性及使用方法，上锁储存，并作好标识和领用登记，防止污染食品、食品接触面和包装材料。

5.7.5 食品添加剂的使用应符合 GB 2760 的规定，并应有详细记录。食品添加剂应存放在固定的场所(或橱柜)，并上锁。包装上应标示“食品添加剂”字样，并有专人保管。

5.8 交叉污染的预防措施

5.8.1 应规定人流、物流、水流、气流的流向运作，防止在存放、操作中产生交叉污染。

5.8.2 加工场地应控制冷凝水，防止各种不洁物、化学及物理污物对食品及食品接触面的污染。

5.8.3 应保持生产加工处的通风道和食品传送梯的清洁。

5.8.4 应建立生产区域和非生产区域的卫生控制程序。

5.9 清洗和消毒

5.9.1 应制定清洗和消毒规程，以保证所有食品加工操作场所清洁卫生，防止食品污染。

5.9.2 清洗消毒设备和设施的容积和数量应能满足需要。

5.9.3 餐饮具、食品容器、工具和设备等食品接触面应采取必要的清洁和消毒措施，并达到 GB 14934 的要求。

5.9.4 专间工作服应定期进行统一的清洗消毒，不同清洁区的工作服分别清洗消毒，工作服分区域保管。

5.9.5 专间在每餐(或每次)使用前应进行空气和操作台的消毒。

5.9.6 专间内应使用专用的工具和容器，用前应消毒，用后应洗净并保持清洁。

5.10 虫害控制

5.10.1 加工经营场所应保持内外环境整洁，利于消除鼠类、蟑螂、苍蝇和其他有害昆虫及其孳生条件。

5.10.2 应采用风幕、纱窗、暗道、粘鼠板或鼠夹、灭蝇灯、水封等措施，防止虫害进入加工和用餐场所。

5.10.3 应根据餐饮单位所处环境制定虫害控制计划，保留虫害防治人员操作的记录。宜定期进行鼠密度的监测，根据监测的结果采取相应的措施。

5.10.4 应定期检查、清理防虫害装置，确保加工区域内无蚊蝇、蟑螂和鼠害。

5.11 人员健康和卫生

5.11.1 应建立并执行从业人员健康管理制度。每年至少进行一次健康检查，必要时接受临时检查。

新参加或临时参加工作的人员，应经健康检查，取得健康合格证明后方可参加工作。

5.11.2 接触食品人员应穿戴清洁的工作服、工作帽，不留长指甲，不涂指甲油，不佩带饰物。

5.11.3 操作前手部应洗净。接触直接入口食品时，手部还应进行消毒，在操作过程中手部应适时进行清洗、消毒。

5.11.4 专间操作人员进入专间时应更换专间内专用工作衣帽并佩戴口罩，操作前手部应严格进行清洗、消毒。不穿戴专间工作衣帽从事与专间内操作无关的工作。

5.11.5 操作人员入厕时应更衣，入厕后应洗手消毒。

5.11.6 食品加工操作场所内不应有吸烟、饮食及其他可能污染食品的行为。

6 关键过程控制

6.1 餐饮食品加工的原辅料

6.1.1 原辅料的采购要求

6.1.1.1 建立并执行进货检查验收制度，审验供货商的经营资格，验明产品合格证明和产品标识，建立产品进货台账。

6.1.1.2 应索取、查验采购产品的相关证明、票据和凭证，建立进货记录档案，妥善保存，以备查验。进货记录保存期限不得少于2年。索证和查验的内容应包括：

a) 查验食品原料、食品添加剂、食品相关产品供货者的食品生产许可证或者食品流通许可证、营业执照、食品出厂的检验报告或者其他有关食品合格的证明文件，并如实记录食品原料、食品添加剂、食品相关产品的名称、规格、数量、供货者名称及其联系方式、进货日期等内容；

b) 对畜禽肉类应查验或索取动物卫生监督机构的检疫合格证明；

c) 进口食品及其原料应查验进出口检验检疫部门出具的检验检疫合格证书；

d) 从固定供货商或供货基地采购食品的，应索取并留存供货基地或供货商的资质证明，应与其签订采购供货合同并保证食品卫生质量，还应留存每笔供货凭证。

6.1.1.3 采购预包装食品，应对包装上的标签进行查验。标签应当标明下列事项：

a) 名称、规格、净含量、生产日期；

b) 成分或者配料表；

c) 生产者的名称、地址、联系方式；

d) 保质期；

e) 产品标准代号；

f) 保存条件；

g) 所使用的食品添加剂；

h) 食品生产许可证编号；

i) 法律、法规或者食品安全标准规定应标明的其他事项。

6.1.2 原辅料采购管理

6.1.2.1 应对供方进行选择和评价，从合格供方进行采购。对合格供方的能力、产品状况和供货情况等应进行动态综合评价。

6.1.2.2 应实施和保持原辅料的采购控制措施，确保符合规定的质量标准和要求，不使用腐败变质、油脂酸败、霉变、生虫、污秽不洁、混有异物或者感官性状异常的食品原辅料。

6.1.2.3 应对采购的原辅料进行验证。相关人员应具备原辅料验证能力。

6.1.3 原辅料储存

6.1.3.1 应建立原辅料库房的卫生管理制度。

6.1.3.2 容易腐败的原辅料应冷藏或冷冻储存。应检查储存区是否有不洁物体(如:污水滴入)或防护不当(如:昆虫、鼠类侵入污染)的现象。

6.1.3.3 应明确规定冷藏或冷冻的温度，食品冷藏、冷冻贮藏的温度应分别符合冷藏和冷冻的温度范围要求，冷冻或冷藏品持续处于稳定的冷冻或冷藏状态。

6.1.3.4 运输食品及其原辅料的工具应保持清洁，运输冷藏、冷冻食品应有保温设备并保证正常使用（遇特殊保存条件的，按保存条件运输）。

6.1.3.5 储存的食品要分类、分架、隔墙离地。应标明采购日期和保质期。食品出库应按照先进先出的原则进行，定期检查。储存区不得存放发霉、变质、过期的食品。

6.2 粗加工

6.2.1 加工前应认真检查待加工食品，腐败变质、霉变、生虫、掺杂、油脂酸败等不符合食品安全要求的原料不应加工使用。

6.2.2 蔬菜浸泡清洗干净后应码放整齐，放在筐、盘等专用容器内，离地存放。

6.2.3 易腐食品应尽量缩短在常温下的存放时间，加工后应及时使用或冷藏。海产青皮红肉鱼类加工后应立即烹制。

6.3 烹制加工

6.3.1 热菜加工

6.3.1.1 用于植物性食品、动物性食品及水产品的原料、半成品和成品加工的刀、墩、板、桶、盆、筐、抹布以及其他工具、容器应明显标识，生熟分开，定位存放，用后清洗、消毒，保持清洁。

6.3.1.2 操作间内的冷藏或冷冻设施应根据其用途进行标识，确保食品原料、半成品、成品分类存放。

6.3.1.3 热加工食品应当达到安全的温度，鱼、肉类动物食品、块状食品、有容器存放的液态食品的中心温度不低于 70 ℃，对豆浆、四季豆等特殊食品应煮熟煮透；可通过感官目测、定期对熟制食品的中心温度及终产品的微生物指标进行监测，对工艺参数进行确认。

6.3.1.4 在烹调后至食用前需要较长时间（超过 2 h）存放的食品，应当在高于 60 ℃或低于 10 ℃的条件下存放。需要冷藏的熟制品，应凉透后再进行冷藏。

6.3.2 凉菜加工

6.3.2.1 进入专间前应先在预进间内进行二次更衣。

6.3.2.2 每餐使用前，专间应用紫外线消毒设施进行空气消毒。专间温度保持在 25 ℃以下。

6.3.2.3 专间实施专人专室制作，使用专用消毒设施、专用冷藏设施和专用工具容器 。

6.3.2.4 工作台面、各种食品加工用具、容器、机械设备及抹布在每餐使用前应进行清洗消毒，保持洁净。

6.3.2.5 非专间工作人员不能进入专间，专间不能存放非直接入口食品及与制作无关的任何物品。

6.3.2.6 专间人员制作前，应洗手消毒，操作时应佩戴口罩。

6.3.2.7 供加工凉菜用的蔬菜和水果等食品原料应洗净消毒，未经清洗处理的原料不得带入凉菜间。

6.3.2.8 肉类、水产品类凉菜拼盘应及时冷藏。改刀熟食从改刀后至供应的时间不得超过 3 h。隔夜冷荤食品要彻底回烧，冷荤食品烧制后应在 2 h 内冷却。

6.3.2.9 围边（打荷）制作应和凉菜制作相同，菜肴装饰的原料，使用前洗净消毒，不得重复使用。

6.3.3 面点加工

6.3.3.1 加工使用的工用具、容器和接触食品的机械设备使用前后应清洗消毒，做到无污垢、无异味，并有专门保洁存放场所。

6.3.3.2 点心食品加热要充分，防止外熟内生。

6.3.3.3 当天没有用完的点心馅料、半成品点心食品，应有专门的冷柜存放并规定相应的存放时间。重新使用时，应彻底解冻。

6.3.4 冷加工糕点制作

6.3.4.1 冷加工糕点专间应符合 6.3.2.1～6.3.2.6 的要求。

6.3.4.2 奶油类原料应在 10 ℃以下存放。含奶、蛋的面点制品在 2 h 以后食用时，应当凉透，在 10 ℃

以下专用设施内储存;蛋糕胚应在专用冰箱储存,储存温度应在10 ℃以下。

6.3.4.3 冷加工糕点应能清晰地表明成分、生产日期和保质期等方面的信息。

6.3.5 鲜榨果汁和果盘制作

6.3.5.1 应有专供鲜榨饮料和果盘制作的场所。

6.3.5.2 鲜榨果汁和果盘制作场所应符合6.3.2.1～6.3.2.6的要求。

6.3.5.3 用于鲜榨饮料的瓜果应新鲜、无病虫眼,使用前经过洗净消毒、去外皮,未经清洗处理的不得使用。

6.3.5.4 盛装鲜榨饮料的容器应经有效清洗消毒后方可使用。

6.3.5.5 制作的鲜榨果蔬汁和水果拼盘应当餐用完,隔餐不得使用。

6.3.6 生食海产品加工

6.3.6.1 用于加工的生食海产品应新鲜并符合相关卫生要求。

6.3.6.2 生食海产品加工专间应符合6.3.2.1～6.3.2.6的要求。

6.3.6.3 从业人员操作要保证生食部分不受污染。

6.3.6.4 加工后的生食海产品应当放置在食用冰中保存并用保鲜膜分隔。

6.3.6.5 加工后至食用的时间不得超过1 h。

6.4 餐饮食品的配送

6.4.1 餐饮食品配送的管理

6.4.1.1 餐饮食品的配送包括原料、包装材料和成品的配送。用餐配送单位应制定配送程序,包括操作工序的具体规定、详细的操作方法与要求、配送的硬件设施、运输条件的监控。

6.4.1.2 配送过程中宜通过加封识,记录封识号码,配送过程监控温度等措施实施运输的监控。

6.4.2 配送运输车辆管理

用餐配送单位的运输车辆、用具、容器和餐饮具,应在用前、用后清洗消毒。

6.4.3 餐饮具配送管理

一次性餐饮具应检验合格后使用,餐饮具贮存运输过程中应防止污染,外包装破损或污秽不洁的不能使用。

6.4.4 配送标签管理

送餐所用餐饮具和食品容器上应有标签,注明生产单位名称、地址、联系电话、生产时间、生产批号和食用时限等。

6.4.5 配送温度和时间要求

集体用餐配送的食品不得在10 ℃～60 ℃的温度条件下贮存和运输,烧熟后2 h的食品中心温度保持在60 ℃以上(热藏)的,其保质期(即烧熟至食用的间隔时间)为烧熟后4 h。烧熟后2 h的食品中心温度保持在10 ℃以下(冷藏)的,保质期为烧熟后24 h。需再次利用的食品应充分加热。加热前应确认食品未变质。

6.5 餐饮前台服务

6.5.1 营业前的准备

6.5.1.1 就餐场所内应设有空调设施,空调的过滤器应经常清洁和检查,保持适宜的温度和相对湿度,符合GB 16153的规定。

6.5.1.2 餐饮具的摆台应在顾客就餐前1 h内进行,超过当次就餐时间未使用的餐饮具应当收回重新清洗消毒。

6.5.1.3 顾客点菜用的菜单,应定期消毒和检查。

6.5.2 餐饮前台服务

6.5.2.1 服务人员应适当地使用手套或其他措施防止未经清洁的手接触食品。

6.5.2.2 传递食品时应适当使用防护措施以保证食品不被污染。

6.5.2.3 考虑到顾客可能对某种食物过敏，菜单宜标明菜肴的主要原料，服务员应主动询问顾客是否对某种食品有过敏史。当顾客询问菜单中菜肴的具体组成部分时，应考虑消费者的特殊要求，服务员或厨师应提供准确的信息。

6.5.2.4 餐桌上宜配备公用筷、公用勺。公用筷和公用勺要区别于就餐者的餐饮具。

6.6 餐饮具的清洗消毒

6.6.1 清洗消毒方法

6.6.1.1 应规定采用的消毒方式，以及消毒的温度和持续时间。热力消毒包括煮沸、蒸汽、红外线消毒等。

6.6.1.2 如达不到热力消毒条件，可使用卫生行政部门批准的化学药物消毒。设置的消毒池应备有符合规定的三联池，或专用的密闭消毒设施，并应以明显标识表明其用途。

6.6.1.3 采用自动清洗消毒设备的，设备上应有温度和时间显示，应有清洗消毒剂自动添加装置。

6.6.1.4 消毒食(饮)具应有专门的密闭存放柜，避免与其他杂物混放，并对存放柜定期进行消毒处理，保持其干燥、洁净。

6.6.2 消毒效果的评价

餐饮经营单位宜具备检验能力，对餐饮具消毒效果进行验证。消毒后的餐饮具应光洁、明亮、无渍迹，并经检验符合 GB 14934 的要求。

7 检验

7.1 检验制度

7.1.1 应建立并适时更新餐饮食品的安全检验管理制度，可配备微生物等实验室基本设备，具有食品的感官、菌落总数、大肠菌群以及接触直接入口食品的餐饮具的大肠菌群等项目进行检验的能力。

7.1.2 应制定感官检验指导文件，感官检验人员应经过相应的培训。设检验部门的餐饮生产经营单位，其检验人员应具备相应的资格，并应建立相应的食品原料和食品检验记录。

7.2 检验范围

餐饮经营单位宜对食品原料、食品工器具、餐饮具、紫外线强度、冷热保藏设施温度及操作过程污染情况等项目进行检验。附录 B 列出了可供选择的检验项目。

7.3 检验标准和方法

7.3.1 食品检验可选用快速测定法或实验室检验法。快速测定方法主要应用在急性毒物测定、掺杂掺假等理化及微生物测定类别。

7.3.2 餐饮业快速检测项目可按照相关标准进行检验，附录 C 列出了可供选择的检验项目。

7.4 安全性检验项目

应结合加工过程、食用方法，分析可能发生的安全危害，确定通用检验项目和(或)专项检验项目。产品的通用检验项目可包括：

a) 感官指标；

b) 农药残留快速测定：果蔬类；

c) 中心温度测定：食品加工、运输、贮藏、销售的温度；

d) 温湿度测定：食品加工区域；

e) 细菌总数、大肠菌群测定：凉菜、糕点、鲜榨果蔬汁饮料等直接入口食品。

8 产品追溯和撤回

8.1 产品追溯

8.1.1 应建立从原辅料供应、加工制作、服务等到消费全过程的追溯程序。

8.1.2 应建立并保持如下记录：

a) 原辅料采购验收记录;
b) 关键过程加工操作记录;
c) 卫生检查记录;
d) 人员健康状况记录;
e) 检验记录;
f) 顾客投诉及处理记录;
g) 纠正和预防措施记录;
h) 其他必要的记录。

8.1.3 集体用餐配送单位每班食品应留样。承担重要接待活动或团队供餐任务时每班食品应留样,以备复检待查。留样食品应按品种分别盛放于清洗消毒后的密闭专用容器内,在冷藏条件下存放 48 h 以上,每个品种留样量不少于 100 g。

8.2 产品撤回

8.2.1 应建立相应的产品撤回预案,确保发现食品中存在或潜在食品安全问题时能够迅速撤回问题食品。

8.2.2 在加工或供餐环节发现可能存在潜在食品安全问题时,应立即撤回即将供应或已经供应的食品。

8.2.3 对于食品中存在的物理性危害或潜在生物、化学性危害,应追溯危害的出现原因,查找可能受到影响的其他批次产品或半成品及原料,及时采取相应处理措施。

8.2.4 对于可能存在潜在危害但已经供消费者食用的食品,一经发现后应采取有效措施及时阻止消费者继续食用,立即撤回可能存在危害的食品,并做好应对食品安全事故的准备。

8.2.5 应开展模拟撤回活动,并保存记录,确保产品撤回预案的可行性。

8.3 应急措施的建立

8.3.1 应建立应对可能发生潜在食品安全事故或紧急情况的应急程序和预案。

8.3.2 应提供必要的资源,确保处理应急状态的能力。

8.3.3 必要时,应开展应急演练。

8.3.4 造成食物中毒或其他食品安全事故时,餐饮生产经营单位应采取以下相应措施:

a) 立即停止其生产经营活动,并向政府主管部门报告;
b) 协助救治病人和进行病原的调查,如实向调查人员提供可能与中毒事件有关人员的情况、食物来源、加工方法、加工过程、存放条件、食用方法和进食人员等情况;
c) 保留造成食物中毒或者可能导致食物中毒的食品及其原料、工具、设备和现场,并追回造成食物中毒或者可能导致食物中毒的食品;
d) 配合政府主管部门进行溯源和追踪调查,按政府主管部门的要求如实提供有关材料和样品;
e) 落实政府主管部门要求采取的其他控制措施。

附　录　A
（资料性附录）
GB/T 22000—2006 与 GB/T 27306—2008 之间的对应关系

表 A.1　GB/T 22000—2006 与 GB/T 27306—2008 之间的对应关系

GB/T 22000—2006		GB/T 27306—2008	
引言			引言
范围	1	1	范围
规范性引用文件	2	2	规范性引用文件
术语和定义	3	3	术语和定义
食品安全管理体系	4		
总要求	4.1		
文件要求 总则 文件控制 记录控制	4.2 4.2.1 4.2.2 4.2.3	 8.1	 产品追溯
管理职责	5		
管理承诺	5.1		
食品安全方针	5.2		
食品安全管理体系策划	5.3		
职责和权限	5.4		
食品安全小组组长	5.5		
沟通 外部沟通 内部沟通	5.6 5.6.1 5.6.2		
应急准备和响应	5.7	8.3	应急措施的建立
管理评审 总则 评审输入 评审输出	5.8 5.8.1 5.8.2 5.8.3		
资源管理	6		
资源提供	6.1	7.1	检验制度
人力资源 总则 能力、意识和培训	6.2 6.2.1 6.2.2	4 4.1 4.2	人力资源 食品安全小组的组成 能力、意识和培训
基础设施	6.3		
工作环境	6.4		

表 A.1（续）

GB/T 22000—2006		GB/T 27306—2008	
安全产品的策划和实现	7	6	关键过程控制
总则	7.1		
前提方案(PRPs)	7.2 7.2.1 7.2.2 7.2.3	5 5.1 5.2 5.3 5.4 5.5 5.6 5.7 5.8 5.9 5.10 5.11	前提方案 建筑物和相关设施的设计 工作空间和员工设施的布局 空气、水、能源的供给 废弃物和污水的处理 设备、用具适宜性及其清洁、保养 采购材料的管理 产品贮存管理 交叉污染的预防措施 清洗和消毒 虫害控制 人员健康和卫生
实施危害分析的预备步骤 总则 食品安全小组 产品特性 预期用途 流程图、过程步骤和控制措施	 7.3 7.3.1 7.3.2 7.3.3 7.3.4 7.3.5	 4.1	 食品安全小组的组成
危害分析 总则 危害识别和可接受水平的确定 危害评估 控制措施的选择和评估	7.4 7.4.1 7.4.2 7.4.3 7.4.4	6	关键过程控制
操作性前提方案(PRPs)的建立	7.5	6	关键过程控制
HACCP 计划的建立 HACCP 计划 关键控制点(CCPs)的确定 关键控制点的关键限值的确定 关键控制点的监视系统 监视结果超出关键限值时采取的措施	7.6 7.6.1 7.6.2 7.6.3 7.6.4 7.6.5	6	关键过程控制
预备信息的更新、规定前提方案和 HACCP 计划文件的更新	7.7		
验证策划	7.8	7	检验
可追溯性系统	7.9	8.1	产品追溯

表 A.1（续）

GB/T 22000—2006		GB/T 27306—2008	
不符合控制 纠正 纠正措施 潜在不安全产品的处置 撤回	7.10 7.10.1 7.10.2 7.10.3 7.10.4	8.2	产品撤回
食品安全管理体系的确认、验证和改进	8		
总则	8.1		
控制措施组合的确认	8.2		
监视和测量的控制	8.3	7	检验
食品安全管理体系的验证 内部审核 单项验证结果的评价 验证活动结果的分析	8.4 8.4.1 8.4.2 8.4.3		
改进 持续改进 食品安全管理体系的更新	8.5 8.5.1 8.5.2		

附　录　B
（资料性附录）
餐饮业食品与原辅料、餐饮具等加工工具容器的重点检测项目

表 B.1　餐饮业食品与原辅料、餐饮具等加工工具容器的重点检测项目

检测对象	检　测　项　目
熟食及其制品	菌落总数、大肠菌群、致病菌、亚硝酸盐(外购定型包装)
乳与乳制品	菌落总数、大肠菌群、脂肪含量、蛋白质含量、非脂乳固体等
水产品	挥发性盐基氮
粮食	矿物油、过氧化苯甲酰等
饮用水	菌落总数、大肠菌群、霉菌、酵母菌、电导率、亚硝酸盐等
植物油	酸价、过氧化值、极性组分、矿物油等
酱油	氨基酸态氮、菌落总数、大肠菌群
糕点	菌落总数、大肠菌群、酸价、过氧化值、人工合成色素等
冷冻饮品	菌落总数、大肠菌群、金黄色葡萄球菌、人工合成色素、铅等
饮料	菌落总数、大肠菌群、金黄色葡萄球菌、霉菌、酵母菌、人工合成色素、糖精钠、苯甲酸钠、山梨酸钾等
豆制品	菌落总数、大肠菌群、柠檬黄等
酱腌菜	大肠菌群、苯甲酸钠、山梨酸钾、亚硝酸盐等
生肉	挥发性盐基氮、注水肉、瘦肉精等
啤酒	菌落总数、大肠菌群、黄曲霉毒素 B_1 等
白酒	铅、锰、甲醛、杂醇油等
葡萄酒	菌落总数、大肠菌群、二氧化硫残留量、色素等
黄酒	菌落总数、大肠菌群
食品添加剂	重金属、砷等
塑料	蒸发残渣、高锰酸钾消耗量、重金属、(有色)脱色试验等
原纸	大肠菌群、铅、砷、荧光物质、(有色)脱色试验等
餐饮具洗涤剂	菌落总数、大肠菌群、砷、重金属等
餐饮具、接触直接入口食品环节	大肠菌群定性、烷基苯磺酸钠
榨汁机	菌落总数、大肠菌群

附　录　C
（资料性附录）
餐饮业快速检测项目

表 C.1　餐饮业快速检测项目

检测项目		检测对象	方　　法
食品生产加工环境指标	紫外照度	专间	仪器
	光照度	加工间	仪器
	风速	加工间	仪器
	中心温度	食品	仪器
	环境温度	专间、冰箱等	仪器
	余氯	食饮具	仪器或试纸
	有效氯	消毒液	仪器或试纸
	浑浊度	饮用水	仪器
	三磷酸腺苷(ATP)	环节表面	仪器
一般卫生状况指标	pH 值(酸碱度)	饮料、水等	仪器或试纸
	过氧化值	食用油	试纸
	酸价	食用油	试纸
	极性组分	煎炸油	仪器
	水分	猪肉等	仪器或试纸
	碘	食盐	试剂
	游离矿酸	食醋	试剂
	谷氨酸钠	味精	试剂
	氨基酸态氮	酱油	仪器
	总酸	食醋	试剂
食品污染物指标	有机磷农药	蔬菜、水果等	试纸或仪器
	亚硝酸盐	食盐、蔬菜等	试剂或仪器
	真菌毒素	食用油、粮食	仪器
	氯霉素	牛奶、蜂蜜等	试剂
	磺胺	猪肉、水产品	试剂
	四环素	猪肉、水产品	试剂
	乙烯雌酚	猪肉、水产品	试剂
	黄曲霉毒素	粮食、食用油	试剂
	金黄色葡萄球菌毒素	动物性食品等	试剂
	瘦肉精	猪肉、猪尿等	试剂

表 C.1（续）

检测项目		检测对象	方　法
食品掺杂掺假指标	甲醛	水发产品、米面制品	试剂
	吊白块	米面制品	试剂
	过氧化氢	水发产品、禽畜肉	试剂
	二氧化硫	干制蔬菜、食糖等	仪器
	硼砂	粉丝、油条肉丸等	试剂
	甲醇	白酒	仪器
	荧光增白剂	蘑菇、餐巾纸等	仪器
	油条中洗衣粉	油条	仪器
	苏丹红	辣椒酱、鸭蛋等	试剂
微生物指标	菌落总数	环节表面或部分食品	纸片或载片
	大肠菌群	环节表面或部分食品	纸片或载片
	霉菌和酵母菌	环节表面或部分食品	纸片或载片
	金黄色葡萄球菌	环节表面或部分食品	纸片或载片

参 考 文 献

［1］ 中国国家认证认可监督管理委员会公告.食品安全管理体系认证实施规则.2007年第3号.

［2］ CAC/RCP 1—1969(Rev.4-2003) 食品卫生通则

［3］ FDA. Regulations on Statements Made for Dietary Supplements Concerning the Effect of the Product on the Structure or Function of the Body. Final Rule. 21 CFR part 101 [7].

［4］ NACMCF 国家食品微生物标准咨询委员会.HACCP原理和应用导则.1997.

［5］ 公司制造和供应用于零售商品牌产品的食品包装材料的技术标准和草案.BRC英国零售联盟.2001.

［6］ 中国标准化研究院.GB/T 22000—2006《食品安全管理体系 食品链中各类组织的要求》理解与实施.北京:中国标准出版社,2007.

［7］ 中国合格评定国家认可中心."十五"国家重大科技专项"食品安全关键技术"课题成果,中国食品企业和餐饮业HACCP体系的建立和实施丛书:《食品安全管理体系评价准则、认证制度和认可制度》.北京:中国标准出版社,2006.

ICS 67.040
X 00

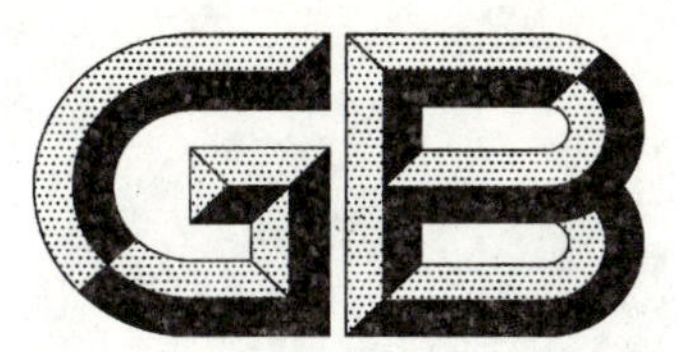

中华人民共和国国家标准

GB/T 27307—2008

食品安全管理体系 速冻果蔬生产企业要求

Food safety management system—Requirements for quick frozen fruits and vegetable product establishments

2008-10-22 发布　　　　2009-05-01 实施

中华人民共和国国家质量监督检验检疫总局
中国国家标准化管理委员会　发布

前　言

本标准的附录 A、附录 B、附录 C 为资料性附录。

本标准由中国合格评定国家认可中心和中华人民共和国济南出入境检验检疫局提出。

本标准由全国认证认可标准化技术委员会归口。

本标准起草单位：中国合格评定国家认可中心、中华人民共和国济南出入境检验检疫局、国家认监委注册管理部、上海质量体系认证中心、中国农业大学食品学院、莱阳龙大食品有限公司、莱阳恒润食品有限公司。

本标准主要起草人：姜铁白、宫君秋、周文权、李燕、吴广枫、谭平、杨志刚、章红兵、孔德峰、王子扬。

引　言

本标准从我国速冻果蔬安全存在的关键问题入手，采取自主创新和积极引进并重的原则，结合速冻果蔬企业生产特点，针对企业卫生安全生产环境和条件、关键过程控制、检验等，提出了建立速冻果蔬企业食品安全管理体系的特定要求。

本标准的编制基础为“十五”国家重大科技专项“食品企业和餐饮业 HACCP 体系的建立和实施”科研成果之一“食品安全管理体系　速冻果蔬生产企业要求”。

GB/T 22000—2006《食品安全管理体系　食品链中各类组织的要求》为食品链中的各类组织提供了通用要求。速冻果蔬生产企业及相关方在使用 GB/T 22000 中，根据本类型食品企业生产特点，提出了对通用要求进一步细化的需求。

鉴于速冻果蔬生产企业在生产加工过程方面的差异，为确保产品安全，除应关注的一些通用要求外，本标准提出了针对本类产品特点的“关键过程控制”要求，主要包括原辅料控制和加工过程控制，重点提出对果蔬的漂烫处理、金属异物的检测，确保消费者食用安全。

食品安全管理体系
速冻果蔬生产企业要求

1 范围

本标准规定了速冻果蔬生产企业建立实施食品安全管理体系的特定要求，包括人力资源、前提方案、关键过程控制、检验以及产品追溯和撤回。

本标准配合 GB/T 22000 以适用于速冻果蔬生产企业建立、实施与自我评价其食品安全管理体系，也适用于对此类食品生产企业食品安全管理体系的外部评价和认证。

本标准用于认证目的时，应与 GB/T 22000 一起使用。本标准与 GB/T 22000 的对应关系参见附录 A，与速冻果蔬生产企业相关的法规和标准清单参见附录 B，有关速冻果蔬生产企业良好操作规范的要点参见附录 C。

2 规范性引用文件

下列文件中的条款通过本标准的引用而成为本标准的条款。凡是注日期的引用文件，其随后所有的修改单（不包括勘误的内容）或修订版均不适用于本标准，然而，鼓励根据本标准达成协议的各方研究是否可使用这些文件的最新版本。凡是不注日期的引用文件，其最新版本适用于本标准。

GB 5749—2006 生活饮用水卫生标准

GB 14881—1994 食品企业通用卫生规范

GB/T 18517—2001 制冷术语

GB/T 22000—2006 食品安全管理体系 食品链中各类组织的要求（ISO 22000:2005，IDT）

3 术语和定义

GB/T 22000—2006 和 GB/T 18517—2001 确立的以及下列术语和定义适用于本标准。

3.1

原料 raw material

用于加工的无毒、无害、新鲜的蔬菜水果。

3.2

漂烫 blanching

为抑制果蔬中酶的活性而用沸水或蒸汽进行适宜的加热处理，并杀死表面微生物的过程。

3.3

金属异物 metal foreign body

原料采收过程或加工过程中由于加工机械的金属碎屑脱落或其他途径而导致混入的金属碎片类异物。

3.4

果蔬基地 fruit and vegetable base

被适当隔离的，具备一定规模并实行统一管理的水果、蔬菜种植场地。

3.5

清洗 wash

用水除去尘土、残屑、污物或其他可能污染食品之不良物质的操作。

3.6

速冻 quick frozen

将预处理后的食品在最短时间内通过最大冰晶生成带温度，并使其中心温度达到－18℃或以下的过程。

4 人力资源

4.1 食品安全小组的组成

食品安全小组应由具有相关专业知识和经验的人员组成，通常包括从事食品卫生、质量控制、生产加工、工艺制定、检验、设备维护、原辅料采购、仓储管理和销售等工作的人员。

4.2 能力、意识和培训

4.2.1 食品安全小组成员应理解危害分析与关键控制点(hazard analysis and critical control point，HACCP)原理和食品安全管理体系的标准。

4.2.2 食品安全小组应具有熟悉速冻果蔬生产基本知识及加工工艺的人员。

4.2.3 从事工艺制定、卫生质量控制、检验及从事漂烫、金属检测等关键工序操作的人员应当经过相关知识培训，具备上岗条件。

4.2.4 生产人员应熟悉卫生标准操作程序，遵守前提方案的相关规范要求。

5 前提方案

5.1 总则

从事速冻果蔬生产的企业，根据 GB/T 22000—2006 建立食品安全管理体系时，应符合 GB 14881—1994的要求。

5.2 基础设施和维护

5.2.1 应具有符合速冻果蔬专业要求和生产安全产品必需的生产厂房、卫生设施、储存、运输、检验等基础设施。加工场地应远离有害场所，至少符合 GB 14881—1994 和国家质检总局 2002 年第 20 号令《出口食品生产企业卫生注册登记管理规定》的要求。

5.2.2 应具备符合速冻果蔬生产技术要求的原料存放、清洗、漂烫、冷却、速冻、包装、冷藏、运输和防止虫害及鼠害的设备和设施。

5.2.3 应具备与生产能力相适应的水、电、气等能源供给及废弃物处理设施。

5.2.4 采购原料的运输工具与原料仓库不应增加对产品的污染。

5.2.5 原料入口和加工废弃物出口有效分离，标志明确，加工废弃物集中存放处远离加工间，并应有密闭装置，废弃物集中存放处应及时清理。

5.2.6 加工间输水管道、蒸汽管道、冷库蒸发排管、排风机等不宜存在内部和外部锈蚀；水循环和污水排放系统设计合理，对不同用途管道进行编号并标记清晰，易于辨认和抽查。

5.2.7 能源供应和废水、废气排放应符合当地环保要求。锅炉用煤和运送垃圾的途径不应对加工区造成污染。

5.2.8 车间与外界相通的门窗、人员出入口、下水道出口、包装物料间及排气扇等空气出口设置有良好的防蚊蝇设施。

5.2.9 各加工间设计、卫生设施设计、工艺设计和设备材料能够满足产品安全卫生的需要。设备维修所用油和器械不应污染产品。

5.2.10 应建立必要的设施设备维护保养计划。明确规定对加工设备进行维护保养的频率，对关键工序的设备要及时进行检查、校准，并形成相应的记录。设备的维护保养应确保生产中加工设备不会对食品造成不安全隐患。

5.3 卫生标准操作程序

5.3.1 接触食品(包括原料、半成品、成品)的水和(或)冰应当符合 GB 5749—2006 。

5.3.2 接触食品的器具、手套和内外包装材料等应清洁、卫生和安全。

5.3.3 确保食品免受交叉污染。

5.3.4 保证操作人员手的清洗消毒,保持洗手间设施的清洁。

5.3.5 防止润滑剂、燃料、清洗消毒用品、冷凝水及其他化学、物理和生物等污染物对食品造成安全危害。

5.3.6 正确标注、存放和使用各类有毒化学物质。

5.3.7 清除和预防鼠害、虫害。

5.3.8 对包装、储运的卫生进行控制,必要时应控制包装、储运时的温度。

5.4 人员健康和卫生

5.4.1 从事食品生产、质量管理的人员应符合《中华人民共和国食品卫生法》关于从事食品加工人员的卫生要求和健康检查的规定。与生产有接触的生产、检验、维修及质量管理人员每年应进行一次健康检查,必要时做临时健康检查,体检合格后方可上岗。

5.4.2 直接从事食品生产加工的人员,凡患有病毒性肝炎、活动性肺结核、肠道传染病及肠道传染病带菌者、化脓性或渗出性皮肤病、疥疮、手部有外伤者及其他有碍食品卫生安全的患病人员应调离食品生产、检验岗位。

5.4.3 生产、质量管理人员应保持个人清洁卫生,不得将与生产无关的物品带入车间;工作时不得戴首饰、手表,不得化妆;进入车间时应洗手、消毒并穿着工作服、帽、鞋,离开车间时换下工作服、帽、鞋;不同清洁区加工及质量管理人员的工作帽、服应用不同颜色或标识加以区分,工作服、帽应集中管理,统一清洗、消毒,统一发放;不同区域人员不应串岗。

6 关键过程控制

6.1 总则

企业根据 GB/T 22000—2006 进行危害分析时应关注关键过程,并选择适宜的控制措施组合对危害实施控制。

6.2 基地管理

应建立文件化的基地管理程序,基地应提供基地环境检测报告和基地备案资料,包括基地备案号、基地性质、面积、植保员、土壤检测报告、灌溉用水检测报告、农药管理制度等,以有效控制化学危害。

6.3 原辅料验收

应编制文件化的原辅材料控制程序,明确原辅料标准和采购与验收要求,并形成记录,定期复核。

果蔬原料应在满足产品特性的温度下储存和运输。新鲜、易腐烂变质、有特殊加工时间要求的原料,应明确从采摘、收购到进厂加工的时限。

应制定选择、评价和重新评价供方的准则,对原料、辅料、容器、包装材料的供方进行评价、选择。企业应建立合格供应方名录。

企业应按 GB/T 22000—2006 中 7.3.3.1 的要求制定原料、辅料验收规则。

6.4 加工过程控制

6.4.1 对于漂烫类产品,加工车间应有符合加工技术要求的热处理设备,确保对果蔬原料进行热处理时杀死表面的微生物。热处理设备配有必要的监控仪器,该仪器能够对热处理的时间、温度等参数进行描述并保留记录。监控仪器应定期进行校准,确保其处于持续有效监控状态。每种产品加工前均需做漂烫时间和温度关键限值的确定试验,并保持记录。生产企业应对漂烫后的产品进行抽样检测,以验证漂烫的效果,确保最终产品的安全。

6.4.2 对于非漂烫类产品,生产企业可根据工艺要求进行相应的生物危害控制。

6.4.3 生产车间应对金属及其他恶性杂质制定控制措施，并定期对控制措施的有效性进行评价。

7 检验

7.1 检验能力

7.1.1 实验室各工作间应具备与工作需要相适应的场地、仪器和设备、检测方法标准。应具备醒目的操作规程与标识。

7.1.2 实验室应分别设置保存样品和标准品的专用场所。样品的抽取、处置、传送和贮存应制定相应的规范。

7.1.3 实验室所用化学药品、仪器和设备应有合格的采购渠道、存放地点、标记标签和使用说明，要保存仪器和设备的校准记录及维护记录，保存化学药品、仪器和设备的使用记录。

7.1.4 实验室应配备足够的人员，这些人员应经受过与其承担任务相适应的教育和培训，并具备相应的技术知识和经验。速冻果蔬生产企业应保存技术人员培训、技能、经历和资格等技术业绩档案。

7.1.5 实验室应有独立的、与实际工作相符合的文件化的实验室管理程序。

7.1.6 实验室应保存检验数据的原始记录。

7.1.7 检验仪器的计量应符合 GB/T 22000—2006 中 8.3 的要求。

7.1.8 速冻果蔬生产企业委托外部检验机构开展检验工作的，应签订委托合同。

7.1.9 受委托的社会实验室应当具有相应的资质，具备完成委托检验项目的实际检测能力。

7.1.10 生产过程中直接关系到安全卫生质量控制等时效性较强的检验项目，如感官、微生物等项目，应由企业设立的实验室自行完成检验，不得对外委托。

7.2 检验要求

抽样应按照规定的程序和方法执行。抽样方案应科学，确保抽样工作的公正性和样品的代表性、真实性。抽样人员应接受过专门的培训，具备相应资质。

产品检测方法应满足现行的国家标准和行业标准的要求。农残等项目的检测，按现行的国家标准执行。出口产品按进口国法律法规、合同及信用证规定的方法执行。

8 产品追溯和撤回

8.1 产品追溯

应建立和实施产品追溯系统，以确保从产品的初次分销追踪到所使用原料的种植基地。

对反映产品卫生质量情况的有关记录，应制定其标识、收集、编目、归档、存储、保管和处理的程序，并贯彻执行。所有质量记录应真实、准确、规范，冷冻产品的记录应至少在产品保质期满后再保存 12 个月。

8.2 撤回

应建立不安全批次产品的撤回方案，应能够追溯到销售批次和客户。应采用模拟撤回、实际撤回或其他方式来验证产品撤回方案的有效性。

附　录　A
（资料性附录）
GB/T 22000—2006 与 GB/T 27307—2008 之间的对应关系

表 A.1　GB/T 22000—2006 与 GB/T 27307—2008 之间的对应关系

GB/T 22000—2006		GB/T 27307—2008	
引言			引言
范围	1	1	范围
规范性引用文件	2	2	规范性引用文件
术语和定义	3	3	术语和定义
食品安全管理体系	4		
总要求	4.1		
文件要求 总则 文件控制 记录控制	4.2 4.2.1 4.2.2 4.2.3	8.1	产品追溯
管理职责	5		
管理承诺	5.1		
食品安全方针	5.2		
食品安全管理体系策划	5.3		
职责和权限	5.4		
食品安全小组组长	5.5		
沟通 外部沟通 内部沟通	5.6 5.6.1 5.6.2		
应急准备和响应	5.7		
管理评审 总则 评审输入 评审输出	5.8 5.8.1 5.8.2 5.8.3		
资源管理	6		
资源提供	6.1	7.1	检验
人力资源 总则 能力、意识和培训	6.2 6.2.1 6.2.2	4 4.1 4.2	人力资源 食品安全小组的组成 能力、意识和培训
基础设施	6.3	5	前提方案

表 A.1（续）

GB/T 22000—2006		GB/T 27307—2008	
工作环境	6.4	5	前提方案
安全产品的策划和实现	7	6	关键过程控制
总则	7.1		
前提方案(PRPs)	7.2 7.2.1 7.2.2 7.2.3	5 5.2 5.3 5.4	前提方案 基础设施和维护 卫生标准操作程序 人员健康和卫生要求
实施危害分析的预备步骤 总则 食品安全小组 产品特性 预期用途 流程图、过程步骤和控制措施	7.3 7.3.1 7.3.2 7.3.3 7.3.4 7.3.5	 4.1	 食品安全小组的组成
危害分析 总则 危害识别和可接受水平的确定 危害评估 控制措施的选择和评估	7.4 7.4.1 7.4.2 7.4.3 7.4.4	6.2 6.3 6.4	基地管理 原辅料验收 加工过程控制
操作性前提方案(PRP_S)的建立	7.5		
HACCP 计划的建立 HACCP 计划 关键控制点(CCPs)的确定 关键控制点的关键限值的确定 关键控制点的监视系统 监视结果超出关键限值时采取的措施	7.6 7.6.1 7.6.2 7.6.3 7.6.4 7.6.5		
预备信息的更新、规定前提方案和 HACCP 计划文件的更新	7.7		
验证策划	7.8	7	检验
可追溯性系统	7.9	8.1	产品追溯
不符合控制 纠正 纠正措施	7.10 7.10.1 7.10.2		 撤回

表 A.1（续）

GB/T 22000—2006		GB/T 27307—2008	
潜在不安全产品的处置 撤回	7.10.3 7.10.4	 8.2	 撤回
食品安全管理体系的确认、验证和改进	8		
总则	8.1		
控制措施组合的确认	8.2		
监视和测量的控制	8.3	7	检验
食品安全管理体系的验证 内部审核 单项验证结果的评价 验证活动结果的分析	8.4 8.4.1 8.4.2 8.4.3		
改进 持续改进 食品安全管理体系的更新	8.5 8.5.1 8.5.2		

附 录 B
（资料性附录）
相关法规和标准清单

国家认证认可监督管理委员会2002年第3号公告 食品生产企业危害分析与关键控制点(HACCP)管理体系认证管理规定

GB 2760 食品添加剂使用卫生标准

GB 2762 食品中污染物限量

GB 2763 食品中农药最大残留限量

GB 7718 预包装食品标签通则

GB 9687 食品包装用聚乙烯成型品卫生标准

GB 9693 食品包装用聚丙烯树脂卫生标准

GB 14930.1 食品工具、设备用洗涤剂卫生标准

GB 14930.2 食品工具、设备用洗涤消毒剂卫生标准

GB 15204 食品容器、包装材料用偏氯乙烯-氯乙烯共聚树脂卫生标准

GB 16331 食品包装材料用尼龙6树脂卫生标准

GB 16332 食品包装材料用尼龙成型品卫生标准

GB 18406.1 农产品安全质量 无公害蔬菜安全要求

GB 18406.2 农产品安全质量 无公害水果安全要求

GB/T 18407.1 农产品安全质量 无公害蔬菜产地环境要求

GB/T 5009.38 蔬菜、水果卫生标准的分析方法

GB/T 10470 速冻水果和蔬菜 矿物杂质测定方法

GB/T 10471 速冻水果和蔬菜 净重测定方法

GB/T 19537 蔬菜加工企业 HACCP 体系审核指南

CAC/RCP 1—1969 [Rev.4(2003),Amd.1(1999)]食品卫生通则

CAC/RCP 5—1971 脱水干果和蔬菜(包括食用菌)卫生操作规范

CAC/RCP 8—1976，Rev.2(1983) 速冻食品加工处理卫生操作规范

CAC/RCP 46—1999 延长货架期的冷藏包装食品卫生操作规范

CAC/RCP 53—2003 新鲜水果和蔬菜卫生操作规范

附 录 C
（资料性附录）
速冻果蔬生产企业良好操作规范要点

速冻果蔬生产企业良好操作规范(good manufacturing practice,GMP)要点如下：

1） 卫生质量方针和卫生质量目标。

2） 组织机构及其职责。

3） 生产、检验人员的管理(按食品企业 GMP 和 GB 14881—1994 的相关规定)。

4） 环境卫生的要求。

5） 车间及设施卫生的要求：

——地面、墙壁、天花板、门窗、管道等；

——通风设施；

——供水设施；

——更衣设施；

——洗手消毒设施；

——冷库设施；

——卫生间设施。

6） 原料、辅料卫生质量的控制。

7） 生产卫生质量的控制。

8） 包装、储存、运输卫生的控制。

9） 检验的要求。

10） 质量记录的控制。

11） 质量体系的内部审核。

参 考 文 献

［1］ 国家质量监督检验检疫总局.出口食品生产企业卫生注册登记管理规定.2002年第20号令.

［2］ 国家认证认可监督管理委员会.食品生产企业危害分析与关键控制点(HACCP)管理体系认证管理规定.2002年第3号公告.

［3］ 国家认证认可监督管理委员会.食品安全管理体系认证实施规则.2007年第3号公告.

［4］ 宫君秋.出口蔬菜质量控制.山东:山东科技出版社,2000.

［5］ NORMAN N P, JOSEPH H H. 王璋,等,译.食品科学.5版.北京:中国轻工业出版社,2001.

［6］ 出口速冻果蔬生产企业注册卫生规范

［7］ 中国合格评定国家认可中心."十五"国家重大科技专项"食品安全关键技术"课题成果,中国食品企业和餐饮业HACCP体系的建立和实施丛书:食品安全管理体系评价准则,认证制度和认可制度.北京:中国标准出版社.2006.

ICS 03.120.10
A 00

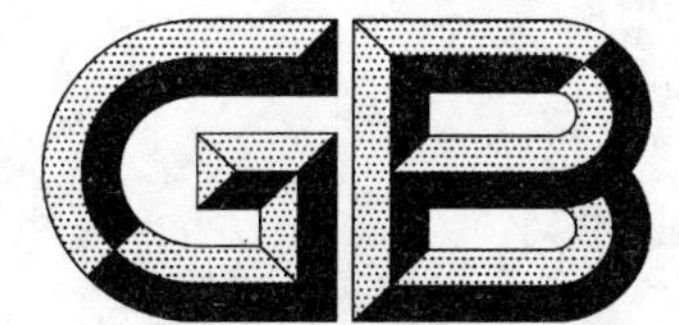

中华人民共和国国家标准

GB/T 27401—2008

实验室质量控制规范　动物检疫

Criterion on quality control of laboratories—Animal quarantine

2008-05-04 发布　　2008-10-01 实施

中华人民共和国国家质量监督检验检疫总局
中国国家标准化管理委员会　发布

前　言

本标准是实验室质量控制规范系列标准之一，其目前包括以下标准：

——GB/T 27401《实验室质量控制规范　动物检疫》；

——GB/T 27402《实验室质量控制规范　植物检疫》；

——GB/T 27403《实验室质量控制规范　食品分子生物学检测》；

——GB/T 27404《实验室质量控制规范　食品理化检测》；

——GB/T 27405《实验室质量控制规范　食品微生物检测》；

——GB/T 27406《实验室质量控制规范　食品毒理学检测》。

请注意本标准的某些内容有可能涉及专利。本标准的发布机构不应承担识别这些专利的责任。

本标准的附录A、附录B和附录C为资料性附录。

本标准由全国认证认可标准化技术委员会(SAC/TC 261)提出并归口。

本标准由中国合格评定国家认可中心负责起草。

本标准起草单位：中国合格评定国家认可中心、中华人民共和国北京出入境检验检疫局。

本标准主要起草人：刘来福、宋桂兰、张利峰、刘艳华、张鹤晓、翟培军、李冰玲、何平、刘国传。

引　言

本标准的编制主要以GB/T 27025《检测和校准实验室能力的通用要求》为基础，同时吸收了GB/T 19001—2000《质量管理体系　要求》的内容，并参考了相关国际专业组织的文件、国内外行业标准和专业文献中适用的内容，并充分融合了国内相关实验室的管理经验。

本标准旨在规范、指导和帮助相关实验室，使其满足GB/T 27025和本专业领域质量控制的具体要求。

除GB/T 27025外，本标准参考的本专业领域相关的主要文件包括世界动物卫生组织(World organisation for animal health，OIE)《陆生动物诊断试验和疫苗手册(哺乳动物、禽鸟与蜜蜂)》第五版(2004)的第一部分总论、《水生动物疫病诊断手册》第五版(2006)的第一部分、GB/T 18088《出入境动物检疫采样》、GB 19489《实验室生物安全通用要求》。

此外，本标准虽然包括了适用于本专业领域的部分我国现行法规以及部分安全相关的内容，但本标准不作为判断实验室是否满足相关法规及安全要求的依据。

动物检疫是指在法律法规、技术规范、标准的规定范围内，以各种兽医诊断、检验技术为基础，及时发现动物及动物产品中有害生物体，以控制动物疫病扩散，保障动物养殖业、动物及动物产品安全。其主要过程包括样品采集、检疫、结果分析和结果报告等。本标准主要适用于从事动物、动物产品检疫和动物疫病诊断的实验室。从事动物疫病研究的实验室可将本标准作为参考。

建议相关实验室在使用本标准前，应熟悉和掌握GB/T 27025的相关内容。本标准与GB/T 27025—2008的条款对照参见附录A。

实验室质量控制规范　动物检疫

1　范围

本标准规定了动物检疫实验室质量控制的管理要求、技术要求、过程控制要求和结果质量控制要求。

本标准适用于从事动物及其动物产品中有害生物体检疫的实验室。

2　规范性引用文件

下列文件中的条款通过本标准的引用而成为本标准的条款。凡是注日期的引用文件，其随后所有的修改单(不包括勘误的内容)或修订版均不适用于本标准，然而，鼓励根据本标准达成协议的各方研究是否可使用这些文件的最新版本。凡是不注日期的引用文件，其最新版本适用于本标准。

GB/T 15483.1　利用实验室间比对的能力验证　第1部分：能力验证计划的建立和运作(GB/T 15483.1—1999，idt ISO/IEC 导则 43-1：1997)

GB/T 18088　出入境动物检疫采样

GB/T 19000　质量管理体系　基础和术语(GB/T 19000—2000，idt ISO 9000：2000)

GB 19489　实验室生物安全通用要求

GB/T 27000　合格评定　词汇和通用原则(GB/T 27000—2006，ISO/IEC 17000：2004，IDT)

GB/T 27025　检测和校准实验室能力的通用要求(GB/T 27025—2008，ISO/IEC 17025：2005，IDT)

JJF 1059　测量不确定度评定与表示

VIM　国际通用计量学基本术语[由国际计量局(BIPM)、国际电工委员会(IEC)、国际临床化学和实验医学联合会(IFCC)、国际标准化组织(ISO)、国际理论化学和应用化学联合会(IUPAC)、国际理论物理和应用物理联合会(IUPAP)和国际法制计量组织(OIML)发布]

3　术语和定义

GB/T 27025、GB/T 15483.1、GB/T 19000、GB/T 27000 和 VIM 确立的以及下列术语和定义适用于本标准。

3.1

动物检疫实验室　animal quarantine laboratory

从事动物及其动物产品中有害生物体检疫的实验室。

3.2

实验室最高管理者　top management of laboratory

在最高层指挥和控制实验室的一个人或一组人。

3.3

实验室管理层　management personnel of laboratory

在实验室最高管理者领导下管理实验室活动的人员。

3.4

作业指导书　operating instructions

对实验室工作具体实施方案、方法和程序等的详细说明或指导性文件。

3.5

控制措施　control measure

能够用于防止出现不合格检测的行动或活动。

3.6

实验室能力 laboratory capability

实验室进行相应检测所需的物质、环境、信息资源、人员、技术和专业知识。

3.7

样品 sample

取自某一整体的一个或多个部分，旨在提供该整体的相关信息，通常作为判断该整体的基础。

3.8

细胞系 cell line

在体外有很强增殖能力的稳定传代细胞株。

3.9

临界值 cut-off

阈值 threshold

区分阴性和阳性结果的试验数值。

3.10

无特定病原体 specific pathogen free；SPF

用适当实验证明没有特定病原微生物的动物。

3.11

指定试验 prescribed test

动物和动物产品国际流通中OIE《陆生动物卫生法典》要求的并认为是确定动物卫生状况最适的试验方法。

3.12

实验动物 laboratory animal

用于科学实验的动物。这些动物应是经人工培育、其携带微生物状况受到控制、遗传背景明确、来源清楚、符合科学实验、药品及生物制品的鉴定及其他科学研究的要求。

3.13

动物产品 animal product

供食用、饲料用、药用、农用或工业用的动物源性产品。

3.14

生物模型 biological model

实验动物、SPF鸡胚、敏感的细胞系等适用于动物检疫的具有生命特征和活性的生物材料。

4 管理要求

4.1 组织

4.1.1 动物检疫实验室或其所在组织应具有明确的法律地位。实验室一般为独立法人，非独立法人的实验室需经法人授权。

4.1.2 实验室检疫服务应能满足客户及其所在机构的工作需要。

4.1.3 实验室在其固定机构内部或外部的场所开展工作时，均应遵守本标准中的相关规定。

4.1.4 实验室应当设置最高管理者，并确保其：

a） 为实验室配置足够的管理人员和技术人员，并为所有人员提供履行其职责所需的权力和资源；

b） 制定政策和程序，以避免机构和人员介入任何可能会降低其判断能力、技术性、诚实性和公正性的活动；

c） 制定政策和程序，确保客户机密信息得到保护；

d） 明确实验室的组织和管理架构，以及实验室与其他相关机构的关系；

e） 规定所有人员的职责、权力和相互关系；

f) 成立技术管理层负责技术运作(技术管理层负责人也称作技术负责人)并赋予相应职责和权力,任命质量负责人,由其全面负责质量体系运作;
g) 必要时,成立动物伦理委员会,负责审查批准相关动物实验;
h) 由熟悉检疫目的、程序、操作和结果评价的人员,对实验室的其他人员按其经验、能力和职责进行相应的培训和监督,最高管理者直接任命和管理质量监督员;
i) 指定关键人员的代理人,在一些小型实验室里,可由一个人承担多项职责。

4.1.5 最高管理者、技术负责人、质量负责人等质量关键人员可授权有能力的人员,在专业实验室行使相应的职权。

4.1.6 实验室最高管理者、技术负责人、质量负责人及各专业实验室负责人应有任命文件。

4.2 管理体系

4.2.1 政策、过程、计划、程序、指导书和操作规程等均应形成文件,并传达至所有相关人员。应保证有关人员熟悉、理解并执行。

4.2.2 管理体系应包括内部质量控制和外部质量评审工作。

4.2.3 最高管理者应主持制定质量方针、目标和承诺,形成文件并写入质量手册。最高管理者或质量负责人向全体员工宣贯质量方针和目标。质量方针、目标和承诺应简明清晰,且便于有关人员即时获得,也应让客户了解,应包括以下内容:
a) 实验室提供的服务范围;
b) 对服务标准的承诺;
c) 阐明实验室的质量管理水平和技术目标;
d) 对相关人员熟悉、理解、执行质量文件的要求;
e) 实验室在职业行为、检验质量以及遵守管理体系和相关法规政策方面的承诺。

4.2.4 质量手册应对管理体系及文件结构进行描述,注明引用的支持性程序;质量手册中还应规定各重要岗位人员的职责。应指导所有人员使用质量手册和所有参考文件,并实施这些要求。

4.3 文件控制

4.3.1 实验室应制定并实施专门的程序文件,以满足文件管理的要求,应将文件备份存档,同时还应明确规定其保存期限。这些受控文件可使用纸张或无纸化媒介,并应予以保存,同时还应遵循国家、地区和当地的规定。

4.3.2 实施的文件控制程序应确保:
a) 向实验室人员发布的管理体系相关文件,发布前得到授权人员的审批;
b) 建立在用文件名称、有效性状态和发放情况的记录,此记录也称作文件控制记录;
c) 在相应场所,只使用现行的、经过确认的文件版本;
d) 应定期对文件进行评审、修订,并经授权人员批准;
e) 无效或已废止的文件应立即从所有使用地点撤离,或进行适当标注,以防止误用;
f) 如果实验室允许在文件再版之前对文件进行手写修改,则应确定修改的程序和权限,修改之处应有清晰的标注、草签并注明日期,修订的文件应尽快正式发布;
g) 应制定程序描述如何更改和控制在计算机系统中运行的文件。

4.3.3 管理体系相关文件均应有唯一性标识,包括:
a) 标题及文件号;
b) 修订日期或修订号;
c) 页数(如适用);
d) 发行机构;
e) 来源的标识。

4.4 质量与技术记录控制

4.4.1 实验室应建立并实施一套对质量及技术记录进行识别、采集、索引、查取、存放、维护以及安全处理的程序。

4.4.2 所有质量及技术记录均应清晰明确，便于检索，并应符合有关规定。应提供一个适宜的存放环境，以适当的形式进行存放，以防损毁、破坏、泄密、丢失或被盗用。

4.4.3 实验室应明确规定各种质量及技术记录的保存期。保存期限应根据检验的性质或每个记录的具体情况而定，某些情况下还需符合有关法律法规的要求。

质量及技术记录至少包括：

a) 检验申请表或采样记录；

b) 检验结果和报告；

c) 仪器打印出的结果；

d) 试验计划；

e) 原始工作记录簿或记录单；

f) 试验数据统计记录；

g) 质量控制记录；

h) 投诉及所采取的措施；

i) 内部及外部审核记录；

j) 能力验证或实验室间的比对记录；

k) 质量改进记录；

l) 仪器使用及维护记录，包括内部及外部的校准记录；

m) 实验动物房的环境监控记录；

n) 开展动物实验的伦理审查记录；

o) 外部服务供应的有关记录，包括实验动物供应来源及质量记录；

p) 设备、耗材的验收记录，饲料及饮用水的定期检测记录，实验动物的验收、检疫及适应记录；

q) 差错或事故记录及应对措施；

r) 人员培训及能力记录。

4.4.4 当记录中出现错误时，每一个错误应划改，并将正确值填写在其旁边，应能识别出更改前内容。记录的所有改动应有改动人的签名或签名缩写。电子存储的记录也应采取同等措施，以避免原始数据的丢失或改动。

4.5 服务客户

4.5.1 实验室应授权资深人员为客户提供适当的送检前专业咨询服务。

4.5.2 实验室中经授权的专业人员，在客户的要求下，可就选择何种检验及服务提供建议，包括检疫项目、检疫方法、所需样品情况等。实验室应明确客户的要求，并在确保实验室及其他客户机密的情况下，允许客户进入实验室监视与其工作有关的操作。也可为客户提供样品准备、包装和发送等服务。

4.5.3 实验室在整个工作过程中，应与客户尤其是大宗业务的客户保持联系。

4.5.4 适当情况下，实验室中经授权的专业技术人员可以就实验结果提供解释。

4.5.5 实验室应将检测过程中的任何延误和主要偏离通知客户。

4.5.6 实验室应向客户征求反馈意见，无论是正面的还是负面的。应使用和分析这些意见，并应用于改进管理体系、检测活动及服务水平。实验时应保留完整的反馈意见及采取相应措施的记录，该反馈意见及其措施可作为管理评审的输入之一[见 4.11.2h)]。

4.6 投诉处理

4.6.1 实验室应有政策和程序处理来自客户或其他方面的投诉，方式应多样、多渠道。实验室应保存投诉以及针对投诉所开展的调查和纠正措施的记录。客户投诉及处理情况应作为管理评审的输入之一[见 4.11.2g]。

4.6.2 鼓励实验室对其服务客户进行调查，获取正面和负面的反馈信息，改进、完善实验室管理体系。

4.7 不符合工作控制

4.7.1 实验室应有专门的程序和规定，以识别、控制检疫过程中的不符合工作。这些程序和规定应保证：

a) 指定专人负责处理不符合工作问题；

b) 明确规定应采取的措施；

c) 考虑不符合工作可能产生的影响，必要时应通知客户；

d) 必要时终止检疫，不外发报告；

e) 立即纠正，必要时采取纠正措施；

f) 若检验结果已向外发布，应考虑是否需要收回，或以适当方式善后；

g) 指定专人有权中(终)止检疫和批准恢复检疫工作；

h) 记录每一次出现的不符合工作并归档保存，应定期评审这些记录，以发现趋势并采取预防措施(见 4.9)。

4.7.2 在不符合工作得到控制后，应分析产生不符合项的根本原因并消除，以防类似不符合工作再度出现。

4.7.3 实验室应制定并实施相关程序，规定如何审核、发布关于不符合工作的检查报告，并保存这些工作记录。

4.8 纠正措施

对发现的不符合工作，进行控制和纠正后，还应分析考虑是否需要实施纠正措施。

a) 纠正措施程序应包括一个调查过程以确定问题产生的根本或潜在原因。纠正措施应与问题的严重性及其带来风险的大小相适应，以避免资源浪费。

b) 如所采取的纠正措施涉及某项变更时，应将这些变更形成文件并发布给有关人员执行。

c) 应监控每一纠正措施的结果，以确定这些措施是否有效。

d) 如果对不符合工作的调查分析表明管理体系可能存在问题，则实验室应进行旨在解决存在问题的管理体系附加审核或管理评审。应对纠正措施的结果进行评审。

4.9 预防措施

实验室应制定专门的程序用以发现潜在不符合工作并预防其发生。

a) 应确定包括技术方面和相关管理体系方面的潜在不符合项和所需的改进。如需采取预防措施，应制定、执行和监控这些措施，以减少类似不符合项发生的可能性并借机改进。

b) 预防措施程序应包括启动和应用的条件。预防措施还可能涉及数据分析、趋势和风险分析等。

c) 应定期对所有的运行程序进行评审，以发现潜在不符合工作，提出质量技术方面的改进意见，制定改进措施的方案并实施，将有关文件资料和记录归档保存。

d) 评审结束并执行相应措施后，实验室应通过对相关方面重点评审或审核的方式评价上述措施的有效性。

e) 应对预防措施实施的结果进行分析判断，包括管理体系是否需要改动和如何更改等内容。

4.10 内部审核

4.10.1 为检查证实检疫及相关工作与管理体系的符合性，应定期(至少每年一次)对质量体系各要素的执行情况进行检查审核，即内部审核，内部审核应包含质量体系的所有要素和所有相关部门及人员。必要时可进行附加审核[见 4.8d)]。

4.10.2 应由质量负责人或指定有资格的人员负责对内部审核进行策划、组织并实施，只要资源允许，审核人员应与被审核的工作无直接关联。应制定内部审核的程序文件，其中包括人员职责、审核类型、频次、依据、工作流程、采用方法以及所需的相关文件。

4.10.3 审核中如果发现不符合工作，实验室应进行纠正，必要时采取适当的纠正措施或预防措施，并将这些措施形成文件，送达相关部门实施整改，在约定时间内完成，并指定专人负责跟踪审核，验证整改的有效性。如果审核发现的存在问题可能影响到已发出的检测结果，应书面通知客户。

4.10.4 审核结果应以文件形式发布至各相关部门和人员。

4.10.5 审核结果及问题整改跟踪验证情况应予以记录，并作为管理评审的输入之一[见4.11.2d)]。

4.11 管理评审

4.11.1 实验室应对管理体系及其他相关工作进行评审，包括检验咨询工作，以确保得到管理体系的适宜性和有效运行所需要的资源保证等外部条件，并及时进行必要的变动或改进。管理评审应至少每年一次，必要时可临时进行评审[见4.8d)]。

4.11.2 管理评审由最高管理者主持。管理评审至少应考虑以下几方面：

a) 上次管理评审的执行情况；

b) 政策和程序的适用性；

c) 所采取的纠正措施、预防措施等质量体系改进方式及其他改进建议；

d) 管理或监督人员的报告；

e) 近期内部审核的结果；

f) 外部评审和参加能力验证、实验室间比对的结果；

g) 承担的工作量及类型的变化，财务情况；

h) 检验服务质量，包括来自客户、内部员工以及其他方面的投诉或相关信息；

i) 人员培训及有效性评价；

j) 内部质量控制结果报告；

k) 对供应商和服务商的评价；

l) 质量方针的适宜性及质量目标达标分析。

4.11.3 管理评审结果应包括对管理体系适宜性做出评价，以及影响管理体系适宜性、有效性存在问题的解决方案，并跟踪解决方案实施情况。

4.11.4 管理评审结果应向相关人员通报，并将文件和记录归档。

4.12 持续改进

4.12.1 实验室应通过满足关于检测质量和客户的要求，持续改进实验室的管理体系。

4.12.2 实验室应通过利用质量方针、质量目标、数据分析、沟通、管理评审、内部审核、能力验证、预防和纠正措施、客户投诉等渠道，持续改进实验室管理体系的有效性。

4.12.3 实验室应建立质量指示系统，用于监控、评价检验工作的效果。如该指标评价结果表明有改进的可能性，应予以考虑，以使实验室工作质量得到持续改进。

5 技术要求

5.1 采购服务

5.1.1 实验室应建立并保持对实验室检疫工作质量有影响的服务和供应品的选择、购买、验收和储存等环节的控制程序，以确保其质量。程序应包括以下内容：

a) 不同类型服务和供应品的采购权限及采购范围；

b) 供应商的评价及选择，包括提供菌毒种、实验动物的供应商；

c) 采购文件的制定；

d) 供应品的购置、验收、储存、使用和不合格品的处理；

e) 供应品在投入使用前，经检查或证实其符合有关规定的要求。

5.1.2 实验室应对影响检疫质量的服务和供应品的供应商进行评价，必要时，包括生产厂。保存评价记录，应建立并及时更新合格供应商和服务提供者的名录和档案资料。

5.1.3 实验室在购置对实验室输出质量有影响的服务和供应品时，应制定采购文件，采购文件包含对服务和供应品的描述性资料，其内容至少包括名称、规格、数量和其他技术性数据。这些采购文件在发出前，其技术内容应经过审核批准。

5.1.4 实验室应确保所采购的影响检疫质量的供应品只有在经检验或以其他方式验证了符合有关检疫方法的规定和要求之后，才投入使用。验证方式可多样，适当时，供应商的质量管理体系符合性声明或其他合格证明也可作为验证资料。所使用的服务和供应品应符合规定的要求,实验室应保存进行符合性检查的所有记录。

5.2 人员

5.2.1 实验室应有足够具备相应技术能力的人力资源,以便满足检疫工作的需求及履行质量管理体系相关的职责。

5.2.2 实验室管理层应有对检疫工作相关的所有人员的资格和职责做出明确描述,并保留其当前工作的这些描述。资格和职责的描述可含多项内容,但至少需规定以下内容:

a) 从事检疫工作岗位的职责;
b) 检疫计划和结果评价方面的职责;
c) 提交意见和解释的职责;
d) 方法改进、新方法开发及确认方面的职责;
e) 所需的实验室诊断方面的专业知识和经验;
f) 专业资格证明和培训经历。

5.2.3 实验室最高管理者应具有相应的教育、专业背景和工作经验,除具备管理能力外,还应具备相应的技术能力担任此职务。

5.2.4 对检疫报告负责解释的人员,除了应具备相应的资格、培训、经验以外,还应掌握所开展的动物检疫方面的专业和政策理论知识,掌握已使用或拟使用方法的相关知识,具备分析、解决检疫中出现问题的能力。

5.2.5 授权签字人对检疫项目的全过程以及最终的检疫报告负责。授权签字人应熟悉实验相关的法规、协议、动物检疫方法和标准。

5.2.6 实验人员在被指派从事某项检疫工作或辅助工作之前,这些人员应受到足够的专项培训,具备足够的工作经验和一定的分析能力,应对其检测能力进行确认。

5.2.7 实验室管理层应制定实验室人员的教育、培训和技能目标。应有确定培训需要和提供人员培训的政策和程序。年度培训计划应与实验室当前的和预期的任务相适应,应定期评价这些培训活动的有效性。人员培训的内容应包含但不局限于以下几方面:

a) 相关的法律法规、行政规章等知识培训;
b) 动物检疫实验室质量管理方面的专门培训;
c) 设备的维护和使用;
d) 实验样品的运输和储存程序;
e) 实验过程中所涉及的专业理论、新实施的检疫标准和操作规程;
f) 正确评价实验结果;
g) 实验室消防知识,实验室生物安全和应急处理。

5.2.8 实验人员经考核、授权后方可独立开展工作。授权应有主管部门或管理层颁发的资格证书或上岗证明,授权至少包括取样检疫人员、特定类型的设备操作人员、签发报告和证书的人员、做评价和说明的人员。

5.2.9 实验室管理层应保存全部人员(包括签约人员)的相关授权、教育背景、专业资格、培训、工作经历、能力考核评估、事故记录、健康和免疫接种(必要时)等个人档案信息。这些信息应经过实验室最高管理者审批才能调阅。这些信息应包括以下内容:

a) 学历、学位和资格证书;
b) 以前用人单位的评语(适用时);
c) 工作描述;
d) 继续教育及成绩的记录;
e) 参加学术活动的记录;
f) 能力考核和评估;

g) 严重差错或事故报告的记录。

5.2.10 实验室应建立实验室工作可能存在危险的告知制度。对实验室所有人员，特别是新参加此项工作的人员应及时告知实验室工作可能存在的危险并接受实验室安全教育。确保实验室所有人员掌握预防事故和处理事故的能力。

5.2.11 实验室应使用正式人员或签约人员。在使用签约人员（合同制人员）和其他额外技术人员及关键的支持人员时，实验室应确保这些人员能胜任检验工作，且受到监督，并依据实验室管理体系要求工作。

5.2.12 管理层应有措施为实验室人员提供相关科技文献，以便及时了解国内外最新的动物检疫信息和相关技术。

5.2.13 实验室外来合作者、进修和学习人员在进入实验室及上岗之前应经过培训和考核合格并经实验室最高管理者的批准。

5.3 设施和环境条件

5.3.1 实验室应按照有效运行的宗旨进行设计，总体布局。各部位安排、安全设施等应使工作人员感到方便和舒适。同时应制定防止样品污染和对人员、环境造成危害及防止潜在有害生物的逃逸和造成污染的措施，将发生伤害和职业性疾病的风险降到最低。保护工作人员、外来人员免于受到某些已知或潜在危险的伤害。实验室应配备必要的事故伤害急救设施，如洗眼设施、应急喷淋装置（必要时）等。

5.3.2 实验室应有足够的工作空间将细胞室与细菌室和病毒室等合理布局，并有效隔离，以能够满足细胞、细菌和病毒实验室的工作要求。应根据分子生物学实验的要求设置实验区域，避免扩增区、样品处理区和试剂配制区等区域间的交叉污染。应考虑有助于质量控制程序的实施和工作人员、外来人员的安全及健康。应留有足够的无障碍安全工作区（必要时），其中包括大件设备周围的空间，以便于维修保养人员的工作。应维持实验室资源持续有效、可靠。对于在实验室固定设施以外的地方进行现场检疫及取样场所应制定相似的规定。

5.3.3 用于检疫的实验室设施，包括（但不限于）能源、照明、供水、废弃物处理和环境条件等，应符合国家有关规定和检疫标准的要求，应有助于检疫的正确实施。

注：实验室应有可靠的电力供应和应急照明，必要时，重要设备如培养箱、生物安全柜、超低温冰箱等应设有备用电源。

5.3.4 相关的规范、方法和程序对设施环境有要求时，或对检疫结果的质量有影响时，实验室应建立相应的程序，监测、控制和记录环境条件。对防止交叉污染、生物消毒、灰尘、辐射、温度、湿度、供电、声音、气溶胶等问题应予重视，使其适应于相关的检疫工作。当环境条件危及到检疫结果时，应停止检疫。

5.3.5 实验室的重要区域应有适当的明显标识，必要时，应标明如：无菌区域应明确标识、负责人的姓名或洁净级别、联系人的姓名和电话、准入要求等，同时，标记上国际上通用的危险标识（如生物危险标识、火灾标识和放射性标识），并记录环境条件。

5.3.6 实验室涉及生物安全时，应严格执行 GB 19489。实验室在从事病原微生物检疫活动时应在具有相应生物安全防护水平的设施内进行。

5.3.7 实验室如建有专门的实验动物设施，以及动物感染实验区域时，应按照国家实验动物和动物生物安全实验室的标准要求维护和管理。

5.3.8 使用有放射性、爆炸性、毒害性和污染性物质的实验室，应符合有关安全、防护、疏散、环境保护等规定。

5.3.9 实验室与易燃、易爆品储存区之间的安全距离应符合国家现行有关规范的规定（必要时）。

5.3.10 实验室应有相应的安全消防保障条件及措施。

5.3.11 实验室应采取适当的设施、环境和措施，保证样品、菌株、毒株、细胞株、脱氧核糖核酸（DNA）和核糖核酸（RNA）提取物、聚合酶链式反应（PCR）产物、阳性样品、试剂、实验用品在存放过程中不被污染和安全，并防止无关人员接触。菌株、毒株的保管和使用应符合国家有关规定。

5.3.12 实验室内的通信系统应与机构的规模、复杂性及信息的有效传输相适应。

5.3.13 应采取措施确保实验室的良好内务管理，保证实验室整洁。不同的实验区域应有其各自的专用清洁用具以防止交叉污染。

5.3.14 对影响检疫质量的区域的进入和使用，应加以控制，非实验有关人员和物品不得进入实验室。实验室应根据其特定情况确定控制的范围。

5.4 设备

5.4.1 实验室应正确配备进行检疫所需的各种设备，包括采样、样品制备、检疫、数据处理分析等设备。实验室管理层应确保使用的所有设备满足本标准的要求。实验室应建立设备一览表和检定周期表。

5.4.2 实验室应建立设备购置管理程序，严格管理仪器设备的采购、验收、安装、调试和建档等工作，并执行供应商的评估程序。参见5.1。

5.4.3 用于检疫和采样的设备及其软件应达到所需的性能指标，并符合相关检疫规范要求。对结果有影响的仪器的参数或关键量、值，应制定检定、校准计划，确保投入工作前应进行检定、校准或核查，以证实其能够满足实验室相应的规范和标准要求。设备在使用前应进行核查或校准，当校准产生了一组修正因子时，实验室应有程序确保其所有备份(如计算机软件中的备份)得到正确更新。

5.4.4 实验室应建立一套设备使用、维护、存放、运输和安全处置的程序。其程序应包括使用实验室固定场所以外的设备，确保在用设备功能正常并防止污染或性能退化。

5.4.5 所有仪器设备的使用人员应按照人员培训程序，经过专门的技术培训。重要仪器设备的使用人员应在获得相应的技术资格并经过授权后方可上机操作。实验室应根据人员结构、工作需要和设备要求制定设备使用和维护指导书，可在制造商提供的使用说明、操作手册或其他相关文件基础上完善或直接使用。实验室人员应具有能很方便地得到关于设备使用及维护的最新指导书的途径。所有主要设备均应有使用记录，其中应包括维护和故障检修记录等。

5.4.6 每台设备应以唯一性标签、标记或其他方式进行区别。实验室控制下的所有需要检定或校准的设备(或基础包装上)均应以标签、编码或其他标识方式来表明其检定或校准状态，上次检定(校准)日期、下次检定(校准)日期或检定(校准)有效期。

5.4.7 应保持对检疫结果有重要影响的设备及其软件的记录，这些记录至少应包括以下内容：

a) 设备及其软件的标识；
b) 制造商的名称、类型识别和序列号或其他唯一性的识别；
c) 制造商的联系人、电话(适当时)；
d) 设备到货日期和投入运行日期；
e) 当前的位置(适当时)；
f) 接收时的状态(如新品，使用过，修复过)和设备调整、验收记录；
g) 对设备的核查记录是否符合规范的要求；
h) 在投入使用前进行检查和(或)校准的状况，所有检定或校准报告和证书的日期、结果或校准报告和证书的复印件，下次检定或校准的预定日期；
i) 制造商的说明书或其存放处(适用时)；
j) 设备的维护计划，以及已进行的维护；
k) 设备的损坏、故障、改动或修理；
l) 预计更换日期(适用时)。

5.4.8 设备应放置在适宜的工作环境中，确保仪器设备的正常运转。无论何时，一旦发现设备出现故障，应立即停止使用，并加贴明显的标识，或单独放置以防误用，直至其被修复，并通过检定校准或测试表明能正常工作为止。实验室应检查上述故障是否对以前的检疫服务造成的影响，并实施4.7中规定的程序。实验室应采取合理措施在设备投入使用、修理或报废之前将其去除污染，设备的去除污染过程中，操作人员应注意防护。

5.4.9 应将所采取的减少污染措施的清单或指导书提供给操作该设备的工作人员。实验室中应留出足够的空间供设备修理和安放合适的个人防护用品。

5.4.10 实验室应根据从事的检疫工作内容、设备的状态、使用的频度、使用的地点、环境条件等，明确所需期间核查的设备，建立设备期间核查程序和方法，以维护设备状态的可信度。

5.4.11 如果设备脱离实验室直接控制，或已被修理或维护过，该设备在实验室中重新使用之前，实验室应对其进行功能和校准状态的核查，并确保其性能已达到要求。

5.4.12 实验室使用未经定型的专用检疫设备时应有相关技术单位的验证证明。

5.4.13 如果使用计算机或自动化检验设备进行收集、处理、记录、报告、存储或检索检验数据，实验室应保证：

a) 计算机软件，包括仪器设备内置的软件，应有文件记录并适于实验室使用；

b) 制定并实行相应程序，以随时保护资料的完整性和保密性；

c) 应对计算机和自动化设备进行维护，以确保其正常运转，并应提供相应的环境和操作条件；

d) 应有措施保护检测设备，包括硬件和软件，防止无关或未经授权的人员进入、修改或破坏，避免发生致使检测结果失效的调整。

5.5 实验试剂和废弃物管理

5.5.1 总则

实验室管理层应制定实验室试剂安全管理程序，所有配制和使用的试剂应有明确标识，在使用前应经过确认证明能够满足检疫方法规定的要求，实验产生的废弃物按无害化要求处理。

5.5.2 生物试剂使用

5.5.2.1 所有生物试剂应存放在符合其特性的储存环境中，确保其安全和不被污染。有涉及生物安全的生物试剂应按相应试剂说明书妥善处理。

5.5.2.2 生物试剂操作的全过程应以安全的方式进行操作，应穿戴适当且符合风险级别的个人防护装备。接触传染性生物物品的实验服和其他防护设备应经过无菌处理后才能再次使用或丢弃。

5.5.3 化学类试剂使用

5.5.3.1 实验人员应能方便获得与检疫工作相关的化学试剂安全数据表(MSDS)，应熟悉每种化学试剂的特性。

5.5.3.2 在使用化学试剂前，实验人员应熟悉该试剂的安全使用规则和废弃后的处理要求等。按照相关要求或标准操作规程(SOP)规范操作并合理使用个人防护用品，使用有腐蚀性、毒性、易燃和不稳定的化学试剂，应遵守国家的相应管理规定。

5.5.3.3 化学试剂应按照类别、选择适宜的环境、设施，确保其安全的条件下存放，所有盛装危险化学试剂的容器都应有清晰标记。试剂在使用后应放回原处。

5.5.4 放射性试剂使用(必要时)

5.5.4.1 实验室应制定放射性试剂的操作程序。该程序应包括对以下内容的详细说明：

a) 使用放射性试剂的地方应有显著的标识(包括提示、警告和禁止)；

b) 出现放射性事故时应采取的行动和处理措施；

c) 使用放射性试剂区域和未使用放射性试剂区域的划分；

d) 未使用放射性试剂区域被放射性试剂污染区域的处理措施；

e) 放射性试剂使用区域日常清洁和消毒的程序和方法。

5.5.4.2 必要时，所有实验室工作人员都应接受有关放射性技术、放射性保护方面的指导和培训，都应遵守放射性试剂操作程序。

5.5.4.3 适宜时，实验室应任命至少一名放射性保护员和多名放射性监督员，放射性保护员负责设计、执行和维护放射性保护程序；多名放射性保护监督员负责监督日常工作。

5.5.4.4 在使用放射性试剂之前，实验室最高管理者应对使用目的、范围和地点进行评价。

5.5.4.5 实验室应保存所有放射性试剂的购买、使用和处理记录。

5.5.5 废弃物处理

5.5.5.1 废弃物(包括动物尸体、代谢物、铺垫材料等)的处理应遵守相关法律法规的要求。实验室应有妥善处理废弃物的设施，并建立废弃物处理管理程序，以达到下列目的：

a) 具有专门设计、专用和有标记的处置废弃物的设施或容器；

b) 将获取、收集、运输和处理废弃物的危险减至最小；

c) 将废弃物对人体和环境的有害影响减至最小；

d) 安全及合法地脱离实验室控制。

5.5.5.2 应采用通用的警告标识系统，明确标识装有危险生物制品的容器或被其污染的物品。在存放危险废弃物的容器及其他有潜在传染性物品的冰箱以及处理尖锐物品的容器上，所贴的标签应使用通用的生物危害标识。

5.5.5.3 实验室管理层应指定专人负责处理危害性废弃物。应确保危害性废弃物只能由经过培训的人员处理，同时应采用适当的人员防护设备。无法在实验室妥善处理的化学品、剧毒品、致癌性废弃物应交具有相应资质的专业机构统一处理，并做好交接记录。

5.5.5.4 检疫样品在过了保存期以后应参照废弃物品处理程序进行处置。

5.6 溯源性

5.6.1 总则：对检疫结果有影响的设备，包括对检疫和采样结果的准确性或有效性有显著影响的辅助设备，在投入使用前应进行检定或校准，确认其有效性。

5.6.2 实验室应制定检定校准计划和程序，按时进行检定或校准。该计划应包括（但不限于）如下内容：

a) 检定或校准的设备名称、型号及编号；

b) 设备需校准的技术参数；

c) 检定或校准的机构；

d) 检定或校准周期；

e) 下次检定或校准的时间。

5.6.3 实验室制定的设备检定校准计划和程序应确保其校准和测量可溯源到国际单位制（SI）。测量无法溯源到 SI 单位或与之无关时，要求测量能够溯源到诸如有证标准物质、约定的方法和（或）协议标准。

5.6.4 实验室应有对校准后设备确认是否符合检疫工作要求的规定，防止误用。

5.6.5 实验人员应能方便看到、了解所用设备的测试或校准报告或证书。

5.6.6 实验室应有评定测量不确定度的程序。某些情况下，在动物疫病检验中无法严格地、从计量学和统计学上正确评估测量不确定度，但应识别和证实测量不确定度各分量处于控制之中，并评估出它们对结果的影响程度。

5.6.7 测量不确定度概念不能直接用于定性检验结果，但应识别并证明个别的可变因素（如试剂的浓度等）处于控制之中。实验室应意识到所进行的定性实验中出现假阳性和假阴性结果的概率。

5.6.8 实验室中的标准物质主要指相关实验所要求的参考病毒株、参考细菌株、各种阳性血清、阴性血清、标准抗原、标准规定的各种引物探针序列等等。实验室应使用符合实验需要的标准物质。

5.6.9 标准物质均应来自权威或认可部门，新分离的细菌、病毒株作为参考材料时，应经过充分验证，有足够证据表明其特性，并保存所有鉴定、验证记录。实验室在管理和使用参考菌株、毒株等病原微生物时应遵守国家有关病原微生物的采集、获取、上交、保藏和运输的管理规定。只要技术和经济条件允许，应对内部保存的标准物质进行定期核查。

5.6.10 实验室应有安全处置、运输、存储和使用标准物质的程序。实验室应防止标准物质的污染或损坏，确保其完整性和有效性。在标准物质投入使用前应对其有效性进行确认。

5.6.11 预实验和对照实验以及期间核查：应根据规定的实验程序和要求进行预实验和对照实验，以验证标准品的有效性。同时，也要根据程序和计划，对涉及检疫的参考标准、标准物质和设备（必要时）进行期间核查，以保持其校准状态的置信度。

5.7 生物模型

5.7.1 在进行动物检疫实验时,应确保实验动物、SPF 鸡胚和体外培养细胞等生物模型来源清晰,品系明确,且已知其生物学特性。

5.7.2 生物模型应在相应特定的条件下培养、使用、保存和转运。

5.7.3 生物模型的来源、品系、传代数、到达时间以及到达时的健康及生长状态等均应记录备案。

6 过程控制要求

6.1 总则

动物检疫过程包括从样品收集到发布报告的全过程,需要加以控制的主要影响质量的环节包括以下方面:

a) 合同和任务的受理与评审;

b) 样品的收集、保存、运输和处置;

c) 检疫方法及方法确认;

d) 检疫程序;

e) 分包;

f) 结果报告;

g) 疫情报告;

h) 突发事件的准备和响应。

6.2 合同评审

6.2.1 合同评审程序

实验室应建立和保持评审客户要求、标书和合同的程序。该程序主要包括以下内容:

a) 确定合同和任务的受理部门或人员,明确合同评审人员的职责和权限;

b) 明确实验室的任务来源,确定客户没有提出但事实存在的法律法规和部门规章制度的检疫要求;

c) 确定检疫内容和方法,形成文件,并易于理解;

d) 评价实验室是否具有能力和资源满足客户要求,包括检疫工作时限;

e) 双方理解任务要求,并在工作开始前达成共识;

f) 每项合同应得到实验室和客户双方的接受;

g) 拒收样品的原则。

6.2.2 合同和任务受理

6.2.2.1 实验室应建立检疫委托单(无论何种称谓),检疫委托单中应包括足够的信息,既利于实验室充分了解客户的检疫目的,也为客户了解检疫相关事项提供信息,同时也利于后续的检疫工作质量控制。检疫委托单或提交的附件至少应包括下述内容:

a) 样品的名称;

b) 客户名称、通讯地址和联系电话;

c) 样品来源及采集日期;

d) 申请的检疫项目(或确认的检疫项目)以及检疫方法;

e) 实验室收到样品的状态、数量和时间;

f) 分包的内容;

g) 保密要求;

h) 政策法规的要求(必要时);

i) 委托和评审人员的标识和签名。

6.2.2.2 受理人员应根据检疫项目和方法,对样品的有效性进行确认。

6.2.2.3 如果允许口头申请检疫,实验室应制定文件具体规定。

6.2.2.4 实验室应对客户的机密信息资料妥善保管,防止由于保密不善造成客户利益受损。

6.2.3 合同和任务评审

6.2.3.1 实验室应根据工作任务来源、检疫目的及其相关要求,进行合同评审,明确是否受理,确定检疫项目和方法。

注1:实验室对输入和输出过境的动物、动物产品、动物源性食品和其他检疫物,实验室应按照中国的国家标准、行业标准和国家出入境检验检疫部门的有关规定,以及输入国家或者地区和中国签订的有关动植物检疫规定、双边检疫协定、备忘录、贸易合同中订明的检疫要求进行检验检疫。

注2:实验室在实施产地检疫、市场检疫、屠宰检疫和运输检疫时应按照国家标准、兽医部门颁布的检疫标准、检疫规程、检疫对象和农业部颁布的《动物检疫管理办法》进行合同和任务评审,并实施检疫。在进行动物检疫卫生检验项目时,实验室的合同和任务评审应按照《食品卫生监督程序》中有关规定进行食品卫生检验的合同和任务评审。

6.2.3.2 对客户提出的检疫要求进行评审时,实验室应充分考虑与相关的法律、法规及协议条款要求的符合性(必要时),选择适当的、能满足客户要求的检疫方法。

6.2.3.3 实验室管理层对合同评审应有法律责任意识,充分注意法律责任问题,必要时应聘请法律顾问。

6.2.3.4 对常规或简单合同的评审,由实验室负责合同和任务受理的人员注明日期并加以标识即可。对于新的、复杂的和先进的检疫工作,需进行评审,并保存更为全面的记录。对于重复性的常规工作,如果客户要求不变,则只需在首次签订合同时进行评审,保存完整的记录。

6.2.3.5 如果需要修改合同或任务中的要求和内容,应立即通知客户,重新进行任务评审,并将修改内容通知所有受到影响的有关人员。

6.2.3.6 在工作开始前,应解决客户要求和合同规定之间的所有差异,每份合同执行前均应被实验室和客户双方接受。要求和合同的评审应以实际和有效的方式进行,并应考虑到财政、法律和时间等因素的作用。对于内部客户的要求和及相关合同的评审可以以简化的方式进行。

6.2.3.7 应保留合同评审的记录,包括任何重大变化的记录。在合同执行期间,与客户之间进行的关于客户要求或工作结果的相关讨论记录也应保存。

6.2.3.8 评审也应包括实验室分包的所有工作。

6.3 样品采集、保存、运输和处置

6.3.1 样品采集

6.3.1.1 实验室需进行样品采集时,应有用于样品采集的采集计划和程序,采集计划和程序在采集的地点应能得到。只要合理,样品采集计划应根据适当的统计方法制定。此计划应至少包括以下内容:

a) 检疫项目;
b) 有关样品性质、状态的说明;
c) 样品采集的类型、方法、采样时机、采样量;
d) 采样器械或设施,采样包装及容器等;
e) 样品采集到实验室接收样品期间所需的储存条件及任何特殊的处理;
f) 样品标记;
g) 样品采集人员标记;
h) 对样品采集过程中所使用的材料进行安全处置;
i) 运输条件;
j) 应急和预防措施(必要时);
k) 必要时,样品采集之前,需向客户提供相关知识、信息和指导。

6.3.1.2 实验室样品采集的数量应按照合同或相关国家标准或行业标准的要求执行,以确保采集的样品具有代表性,每份样品足够检疫、复检和留样的需求。

6.3.1.3 采样人员应具有相应专业知识和技术水平，掌握采样计划，有必须的采样的器械及样品保存和运输的专门设备。在采样过程中做好采样记录。采样记录应至少包括以下信息：

a) 样品名称；
b) 样品数量、重量；
c) 外观描述、包装方式、包装完好情况；
d) 样品标识；
e) 采样地点、日期、环境条件等；
f) 采样人员标识。

6.3.1.4 采样人员应对采集的样品标有清晰的唯一性标识，防止样品在传递和检疫过程中混淆。同时，应按样品对保存条件的要求将样品独立封存，确保样品在储存和运输过程中保持原有状态，防止病原生物扩散。

6.3.1.5 当客户对采样计划有偏离、添加或删减的要求时，采样人员应详细记录这些要求和相关的采样资料，并记入包含检疫结果的所有文件中，同时告知相关人员。

6.3.1.6 实验室应有程序记录与采样有关的资料和操作，必要时，可对采样过程、采样环境及采样载体以录相、照片等图像信息方式保存。如果合适，还应包括采样程序所依据的统计方法。

6.3.2 样品保存

6.3.2.1 动物的血清样品，自发出检疫报告后至少保存两年以后方可处理；动物产品的样品，自发出检疫报告后需保存6个月方可处理(见GB/T 18088)。

6.3.2.2 兽医微生物检疫结果不做复检，检出致病菌时，保留菌种一个月。动物检疫结果的复核以原样进行，不再重新采样。易腐易变难于保存的样品可视要求及时处理。

6.3.2.3 实验室应有程序和适当的设施避免检疫样品在储存、处置和准备过程中发生退化、丢失或损坏。可行时，应遵守随样品提供的处理说明。当样品需要存放在规定的环境条件下时，根据样品的性质确定存放环境，特别是温度条件(常温、4℃、−20℃、−70℃)，应维持、监控和记录这些条件，同时保证样品的安全和相关人员、环境的安全。

6.3.3 样品运输和处置

6.3.3.1 样品运送时，应防止对工作人员或环境造成污染。用于储存样品的容器应是封闭、防泄漏、一次性使用和无菌的，同时应符合样品的特性需要。如果在一个包装容器中有多个内容物，应在最终包装外明确标明内容物。

6.3.3.2 实验室应有运送特殊样品的政策和程序，确保样品转运过程中安全、可靠、不变质、不扩散，符合国家、区域和地方的生物安全要求。

6.3.3.3 实验室应安排专人接收样品，并执行6.2，应在样品登记表、工作记录、计算机或其他类似系统中对收到的原始样品进行记录。应记录收到样品的名称、唯一性标识、状况、送样人、数量、日期和时间等，同时应记录样品接收人、接收日期等。

6.3.3.4 在接收检疫样品时，应记录异常情况，当对样品是否适合于检疫存在疑问，或当样品不符合所提供的描述，或对所要求的检疫规定的不够详尽时，实验室应在开始工作之前询问客户，以得到进一步的说明，并记录下讨论的内容。

6.3.3.5 实验室应具有检疫样品的标识系统。样品在实验室的整个期间应保留该标识，标识系统的统计和使用应确保样品不会在实物上或在涉及的记录或其他文件中混淆。

6.3.3.6 实验室制定的样品控制程序应包括对检疫样品和剩余样品的弃置规定，确保样品中的病原微生物和寄生虫不会传播扩散。

6.3.3.7 样品的采集、保存、运输和处置具体要求参见附录B。

6.4 检疫方法和方法确认

6.4.1 总则

实验室应使用适合的方法和程序进行检疫，包括被检疫样品的采集、保存、运输、处理、流转、检疫，适当时，还应包括测量不确定度的评定和分析检疫数据的统计技术。所有与实验室工作有关的指导书、标准、手册和参考资料应保持现行有效并易于实验室人员取阅。当认为客户提出的方法不适合或已过期时，实验室应通知客户。当客户未指定所用方法时，所选用的方法应通知、并得到客户同意。

6.4.2 **检疫方法的选择**

6.4.2.1 基本原则：

a) 采用的检疫方法（包括抽样方法）必须满足客户要求并适合所进行的检疫工作；

b) 推荐采用国际标准、国家（或区域性）标准、行业标准；

c) 采用的检疫方法系最新有效版本；

d) 如客户有特殊要求时应有书面说明，结果报告中也应有相应注释。

6.4.2.2 主要考虑因素：

a) 国际上通用；

b) 有科学依据；

c) 方法现行有效；

d) 运作的特点：如灵敏度、特异性、分离率（如培养）和精密度（可重复性、可再现性和准确性）；

e) 有关种群和个体的行为；

f) 用于开发或调试的时间和费用；

g) 执行时间或转向时间；

h) 样品类型（血清，组织等）及其质量；

i) 分析（抗体、抗原等）的成分；

j) 实验室资源和技术；

k) 特定目的的种类（出口、进口、国内的管理、现场筛选和确诊等）；

l) 用户的期望值；

m) 安全；

n) 实验次数；

o) 每个样品的实验成本；

p) 参考标准的存在与否，包括已经鉴定过的参考试剂。

6.4.2.3 按下述排列顺序优先选择检疫方法：

a) 客户指定的标准或方法；

b) 贸易双方协议约定的检疫标准或方法；

c) 法律法规规定的标准或方法；

d) 国际标准、国家（或区域性）标准或方法；

e) 行业标准、地方标准、技术监督部门备案的企业标准；

f) 非标准方法（实验室制定的方法、设备厂家指定的方法等）、允许偏离的标准方法。

6.4.3 **检疫方法的控制**

6.4.3.1 实验室应建立有关程序，对实验室制定的方法、非标准方法、偏离标准的方法的有效性和预期用途进行验证，并经实验室最高管理者批准方可使用。所选用的方法应通知客户。

6.4.3.2 实验室制定方法应是有计划的活动，并应指定具有足够资源的有资格的人员进行。计划应从六个方面考虑：

a) 方法的开发的策划；

b) 方法开发的输入；

c) 方法开发的输出；

d) 方法开发的评审；

e) 方法验证和确认；

f) 更改的控制。

6.4.3.3 实验室应有保证检疫方法现行有效性的方法和程序，定期对实验室所用检疫方法的有效性进行评估和确认，评审工作每年至少一次，并将评审记录归档保存。

6.4.4 检疫方法的优化

一旦选定了检疫实验方法，就应将其在实验室内予以建立，进行优化实验和随后的数据分析，并且为实验程序和实验得以正确操作进行监督，设立关键控制点和操作标准化的过程。优化过程中还应确定：

a) 设备和仪器的主要技术参数；

b) 试剂(化学或生物试剂)的主要技术参数；

c) 用统计学上可接受的程序，确定严格程度、关键控制点和可接受范围，关键控制点的属性或特性；

d) 监测关键控制点所必需的质量控制工作；

e) 所需控制的类型、数量、范围、频率和(或)安排；

f) 客观接受或摒弃实验结果的要求；

g) 供实验室人员应用的固定程序或规程的各项组成；

h) 工作人员作实验所需的技能水平。

6.4.5 检疫方法的确认和标准操作规程(SOP)的建立

6.4.5.1 确认是进一步评价实验方法的适用性，并确定方法的操作特性，如敏感性、特异性、分离率和诊断参数，比如阳性或阴性临界值，有关的或有意义的滴度等。确认方法得到的值的范围和准确度，应适应客户的需求。根据逻辑推理和风险因素，确认工作可涉及多种因素和大量数据，并用统计学方法做进一步数量分析。确认方法可包括：

a) 田间和(或)流行病学调查；

b) 与其他方法的比较，特别是与参考方法或国际机构认可方法的比较；

c) 与参考标准比较(如果有)；

d) 用同样的方法或程序与其他实验室开展合作研究，包括交换样品，特别是未知成分和滴度者；

e) 与标准方法或公认文献的数据相符合；

f) 实验攻毒研究。

6.4.5.2 实验室验证发现标准方法中未能详述，且会影响检疫结果处，为确保实验操作的准确安全一致，应将详细操作步骤编写成作业指导书，经审核批准后作为标准方法的补充。

6.4.6 测量不确定度评定

6.4.6.1 实验室应建立测量不确定度评定程序，根据需要进行测量不确定度评定。

6.4.6.2 以下情况需要对测量不确定度进行评定，并在检疫报告中给出测量不确定度值：

a) 检疫方法的要求；

b) 测量不确定度与检疫结果的有效性或应用领域有关；

c) 客户提出要求；

d) 当检疫结果处于规定指标临界值附近时，测量不确定度对判断结果符合性会产生影响。

6.4.6.3 当检疫方法给出了测量不确定度主要来源的极限值或计算结果的表示式时，实验室按照该检疫方法操作与计算，可作为测量不确定度评定。

6.4.6.4 当无法对测量不确定度从计量学和统计学角度进行计算时，应对重要的测量不确定度分量作出合理评定，并确保结果的表达方法不会对不确定度造成误解。

6.4.6.5 测量不确定度的评定与表示方法按 JJF 1059 进行。

6.5 检疫过程

检疫实验过程涉及的方面比较多，围绕实验过程的主线，从检疫前程序、检疫中程序和检疫后程序的三个阶段，提出和列举了以下几个方面的内容，涉及到的这些内容均应形成文件，而且应具有完整、现时、现地、易懂、可操作性，这些内容包括：

a） 相关标准，参考文献，方法的来源；

b） 详细全面地叙述实验方法；

c） 格式有序而且有逻辑性；

d） 范围（如南美牛）；

e） 待检物类型（如牛血清）；

f） 待测分析的参数或量（如抗体的出现或水平）；

g） 样品取舍的客观标准；

h） 实验特别要求的样品采集、标记、登记、处理、转移、准备、保存的标准，如有关系，还应写明动物屠宰、解剖和采样程序（参见附录 B）；

i） 仪器设备、软件和材料的详细说明，包括实验中试剂或培养基必要的质量保障和接收、拒收的标准（参见附录 C）；

j） 需要的专门环境条件和实验室设施环境的安全性；

k） 需要的参考材料或标准；

l） 工作开始前，应对仪器设备（包括实验中所用的计算机和软件）进行检查，确保运行正常，并予以校正或调试；

m） 关键控制点和每个关键点可接受的性能标准以及可接受的范围，包括必要的检查，以及如果达不到标准要求而采取的措施；

n） 所用的对照及各对照的允许限度；

o） 接受和拒绝实验结果的标准（如对照结果）；

p） 需记录的数据以及记录、分析和提交的方法；

q） 如果适用，叙述计算和统计方法；

r） 诊断结果判定方法（如大于 1/4 的滴度认定为阳性）；

s） 测量不确定度的程序。

6.6 分包

6.6.1 实验室由于不可预见的原因（如工作量、需要更多专业技术或暂时不具备能力）或在长期连续的情况下进行部分工作的固定分包，应分包给遵守本标准的要求，具有相应资源和技术能力的分包方。

6.6.2 实验室应制定分包工作的政策和程序，评估和选择有能力的实验室作为分包方。分包工作应至少考虑以下内容：

a） 明确对分包方的评估、选择和审批程序；

b） 分包方符合本标准的要求；

c） 分包方有相应的资源和技术能力；

d） 确认分包方与客户或客户要求没有利益冲突；

e） 与分包方签订具备法律效力的协议，并应定期评审此协议。

注：实验室与分包方之间的责任、权利、义务由双方通过分包合同或分包协议的形式界定。

6.6.3 实验室应将分包安排（协议）以书面通知客户，并征得客户书面同意后方可分包。

6.6.4 除非客户或管理机构指定分包方，实验室应就其分包方的工作对客户负责，实验室要保存客户或管理机构指定分包方的客观证据。

6.6.5 实验室应建立分包方名录，定期评价、更新。保存分包方的评价记录，以及就分包工作而言其符合本标准的证明记录。

6.6.6 实验室应保存其对外分包检疫活动的有关文件，应对委托的样品进行登记。应保留分包方报告的副本。

6.6.7 实验室负责将分包方的检疫结果提供给客户，也可以将分包方的报告直接发给客户(必要时)。如果由本实验室出具报告，则不得做出任何可能影响结果评价和解释的更改，且注明哪些检疫工作是由分包方完成。

6.7 结果报告

6.7.1 实验室应准确、清晰、明确、客观、真实地报告每一项检疫结果，并符合检疫方法和检疫过程中规定的要求。结果通常应以检疫报告的形式出具，并且应包括客户要求的、说明检疫结果所必需的和所用方法要求的全部信息。

6.7.2 实验室应制定规范的报告的格式。报告中应包括但不限于以下内容：

a) 醒目的标题，如“检疫报告”；
b) 实验室的名称和地址，进行检疫的地点(如果与实验室的地址不同)；
c) 报告的唯一性编号，每页标明页码和总页数，结尾处有结束标识；
d) 委托方名称；
e) 原始样品采集或接收的日期和时间、检疫日期或报告日期；
f) 样品名称、类型、数(重)量、状态和唯一性标识，样品的来源(必要时)；
g) 取样方法、地点、取样人及取样的相关说明(含有抽样的检疫报告)；
h) 标准依据、检疫项目、检疫方法和检疫结果；
i) 生物参考区间(如适用)；
j) 结果的解释，对检疫方法和采样方法的偏离、增删、特定条件的说明(如需要)；
k) 其他注释(例如，可能影响检疫结果的原始样品的质或量；分包方的检疫结果或解释；新方法的使用)；需要时，应有检出限和测量不确定度资料供查询；
l) 报告批准人的签字或等效标识；
m) 相关时，应提供原始结果和修正后的结果；
n) 符合(或不符合)要求和(或)规范的声明；
o) 实验室公章、检疫章和骑缝章。

6.7.3 检疫结果应清晰易懂，文字表述正确。只要适用，应按照相应标准或规范规定的报告术语、词汇和句法描述所做的检验及其结果，文字表述正确，并使用法定计量单位和按规定进行数值修约。

6.7.4 实验室应保留所报告结果的文档或备份，并可快速检索。这些资料保存的时间长短可不相同；但报告结果的保留期限应符合国家、地区、地方的法规，以便查询，一般为5年以上。

6.7.5 应将完成阳性结果报告的过程中所遇到的问题予以记录，记录中应包括日期、时间、实验人员、通知的人员以及检疫结果。应将完成结果的报告过程中所遇到的问题予以记录，并在审核时进行评审。具体规定参见疫情报告。

6.7.6 如果需要对分包方做出的检疫结果进行录入，应有措施保证所有内容正确无误。

6.7.7 实验室应制定相关政策及规定，确保检疫结果报告安全、准确传送到客户。其传递方式可以与客户商定。

a) 根据客户要求的传送方式发出检疫结果报告；
b) 经电话或其他电子方式发布的检疫结果，只有相关人员得到。口头报告检疫结果后应随后提供书面报告；
c) 发送和领取报告应有记录。

6.7.8 实验实应有关于更改报告的书面程序，以确保：

a) 当客户收到检疫报告发现有误，或实验室内部发现检疫报告有误，实验室应授权专人及时组织相关人员按照程序进行更改；
b) 更改内容涉及原检疫结果的，应对原样品进行复检后更改；
c) 更改内容不影响原检疫结果的，可直接更改；

d) 报告更改后应重新签发检疫报告，并收回原检疫报告。无法收回原检疫报告时，应签发原检疫报告的补充件，并注明同“对编号××××检疫报告的更改补充”的说明；

e) 检疫报告的更改，应做好记录。

6.8 疫情报告

6.8.1 实验室在检疫动物、动物产品、动物衍生物和动物源性食品时，一旦检出属于国家有关法律法规和管理办法明文规定的应快速上报的疫情时，应严格执行国家的疫情报告制度迅速上报。疫情报告应依据疫病划分类型，选择疫情报告的对象、途径、程序和时间要求。

6.8.2 实验室对于疫情报告的发布过程应有明确的程序，包括发布方式、发布范围和发布对象等。

6.9 突发事件准备和响应

6.9.1 实验室应对可能影响实验室有关检疫质量潜在的紧急情况和事故制定应急预案，并实行文件化管理。

6.9.2 实验室应针对国内外可能突发的紧急性重大动物疫病和人畜共患病以及生物恐怖等潜在因素，依据国家有关应急条例、应急处理规定和应急处理预案制定实验室突发事件应急预案，保证实验室具有风险预警机制和快速反应能力。

6.9.3 实验室管理层应对实验室内可能发生的实验室生物安全、化学品安全、放射性安全（适用时）、火灾、偷盗等内容制定实验室应急预案，并使其文件化，以便对此类突发事故进行有效管理。实验室还应制定意外应急计划措施，如备用试剂和设备，包括应急电源。

7 结果质量控制

7.1 内部质量控制

7.1.1 实验室监控检疫结果有效性的质量控制程序，该程序可包括：

a) 使用相同或不同方法对同一样品重复检测；

b) 留样再测；

c) 对实验室不同人员的检疫结果进行比较；

d) 分析某样品不同特性结果的相关性；

e) 标准菌（毒）株或标本的盲样测试；

f) 实验室环境对照；

g) 阴性质控对照、阳性质控对照、空白质控对照等；

h) 应对质量控制的数据汇总、分析和评价，在发现质量控制数据超出预定的判定依据时，应采取有计划的措施来纠正出现的问题，并防止报告错误的结果；

i) 所得质量控制数据记录应便于使用统计技术分析、发现检疫结果的发展趋势。

7.1.2 按照计划应对内部质量保证的有效性和检疫人员能力定期进行评估。管理评审应对计划和实施效果进行评审。

7.1.3 实验室首次检出的阳性，应用国际公认方法进行确诊或请相关权威实验室复核。

7.1.4 实验室应收集和保存相关病原体的相关资料，包括生物学特性、宿主范围、地理分布、传播方式、易感动物、致病机理和消杀灭处理技术和方法及其检疫资料。

7.1.5 不同品牌和不同批次的关键试剂，在正式使用前，应用相应的阳性质控物质或相应的验收措施对其进行验证，合格后方可使用。参见附录 C。

7.1.6 实验室应有开展新方法、新技术的研究和开发工作的政策和措施，使检疫结果更准确、快速和简便。

7.1.7 实验室应对检出的病原体或阳性样品进行统计分析（必要时），并依据统计结果判断疫病的发展趋势，针对发展趋势制定并采取相应措施。

7.2 外部质量控制

7.2.1 实验室应有政策和措施定期、有计划地参加外部质量保证活动，改进管理的质量、促进检疫结果准确，提升实验室检疫结果的可信度。实验室可采用以下方法（但不限于此）：

a) 参加国家权威部门组织的能力验证计划；

b) 参加实验室间的比对计划，包括参加国际间、国内、行业间的比对计划；

c) 与其他实验室交换样品相互复核；

d) 请权威实验室或专家验证结果。

7.2.2 实验室间的比对计划应符合 GB/T 27025 的规定。实验室应保存相关活动的记录，对实验室参加的能力验证和实验室间比对结果进行评估，评价实验室的管理体系和检疫能力，对识别出的问题或不足应及时采取纠正措施，确保纠正措施有效，并作为管理评审的重要输入内容。

附 录 A
（资料性附录）
本标准与 GB/T 27025—2008 条款对照表

表 A.1 本标准与 GB/T 27025—2008 条款对照表

本 标 准	GB/T 27025—2008
1 范围	1 范围
2 规范性引用文件	2 规范性引用文件
3 术语和定义	3 术语和定义
4.1 组织	4.1 组织
4.2 管理体系	4.2 管理体系
4.3 文件控制	4.3 文件控制
4.4 质量与技术记录控制	4.13 记录的控制
4.5 服务客户	4.7 服务客户
4.6 投诉处理	4.8 投诉
4.7 不符合工作控制	4.9 不符合检测和(或)校准工作的控制
4.8 纠正措施	4.11 纠正措施
4.9 预防措施	4.12 预防措施
4.10 内部审核	4.14 内部审核
4.11 管理评审	4.15 管理评审
4.12 持续改进	4.10 改进
5.1 采购服务	4.6 服务和供应品的采购
5.2 人员	5.2 人员
5.3 设施和环境条件	5.3 设施和环境条件
5.4 设备	5.5 设备
5.5 实验试剂和废弃物的管理	
5.6 溯源性	5.6 测量溯源性
5.7 生物模型	
6.1 总则	5.1 总则
6.2 合同评审	4.4 要求、标书和合同的评审
6.3 样品采集、保存、运输和处置	5.7 抽样
	5.8 检测和校准物品的处置
6.4 检疫方法和方法确认	5.4 测试和校准方法及方法的确认
6.5 检疫过程	
6.6 分包	4.5 检测和校准的分包
6.7 结果报告	5.10 结果报告
6.8 疫情报告	
6.9 突发事件准备和响应	
7.1 内部质量控制	5.9 检测和校准结果质量的保证
7.2 外部质量控制	5.9 检测和校准结果质量的保证

附 录 B
(资料性附录)
动物检疫样品的流转处理

B.1 样品种类

B.1.1 血液样品

B.1.1.1 病毒检验样品

应在动物发病初体温升高期间采集,对于没有症状的带毒动物,一般宜在进入隔离场后7天以前采样。血液样品应是脱纤血或是抗凝血。抗凝剂可选用肝素或EDTA,柠檬酸钠对病毒有微毒性,一般不宜采用。选用加入抗凝剂的真空采血管或按每10 mL血液加入0.1%肝素1 mL或EDTA 20 mg,牛、马、羊从颈静脉或尾静脉真空采血,猪从前腔静脉真空采血或用注射器抽取。用量少时也可以从耳静脉抽取,家禽从翅膀静脉或颈静脉用注射器抽取血液。采得的血液立即与抗凝剂充分混合,防止凝固;采脱纤血液时,先在容器内加入适量小玻珠,加入血液后,反复振荡血液,以便脱去血液纤维,采得的血液经密封后贴上标签,以冷藏状态立即送实验室。必要时,可在血液中按每毫升加入青霉素和链霉素各500 IU~1 000 IU,以抑制血源性或采血中污染的细菌。

B.1.1.2 细菌检验样品

采血应在动物发病初体温升高或发病期,并未经药物治疗期间采集,血液应脱纤或加肝素抗凝剂(或EDTA或柠檬酸钠),但不可加入抗生素。血液密封后贴上标签,冷藏尽快送实验室,否则应置4℃内作暂时保存,但时间不宜过久,以免溶血。

B.1.1.3 血清学检验样品

全血用真空采血管或注射器由动物颈静脉或其他静脉采集,用做血清学检验的血液不加抗凝剂或脱纤处理。为保障血清质量,一般情况下,空腹采血比较好。采得的血液贴上标签,室温静置待凝固后送实验室,并尽快将自然析出的血清或经离心分离出的血清吸出,按需要分装若干血清管,密封贴上标签后冷藏保存备检或冷藏送检。做血清学检验的血液,在采血、运送、分离血清过程中,应避免溶血,以免影响检验结果。中和试验用的血清,数天内检验的可在4℃左右保存。较长时间才能检验的,应冻结保存,但不能反复冻融,否则抗体效价下降。供其他血清学检验的血清一般不必加入防腐剂或抗生素。采集双份血清检测比较抗体效价变化的,第一份血清采于病的初期并作冻结保存,第二份血清采于第一份血清后3周~4周,双份血清同时送实验室。

B.1.1.4 寄生虫检验样品

因不同的血液寄生虫在血液中出现的时机及部位各不相同,因此,需要根据各种血液寄生虫病的特点,取相应时机及部位的血液制成血涂片,送实验室。

B.1.1.5 常规检验样品

血液需加抗凝剂,防止血液凝固,抗凝剂可用肝素或柠檬酸钠、EDTA均可,血液由静脉采得并与抗凝剂充分混合,尽快送实验室,运输中血液不可冻结,不可剧烈振动,以免溶血。

B.1.2 组织

组织样品一般由扑杀动物或扑杀垂死的动物和病死尸体剖检中采集,也可从活动物体内采集。

B.1.2.1 病毒检验样品

做病毒检验的组织,应以无菌技术采集,组织应分别放入灭菌的容器内并立即密封,贴上标签,放入冷藏容器立即送实验室。如果途中时间较长,可做冻结状态运送。也可以将组织块浸泡在pH7.4左右的磷酸缓冲肉汤保护液内,并按每毫升保护液加入青霉素、链霉素各1 000 IU,然后放入冷藏瓶内送实验室。

B.1.2.2 细菌检验样品

供细菌检验的组织样品,应新鲜并以无菌技术采集,如遇尸体已腐败,某些疫病的致病菌仍然可采集于长骨或肋骨，从骨髓中分离细菌。采集的所有组织应分别放入灭菌的容器内贴上标签，立即冷藏送实验室。

B.1.2.3 病理组织学检验样品

做病理组织学检验的样品应保证新鲜，采样时，应选取病变最典型最明显的部位，并应连同部分健康组织一并采集。若同一组织有不同的病变，应同时各取一块。将需要采集的组织切成厚约 0.5 cm、1 cm～2 cm 大小的组织块，可根据检疫需要选择合适的固定液，一般在 10%中性福尔马林缓冲固定液内固定（10%中性福尔马林缓冲液：40%甲醛溶液 100 mL，无水磷酸氢二钠 6.5 g，磷酸二氢钾 4.0 g，加蒸馏水至 1 000 mL）。固定液容积应是组织块体积的 10 倍以上，样品密封后加贴标签即可送实验室。若实验室不能在短期内检验，或不能在两天内送出，经 24 h 固定后，最好更换一次固定液，以保持固定效果。

B.1.2.4 其他类型样品的采集

在需要采集特殊样品如皮肤、生殖道样品、分泌液或渗出液，以及动物产品如内脏类及水产品等时除了遵守上述采样要求外还应注意该类样品的特点。

B.2 样品的采集

B.2.1 适时采样

根据检疫要求及检疫对象和检验项目的不同，选择适当的采样时机十分重要。样品是有时间要求的，应严格按规定时间采样；有临诊症状需要做病原分离的，样品应在病初的发病期或症状典型时采样，病死的动物，应立即采样。

B.2.2 合理采样

按照检疫规定要求，应严格按照规定采集各种足够数量的样品外，不同疫病的需检样品各异，应按可能的疫病侧重采样。对未能确定为何种疫病的，应全面采样。

B.2.3 典型采样

选取未经药物治疗、症状最典型或病变最明显的样品，如有并发症，还应兼顾采样。

B.2.4 无菌采样

采集检验样品供病原学及血清学等检验的样品应无菌操作采样，采样用具、容器均应灭菌处理，尸体剖检需采集样品的，先采样后检查，以免人为污染样品。

B.2.5 适量采样

采集样品的数量要满足检疫诊断的需要，一般应按照合同要求，或者检疫项目所需样品量的三倍采样。其中一份作检验，一份作复验，一份作备查。

B.3 样品处理

采集的样品应一种样品一个容器，立即密封，根据样品的性状及检疫要求不同，作暂时的冷藏、冷冻或其他处理。供病毒学检疫的样品，数小时内要送到实验室，可只做冷藏处理。超过数小时的应冻结处理[冻结方法：可将样品放入－30℃冰箱内冻结，然后再装入有大小冰块或干冰的冷藏箱（瓶）内运送，也可将装入样品的容器放入隔热保温瓶内，再放入冰块，然后按 100 g 冰块加入食盐约 35 g，立即将隔热瓶瓶口塞紧。瓶内温度可达－21℃左右]。供细菌学检验或血清学检验的样品，冷藏送实验室即可。装样品的容器应贴上标签，标签要防止因冻结而脱落，标签标明采集时间、地点、编号和样品名称，并附上发病、死亡等相关资料，尽快送实验室。

B.4 样品包装与运送

B.4.1 安全采样

采样过程中，应做好采样人员的安全防护，并防止病原污染，尤其应防止外来疫病的扩散，避免事故发生。防止对环境造成污染。

B.4.2 样品包装

装载样品的容器应完整无损，密封不漏出液体。根据检验样品性状及检验目的选择不同的容器，一个容器装量不可过多，尤其液态样品不可超过容量的80%，以防冻结时容器破裂。用石蜡或者是封口膜加封管口，以防液体泄露。

B.4.3 送检

样品经包装密封后，应尽快送往实验室，延误送检时间，常会严重影响检疫结果。因此，在送样品过程中，要根据样品的保存要求及检验目的，妥善安排运送计划。供细菌检验、寄生虫检验及血清学检验的冷藏样品，应在24 h内送到实验室，24 h内不能送到实验室的，需要在运送过程中保持样品温度处于－20℃以下。送检样品过程中，为防止样品容器破损，样品装入冷藏瓶（箱）后应妥善包装，防止碰撞，保持尽可能的平稳运输。以飞机运送时，样品应放在增压仓内，以防压力改变，样品受损。

附 录 C
（资料性附录）
试剂、消耗品验收方法和质量保证

C.1 总则

检验用的诊断试剂，如标准阴、阳性血清，应符合国际标准或国家标准。它们可以是条款签约国双方同意的国际市场销售的标准化商品，也可以是国家认可的机构生产的符合规定标准的诊断试剂和标准品。若实验室有能力制备诊断试剂和标准品，应符合规定的要求，并获得上级有关部门的批准。诊断试剂和标准品应按要求妥善保存，以防变质，逾期不得使用，以免影响检测诊断结果。将供应商或制造商提供的关于试剂、程序或检验系统的溯源性的说明形成文件。

C.2 细菌学实验室细菌分离的质量控制

C.2.1 培养基的质量控制

每次配制培养基应做严格记录，内容包括：培养基名称、配制数量、配制人、配制日期。配制好的培养基应做好标记。

C.2.1.1 物理性状要求

a) 透明度：对某些固体培养基要求不严格，但液体培养基应清亮透明；

b) pH 值：要严格按照每种培养基的酸碱度要求配制，误差不应超过±0.1；

c) 硬度：固体培养基的硬度要适中，过硬菌落生长小，过软不宜划线分离培养。

C.2.1.2 生物学要求

a) 无菌检测：将配制好的培养基置 37℃温箱过夜，固体培养基上应无细菌生长，液体培养基应不混浊，方可使用。

b) 敏感性检测：将标准阳性菌株接种在配制的培养基上（内），阳性细菌应生长良好。

C.2.2 细菌的分离与鉴定

整个实验过程设立阳性对照、阴性对照和空白对照。要严格按照操作规程进行。

C.3 血清学实验室质量控制

C.3.1 新购诊断试剂

每次购买诊断试剂时应先做验证试验，确保诊断试剂可靠有效。

C.3.2 补体结合试验

正式试验前应先做预备试验，重新测定溶血素、补体及抗原的效价；试验设立阴、阳性对照，参与试验的每种成分对照和所有成分不同组合的对照；试验用的补体量按操作规程要求，分别设立一个和二个单位补体量的对照；以分光光度计测血红素 OD 值来校正红细胞悬液的浓度。

C.3.3 琼脂扩散试验

琼脂浓度、缓冲液的组成严格按照操作规程；每次试验设立阴、阳性血清对照；只有当阴性血清与抗原孔之间无沉淀线，阳性血清与抗原孔之间出现清晰沉淀线时，试验成立，方可判定被检结果。

C.3.4 其他实验

均应严格按操作规程进行，每次实验均应有记录。

C.4 病毒学实验室的质量控制

C.4.1 实验器材的准备

病毒学实验的器材准备应严格按照实验器材的洗涤、包装和灭菌方法进行。

C.4.2 牛血清

新购置的牛血清应进行:牛病毒性腹泻(BVD)、牛传染性支气管炎(IBR)及与具体实验检验项目相关的可能造成检验失败的成分分析、BVD病毒分离、无菌检验、56℃ 30 min灭活,用其传细胞,观察细胞生长状况。

C.4.3 细胞培养基

新购置的培养基应首先用少量细胞检查是否适于细胞生长,记录批号。所有培养液用0.22 μm无菌滤膜抽滤,置37℃温箱过夜,检查有无细菌生长。每次配液应有配液记录。

C.4.4 血清中和试验

应设立对照板,包括病毒回归对照、标准阴性血清对照、标准阳性血清对照、细胞对照。判定时细胞对照孔的细胞应生长良好;阴性血清对照孔出现100%的细胞病变;阳性血清对照滴度与原滴度相比不得相差一个滴度。以上对照均成立时,才能对被检血清中和试验进行判定。

C.4.5 病毒分离与荧光抗体检查

按操作规程进行,设立正常细胞对照、标准参照毒株对照。用荧光抗体检查时,标准参照毒株可以观察到特异性的荧光,而正常细胞对照在特定部位应无特异性荧光。实验结果由两个人以上进行判定。出现可疑结果应重复一次实验。

C.5 备用牛血清的质量控制

无论是自制的牛血清还是购买科研单位或生物制品厂生产的,使用前应进行检测以下内容。

C.5.1 血清的灭活

血清灭活即将装有血清的容器置56℃水浴箱中保温30 min,灭活可以破坏血清中的补体,某些非特异性免疫物质和某些污染的病毒。

C.5.2 盲传敏感细胞检测血清的毒性作用

某些血清可能对细胞呈现毒性作用。

ICS 03.120.10
A 00

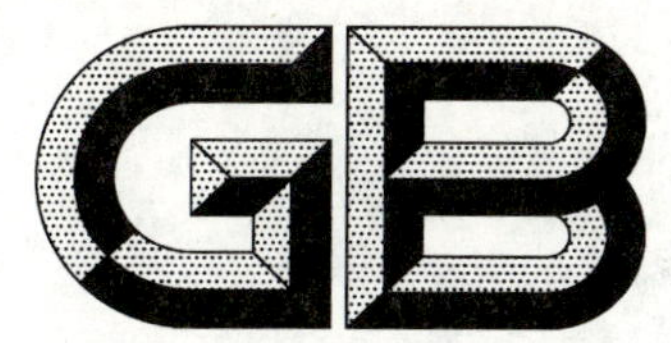

中华人民共和国国家标准

GB/T 27402—2008

实验室质量控制规范　植物检疫

Criterion on quality control of laboratories—Plant quarantine

2008-05-04 发布　　　　2008-10-01 实施

中华人民共和国国家质量监督检验检疫总局
中国国家标准化管理委员会　发布

前　言

本标准是实验室质量控制规范系列标准之一，其目前包括以下标准：

——GB/T 27401《实验室质量控制规范　动物检疫》；

——GB/T 27402《实验室质量控制规范　植物检疫》；

——GB/T 27403《实验室质量控制规范　食品分子生物学检测》；

——GB/T 27404《实验室质量控制规范　食品理化检测》；

——GB/T 27405《实验室质量控制规范　食品微生物检测》；

——GB/T 27406《实验室质量控制规范　食品毒理学检测》。

本标准的附录A为资料性附录。

本标准由全国认证认可标准化技术委员会(SAC/TC 261)提出并归口。

本标准由中国合格评定国家认可中心负责起草。

本标准起草单位：中华人民共和国辽宁出入境检验检疫局、中国检验检疫科学研究院、中华人民共和国上海出入境检验检疫局、中华人民共和国深圳出入境检验检疫局、中华人民共和国山西出入境检验检疫局、中国合格评定国家认可中心、中华人民共和国黑龙江出入境检验检疫局、中华人民共和国江苏出入境检验检疫局、中华人民共和国吉林出入境检验检疫局。

本标准主要起草人：王有福、曹志军、张乐、印丽萍、章桂明、李惠萍、唐丹舟、毕玉春、牛兴荣、高岚、安榆林、魏春艳、张洪祥、刘善斌、吴翠萍。

引　言

本标准的编制主要以 GB/T 27025《检测和校准实验室能力的通用要求》为基础，同时吸收了 GB/T 19001—2000《质量管理体系　要求》的内容，并参考了相关国际专业组织的文件、国内外行业标准和专业文献中适用的内容，充分融合了国内相关实验室的管理经验。

本标准旨在规范、指导和帮助相关实验室，使其满足 GB/T 27025 和本专业领域质量控制的具体要求。

除 GB/T 27025 外，本标准参考的本专业领域相关的主要文件包括国际植物保护公约(IPPC)国际植物检疫措施标准第 5 号出版物《植物检疫术语表》。

此外，本标准虽然包括了适用于本专业领域的部分我国现行法规以及部分安全相关的内容，但本标准不作为判断实验室是否满足相关法规及安全要求的依据。

植物检疫是指从事植物或植物产品有害生物检测、鉴定、评估和处理的实验室，其过程主要包括现场取样、室内检测鉴定、隔离种植、无害化处理等。本标准主要适用于从事植物检疫活动的实验室。

建议相关实验室在使用本标准前，应熟悉和掌握 GB/T 27025 的相关内容。本标准与 GB/T 27025—2008 的条款对照参见附录 A。

实验室质量控制规范　植物检疫

1　范围

本标准规定了植物检疫实验室质量控制的管理要求、技术要求、检测过程控制要求和结果质量控制要求。

本标准适用于从事植物有害生物检测、鉴定、处理等活动的植物检疫实验室。

若植物检疫实验室不从事本标准包含的一项或多项活动，如取样、隔离种植、无害化处理等，则有关条款的要求不适用。

2　术语和定义

下列术语和定义适用于本标准。

2.1

植物检疫实验室　phytosanitary laboratory

从事植物或植物产品有害生物检测、鉴定、评估和处理的实验室。其活动一般包括现场取样、室内检测鉴定、隔离种植、无害化处理等。

2.2

实验室最高管理者　top management of laboratory

在最高层指挥和控制实验室的一个人或一组人。

2.3

鉴定　identification

根据有害生物的特征，对其类别进行鉴别和判定的过程。

2.4

标本　specimen

用于科学研究或比较鉴定的任何生物体的部分或全部。

2.5

作业指导书　operating instructions

对实验室工作具体实施方案、方法和程序等的详细说明或指导性文件。

2.6

参照物　contrast

在植物检疫实验室检测鉴定过程中，用于结果判定的参比对象，包括：标准菌(毒)株、标本、图片等。

2.7

无害化处理　harmless treatment

对植物或植物产品及其包装物或废弃物进行除害处理的过程。

2.8

隔离种植　isolated planting

在可控制的区域或环境内，对植物繁殖材料进行培育和栽植的过程。

3　管理要求

3.1　组织

3.1.1　植物检疫实验室（以下简称实验室）或其所在的组织应具有法律地位或是一个能承担法律责任

的实体。

3.1.2 实验室应确保所从事检测工作符合本标准的要求，履行相应的法律职能，并能满足客户、法定管理机构或对其提供承认的组织的需求。

3.1.3 实验室的管理体系应覆盖其在固定场所及固定场所以外的实验室工作，包括取样、隔离种植、无害化处理等在内的所有活动。

3.1.4 若实验室所在的组织还从事检测鉴定以外的活动，为了识别潜在的利益冲突，确保实验室的公正性，实验室应界定该组织中涉及检测鉴定或对检测鉴定有影响的人员的职责。

3.1.5 实验室的组织和管理结构及其在母体组织中的位置，以及质量管理、技术工作和支持服务之间的关系应明确。

3.1.6 实验室应设置最高管理者，并确保其：

a） 能够控制实验室的所有活动；

b） 能够实施必要的措施以实现检疫过程控制和对这些过程的持续改进，并按本标准管理这些过程；

c） 能够采取措施确保客户的机密信息和所有权得到保护，包括电子储存和传输结果的保护；

d） 能够采取措施以避免任何可能会降低实验室人员能力、公正性、判断力或工作诚实性方面的活动。

注：实验室最高管理者要具有适当的培训和教育背景，便于能够履行下述职责：

——组织制定实验室的工作计划和发展目标，并负责资源保障。

——与有关各方保持有效的联系并开展工作，有关各方包括：

1） 官方管理机构的各相关部门；

2） 实验室资质认可机构以及授权机构；

3） 从事植物检疫相关业务和技术的其他行业和部门；

4） 提供必需品的供应商。

——建立和运行实验室管理体系。

——对实验室内部的各种工作提供高效的行政管理。

——确保实验室的人力资源能够得到及时有效的培训，以满足实验室开展工作的需求。

——负责实验室检测过程中发现的危险性有害生物的安全管理，组织复核鉴定，上报相关部门等。

——保证有良好的职业道德。

3.1.7 实验室应有管理人员和技术人员，他们应熟知所从事活动涉及的相关法律法规要求，并拥有所需的权力和资源，以便能够履行其职责。

3.1.8 实验室应有对技术工作和所需资源供应全面负责的技术负责人，以保证实验室技术工作质量；应有一名质量负责人，明确其职责和权力，保证管理体系得到有效运行，并规定其可以将体系运行情况直接向实验室最高管理层汇报。

3.1.9 实验室应对关键岗位人员和结果评价人员的专业背景、培训经历或资质以及职责做出详细规定。

3.1.10 实验室应有熟悉检测鉴定方法、程序的质量监督员对实验室人员实施充分的监督。

3.1.11 实验室的关键岗位人员应有代理人。

3.2 管理体系

3.2.1 实验室应建立、运行和维持与预期活动范围相适应的管理体系。实验室的政策、制度、计划、程序和作业指导书应文件化，并确保其满足工作需要和方便实验室人员获取。

3.2.2 实验室应按过程控制的方式建立管理体系，实验室管理体系的每一个可识别的必要过程应确保得到有效控制。

3.2.3 实验室管理体系中与质量有关的政策，包括质量方针的声明，应在质量手册（不论其如何命名）中规定。质量方针声明应由最高管理者授权发布，并应至少包括以下内容：

a) 关于实验室服务标准的质量承诺；

b) 与质量相关的管理体系的目的；

c) 要求与检测鉴定工作有关的所有人员熟悉、理解管理体系文件，并在工作中执行其政策和程序；

d) 关于执行相关法律法规及协议和遵守本标准的承诺。

3.2.4 质量手册应包括技术程序在内的支持性程序，并概述管理体系文件的结构。

3.2.5 质量手册中应明确技术负责人和质量负责人的职责，包括确保符合本标准的责任。

3.2.6 实验室应制定总体目标，该总体目标应通过管理评审并予以文件化。

3.2.7 当策划和实施管理体系的变更时，最高管理者应确保维持管理体系的完整性。

3.3 文件控制

3.3.1 实验室应制定并实施专门的程序文件，以满足文件管理的要求，应将文件备份存档，同时还应明确规定其保存期限。这些受控文件可使用纸张或无纸化媒介，并应予以保存，同时还应遵循国家、地区和当地的规定。

3.3.2 实施的文件控制程序应确保：

a) 向实验室人员发布的管理体系相关文件，发布前得到授权人员的审批；

b) 建立在用文件名称、有效性状态和发放情况的记录，此记录也称作文件控制记录；

c) 在相应场所，只使用现行的、经过确认的文件版本；

d) 应定期对文件进行评审、修订，并经授权人员批准；

e) 无效或已废止的文件应立即从所有使用地点撤离，或进行适当标注，以防止误用；

f) 如果实验室允许在文件再版之前对文件进行手写修改，则应确定修改的程序和权限，修改之处应有清晰的标注、草签并注明日期，修订的文件应尽快正式发布；

g) 应制定程序描述如何更改和控制在计算机系统中运行的文件。

3.3.3 管理体系相关文件均应有唯一性标识，包括：

a) 标题及文件号；

b) 修订日期或修订号；

c) 页数(如适用)；

d) 发行机构；

e) 来源的标识。

3.4 记录控制

3.4.1 实验室应有收集、识别、使用、保存、维护和安全处置各种质量和技术记录的程序。

质量记录包括内部审核报告、外部评审报告、管理评审报告、文件发放记录、不符合工作记录、客户投诉记录、征求客户意见记录、纠正措施报告、预防措施报告等。

技术记录包括取样记录、检测鉴定原始记录、人员培训记录、设备维护和使用记录、校准记录、无害化处理记录、环境监测记录、仪器设备及试剂采购记录、隔离种植记录、样品保存和处置记录、检测鉴定方法确认记录、合同评审记录、仪器打印记录、图片、影像、结果报告等。

3.4.2 实验室应确保保存的质量和技术记录包含足够的信息，使记录的工作具有可追溯性。在可能的情况下，技术记录尽可能包含识别不确定度的影响因素。

3.4.3 实验室人员应及时、客观、准确地记录观察结果、数据和计算结果，并签名。

3.4.4 所有记录应清晰并按易于检索的方式保存，储存设施及环境应适宜，防止记录的损坏、变质、丢失或非授权的接触。

3.4.5 实验室应有对记录的修改、保存和数据信息传递的相应规定。

3.4.6 实验室应有程序或措施对以电子形式储存的记录进行保护和备份，并防止未经授权的启用或修改。

3.5 分包

3.5.1 当实验室由于不可预见的原因需要工作分包，或在长期连续的情况下进行工作分包时，实验室应有有效的方式来评估和选择分包实验室，确保实验室需要分包的项目分包给有能力的分包方。

3.5.2 实验室应对分包实验室进行评价，并保存评价记录，以确保：

a) 分包实验室的能力满足分包的要求；

b) 分包实验室与当事人没有利益冲突。

3.5.3 实验室应将分包安排以适当的方式通知客户，并征得其同意。

3.5.4 除非客户或管理机构指定的分包方，否则实验室应对分包方提供的检测鉴定结果负责。

注 1：若分包方是由客户或管理机构指定，实验室要保存客户或管理机构指定分包方的客观证据。

注 2：实验室与分包方之间的责任、权利、义务由双方通过分包合同或分包协议的形式界定。

3.6 服务客户

3.6.1 实验室应与客户保持良好的合作，在确保其他客户机密的前提下，实验室应允许客户到实验室观察与其工作有关的操作。

3.6.2 实验室最高管理者应授权有能力的专业技术人员负责为客户提供适当的相关业务咨询服务，实验室应对客户咨询做出口头或书面的解释说明。

3.6.3 实验室应尽可能收集客户反馈的信息，以便寻找改进实验室管理体系的机会，提高实验室检测鉴定水平。

3.7 投诉处理

实验室应有政策和措施处理来自客户和其他方面的投诉，应保存所有投诉的记录以及实验室针对投诉所开展的调查和纠正措施的记录。

注：适用时，实验室可设立投诉处理的责任部门和投诉登记、调查的负责人，必要时成立调查小组。如投诉成立，应尽快将处理结果通知客户。如投诉不成立，实验室应向客户说明原因。

3.8 不符合工作控制

3.8.1 当实验室的工作不符合管理体系文件的要求、客户的要求或法律法规的要求时，实验室应有程序对产生不符合的工作进行控制，在发现不符合工作时予以实施，并确保：

a) 明确对不符合工作进行管理的责任和权力，规定当确定为不符合工作时所采取的措施（包括必要时暂停工作，扣发结果报告）；

b) 对不符合工作造成后果的严重性进行评价，评价的内容应包括危险性有害生物扩散的后果；

c) 立即采取纠正；

d) 必要时，通知客户并取消该项工作；

e) 规定批准恢复工作的职责。

3.8.2 当实验室发现检测鉴定结果出现错误判定时，实验室在按不符合工作控制程序执行的同时，还应进行重新检测鉴定，对可能出现的疫情报相关部门，并采取相应措施。

3.8.3 经过评价认为不符合工作可能再次发生或对实验室工作的运行与其规定的程序符合性产生怀疑时，应立即启动 3.9.2 中规定的纠正措施程序。如果发现的不符合工作导致对实验室与自身规定的程序不符，或实验室与本标准的规定不符时，实验室应尽快对有关活动区域进行审核。

3.8.4 实验室应记录出现的不符合工作及其处置情况，并为实验室管理体系改进提供依据。

3.8.5 实验室应将不符合工作严重性评价报告及时提交管理评审。

3.9 改进

3.9.1 持续改进

实验室应通过确定的质量方针、质量目标，根据审核结果、统计分析、纠正和预防措施以及管理评审的结果，持续改进管理体系。

3.9.2 纠正措施

3.9.2.1 实验室应采取措施，以消除不符合的原因，防止不符合事件的再发生。纠正措施应与所发生的不符合影响相适应。

3.9.2.2 实验室应制定程序，以规定以下方面的要求：

a) 评价不符合工作；

b) 确定不符合的原因；

c) 提出避免不符合再发生的措施，并对其进行评价；

d) 确定和实施所需的措施；

e) 记录所采取措施的结果；

f) 验证所采取的纠正措施。

3.9.3 预防措施

3.9.3.1 实验室应采取措施，以消除潜在不符合的原因，防止不符合的发生。预防措施应与潜在问题的影响相适应。

3.9.3.2 实验室应制定程序，以规定以下方面的要求：

a) 确定潜在不符合及其原因；

b) 提出防止不符合发生的措施，并对其进行评价；

c) 确定和实施所需的措施；

d) 记录所采取措施的结果；

e) 评价所采取的预防措施。

3.10 内部审核

3.10.1 实验室应建立内部审核程序，按适当的时间间隔进行内部审核，以确定管理体系是否：

a) 符合本标准的要求以及实验室所建立的管理体系的要求；

b) 得到有效的实施与保持。

3.10.2 实验室质量负责人应组织成立审核小组，负责计划、组织和实施内部审核。内部审核人员应由有资格的人员来担任，并尽可能独立于被审核部门，需要时也可外聘同行业的审核人员。

3.10.3 如果审核结果引起对体系运行的可靠性或检测鉴定结果的准确性产生怀疑时，实验室应及时采取纠正措施。如果调查显示实验室的检测鉴定结果可能已经受到影响时，实验室应以书面的形式通知客户。

3.10.4 实验室应记录每一次审核活动的范围、审核结果和提出的改进措施。

3.10.5 跟踪审核活动应核实并记录所采取的改进措施的实施情况及可靠性。

3.11 管理评审

3.11.1 实验室的最高管理者应有计划或措施定期对实验室的管理体系和检测活动进行评审，以确保质量方针、质量目标和管理体系的持续适宜性和可靠性，并进行及时的改进和提高。

3.11.2 管理评审的输入，一般应包括以下内容：

a) 质量方针和程序的适宜情况；

b) 国家政策、法律法规、协议及标准的要求和变更情况；

c) 实验室承担的工作量和工作类型的变化；

d) 上次管理评审的执行情况；

e) 近期内部审核的结果；

f) 由外部机构进行的评审情况；

g) 纠正措施的执行情况；

h) 实验室间比对和能力验证的结果；

i) 检出的危险性有害生物情况及结果的统计分析；

j) 质量监督员的报告；

k) 人员的培训需求分析和计划；

l) 不符合工作的评价；

m) 来自客户的投诉或实验室人员及其他方面的反馈意见。

3.11.3 管理评审的输出，应包括以下内容：

a) 管理体系及其控制过程可靠性的改进；

b) 与客户有关要求的改进；

c) 自愿要求。

3.11.4 实验室应记录管理评审的结果和由此采取的措施，管理层应确保这些措施在适当时间内实施。

4 技术要求

4.1 采购服务

4.1.1 实验室应有采购程序，使采购的试剂、药品、易耗品等供给品满足检测鉴定要求，采购程序应包括以下内容：

a) 不同类型供给品的采购权限及采购范围；

b) 供应商的评价及选择；

c) 采购文件的制定；

d) 供给品的验收、储存和使用；

e) 供给品在投入使用前，经检查或证实其符合有关要求。

4.1.2 实验室制定的采购文件应包含供给品的技术要求。这些采购文件的技术内容在实施前经过评价和批准。

4.1.3 实验室应保存验证供给品符合规定要求的记录。

4.1.4 实验室应保持对供应商进行调查并定期评价的记录，以及经批准的合格供应商名单。

注：对供应商的评价可以直接利用体系认证或产品认证的结果。

4.2 人员

4.2.1 实验室应有足够的具备相应技术能力的人力资源，以便满足检测鉴定工作的需求，应针对检测鉴定具体工作设置管理、技术和关键支持工作等岗位。

4.2.2 实验室应保留与检测鉴定有关的管理人员、技术人员和关键岗位人员当前工作的描述。

注：工作描述可用多种方式表达。一般可规定以下内容：

——所需的专业知识和经验；

——资格要求和培训计划；

——管理责任。

4.2.3 实验室应针对不同层次人员制定教育、培训计划。培训计划应与实验室当前和预期的任务相适应。同时应评价这些培训活动的有效性。

4.2.4 实验室人员应具备有关的生物安全知识，特别是掌握防止检疫过程中有害生物逃逸、扩散的知识。

4.2.5 实验室技术人员应具有相关学科的专业背景，掌握一定的专业技术，有实践经验，能够熟练地掌握相关检测鉴定方法或标准，并经过考核合格后方可独立开展工作。

4.2.6 实验室应对从事特殊工作的人员授权，包括操作专门仪器设备、取样、无害化处理和结果评价人员等。

4.2.7 如果实验室使用外部技术人员时，应对其进行适当的评价，并对其资质进行确认和备案。

注：当实验室使用外部的技术人员（包括专家）时，可建立该人员档案，包括专业背景、所从事专业的年限、技术职称、该领域取得的成果等，并定期对其内容进行更新，确保检测鉴定结果的权威性。

4.2.8 当对实验室人员的能力可能存在疑问时，实验室最高管理者应授权有资历的质量监督员对其进行适当地监督考核。

注：需要监督的人员通常包括：

——正在培训中的人员；

——新参加工作的人员；

——试用期的人员；

——从事新岗位工作的人员；

——长期从事固定岗位且没有定期进行培训的人员。

4.2.9 实验室应保存实验室人员包括复核人员的档案记录，包括相关教育背景、专业资格、培训、工作经历、业绩成果等。

4.3 设施和环境条件

4.3.1 实验室应确保所配置的实验场地、水源、能源、照明、隔离、无害化处理等设施以及温度、湿度、通风等环境条件有利于检测工作的正常进行。对于在实验室固定设施以外的环境，包括取样场所、隔离种植场所也应达到相应的要求。

4.3.2 当有关的规范、方法和程序对检测环境有要求时，或设施环境对检测鉴定结果有影响时，实验室应监测、控制和记录环境条件。当环境条件危及到检测鉴定结果时，应停止检测活动。

4.3.3 实验室的总体布局应防止检疫过程中有害生物的传播、逃逸与扩散。相邻实验室之间如果有不相容的业务活动，应进行有效隔离，避免区域间的交叉污染。

4.3.4 实验室的无菌区域应有明显标识，并能有效控制和监测。无菌器皿应单独存放并易于区分。

4.3.5 实验室从事隔离种植时，应有满足隔离种植要求所需的环境或设施，确保其不受对结果有影响的外界生物侵害，并防止危险性有害生物逃逸、扩散。

4.3.6 实验室应有满足无害化处理要求所需的设施和环境，保证无害化处理有效，同时应确保无害化处理过程中人员和环境的安全。

4.3.7 实验室保存的标准样品、标本、标准菌(毒)株应有专门的保存设施，并确保其保存在所需的环境条件下。

4.3.8 实验室应有适合样品保存的设施和环境，避免样品在保存过程中污染和有害生物逃逸、扩散。

4.3.9 样品传递过程中，应使用专用器具，防止危险性有害生物在随样品转移过程中可能逃逸扩散。

4.3.10 实验室应有废弃物处理的设施或措施，确保可能含有危险性有害生物的废弃物弃置安全。

4.3.11 实验室应控制人员进入或使用可能影响工作质量及造成人员伤害的区域。

4.3.12 实验室应采取措施确保实验室有良好的内务管理。

4.4 设备

4.4.1 实验室应配备检测鉴定工作所需的设备。如果实验室需要使用处于控制范围之外的设备，则应确保其符合本标准的要求。

4.4.2 实验室所用设备及其软件应达到检测鉴定所需的要求。实验室应制定对检测鉴定结果有一定影响的仪器设备的检定或校准计划，使仪器设备在投入使用前经过检定或校准，以证实其符合实验室检测鉴定要求。

4.4.3 对检测鉴定结果有重要影响的设备应指定专人操作。设备使用和维护的说明书应方便实验室有关人员使用。

4.4.4 对检测鉴定结果有影响的每台设备应有唯一性标识。

4.4.5 实验室应保存对检测鉴定结果有影响的每一台设备及其软件的记录。记录应包括以下内容：

a) 设备及其软件的标识；

b) 制造商名称、型号标识、序号或其他唯一性标识；

c) 设备安装日期和投入使用日期；

d) 设备到货时的状态；

e) 设备放置地点；

f) 制造商的使用说明书、主要附件和备件；

g) 维护计划以及到目前为止所进行的维护；

h) 所有校准或调试的报告或证书，包括日期、结果、验收标准、下次校准或调试的日期等；

i) 设备的任何损坏、故障、改装或维修、报废。

4.4.6 仪器设备应放置在适宜的工作环境中，确保仪器设备的正常运转。仪器设备出现过载或错误操作、显示结果可疑、显示有缺陷或超出规定极限时，应立即停止使用，并加贴明显的停用标识，以防误用，直到修复且经校准或测试显示能正常工作。同时，实验室应核查这些问题对先前的检测影响，并执行不符合工作控制程序。

4.4.7 实验室控制范围内的需要检定或校准的所有仪器设备，均应使用状态标识，表明其检定或校准的状态及检定或校准的有效期。

4.4.8 如果仪器设备暂时脱离了实验室的直接控制，或进行了维修、保养，实验室应确保该仪器设备重新恢复使用前经过检定或校准。

4.4.9 仪器设备校准时产生的校正因子，实验室应有程序或措施确保其所有的备份得到更新。

4.4.10 实验室应对正在使用中的培养、栽植或处理可能携带危险性有害生物的设备进行明显标识，防止他人误用，造成危险性有害生物逃逸、扩散。

4.4.11 实验室应对检定或校准有效期内的长期不使用或近期使用频次较高的仪器设备进行期间核查。

4.5 标本

4.5.1 实验室应建立标本管理程序，该程序一般包括标本收集、鉴定、验证、使用、保存、维护等内容。

4.5.2 实验室应尽可能地收集检测鉴定工作所需的标本，记录标本来源，保存鉴定记录。

注：标本收集的主要途径有两种。一是外部途径，主要通过购买、交换、赠送方式等获得；二是内部途径，主要通过实验室内部采集、制作、积累、保存等方式获得。

4.5.3 实验室应采取相应措施，保证从外部途径获得的标本的可靠性。

4.5.4 实验室人员在检测过程中，如发现了有保存价值的有害生物，应尽可能对这些有害生物及其典型危害症状的寄主植物进行收集和妥善保存，及时鉴定，并按标本制作的有关要求进行制作、标识和保存，必要时进行复核。

注1：“有保存价值”主要指：实验室首次发现，国内极少分布；形态特征具分类阶元如属、种水平上的代表性；或在寄主植物上引起了典型病症。

注2：对经过复核的标本，实验室可以将其作为参照物，在检测鉴定中作为结果鉴定比对使用。

4.5.5 实验室应对标本进行经常性检查，确保标本在保存、使用过程中的完整性，确保其未受到污染。

4.5.6 实验室应有标本维护和管理措施，以保证标本可持续使用。

4.6 溯源性

4.6.1 总则

实验室检测鉴定结果的溯源性，应包括以测量为主要手段得出结果的量值溯源和以形态学鉴定作为判定基础，以参照物作为主要鉴定依据得出结果的鉴定溯源。

4.6.2 量值溯源

4.6.2.1 对检测鉴定结果有影响的仪器设备，实验室在使用前应对其进行检定或校准。不需要进行检定或校准的仪器设备，实验室应能够证实有关测量对检测鉴定结果的不确定度没有重要影响。

4.6.2.2 实验室应制定仪器设备检定或校准计划，该计划应当包括(但不限于)如下内容：

a) 需要检定或校准的仪器设备名称、型号及编号；

b) 需要检定或校准的技术参数；

c) 选择检定或校准的机构；

d） 确认检定或校准周期。

4.6.2.3 实验室的量值溯源应溯源到国际或国家基准，实验室应有量值溯源的溯源链图。

4.6.3 鉴定溯源

4.6.3.1 当检测鉴定结果以形态分类学作为判定基础，以参照物作为主要的判定依据时，该检测鉴定结果应溯源至该参照物。

注：实验室使用的参照物可以是模式标本、标准样品、经过复核的标本或标准菌（毒）株，权威机构或行业公认的参考标准。

4.6.3.2 可能时，结果的鉴定溯源还应溯源到有害生物特有的基因型。

注：如某种有害生物的检测鉴定可以通过已知的该有害生物特有的基因组序列进行溯源。

4.6.4 参照物

4.6.4.1 实验室应有参照物控制程序，确保其在保存、使用和传递过程中的安全。

注：实验室的参照物控制程序除包括保存、使用和传递的内容外，还包括参照物的分类、来源、验证、期间检查等。对不同类别的参照物采取的管理措施可以有所不同。

4.6.4.2 实验室的参照物应有专人管理，并应建立相应的管理档案。

4.6.4.3 实验室应对保存期间参照物的有效性、完整性进行检查，并保存相应记录。

5 过程控制要求

5.1 总则

5.1.1 过程控制的要求在于保证检测鉴定结果的准确性和可靠性。实验室过程控制工作应包括以下（但不限于）内容：

a） 合同评审过程(5.2)；

b） 取样过程(5.3)；

c） 实验室检测鉴定过程(5.4)；

d） 隔离种植过程(5.5)；

e） 无害化处理过程(5.6)；

f） 复核过程(5.7)；

g） 结果报告过程(5.8)。

注：有些实验室可能不涉及上述某些过程，则这些过程的要求对实验室不适用。

5.1.2 实验室应明确给出每一个过程的输入、所需资源、控制内容、过程的输出、工作质量验证方法等。

5.1.3 影响过程控制效果的因素主要包括人员、设备、设施及环境条件、供给品、样品、参照物、检测鉴定方法等，实验室应有措施对上述因素进行有效控制。

5.2 合同评审过程控制

5.2.1 实验室应根据工作任务来源及其相关要求进行合同评审。

注：这里的合同评审并不是仅指当事人在办理某事时，为了确定各自的权利和义务而订立的共同遵守的条文进行评审，而更多情况下是指对客户提供给实验室的关于检疫内容、目的要求及货物输入国家或地区官方的检疫要求和官方的双边或多边协议的要求进行评审。这里的要求指两方面内容：一是客户提出的明确的任务要求，二是客户没有提出但事实存在的官方要求。

5.2.2 实验室应建立合同评审程序，该程序主要包括：

a） 明确实验室的任务来源；

b） 确定实验室具体工作内容；

c） 评价实验室是否具有相应能力；

d） 双方理解任务要求并达成共识。

注：对于经常性的、简单的、重复性的工作可以简化评审程序。

5.2.3 实验室应有合同评审人员，合同评审人员应掌握相关的专业知识，了解相关的法律法规要求，熟悉实验室的资源状况。

5.2.4 合同评审人员应根据任务来源，充分理解客户提出的要求，并根据法律法规、协议及相关文件的要求确定实验室的具体工作内容。

当客户提出的要求和相关的法律法规、协议及相关文件要求不一致时，应以相关的法律法规和协议的要求为准，同时告知客户。

5.2.5 合同评审应对实验室的资源状况，包括人员、设备、设施环境等进行评审，确定实验室是否有能力完成检测鉴定工作。

注：当实验室由于不可预料的原因或持续性的原因而不能完成工作时，可考虑分包。

5.2.6 实验室在工作开始之前应解决与客户要求存在的任何差异。

5.2.7 实验室在工作开始后，如需要修改合同，应及时通知客户，重新进行合同评审，并将修改内容通知所有受到影响的人员。

注：例如实验室在检测鉴定过程中发现了合同评审规定的检测项目以外的危险性有害生物，实验室需要增加检测鉴定项目时，可考虑重新进行合同评审。

5.2.8 实验室应保留合同评审记录。

注：合同评审记录的内容一般包括以下内容：

——客户名称、地址、联系人、联系方式；

——样品名称、数(重)量、状态、标识、接收时间；

——检测项目、检测依据、检测鉴定方法、检测时限；

——评审人、核对人及日期；

——输出的工作文件及其内容描述。

5.3 取样过程控制

5.3.1 实验室有取样工作任务时，应制定取样计划，该计划应根据合同评审过程输出的工作任务单制定。

注1：取样计划通常包括以下内容：

——取样的时间、地点、人员；

——取样的依据；

——现场应检查的内容；

——取样标准和(或)方法；

——取样器械或设施；

——样品保存和运输条件。

注2：取样方法的选择，实验室可以参照现有标准的取样要求，标准中没有取样要求的，实验室可以制定相应的取样方法。

有时，实验室根据检测鉴定过程的结果需要进行二次取样，则应重新制定取样计划。

5.3.2 需要时，实验室应有专门的技术人员负责取样，有取样的器械及样品保存和运输的专门设施。

5.3.3 取样人员应具备相应的专业背景知识和一定的实践经验，其能力和资格应经过确认。

5.3.4 取样人员在现场除根据检测项目及有害生物的特征进行针对性检查和取样外，还应对被检测物可能携带的其他有害生物进行检查和取样。

注1：检查的内容通常包括：

——核对货证，核实货物的种类、数(重)量、规格、包装、标识等是否与相关单证一致；

——检查现场环境；

——检查运输工具、装载容器、包装材料及铺垫材料等有无害虫及其排泄物、蜕皮壳、虫卵、虫蛀孔危害痕迹及其他禁止携带物；

——检查货物，包括货物表层检查、卸货检查、针对性检查，确认其是否附有病、虫、杂草等有害生物。

注2：取样一般根据货物种类、包装方式、装运方式不同，按有关标准及方法规定确定取样方法、取样比例及取样量。取样通常采取两种方式：一种是对货物的随机取样；另一种是针对有害生物的习性及其危害性状进行的针对性取样，包括取得的可疑样品及虫体、菌瘿、病斑、病症、杂草籽、土壤等。

5.3.5 取样人员应针对不同的货物,明确进行现场检查条件的特殊要求,同时应充分估计取样过程中环境可能发生的变化,有应急和预防措施。

5.3.6 取样应采取有效措施,防止取样过程中危险性有害生物扩散。

注:如现场发现包装破损或者被病虫害污染等,可考虑进行无害化处理。

5.3.7 现场取得的样品应有清晰的唯一性标识,防止样品在传递和检测过程中混淆。同时,应按样品对保存条件的要求将样品独立封存,确保样品在储存和运输过程中保持原有状态,防止危险性有害生物逃逸和扩散。

5.3.8 当现场取样情况或客户提出的要求与原来制定的取样计划偏离时,应详细记录偏离的情况,并记入到包含检测鉴定结果的所有文件中,同时要通知有关人员。

5.3.9 如果在现场发现取样计划规定以外的其他可疑有害生物时,应适当增加抽查及取样数量。

5.3.10 实验室检测时,发现了有害生物,但该有害生物的特征不明显或有残损,影响了对结果的判定;或没有发现有害生物,但发现了怀疑该有害生物存在的痕迹。对上述情况,应重新取样。

5.3.11 实验室应对取样进行记录。

注1:记录的内容一般包括取样的过程、取样人的识别、环境条件、取样地点、发现的有害生物、需要实验室进一步检测鉴定的项目、现场处理措施及其他任何不符合规定的情况等。

注2:取样时尽可能对取样过程、取样环境及被检测物以录像、照片等图像信息保存,特别是当现场发现危险性有害生物时,要对取样的详细情况进行记录、保存。

5.3.12 取样过程输出的工作文件及取得的样品应及时送实验室进行检测鉴定。有时,现场检查及取样的结果应直接在结果报告中体现。

5.4 实验室检测鉴定过程控制

5.4.1 实验室应根据合同评审过程和取样过程输出的工作文件要求进行实验室检测鉴定工作。

5.4.2 实验室应制定检测鉴定工作的程序,规定实验室检测鉴定每一个环节的工作要求。实验室的检测鉴定工作主要包括以下环节:

a) 样品接收、传递与制备;

b) 检测鉴定方法的选择与确认;

c) 检测鉴定;

d) 数据与结果处理;

e) 样品保存与处置。

5.4.3 实验室应有样品接收人员,负责对接收的样品进行分析、登记和标识,确保样品符合检测鉴定要求,样品标识在实验室传递过程中或在记录和文件提及时不会混淆。

5.4.4 实验室应指定人员负责样品的制备工作。确保样品制备合理,满足检测鉴定需求。

5.4.5 实验室在检测鉴定过程中应使用适当的方法,这些方法应满足客户的要求,并确保使用的方法为最新有效版本,除非该版本不适宜或不可能使用。

5.4.6 当客户未指定所用方法时,实验室应尽可能优先选择国际、国家、行业标准方法,或由知名的技术组织及有关科学书籍和期刊公布的方法,或由设备、试剂生产商指定的非标准方法以及实验室自制的方法。所选用的方法应通知客户。

5.4.7 实验室应对非标准方法、实验室自制的方法、超出其预定范围使用的标准方法、扩充和修改过的标准方法进行确认,以证实该方法适用于预期的用途。

实验室应记录使用有关方法的确认程序、确认结果和该方法是否适合预期用途及其可靠性的声明。

5.4.8 实验室自制检测鉴定方法工作应由有资格的人员担任。方法研制过程中应根据实际情况对研制的方法进行修改或更新,并确保所有有关人员之间的沟通。

5.4.9 实验室应有良好技术操作规范,并确保其在实际工作中得到执行。

5.4.10 实验室应有在检测鉴定过程中发现的现有方法不适用或客户要求以外的、无法确定的未知生物物种应急处置措施。

注：实验室一般可采取如下的应急处理措施：

——用适当方法保存该生物；

——尽可能地收集与其相关的资料，做出鉴定，必要时请专家鉴定或复核；

——可能时，进行风险评估，确定其是否为新的或外来的有害生物；

——必要时，通知客户并报上级主管部门。

5.4.11 实验室的检测鉴定人员应对数据采集、传递、计算进行认真的核实，确保数据准确可靠。

5.4.12 实验室技术人员在使用计算机或自动检测设备进行检测数据的采集、处理、记录、报告、储存和检索时，应确保：

a) 计算机软件被编制成足够详细的文件，并对其适用性进行适当验证；

b) 有数据完整性保护措施，这些措施应包括(但不限于)：数据输入或采集、数据存储、数据传输和数据处理的完整性和保密性；

c) 维护计算机和自动设备以确保其功能正常，并提供保护数据完整性所需要的环境和操作条件。

5.4.13 实验室应在客户需要时，对检测鉴定结果进行评价，以此指导、建议客户应用该结果。结果评价人员应由有资格并经过授权的人员担任。

注：结果评价的内容一般包括以下内容：

——关于结果符合(或不符合)要求声明的意见；

——对合同要求的履行；

——如何使用结果的建议；

——提供潜在风险性的分析；

——用于改进的指导。

5.4.14 必要且可能时，实验室应给出检测鉴定结果的不确定度。实验室应找出不确定度的所有分量并做出合理评定，确保结果的表达方式不会对不确定度造成错觉。

注：不确定度的来源可包括：取样、样品制备、参照物、所用的设备、环境条件、样品的状态及操作人员的因素等。

5.4.15 当实验室认为检测结果可能存在较大的不确定度时，实验室应考虑提出复核申请。

5.4.16 实验室应有措施和方法对检出有害生物的剩余样品、不需保留的有害生物以及其他可能含有有害生物的废弃物进行无害化处理。

5.4.17 实验室应有适当措施避免样品在储存和处置过程中遗失、损坏、变质，以及防止有害生物逃逸、扩散。

5.4.18 如果样品应在特定的环境条件下储存或处置，则应遵守随样品提供的处置说明书，维持、监控并记录这些条件。

5.4.19 实验室检测鉴定过程出具的结果应作为结果报告和复核的依据。有时，也根据检测鉴定结果进行重新合同评审和取样。

5.5 隔离种植过程控制

5.5.1 隔离种植应根据合同评审过程输出的工作文件要求确定。

5.5.2 隔离种植所需的资源应包括必要的场所或设施，栽培管理所必需的介质、水源、工具以及栽培管理人员等。

5.5.3 实验室应根据隔离种植的样品及其数量、隔离周期、取样时期等确定隔离种植的场所或设施。

5.5.4 实验室应有技术人员负责隔离种植工作，制定隔离种植方案。该方案应与客户沟通，并经客户同意后实施。

注1：隔离种植方案一般包括：种植计划，栽培管理计划，调查和取样计划，致病性试验。

注2：调查和取样计划可根据隔离种植样品可能存在的各种危险性有害生物的发生情况制定，调查和取样计划可包括如下内容：

——估计可能发生的危险性有害生物；

——危险性有害生物发生时期及特点；

——危险性有害生物的侵害症状及症状表现的时期；

——取样部位及取样方法；

——现场针对性检查；

——样品保存、运输的条件。

5.5.5 实验室应有措施防止隔离种植过程中危险性有害生物逃逸、扩散。

5.5.6 隔离种植场所或设施在隔离种植期间应有明显的标识，非工作相关人员禁止进入或接触。

5.5.7 隔离种植场所在使用前后，应对使用的设施、用具进行消毒，对隔离种植使用的介质和残留物应作无害化处理。

5.5.8 实验室应保留所有隔离种植过程的记录。

注：该记录一般包括隔离种植方案、种植计划、调查和取样计划、日常管理记录、有害生物调查记录、取样记录等。

5.5.9 隔离种植的结果应在结果报告中明确给出。

5.6 无害化处理过程控制

5.6.1 实验室应及时对可能含有有害生物的样品或整批货物、隔离种植的介质和残留物以及实验室检测鉴定过程检出的有害生物、产生的废弃物、可能被污染的器具、包装物及环境等进行无害化处理。

注：实验室检测鉴定过程产生的废弃物一般指：检测鉴定过程产生的洗涤物、分离物、培养物，使用过的玻片、高压灭菌的冷凝水，以及样品的汁液、粉末、碎片等残体，接种的指示植物及其残体，废弃的菌(毒)株等。

5.6.2 实验室应根据不同的无害化处理对象制定无害化处理方案，选择无害化处理方法。制定的方案应经实验室技术负责人批准后实施。

5.6.3 必要时，实验室应设有无害化处理的专门设施和人员。无害化处理的设施应独立存在于实验室以外的场所；从事无害化处理的人员应经过专门培训，并取得上岗资格后，方可从事无害化处理工作。

5.6.4 实验室应对无害化处理的结果进行评价，确保无害化处理有效。

5.6.5 实验室应保存所有无害化处理的相关记录。需要时，无害化处理的结果应在结果报告中体现。

5.7 复核过程控制

5.7.1 复核过程的输入主要来自于实验室检测鉴定结果，但属下列情形之一的，实验室也应进行复核：

a) 客户对检测鉴定结果有异议的；

b) 有关法律法规及相关文件规定需要进行复核的；

c) 实验室准备用作参照物的。

5.7.2 复核应由实验室有关人员提出申请，并经批准后实施。

5.7.3 复核应由官方机构的复核人员或官方机构授权的人员完成，实验室应保留复核人员的相关材料。

5.7.4 实验室应将需要复核的相关资料提供给复核机构，包括文字、图片、数据及其他相关信息，当复核人员需要参与取样时，实验室应与客户协商并提前通知客户。

5.7.5 实验室应采取相应的措施，确保复核样品在传递过程中的安全，防止有害生物逃逸，防止复核样品损坏、遗失。

5.7.6 实验室应妥善保存经过复核的样品、标本、菌种等实物及相关的文字材料。

注：实验室可以将经过复核的样品、标本、菌种等作为参照物使用。

5.7.7 实验室应将复核的结果及时通知客户。复核机构对复核的结果承担责任。

5.7.8 实验室在特殊情况下采用复核对检疫结果进行质量监控时，应制定计划并保存相关记录。

5.8 结果报告过程控制

5.8.1 实验室应根据取样过程、实验室检测鉴定过程、隔离种植过程、无害化处理过程、复核过程的结果出具结果报告。

注：当实验室不涉及上述某些过程时，其内容可以不在结果报告中体现。

5.8.2 实验室出具的结果报告应以书面或电子的形式准确、清晰、客观地反映检测鉴定结果。

5.8.3 除非实验室有充足的理由，否则结果报告应当至少包括以下信息：

a) 标题；

b) 报告的唯一性标识；

c) 实验室名称和地址；

d) 客户名称；

e) 样品名称、数(重)量、形态；

f) 收(取)样日期、检测鉴定日期；

g) 取样方法、地点、取样人及取样的相关说明；

h) 检测鉴定使用的标准或方法；

i) 检测鉴定结果；

j) 检测鉴定结果的复核和评价

k) 检测鉴定人员、审核人员、报告签发人员的签字或印章；

l) 报告签发日期；

m) 实验室印章。

当需对检测结果做出解释时，还应当包括下列内容：

a) 对检测方法的偏离、增添或删节，以及特定检测条件的信息，如环境条件；

b) 相关时，符合(或不符合)要求的声明；

c) 适用时，评定测量不确定度的声明，当不确定度与检测结果的有效性或应用有关，或客户的指令中有要求，检测报告中还需要包括有关不确定度的信息；

d) 适用且需要时，提出意见和解释；

e) 特定方法、客户或客户群体要求的附加信息。

5.8.4 实验室应在结果报告中清晰地标明从分包方获得的检测鉴定结果和经过复核的结果。

5.8.5 如果实验室对已签发的检测鉴定结果报告需要做重大修改时，应采取另发文件的形式，并进行相应的文字说明。

5.8.6 实验室应根据客户要求的传送方式发出检测鉴定结果报告，不论以何种方式传送，都应确保报告传送过程的安全。

5.8.7 实验室应有检测鉴定结果报告的发放记录。

6 结果质量控制

6.1 总则

实验室应有检测鉴定结果质量控制的计划和措施，以保证检测鉴定结果的准确性和可靠性。

6.2 内部质量控制

6.2.1 实验室可以通过以下技术手段(但不限于)确保检测鉴定结果的质量：

a) 不同人员的检测鉴定结果比对；

b) 使用相同或不同方法的重复检测；

c) 保留样品的再次检测；

d) 使用标准物质(标准样品)的盲样测试；

e) 复核；

f) 使用统计技术分析有关记录或检测鉴定结果的发展趋势。

注1：实验室可通过定期开展不同技术人员的检测鉴定结果比对活动，来消除不同技术人员可能产生的检测鉴定结果的差异，确保技术人员具有相应的技术能力，并使之持续保持这种能力。对鉴定判定错误的人员进行必要的培训，参加内部或外部考核，提高其技术能力。

注 2：不同人员的检测鉴定结果比对活动可采用标准样品的盲样测试方式进行。

注 3：实验室可以制定针对技术人员的技术能力进行定期或不定期评价的计划。

注 4：针对具有多种检测方法的检测项目，在有条件的情况下，实验室可以采取不同的方法对检测鉴定结果进行验证，确保检测鉴定结果的准确性。

注 5：实验室可以对首次检出的危险性有害生物，申请复核鉴定，确保检测鉴定结果准确可靠。

6.2.2 实验室应尽可能收集和保存各类有害生物的相关资料，包括生物学特性、寄主范围、地理分布、传播方式、适生性、除害处理方法和其他鉴定资料等。

6.2.3 实验室应定期对检出的危险性有害生物情况进行统计分析，试图发现统计结果的发展趋势，针对发展趋势制定并采取相应措施。

6.3 外部质量控制

6.3.1 实验室应有政策和措施积极参加相关机构组织的与实验室检测鉴定项目有关的实验室比对和能力验证计划，并保存参加的活动记录。

6.3.2 实验室应对参加的实验室比对或能力验证的结果进行评估，对出现的问题及时采取纠正措施，并确保采取的措施有效。

6.3.3 实验室应有政策和计划，鼓励实验室组织或参加实验室间的标本交流、观摩等活动，并保存有关记录。

6.3.4 实验室应充分利用外部专家与实验室人员进行技术交流。

6.3.5 实验室应广泛吸收外部先进检测鉴定技术，提高实验室检测鉴定水平，保证检测鉴定结果质量。

附 录 A
（资料性附录）
本标准与 GB/T 27025—2008 条款对照表

表 A.1 本标准与 GB/T 27025—2008 条款对照表

本 标 准	GB/T 27025—2008
1 范围	1 范围
	2 规范性引用文件
2 术语和定义	3 术语和定义
3 管理要求	4 管理要求
3.1 组织	4.1 组织
3.2 管理体系	4.2 管理体系
3.3 文件控制	4.3 文件控制
3.4 记录控制	4.13 记录的控制
3.5 分包	4.5 测试和校准的分包
3.6 服务客户	4.7 对客户的服务
3.7 投诉处理	4.8 投诉
3.8 不符合工作控制	4.9 不符合检测和(或)校准工作的控制
3.9 改进	4.10 改进
	4.11 纠正措施
	4.12 预防措施
3.10 内部审核	4.14 内部审核
3.11 管理评审	4.15 管理评审
4 技术要求	5 技术要求
4.1 采购服务	4.6 采购服务和供给
4.2 人员	5.2 人员
4.3 设施和环境条件	5.3 设施和环境条件
4.4 设备	5.5 设备
4.5 标本	
4.6 溯源性	5.6 测量溯源性
5 过程控制要求	
5.1 总则	5.1 总则
5.2 合同评审过程控制	4.4 要求、投标书和合同的评审
5.3 取样过程控制	5.7 取样
5.4 实验室检测鉴定过程控制	5.4 测试和校准方法及方法确认
	5.8 测试和校准样品的处置
5.5 隔离种植过程控制	
5.6 无害化处理过程控制	
5.7 复核过程控制	
5.8 结果报告过程控制	5.10 结果报告
6 结果质量控制	5.9 测试和校准结果的质量控制
6.1 总则	
6.2 内部质量控制	
6.3 外部质量控制	

ICS 03.120.10
A 00

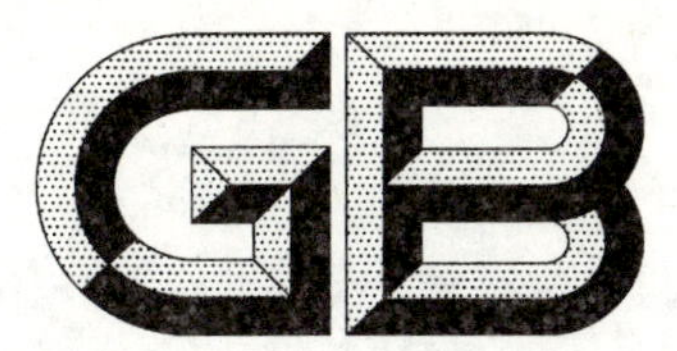

中华人民共和国国家标准

GB/T 27403—2008

实验室质量控制规范 食品分子生物学检测

Criterion on quality control of laboratories—Molecular biological testing of food

2008-05-04 发布　　　　2008-10-01 实施

中华人民共和国国家质量监督检验检疫总局
中国国家标准化管理委员会　发布

前言

本标准是实验室质量控制规范系列标准之一；其目前包括以下标准：

——GB/T 27401《实验室质量控制规范　动物检疫》；

——GB/T 27402《实验室质量控制规范　植物检疫》；

——GB/T 27403《实验室质量控制规范　食品分子生物学检测》；

——GB/T 27404《实验室质量控制规范　食品理化检测》；

——GB/T 27405《实验室质量控制规范　食品微生物检测》；

——GB/T 27406《实验室质量控制规范　食品毒理学检测》。

请注意本标准的某些内容有可能涉及专利。本标准的发布机构不应承担识别这些专利的责任。

本标准的附录 A、附录 B、附录 C、附录 D 和附录 E 为资料性附录。

本标准由全国认证认可标准化技术委员会(SAC/TC 261)提出并归口。

本标准由中国合格评定国家认可中心负责起草。

本标准参加起草单位：中国合格评定国家认可中心、中华人民共和国北京出入境检验检疫局。

本标准主要起草人：陈广全、刘来福、张惠媛、曹实、杨瑞馥、何兆伟、曾静、饶红、汪琦、张昕。

引　言

本标准的编制主要以 GB/T 27025《检测和校准实验室能力的通用要求》为基础，同时吸收了 GB/T 19001—2000《质量管理体系　要求》的内容，并参考了相关国际专业组织的文件、国内外行业标准和专业文献中适用的内容，并充分融合了国内相关实验室的管理经验。

本标准旨在规范、指导和帮助相关实验室，使其满足 GB/T 27025 和本专业领域质量控制的具体要求。

除 GB/T 27025 外，本标准参考的本专业领域相关的主要文件包括 SN/T 1193—2003《基因检验实验室技术要求》、GB 19489—2004《实验室生物安全通用要求》等。

此外，本标准虽然包括了适用于本专业领域的部分我国现行法规以及部分安全相关的内容，但本标准不作为判断实验室是否满足相关法规及安全要求的依据。

食品分子生物学检测实验室是指以分子生物学技术（如核酸技术等）为主要手段，以食品为检测对象的实验室，其检测过程主要包括合同评审、抽样、检测样品的处置、方法及方法确认、检测的分包等。本标准主要适用于从事食品分子生物学检测的实验室，从事食品分子生物学检测的实验室可将本标准作为参考。

建议相关实验室在使用本标准前，应熟悉和掌握 GB/T 27025 的相关内容。本标准与 GB/T 27025—2008 条款对照参见附录 A。

实验室质量控制规范 食品分子生物学检测

1 范围

本标准规定了食品分子生物学检测实验室质量控制的管理要求、技术要求、检测过程控制要求和检测结果的质量控制要求。

本标准适用于从事以分子生物学技术(如核酸技术等)为主要手段,以食品为检测对象的实验室的质量控制。其他领域的分子生物学检测实验室亦可参照使用。

2 规范性引用文件

下列文件中的条款通过本标准的引用而成为本标准的条款。凡是注日期的引用文件,其随后所有的修改单(不包括勘误的内容)或修订版均不适用于本标准,然而,鼓励根据本标准达成协议的各方研究是否可使用这些文件的最新版本。凡是不注日期的引用文件,其最新版本适用于本标准。

GB/T 15483.1 利用实验室间比对的能力验证 第1部分:能力验证计划的建立和运作(GB/T 15483.1—1999,idt ISO/IEC 导则 43-1:1997)

GB/T 19000 质量管理体系 基础和术语(GB/T 19000—2000, idt ISO 9000:2000)

GB 19489 实验室 生物安全通用要求

GB/T 27000 合格评定 词汇和通用原则(GB/T 27000—2006,ISO/IEC 17000:2004, IDT)

VIM 国际通用计量学基本术语[由国际计量局(BIPM)、国际电工委员会(IEC)、国际临床化学和实验医学联合会(IFCC)、国际标准化组织(ISO)、国际理论化学和应用化学联合会(IUPAC)、国际理论物理和应用物理联合会(IUPAP)和国际法制计量组织(OIML)发布]

3 术语、定义和缩略语

3.1 术语和定义

GB/T 19000、GB/T 27000 和 VIM 中确立的以及下列术语和定义适用于本标准。

注:GB/T 19000 规定了与质量有关的通用定义,GB/T 27000 则专门规定了与认证和实验室认可有关的定义。若 GB/T 19000 与 GB/T 27000 和 VIM 中给出的定义有差异,优先使用 GB/T 27000 和 VIM 中的定义。

3.1.1

食品分子生物学检测实验室 molecular biological testing laboratories of food

以分子生物学技术(如核酸技术等)为主要手段,以食品为检测对象的实验室。

3.1.2

实验室最高管理者 top management of laboratory

在最高层指挥和控制实验室的一个人或一组人。

3.1.3

实验室管理层 management personnel of laboratory

在实验室最高管理者领导下负责管理实验室活动的人员。

3.1.4

实验室能力 laboratory competence

实验室进行相应检测所需的物质、环境、信息资源、人员、技术和专业知识。

3.1.5

样品　sample

取自某一整体的一个或多个部分，旨在提供该整体的相关信息，通常作为判断该整体的基础。

3.1.6

检测报告　testing report

提供检测结果和其他有关检测情况的文件。

3.1.7

聚合酶链式反应　polymerase chain reaction；PCR

体外酶促合成特异DNA片段的一种分子生物学实验方法，主要由高温变性、低温退火和适温延伸三个步骤反复的热循环构成：即模板DNA先经高温变性为单链，在DNA聚合酶和适宜的温度下，两条引物分别与两条模板DNA链上的一段互补序列发生退火，接着在DNA聚合酶的催化下以四种脱氧核苷酸三磷酸(dNTPs)为底物，使退火引物得以延伸。如此反复，使位于两段已知序列之间的DNA片段呈几何倍数扩增。

3.1.8

巢式聚合酶链式反应　nested PCR；nPCR；巢式 PCR

利用两套PCR引物对(巢式引物)进行两轮PCR扩增反应的一种分子生物学实验技术。在这种技术中，首先用一对外引物进行第一轮PCR扩增，然后再使用第一对引物扩增的DNA序列内部的一对内引物再次扩增，所以称为巢式PCR。由于使用了两对引物并且进行了两轮扩增反应，因此实验的敏感性和特异性均有所增强。

3.1.9

生物安全柜　biological safety cabinets；BSCs

一种能通过机械装置吸入空气，在工作区域内造成负压环境，柜内气体环流，废气经过滤后排放的装置。

3.1.10

生物危害工作区　biohazard work area；BWA

预留出来进行生物材料相关工作的区域。它可以是一个完整的房间，或是房间的一部分。

3.1.11

气溶胶　aerosol

分散在气体中的固体粒子或液滴所构成的悬浮体系。

3.1.12

目标 DNA 阳性对照　positive DNA target control

参照DNA、从可溯源的标准物质提取的DNA或从含有目标序列的阳性样品(或生物)中提取的DNA序列。该对照用于证明测试样品的分析结果含有目标序列。

3.1.13

目标 DNA 阴性对照　negative DNA target control

不含外源目标核酸序列的DNA片段。该对照用于证明测试样品中不含有目标序列。

3.2　缩略语

下列缩略语适用于本标准。

DEPC：diethylpyrocarbonate，焦碳酸二乙酯。

DNA：deoxyribonucleic acid，脱氧核糖核酸。

dNTPs：deoxyribonucleoside triphosphate，脱氧核苷酸三磷酸。

MSDS：material safety data sheets，材料安全数据表。

PCR：polymerase chain reaction，聚合酶链式反应。

RNA：ribonucleic acid，核糖核酸。

RNase：核糖核酸酶，RNA 酶。

Taq DNA 聚合酶：*Taq* DNA polymerase，耐热 DNA 聚合酶。

4 管理要求

4.1 组织

4.1.1 食品分子生物学检测实验室（以下简称实验室）或其所在组织应具有明确的法律地位。实验室一般为独立法人，非独立法人的实验室需经法人授权。

4.1.2 实验室检测服务应能满足客户及其所在机构的工作需要。

4.1.3 实验室在其固定机构内部或外部的场所开展工作时，均应遵守本标准中的相关规定。

4.1.4 实验室最高管理者应负责组织管理体系的设计、建立、维持及改进，至少包括以下方面：

a) 为实验室配置足够多人员，并为所有人员提供履行其职责所需的权力和资源；

b) 制定政策和程序，以避免机构和人员介入任何可能会降低其判断能力、技术性、诚实性和公正性的活动；

c) 制定政策和程序，确保客户机密信息得到保护；

d) 明确实验室的组织和管理架构，以及实验室与其他相关机构的关系；

e) 规定所有人员的职责、权力和相互关系；

f) 成立技术管理层负责技术运作（技术管理层负责人也称作技术负责人）并赋予相应职责和权力，任命质量负责人，由其全面负责质量体系运作；

g) 设置安全负责人，负责实验室安全管理工作，包括实验室安全措施（含生物安全措施）的制定、实施和更新，日常安全维护，安全知识培训等；

h) 由熟悉检验目的、程序、操作和结果评价的人员，对实验室的其他人员按其经验、能力和职责进行相应的培训和监督，最高管理者直接任命和管理质量监督员；

i) 指定关键人员的代理人；在一些小型实验室里，可由一个人承担多项职责。

4.1.5 最高管理者、技术负责人、质量负责人等质量关键人员可授权有能力的人员，在专业实验室行使相应的职权。

4.1.6 实验室最高管理者、技术负责人、质量负责人及各专业实验室负责人应有任命文件。

4.2 管理体系

4.2.1 政策、过程、计划、程序、指导书和操作规程等均应形成文件，并传达至所有相关人员。应保证有关人员熟悉、理解并执行。

4.2.2 管理体系应包括内部质量控制和外部质量评审工作。

4.2.3 最高管理者应组织制定质量方针、目标和承诺，形成文件并写入质量手册。最高管理者或质量负责人向全体员工宣贯质量方针和目标。质量方针、目标和承诺应简明清晰，且便于有关人员即时获得，也应让客户了解，应包括以下内容：

a) 实验室提供的服务范围；

b) 对服务标准的承诺；

c) 阐明实验室的质量管理水平和技术目标；

d) 对相关人员熟悉、理解、执行质量文件的要求；

e) 实验室在职业行为、检验质量以及遵守管理体系和相关法规政策方面的承诺。

4.2.4 质量手册应对管理体系及文件结构进行描述，注明引用的支持性程序；质量手册中还应规定各重要岗位人员的职责。应指导所有人员使用质量手册和所有参考文件，并实施这些要求。

4.3 文件控制

4.3.1 实验室应制定并实施专门的程序文件，以满足文件管理的要求，应将文件备份存档，同时还应明确规定其保存期限。这些受控文件可使用纸张或无纸化媒介，并应予以保存，同时还应遵循国家、地区和当地的规定。

4.3.2 实施的文件控制程序应确保：

a) 向实验室人员发布的管理体系相关文件，发布前得到授权人员的审批；

b) 建立在用文件名称、有效性状态和发放情况的记录，此记录也称作文件控制记录；

c) 在相应场所，只使用现行的、经过确认的文件版本；

d) 应定期对文件进行评审、修订，并经授权人员批准；

e) 无效或已废止的文件应立即从所有使用地点撤离，或进行适当标注，以防止误用；

f) 如果实验室允许在文件再版之前对文件进行手写修改，则应确定修改的程序和权限，修改之处应有清晰的标注、草签并注明日期，修订的文件应尽快正式发布；

g) 应制定程序描述如何更改和控制在计算机系统中运行的文件。

4.3.3 管理体系相关文件均应有唯一性标识，包括：

a) 标题及文件号；

b) 修订日期或修订号；

c) 页数(如适用)；

d) 发行机构；

e) 来源的标识。

4.4 质量及技术记录

4.4.1 实验室应建立并实施一套对质量及技术记录进行识别、采集、索引、查取、存放、维护以及安全处理的程序。

4.4.2 所有质量及技术记录均应清晰明确，便于检索，并应符合有关规定。应提供一个适宜的存放环境，以适当的形式进行存放，以防损毁、破坏、泄密、丢失或被盗用。

4.4.3 实验室应明确规定各种质量及技术记录的保存期。保存期限应根据检验的性质或每个记录的具体情况而定，某些情况下还需符合有关法律法规的要求。

质量及技术记录至少包括：

a) 检验申请表或采样记录；

b) 检验结果和报告；

c) 仪器打印出的结果；

d) 试验计划；

e) 原始工作记录簿或记录单；

f) 试验数据统计记录；

g) 质量控制记录；

h) 投诉及所采取的措施；

i) 内部及外部审核记录；

j) 能力验证和(或)实验室间的比对记录；

k) 质量改进记录；

l) 仪器使用及维护记录，包括内部及外部的校准记录；

m) 外部服务供应的有关记录；

n) 设备、耗材的验收记录；

o) 差错或事故记录及应对措施；

p) 人员培训及能力记录。

4.4.4 当记录中出现错误时，每一个错误应划改，并将正确值填写在其旁边，应能识别出更改前内容。记录的所有改动应有改动人的签名或签名缩写。电子存储的记录也应采取同等措施，以避免原始数据的丢失或改动。

4.5 服务客户

4.5.1 实验室应授权资深人员为客户提供适当的送检前专业咨询服务。

4.5.2 实验室中经授权的专业人员，在客户的要求下，可就选择何种检验及服务提供建议，包括检验项目、检测方法、所需样品情况等。实验室应明确客户的要求，并在确保实验室及其他客户机密的情况下，允许客户进入实验室监视与其工作有关的操作。也可为客户提供样品准备、包装和发送等服务。

4.5.3 实验室在整个工作过程中，应与客户尤其是大宗业务的客户保持联系。

4.5.4 适当情况下，实验室中经授权的专业技术人员可以就实验结果提供解释。

4.5.5 实验室应将检测过程中的任何延误和主要偏离通知客户。

4.5.6 实验室应向客户征求反馈意见，无论是正面的还是负面的。应使用和分析这些意见，并应用于改进管理体系、检测活动及服务水平。实验时应保留完整的反馈意见及采取相应措施的记录，该反馈意见及其措施可作为管理评审的输入之一[见 4.11.2h)]。

4.6 投诉处理

4.6.1 实验室应有政策和程序处理来自客户或其他方面的投诉，方式应多样、多渠道。实验室应保存投诉以及针对投诉所开展的调查和纠正措施的记录。客户投诉及处理情况应作为管理评审的输入之一[见 4.11.2g)]。

4.6.2 鼓励实验室对其服务客户进行调查，获取正面和负面的反馈信息，改进、完善实验室管理体系。

4.7 不符合工作控制

4.7.1 实验室应有专门的程序和规定，以识别、控制检验过程中的不符合工作。这些程序和规定应保证：

a) 指定专人负责处理不符合工作问题；

b) 明确规定应采取的措施；

c) 考虑不符合工作可能产生的影响，必要时应通知客户；

d) 必要时终止检验，不外发报告；

e) 立即纠正，必要时采取纠正措施；

f) 若检验结果已向外发布，应考虑是否需要收回，或以适当方式善后；

g) 指定专人有权中(终)止检验和批准恢复检验工作；

h) 记录每一次出现的不符合工作并归档保存，应定期评审这些记录，以发现趋势并采取预防措施(见 4.9)。

4.7.2 在不符合工作得到控制后，应分析产生不符合项的根本原因并消除，以防类似不符合工作再度出现。

4.7.3 实验室应制定并实施相关程序，规定如何审核、发布关于不符合工作的检查报告，并保存这些工作记录。

4.8 纠正措施

对发现的不符合工作，进行控制和纠正后，还应分析考虑是否需要实施纠正措施。

a) 纠正措施程序应包括一个调查过程以确定问题产生的根本或潜在原因。纠正措施应与问题的严重性及其带来风险的大小相适应，以避免资源浪费。

b) 如所采取的纠正措施涉及某项变更时，应将这些变更形成文件并发布给有关人员执行。

c) 应监控每一纠正措施的结果，以确定这些措施是否有效。

d) 如果对不符合工作的调查分析表明管理体系可能存在问题，则实验室应进行旨在解决存在问题的管理体系附加审核或管理评审。应对纠正措施的结果进行评审。

4.9 预防措施

实验室应制定专门的程序用以发现潜在不符合工作并预防其发生。

a) 应确定包括技术方面和相关管理体系方面的潜在不符合项和所需的改进。如需采取预防措施,应制定、执行和监控这些措施,以减少类似不符合项发生的可能性并借机改进。

b) 预防措施程序应包括启动和应用的条件。预防措施还可能涉及数据分析、趋势和风险分析等。

c) 应定期对所有的运行程序进行评审,以发现潜在不符合工作,提出质量技术方面的改进意见,制定改进措施的方案并实施,将有关文件资料和记录归档保存。

d) 评审结束并执行相应措施后,实验室应通过对相关方面重点评审或审核的方式评价上述措施的有效性。

e) 应对预防措施实施的结果进行分析判断,包括管理体系是否需要改动和如何更改等内容。

4.10 内部审核

4.10.1 为检查证实检验及相关工作与管理体系的符合性,应定期(至少每年一次)对质量体系各要素的执行情况进行检查审核,即内部审核,内部审核应包含质量体系的所有要素和所有相关部门及人员。必要时可进行附加审核[见 4.8d)]。

4.10.2 应由质量负责人或指定有资格的人员负责对内部审核进行策划、组织并实施,只要资源允许,审核人员应与被审核的工作无直接关联。应制定内部审核的程序文件,其中包括人员职责、审核类型、频次、依据、工作流程、采用方法以及所需的相关文件。

4.10.3 审核中如果发现不符合工作,实验室应进行纠正,必要时采取适当的纠正措施或预防措施,并将这些措施形成文件,送达相关部门实施整改,在约定时间内完成,并指定专人负责跟踪审核,验证整改的有效性。如果审核发现的存在问题可能影响到已发出的检测结果,应书面通知客户。

4.10.4 审核结果要以文件形式发布至各相关部门和人员。

4.10.5 审核结果及问题整改跟踪验证情况应予以记录,并作为管理评审的输入之一[见 4.11.2d)]。

4.11 管理评审

4.11.1 实验室应对管理体系及其他相关工作进行评审,包括检验咨询工作,以确保得到管理体系的适宜性和有效运行所需要的资源保证等外部条件,并及时进行必要的变动或改进。管理评审应至少每年一次,必要时可临时进行评审[见 4.8d)]。

4.11.2 管理评审由最高管理者主持。管理评审至少应考虑以下几方面:

a) 上次管理评审的执行情况;

b) 政策和程序的适用性;

c) 所采取的纠正措施、预防措施等质量体系改进方式及其他改进建议;

d) 管理或监督人员的报告;

e) 近期内部审核的结果;

f) 外部评审和参加能力验证、实验室间比对的结果;

g) 承担的工作量及类型的变化,财务情况;

h) 检验服务质量,包括来自客户、内部员工以及其他方面的投诉或相关信息;

i) 人员培训及有效性评价;

j) 内部质量控制结果报告;

k) 对供应商和服务商的评价;

l) 质量方针的适宜性及质量目标达标分析。

4.11.3 管理评审结果应包括对管理体系适宜性做出评价,以及影响管理体系适宜性、有效性存在问题的解决方案,并跟踪解决方案实施情况。

4.11.4 管理评审结果应向相关人员通报,并将文件和记录归档。

4.12 持续改进

4.12.1 实验室应通过满足关于检测质量和客户的要求,持续改进实验室的管理体系。

4.12.2 实验室应通过利用质量方针、质量目标、数据分析、沟通、管理评审、内部审核、能力验证、预防和纠正措施、客户投诉等渠道，持续改进实验室管理体系的有效性。

4.12.3 实验室应建立质量指示系统，用于监控、评价检验工作的效果。如该指标评价结果表明有改进的可能性，应予以考虑，以使实验室工作质量得到持续改进。

5 技术要求

5.1 采购服务

5.1.1 实验室应制定政策和程序，用于选择和采购影响检测质量的服务和供应品。

注：服务包括：校准（检定）服务；设施与环境条件的设计、安装、调试等；供应品包括：检测用设备、辅助设备、试剂、易耗品等。设备的采购见5.4。

5.1.2 实验室应对影响检测质量的重要供应品和服务的供应商定期进行评价，评价应考虑到实验需求、产品质量等的变化。实验室应保存评价记录和合格供应商名单，并及时更新。

5.1.3 在影响检测结果质量的物品的采购文件中，实验室应对所购物品进行描述。这些采购文件的技术内容应在发出前经过审核和批准。

注：该描述可包括型号、种类、级别、浓度、规格、质量要求和所购物品生产的管理体系标准等。

5.1.4 实验室应对所采购的影响检测质量的服务和供应品进行验收。只有在使用之前进行检验，或以其他方式证明其符合相关检测方法的规定和要求时，才可投入正常使用。实验室应保存进行符合性检查的所有记录。

注1：影响分子生物学检测质量的试剂包括（但不限于）：

a） 试剂盒类（如核酸提取试剂盒、PCR预混主反应液、反转录试剂盒等）；

b） 酶类（如耐热DNA聚合酶、限制性内切酶、溶菌酶和蛋白酶K等）；

c） 引物、探针；

d） dNTPs。

注2：适当时，供应商的管理体系的符合性声明也可作为验证资料。

5.1.5 实验室应按照影响检测质量的供应品的生物学特性、安全特性等，提供适宜的储存地点和储存条件，以确保其在储存期间的质量。

5.1.6 实验室应对所购买的影响检测质量的供应品进行登记并标识，标识内容宜包括保质期、开封日期等。

5.2 人员

5.2.1 实验室应有足够的人力资源满足食品分子生物学检测工作及运行管理体系的需求。

5.2.2 实验室应规定所有人员（管理人员、技术人员和支持人员）的任职条件和工作职责，并有每个岗位职责的目标和考评标准。对每个岗位的工作内容应有具体的描述并形成文件，及时更新。

5.2.3 实验室应确保所有操作专门设备、从事分子生物学检测以及评价结果和签署检测报告的人员的能力。法律法规对特定岗位有培训和技能要求的，应符合法律法规规定。对从事特定工作的人员，例如：从事PCR、芯片检测的人员，应根据相应的教育、培训、经验和（或）可证明的技能进行资格确认。当使用正在培训中的员工时，应对其进行适当的监督。

注：对检测报告提供意见和解释的人员，除具备相应的资格、培训、经验以及所进行的检测方面的充分知识外，还需具有：

a） 检测对象的材料、组成和生产等方面的知识，如不同品系转基因作物转入的外源基因；

b） 法规和标准中阐明的通用要求的知识；

c） 对检测对象和检测过程出现的非正常情况所产生的影响程度的了解。

5.2.4 实验室应制定人员培训的政策和程序。应确定培训需求并制定相应的培训计划，宜适当地考虑到怀孕、免疫缺乏和身体残疾等情况，该计划应与实验室当前和预期的任务相适应。应对培训效果（含被培训者执行指定工作的能力）的有效性进行评价。如需要，可再次进行培训并再次评价。

人员培训的内容应至少包含但不局限于以下几方面（适用时）：

a） 实验室安全的一般常识，包括消防知识、防火安全程序等；

b） 实验样品的运输和储存程序；

c） 实验过程中所涉及的专业理论和操作技术；

d） 检测方法；

e） 实验室的生物安全知识，包括检测对象的危害等级和安全防护知识等，尤其是对生物材料、化学品、放射性等操作的安全程序，人员防护装备的选择和使用等；

f） 正确评价实验结果；

g） 设备的维护和使用；

h） 实验室出现紧急情况的应对和处理，包括生物材料、生化试剂等的泄漏和溅洒事故的预防和处理、人员受伤后的处理程序、人员疏散程序等；

i） 废弃物的处理程序；

j） 实验室的内部质量控制和外部质量控制；

k） 食品分子生物学检测实验室质量管理方面的专门培训；

l） 工作人员的道德准则（如公正性、诚实性、保密性等）。

5.2.5 实验室应使用长期雇用人员或签约人员。在使用签约人员及其他技术人员及关键支持人员时，实验室应确保这些人员能胜任分子生物学检验工作，且受到监督，并依据实验室管理体系要求工作。

5.2.6 实验室应尽量为技术人员提供相关科技文献或获取途径，以便员工及时了解国内外最新的食品分子生物学检测信息和相关技术。

5.2.7 实验室应授权专门人员进行特定类型的抽样、检测、发布检测报告、提出意见和解释以及操作特殊类型的设备。

5.2.8 适用时，实验室应对其员工进行定期体检，以确保员工的身体状况适于分子生物学检测的需要。

5.2.9 实验室应保存所有技术人员的相关授权、教育背景、专业资格、培训、工作经历以及能力证明的记录，并包含授权和（或）能力确认的日期。这些信息应易于获得。

5.3 设施和环境条件

5.3.1 实验室的设计和布局应符合相关法律法规的要求，生物安全应符合 GB 19489 的规定。应将不相容活动的相邻区域进行有效隔离，合理设计实验室分区，防止不同区域间的交叉污染对实验结果造成影响，并确保技术工作区域中的生物、化学、辐射和物理危险控制在已经过评价的、适当的风险程度。实验室的设计应能将意外伤害和职业病的风险降到最低，并能保证所有工作人员和来访者免受某些已知危险的伤害。具体可参见附录 B。

5.3.2 实验室的各个区域内都要有适于在区域内开展工作的环境和设施，包括家具、工作台面和地面等，要留有足够的无障碍安全工作区，其中包括大件设备周围的空间，以便于维修保养人员的工作。

5.3.3 实验室各区域应有适当的标识，如负责人的姓名和（或）污染级别、联系人的姓名和电话、准入要求等，并清晰标记出国际上通用的危险标识（如生物危险标识、火灾标识和放射性标识）。

5.3.4 用于检测的设施，包括（但不限于）能源、照明、供水、废弃物处理和环境条件等，应有助于检测的正确实施。实验室应确保其环境条件满足检测工作需要并确保安全，不会使检测结果无效或检测质量受到不良影响。在实验室固定设施以外的场所进行抽样、检测时，应将影响检测结果的设施和环境条件的技术要求形成文件。

5.3.5 实验室应建立相应的程序，监测、控制和记录环境条件。适用时，对诸如防止交叉污染、生物消毒、灰尘、辐射、温度、湿度、气溶胶等问题应予重视，使其与相关的分子生物学检测工作相适应。当环境条件危及到检测结果时，应停止检测。

5.3.6 实验室应有相应的安全消防保障条件和措施。实验室在使用、存放及处理放射性、爆炸性、毒害性和污染性物质时，应符合有关安全、防护、疏散、环境保护等规定。

5.3.7 对影响检测质量的区域的进入和使用，应加以控制。非实验有关人员和物品未经允许不得进入实验室。外来合作者、进修和学习人员在进入实验室及其岗位之前应经过批准。实验室应根据其特定情况确定控制的范围,应采取适当的措施保护样品及资源的安全,防止无关人员接触。

5.3.8 实验室应采取措施确保实验室的良好内务。不同的实验区域应有其各自的清洁用具以防止交叉污染。

5.3.9 实验室应提供适宜的存储空间和条件,以保证样品、核酸提取物、PCR 产物、蛋白质、芯片、试剂、文件、记录等的完整性。

5.4 设备

5.4.1 实验室应配备正确进行食品分子生物学检测(包括样品处理、核酸和蛋白质制备、PCR 扩增、杂交、电泳、芯片扫描、数据处理与分析等)所必备的抽样和检测设备,具体设备可参见附录 C。但实验室需要使用永久控制以外的设备时,应确保这些设备满足本标准的要求。

5.4.2 实验室应建立设备管理程序,该程序应包括仪器设备的采购、验收、安装、调试、建档、安全处置、使用和计划维护等,以满足本标准的要求。

5.4.3 用于检测和抽样的设备及其软件应达到要求的准确度,并符合相应的检测方法要求。对于进行PCR 检测的实验室,应采用国际上的相关标准检测 PCR 仪的性能。实验室应制定对结果有重要影响的仪器关键参数或关键值的校准计划。设备(包括用于抽样的设备)在投入工作前应进行校准或核查(见 5.6),以证实其能够满足相应要求。

5.4.4 实验室应根据制造商的使用说明、操作手册或其他相关文件,制定设备使用和操作规程,并及时更新。若无上述文件时,实验室应按照规定编制设备的使用和操作程序。这些文件应便于实验室有关人员取用。所有主要设备均应有使用记录、维护记录和故障检修记录等。实验室固定场所以外的检测设备也应按照实验室制定的相关程序进行管理。

5.4.5 每台设备应以唯一性标签、标记或其他方式进行区别。适用时,实验室内的所有需要校准的设备均应以标签、编码或其他标识方式来表明其校准状态,如合格、准用、禁用,上次校准日期和下次校准日期或校准有效期。

5.4.6 应保存对检测结果有重要影响的每一设备及其软件的记录,这些记录至少应包括以下内容:

a) 设备及其软件的标识;
b) 制造商的名称、类型标识、序列号或其他唯一性的标识;
c) 制造商的联系人、电话(适当时);
d) 设备到货日期和投入运行日期;
e) 当前的位置(适当时);
f) 接收时的状态(例如新品,使用过,修复过)和设备在使用前进行检查和(或)校准的状况;
g) 制造商的说明书或其存放处(如果有);
h) 对设备是否符合规范的核查(见 5.4.3);
i) 设备维护计划(适当时),以及已进行的维护;
j) 设备的损坏、故障、改动或修理情况;
k) 预计更换日期(可能时);
l) 所有校准报告和证书的日期、结果及复印件,设备调整、验收标准和下次校准的预定日期。

应保存这些记录,并保证在设备的寿期内或在法律法规要求的任何时间内随时可得。

5.4.7 设备应在校准(检定)有效期内使用。当校准产生了一组修正因子时,实验室应有程序确保其所有备份,包括计算机软件中的备份得到正确更新。

5.4.8 当需要利用期间核查以维护设备状态的可信度时,应按照规定的程序进行并做好记录。

5.4.9 所有仪器设备的使用人员应按照人员培训程序,经过专门的技术培训,大型、重要仪器设备的使用人员应在获得相应的技术资格并经过授权批准后方可上机操作。有关人员应可以很方便地得到关于设备使用及维护的最新指导书(包括设备制造商提供的所有相关的使用手册和指导书)。

5.4.10 无论何时，一旦发现设备出现故障(包括过载或处置不当、给出可疑结果，或已显示出缺陷、超出规定限度等情况)，应立即停止使用，并加贴明显的标识，单独放置以防误用，直至其被修复。实验室应检查上述故障是否对以前的检测服务造成影响，并实施4.8中规定的程序。

5.4.11 实验室应采取合理措施，对于可产生污染的设备应在修理或退役之前将其去污染，设备的去污染过程中，操作人员应注意安全防护。

5.4.12 无论何种原因，如果设备脱离实验室直接控制，或已被修理或维护过，实验室应确保设备在返回后重新使用之前，对其功能和校准状态进行检查，并确保其性能已达到要求。

5.4.13 检测设备(包括硬件、软件)均应得到保护，以避免由于设备的调整或改动，导致检测结果的无效。

5.4.14 如果使用计算机或自动化检验设备进行收集、处理、记录、报告、存储或检索检验数据，实验室应保证：

a) 计算机软件(包括仪器设备内置的软件)应有文件记录并适于实验室使用；

b) 制定并实行相应程序，以随时保护资料的完整性和保密性；

c) 对计算机和自动化设备进行维护，以确保其正常运转，并应提供相应的环境和操作条件；

d) 对计算机程序和常规操作进行充分保护，以防止无关或未经授权的人员进入、修改或破坏。

5.5 实验试剂和危害性废弃物管理

5.5.1 试剂管理

5.5.1.1 总则

5.5.1.1.1 实验室应建立试剂的管理程序，包括试剂的运输、发放、使用和存储等。

注：试剂的发放宜采取“先入先出”的原则，并注意保质期较短的物品的发放。

5.5.1.1.2 对于有毒有害、易燃易爆、腐蚀性试剂，实验室应建立相应的安全管理程序。

注：具有毒性、放射性、致癌或致突变性的试剂应该有明显的危险标识。

5.5.1.1.3 所有试剂应正确标明，包括试剂的名称、浓度、配制日期、配制人的姓名、有效期以及危险或安全标识。

5.5.1.1.4 实验室应建立实验试剂处理不当或出现溅洒、泄漏等突发事件时的应急预案(见6.8)。

5.5.1.1.5 实验室应保留所有储存、发放、使用和处理实验试剂的记录。

5.5.1.2 化学试剂使用

5.5.1.2.1 实验室应向相关人员介绍实验室内的化学试剂，并为他们提供每一种化学试剂的材料安全数据表(MSDS)。实验室工作人员应能方便的获得这些化学试剂的材料安全数据表，并熟悉每种化学试剂的特性。

5.5.1.2.2 在使用化学试剂前，实验人员应熟悉该试剂的安全使用规则和废弃处理原则等。使用有腐蚀性、毒性、易燃和不稳定的化学试剂之前，应遵守相应管理规定。

5.5.1.2.3 化学试剂应按照其类别(如自燃性、氧化性、腐蚀性、易燃性和毒性等)存放。有危害的液体试剂应用有周边保护的托盘存放。所有盛装危险化学试剂的容器都应有清晰标记。试剂在使用后应放回原来的位置。

5.5.1.3 放射性试剂使用

5.5.1.3.1 实验室应制定放射性试剂的操作程序。该程序应包括对以下内容的详细说明：

a) 使用放射性试剂的地方应有显著的标识(包括提示、警告和禁止)；

b) 出现放射性事故时应采取的行动和处理措施；

c) 使用放射性试剂区域和未使用放射性试剂区域的划分；

d) 未使用放射性试剂区域被放射性试剂污染的处理措施；

e) 放射性试剂使用区域日常清洁和消毒的程序和方法。

5.5.1.3.2 所有实验室相关人员都应接受有关放射性技术、放射性保护方面的指导和培训，都应遵守放射性试剂操作程序。

5.5.1.3.3 适宜时，实验室应任命至少一名放射性物质保护员和多名放射性物质保护监督员。放射性物质保护员负责设计、执行和维护放射性物质保护规划；放射性物质保护监督员负责监督日常工作，保证良好的放射性物质使用行为。实验室应明确规定放射性物质保护员和放射性物质监督员的任命、作用和职责。

5.5.1.3.4 在使用放射性试剂之前，实验室应对使用目的、范围和地点进行评价。

5.5.1.4 生物试剂使用

5.5.1.4.1 所有生物试剂的储存应符合其生物学特性。储存生物试剂的区域应位于生物危害工作区之内并用适当的标记注明。

5.5.1.4.2 应按照适合的操作规程对生物试剂进行使用及处置。

5.5.2 危害性废弃物管理

5.5.2.1 废弃物的管理原则是：

a) 将获取、收集、运输和处理废弃物的风险减至最小；

b) 将废弃物对人体和环境的危害影响减至最小。

5.5.2.2 危害性废弃物的管理应符合相关法律法规的要求。

5.5.2.3 实验室应建立管理危害性废弃物（包括化学性、生物性和放射性危害废弃物等）的政策和程序，该程序应满足国家或地方的相关的法律法规的要求，还应包括危害性废弃物的堆放和处置等方面的管理。

5.5.2.4 存放危害性废弃物的容器、冰箱等，应加贴通用的危害标识。

5.5.2.5 实验室应指定专人协调和负责处理危害性废弃物。应确保危害性废弃物只能由经过相关培训的人员处理，同时应采用适当的人员防护设备。无法在实验室妥善处理的剧毒品、致癌性废弃物应交环保部门或其他有资质的单位统一处理，并做好处理记录。

5.5.2.6 实验室宜尝试建立废弃物的减少方案，如化学物质的再利用程序等。

5.6 溯源性

5.6.1 总则

5.6.1.1 实验室应建立溯源性的管理程序，包括设备校准和标准物质溯源。

5.6.1.2 实验室应保留溯源性的所有相关记录。

5.6.2 设备校准

5.6.2.1 用于检测的对检测和抽样结果的准确性或有效性有显著影响的所有设备，包括辅助测量设备（例如用于测量环境条件的设备），在投入使用前应进行校准。

5.6.2.2 实验室应制定设备校准程序和计划。应确保其校准和测量可溯源到国际单位制(SI)。测量无法溯源到SI单位或与之无关时，要求测量能够溯源到诸如有证标准物质（参考物质）、约定的方法和（或）协议标准。

5.6.3 标准物质

5.6.3.1 食品分子生物学实验室使用的有证标准物质（进口或国产）包括：标准菌株、毒株、转基因品系的阳性标准品等，应提供可溯源到国际计量基准或出产国的计量基准的有效证书或国内外公认的权威技术机构出具的合格证书。

5.6.3.2 当使用无证标准物质（包括克隆目标基因的阳性质粒、实验室间转赠的阳性样品等）不能进行溯源时，实验室应尽量利用生产厂商提供的有效证明（适当时），进行验证实验或比对实验，以确认其有效浓度。只要技术上和经济条件允许，应对内部标准物质进行核查。

5.6.3.3 标准物质应有专人保管，编号登记，放置于规定位置。标准物质应根据其性质妥善存放（例如冷冻、冷藏、避光、防潮等）。

5.6.3.4 期间核查:应根据规定的程序和日程对各级标准物质进行核查,以保持其校准状态的置信度并保存相关记录。

5.6.3.5 运输和储存:实验室应有程序来安全处置、运输、存储和使用标准物质,以防止污染或损坏,确保其完整性。

6 过程控制要求

6.1 总则

分子生物学检测的过程控制包括从样品接收到结果报告的整个过程。需要加以控制的主要环节包括以下方面,其中影响检测质量最重要的是样品的处置、检测方法及方法确认部分:

——合同评审;

——抽样;

——样品的处置;

——检测方法及方法确认;

——分包;

——结果报告;

——突发事件准备和响应。

6.2 合同评审

6.2.1 实验室应建立并维持评审客户要求、标书和合同的程序。这些程序应确保:

a) 明确客户要求,对包括所用方法在内的客户要求应予适当规定,形成文件,并易于理解。客户的要求或标书与合同之间的任何差异,应在工作开始之前得到解决。每份合同应得到实验室和客户双方的接受。在切实可行的范围内,实验室可以向客户提供意见,协助其确定真正的检测需求。

b) 实验室有满足这些要求的能力和资源,即实验室具备了必要的物力、人力和信息资源等,且实验室人员对所从事的检测活动具有相应的技能和专业技术,该项评审也可包括以前参加的实验室间比对或能力验证结果和(或)为确定测量不确定度、检出限、置信区间等而使用的已知样品所做的试验性检测计划的结果。

c) 选择适当的能满足客户要求的检测方法(见6.5.2)。

注1:对合同的评审需以可行和有效的方式进行,并考虑财政、法律和时间等方面的影响。对内部客户的要求和合同的审查可用简化方式进行。

注2:合同可以是为客户提供检测的任何书面或口头的协议。

6.2.2 实验室应保存包括任何重大变化在内的合同评审记录。在合同执行期间,就客户的要求或工作结果与客户进行讨论的有关记录,也应予以保存。

注:对常规的和简单工作的评审,由实验室中负责合同工作的人员注明日期并加以标识(如签名或签名缩写)即可。对于重复性的例行工作,如果客户要求不变,仅需在初期调查阶段,或在与客户的总协议下对持续进行的例行工作合同批准时进行评审。对于新的、复杂的或有特殊需求的检测工作,则需保存更全面的记录。

6.2.3 评审的内容应包括被实验室分包出去的所有工作。

6.2.4 对合同的任何偏离均应通知客户。

6.2.5 工作开始后如果需要修改合同,应重新进行合同评审过程,并将所有修改内容通知所有受到影响的人员。

6.3 抽样

6.3.1 实验室应根据不同种类食品的特性和检测要求,制定抽样计划和抽样程序,这些程序应文件化并且在抽样现场便于获得。只要合理,抽样计划应建立在适当的统计学方法基础上。

注:抽样程序应对取自某种食品的一个或多个样品的选择、抽样计划、提取和制备进行描述,以提供所需的信息。

6.3.2 当抽样作为检测工作的一部分时，实验室应记录与抽样相关的资料和操作。这些记录应包括所用的抽样程序、抽样人的识别、环境条件（如果相关）、必要时有抽样地点的图示或其他等效方法，如果合适，还应包括抽样程序所依据的统计方法。

6.3.3 如果客户要求偏离、增补或删改文件化的抽样程序，则这些情况应与适当的抽样数据一起详细地记录下来，并应记入包含检测结果的所有文件中，同时要通知有关人员。

6.4 **检测样品处置**

6.4.1 **总则**

6.4.1.1 实验室应有检测样品的运输、接收、存储、保留和（或）清理的程序，包括为保护检测样品的完整性以及实验室与客户利益所需的全部条款。该程序应考虑到样品中可能存在的有毒有害病原体或毒素等对人员和环境的危害。

6.4.1.2 实验室应具有检测样品的标识系统。样品在实验室的整个流转期间应保留该标识，标识系统的使用和统计应确保样品不会在实物、所涉及的记录或其他文件中混淆。如果适合，标识系统应包含检测样品的细分和样品在实验室内外的传递。

6.4.2 **运输**

6.4.2.1 向实验室运送样品时，应避免对环境造成污染和对工作人员造成伤害。

6.4.2.2 用于储存样品的容器应符合样品的特性需要。如果在一个包装容器中有多个内容物，应在最终包装外明确标明内容物的名称、性质等相关信息。

6.4.2.3 应按照安全运输的规定运送样品，确保样品的完整和稳定。

6.4.2.4 抽样程序和样品储存运输信息，包括影响检测结果的抽样方面的信息，均应提供给负责抽样和样品运输的人员。

6.4.3 **接收**

6.4.3.1 实验室应安排专人接收样品，应在样品登记、工作记录、计算机或其他类似系统中对收到的原始样品进行记录。记录包括样品的名称、标识、数量、状态、送样人、样品接收人、接收时间等。

6.4.3.2 在接收检测样品时，应记录异常情况或对检测方法中所描述的正常（或规定）条件的偏离。当对样品是否适合于检测存在疑问，或样品与所提供的描述不相符，或对所要求的检测规定的不够详尽时，实验室应在开始工作之前询问客户，以得到进一步的说明，并记录下讨论的内容。

6.4.3.3 实验室应制定有关接收或拒收样品的准则，并形成文件。

6.4.4 **储存**

6.4.4.1 实验室应有程序和适当的设施以避免检测样品在储存、处置和准备过程中发生变质、丢失或损坏。可行时，应遵守随样品提供的处理说明。

6.4.4.2 根据样品的性质确定存放环境，特别是温度条件（如常温，4℃，−20℃或−70℃），应维持、监控和记录这些条件。

6.4.4.3 在检测后要重新投入使用的检测样品，需特别注意确保样品在待检、检测、存储或处置过程中不破坏其原有特性。

6.4.4.4 样品应在能够保持性状稳定的条件下保留一段时间，以便在出具结果报告后可以复查，或用于其他的额外检验。

6.5 **方法及方法确认**

6.5.1 **总则**

6.5.1.1 实验室应使用适合的方法和程序进行所有检测，包括样品的抽样、处置、运输、存储和准备。适当时，还应包括测量不确定度的评定和分析检测数据的统计技术。该方法和程序还应考虑到分子生物学实验中的污染的预防和处置。对于PCR实验中的污染和RNA酶污染的预防和处置可参见附录D和附录E。

6.5.1.2 如果缺少指导书可能影响检测结果时，实验室应制定相应的指导书，包括所有相关设备的使用、操作步骤和(或)样品的处置、制备等,并将其文件化。

注:如果国际、区域或国家标准,或其他公认的规范已包含了如何进行检测的充分信息,且这些标准是以可被实验室操作人员理解和使用的方式书写的,则不需再进行补充或改写为内部文件。对方法中的可选步骤,可能有必要制定附加细则或补充文件。

6.5.1.3 所有与实验室工作有关的指导书、标准、手册和参考资料应保持现行有效并易于员工取阅(见4.3)。

6.5.1.4 对于检测方法的偏离,仅限在该偏离已被文件规定、经技术判断、授权和客户接受的情况下才允许发生。

6.5.1.5 实验室应确保所用检测方法适用于当前的检测工作,并能及时更新。

6.5.2 方法的选择

6.5.2.1 实验室应采用满足客户需求并适用于所进行的检测的方法,包括抽样的方法。

6.5.2.2 实验室应优先使用国际、区域或国家标准方法。应确保使用标准的最新有效版本,除非该版本不适宜或不可能使用。必要时,应采用附加细则对标准加以补充,以确保应用的一致性。

6.5.2.3 当客户指定的方法适用且有效时,实验室应优先使用客户指定的方法;若客户指定的方法不适用或已过期时,实验室应通知客户,及时与客户沟通。

6.5.2.4 当客户未指定所用方法时,实验室应从国际、区域或国家标准中发布的,或由知名的技术组织或有关科学书籍或期刊公布的,或由设备制造商指定的方法中选择合适的方法。实验室制定的或采用的方法如能满足预期用途并经过确认,也可使用。所选用的方法应通知客户。

6.5.2.5 检测方法中若使用商业检测系统(如试剂盒等),如果制造商提供的使用说明书符合6.5.1的要求,其描述可作为实验室操作的程序,所使用的语言能被实验室的工作人员所理解,则检验程序应部分或全部地以说明书为基础来制定。任何偏离均应经过评审并形成文件。进行检验所需的其他信息也应形成文件。每个新版检验试剂盒在试剂或程序方面发生重大变化时,均应进行性能和适用性检查。与其他程序一样,任何程序上的变化都应注明日期并经授权。

6.5.2.6 在引入检测之前,实验室应证实能够正确地运用这些标准方法,如果标准方法发生了变化,应重新进行证实。

6.5.3 实验室制定的方法

6.5.3.1 实验室为其应用而制定检测方法的过程应是有计划的活动,并应指定具有足够分子生物学专业背景知识、实验操作经验丰富、对检验样品有一定了解的人员进行。

6.5.3.2 在方法制定过程中,应进行定期评审,以验证客户的需求持续得到满足,方法制定计划上的任何调整,均应事先得到批准和授权。

6.5.3.3 方法制定计划随其进度发生的调整和更新,应确保所有有关人员之间得到有效沟通。

6.5.4 非标准方法

6.5.4.1 当有必要使用标准方法中未包含的方法时,应征得客户的同意,理解客户的要求,明确检测目的。所制定的方法在使用前应经适当的确认。

6.5.4.2 非标方法通常包括以下内容:

a) 适当的标识;

b) 检测目的和范围;

c) 被检测样品类型的描述;

d) 原理和意义;

e) 被测项目参数及其检测限;

f) 试剂和材料,包括所需的标准物质;

g) 仪器和设备,包括技术性能要求;

h) 要求的环境条件和所需的稳定周期;

i) 样品的处置、储存和制备；

j) 工作开始前所进行的检查，包括设备的检查；

k) 检测步骤；

l) 需记录的数据以及分析和表达的方法；

m) 检测结果的可报告区间；

n) 接受或拒绝的标准或要求；

o) 质量控制程序；

p) 确认最新批准检测方法的措施；

q) 非标的修改版本；

r) 安全措施；

s) 不确定度或评定不确定度的程序(适当时)；

t) 参考文献。

6.5.5 方法确认

6.5.5.1 确认是通过检查并提供客观证据，以证实某一特定预期用途的特定要求得到满足。

6.5.5.2 实验室应对非标方法、实验室制定的方法、超出其预定范围使用的标准方法以及经过扩充和更改的标准方法进行确认，以确保这些方法适合于预期目的。实验室应只用已经确认的方法进行方法确认。方法确认应尽可能全面，以满足预期的或某应用领域的需求。实验室应记录确认过程中所使用的程序、所获得的结果，并对该方法是否适合预期用途作出评价。

6.5.5.3 适宜时，方法确认应包括取样、处置和运输程序的确认。

6.5.5.4 确认的方法应使用下列一项或多项的组合：

a) 使用参考标准或标准物质进行校准；

b) 与其他方法所得结果进行比较；

c) 实验室间比对；

d) 影响结果因素的系统性评价；

e) 根据对方法的理论原理和实践经验的科学理解，对所得结果不确定度进行的评定。

6.5.5.5 如果对已确认的非标方法进行了某些更改，应将这些更改的影响文件化，适当时应重新进行确认 。

6.5.5.6 实验室按照预期用途对被确认的方法进行评价时，方法的检出限、选择性、重复性和准确度等应适应客户的要求。

注1：确认包括对要求的详细说明、对方法特性值得测定、对利用该方法能满足要求的核查以及对有效性的声明。

注2：确认通常是成本、风险和技术可行性之间的一种平衡。许多情况下，由于缺乏信息，数值(如准确度、检出限、选择性、重复性、稳定性和灵敏度)的范围和不确定度只能以简化的方式给出。

6.5.6 测量不确定度评定

6.5.6.1 实验室应具有并应用测量不确定度的程序。不确定度的来源可包括：抽样、样品制备、样品部分的选择、校准品、参考物质、加入量、所用的设备、环境条件、样品的状态及操作人员的变更等。确定了不确定度的各个分量后，还应通过对分量内部变异性分析的结果，进行不确定度的评估，计算分量的值，或通过采用重现性和再现性数据，理想情况下包含偏差(如通过能力验证计划的结果)来评定不确定度。

某些情况下，检测方法的性质会妨碍对测量不确定度进行严密的计量学和统计学上的有效计算。这种情况下，实验室至少应努力找出不确定度的所有分量且作出合理评定，并确保结果的表达方式不会对不确定度造成错觉。合理的评定应依据对方法性能的理解和测量范围，并利用过去的经验和确认的数据。

注1：测量不确定度评定所需的严密程度取决于某些因素，如：

——检测方法的要求；

——客户的要求；

——以作出满足某规范决定的窄限。

注 2：某些情况下，公认的检测方法规定了测量不确定度主要来源的值的极限，并规定了计算结果的表示方式，这时，实验室只要遵守该检测方法和报告的说明(见 6.7)，并经技术确认，即被认为符合本款的要求。

6.5.6.2 在评定测量不确定度时，对给定条件下的所有重要不确定度分量，均应采用适当的分析方法加以考虑。

注 1：构成不确定度的来源包括(但不限于)所用的参考物质、方法和设备、环境条件、被检测物品的性能和状态以及操作人员。

注 2：在评定测量不确定度时，通常不考虑被检测和(或)校准物品预计的长期性能。

6.5.7 数据控制

6.5.7.1 应对计算和数据传送进行系统和适当的检查。

6.5.7.2 当利用计算机或自动设备对检测数据进行采集、处理、记录、报告、存储或检索时，实验室应确保：

a) 由使用者开发的计算机软件应被制定成足够详细的文件，并对其适用性进行适当确认；

b) 建立并实施数据保护的程序。这些程序应包括(但不限于)：数据输入或采集、数据存储、数据传输和数据处理的完整性和保密性；

c) 维护计算机和自动设备以确保其功能正常，并提供保护检测和校准数据完整性所必需的环境和运行条件。

注：通用的商用软件(如文字处理、数据库和统计程序)，在其设计的应用范围内可认为是经充分确认的。但实验室对软件进行的配置或调整，则需按 6.5.7.2a)进行确认。

6.6 分包

6.6.1 当实验室由于未预料的原因(如工作量、需要更多专业技术或暂时不具备能力)或持续性的原因(如通过长期分包、代理或特殊协议)需将工作分包时，应分包给有能力的分包方，例如能够遵照本标准要求开展所承担分包工作的分包方。

6.6.2 实验室应制定程序，用于评估和选择分包实验室。并定期评审与分包方的协议，以确保：

a) 充分明确检测的各项要求，形成文件并易于理解；

b) 分包实验室有能力满足这些要求且没有利益冲突；

c) 对检测方法的选择适合其预期用途；

d) 明确确定对检测结果的解释责任。

6.6.3 实验室应对其所有分包实验室进行登记。应对分包给另一实验室的样品进行登记。

6.6.4 实验室应将分包安排以书面形式通知客户，适宜时应得到客户的准许，最好是书面的同意。

6.6.5 实验室应就其分包方的工作对客户负责，由客户或法定管理机构指定的分包方除外。

6.6.6 实验室应保存检测中使用的所有分包方的评审记录，并保存其工作符合本标准的证明记录。

6.7 结果报告

6.7.1 总则

实验室应准确、清晰、明确和客观地报告每一项或一系列检测结果，并符合检测方法中的规定要求。结果通常应以检测报告的形式出具，并且应包括客户要求的、说明检测结果所必需的和所用方法要求的全部信息。

6.7.2 报告格式

6.7.2.1 除非实验室有充分理由，否则每份检测报告应至少包括下列信息：

a) 标题(如检测报告)。

b) 实验室名称和地址，进行检测的地点(如果与实验室的地址不同)。

c) 检测报告的唯一性标识(如系列号)和每一页上的标识(如页码和总页数)，以确保能够识别该页是属于检测报告的一部分，以及表明检测报告结束的清晰标识。

d） 客户的名称和地址。

e） 所用方法的标识。

f） 检测样品的描述、状态和明确的标识。

g） 样品的接收日期和进行检测的日期。

h） 如与结果的有效性和应用相关时，实验室或其他机构所用的抽样计划和程序的说明。

i） 检测结果，适用时，带有单位。

j） 检测报告批准人的姓名、职务、签名或等效的标识。

k） 相关时，结果仅与被检测样品有关的声明。

l） 实验室宜做出未经实验室书面批准，不得复制（全文复制除外）检测报告的声明。

m） 对检测方法的偏离、增添或删节，以及特殊检测条件的信息，如环境条件。

n） 需要时，符合（或不符合）要求和（或）规范的声明。

o） 适用时，评定测量不确定度的声明。当不确定度与检测结果的有效性或应用有关，或客户的指令中有要求，或当不确定度影响到对规范限度的符合性时，检测报告中还需要包括有关不确定度的信息。

p） 适用且需要时，提出意见和解释。

q） 特定方法、客户或客户群体要求的附加信息。

6.7.2.2 在为内部客户进行检测或与客户有书面协议的情况下，可用简化的方式报告结果。以上所列却未向客户报告的信息，应能方便地从进行检测的实验室中获得。

6.7.2.3 报告格式应设计为适用于所进行的各种检测类型，表头应尽可能的标准化，并尽量减少产生误解或误用的可能性。检测报告的编排尤其是检测数据的表达方式，应易于读者理解。

6.7.2.4 当需对检测结果作解释时，对含抽样结果在内的检测报告，除了上述要求之外，还应包括下列内容：

a） 抽样日期；

b） 抽取样品的清晰标识（适当时，包括制造者的名称、标示的型号或类型和相应的系列号）；

c） 抽样位置，包括任何简图、草图或照片；

d） 列出所用的抽样计划和程序；

e） 抽样过程中可能影响检测结果解释的环境条件的详细信息；

f） 与抽样方法或程序有关的标准或规范，以及对这些规范的偏离、增添或删节。

6.7.3 从分包方获得的检测结果

当检测报告包含了分包方所出具的检测结果时，这些结果应予清晰标明。分包方应以书面或电子方式报告结果。

6.7.4 结果的电子传输

6.7.4.1 适当时，检测报告可用硬拷贝或电子数据传输的方式发布。

6.7.4.2 当用电话、电传、传真或其他电子方式传送检测结果时，应满足本标准的要求（见 6.5.7）。

6.7.5 检测报告的修改

6.7.5.1 对已发布的检测报告的实质性修改，应仅以追加文件或信息变更的形式，并包括如下声明："对检测报告的补充，系列号……（或其他标识）"，或其他等效的文字形式。这些修改应满足本标准的所有要求。

6.7.5.2 当有必要发布全新的检测报告时，应注以唯一性标识，并注明所替代的原件。

6.7.6 归档

检测报告应及时归档保存，保存期限应符合相关法规要求，如果没有明确要求，一般应至少保存两年。

6.7.7 意见和解释

当含有意见和解释时，实验室应把做出意见和解释的依据制定成文件。意见和解释应在检测报告中清晰标注，并与检测结果分开。

注1：检测报告中包含的意见和解释可以包括(但不限于)下列内容：

——对结果符合(或不符合)要求的声明的意见；

——合同要求的履行；

——如何使用结果的建议；

——用于改进的指导。

注2：多数情况下，通过与客户直接对话来传达意见和解释或许更为恰当，但这些对话应当有文字记录。

6.8 突发事件准备和响应

6.8.1 最高管理者应充分考虑可能发生的突发事件，如影响检测质量和可能导致实验室安全的潜在的紧急情况和事故等。

6.8.2 实验室应建立突发事件的应急预案。

6.8.3 实验室应有证据证明对突发事件的有效管理，其结果应作为管理评审的内容之一。

6.8.4 实验室应保存突发事件及其处理措施的记录。

7 结果质量控制

7.1 内部质量控制

7.1.1 总则

为了持续保证实验室工作和检测结果的可靠性和准确性，实验室应将内部质量控制作为实验室正常工作的一个重要部分。

7.1.2 程序

7.1.2.1 实验室应有内部质量控制程序，并将其文件化，以保证检验结果达到预期的质量目标。该程序应包括实验室环境控制、人员控制、设备控制、方法控制、试剂控制、实验操作控制等方面。

7.1.2.2 应确保制定的内部质量控制程序易于理解，并贯彻到实验室所有相关人员。

7.1.3 方法

内部质量控制的方式有以下几种：

a) 标准物质分析；

b) 盲样分析；

c) 空白分析；

d) 留样再测；

e) 多人比对；

f) 设备比对；

g) 方法比对；

h) 质控图等。

注：实验室可根据其工作类型和工作量，选择以上一种至几种质控方式。

7.1.4 实施

7.1.4.1 实验室每年应根据实际工作的需要制定内部质量控制计划，该计划应考虑所开展的检测项目、所用仪器设备和人员。

7.1.4.2 内部质量控制的频率应考虑到实验的频次、样品量、实验的自动化程度、实验的技术难度、方法的可靠性等。

7.1.5 结果分析与评价

7.1.5.1 实验室应分析内部质量控制的数据，当发现这些数据超出预先确定的判据时，实验室应采取有计划的措施来纠正出现的问题,并防止报告错误的结果。

7.1.5.2 实验室应对内部质量控制的有效性、准确度进行评价。

7.1.5.3 实验室应根据其评价结果持续改进内部质量控制体系。

7.1.5.4 内部质量控制的结果应作为实验室管理评审的输入之一。

7.1.6 记录

实验室应保留所有内部质量控制的相关记录。内部质量控制所得的数据应以便于发现其发展趋势的方式记录,如可行,应采取统计技术对结果进行审查。

7.2 外部质量控制

7.2.1 总则

所有开展食品分子生物学检测的实验室应定期参加实验室能力验证或实验室间比对活动。

7.2.2 实施

7.2.2.1 实验室应尽可能选择与其实际检测相关的外部质量控制计划,能模拟样品并对整个检测过程进行检查。实验室参加的外部质量控制计划应符合相关法律法规和实验室管理部门的要求。实验室间的比对计划应符合 GB/T 15483.1 的规定。

7.2.2.2 如果无正式的实验室间的比对计划,则实验室应建立有关机制,用于判断未经其他方式评价的程序的可接受性。只要有可能,运行这种比对机制时应利用外部的测试材料,如与其他实验室交换样品等。

7.2.3 结果分析与评价

实验室应分析外部质量控制的结果,当出现不满意或临界值时,实验室应启动不符合工作的控制(见 4.7)。

7.2.4 记录

实验室应记录这些外部质量控制活动及其结果并形成文件。对发现的问题或不足采取的措施,也应保存记录。

附　录　A
（资料性附录）
本标准与 GB/T 27025—2008 条款对照表

表 A.1　本标准与 GB/T 27025—2008 条款对照表

本标准	GB/T 27025—2008
4.1　组织	4.1　组织
4.2　管理体系	4.2　管理体系
4.3　文件控制	4.3　文件控制
4.4　质量及技术记录	4.7　客户服务
4.5　客户服务	4.13　记录的控制
4.6　投诉处理	4.8　投诉
4.7　不合格工作控制	4.9　不符合检测和(或)校准工作的控制
4.8　纠正措施	4.11　纠正措施
4.9　预防措施	4.12　预防措施
4.10　内部审核	4.14　内部审核
4.11　管理评审	4.15　管理评审
4.12　持续改进	4.10　改进
5.1　采购服务	4.6　服务和供应品的采购
5.2　人员	5.2　人员
5.3　设施和环境条件	5.3　设施和环境条件
5.4　设备	5.5　设备
5.5　实验试剂和危害性废弃物管理	
5.6　溯源性	5.6　测量溯源性
6.2　合同评审	4.4　要求、标书和合同的评审
6.3　抽样	5.7　抽样
6.4　检测样品处置	5.8　检测和校准物品的处置
6.5　方法及方法确认	5.4　检测和校准方法及方法的确认
6.6　分包	4.5　检测和校准的分包
6.7　结果报告	5.10　结果报告
7.1　内部质量控制	5.9　检测和校准结果质量的保证
7.2　外部质量控制	5.9　检测和校准结果质量的保证

附 录 B
(资料性附录)
分子生物学实验室区域划分

B.1 核酸检测实验室应划分为五个独立的工作区。五个工作区应按照从清洁、半污染到污染的顺序排列。各区内的试剂和耗材不能再进入任何“上游”区域。

B.1.1 试剂配制和贮存区:本区的功能是实验相关试剂(如核酸提取液、乙醇等)的配制和贮存(包括商业化的试剂,如 PCR 反应缓冲液、*Taq* 酶和 dNTPs 等)。用于 PCR 扩增的试剂建议分装后保存。

B.1.2 样品制备区:本区的功能为待检样品的保存、核酸的提取、贮存等。进行 RNA 检测的实验室,在此区域内应辟出专门的 RNA 操作区,或安装一台Ⅱ级生物安全柜或外排风式的排风橱来替代。

B.1.3 PCR 反应配制区:本区的功能为配制、分装 PCR 主反应混和液以及加入核酸模板。对于使用巢式 PCR 进行检测的实验室,建议在此区内安装一台Ⅱ级生物安全柜或外排风式的排风橱,第一轮的扩增产物添加至第二轮的主反应混和液的操作可在此区进行。

B.1.4 扩增区:核酸扩增。加了 DNA 或 RNA 等模板的反应管应盖好管盖后才拿到本区。

B.1.5 扩增产物分析区:本区的功能为扩增片段的测定。本区是最主要的扩增产物污染来源,应注意避免通过本区的物品将扩增产物带出。对于使用定量 PCR 进行检测的实验室,此产物分析区可以省略。

B.2 以上各区域应有明确的标记。进入各工作区域应尽量按单一方向进行,即试剂配制和贮存区、样品制备区、PCR 反应配制区、扩增区和扩增产物分析区。

B.3 每个工作区域内都应有专项使用的设备,包括加样设备,如移液器、吸头等。适当时,可以用颜色或其他方式对不同区域内的实验用品加以区分,并避免不同工作区域内的设备和实验用品混用。

B.4 适宜时,实验室内可配置便携式紫外消毒装置,用于各工作区域内的实验表面、台面、地面等的紫外消毒。

B.5 定期对扩增产物分析区用 1 mol/L 的盐酸擦拭台面,以防扩增产物的污染。用过的电泳凝胶和电泳缓冲液要集中处理。

附 录 C
（资料性附录）
分子生物学实验室常用设备

C.1 温控设备：包括冰箱(4℃，−20℃，−80℃)、恒温水浴、恒温箱和液氮罐等。

C.2 水的净化设备：纯水仪，用于制作符合分子生物学使用标准的去离子水或超纯水。

C.3 消毒设备：如紫外灯、高压锅和干热灭菌锅等。

C.4 量值设备：包括各种型号的移液器、量筒和 pH 计等。

C.5 离心设备：如冷冻离心机、水平离心机和手掌式离心机等。

C.6 电泳设备：如电泳仪和电泳槽等。用于核酸和蛋白的检测。

C.7 DNA 热循环仪(PCR 仪)：如普通 PCR 仪、梯度 PCR 仪和荧光 PCR 仪等，用于核酸的扩增，可做定性和定量检测。

C.8 凝胶成像系统：用于电泳结果的观察、拍照和分析。

C.9 核酸蛋白分析仪：通过核酸和蛋白在紫外 260 nm 和 280 nm 有不同的吸收峰的特性，用于核酸和蛋白的定量检测及提取的 DNA 纯度的检测。

C.10 制冰机：用于制造大多数核酸和蛋白的实验操作所需的低温环境，以减少核酸酶和蛋白酶的降解。

C.11 微波炉：用于一些溶液的快速加热和定温加热。

C.12 工作环境保障设备：如生物安全柜、超净工作台等。

C.13 超声破碎仪：用于组织匀浆，样品的提取。

C.14 安全防护设备：用于紧急情况下，实验室及工作人员的安全防护，如洗眼装置、紧急喷淋等。

附　录　D
（资料性附录）
核酸检测中涉及PCR污染的预防和处理原则

D.1　适用范围

本原则适用于涉及PCR方法进行食品安全检测的实验室。

本原则适用于PCR实验室污染的预防和处理。

D.2　污染来源

D.2.1　样品间交叉污染：样品污染主要是由于样品在运输、储存、放置过程中处置不当造成的污染。样品核酸模板在提取过程中，由于操作不当也会导致样品间的污染。

D.2.2　试剂的污染：由于操作不当，造成核酸提取、扩增过程中各相关试剂的污染。

D.2.3　PCR扩增产物污染：这是PCR反应中最主要最常见的污染。极微量的PCR产物污染就可造成假阳性。最可能造成PCR产物污染的形式是气溶胶污染。操作时比较剧烈地摇动反应管、开盖、反复吹吸样液都可形成气溶胶而引起污染。

D.2.4　克隆质粒的污染：在用克隆质粒做阳性对照时，有时会出现克隆质粒的污染。

D.2.5　实验器具的污染：如移液器的污染等。

D.3　防止污染的方法

D.3.1　合理的实验室分区：参见附录B。实验室内的各工作区的实验用品，包括移液器等应专用。如有可能，应在装有紫外灯的层流式工作台（如生物安全柜、超净工作台）内，吸加PCR试剂，工作台内应放置PCR专业用的微量离心机、一次性手套、各量程的移液器和其他必需物品。

D.3.2　正确的实验操作：

a）吸加PCR试剂和模板的操作应严格按要求进行，吸样要慢，尽量一次性完成，忌多次抽吸，以免交叉污染或产生气溶胶污染。

b）实验的过程中应勤换手套，在进出不同区域或进行模板操作后，都应及时更换手套。

c）装有PCR试剂的微量离心管在打开之前应先做瞬时离心（约10 s），将管壁及管盖上的液体甩至管底部，从而减少污染手套或加样器的机会。开管动作要轻，以防管内液体溅出或形成气溶胶，造成污染。

d）在同时进行多个PCR反应时，应制备主反应混和液，再分装至PCR反应管，最后添加样品核酸模板，以减少单个添加操作繁琐造成的污染。

D.3.3　实验器具和试剂：

a）实验室自己配制的试剂，如去离子水、缓冲液等，在使用之前均应高压灭菌或过滤除菌。

b）分装PCR试剂：所有的PCR试剂都应小量分装，以减少重复取样次数，并置于－20℃保存，适当时，最好做到专人专用。另外，PCR试剂、PCR反应液应与样品及PCR产物分开保存，不应放于同一冰盒或冰箱。

c）所有吸头、反应管等应一次性使用，使用之前，都应经过高压处理。若条件允许，最好使用带滤器的枪头。各工作区内的移液器要有标识，应固定使用用途，不能交叉使用。

D.3.4　实验设计方面应遵循实验室内部质量控制的相关规定，实验中至少应：

a）设置目标DNA阳性对照反应。对靶序列所作的适当的稀释工作应于实验前在实验室内别的位置进行，这样可防止将靶DNA的浓溶液带到实验室中专门进行PCR的位置。

b） 设置 PCR 试剂阴性对照和目标 DNA 阴性对照反应。

D.4 分析污染原因

D.4.1 试剂污染：检测阴阳性对照反应结果。如果阴性对照反应结果为阳性，说明 PCR 反应体系中某一种或数种试剂被污染。若阳性对照反应结果为阴性，则说明 PCR 反应体系中存在抑制物质，或一种至数种 PCR 反应试剂失效。

D.4.2 环境污染：在排除试剂污染的可能性之后，如果污染情况仍存在，则考虑可能为环境污染。常见的污染源可能为各种实验表面的污染，包括实验台面、仪器设备表面、各种开关或把手等：对于这些污染可用擦拭实验来查找可疑污染源。其步骤如下：

a） 用无菌水浸泡过的灭菌棉签擦拭可疑污染源；

b） 0.1 mL 去离子水浸泡；

c） 取 5 μL 做 PCR 实验；

d） 电泳检测结果。

如果经过上述追踪实验，仍不能查找到确切污染源，则污染可能是由空气中 PCR 产物的气溶胶造成的。

D.5 污染处理

D.5.1 环境污染

D.5.1.1 稀酸处理法：对可疑器具用 1 mol/L 盐酸擦拭或浸泡，使残余 DNA 脱嘌呤。

D.5.1.2 紫外照射(UV)法：紫外波长(nm)一般选择 254 nm 和 300 nm，照射 30 min 即可。选择 UV 作为消除残留 PCR 产物污染时，要考虑 PCR 产物的长度与产物序列中碱基的分布，UV 照射仅对 500 bp 以上长片段有效，对短片段效果不大。

D.5.1.3 若可能是气溶胶污染，应该更换实验场所，若条件不允许，则重新设计新的引物(与原引物无相关性)。

D.5.2 试剂污染

若经对照实验显示，为试剂造成的污染，应立即更换试剂。

附 录 E
（资料性附录）
RNA 检测中 RNase 污染的预防

RNase 无处不在，在实验操作的任何一步，任何疏忽或不当操作都有可能造成 RNase 污染，从而导致整个实验失败。因此，严格控制实验条件，避免任何可能的污染是保证实验成功的关键。

E.1 实验室分区

如果可能，实验室应辟出专门的 RNA 操作区，离心机、移液器、试剂等均应专用。RNA 操作区应保持清洁，并定期进行消毒。

E.2 人员的操作

RNase 最主要的污染源是操作人员的手。因此，在准备分离和分析 RNA 的材料和溶液时，以及在涉及 RNA 的一切操作过程中，都应佩戴无滑石粉的一次性手套，并勤于更换。

E.3 玻璃器皿、塑料制品和电泳槽的处理

E.3.1 玻璃制品：实验室用的普通玻璃器皿经常有 RNase 污染，使用前应于 180℃ 干烤至少 8 h 或 240℃ 烘烤 4 h。也可用 0.1% 焦碳酸二乙酯（DEPC）的水溶液浸泡 12 h 后，121℃ 高压灭菌 15 min。

E.3.2 塑料制品：尽量使用一次性枪头、离心管等塑料制品，尽量避免与其他实验共享，以防止交叉污染。灭菌的一次性使用的塑料制品基本上无 RNase，可以不经预处理直接用于制备和贮存 RNA。所有旧塑料制品都应用 0.5 mol/L 的氢氧化钠处理 10 min，并用 DEPC 水彻底冲洗后灭菌，也可用 0.1% 的 DEPC 水浸泡过夜后灭菌烘干。

E.3.3 电泳槽：用于 RNA 电泳的电泳槽应用去污剂洗干净，再用水冲洗，乙醇干燥，然后灌满 3% 的双氧水溶液，于室温放置 10 min，然后用 0.1% 的 DEPC 处理过的水彻底冲洗电泳槽。

E.3.4 实验台面：当怀疑有 RNase 污染时，实验台面应进行去 RNase 处理，可以用 3% 的双氧水溶液擦拭试验台面。

E.4 试剂的处理

能用 DEPC 处理的试剂应用 0.1% 的 DEPC 水配制，于 37℃ 处理过夜后，121℃ 高压蒸汽灭菌 15 min。不能用 DEPC 处理的试剂，应用 DEPC 处理过的水和 RNA 研究专用的化学试剂配制溶液，或者在反应液内加入 RNase 抑制剂。用干烤过的药匙称取试剂，将溶液装入无 RNase 的玻璃器皿。

参 考 文 献

［1］ GB/T 15000.4—2003 标准样品工作导则(4)标准样品证书和标签的内容

［2］ GB 15603—1995 常用化学危险品贮存通则

［3］ GB/T 19001—2000 质量管理体系 要求

［4］ GB 19489—2004 实验室 生物安全通用要求

［5］ GB/T 27011—2005 合格评定 认可机构通用要求

［6］ GB 50346—2004 生物安全实验室建筑技术规范

［7］ SN/T 1193—2003 基因检测实验室技术要求

［8］ SN/T 1194—2003 植物及其产品转基因成分检测抽样和制样方法

［9］ WS 233—2002 微生物和生物医学实验室生物安全通用准则

［10］ ISO 5725-1 Accuracy (trueness and precision) of measurement methods and results—Part 1：General principles and definitions

［11］ ISO 5725-2 Accuracy (trueness and precision) of measurement methods and results—Part 2：Basic method for the determination of repeatability of a standard measurement method

［12］ ISO 5725-3 Accuracy (trueness and precision) of measurement methods and results—Part 3：Intermediate measurement of the precision of a standard measurement method

［13］ ISO 5725-4 Accuracy (trueness and precision) of measurement methods and results—Part 4：Basic method for the determination of the trueness of a standard measurement method

［14］ ISO 5725-6 Accuracy (trueness and precision) of measurement methods and results—Part 2：Use in practice of accuracy values

［15］ ISO 15189:2007 Medical laboratories—Particular requirements for quality and competence

［16］ ISO/DIS 15190:2003 Medical laboraties—Requirements for safety

［17］ ISO 15194 In vitro diagnostic medical devices—Measurement of quantities in samples of biological origin—Description of reference materials

［18］ GUM Guide to the expression of uncertainty in measurement(由 BIPM、IEC、IFCC、ISO、IUPAC、IUPAP 和 OIML 发布)

［19］ WHO/EURO/ECCLS, On good practice in clinical laboratories, In：Clinical Chemistry, Guidelines. WHO EURO：Copenhagen, 1991

［20］ World Health Organization, Quality Assurance for Developing Countries. WHO, Regional Office of South East AsiB. In the series technology and organization of laboratory services. WHO SEARO：Singapore, 1995

［21］ OECD Series on principles of good laboratory practice and compliance monitoring, 1998

［22］ U. S. Food and Drug Administration, Non-clinical laboratory studies, good laboratory practice Regulations, U. S. FederalRegister. Vol. 43, No. 247, 22 December 1978, pp. 59986-60020 (Final Rule).

［23］ NIH Guidelines for research involving recombinant DNA molecules, 2002

［24］ CDC Biosafety in microbiological and biomedical laboratories, Fourth edition, April 1999

［25］ CAN-P-1510D：2001 Assessment rating guide, 2001

［26］ CAN-P-1587:2003 Guidelines for the accreditation of agricultural and food products testing laboratories

［27］ CAN-P-1588:1998 Chemistry checklist for the technical assessment of agriculture and food testing laboratories

[28] CAN-P-1589:2002 Microbiology checklist for the technical assessment of agriculture and food testing laboratories

[29] The laboratory biosafety guidelines, 3rd edition-draft,CFIA,2001

[30] Specific criteria for the laboratory accreditation of molecular pathology laboratory, Singapore Accreditation Council-Singapore Laboratory Accreditation Scheme (SAC-SINGLAS), 2005

[31] Biological safety program,The University of MEMPHIS, 2003

[32] BURNETT, D.. A practical guide to accreditation in laboratory medicine. ACB Venture Publications: London, 2002.

[33] College of American Pathologists, Laboratory General Checklist 1 (Laboratory General). CAP: Northfield, IL, 1997.

[34] College of American Pathologists, Standards for Laboratory Accreditation. CAP: Northfield, IL, 1996.

[35] DYBKAER, R., JORDAL, R., JØRGENSEN, P.J., HANSSON, P., HJELM, M., KAIHOLA, H.L., KALLNER, B., RUSTAD, P., ULDALL, B. and DE VERDIER, C.H., A quality manual for the clinical laboratory including the elements of a quality system. Proposed guidelines. Scand. J. Clin. LaB. Invest. 53 suppl. 212: 60-82, 1993.

[36] EL-NAGEH, M., HEUCK, C., APPEL, W., VANDEPITTE, J., ENGBAEK, K. and GIBBS, W.N., Basics of Quality Assurance for Intermediate and Peripheral Laboratories, WHO Regional Publications. Eastern Mediterranean Series 2. WHO EMRO: Alexandria, 1992.

[37] EL-NAGEH, M., HEUCK, C., KALLNER, B. and MAYNARD, J., Quality Systems for Medical Laboratories: Guidelines for Implementation and Monitoring. WHO Regional Publications. Eastern Mediterranean Series 14, WHO-EMRO: Alexandria, 1995.

[38] Environmental Health and Radiation Safety(EHRS), University of Pennsylvania.

[39] Guidelines for Use of the Plant Molecular Biology Laboratory, 2002.

[40] JANSEN, R.T.P., BLATON. V., BURNETT, D., HUISMAN, W., QUERALTO, J.M., ZÉRAH, S. and ALLMAN, B. European Communities Confederation of Clinical Chemistry, Essential criteria for quality systems of medical laboratories, European Journal of Clinical Chemistry and Clinical Biochemistry; 35: 121-132, 1997.

[41] JANSEN, R.T.P., BLATON. V., BURNETT, D., HUISMAN, W., QUERALTO, J.M., ZÉRAH, S. and ALLMAN, B. European Communities Confederation of Clinical Chemistry, Additional essential criteria for quality systems of medical laboratories, Clinical Chemistry and Laboratory Medicine,1998, 36:249-252.

[42] Molecular Biology Examination, National Credentialing Agency for Laboratory Personnel, 1999.

[43] Molecular Biology Laboratory,The University of Melbourne Department of Zoology.

[44] Molecular Pathology Checklist, College of American Pathologists, 2003.

[45] NCCLS H51-A, A quality System Model for Health Care; Approved Guideline. NCCLS: Wayne, PA., 1998.

[46] NCCLS M29-A2: Protection of Laboratory Workers from Occupationally acquired Infections—Second Edition; Approved Guideline. NCCLS: Wayne, PB., 2002.

[47] Oklahoma State University Laboratory Safety Manul,1999.

[48] Princeton University Biosafety Manual, 2002.

ICS 03.120.10
A 00

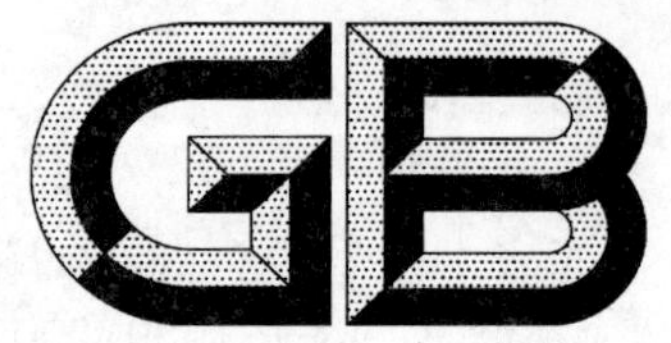

中华人民共和国国家标准

GB/T 27404—2008

实验室质量控制规范　食品理化检测

Criterion on quality control of laboratories—Chemical testing of food

2008-05-04 发布　　　　2008-10-01 实施

中华人民共和国国家质量监督检验检疫总局
中国国家标准化管理委员会　发布

前　　言

本标准是实验室质量控制规范系列标准之一，其目前包括以下标准：

——GB/T 27401《实验室质量控制规范　动物检疫》；

——GB/T 27402《实验室质量控制规范　植物检疫》；

——GB/T 27403《实验室质量控制规范　食品分子生物学检测》；

——GB/T 27404《实验室质量控制规范　食品理化检测》；

——GB/T 27405《实验室质量控制规范　食品微生物检测》；

——GB/T 27406《实验室质量控制规范　食品毒理学检测》。

请注意本标准的某些内容有可能涉及专利。本标准的发布机构不应承担识别这些专利的责任。

本标准附录A、附录B、附录C、附录D、附录E和附录F为资料性附录。

本标准由全国认证认可标准化技术委员会(SAC/TC 261)提出并归口。

本标准由中国合格评定国家认可中心负责起草。

本标准起草单位：中华人民共和国浙江出入境检验检疫局、中国合格评定国家认可中心。

本标准主要起草人：鲍晓霞、乔东、章晓氡、张秀梅、冯涛、朱青青、李宏。

引　言

本标准的编制主要以 GB/T 27025《检测和校准实验室能力的通用要求》为基础，同时吸收了 GB/T 19001—2000《质量管理体系　要求》的内容，参考了相关国际专业组织的文件、国内外行业标准和专业文献中适用的内容，并充分融合了国内相关实验室的管理经验。

本标准旨在规范、指导和帮助相关实验室，使其满足 GB/T 27025 和本专业领域质量控制的具体要求。

除 GB/T 27025 外，本标准参考的本专业领域相关的主要文件包括良好实验室规范（good laboratory practice，GLP）、APLAC TC 007、EN 2002/657/EC。

此外，本标准虽然包括了适用于本专业领域的部分我国现行法规以及部分安全相关的内容，但本标准不作为判断实验室是否满足相关法规及安全要求的依据。

食品理化检测是指采取化学分析手段和装置从事食品的品质、安全检测，其过程主要包括受理申请、测试方法准备和确认、样品采集和处置、检测过程控制和结果的确认、报告等一系列过程。本标准主要适用于从事食品质量（包括感官和理化）、化学物质（包括有效成分、农兽药残留、食品添加剂、重金属、毒素、环境污染物等）检测的食品理化检测实验室，从事食品接触材料检测和其他领域的化学检测实验室可参考本标准。

建议相关实验室在使用本标准前，应熟悉和掌握 GB/T 27025 的相关内容。本标准与 GB/T 27025—2008 的条款对照参见附录 A。

实验室质量控制规范　食品理化检测

1　范围

本标准规定了食品理化检测实验室质量控制的管理要求、技术要求、过程控制要求和结果的质量保证要求。

本标准适用于从事食品质量(包括感官和理化)、化学物质(包括有效成分、农兽药残留、食品添加剂、重金属、毒素、环境污染物等)检测的食品理化检测实验室的质量控制。其他学科领域的化学检测实验室亦可参照使用。

2　规范性引用文件

下列文件中的条款通过本标准的引用而成为本标准的条款。凡是注日期的引用文件,其随后所有的修改单(不包括勘误的内容)或修订版均不适用于本标准,然而,鼓励根据本标准达成协议的各方研究是否可使用这些文件的最新版本。凡是不注日期的引用文件,其最新版本适用于本标准。

GB/T 1.1　标准化工作导则　第1部分:标准的结构和编写规则(GB/T 1.1—2000,ISO/IEC Directives,Part 3,1997,NEQ)

GB 8170　数字修约规则

GB/T 15483.1　利用实验室间比对的能力验证　第1部分:能力验证计划的建立和运作(GB/T 15483.1—1999,idt ISO/IEC 导则 43-1:1997)

GB/T 19000　质量管理体系　基础和术语(GB/T 19000—2000 ,idt ISO 9000:2000)

GB/T 20000.1　标准化工作指南　第1部分:标准化和相关活动的通用词汇(GB/T 20000.1—2002, ISO/IEC Guide 2:1996,MOD)

GB/T 27000　合格评定　词汇和通用原则(GB/T 27000—2006,ISO/IEC 17000:2004, IDT)

GB/T 27025　检测和校准实验室能力的通用要求(GB/T 27025—2008,ISO/IEC 17025:2005, IDT)

JJF 1059　测量不确定度评定与表示

VIM　国际通用计量学基本术语[由国际计量局(BIPM)、国际电工委员会(IEC)、国际临床化学和实验医学联合会(IFCC)、国际标准化组织(ISO)、国际理论化学和应用化学联合会(IUPAC)、国际理论物理和应用物理联合会(IUPAP)和国际法制计量组织(OIML)发布]

3　术语和定义

GB/T 27025、GB/T 15483.1、GB/T 19000、GB/T 20000.1、GB/T 27000 和 VIM 中确立的以及下列术语和定义适用于本标准。

3.1

最高管理者　top management

在最高层指挥和控制实验室的一个人或一组人。

3.2

实验室管理层　management personnel of laboratory

在实验室最高管理者领导下负责管理实验室活动的人员。

3.3

作业指导书　operating instructions

对实验室工作具体实施方案、方法和程序等的详细说明或指导性文件。

3.4

实验室能力　laboratory capability

实验室进行相应检测所需的物质、环境、信息资源、人员、技术和专业知识。

3.5

控制样品　control sample

已知样品成分含量、可用于重复性测试及控制测试过程准确度的样品。

3.6

内部质量控制　internal quality control

与控制分析和随后必要的纠偏活动相关的实验室质量控制工作。

4　管理要求

4.1　组织和管理

4.1.1　食品理化检测实验室(以下简称实验室)或其所在组织应是一个能够承担法律责任的实体。非独立法人单位,应有其在母体组织中的地位,以上母体对不干涉其检验工作的承诺。

4.1.2　实验室在其固定设施内或在其负责的固定设施外其他场所,包括临时或移动设施进行工作时,应符合本标准的有关要求。

4.1.3　如果实验室所在的组织还从事检测以外的活动,为了鉴别潜在的利益冲突,应界定该组织中涉及检测或对检测活动有影响的关键人员的职责。

4.1.4　实验室管理层应负责管理体系的策划、建立、实施、维持及改进,包括:

a)　实验室的管理人员和技术人员应具有所需的权力和资源来履行包括实施、保持和改进管理体系的职责,识别对管理体系或检测程序的偏离,以及采取预防或减少这些偏离的措施。

b)　有措施保证实验室管理层和实验室人员不受任何对工作质量有不良影响的、来自内外部的不正当的商业、财务和其他方面的压力和影响。

c)　制定客户信息保密政策和程序,保护客户机密信息和所有权,包括保护电子传输和存储结果的程序。

d)　制定人员公正性教育政策和程序,避免其卷入任何可能会降低其能力、公正性、判断或运作诚实性的可信度的活动。

e)　明确实验室的组织和管理机构,其在母体组织中的地位,以及质量管理、技术运作和支持服务之间的关系。

f)　规定对检测质量有影响的所有管理、操作和核查人员的职责、权力和相互关系。

g)　由熟悉检测方法、程序、目的和结果评价的人员,依据实验室人员的职责、经验和能力对其进行适时的培训,并实施有效的监督。

h)　有技术管理人员全面负责技术运作,确保实验室运作质量所需的资源。

i)　指定一名质量负责人,授予其责任和权力,保证管理体系的运行实施。质量负责人应直接向负责决定实验室政策和资源保障的实验室管理层报告工作。

j)　指定实验室关键职能的代理人。

k)　确保实验室人员理解他们活动的相互关系和重要性,以及如何为管理体系质量目标的实现作出贡献。

4.1.5　实验室最高管理者应确保在实验室内部建立适宜的沟通机制,保证管理体系的有效运行。

4.2 管理体系

4.2.1 实验室应建立、实施和维持与其活动范围相适应的管理体系。应将其政策、制度、程序、计划和指导书制定成文件,并传达至所有相关人员,保证这些文件的理解、获取和执行。

4.2.2 实验室管理体系中与质量有关的政策,包括质量方针声明,应在质量手册中阐明,应制定总体目标并在管理评审时评审其运作有效性。实验室最高管理者应向全体员工宣贯质量方针、目标和承诺,该质量方针声明包括:

a) 实验室管理层对良好职业行为和服务质量的承诺;
b) 实验室管理层关于实验室服务标准的声明;
c) 与质量有关的管理体系的目标;
d) 对实验室人员熟悉、理解并执行质量文件的要求;
e) 实验室管理层对遵循本标准及持续改进管理体系有效性的承诺。

4.2.3 实验室最高管理者应提供建立和实施管理体系以及持续改进其有效性承诺的证据。

4.2.4 实验室最高管理者应将满足客户要求和法定要求的重要性传达至所有相关人员。

4.2.5 质量手册应包括或指明含技术程序在内的支持性程序,并概述管理体系中所用文件的架构。

注1:实验室质量手册可包括但不限于以下内容:

a) 引言;
b) 实验室概述,包括法律地位、资源、可提供的服务范围和主要职责;
c) 质量方针、目标和承诺;
d) 文件控制;
e) 质量与技术记录控制;
f) 与客户的交流沟通与服务;
g) 投诉的调查措施和处理;
h) 不合格检测工作的发现、控制;
i) 改进、纠正与预防;
j) 内部审核与管理评审;
k) 人员的教育与培训;
l) 实验设施和环境;
m) 设备、试剂和易耗品的管理;
n) 测量溯源性;
o) 环境保护与安全健康(适用时);
p) 研究和开发(适用时);
q) 检测程序的验证及编制标准操作指导书;
r) 检测受理和样品采集、运送、储存和处理(处置);
s) 检测结果的质量控制;
t) 检测结果报告;
u) 实验室信息系统(适用时)和安全;
v) 实验室的质量管理控制流程。

注2:实验室管理层可指定质量管理人员,建立并实施对计量仪器、标准物质及分析系统进行检定(校准)的计划(必要时,包括辅助设备的检查计划),并对检定(校准)和检查结果进行分析和确认,以确保其状态满足工作要求。

4.2.6 质量手册中应规定技术管理人员和质量管理人员的职责,包括确保遵循本标准的责任。

4.2.7 当策划和实施管理体系的变更时,实验室最高管理者应确保管理体系的完整性。

4.3 文件控制

4.3.1 实验室应建立和维持程序来控制管理体系所有文件(内部制定和来自外部的)。受控文件可保存在纸制或非纸制的的媒介上,应备份存档,并规定保存期限。

注:来自外部的文件包括法律法规、政府管理部门文件、规范、国际和国家以及区域性的标准、规程、方法、仪器设备

使用说明书、客户提供文件及有关信息、资料、手册等。内部制定文件包括质量手册、管理程序、技术程序、作业指导书、记录表格、图表、计划等。

4.3.2 实验室应建立一种有效畅通的机制，能保证及时获得政府管理机构的法律法规指令和管理要求，并确保技术标准的及时更新。

4.3.3 文件控制程序要确保：

a) 纳入管理体系的所有文件在发布前经授权人员审查并批准使用。

b) 建立易查阅的所有管理体系文件的控制清单，以识别文件当前的修订状态和分发情况。

c) 在对实验室有效运作有重要作用的所有场所，都能得到相应文件的授权版本。

d) 定期审查文件，必要时进行修订，确保其持续适用。

e) 失效作废的文件及时撤除，或用其他方法确保不被误用。出于法律或知识保存目的而保留的作废文件，应做适当的标记。

f) 所有管理体系文件应有唯一性标识，包括发布日期、版次和(或)修订标识、页码、总页数、文件结束标记和发布机构。

g) 建立纸制文件和保存在计算机系统中文件的更改或修改控制程序，明确如何更改并规定适当的标注。

h) 文件的变更应由原审查责任人进行审查和批准。被指定人员应获得进行审查和批准所依据的有关背景资料。

i) 如果实验室的文件控制制度允许在文件再版前对文件进行手写修改，应确定修改的程序和权限。修改处应有清晰的标注、签名缩写和日期。修改的文件应尽快正式发布。

4.4 质量与技术记录

4.4.1 实验室应建立和保持程序来控制质量和技术记录的识别、收集、存取、归档、储存维护和清理。质量记录应包括来自内部审核和管理评审的报告及纠正和预防措施记录。

4.4.2 所有记录应清晰明了并按照易于存取的方式保存，储存设施环境适宜，防止记录的损坏、变质和丢失。所有记录应予安全保护和保密。

4.4.3 实验室应明确规定各种质量和技术记录的保存期。保存期限应根据检测性质或记录的具体情况来确定，某些情况下依照法律法规要求来确定。

4.4.4 应建立程序来保护以电子形式存储的记录，并制备备份防止未经授权的入侵或修改。

4.4.5 技术记录应：

a) 确保技术记录包括足够的信息，以便识别不确定度的影响因素，并能保证该检测在尽可能接近原检测条件的情况下能够复现。

b) 确保在工作时及时记录观察结果、数据和计算结果，并能按照特定任务分类识别。记录时应包括抽样、检测和校核人员的标识。

c) 记录出现错误时，每一错误应划改，将正确值填写在旁边。对记录的所有改动应有改动人的签名(签名章)或签名缩写。对电子存储的记录也应采取同等措施，避免原始数据丢失或改动。

4.5 服务客户

4.5.1 实验室应制定政策和程序，以适当的形式与客户交流合作，明确客户的要求。在确保其他客户机密的前提下，允许客户到实验室监视与其委托有关的操作。

4.5.2 当有必要为客户提供适当的相关专业咨询服务时，实验室应授权技术人员负责为客户提供服务，实验室应对客户咨询做出口头或书面的解释说明。

4.5.3 为预防(减少)公共安全事件的发生，当实验室的检测结果表明涉及不合格食品安全问题时，实验室应立即将检测结果通知客户，并应及时向政府管理机构报告。

4.5.4 实验室应向客户征求反馈意见，无论是正面的还是负面的。应分析这些意见并应用于持续改进管理体系、检测活动及对客户的服务。

4.5.5 保存客户服务记录，这些记录包括客户的咨询服务，客户的反馈意见，与客户的有关讨论以及实验室的工作。

4.6 投诉处理

4.6.1 实验室应有政策和程序，处理客户的投诉或其他反馈意见。应保存所有投诉的记录，以及实验室针对投诉开展的调查和纠正措施的记录。

4.6.2 涉及实验室检测结果质量问题方面的投诉，实验室应及时组织调查分析，确定原因，及时回复。经调查核实，属实验室检测质量方面问题，实验室应立即执行4.7中规定的不符合检测工作控制程序。已对客户造成损害的，要尽量挽回和降低对客户造成的损失和影响。

4.7 不符合工作控制

4.7.1 当检测过程的任何方面，或该工作的结果不符合制定的程序或与客户的约定时，实验室应实施既定的不符合工作的控制政策和程序，确保：

a) 质量管理人员有责任和权利负责处理不符合检测工作，规定当不符合工作被确定时应采取的措施(包括必要时暂停工作，扣发检测报告)；

b) 评价不符合检测工作的严重性；

c) 立即进行纠正，同时根据评价结果，规定应采取的措施；

d) 必要时，通知客户并取消工作；

e) 若检验报告已向外发布，应立即采取适当的补救措施；

f) 确定停止和批准恢复工作的职责；

g) 保存每一次不符合检测工作的记录，实验室管理层应定期评审不符合检测工作的记录，以发现不符合趋势并采取相应的预防措施。

注：不符合检测工作的鉴别可在管理体系和技术运作的各个环节进行，如质量监督人员的报告、客户投诉、仪器校准和期间核查、易耗品检查、报告或证书检查、内部审核、管理评审、外部审核、能力验证和质量控制等。

4.7.2 如果确认不符合检测工作可能再次发生或对实验室与其政策和程序的符合性产生怀疑时，应立即执行4.9中规定的纠正措施程序。

4.8 纠正措施

4.8.1 实验室应制定政策和程序并规定相应的权力，以便在确认出现不符合工作、偏离管理体系或技术运作的政策和程序时实施纠正措施。

4.8.2 纠正措施程序应包括调查过程以确定产生问题的根本或潜在原因，适当时，应制定预防措施。

4.8.3 实验室需采取纠正措施时，应确定将要采取的纠正活动，并选择和实施最能消除问题和防止问题再次发生的措施。纠正措施的力度应与问题的严重性和风险程度相适应。如采取的纠正措施导致操作程序需要改动时，应将这些改动形成文件并通知有关人员执行。

4.8.4 纠正措施实施后，实验室应对纠正措施的结果实施监控或对有关的区域进行专门审核来评估措施的有效性。

4.8.5 当对不符合工作或偏离的鉴别导致对实验室与政策和程序或与管理体系的符合性产生怀疑时，应实施附加审核。纠正措施的结果应提交实验室管理评审，并实施管理体系的必要改进。

4.9 预防措施

4.9.1 在确定管理体系或技术活动中的潜在不符合检测工作原因和改进机会时，实施预防措施。

4.9.2 实验室需采取预防措施时，应制定、执行和监控预防措施计划，以减少类似不符合工作发生的可能性并借机改进。预防措施程序应包括措施的启动、控制和文件化改进措施，以确保其有效性。

4.10 内部审核

4.10.1 为验证实验室运作持续符合管理体系和本标准的要求，实验室应根据预定的日程表和程序，定期对其活动进行内部审核。有重大事件发生，应随时开展内审。

4.10.2 实验室质量负责人负责按照日程表的要求和管理层的需要策划和组织内部审核。内部审核计划应包括管理体系的全部要素，并重点审核对检验结果的质量保证有影响的区域。内部审核的周期通常为一年。审核由经过培训并具备资格的人员执行，只要资源允许，审核人员应独立于所审核的活动。

4.10.3 如审核中发现的问题导致对运作有效性，或对实验室检测结果的正确性或有效性产生怀疑时，实验室应及时采取纠正措施，并将纠正措施形成文件，尽快组织实施。如果调查表明实验室检验结果可能已受影响时，应书面通知客户。

4.10.4 实验室应保存内部审核和纠正措施的记录。跟踪审核活动应验证和记录纠正措施的实施情况和有效性。

4.11 管理评审

4.11.1 实验室最高管理者应根据预定的日程表和程序，定期对实验室的管理体系和技术活动进行管理评审，对管理体系进行必要的改进完善，以确保其持续适用和有效。管理评审周期为一年。评审应考虑：

a) 政策和程序的适用性；
b) 上次管理评审决定改进措施的执行；
c) 近期内部审核的结果；
d) 由外部机构进行的评审；
e) 纠正和预防措施；
f) 监督人员的报告；
g) 实验室间比对和能力验证的结果；
h) 实验室内部质量控制活动；
i) 工作量和工作类型的变化；
j) 客户的反馈或内部员工及其他方面的反馈；
k) 投诉；
l) 改进的建议；
m) 其他相关因素，如资源以及员工的培训需求和计划。

4.11.2 应记录管理评审中发现的问题和采取的措施。管理层应确保这些措施在适当和约定的日程内得到实施。

4.12 持续改进

实验室应通过实施质量方针和目标、应用审核结果、数据分析、纠正措施和预防措施以及管理评审来持续改进管理体系的有效性。

5 技术要求

5.1 采购服务与供给

5.1.1 实验室应制定选择和购买供应品与服务的政策和程序，包括试剂和易耗品的购买、验收和存储程序。

5.1.2 实验室应确保购买的所有影响检测质量的供应品、试剂和易耗品，只有在经检查或确认符合有关检测方法中规定的标准规范或要求之后才投入使用。选择的服务应符合规定的要求。应保存有关符合性检查的记录。

5.1.3 实验室应制定对重要的试剂和易耗品(包括标准物质、化学试剂、实验用水等)以及对检测结果有重要影响的服务的质量控制措施，或编制符合性检查工作指导书，其中包括符合性检查项目和符合性检查标准。

5.1.4 实验室采购文件在发出之前，其技术内容应经过审查和批准。采购文件的内容可包括：供给和易耗品的形式、类别、等级、规格、图纸、检查说明、质量要求和进行这些工作依据的管理体系标准。

5.1.5 实验室应对影响检测质量的重要易耗品、供应品和服务的供应商进行评价，并保存评价记录和获批准的供应商名单。

5.2 人员

5.2.1 实验室应有足够的人力资源满足检测工作以及执行质量管理体系的需求。应使用长期雇佣人员或签约人员，实验室应确保这些人员是胜任的且受到监督，并依据实验室质量体系的要求工作。

5.2.2 实验室应制定各岗位人员任职资格和岗位职责的工作描述。应确保所有操作特定设备、从事检测（包括从事感官评定和物理性能检测的人员身体素质要求）以及评价检测结果和签署检测报告证书人员的能力。应授权专人从事特定技术工作。

5.2.3 实验室管理层应保存所有技术人员的有关教育、培训、专业资格、工作经历和能力的记录。记录应便于有关人员查阅，及时更新。实验室应设置权限，防止未经授权接触这些档案记录。

5.2.4 实验室管理层应由具备管理和专业技术能力的人员组成。专业技术的范围应包括食品感官、物理性能、化学、食品工程、食品营养、食品卫生、食品安全等。实验室最高管理者应对实验室的整体运行和管理负责，确保检测工作的质量。

5.2.5 实验室应针对不同层次的实验室人员制定实验室人员的教育、培训和技能目标。应有确定培训需求和提供人员培训与考核的政策和程序。培训计划应与实验室当前和预期的任务相适应。

5.3 设施和环境条件

5.3.1 设施配置

5.3.1.1 实验室应有与检测工作相适应的基本设施，如：水源和下水道、足够容量的电力、照明、电源稳压系统、必要的停电保护装置或备用电力系统、温度控制、湿度控制、必要的通讯网络系统、自然通风和排风、防震、冷藏和冷冻等设施。应保证检测场所的照明、通风、控温、防震等功能的正常使用。

5.3.1.2 实验室应配备处理紧急事故的装置、器材和物品：烟雾自动报警器、喷淋装置、灭火器材、防护用具、意外伤害所需药品。

5.3.2 环境条件

5.3.2.1 仪器分析室的环境条件应满足仪器正常工作的需要，在环境有温湿度控制要求的仪器室应进行温湿度记录。

5.3.2.2 进行感官评定和物理性能项目检测场所、化学分析场所和试样制备及前处理场所应具备良好采光、有效通风和适宜的室内温度，应采取措施防止因溅出物、挥发物引起的交叉污染。

5.3.2.3 天平室应防震、防尘、防潮，保持洁净。

5.3.2.4 放置烘箱、高温电阻炉等热源设备的房间应具备良好的换气和通风。

5.3.2.5 试剂、标准品、样品存放区域应符合其规定的保存条件，冷冻、冷藏区域应进行温度监控并做好记录。

5.3.2.6 当需要在实验室外部场所进行取样或测试时，要特别注意工作环境条件，并做好现场记录。

5.3.2.7 相关的规范、方法和程序对环境条件有要求，或环境条件对检测结果的质量有影响时，应监测、控制和记录环境条件。

5.3.3 区域隔离和准入

5.3.3.1 实验区与非实验区应分离，实验区应有明显标识。

5.3.3.2 实验区域可按工作内容和仪器类别进行有效隔离，如制样室、样品室、热源室、天平室、感官评定室、化学（物理）分析室、仪器分析室、标准品存放区域、试剂存放区域、高压气瓶放置区域、器皿洗涤区域等。常量分析与药物残留分析应在物理空间上相对隔离，有机分析室与无机分析室应相对隔离。

5.3.3.3 非本实验室人员未经许可不准进入工作区域，工作区域的入口处应有不准随意进入的明显标示，联系工作或参观应经批准并由专人陪同。

5.3.3.4 进入实验区域的人员均应穿工作服，防止污染源的带入。

5.3.3.5 实验室内不得有与实验无关的物品，不得进行与工作无关的活动，以保护人身安全和设备安全。

5.3.4 安全卫生

5.3.4.1 化学分析和前处理实验涉及有机溶剂和挥发性气体时，应在通风柜中操作。应关注分析仪器所产生的废气、废液，及时排出或收集。

5.3.4.2 应遵守国家危险化学品安全管理的相关规定，严格控制实验室内易燃易爆、有毒有害试剂的存放量，剧毒试剂应存放在保险柜内，统一管理，登记领用。使用有毒有害或腐蚀性试剂和标准品时，应戴防护手套或防护面具。

5.3.4.3 高压气瓶应固定放置，使用时应经常检查是否漏气或是否存在不安全因素。

5.3.4.4 在使用带有辐射源的仪器设备时要严格按照放射防护规定进行。

5.3.4.5 实验室应保持整齐清洁，做完实验后及时清除实验废弃物，及时清洗用过的物品、器具、仪器设备，做好环境卫生工作。实验用玻璃器皿应按程序进行清洁处理。

5.3.4.6 工作区域应设安全卫生责任人，负责责任区内的安全与卫生。

5.3.4.7 实验室人员应学会各种安全装置和消防器材的使用方法，以便在紧急情况下能正确使用，应定期检查安全装置和消防器材的有效性。

5.3.5 废弃物处置

5.3.5.1 实验室人员应具备良好的工作习惯，实验过程中产生的废弃物应倒入分类的废物桶或废液瓶内，危害性废弃物不能随意带出实验区域或丢弃。

5.3.5.2 所有废弃物(废水、废气、废渣)的排放应符合国家排放标准，防止污染环境。

5.3.5.3 无法在实验室妥善处理的剧毒品、废液、固体废弃物应由专业单位统一处理，做好处置记录。

5.4 设备

5.4.1 仪器设备的配置

5.4.1.1 根据实验室承检样品和检测项目的需要，按照检测方法的要求，配备相适应的仪器设备和器具，参见附录B。

5.4.1.2 仪器设备的配置应满足量程匹配，并能达到测试所需要的灵敏度和准确度。

5.4.1.3 实验室原则上不使用外部设备，如因本实验室设备临时出现故障等原因需要使用外部设备时，经最高管理者同意，应优先使用国家认可机构认可实验室的设备或通过资质认定实验室的设备，并确认设备的性能、状态和检定(校准)有效期满足检测要求。

5.4.2 设备采购

5.4.2.1 实验室应根据业务发展的需要添置和更新仪器设备，按采购程序制定购置计划，进行设备购置的可行性评估，特别要关注设备的售后服务和维修、配件购买的便捷因素。

5.4.2.2 新设备到货后，应及时进行安装、调试和验收，确认技术参数达到要求方可接收。

5.4.2.3 大型精密仪器应放置在固定、合适的场所，配备符合要求的辅助设施，并有专人负责。

5.4.2.4 大型设备应建立设备档案，给予统一编号。

5.4.2.5 建立仪器设备台账，及时更新，保持账物相符。

5.4.3 设备使用和维护

5.4.3.1 大型仪器的操作程序和维护应制定作业指导书。

5.4.3.2 根据仪器的性能情况，加贴仪器状态标志。

5.4.3.3 大型精密仪器的使用人员应经过操作培训并取得上岗操作证，严格按照说明书和操作规程使用，每次使用后应做好仪器使用记录。

5.4.3.4 设备发生故障或出现异常情况时，使用人员应立即停止使用，分析原因，采取排除故障的措施或进行维修，做好记录。追溯该仪器近期的测试结果，确定这些结果的准确性，如有疑问，应立即通知客户，准备重新检测。设备未修复期间，应在明显位置加贴停用标识或移出实验区域单独放置。

5.4.3.5 仪器设备未经批准不得外借，未获得上岗操作资格的人员不得擅自使用。仪器设备外借返回或出现故障修复，应重新经过检定合格方可投入使用。

5.5 溯源性

5.5.1 仪器设备检定和校准

5.5.1.1 对测试或取样结果的准确性或有效性有重要影响的测量设备，包括辅助测量设备，在投入使用前应进行检定(校准)，保证测试结果的量值溯源性和可靠性。未经检定(校准)合格的仪器设备不得使用。

5.5.1.2 实验室应制定仪器设备检定(校准)计划，按时进行检定(校准)。

5.5.1.3 检定(校准)方式可采用：

a) 列入国家强制检定目录的计量器具，应由法定计量检定机构或者授权的计量检定部门检定，签发检定证书。

b) 非强制检定的计量器具可由法定计量机构、国家认可机构或亚太实验室认可合作组织(APLAC)、国际实验室认可合作组织(ILAC)多边承认协议成员认可的校准实验室进行检定(校准)，签发检定(校准)证书。也可由实验室按自检规程校准，报告校准结果，校准人员应具备从事该仪器设备操作和校准的能力。

c) 当溯源至国家计量基准不可能或不适用时，应采用实验室间比对、同类设备相互比较、实验室能力验证的方式对测试可靠性提供证据。

5.5.1.4 检定(校准)结果的有效性应通过检定(校准)证书的基本信息和技术特性进行确认。

5.5.1.5 仪器设备的检定(校准)证书和自校准记录应归档保存。

5.5.1.6 经检定合格的仪器和器皿加贴检定合格标志，标明有效期，仪器和器皿应在检定有效期内使用。

5.5.2 仪器设备的期间核查

5.5.2.1 仪器设备在两次检定(校准)期间，日常使用时对其技术指标进行运行检查，做好记录，保持仪器处于良好状态。仪器设备的期间核查要求参见附录 B。

5.5.2.2 实验室应根据仪器设备的特性、使用频率，制定仪器设备的期间核查周期。

5.5.2.3 正常、不间断使用的仪器也应做期间核查，核查的方式可采用参考标准校准、标准物质比对、设备原有参数测试或样品重现性试验等多种形式。非经常性使用的仪器设备应在使用前进行必要的性能符合性检查。

5.5.3 标准物质

5.5.3.1 标准物质的可溯源性

5.5.3.1.1 国外进口的标准物质应提供可溯源到国际计量基准或输出国的计量基准的有效证书或国外公认的权威技术机构出具的合格证书，应对标准物质的浓度、有效期等进行确认。

5.5.3.1.2 国内制备的标准物质应有国家计量部门发布的编号，并附有标准物质证书。

5.5.3.1.3 当使用参考物质而无法进行量值溯源时，应具有生产厂提供的有效证明，实验室应编制程序进行技术验证。

5.5.3.2 标准物质的使用

5.5.3.2.1 在使用标准物质前应仔细阅读标准物质证书上的全部信息，以确保正确使用标准物质。

5.5.3.2.2 选用的标准物质应在有效期内，其稳定性应满足整个实验计划的需要。

5.5.3.3 标准物质的检查

5.5.3.3.1 购置到货的标准物质应进行验收。

5.5.3.3.2 选择使用频率高的或有疑虑的标准物质进行品质检查，可用另一标准物质进行比对或采用定性方法予以确证，建议使用选择性强的气相色谱-质谱、液相色谱-质谱、等离子发射光谱-质谱、紫外分光光谱等技术进行确认。

5.5.3.3.3 在标准物质有效使用期间应进行期间检查，验证其特性值稳定、未受污染。如果标准物质在期间检查中发现已经发生分解、产生异构体、浓度降低等特性变化，应立即停止使用，及时报告保管人,并追溯使用该标准物质产生的测试结果,确定这些结果的准确性。如有疑问,应立即通知客户,准备重新检测。

5.5.3.4 标准物质的管理

5.5.3.4.1 标准物质应从合格供应商采购,保证货源可靠,便于货物可追溯。

5.5.3.4.2 标准物质应由专人保管,予以编号、登记,放置规定位置,便于取用,不受污染。用完或作废后及时消号,始终保持账物相符。

5.5.3.4.3 标准物质应根据其性质妥善存放,易受潮的应存放于干燥器中,需避光保存的要用黑纸包裹或贮于棕色容器中,需密封的用石蜡封口后存放于干燥阴凉处,需低温保存的应存放在冷藏室中,需冷冻保存的应存放在冷冻室中,不宜冷藏的应常温保存。对不稳定、易分解的标准物质应格外关注其存放条件的变化,防止其性能发生变化。

5.5.3.5 标准溶液的管理

5.5.3.5.1 实验室配制的标准溶液和工作溶液标签应规范统一,标准溶液的标签要注明名称、浓度、介质、配制日期、有效期限及配制人。

5.5.3.5.2 标准溶液的配制应有逐级稀释记录,标准溶液的标定按相应标准操作,做双人复标每人四次平行标定。

5.5.3.5.3 标准溶液有规定期限的,按规定的有效期使用,超过有效期的应重新配制。未明确有效期的可参见附录C,也可通过对规定环境下保存的不同浓度水平标准溶液的特性值进行持续测定来确定各浓度水平标准溶液的有效期。

5.5.3.5.4 标准溶液存放的容器应符合规定,注意相溶性、吸附性、耐化学性、光稳定性和存放的环境温度。

5.5.3.5.5 应经常检查标准溶液和工作溶液的变化迹象,观察有无变色、沉淀、分层等现象。

5.5.3.5.6 当检测结果出现疑问时应核查所用标准溶液的配制和使用情况,必要时可重新配制并进行复测。

6 过程控制要求

6.1 总则

6.1.1 实验室检测过程控制的关键因素包括合同评审、抽样、样品的处置、方法及方法确认、检测和分包、数据处理与控制、结果报告。

6.1.2 实验室从样品接收到分析测试,直至数据处理和报告签发的全过程应有清晰的流程控制,参见附录D。

6.2 合同评审

6.2.1 实验室应建立和实施合同评审政策和程序。这些政策和程序应确保:

a) 实验室具有满足客户需求的能力和资源。

b) 对包括所用方法在内的要求应予明确规定,形成文件,并易于理解。

c) 选择满足客户要求的检验程序和检测方法。凡检测数据是为政府履行执法管理需要的实验室在选择检测方法时,应遵守政府管理机构的规定要求。

6.2.2 实验室能力的评审,应证明实验室具备必要的人力物力和信息资源,且实验室人员对从事的检测工作具有必要的专业技能。也可利用实验室内部质量控制和实验室参加的外部质量保证结果的评价。

6.2.3 实验室合同评审应以有效和可行的方式进行。对常规或简单工作的评审,由实验室负责合同评审工作的人员(应授权)注明日期并加以标识即可。重复性常规工作,如果客户要求不变,则只需在初期调查阶段或在与客户总协议项下对持续进行常规工作合同批准时进行评审,对于新的、复杂的或高要求的检测工作,需进行全面的评审,且需保存所有的记录。

6.2.4 应保存评审记录,包括任何重大变化和合同执行期间与客户关于客户要求或工作结果进行的相关讨论。

6.2.5 合同评审也应该包括实验室所有的分包工作。确保分包实验室按 6.2.1c)的要求选择检测方法。

6.2.6 对合同的任何偏离均应通知客户,且取得客户认可。

6.2.7 如果需要修改合同,要重复同样的合同评审过程,并将修改内容通知所有受到影响的有关人员。

6.3 抽样

6.3.1 抽样程序

6.3.1.1 实验室应制定抽样过程控制程序,内容包括:目的、适用范围、名词术语或定义、职责、抽样过程(流程图)、抽样记录。

6.3.1.2 抽样人员应掌握抽样理论和抽样方案,具有相应商品知识和技术水平,在抽样过程中做好抽样记录。记录应包括抽样所代表的样本数量、重量、外观描述、包装方式、包装完好情况、抽样地点、日期、气候条件等。

6.3.1.3 因客户要求偏离、增加或删减文件化的抽样程序时,应详细记录,通知有关人员,并在检测报告上予以注明。

6.3.2 抽样基本要求

6.3.2.1 抽样方案应建立在数理统计学的基础上,抽取的样品应具有代表性,以使对所取样品的测定能代表样本总体的特性。

6.3.2.2 抽样量应满足检测精度要求,能足够供分析、复查或确证、留样用。

6.3.3 样品的缩分和包装

6.3.3.1 采取的大样经预处理后混匀,采用适当的方法进行缩分获取样品,样品份数一般应满足检测、需要时复查或确证、留样的需要。如需要进行测量不确定度评定的样品,应增加样品量。

6.3.3.2 在样品缩分过程中,应避免外来杂质的混入,防止因挥发、环境污染等因素使样品的特性值不能代表整批货物的品质。

6.3.3.3 应使用合适的洁净食品容器盛装样品,不可使用橡胶制品的包装容器。

6.3.3.4 每件样品都应有唯一性标识,注明品名、编号、抽样日期、抽样地点、抽样人等。

6.3.4 样品的运送

6.3.4.1 送实验室的样品,其运输包装应坚实牢固,在运送过程中防止外包装受损伤而影响内容物。

6.3.4.2 运送样品时应采用适当的运输工具,保证样品不变质、挥发、分解或变化。

6.4 样品的处置

6.4.1 原则

6.4.1.1 实验室应制定样品管理程序和作业指导书。

6.4.1.2 实验室应设样品管理员负责样品的接收、登记、制备、传递、保留、处置等工作。

6.4.1.3 在整个样品传递和处理过程中,应保证样品特性的原始性,保护实验室和客户的利益。

6.4.2 样品接收

6.4.2.1 收样人应认真检查样品的包装和状态,若发现异常,应与客户达成处理决定。

6.4.2.2 客户若对样品在检测前有特殊的处理和制备要求时,应提供详细的书面说明。

6.4.2.3 送样量不能少于规定数量,送样量的多少应视样品检测项目的具体情况而定,至少不能少于测试用量的三倍,特殊情况送样量不足应在委托合同上注明。

注:样品接受时要充分考虑到检测方法对样品的技术要求,必要时,可编制作业指导书,对样品的数量、重量、形态、检测方法对样品的适用性、局限性做出相应的规定。

6.4.3 样品标识

6.4.3.1 样品应编号登记,加施唯一性标识,标识的设计和使用应确保不会在样品或涉及到的记录上产生混淆。

6.4.3.2 样品应有正确、清晰的状态标识，保证不同检测状态和传递过程中样品不被混淆。样品标识系统应包含物品群组的细分和物品在实验室内部和向外的传递过程的控制方法。

6.4.4 样品制备、传递、保存和处置

6.4.4.1 样品应在完成感官评定后进行制样处理。样品制备应在独立区域进行，使用洁净的制样工具。制成样品应盛装在洁净的塑料袋或惰性容器中，立即闭口，加贴样品标识，将样品置于规定温度环境中保存。各类样品的制样方法、存放容器和保存方式参见附录E。

6.4.4.2 检测人员应核对样品及标识，按委托项目进行检测。检测过程中的样品，不用时应始终保持闭口状态，并仍然置于规定温度环境中保存。应特别注意对检测不稳定项目样品的保护。

6.4.4.3 应对样品保存的环境条件进行控制、监测和记录。

6.4.4.4 以下情况可不留样，但应做好记录：

a) 送样量仅够一次检测；

b) 客户要求返还样品。

6.4.4.5 样品管理应建立台账，记录相关信息。及时处理超过保存期的留样，做好处置记录。

6.5 方法及方法确认

6.5.1 检测方法的分类

6.5.1.1 标准方法包括：

a) 国际标准：ISO、WHO、UNFAO、CAC等；

b) 国家(或区域性)标准：GB、EN、ANSI、BS、DIN、JIS、AFNOR、ГOCT、药典等；

c) 行业标准、地方标准、标准化主管部门备案的企业标准。

6.5.1.2 非标准方法包括：

a) 技术组织发布的方法：AOAC、FCC等；

b) 科学文献或期刊公布的方法；

c) 仪器生产厂家提供的指导方法；

d) 实验室制定的内部方法。

6.5.1.3 允许偏离的标准方法包括：

a) 超出标准规定范围使用的标准方法；

b) 经过扩充或更改的标准方法。

6.5.2 检测方法的选择

6.5.2.1 选择检测方法的基本原则：

a) 采用的检测方法应满足客户要求并适合所进行的检测工作；

b) 推荐采用国际标准、国家(或区域性)标准、行业标准；

c) 保证采用的标准系最新有效版本。

6.5.2.2 按下述排列顺序优先选择检测方法：

a) 客户指定的方法；

b) 法律法规规定的标准；

c) 国际标准、国家(或区域性)标准；

d) 行业标准、地方标准、标准化主管部门备案的企业标准；

e) 非标准方法、允许偏离的标准方法。

6.5.3 标准方法的控制

实验室应使用受控的标准方法，并定期跟踪检查标准方法的时效性，确保实验室使用的标准方法现行有效。

6.5.4 标准方法的确认

6.5.4.1 首次采用的标准方法，在应用于样品检测前应对方法的技术要素(参见附录F)进行验证。

6.5.4.2 验证发现标准方法中未能详述，但会影响检测结果处，应将详细操作步骤编写成作业指导书，经审核批准后作为标准方法的补充。

6.5.5 非标准方法的制定

6.5.5.1 引用方法

6.5.5.1.1 需要引用权威技术组织发布的方法、科学文献或期刊公布的方法、仪器生产厂家提供的指导方法时，应对方法的技术要素进行验证。

6.5.5.1.2 验证发现引用方法原文中未能详述，但会影响检测结果处，应将详细操作步骤编写成作业指导书，作为原方法的补充。

6.5.5.2 实验室内部方法

6.5.5.2.1 实验室需要研制新方法时，应检索国内外状况，设计技术路线，明确预期达到的目标，制定工作计划，提出书面申请，报经批准。

6.5.5.2.2 实验室应保证新技术、新方法研制工作所需要的资源和时间。

6.5.5.2.3 在建立新方法或改进原方法的研究过程中，应同时对方法的技术要素(参见附录F)进行试验。

6.5.5.2.4 实验室内部方法应按GB/T 1.1规定的格式编写。

6.5.5.3 非标准方法的控制

6.5.5.3.1 非标准方法应经试验、验证、编制、审核和批准。

6.5.5.3.2 实验室应指定具相应资格的技术人员编制非标准方法，并组织技术人员进行技术审查。

6.5.5.3.3 经批准的非标准方法应受控管理，所有材料应归档保管。

6.5.5.3.4 非标准方法应是在征得客户同意后使用。

6.5.6 允许偏离的标准方法的控制

6.5.6.1 允许偏离的标准方法应经验证，编制偏离标准的作业指导书，经审核批准后方可使用。

6.5.6.2 以下列情况时，标准方法允许偏离：

a) 通过对标准方法的偏离(如试验条件适当放宽，对操作步骤适当简化)，以缩短检测时间，且这种偏离已被证实对结果的影响在标准允许的范围之内；

b) 对标准方法中某一步骤采用新的检测技术，能在保证检测结果准确度的情况下，提高效率，或是能提高原标准方法的灵敏度和准确度；

c) 由于实验室条件的限制，无法严格按标准方法中所述的要求进行检测，不得不作偏离，但在检测过程中同时使用标准物质或参考物质加以对照，以抵消条件变化带来的影响。

6.5.7 测量不确定度评定

6.5.7.1 实验室应建立测量不确定度评定程序，根据需要进行不确定度评定。

6.5.7.2 以下情况需要对测量不确定度进行评定，并在检测报告中给出不确定度值：

a) 检测方法的要求；

b) 测量不确定度与检测结果的有效性或应用领域有关；

c) 客户提出要求；

d) 当测试结果处于规定指标临界值附近时，测量不确定度对判断结果符合性会产生影响。

6.5.7.3 当检测方法给出了测量不确定度主要来源的极限值或计算结果的表示式时，实验室按照该检测方法操作与计算，可作为测量不确定度评定。

6.5.7.4 当无法对测量不确定度从计量学和统计学角度进行计算时，应对重要的不确定度分量作出合理评定，并确保结果的表达方法不会对不确定度造成误解。

6.5.7.5 测量不确定度的评定与表示方法按JJF 1059进行。

6.6 检测与分包

6.6.1 检测

6.6.1.1 样品在接收、制备和测试等各个过程中应始终确保样品的原始特性，未受污染、变质或混淆。

6.6.1.2 测试前应做好各项准备工作：

a) 核对标签、检测项目和相应的检测方法；

b) 按检测方法的要求准备仪器和器皿，使用符合分析要求的试剂和水，按检测方法配制试剂、标准溶液等；

c) 检查检测现场清洁、温度等可能影响测试质量的环境条件；

d) 选用规范的原始记录表。

6.6.1.3 按检测方法和作业指导书操作。

6.6.1.4 需要时，随同样品测试做空白试验、标准物质测试和控制样品的回收率试验。

6.6.1.5 适用时，分析过程应以标准—空白样品—控制样品—测试样品为循环进行，顺序可根据实际情况安排。

6.6.1.6 当检出农兽药残留、添加剂含量超过控制限量时，适用时应采用质谱、光谱、双柱定性等方法进行确证或复测。

6.6.1.7 当测试过程出现不正常现象应详细记录，采取措施处置。

6.6.1.8 常规样品的检测至少应做双实验，新开检验项目、复检或疑难项目的检测应做多实验，做单实验的样品和项目应进行评估。

6.6.1.9 按以下要求填写原始记录并出具检测结果：

a) 检测人员应在原始记录表上如实记录测试情况及结果，字迹清楚，划改规范，保证记录的原始性、真实性、准确性和完整性。

b) 原始记录及计算结果应经自校、复核或审核。

6.6.2 分包

6.6.2.1 实验室由于未预料的原因(如工作量、需要更多专业技术或暂时不具备能力)或持续性的原因(如通过长期分包、代理或特殊协议)需将检测工作分包时，实验室应制定分包工作的政策和程序，评估和选择有能力的分包实验室，例如能够按照本标准要求进行工作的分包方。

6.6.2.2 实验室与分包实验室之间的责任、权利、义务应通过分包合同或协议的形式确定。应定期对分包合同或协议进行评审，以确保：

a) 分包实验室资源和技术的持续保持能力；

b) 确认分包实验室与客户或客户要求没有利益冲突；

c) 充分明确检测程序，包括检测方法在内的各项要求；

d) 评价与分包实验室检测的比对结果，明确与分包实验室的内部质量控制方法。

6.6.2.3 实验室应将分包安排书面通知客户，征得客户同意。

6.6.2.4 实验室应保存所有合格分包实验室资质证明资料，并保存其工作符合本标准的证明记录。

6.6.2.5 实验室应就分包的工作对客户负责，由客户或法定管理机构指定的分包实验室除外。

6.7 数据处理与控制

6.7.1 检测人员对检测方法中的计算公式应正确理解，保证检测数据的计算和转换不出差错，计算结果应进行自校和复核。

6.7.2 如果检测结果用回收率进行校准，应在原始记录的结果中明确说明并描述校准公式。

6.7.3 检测结果的有效位数应与检测方法中的规定相符，计算中间所得数据的有效位数应多保留一位。

6.7.4 数字修约遵守 GB 8170。

6.7.5 检测结果应使用法定计量单位。

6.7.6 采用计算机或自动化设备进行检测数据的采集、处理、记录、结果打印、储存、检索时，应：

a) 建立和执行计算机数据控制程序，保证在数据的采集、转换、输入、传出、储存等过程中，数据完整不丢失；

b) 配备符合要求的工作条件和环境条件，使计算机和自动化设备的功能正常和安全运行；

c) 计算机使用者应经过培训，当所使用的软件发生修改后，应重新进行适当的培训；

d) 采取有效措施，防止非法访问、越权使用和随意修改，保障计算机应用的各级授权正常有效。

6.7.7 进行数据处理软件投入使用前或修改后继续使用前的测试验证或检查，确认满足使用要求后方可运用。

6.8 结果报告

6.8.1 信息要求

6.8.1.1 除非有特殊原因，不含抽样的检测报告应包括(或不限于)以下信息：

a) 醒目的标题，如“检测报告”；

b) 检测机构名称和地址；

c) 报告的唯一性编号，每页标明页码和总页数，结尾处有结束标识；

d) 委托方名称；

e) 样品接收日期、测试日期或报告日期；

f) 样品名称和必要的样品描述、原始标记、唯一性受理编号；

g) 检测项目、检测结果和检测方法，若采用非标准方法检测的项目应明示；

h) 授权签字人签字(签章)，加盖检测机构印章；

i) 类似“检测结果仅对送检样品负责”的声明；

j) 类似“未经实验室书面同意，不得部分复制本报告(完整复制除外)”的声明；

k) 类似“本报告经授权签字人签字(签章)，并加盖本检测机构印章后方有效”的声明。

6.8.1.2 含抽样的检测报告，应给出 6.8.1.1[6.8.1.1 i)除外]所列信息外，还应包括(或不限于)以下信息：

a) 抽样所代表的样本数量和(或)重量；

b) 样本的包装方式和包装完好情况；

c) 抽样方法；

d) 抽样地点、日期。

6.8.1.3 在报告作内部使用或与客户有书面协议的情况下，报告的信息可简化，但未报告的信息应能从实验室方便获得。

6.8.2 附加信息

6.8.2.1 对检测方法和抽样方法偏离、增删、特定条件的说明。

6.8.2.2 分包实验室的检测结果应清晰标明(客户要求不予标明除外)。

6.8.2.3 客户要求作出评定并指定评判依据时，应给出评定结论。

6.8.2.4 根据 6.5.7.2 情况给出测量不确定度。

6.8.3 报告的控制

6.8.3.1 检测报告应有一种或几种规范格式，内容应包括必需的全部信息和客户在委托合同上列明的要求。如果不能满足客户全部要求，应与客户联系，说明理由并在委托合同上注明。

6.8.3.2 授权签字人审核报告和记录的准确性、一致性和完整性，确认各项内容正确无误后在检测报告上签字。

6.8.3.3 实验室应将检测报告与相关原始记录归档保存，报告中的每一结果都应附有经过校对的原始记录或分包实验室的检测报告原件。

6.8.3.4 当实验室因技术或管理上原因引起检测报告的有效性发生疑问时，应立即告知客户在使用检测数据时可能受到的影响。

6.8.3.5 必要时实验室应规定检测报告的有效期限。

6.8.4 报告的更改

6.8.4.1 实验室应制定报告更改控制程序。

6.8.4.2 客户收到检测报告发现有误，或实验室内部发现检测报告有误应及时提出，实验室及时组织相关人员按照程序进行更改：

a) 更改内容涉及原检测结果的，应对原样品进行复测后更改；

b) 更改内容不影响原检测结果的，可直接更改。

6.8.4.3 报告更改后应重新签发检测报告，并收回原检测报告。无法收回原检测报告时，应签发原检测报告的补充件，并注明类似“对编号××××检测报告的更改补充”的说明。当有必要发布全新的检测报告时，应注以唯一性标识，并注明所替代的原件。

6.8.4.4 检测报告的更改，应做好记录。

6.8.5 报告传送方式

6.8.5.1 实验室应根据合同评审时确认的报告发送方式将检测报告发出。当面递交报告，应凭单并由取报告人签收后才能发出。

6.8.5.2 发送或领取报告应有记录。

6.8.6 专有权保护

6.8.6.1 采用计算机软件系统制作检测报告，应对软件使用权限进行控制，防止非法访问，以保证对委托方检测结果予以保密。

6.8.6.2 不论以何种方式传送检测报告，都应确保报告传送过程的安全保密。同时对电子版本报告的传送应制定相应的程序确定传送的权限。

7 结果质量控制

7.1 内部质量控制

7.1.1 实验室应制定测试结果质量控制程序，明确内部质量控制的内容、方式和要求。

7.1.2 随同样品测试做空白试验：

a) 若空白值在控制限内可忽略不计；

b) 若空白值比较稳定，可进行 n 次重复测定空白值，计算出空白值的平均值，在样品测定值中扣除；

c) 若空白值明显超过正常值，则表明测试过程有严重沾污，样品测定结果不可靠。

7.1.3 随同样品测试做控制样品的测定，用统计方法对控制样品的测定结果进行评价。

a) 控制样品一般有以下两种：

——在样品（该样品中被测组分的含量相对加标量可以忽略不计，或者已知其含量）中加入已知量的标准物质，成为加标样品；

——选用与被测样品基体相同或相近的实物标准样。

b) 控制样品中被测组分的含量应与被测样品相近，若被测样品为未检出，则控制样品中被测组分的含量应在方法测定低限附近。

c) 控制样品测定结果的回收率应符合要求（参见附录 F 中的表 F.1）。

d) 绘制质量控制图，观察测试工作的稳定性、系统偏差及其趋势，及时发现异常现象。

7.1.4 实验室应根据实际工作的需要制定内部比对试验计划，计划应尽可能覆盖所有常规项目和全体检测人员。应对比对试验的结果进行汇总、分析和评价，判断是否满足对检测有效性和结果准确性的质量控制要求，采取相应的改进措施。

比对试验的具体方式可以是：

a） 使用标准物质或实物标样比对；

b） 保留样品的重复试验；

c） 不同人员用相同方法对同一样品的测试；

d） 不同方法对同一样品的测试；

e） 某样品不同特性结果的相关性分析。

7.2 外部质量控制

7.2.1 实验室应参加国内外实验室认可机构组织的能力验证活动和实验室主管机构组织的比对活动，参加国际间、国内同行间的实验室比对试验。

7.2.2 外部质量控制活动一般有：

a） 中国合格评定国家认可中心（CNAS）、亚太地区实验室认可协会（APLAC）等实验室认可机构组织的能力验证；

b） 国际专业技术协会组织的协同试验；

c） 国内行业主管部门组织的能力验证；

d） 能力验证提供者组织的能力验证试验；

e） 与其他同行实验室进行分割样品（子样）的比对试验；

f） 与其他同行实验室进行标准溶液的比对试验。

7.2.3 实验室完成试验，及时递交试验结果和相关记录。

7.2.4 应根据外部评审、能力验证、考核、比对等结果来评估本实验室的工作质量并采取相应的改进措施。

附 录 A
（资料性附录）
本标准与 GB/T 27025—2008 条款对照表

表 A.1 本标准与 GB/T 27025—2008 条款对照表

本 标 准	GB/T 27025—2008
1 范围	1 范围
2 规范性引用文件	2 规范性引用文件
3 术语和定义	3 术语和定义
4 管理要求	4 管理要求
4.1 组织和管理	4.1 组织
4.2 管理体系	4.2 管理体系
4.3 文件控制	4.3 文件控制
4.4 质量与技术记录	4.13 记录的控制
4.5 服务客户	4.7 对客户的服务
4.6 投诉处理	4.8 投诉
4.7 不合格工作控制	4.9 不合格检测和(或)校准工作的控制
4.8 纠正措施	4.11 纠正措施
4.9 预防措施	4.12 预防措施
4.10 内部审核	4.14 内部审核
4.11 管理评审	4.15 管理评审
4.12 持续改进	4.10 改进
5 技术要求	5 技术要求
5.1 采购服务与供给	4.6 服务与供给品的采购
5.2 人员	5.2 人员
5.3 设施和环境条件	5.3 设施和环境条件
5.4 设备	5.5 设备
5.5 溯源性	5.6 测量溯源性
6 过程控制要求	
6.1 总则	5.1 总则
6.2 合同评审	4.4 要求、标书和合同的评审
6.3 抽样	5.7 抽样
6.4 样品的处理	5.8 测试和校准样品的处置
6.5 方法及方法确认	5.4 测试和校准方法及方法确认
6.6 检测与分包	4.5 测试和校准的分包
6.7 数据处理与控制	
6.8 结果报告	5.10 结果报告
7 结果质量保证	5.9 检测和校准结果质量的保证
7.1 内部质量控制	
7.2 外部质量控制	

附 录 B
（资料性附录）
食品理化检测实验室常用仪器设备及计量周期

B.1 分析仪器

B.1.1 气相色谱仪，配 FID、FPD、ECD、NPD、TCD 检测器。

B.1.2 液相色谱仪，配紫外-可见、荧光、示差折光、二极管阵列检测器，柱后衍生装置。

B.1.3 气相色谱-质谱联用仪，配 EI、NCI、PCI 离子源。

B.1.4 液相色谱-质谱联用仪，配 ESI、APCI 离子源。

B.1.5 紫外-可见分光光度计。

B.1.6 原子吸收分光光度计，配火焰、石墨炉、氢化物发生、冷原子发生原子化器。

B.1.7 原子荧光光度计。

B.1.8 等离子发射光谱仪，配氢化物发生器。

B.1.9 电位滴定仪，配各种阳离子和阴离子电极及参比电极。

B.1.10 PCR 仪。

B.1.11 全自动放射免疫检测仪。

B.1.12 酶标仪。

B.2 试样预处理设备

B.2.1 电子天平。

B.2.2 微波消解系统。

B.2.3 固相萃取器。

B.2.4 旋转蒸发器。

B.2.5 干燥箱。

B.2.6 高温电阻炉。

B.2.7 离心机。

B.2.8 水浴锅。

B.2.9 粉碎机。

B.2.10 均质器。

B.2.11 电热溶解装置。

B.3 检定仪器及检定周期

计量检定仪器及其检定周期一般规定如下：

a) 紫外分光光度计、酸度计、天平：检定周期为一年；
b) 气相色谱仪、液相色谱仪、色质联用仪、液质联用仪、原子吸收分光光度计、原子荧光光度计、等离子发射光谱仪、电位滴定仪：检定周期为两年；
c) 烘箱、高温电阻炉：检定周期为两年；
d) 温湿度计：检定周期为三年；
e) 滴定管、移液管、容量瓶、分样筛：检定周期为三年。

B.4 仪器设备的期间核查要求

仪器设备的期间核查应选择国家计量检定规程中的主要检定项目，一般选择以下合适项目：

a） 零点检查；

b） 灵敏度；

c） 准确度；

d） 分辨率；

e） 测量重复性；

f） 标准曲线线性；

g） 仪器内置自校检查；

h） 标准物质或参考物质测试比对；

i） 仪器说明书列明的技术指标。

附 录 C
（资料性附录）
标准溶液参考有效期

C.1 标准滴定溶液

标准滴定溶液常温保存，有效期为两个月，标准滴定溶液的浓度小于等于 0.02 mol/L 时，应在临用前稀释配制。

C.2 农兽药标准溶液

用于农兽药残留检测的标准溶液一般配制成浓度为 0.5 mg/mL～1 mg/mL 的标准储备液，保存在 0℃左右的冰箱中，有效期为 6 个月；稀释成浓度为 0.5 μg/mL～1 μg/mL 或适当浓度的标准工作液，保存在 0℃～5℃的冰箱中，有效期为 2 周～3 周。

C.3 元素标准溶液

元素标准溶液一般配制成浓度为 100 μg/mL 的标准储备液，保存在 0℃～5℃的冰箱中，有效期为 6 个月；稀释成浓度为 1 μg/mL～10 μg/mL 或适当浓度的标准工作液，保存在 0℃～5℃的冰箱中，有效期为 1 个月。

附 录 D
(资料性附录)
食品理化检测实验室工作流程控制图

食品理化检测实验室工作流程控制图见图 D.1。

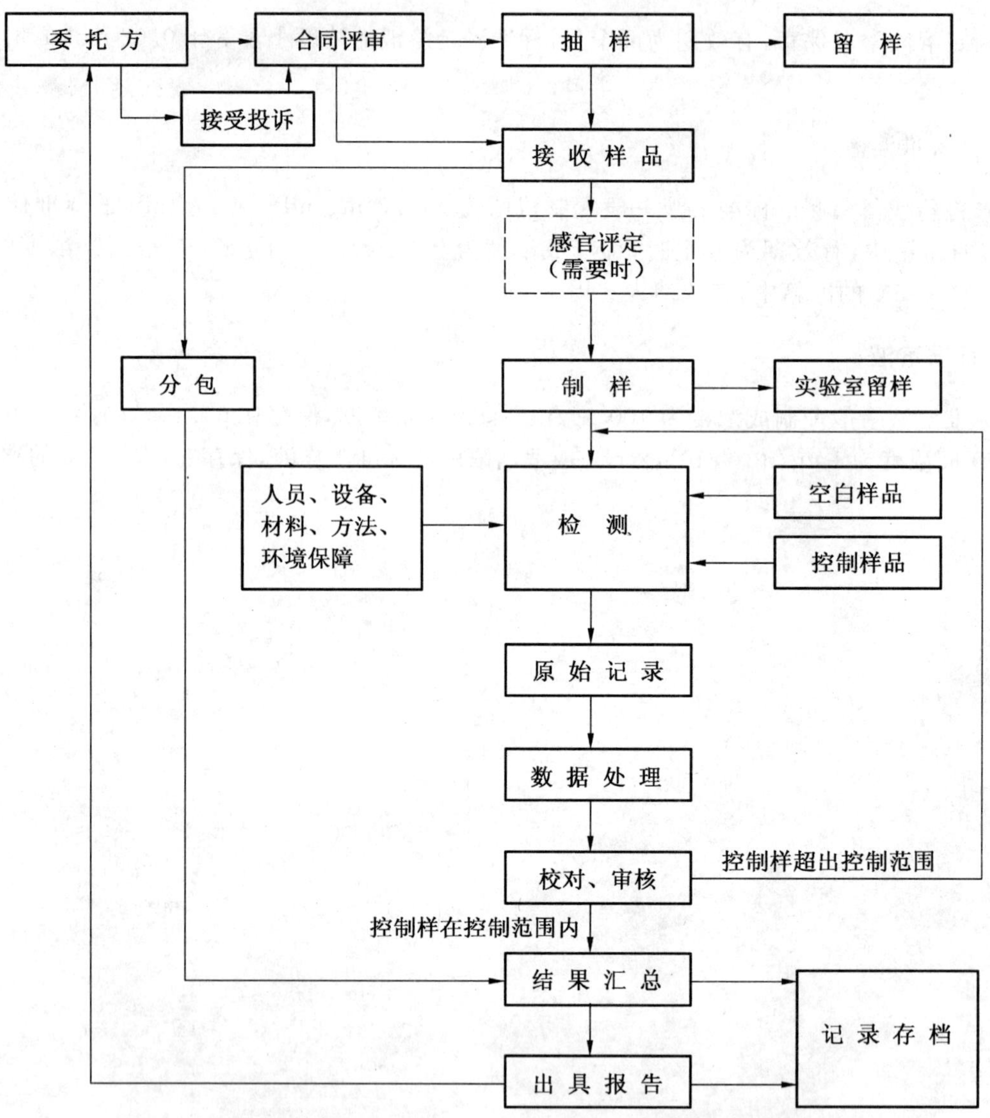

图 D.1 食品理化检测实验室工作流程控制图

附　录　E
（资料性附录）
食品样品的抽取、制备和保存方式

E.1　抽样方法

E.1.1　抽样方案

每类产品应根据其包装和规格的不同，分别制定抽样方案。抽样方案的内容至少包括：

a）检测批：同一检测批的样本应具有相同的包装、标记、产地、规格、等级等特征，确定不超过 N 件为一检测批；

b）抽样数：规定不同大小批量时的最低抽样数；

c）抽样方法：详细描述具体采样步骤，包括工具、开启方法、采取操作、存样容器、注意事项等；

d）抽样量：规定每件至少取量和抽取的总量。

E.1.2　田间、养殖场抽样

在不同场地取同种样品时，每一大样应取自同一地点。可采用以下方式取样：

a）二次相反方向绕树旋转，每次按四分圆随机采取；

b）在作物棵的行列两侧采取；

c）从若干个场所随机采取；

d）混合抽取的全部样品，从混样的不同位置采取。

E.1.3　加工厂抽样

在加工厂车间或仓库内抽样，通常有以下方式：

a）原材料抽样：原材料运达工厂时，每一作业班抽取若干个分样；

b）大堆产品抽样：当产品存放在庞大容器或包装箱内，可在整堆产品的不同平面和位置随机抽取若干个分样；

c）生产线上抽样：家禽、家畜等在屠宰线上，按一定时间或数量抽取若干个分样。罐头类等包装食品可在生产线上未封包装时抽取若干个分样。

E.1.4　仓库、码头抽样

箱装或袋装等完整包装的货物，按货堆的上、中、下和四周的位置随机抽取若干个分样。散装货物在输送带上抓斗中抽取，按一定时间抽取若干个分样。

E.2　实验室样品的制备

E.2.1　样品的缩分

E.2.1.1　将实验室样品混合后用四分法缩分，按以下方法预处理样品：

a）对于个体小的物品（如苹果、坚果、虾等），去掉蒂、皮、核、头、尾、壳等，取出可食部分；

b）对于个体大的基本均匀物品（如西瓜、干酪等），可在对称轴或对称面上分割或切成小块；

c）对于不均匀的个体样（如鱼、菜等），可在不同部位切取小片或截取小段。

E.2.1.2　对于苹果和果实等形状近似对称的样品进行分割时，应收集对角部位进行缩分。

E.2.1.3　对于细长、扁平或组分含量在各部位有差异的样品，应间隔一定的距离取多份小块进行缩分。

E.2.1.4　对于谷类和豆类等粒状、粉状或类似的样品，应使用圆锥四分法（堆成圆锥体—压成扁平圆形—划两条交叉直线分成四等份—取对角部分）进行缩分。

E.2.1.5　混合经预处理的样品，用四分法缩分，分成三份，一份测试用，一份需要时复查或确证用，一份作留样备用。

E.2.2 样品制备和保存

各类样品的制备方法、留样要求、盛装容器和保存条件见表E.1，当送样量不能满足留样要求时，在保证分析样用量后，全部用作留样。

表E.1 样品的制备和保存

样品类别	制样和留样	盛装容器	保存条件
粮谷、豆、烟叶、脱水蔬菜等干货类	用四分法缩分至约300 g，再用四分法分成两份，一份留样(>100 g)，另一份用捣碎机捣碎混匀供分析用(>50 g)	食品塑料袋、玻璃广口瓶	常温、通风良好
水果、蔬菜、蘑菇类	去皮、核、蒂、梗、籽、芯等，取可食部分，沿纵轴剖开成两半，截成四等份，每份取出部分样品，混匀，用四分法分成两份，一份留样(>100 g)，另一份用捣碎机捣碎混匀供分析用(>50 g)	食品塑料袋、玻璃广口瓶	−18℃以下的冰柜或冰箱冷冻室
坚果类	去壳，取出果肉，混匀，用四分法分成两份，一份留样(>100 g)，另一份用捣碎机捣碎混匀供分析用(>50 g)	食品塑料袋、玻璃广口瓶	常温、通风良好、避光
饼干、糕点类	硬糕点用拈钵粉碎，中等硬糕点用刀具、剪刀切细，软糕点按其形状进行分割，混匀，用四分法分成两份，一份留样(>100 g)，另一份用捣碎机捣碎混匀供分析用(>50 g)	食品塑料袋、玻璃广口瓶	常温、通风良好、避光
块冻虾仁类	将块样划成四等份，在每一份的中央部位钻孔取样，取出的样品四分法分成两份，一份留样(>100 g)，另一份室温解冻后弃去解冻水，用捣碎机捣碎混匀供分析用(>50 g)	食品塑料袋	−18℃以下的冰柜或冰箱冷冻室
单冻虾、小龙虾	室温解冻，弃去头尾和解冻水，用四分法缩分至约300g，再用四分法分成两份，一份留样(>100 g)，另一份用捣碎机捣碎混匀供分析用(>50 g)	食品塑料袋	−18℃以下的冰柜或冰箱冷冻室
蛋类	以全蛋作为分析对象时，磕碎蛋，除去蛋壳，充分搅拌；蛋白蛋黄分别分析时，按烹调方法将其分开，分别搅匀。称取分析试样后，其余部分留样(>100 g)	玻璃广口瓶、塑料瓶	5℃以下的冰箱冷藏室
甲壳类	室温解冻，去壳和解冻水，四分法分成两份，一份留样(>100 g)，另一份用捣碎机捣碎混匀供分析用(>50 g)	食品塑料袋	−18℃以下的冰柜或冰箱冷冻室
鱼类	室温解冻，取出1条～3条留样，另取鱼样的可食部分用捣碎机捣碎混匀供分析用(>50 g)	食品塑料袋	−18℃以下的冰柜或冰箱冷冻室
蜂王浆	室温解冻至融化，用玻棒充分搅匀，称取分析试样后，其余部分留样(>100 g)	塑料瓶	−18℃以下的冰柜或冰箱冷冻室

表 E.1（续）

样品类别	制样和留样	盛装容器	保存条件
禽肉类	室温解冻，在每一块样上取出可食部分，四分法分成两份，一份留样（>100 g），另一份切细后用捣碎机捣碎混匀供分析用（>50 g）	食品塑料袋	－18℃以下的冰柜或冰箱冷冻室
肠衣类	去掉附盐，沥净盐卤，将整条肠衣对切，一半部分留样（>100 g），从另一半部分的肠衣中逐一剪取试样并剪碎混匀供分析用（>50 g）	食品塑料袋	－18℃以下的冰柜或冰箱冷冻室
蜂蜜、油脂、乳类	未结晶、结块样品直接在容器内搅拌均匀，称取分析试样后，其余部分留样（>100 g）；对有结晶析出或已结块的样品，盖紧瓶盖后，置于不超过60℃的水浴中温热，样品全部融化后搅匀，迅速盖紧瓶盖冷却至室温，称取分析试样后，其余部分留样（>100 g）	玻璃广口瓶、原盛装瓶	蜂蜜常温，油脂、乳类5℃以下的冰箱冷藏室
酱油、醋、酒、饮料类	充分摇匀，称取分析试样后，其余部分留样（>100 g）	玻璃瓶、原盛装瓶酱油、醋不宜用塑料或金属容器	常温
罐头食品类	取固形物或可食部分，酱类取全部，用捣碎机捣碎混匀供分析用（>50 g），其余部分留样（>100 g）	玻璃广口瓶、原盛装罐头	5℃以下的冰箱冷藏室
保健品	用四分法缩分至约300 g，再用四分法分成两份，一份留样（>100 g），另一份用捣碎机捣碎混匀供分析用（>50 g）	食品塑料袋、玻璃广口瓶	常温、通风良好

附 录 F
（资料性附录）
检测方法确认的技术要求

F.1 回收率

对于食品中的禁用物质，回收率应在方法测定低限、两倍方法测定低限和十倍方法测定低限进行三水平试验；对于已制定最高残留限量（MRL）的，回收率应在方法测定低限、MRL、选一合适点进行三水平试验；对于未制定MRL的，回收率应在方法测定低限、常见限量指标、选一合适点进行三水平试验。回收率的参考范围见表F.1。

表 F.1 回收率范围

被测组分含量/(mg/kg)	回收率范围/%
＞100	95～105
1～100	90～110
0.1～1	80～110
＜0.1	60～120

F.2 校准曲线

应描述校准曲线的数学方程以及校准曲线的工作范围，浓度范围尽可能覆盖一个数量级，至少作5个点（不包括空白）。对于筛选方法，线性回归方程的相关系数不应低于0.98，对于确证方法，相关系数不应低于0.99。测试溶液中被测组分浓度应在校准曲线的线性范围内。

F.3 精密度

对于食品中的禁用物质，精密度实验应在方法测定低限、两倍方法测定低限和十倍方法测定低限三个水平进行；对于已制定MRL的，精密度实验应在方法测定低限、MRL、选一合适点三个水平进行；对于未制定MRL的，精密度实验应在方法测定低限、常见限量指标、选一合适点三个水平进行。重复测定次数至少为6。实验室内部的变异系数参考范围见表F.2。

表 F.2 实验室内变异系数

被测组分含量	实验室内变异系数(CV)/%
0.1 μg/kg	43
1 μg/kg	30
10 μg/kg	21
100 μg/kg	15
1 mg/kg	11
10 mg/kg	7.5
100 mg/kg	5.3
1 000 mg/kg	3.8
1 %	2.7
10 %	2.0
100 %	1.3

F.4 测定低限

方法的测定低限按式(F.1)计算：

$$C_L = 3S_b/b \tag{F.1}$$

式中：

C_L——方法的测定低限；

S_b——空白值标准偏差(一般平行测定 20 次得到)；

b——方法校准曲线的斜率。

对于已制定 MRL 的物质，方法测定低限加上样品在 MRL 处的标准偏差的三倍，不应超过 MRL 值。对于禁用物质，方法测定低限应尽可能低。

F.5 准确度

重复分析标准物质(实物标样)或水平测试样品，测定含量(经回收率校正后)平均值与真值的偏差指导范围见表 F.3。

表 F.3 测定值与真值的偏差指导范围

真值含量/(mg/kg)	偏差范围/%
<0.001	−50～+20
0.001～0.01	−30～+10
0.010～10	−20～+10
10～1 000	<15
1 000～10 000	<10
>10 000	<5

F.6 提取效率

提取效率可用以下方法进行试验：

a) 用阳性的标准物质或水平测试的阳性样品进行试验；

b) 阳性样品用同一溶剂反复提取，观察被分析物的浓度变化；

c) 用不同提取技术或不同提取溶剂进行比较。

F.7 特异性

对于检测筛选方法和确证方法特异性必应予以规定，尤其对于确证方法必应尽可能清楚地提供待测物的化学结构信息，仅基于色谱分析而没有使用分子光谱测定的方法，不能用于确证方法。确证方法可采用：

a) 气相色谱-质谱；

b) 液相色谱-质谱；

c) 免疫亲和色谱或气相色谱-质谱；

d) 气相色谱-红外光谱；

e) 液相色谱-免疫层析。

F.8 耐用性

方法应具有对可变试验因素的抗干扰能力，当测定条件发生细小变动时，方法应具有一定的保持测定结果不受影响的承受程度。

参 考 文 献

[1] GB/T 27025—2008 检测和校准实验室能力的通用要求

[2] CNAS/CL01:2006 检测和校准实验室能力认可准则

[3] ISO/IEC 15189:2003 医学实验室——质量和能力的特殊要求

[4] ISO 15190 医学实验室——安全要求

[5] 中国实验室国家认可委员会.实验室认可与管理基础知识[M].北京:中国计量出版社,2003.

[6] 关于优良实验室规范(GLP)及其依从性监测原则的OECD系列文件,1号文件,1998.

[7] CNAS/CL10:2006 检测和校准实验室能力认可准则在化学检测实验室的应用说明

[8] APLAC TC 007 Guidelines for Food Testing Laboratories

[9] Quality Control Procedures for Pesticide Residues Analysis Document N° Sanco/10476/2003

[10] CAN-P-1587 Guidelines for the accreditation of agriculture and food products testing laboratories

[11] ISO/TAG4/WG3 Guide to the expression of uncertainty in measurement,1993

[12] EN 2002/657/EC, Implementing Council Directive 96/23/EC,Concerning the performance of analytical methods and the interpretation of results,2002.

[13] UNDP/World Bank/WHO Good Laboratory Prsctice(GLP)

[14] Guide to quality in analytical chemistry. CITAC/EURACHEM GUIDE.

[15] 王叔淳.食品分析质量保证与实验室认可[M].北京:化学工业出版社,2004.

[16] 全国化工标准物质委员会.分析测试质量保证[M].沈阳:辽宁大学出版社,2004.

[17] 叶世柏.食品理化检测方法指南[M].北京:北京大学出版社,1991.

[18] 国家进出口商品检测局.食品分析大全[M].北京:高等教育出版社,1997.

[19] 国家商检局FDA-PAM编译组.农药残留量分析手册[M].长沙:湖南科学技术出版社,1989.

[20] 中华人民共和国国务院令第344号《危险化学品安全管理条例》

[21] GB/T 601—2002 标准滴定溶液的制备

[22] GB/T 19004—2000 质量管理 第4部分:业绩改进指南

[23] GB/T 19022—2003 测量管理体系 测量过程和测量设备的要求

[24] GB/T 15483.1—1999 利用实验室间比对的能力验证 第1部分:能力验证计划的建立和运作

[25] 贾殿徐.实验室管理体系建立与审核教程[M].北京:中国标准出版社,2006.

[26] 张斌.实验室质量管理体系建立与运作指南[M].北京:中国标准出版社,2006.

ICS 03.120.10
A 00

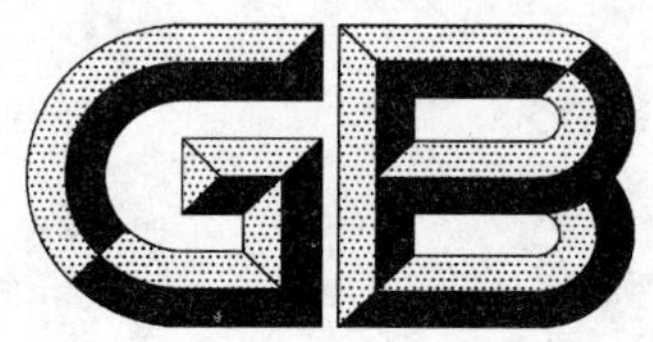

中华人民共和国国家标准

GB/T 27405—2008

实验室质量控制规范 食品微生物检测

Criterion on quality control of laboratories—
Microbiological testing of food

2008-05-04 发布　　　　2008-10-01 实施

中华人民共和国国家质量监督检验检疫总局
中国国家标准化管理委员会　发布

前　言

本标准是实验室质量控制规范系列标准之一,其目前包括以下标准:

——GB/T 27401《实验室质量控制规范　动物检疫》;

——GB/T 27402《实验室质量控制规范　植物检疫》;

——GB/T 27403《实验室质量控制规范　食品分子生物学检测》;

——GB/T 27404《实验室质量控制规范　食品理化检测》;

——GB/T 27405《实验室质量控制规范　食品微生物检测》;

——GB/T 27406《实验室质量控制规范　食品毒理学检测》。

请注意本标准的某些内容有可能涉及专利。本标准的发布机构不应承担识别这些专利的责任。

本标准的附录 A 为规范性附录,附录 B、附录 C 和附录 D 为资料性附录。

本标准由全国认证认可标准化技术委员会(SAC/TC 261)提出并归口。

本标准由中国合格评定国家认可中心负责起草。

本标准起草单位:中国合格评定国家认可中心、中华人民共和国山东出入境检验检疫局。

本标准主要起草人:雷质文、刘学惠、昃向君、张明霞、姜英辉、贾俊涛、刘云国、周烈、赵丽青、房保海、王东、林修光、吴兴海、马维兴。

引　言

本标准的编制主要以GB/T 27025《检测和校准实验室能力的通用要求》为基础，同时吸收了GB/T 19001—2000《质量管理体系　要求》的内容，参考了相关国际专业组织的文件、国内外行业标准和专业文献中适用的内容，并充分融合了国内相关实验室的管理经验。

本标准旨在规范、指导和帮助相关实验室，使其满足GB/T 27025和本专业领域质量控制的具体要求。

食品微生物检测是指按照一定的检测程序和质量控制措施，确定单位样品中某种或某类微生物的数量或存在状况。本标准适用于从事食品、食品添加剂、动物饲料、食品加工机械、食品包装以及食品加工环境样品等微生物检测实验室的质量控制，对食品微生物检测实验室进行认可的机构可将本标准作为参考。

建议相关实验室在使用本标准前，应熟悉和掌握GB/T 27025的相关内容。

实验室质量控制规范
食品微生物检测

1 范围

本标准规定了食品微生物检测实验室的管理要求、技术要求、过程控制要求、内部质量控制和外部质量评估的要求。

本标准适用于食品、食品添加剂、动物饲料、食品加工机械、食品包装材料以及食品加工环境样品等微生物检测实验室的质量控制,实验室认可机构可参考使用。

2 规范性引用文件

下列文件中的条款通过本标准的引用而成为本标准的条款。凡是注日期的引用文件,其随后所有的修改单(不包括勘误的内容)或修订版均不适用于本标准,然而,鼓励根据本标准达成协议的各方研究是否可使用这些文件的最新版本。凡是不注日期的引用文件,其最新版本适用于本标准。

GB 14925 实验动物 环境及设施

GB 15981 消毒与灭菌效果的评价方法与标准

GB/T 18202 室内空气中臭氧卫生标准

GB 19489 实验室 生物安全通用要求

GB 50346 生物安全实验室建筑技术规范

SN/T 1538.1 培养基制备指南 第1部分:实验室培养基制备质量保证通则(ISO/TS 11133-1:2000,MOD)

SN/T 1538.2 培养基制备指南 第2部分:培养基性能测试实用指南(ISO/TS 11133-2:2003,MOD)

ISO 7218 食品和动物饲料微生物学——微生物检验通则(Microbiology of food and animal feeding stuffs—General rules for microbiological examinations)

ISO 16140 食品和动物饲料微生物学——可替代方法确认规程(Microbiology of food and animal feeding stuffs—Protocol for the validation of alternative methods)

ISO 18593 食品和动物饲料微生物学——使用接触平板和棉拭子的表面取样技术水平方法(Microbiology of food and animal feeding stuffs—Horizontal methods for sampling techniques from surfaces using contact plates and swabs)

EA-04/10 微生物实验室认可(Accreditation in microbiological laboratories)

3 术语和定义

下列术语和定义适用于本标准。

3.1

实验室最高管理者 top management of laboratory

在最高层指挥和控制实验室的一个人或一组人。

3.2

实验室管理层 management personnel of laboratory

在实验室最高管理者领导下负责管理实验室活动的人员。

3.3

实验室能力 laboratory capability

实验室进行相应检测所需的物质、环境、信息资源、人员、技术和专业知识。

3.4

样品 sample

取自某一整体的一个或多个部分，旨在提供该整体的相关信息，通常作为判断该整体的基础。

3.5

标准方法 reference method

国际、区域、国家或行业发布的、经过严格确认的、公认的方法。

3.6

可替代方法 alternative method

用来检测某一特定产品中某种目标微生物的与相关标准方法等效的方法。

3.7

阴性偏差 negative deviation

标准方法得出阳性结果，而可替代方法却得出未经证实的阴性结果，如果后者被证明为阳性，这种偏离便是一个假阴性。

3.8

阳性偏差 positive deviation

标准方法得出阴性结果，而可替代方法却得出未经证实的阳性结果，如果后者被证明为阴性，这种偏离便是一个假阳性。

3.9

标准培养物 reference cultures

标准菌株、标准储备菌株和工作菌株的统称。

3.10

标准菌株 reference strain

至少定义到属或种水平的菌株。按其特征进行分类和描述，有明确的来源。

3.11

标准储备菌株 reference stocks

标准菌株经过一代转接后获得的同种菌株。

3.12

工作菌株 working cultures

由标准储备菌株转接后获得的同种菌株。

3.13

判定限 limit of determination

进行定量微生物检测时，在特定评估方法规定的实验条件下，可引起特定变化的微生物的最小量。

3.14

检出限 limit of detection

进行定性微生物检测时，能检测到但无法给出精确数值的微生物的最小量。

3.15

特异性 specificity

阴性菌株数或所确认菌落数与可疑检出物的比例。

4 管理要求

4.1 组织

4.1.1 食品微生物检测实验室或其所在组织应具有明确的法律地位。实验室一般为独立法人，非独立法人的实验室需经上级法人授权。

4.1.2 实验室检测服务应能满足客户的工作需要。

4.1.3 实验室在其固定场所内部或外部的其他场所开展工作时，均应遵守本标准中的相关规定。

4.1.4 实验室最高管理者应负责管理体系的设计、建立、维持及改进，至少包括以下方面：

a) 为实验室配置足够人员并为所有人员提供履行其职责所需的权力和资源；

b) 制定政策和程序，以避免实验室和其人员介入任何可能会降低其判断能力、技术、诚实性和公正性的活动；

c) 制定政策和程序，确保客户机密信息得到保护；

d) 明确实验室的组织和管理结构，以及实验室与其他相关组织的关系；

e) 规定所有人员的职责、权力和相互关系；

f) 成立技术管理层并赋予相应职责和权力，负责技术运作和资源供应(技术管理层负责人也称作技术负责人)；任命质量负责人，由其全面负责管理体系运作；

g) 由熟悉检验目的、程序、操作和结果评价的人员，对实验室的其他人员按其经验、能力和职责进行相应的培训和监督，最高管理者直接任命和管理质量监督员；

h) 指定关键人员的代理人，在一些小型实验室里，可由一个人承担多项职责。

4.1.5 实验室最高管理者、技术负责人、质量负责人应有任命文件。

4.2 管理体系

4.2.1 政策、计划、程序、指导书和操作规程等均应形成文件，传达至所有相关人员，并保证相关人员熟悉、理解并执行。

4.2.2 管理体系应包括内部质量控制和外部质量评估工作。

4.2.3 最高管理者应主持制定并授权发布质量方针、目标和承诺，形成文件并写入质量手册(不论何种称谓)。最高管理者或质量负责人应向全体员工宣贯质量方针和目标。质量方针、目标和承诺应简明清晰，便于有关人员即时获得，并至少包括以下内容：

a) 实验室提供的服务范围；

b) 对服务标准的承诺；

c) 阐明实验室的质量管理水平和技术目标；

d) 对相关人员熟悉、理解、执行管理体系的要求；

e) 实验室在职业行为、检验质量以及遵守管理体系和相关法规政策方面的承诺。

4.2.4 质量手册应对管理体系及文件结构进行描述；质量手册中还应规定各重要岗位人员的职责。

4.3 文件控制

4.3.1 实验室应制定并实施专门的程序文件，以满足文件控制的要求，应将文件备份存档。这些受控文件可使用纸张或无纸化媒介，并应遵循国家、地区和当地的规定。

4.3.2 实施的文件控制程序应确保：

a) 向实验室人员发布的管理体系相关文件在发布前得到授权人员的审批；

b) 建立在用文件名称、有效性状态和发放情况的记录，此记录也称作文件控制记录；

c) 在相应场所，只使用现行的、经过确认的文件版本；

d) 应定期对文件进行评审，必要时修订，并经授权人员批准；

e) 无效或已废止的文件应立即从所有使用地点撤离，或进行适当标注，以防止误用；

f) 如果实验室允许在文件再版之前对文件进行手写修改，则应确定修改的程序和权限，修改之处应有清晰的标注、签名并注明日期，修订的文件应尽快正式发布；

g) 应制定程序描述如何更改和控制在计算机系统中运行或保存的文件。

4.3.3 管理体系相关文件均应有唯一性标识，包括：

a) 标题、文件号及发布日期；

b） 修订日期或修订号，版本标识；

c） 页码和页数（如适用）；

d） 发布机构；

e） 来源的标识；

f） 文件分发号（如果适用）。

4.4 质量及技术记录

4.4.1 实验室应建立并实施一套对质量及技术记录进行识别、采集、索引、查取、存放、维护以及安全处理的程序。

4.4.2 所有质量及技术记录均应清晰明确，便于检索，并应符合有关规定。应提供一个适宜的存放环境，以适当的形式进行存放，以防损毁、破坏、泄密、丢失或被盗用。

4.4.3 实验室应明确规定各种质量及技术记录的保存期。保存期限应根据检验的性质或每个记录的具体情况而定，并应符合有关法律法规的要求。

质量及技术记录可包括：

a） 检验申请表、委托书或采样记录；

b） 检验结果和报告；

c） 仪器打印出的结果；

d） 试验计划；

e） 原始工作记录簿（记录单）；

f） 试验数据统计记录；

g） 质量控制记录；

h） 投诉及所采取的措施记录；

i） 内部及外部审核记录；

j） 能力验证或实验室间的比对记录；

k） 质量改进记录；

l） 仪器使用及维护记录，包括内部及外部的校准记录；

m） 无菌室等关键区域的环境监控记录（见5.2.2并参见附录B）；

n） 外部服务供应的有关记录；

o） 设备、耗材的验收记录；

p） 差错或事故记录及应对措施；

q） 人员培训及能力记录。

4.4.4 当记录中出现错误时，每一个错误应划改，并将正确值填写在其旁边，应能识别出更改前内容。记录的所有改动应有改动人的签名或签名缩写。电子存储的记录也应采取同等措施，以避免原始数据的丢失或改动。

4.5 服务客户

4.5.1 实验室应授权资深人员为客户提供适当的送检前专业咨询服务。

4.5.2 实验室中经授权的专业人员，在客户的要求下，可就选择何种检验及服务提供建议，包括检验项目、检测方法、所需样品情况等。实验室应明确客户的要求，并在确保实验室及其他客户机密的情况下，允许客户进入实验室监视与其工作有关的操作。

4.5.3 适当情况下，实验室中经授权的专业技术人员可以就实验结果提供解释。

4.5.4 实验室应将检测过程中的任何延误和主要偏离通知客户。

4.5.5 实验室应向客户征求反馈意见，无论是正面的还是负面的。应使用和分析这些意见，并应用于改进管理体系、检测活动及服务水平。实验室应保留完整的反馈意见及采取相应措施的记录，该反馈意见及其相应措施可作为管理评审的输入之一［见4.11.2h)］。

4.6 投诉处理

实验室应有政策和程序处理来自客户或其他方面的投诉，方式应多样、多渠道。实验室应保存投诉以及针对投诉所开展的调查和纠正措施的记录。客户投诉及处理情况应作为管理评审的输入之一[见4.11.2h)]。

4.7 不符合工作控制

4.7.1 实验室应有专门的程序和规定，以识别、控制检验过程中的不符合工作。这些程序和规定应保证：

a) 指定专人负责处理不符合工作问题；
b) 明确规定应采取的措施；
c) 考虑不符合工作可能产生的影响，必要时应通知客户；
d) 必要时终止检验，不外发报告；
e) 立即纠正，必要时采取纠正措施；
f) 若检验结果已向外发布，应考虑是否需要收回，或以适当方式善后；
g) 指定专人有权中(终)止检验和批准恢复检验工作；
h) 记录每一次出现的不符合工作并归档保存，应定期评审这些记录，以发现趋势并采取预防措施(见4.9)。

4.7.2 实验室应制定并实施相关程序，规定如何审核、发布存在不符合工作时的检测报告，并保存这些工作记录。

4.8 纠正措施

4.8.1 纠正措施程序应包括一个调查过程以确定问题产生的根本或潜在原因。纠正措施应与问题的严重性及其带来风险的大小相适应，以避免资源浪费。

4.8.2 如所采取的纠正措施涉及某项变更时，应将这些变更形成文件并发布给有关人员执行。

4.8.3 应监控每一纠正措施的结果，以确定这些措施是否有效。

4.8.4 如果对不符合工作的调查分析表明管理体系可能存在问题，则实验室应进行旨在解决存在问题的管理体系附加审核或管理评审。应对纠正措施的结果进行评审。

4.9 预防措施

实验室应制定专门的程序用以发现潜在不符合工作并预防其发生：

a) 应确定包括技术方面和相关管理体系方面的潜在不符合项和所需的改进。如需采取预防措施，应制定、执行和监控这些措施，以减少类似不符合项发生的可能性并借机改进。
b) 预防措施程序应包括措施启动和控制。预防措施还可能涉及数据分析、趋势和风险分析等。
c) 应定期对所有的运行程序进行评审，以发现潜在不符合工作，提出质量技术方面的改进意见，制定改进措施的方案并实施，将有关文件资料和记录归档保存。
d) 评审结束并执行相应措施后，实验室应通过对相关方面跟踪监控或重点审核的方式评价上述措施的有效性。
e) 应对预防措施实施的结果进行分析判断，包括管理体系是否需要改动和如何更改等内容。

4.10 内部审核

4.10.1 为验证实验室的检验及相关工作与管理体系的符合性，应定期(至少每年一次)对管理体系各要素的执行情况进行审核，即内部审核，内部审核应包含管理体系的所有要素和所有相关部门及人员。

4.10.2 应由质量负责人或指定有资格的人员负责对内部审核进行策划、组织并实施，只要资源允许，审核人员应与被审核的工作无直接关联。应制定内部审核的程序文件，其中包括人员职责、频次、依据、工作流程、采用方法以及所需的相关文件。

4.10.3 审核中如果发现不符合工作，实验室应进行纠正，必要时制定适当的纠正措施，要求相关部门在约定时间内完成整改，并指定专人负责跟踪审核，验证整改的有效性。如果审核发现的问题可能影响到已发出的检测结果,应书面通知客户。

4.10.4 审核结果要以文件形式发布至各相关部门和人员。

4.10.5 审核结果及整改跟踪验证情况应予以记录,并作为管理评审的输入之一[见 4.11.2e)]。

4.11 管理评审

4.11.1 实验室应对管理体系及其他相关工作进行评审,以确保得到管理体系持续适用和有效运行所需要的资源保证等外部条件,并及时进行必要的变动或改进。管理评审应至少每 12 个月一次。

4.11.2 管理评审由最高管理者主持。管理评审至少应考虑以下几方面:

a) 上次管理评审时提出改进的执行情况;

b) 近期内部审核的结果;

c) 所采取的纠正措施、预防措施及其他改进建议;

d) 管理或监督人员的报告;

e) 外部评审和参加能力验证、实验室间比对的结果;

f) 承担的工作量及类型的变化,财务情况;

g) 检验服务质量,包括来自客户、内部员工以及其他方面的投诉或相关信息;

h) 人员培训及有效性评价;

i) 内部质量控制结果报告;

j) 对供应商和服务商的评价;

k) 政策和程序的适用性分析;

l) 质量方针的适宜性及质量目标达标分析。

4.11.3 管理评审结果应包括对管理体系适宜性做出评价,以及影响管理体系适宜性、充分性和有效性问题的解决方案,并跟踪解决方案实施情况。

4.11.4 管理评审结果应向相关人员通报,并将文件和记录归档。

4.12 持续改进

4.12.1 实验室应通过满足关于检测质量和客户的要求,持续改进实验室的管理体系。

4.12.2 实验室应通过实施质量方针、质量目标、数据分析、沟通、管理评审、内部审核、能力验证、预防和纠正措施、客户投诉处理等方式,持续改进管理体系的有效性。

4.12.3 实验室应建立质量指示系统,用于监控、评价检验工作的效果。如该指标评价结果表明有改进的可能性,应予以考虑,以使实验室工作质量得到持续改进。

5 技术要求

5.1 人员

5.1.1 实验室应由具有一定资质的微生物学或相近专业的人员来操作或指导微生物检测。

5.1.2 如果实验室检测结果报告中包含意见和解释,那么授权的签署意见和解释的人员应具有相关的工作经验和专业知识,包括有关法规和技术要求等。

5.1.3 实验室的管理层应保证所有人员接受胜任工作所必需的设备操作、微生物检测技能和实验室生物安全等方面的培训,并有针对所有级别检测人员的继续教育计划。

5.1.4 实验室应通过参加内部质量控制、能力验证或使用标准菌株等方法客观评估检测人员的能力,必要时对其进行再培训并重新评估。当使用一种非经常使用的方法或技术时,在检测前确认微生物检测人员的操作技能是十分必要的。

5.2 设施和环境条件

5.2.1 设施

5.2.1.1 实验室应具有进行微生物检测所需的适宜、充分的设施条件,包括检测设施(专用于微生物检测和相关活动)及辅助设施(大门、走廊、管理区、样品室、清洁间、储存室、文档室等)。特殊设备要在特定环境下放置和操作。

依据所检测微生物的不同等级，实验室应对授权进入工作区域的人员采取严格限制措施，并明确告知有关人员以下内容：

a) 特殊区域的特定用途；

b) 特殊工作区域的限制措施；

c) 采取这些限制措施的原因；

d) 合理的控制水平。

5.2.1.2 应根据具体检测活动(如检测种类和数量等)，有效分隔不相容的业务活动。应采取措施将交叉污染的风险降低到最小。为达到这一目标可采取以下措施：

a) 实验室的建设应符合 GB 19489 的规定，符合“无回路”原则；

b) 在时间或空间上有效隔离各种检测活动；

c) 为确保检测样品的完整性(如使用密封容器)，操作时应按照规定的程序，并采取预处理措施。

5.2.1.3 按照良好操作规范，应考虑以下清楚标识的隔离场地或明确指定的区域：

a) 样品接收和储藏区；

b) 样品前处理区(如应在被隔离的区域处理极易被严重污染的粉状产品)；

c) 样品的微生物检测(包括培养)和可疑致病菌的鉴定区；

d) 标准菌株和其他菌株的储藏区；

e) 培养基和化学试剂储藏区(培养基与化学试剂分开存放，危险品和有毒药品应设有专柜保存)；

f) 培养基和器材的准备和灭菌区；

g) 无菌区；

h) 清洁间；

i) 污染物处理区；

j) 急救区；

k) 行政区；

l) 文档处理区；

m) 更衣室；

n) 仓库；

o) 休息室。

5.2.1.4 在分子生物学实验室，应限定在某个工作区域使用吸管、吸管头、离心管、试管等。

5.2.1.5 应保证工作区洁净无尘，空间应与微生物检测需要及实验室内部整体布局相称。实验室空间应符合 GB 19489 和 GB 50346 的相关规定。

5.2.1.6 通过自然条件或换气装置或使用空调，保持良好的通风和适当的温度。使用空调时，应根据不同工作类别检查、维护和更换合适的过滤设备。

5.2.1.7 可通过以下途径减少污染：

a) 表面光滑的墙、天花板、地面和桌椅(光滑程度应取决于对其清洁的难易程度)；

b) 地面、墙壁、天花板连接处应有弧，地面应防滑；

c) 当进行检测时，应关闭门窗；

d) 遮阳板应安装到室外，如果无法在室外安装，应保证能够方便地清洁遮阳板；

e) 除非密闭包装装修，液体运输管路不应在工作区上方穿过；

f) 换气系统中应有空气过滤装置；

g) 独立的洗手池，非手动控制效果更好，最好在实验室的门附近；

h) 不使用粗糙而裸露的木块；

i) 固定设备和室内装置的木质表面应密闭包裹；

j) 试验可能低度污染空气时，作业区应装备一台层流生物安全柜；

k) 储存设施和设备的摆放应易于清洗；

l) 只将检测必需的橱柜、文件或其他物品放在实验室内。

5.2.1.8 理想的天花板应具有光滑表面并附带充足的照明。如果无法实现，实验室应有书面材料来证明已有效控制了任何导致污染的风险，同时具备有效的防治污染措施，如清洗表面和检查程序。

5.2.1.9 实验室工作人员应清楚潜在的容易发生污染的检测区域，并证明已经采取清洁措施。

5.2.2 环境监测

5.2.2.1 实验室应制定合理的环境监测程序(见 ISO 18593 并参见附录 D)。

5.2.2.2 对环境监测结果进行数据分析(见 ISO 18593 和 ISO 7218)。设定不同工作区域可接受的背景菌落数量，并且有文件化的程序来处理背景菌落总数超标情况。

5.2.3 卫生

5.2.3.1 制定清洁实验室固定装置、设备及表面等的文件化程序，所制定的程序应考虑环境监测结果和交叉污染发生的概率。

5.2.3.2 应有有害微生物发生污染时的处理程序。

5.2.3.3 采取以下措施防止房间内洁净度降低：

a) 提供足够的储存空间；

b) 尽可能减少在实验室进行文件处理；

c) 禁止把植物和个人物品带入实验室工作区域。

5.2.3.4 根据所检测的微生物危害等级的不同，在实验室内穿着相应的防护服(如果需要，包括保护头发、胡须、手和鞋等防护措施)，离开工作区域时脱下防护服。这对分子生物学实验室和危害等级Ⅱ级以上实验室尤其重要。

5.2.3.5 应准备足够数量的洗手设施和急救材料。

5.2.3.6 无菌室在使用前和使用后应进行消毒，并定期监测无菌室的消毒效果(参见附录 B 和附录 D)。

5.3 设备

5.3.1 总则

5.3.1.1 实验室应制定并实施设备维护、校准和性能验证的程序(参见附录 C)。

5.3.1.2 设备应达到规定的性能参数，并符合相关检测指标。无论何时，只要发现设备故障，应立即停止使用，必要时检查对以前结果的影响。

5.3.1.3 每台设备均应有唯一性标识。

5.3.1.4 如果设备脱离实验室直接控制或被修理，恢复使用前应对其检查或校准，以确保其性能满足要求。

5.3.1.5 使用计算机或自动化设备收集、处理、记录、报告、存储或检索数据，应确保：

a) 由使用者开发的计算机软件应被制定成足够详细的文件，并对其适用性进行适当验证；

b) 制定并执行相应程序以随时保护数据和记录的完整性，防止无意的或未经授权者访问、修改或破坏；

c) 应维护计算机和自动化设备，以确保其正常运转，并应提供相应的环境和操作条件。

5.3.1.6 为避免偶然发生的交叉污染，实验室的设备不应频繁移动。

5.3.2 维护

5.3.2.1 设备的安装和布局应便于操作，易于维护、清洁和校准。

5.3.2.2 应定期验证和维护设备，以确保其处于良好工作状态。应根据使用频率在特定时间间隔内进行维护和性能验证，并保存相关记录。

5.3.2.3 新购置的玻璃器皿用 5%氢氧化钠和 3%稀酸分别浸泡 24 h，清洗后使用。

5.3.2.4 应注意以下交叉污染：

a) 一次性设备和重复使用的玻璃器皿应洁净无菌；

b) 建议实验室使用专门处理污染物的高压灭菌锅。

5.3.2.5 以下设备需要清洁、维护，定期进行损坏检验，必要时进行灭菌：

a) 一般设备：滤器、玻璃和塑料容器（瓶子、试管）、玻璃或塑料的带盖培养皿、取样器具、镍铬合金或一次性接种针或接种环等；

b) 测量器具：温度计、计时器、天平、酸度计、菌落计数器等；

c) 定容设备：吸管、自动分液器、微量移液器等；

d) 其他设备：水浴锅、培养箱、超净工作台或生物安全柜、高压灭菌锅、均质器、冷藏箱、冷冻柜等。

5.3.3 校准和性能验证

5.3.3.1 总则

应制定影响检测结果的设备的校准和性能验证程序。实验室选择使用的校准服务应确保其测量可溯源至国际单位制（SI）；若测量无法溯源到 SI 单位或与之无关时，应能够溯源到诸如有证标准物质（参考物质）、约定的方法和（或）协议标准等。根据设备类型、以前的性能状况以及经验和实际需要，确定设备使用性能验证的频率。应在设备使用前确认其性能，使用后要记录。应定期维护以保证设备处于良好的工作状态。附录 C 规定了不同设备的校准、性能验证和维护办法。

5.3.3.2 测温装置

a) 温度直接影响检测结果或对设备的正常运转有至关重要的作用时，相关的测温装置（如安装在培养箱和高压灭菌锅上的温度计、热电偶和铂电阻温度计等）应具有可靠的质量并进行校准以确保所需的准确度。

b) 测温装置可以用来监控冰箱、低温冷冻柜、培养箱及水浴锅等设备的温度。应在使用前验证此类装置的性能。

5.3.3.3 培养箱、水浴锅和干热灭菌箱

a) 首次安装使用时对温度的稳定性和一致性进行校准。

b) 应确定并记录培养箱、水浴锅和干热灭菌箱的温度稳定性、温度分布的均匀性和达到平衡状态所需时间，尤其要注意其使用状况（如培养皿的位置、间距、高度和层叠数量）。

c) 每次经维修和校准后，都应检查和记录最初确认设备时所记录的各参数的稳定性。实验室应监测这些设备的运行温度，并保存记录。

d) 应定期清洁和消毒内外壁。

5.3.3.4 高压灭菌锅（包括培养基制备仪）

以下列出了校准、验证和监控高压灭菌锅的一般性方法。定量检测相同批次内和不同批次间经过高压灭菌的物品的变化，也可以提供等效的质量保证。

a) 高压灭菌锅的时间和温度指示的准确度应满足使用要求，不能仅依靠高压锅的压力表测定时间，应使用感应器控制和监控运转循环情况。

b) 初始验证应包括实际应用每个运转循环和每一种装载状态时的性能。经过大型维修或调试（如更换温度调节器的探测仪或程序器、调整安装位置及工作循环）后或需要对培养基的质量进行控制时，应重复性能初始验证程序。应在每一批物品不同位置放置足够的温度感应器（置于充满水或培养基的容器中）以显示不同位置的温度。

c) 在验证过程中，应提供基于加热分布图的清晰明了的操作说明。确定接受（拒绝）的标准和高压灭菌锅的使用记录，包括每个运转循环的温度和时间。

d) 通过下列措施之一进行监控：应用热电偶和记录仪打印输出图表，或者直接观察和记录达到的最高温度及达到最高温度值的时间。除直接监控高压灭菌锅的温度外，还可使用化学或生物指示剂检查每个灭菌循环的运转效果。

e) 应及时除锈和排水。

5.3.3.5 **砝码和天平**

砝码和天平应在规定时间间隔内进行校准和送检定。使用中可能造成污染时，应使用非腐蚀性消毒剂进行清洁和消毒。

5.3.3.6 **定容设备**

a) 应对定容设备进行初始验证，以后应定期检查以确保其准确度。对于已经过校准或检定证明符合使用要求的玻璃器皿不必进行初始验证。应检查移取不同体积液体的准确度(如在体积可变设备的几个不同设置)，测定反复移取液体所得的精密度。

b) 对于单用途的一次性定容设备，应要求供应商具备保证产品质量稳定可靠的质量体系。对此类定容设备的稳定性进行初始验证后，应对其准确度进行随机抽查。必要时应对每批定容设备的适用性进行核查。

5.3.3.7 **生物安全柜**

应定期对生物安全柜进行校准和性能确认，校准和性能确认的方法和频率见 GB 50346。

5.3.3.8 **其他设备**

a) 应定期或在使用前验证传导计、氧气表、pH 计和其他类似设备的性能。在适当的条件下储存验证用的缓冲液，并且标记有效期。

b) 如果湿度对于检测结果很重要，则应对湿度计进行校准。

c) 若所测量的时间对检测结果有影响时，应使用经过校准的定时器或计时器。

d) 若检测过程中使用离心机，应评估离心力的危险程度。如果离心机是关键的，则需要校准。

5.4 **试剂和培养基**

5.4.1 **试剂**

5.4.1.1 实验室应有对试剂进行检查、接收(拒收)和贮存的程序，确保所用的试剂质量符合相关检测的需要。应使用有证的国家或国际质控微生物(标准微生物)，在初次使用和保存期限内验证并记录每一批对检测起决定性作用的试剂的适用性，不得使用未达到相关标准的试剂。

5.4.1.2 应对试剂进行管理控制，包括全部相关试剂、质控材料以及校准品的批号、实验室接收日期以及这些材料投入使用的日期。

5.4.1.3 化学药品和培养基应分类存放，其中无机物可按酸、碱、盐分区存放。

5.4.2 **实验室制备培养基**

5.4.2.1 实验室培养基制备和使用等应按照 SN/T 1538.1 的要求执行。

5.4.2.2 应检查实验室内制备的培养基、稀释剂和其他悬浮液的适用性，检验方式有以下几种，可按 SN/T 1538.2 的定量程序评估目标微生物在培养基的复苏或存活力。

a) 目标微生物的复苏或存活力的保持；

b) 对非目标微生物的抑制；

c) 生化(分离的和鉴定的)性质；

d) 理化性质(例如 pH、体积)。

5.4.2.3 原料(包括商业脱水配料和单独配方组分)应在适当的条件下储存，如低温、干燥和避光。所有的容器应密封，尤其是盛放脱水培养基的容器。不得使用结块或颜色发生改变的脱水培养基。

5.4.2.4 要确定和验证已制备的培养基在适当的储存条件下的保存期限。

5.4.2.5 除非实验方法有特殊要求，培养基、试剂及稀释剂配制用水应经蒸馏、去离子或反渗透处理并无菌、无干扰剂和抑制剂，配制用水应满足下列参数：

a) 电阻率在 25℃时应≥300 000 Ω·cm，建议每周检测一次；

b） 重金属(镉、铬、铜、镍、铅等)＞0.05 mg/L,重金属总量＜10 mg/L,建议每年检测一次。

5.4.3 即用型培养基

5.4.3.1 在使用前需验证所有即用型或部分完成的培养基(包括稀释剂和其他悬浮液),应充分定量评估其对目标微生物的复苏或存活力以及对非目标微生物抑制的性能;应使用客观的标准对其品质(如感官和生化性质)进行评估。

5.4.3.2 作为培养基验证的一部分,实验室人员应充分了解制造商所提供的产品质量说明书,其中至少应包括以下几方面:

a） 培养基的名称和组成成分,包括所有添加剂;

b） 保存期限和验收标准;

c） 储存条件;

d） 产品特性(级别);

e） 无菌检查;

f） 目标和非目标对照微生物的生长状态的检查以及验收标准;

g） 感官检测和验收标准;

h） 说明书上的生产日期。

5.4.3.3 应验证每一批培养基,确保所接收的每批培养基满足质量要求。

5.4.4 标识

应标明所有试剂(包括储存液)、培养基、稀释剂和其他悬浮液名称,可行时应标明适用性、特性、浓度、储存条件、配制日期、有效期和(或)推荐的储存期限。负责微生物检测准备的试验人员可以通过记录加以识别。

5.5 标准物质和标准培养物

5.5.1 标准物质

标准物质和有证标准物质提供了测量中基本的可溯源性,其可用来:

a） 证明结果的准确性;

b） 校准设备;

c） 监测实验室运转;

d） 验证试验方法;

e） 比较试验方法。

5.5.2 标准培养物

5.5.2.1 实验室应制定并实施特定程序管理和使用标准培养物。

5.5.2.2 实验室应通过标准培养物来验收培养基(包括试剂盒)、验证方法和评估实验操作。实验室可使用来自认可的国内或国外菌种收藏机构的标准菌株,或使用与标准菌株所有相关特性等效的商业派生菌株,确定试剂盒的性能和验证方法,并证实其可追溯性(见 SN/T 1538.2)。

5.5.2.3 将标准菌株传代培养一次,制得标准储备菌株,应同时进行确认试验(纯度和生化检查)。建议使用深度冰冻或冻干的方法制备标准储备菌株。标准储备菌株经继代培养获得日常微生物检测所需工作菌株(见附录 A)。一旦标准储备菌株被解冻,最好不要重新冷冻和再次使用。

5.5.2.4 所有的标准培养物从储备菌株传代培养次数不得超过 5 次,除非标准方法中要求并规定,或实验室能够提供文件化证据证明其相关特性没有改变。

5.5.2.5 工作菌株不可代替标准菌株。标准菌株的商业派生菌株仅可用作工作菌株。

5.5.2.6 标准菌株如已老化、退化或变异、污染等,经确认试验不符合的或该菌种已无使用需要的,应及时销毁。

6 过程控制要求

6.1 合同评审

6.1.1 实验室应建立和维持合同评审程序，并应确保：

a) 充分明确包括所用方法在内的客户要求；

b) 实验室有满足这些要求的能力和资源；

c) 选择可满足合同要求的检验程序。

针对 b)，应制定能力评审的方案，以证实实验室具备必要的人力、物力和信息资源，且实验室工作人员具有相应的专业技能与经验，以满足所从事检测项目的要求。该评审也可包括以前参加的用定值样品检测确定测量不确定度、检出限、置信区间等外部质量评估计划的结果。

6.1.2 应保存合同评审记录，包括任何重大的改动和相关讨论。

6.1.3 评审也应包括实验室所有分包出去的工作(见 6.2)。

6.1.4 对合同的任何偏离均应通知客户。

6.1.5 如果在工作已经开始后需要修改合同，应重新进行合同评审过程，并将修改内容通知所有相关人员。

6.2 分包

6.2.1 实验室应制定并实施分包实验室的评估和选择程序。实验室管理层应负责评估、选择、监控分包实验室的工作质量，确保分包实验室有能力进行所要求的检测。

6.2.2 实验室应与分包实验室签订协议并定期评审，以确保：

a) 充分明确包括检验前以及检验后程序在内的各项要求，形成文件并易于理解；

b) 分包实验室有能力满足各项要求且没有利益冲突；

c) 选择的检验程序适合其预期用途；

d) 明确规定对检测结果的解释责任。

6.2.3 实验室应对其所有分包实验室进行登记，并应记录所有已分包的样品。实验室应保留一份分包实验室出具的实验报告。

6.2.4 应由本实验室，而非分包实验室，负责确保将分包实验室的检测结果提供给客户。如果由本实验室出具报告，报告中应包括分包实验室所报告结果的所有必需要素，不得做出任何可能影响结果判定的改动。

然而，并不要求实验室按分包实验室的报告原字原样地出具检测报告，除非国家(地方)法律法规有此规定。实验室的负责人可根据客户的具体情况对检测结果做出附加的意见和解释，但应在报告中明确标识添加意见和解释的负责人。

6.3 检测方法的确认和验证

6.3.1 实验室应采用满足客户需要并适用于所进行的检测的方法，包括抽样的方法。当客户未指定所用方法时，实验室应优先选择以国际、区域或国家标准发布的检测方法，或选择由知名的技术组织或有关科学书籍和期刊公布的，或由设备制造商指定的方法。实验室制定的或采用的方法如能满足实验室的预期用途并经过验证，也可使用。

6.3.2 实验室应对非标准方法、实验室设计(制定)的方法、超出其预定范围使用的标准方法、扩充和修改过的标准方法进行确认。可替代方法的确认可参照 ISO 16140 进行。

检测方法的确认应反映出实际检测状况，可以通过使用自然污染产品或人工污染预定微生物的样品来实现。向基质中添加预定微生物只是简单模拟自然污染的状态，但这是目前唯一的最佳方法。需要确认的范围取决于所用方法及其预期应用范围。

6.3.2.1 对于定性微生物检测方法，应确认其特异性、阳性偏差、阴性偏差、判定限、培养基影响、重复性和再现性。

6.3.2.2 对于定量微生物检测方法，应确认其特异性、灵敏度、阳性偏差、阴性偏差、重复性、再现性以及规定的可变范围内的判定限。在检测不同种类的样品时，应考虑不同培养基的差异。应使用适当的统计方法评估检测结果。

6.3.3 实验室应保留所用商业检测系统（试剂盒）的确认数据。这些确认数据可通过合作试验获得，或由制造者提供，或交由第三方机构评估[如国际分析化学家协会（AOAC）、国际标准化组织（ISO）等]。如果没有确认数据或不完全适用，实验室有责任完成所用商业检测系统的确认。

6.3.4 如果需要证明一种改进方法与原始方法的等效性，应进行平行比较试验来证实。实验设计和结果分析在统计学上应是有效的。

6.3.5 在引入新的标准方法前，实验室应证实能够正确运用这些标准方法。

6.4 测量不确定度

6.4.1 检测实验室应具有并应用评定测量不确定度的程序。某些情况下，在微生物检测中无法严格地、从计量学和统计学上正确评估测量的不确定度，但应识别和证实不确定度各分量处于控制之中，并评估出它们对结果的影响程度。

6.4.2 微生物检测实验室应了解待检微生物的分布状况，分样时应予以考虑。但是，建议不把这种不确定度包括在内，除非委托人有这方面的要求。

6.4.3 不确定度概念不能直接用于定性检测结果，但应识别并证明个别的可变因素（如试剂的浓度等）处于控制之中。另外，对于判定限是一个重要的适用性指标的检测而言，应慎重评估有关接种量的不确定度及其重要性。实验室应意识到所进行的定性实验中出现假阳性和假阴性结果的概率。

6.5 取样

6.5.1 一般情况下，检测实验室不负责抽取实验所需的原始样品。如果需要负责取样，应在保证质量的情况下进行。

6.5.2 为保持样品完整性，应询问（或了解）并记录运输和储存样品的条件。必要时，应有从取样到送达实验室的运输和储存记录档案。收到样品后，应根据有关标准和（或）国家（国际）规范尽快对样品进行检测。

6.5.3 应由经过培训合格的人员使用无菌工具无菌操作取样，监测和记录取样地点的环境状况（如空气污染度、温度等），并记录取样时间。

6.6 样品处置和确认

6.6.1 微生物对储存和运输中诸如温度或持续时间等因素较敏感，所以实验室在接收样品时应检查并记录样品状况。

6.6.2 实验室应有样品传递、储存、处置和识别管理程序。如果样品数量不足，或因外观不整、温度不适、包装破损导致样品状态不佳，或标识缺失，实验室应在决定检测或拒绝接受样品前与客户沟通。在任何情况下，样品的状况应在检测报告中体现。

6.6.3 实验室尤其应记录以下相关信息：

a) 样品接收日期，及时间（如果需要）；

b) 所接收样品状况，及温度（如果需要）；

c) 取样信息（取样日期和取样条件等）。

6.6.4 为减少待验样品中微生物种群的变化，待验样品应在合适的条件下储存。应明确规定和记录储存条件。

6.6.5 样品的包装和标签可能被严重污染，应仔细搬运和储存样品以避免污染的扩散。

6.6.6 在检测前，应根据有关的国家或国际标准，或根据已被确认的实验室内部方法，尽快制备试验所需样品。制备试验所需样品时要考虑微生物的不均匀分布。按 ISO 7218 执行。

6.6.7 如果客户在送交样品时或检测前没有特殊要求，实验室一般不保留样品。如果要保留样品，应按照既定的保留样品管理程序进行。

6.6.8 已知有严重污染的实验室样品，在弃置之前应对其进行去污染处理(参见附录D)。

6.7 污染废物的处理

实验室应制定污染废物处理程序以减小其污染检测环境或设施的可能性。

污染废物的最终弃置应符合国家(国际)环境或健康安全规则。

6.8 检测报告

6.8.1 实验室应准确、清晰、明确和客观地报告每一项或一系列检测的结果，并符合检测方法中规定的要求。

除非实验室有充分的理由，否则每份检测报告应至少包括下列信息：

a) 标题(如检测报告)；

b) 实验室的名称和地址，进行检测的地点(如果与实验室的地址不同)；

c) 检测报告的唯一性标识(如系列号)和每一页上的标识，以确保能够识别该页是属于检测报告的一部分，以及表明检测报告结束的清晰标识；

d) 客户的名称和地址；

e) 所用方法的识别；

f) 检测样品的描述、状态和明确的标识；

g) 对结果的有效性和应用至关重要的检测样品的接收日期和进行检测的日期；

h) 如与结果的有效性和应用相关时，实验室或其他机构所用的抽样计划和程序的说明；

i) 带有测量单位的检测结果；

j) 检测人和检测报告审核人的姓名、签字或等效标识；

k) 必要时，仅与被检测物品有关的声明。

6.8.2 对于定量检测，按ISO 7218进行计算，结果应报告为"在规定的单位样品中检测到多少菌落形成单位(CFU)[或最近似值(MPN)]或小于目标微生物判定限"。

6.8.3 对于定性检测，按ISO 7218和相关检测标准进行证实，结果应报告为"在规定的单位样品中检出或未检出目标微生物"。

6.8.4 在检测报告上列出检测结果的不确定度时，应把任何局限性(特别是当评估并不包括微生物在样品中分布的不确定度分量时)明确告诉客户。

6.8.5 当实验室需要对来自分包实验室的检测结果进行转录时，应有程序验证所有转录内容正确无误。

6.8.6 实验室应有关于更改报告的书面政策和程序。

6.8.7 应制定政策及程序，确保检测结果只能送达被授权的接收者。

7 内部质量控制和外部质量评估

7.1 内部质量控制

7.1.1 内部质量控制是由实验室对其所承担工作进行连续评估的所有程序组成，其主要目的是确保每个工作日检测结果的连贯性及其与特定标准的一致性。

7.1.2 实验室应制定周期性检查程序以证实检测可变性(例如检测者之间的差异和设备或材料之间的差异等)处于控制之下，该程序应覆盖实验室的所有检测项目和所用检测人员。该程序应包括但不限于以下方法：

a) 使用添加已知水平的标准培养物(包括目标微生物和背景微生物)的样品；

b) 使用标准物质(包括能力验证样品)；

c) 平行试验；

d) 检测结果的平行评估。

这些检查的时间间隔受到检验程序和实际检测次数影响。建议将实际检测与内部质量控制结合起来，以便监控试验操作。

7.1.3　有些项目是很少进行检测的。这种情况下，内部质量控制程序也许并不合适，而一个与检测同时进行的验证程序或许更为适合。

7.2　外部质量评估

7.2.1　实验室应尽可能参加与其检测范围相关的外部质量评估计划（如能力验证）和实验间比对试验。

7.2.2　实验室使用外部质量评估计划不仅可评定检测结果的偏差，还可以检查整个质量管理体系的有效性。

附　录　A
（规范性附录）
标准培养物的一般性使用

标准培养物的一般性使用示意图见图 A.1。

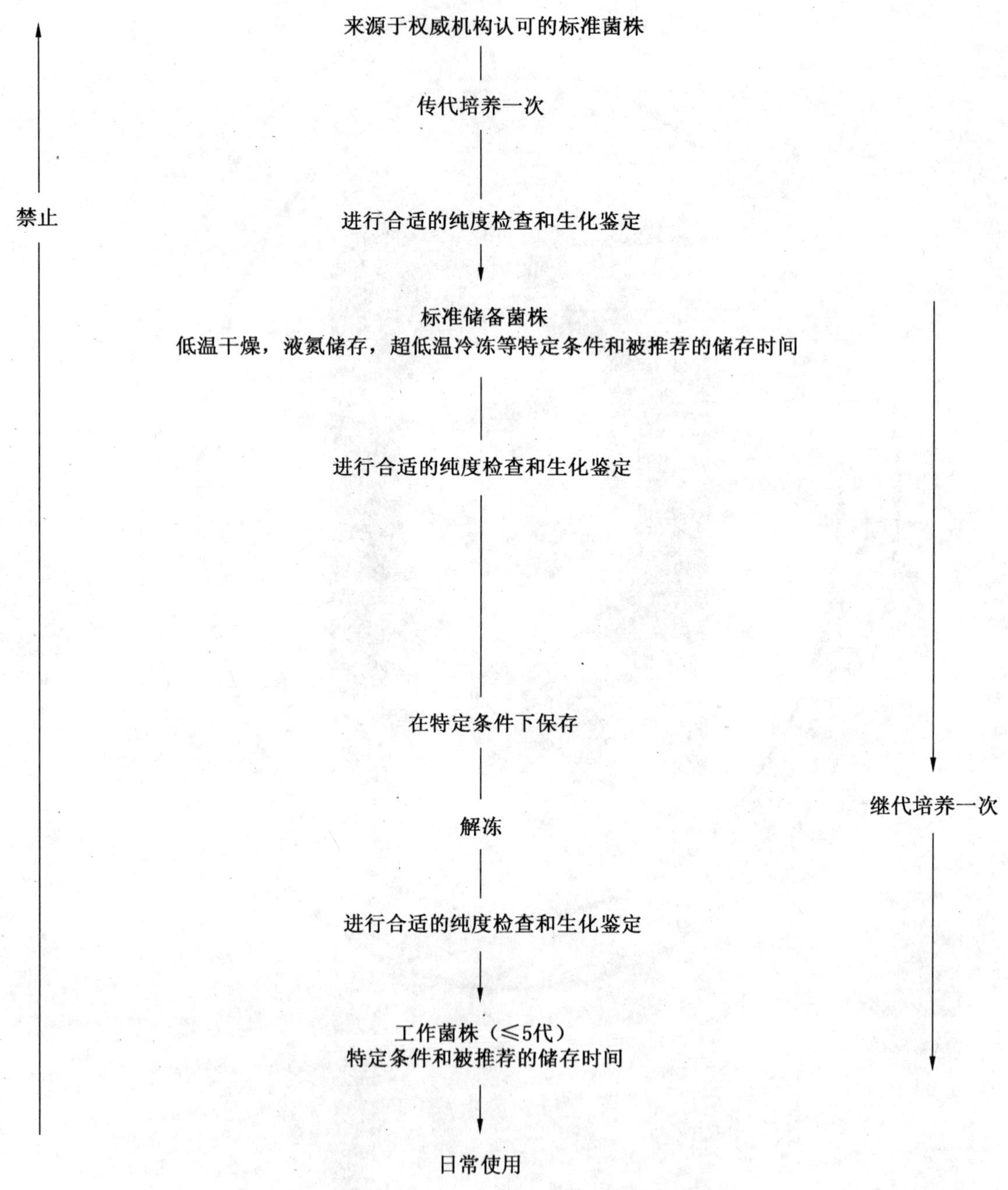

注：上述过程的所有步骤均应文件化，并保留所有步骤的详实记录。

图 A.1　标准培养物的一般性使用示意图

附 录 B
（资料性附录）
微生物无菌室基本要求及管理

B.1 无菌室的基本建设要求

B.1.1 根据本实验室所涉及的生物安全等级，无菌室的设计和建设应符合 GB 50364 和 GB 19489 的相关要求。

B.1.2 无菌室大小应能够满足检验工作的需要。内墙为浅色，墙面和地面应光滑，墙壁与地面、天花板连接处应呈凹弧形，无缝隙，无死角，易于清洁和消毒。

B.1.3 无菌室入口处应设置缓冲间，缓冲间内应安装非手动式开关的洗手盆，并可有毛巾。缓冲间应有足够的面积以保证操作人员更换工作服及鞋帽。

B.1.4 无菌室内工作台的高度约 80 cm，工作台应保持水平，工作台面应无渗漏，耐腐蚀，易于清洁、消毒。

B.1.5 无菌室内光照应分布均匀，工作台面的光照度应不低于 540 lx。

B.1.6 无菌室应具备适当的通风和温度调节的条件。无菌室的推荐温度为 20℃，相对湿度为 40％～60％。

B.1.7 缓冲间及操作室内均应设置能达到空气消毒效果的紫外灯或其他适宜的消毒装置。

B.2 无菌室的管理

B.2.1 无菌室在使用前和使用后应进行有效的消毒，消毒方法参见附录 D。

B.2.2 无菌室的灭菌效果应至少每两周验证一次。

B.2.3 应制定清洁、消毒、灭菌、使用和应急处理程序。

B.2.4 应记录环境监测结果，并归档保存。

B.2.5 不符合规定时应立即停止使用。

附 录 C
（资料性附录）
设备的校准、维护和性能验证

C.1 总则

C.1.1 设备操作要求

实验室负责人应确保每位操作人员均按照说明书或设备操作指导书的要求进行操作。

C.1.2 设备手册

所有设备档案应按照易于检索的方式存档。包括设备手册、使用说明书、维修保养指南、购买时所附带的全部技术资料以及采购、验收的记录。还应该搜集设备使用记录、维修保养记录等。

C.1.3 设备记录

C.1.3.1 应详细记录与预期质量控制结果不一致的情况，附上所采取的纠正措施，由负责分析的人员验证并通知实验室负责人。实验室负责人应定期审核这些记录。

C.1.3.2 每台对检测质量有影响的设备应有使用记录本并放在设备附近。

C.1.3.3 有关设备的每个事件都应记录在案，包括日期、事件、采取的纠正措施、登记人的姓名等。

C.1.3.4 应保存所有设备最近三年的使用记录本和维护记录本。

C.2 设备的校准（见 ISO 7218 和 EA-04/10）

应根据需要、设备类型和以往的性能情况和相应的法规要求确定校准频率（见表 C.1）。

表 C.1 设备校准要求和频率

设备类型	要 求	推荐频率
参考玻璃温度计	完全可追溯性重新校准	每五年一次
	单点（如零点）核查	每年一次
参考热电偶	完全可追溯性重新校准	每三年一次
	用参考温度计核查	每年一次
工作温度计 和工作热电偶	在零点和（或）工作温度范围用参照温度计核查	每年一次
天平	完全可追溯性校准	每年一次
校准砝码	完全可追溯性校准	每五年一次
核查砝码	用已校准砝码检查或立即在可追溯性校准的天平上核查	每年一次
玻璃定容器具	重量分析法校准至所需公差	每年一次
显微镜	对镜台测微器进行可追溯性校准（若适合）	初次使用前
湿度计	可追溯性校准	每年一次
离心机	可追溯校准或用适宜的独立转速计核查	每年一次
压力表	可追溯性校准	每年一次

C.3 设备的性能验证

应根据需要、设备类型和以往的性能情况确定设备性能验证频率(见表 C.2)。

表 C.2 设备性能验证要求和频率

设备类型	要 求	推荐频率
温控设备(培养箱,水浴锅,冰箱、冷冻柜等)	a) 确定温度的稳定性和均匀性 b) 监测温度	a) 初次使用前,此后每两年一次和每次维修后 b) 每个工作日一次或每次使用前
干热灭菌箱	a) 确定温度的稳定性和均匀性 b) 监测温度	a) 初次使用前,此后每两年一次和每次维修后 b) 每次使用前
高压灭菌锅	a) 确定运转的特性 b) 监测温度和时间	a) 初次使用前,此后每两年一次和每次维修后 b) 每一次使用前
生物安全柜	a) 确定性能 b) 微生物监测 c) 气流监测	a) 初次使用前,此后每年一次和每次维修后 b) 每两周一次 c) 每次使用前
超净工作台	a) 确定性能 b) 使用无菌琼脂平板检测	a) 初次使用前,每次维修后 b) 每两周一次
定时器	对照国家时标核查	每年一次
显微镜	检查调准装置	每个工作日一次或每次使用前
pH 计	用至少两种适当的缓冲液调整	每个工作日一次或每次使用前
天平	清零检查,并称取核查砝码的重量	每个工作日一次或每次使用前
去离子器和反渗透装置	a) 检查传导率 b) 检查微生物污染	a) 每周一次 b) 每月一次
重量稀释机	a) 检查所分配部分的重量 b) 检查稀释比例	a) 每个工作日一次 b) 每个工作日一次
培养基分装器	检查所分配的量	a) 初次使用前 b) 每次调整或替换时
移液器(移液管)	检查所分配部分的准确性和精确度	有规律地(取决于使用频率和性质)
螺旋菌落接种仪	a) 对照传统方法确定其性能 b) 检查针突状况以及始端和终端 c) 检查所分配的量	a) 初次使用前,此后每年一次 b) 每个工作日一次或每次使用前 c) 每月一次
菌落计数器	对照手动计数器核查	每年一次
离心机	对照已校准的单独的旋速计核查速度	每年一次
厌氧罐(厌氧培养箱)	用厌氧指示剂确认	每次使用时
无菌室或洁净室	使用诸如空气采样器、沉降平板、接触盘或棉拭子等方法监测空气和表面微生物污染	每两周一次

C.4 设备的维护

应根据需要、设备类型和以往的性能情况确定设备的维护频率(见表 C.3)。

表 C.3 设备维护、清洁的要求和频率

设备类型	要 求	建议频率
培养箱、冰箱、冰冻机、干热灭菌箱	清洁和消毒内表面	a) 每月一次 b) 必要时(如每3个月一次) c) 必要时(如每年一次)
水浴锅	倒空,清洁,消毒和再注水	每月一次,或使用消毒剂时每6个月一次
离心机	a) 检修 b) 清洁和消毒	a) 每年一次 b) 每次使用前
高压灭菌器	a) 检查衬垫,清洁和排空内室 b) 全面检修 c) 压力容器的安全检查	a) 按生产商推荐频率有规律进行 b) 每年一次或按生产商推荐进行 c) 每年
生物安全柜(超净工作台)	全面检修和机械检查	每年一次或按生产商推荐频率进行
显微镜	全面维修保养	每年一次
pH 计	清洁电极	每次使用前
天平、重量稀释机	a) 清洁 b) 检修	a) 每次使用前 b) 每年一次
蒸馏锅	清洁和除垢	必要时(如每3个月一次)
去离子机和反渗透装置	更换柱体或滤膜	按生产商推荐频率进行
厌氧罐	清洁和消毒	每次使用后
培养基分装器、定容设备、移液管和一般性辅助设备	必要时,去污染、清洁和灭菌	每次使用前
螺旋菌落接种仪	a) 检修 b) 去污染、清洁和灭菌	a) 每年一次 b) 每次使用前
实验室	a) 清洁和消毒工作区表面 b) 清洁地板,消毒洗涤槽 c) 清洁和消毒其他表面	a) 每个工作日一次以及使用期间 b) 每周一次 c) 每三个月一次

C.5 不正常的设备

C.5.1 任何设备,若出现过载或错误操作,或检测结果可疑,或设备缺陷,都应立即停用。

C.5.2 若有可能,不正常设备应放在指定地方,直至维修并经校准、确认和验证其性能符合要求后方可恢复使用。

C.5.3 实验室应评估由于该设备的不正常对以前的检测结果造成的影响。

附　录　D
（资料性附录）
微生物实验室消毒处理方法

D.1　无菌室

D.1.1　紫外线消毒

D.1.1.1　在室温 20℃～25℃时，220 V 30 W 紫外灯下方垂直位置 1.0 m 处的 253.7 nm 紫外线辐射强度应≥70 μW/cm^2，低于此值时应更换。适当数量的紫外灯，确保平均每立方米应不少于 1.5 W。

D.1.1.2　紫外线消毒时，无菌室内应保持清洁干燥。

D.1.1.3　在无人条件下，可采取紫外线消毒，作用时间应≥30 min。室内温度＜20℃或＞40℃、相对湿度大于 60%时，应适当延长照射时间。

D.1.1.4　用紫外线消毒物品表面时，应使照射表面受到紫外线的直接照射，且应达到足够的照射剂量。

D.1.1.5　人员在关闭紫外灯至少 30 min 后方可入内作业。

D.1.1.6　按照 GB 15981 的规定，评价紫外线的消毒与杀菌效果。

D.1.2　臭氧消毒

D.1.2.1　封闭无菌室内，无人条件下，采用 20 mg/m^3 浓度的臭氧，作用时间应≥30 min。消毒后室内臭氧浓度≤0.2 mg/m^3 时方可入内作业。

D.1.2.2　按照 GB/T 18202 的规定，检测室内臭氧的浓度。

D.1.3　无菌室空气灭菌效果验证方法（沉降法）

D.1.3.1　在消毒处理后与开展检验活动之前期间采样。

D.1.3.2　取样位点的选择应基于人员流量情况和做试验的频率。一般情况下，无菌室面积≤30 m^2 时，从所设定的一条对角线上选取 3 点，即中心 1 点、两端各距墙 1 m 处各取 1 点；无菌室面积≥30 m^2 时，选取东、南、西、北、中 5 点，其中东点、南点、西点、北点均距墙 1 m。

D.1.3.3　在所选位点，将平板计数琼脂平板（90 mm）或水化 3M Petrifilm™ 菌落总数测试片[1)] 置于距地面 80 cm 处，开盖暴露 15 min，然后，置于 36℃±1℃ 恒温箱培养 48 h±1 h。如果侦查某目标细菌，则可用选择性琼脂平板（如 PDA 平板）或微生物测试片（如 3M Petrifilm™ 环境李斯特氏菌测试片[1)]）。

D.1.3.4　确认平板上的菌落数，如大于所设定的风险值，应分析原因，并采取适当措施。

D.2　培养基和试剂

D.2.1　培养基通常应采用高压湿热灭菌法，121℃ 灭菌 15 min，特殊培养基按使用者的特殊要求进行灭菌（如含糖培养基，115℃ 灭菌 20 min）。

D.2.2　部分培养基（如嗜盐琼脂培养基、胆硫乳培养基等），只能煮沸灭菌。

D.2.3　对热敏感的培养基或添加物质，应采用膜过滤方法进行过滤除菌。

D.2.4　即用型试剂不需灭菌，应参见相关国际标准或供应商使用说明，直接使用。

D.3　器具和设备

D.3.1　湿热灭菌：采用高压灭菌器，121℃ 灭菌 20 min，适用于玻璃器皿、移液器吸头、塑料瓶等。按照

1）　由指定单位提供，并按其操作说明使用。给出这一信息是为了方便本标准的使用者，如果其他等效产品具有相同的效果，则可使用这些等效产品。

GB 15981 的规定，评价高压灭菌器的杀菌效果。

D.3.2 干热灭菌：采用干燥箱灭菌，160℃灭菌 2 h，180℃灭菌 1 h，适用于玻璃器皿，不锈钢器具等。

D.3.3 液体消毒剂消毒：使用适当浓度的自配或商业液体消毒剂(参见表 D.1)对工作台面、器具或设备表面进行消毒。可按照 GB 15981 的规定，评价自配或商业消毒剂的消毒效果；可按照 ISO 18593，监测工作台面、器具或设备表面的消毒效果。

表 D.1 某些消毒剂的特性(ISO 7218)

消毒剂	抗活性							被灭活					毒性		
	真菌	细菌		分枝杆菌	孢子	亲脂病毒[c]	非亲脂病毒	蛋白质	天然物质	合成物质	硬水	去垢剂	皮肤	眼睛	肺
		G^+	G^-												
次氯酸盐	+	+++	+++	++	++	+	+	+++	+	+	+	C	+	+	+
乙醇	—	+++	+++	+++	—	+	V	+	+	+	+	—		+	
甲醛	+++	+++	+++	+++	+++[a]	+	+	+	+	+	+	—	+	+	+
戊二醛	+++	+++	+++	+++	+++[b]	+	+	NA	+	+	+	NA	+++	+++	+++
碘载体	+++	+++	+++	+++	+++	+	+	+++	+	+	+	A	+	+	—
注：+++，良好；++，一般；+，轻微；—，零；V，取决于病毒；C，阳离子；A，阴离子；NA，不适用。															

[a] 40℃以上。

[b] 20℃以上。

[c] 亲脂病毒。

D.4 实验室废弃物

D.4.1 对于培养物及其污染的物品(如斜面、api20E 测试条、api20NE 测试条、生物鉴定管、血清学鉴定用载玻片、mini-VIDAS 测试条、用过的移液器吸头、细菌培养平皿、注射器等)，应使用适当浓度的自配或商业液体消毒剂(参见表 D.1)对处理后一定时间，或 121℃高压灭菌至少 30 min，或者其他有效处理措施。将处理物倒入特殊标识的垃圾袋内，直接送到指定地点。

D.4.2 对于实验动物尸体及相关废弃物，按照 GB 14925 的规定进行处理。

D.4.3 记录并保留废弃物和实验动物尸体处理的记录。

ICS 03.120.10
A 00

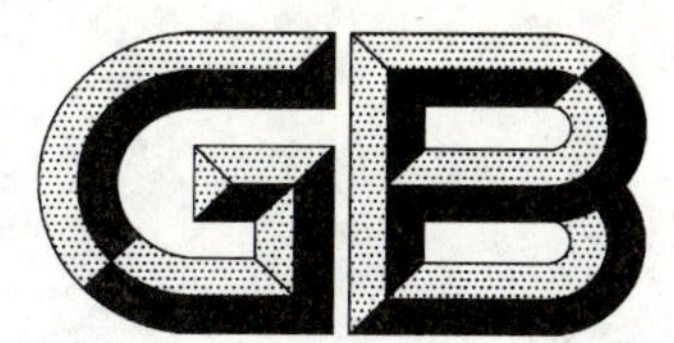

中华人民共和国国家标准

GB/T 27406—2008

实验室质量控制规范 食品毒理学检测

Criterion on quality control of laboratories—Food toxicology test

2008-05-04 发布　　2008-10-01 实施

中华人民共和国国家质量监督检验检疫总局
中国国家标准化管理委员会　发布

前　言

本标准是实验室质量控制规范系列标准之一，其目前包括以下标准：

——GB/T 27401《实验室质量控制规范　动物检疫》；

——GB/T 27402《实验室质量控制规范　植物检疫》；

——GB/T 27403《实验室质量控制规范　食品分子生物学检测》；

——GB/T 27404《实验室质量控制规范　食品理化检测》；

——GB/T 27405《实验室质量控制规范　食品微生物检测》；

——GB/T 27406《实验室质量控制规范　食品毒理学检测》。

起草单位不负责识别本标准中可能涉及的任何专利权。

本标准的附录A、附录B和附录C为资料性附录。

本标准由全国认证认可标准化技术委员会(SAC/TC 261)提出并归口。

本标准由中国合格评定国家认可中心负责起草。

本标准起草单位：广东省疾病预防控制中心、中国合格评定国家认可中心、国家食品药品监督管理局。

本标准主要起草人：杨杏芬、魏昊、罗建波、吕京、吴又桐、宋桂兰、黄俊明、陈壁锋、熊习昆、贺锡雯、蔡玟、胡寒雁、何平、刘礼平、黄志彪。

引　言

本标准的编制主要以 GB/T 27025《检测和校准实验室能力的通用要求》为基础，同时吸收了 GB/T 19001—2000《质量管理体系　要求》的内容，并参考了相关国际专业组织的文件、国内外行业标准和专业文献中适用的内容，并充分融合了国内相关实验室的管理经验。

本标准旨在规范、指导和帮助相关实验室，使其满足 GB/T 27205 和本专业领域质量控制的具体要求。

除 GB/T 27205 外，本标准参考的本专业领域相关的主要文件包括 ISO 15189《医学实验室——质量和能力的专用要求》、GB 15193.2《食品毒理学实验室操作规范》和 OECD 良好实验室规范（Principles of good laboratory practice，GLP）。

此外，本标准虽然包括了适用于本专业领域的部分我国现行法规以及部分安全相关的内容，但本标准不作为判断实验室是否满足相关法规及安全要求的依据。

食品毒理学检测是指通过毒理学的方法对食品相关物质进行检测和评价，食品相关物质可包括食品及其原料、食品添加物质以及可能经食品摄入的食品容器和包装材料物质等，其过程主要包括受理申请、试验系统准备、样品采集运送保存、样品的处理和检验、结果的解释与报告以及提出建议、提供咨询等。本标准主要适用于食品毒理学安全性评价专业领域，也可作为其他毒理学检测领域类似工作的参考。此外，对食品毒理学检测实验室能力进行评价、认可的机构也可将本标准作为其工作的基础。

建议相关实验室在使用本标准前，应熟悉和掌握 GB/T 27205 的相关内容。本标准与 GB/T 27025—2008 和 OECD GLP 的条款对照参见附录 A。

实验室质量控制规范 食品毒理学检测

1 范围

本标准规定了食品毒理学检测实验室质量控制的管理要求、技术要求、过程控制要求和结果质量控制要求。本标准包括食品毒理学检测实验室从受理申请、样品采集、样品处理及样品检验到出具检验报告、解释结果及提出建议全过程的质量控制要求。

本标准适用于食品毒理学检测实验室，亦可供其他专业毒理学检测实验室参考使用。

2 规范性引用文件

下列文件中的条款通过引用而成为本标准的条款。凡是注日期的引用文件，其随后所有的修改单(不包括勘误的内容)或修订版均不适用于本标准，然而，鼓励根据本标准达成协议的各方研究是否可使用这些文件的最新版本。凡是不注日期的引用文件，其最新版本适用于本标准。

GB/T 1.1 标准化工作导则 第1部分：标准的结构和编写规则(GB/T 1.1—2000，ISO/IEC Directives，Part 3，1997，NEQ)

GB 15193.2 食品毒理学实验室操作规范

GB/T 15483.1 利用实验室间比对的能力验证 第1部分：能力验证计划的建立和运作(GB/T 15483.1—1999，idt ISO/IEC 导则 43-1：1997)

GB/T 19000 质量管理体系 基础和术语(GB/T 19000—2000，idt ISO 9000：2000)

GB/T 27025 检测和校准实验室能力的通用要求(GB/T 27025—2008，ISO/IEC 17025：2005，IDT)

OECD Principles for good laboratory practice

VIM 国际通用计量学基本术语[由国际计量局(BIPM)、国际电工技术委员会(IEC)、国际临床化学和实验医学联合会(IFCC)、国际标准化组织(ISO)、国际理论化学和应用化学联合会(IUPAC)、国际理论物理和应用物理联合会(IUPAP)和国际法制计量组织(OIML)发布]

3 术语和定义

GB/T 1.1、GB/T 15481、GB/T 15483.1、GB/T 19000 和 VIM 中确立的以及下列术语和定义适用于本标准。

3.1

食品毒理学检测实验室 food toxicology testing laboratory

通过毒理学的方法对食品相关物质进行检测和评价的实验室，食品相关物质可包括食品及其原料、食品添加物质以及可能经食品摄入的食品容器和包装材料物质等，实验室可以提供其检验范围内的咨询服务，包括结果解释和提供建议。

3.2

食品安全 food safety

在毒理学学科中，食品安全指某种食品在规定的食用范围、食用方式和食用量条件下，对人体健康不产生任何损害，即不引起急性、慢性中毒，亦不至于对接触者及后代产生潜在危害。

3.3

毒理学安全性评价程序 procedure of toxicological safety evaluation

在进行毒理学安全性评价时所采用的分阶段试验的原则，以及各种毒性试验进行的顺序。

3.4

实验室最高管理者　top management of laboratory

在最高层指挥和控制实验室的一个人或一组人。

3.5

试验负责人　study director

负责开展某项试验工作的人。

3.6

质量监督员　quality inspector

一些特定人员，他们不参与或部分参与试验，通过监督试验全过程，从而保证实验室工作符合规范要求。

3.7

标准操作规程　standard operating procedure；SOP

常规试验操作的执行细则。

3.8

试验计划　study protocol

确定试验设计的文件，试验设计包括试验目的、试验依据、试验项目、实验动物及来源、动物饲养条件、剂量设计、样品处理、给样方案、试验方法及观察指标等。

3.9

试验系统　test system

用于试验的动物、微生物、细胞和亚细胞以及其他生物、化学、物理系统。

3.10

受试物　test material

本标准限定范围内的各种被测试样品。

3.11

样品　sample

取自某一整体的一个或多个部分，旨在提供该整体的相关信息，通常作为判断该整体的基础。

3.12

批　batch

在一个规定的生产周期生产出的一定批量的受试物或参照物，其被认为有一致的特性，并标明。

3.13

载体　vehicle

能混合、分散、溶解受试物或对照物而不影响试验结果的物质。

3.14

对照物　reference material

在试验系统中用于鉴定测试生物的生物学特性和试验系统的敏感性及特异性的物质，以及用于试验系统中，在结果判定时同受试物进行比对的物质。

3.15

标本　specimen

用于测试的受试物或从试验系统中获取的用来检验、分析或者保存的材料。

3.16

给样　administration

以一定的方式给予试验系统受试物的操作。

3.17

剂量 dose

在试验中给予试验系统受试物的量。

3.18

剂量-效应关系 dose-effect relationship

表示受试物的剂量与试验系统个体或群体中发生的毒作用强度之间的关系。

3.19

剂量-反应关系 dose-response relationship

表示受试物的剂量与试验系统群体中出现某种毒作用的发生率之间的关系。

3.20

客户 customer

顾客

委托实验室开展试验的机构、组织或个人。

3.21

控制样品 control sample

已知样品成分含量、可用于重复性测试及控制测试过程准确度的样品。

4 管理要求

4.1 组织

4.1.1 食品毒理学实验室或其所在组织应具有明确的法律地位。实验室一般为独立法人，非独立法人的实验室需经法人授权。

4.1.2 实验室检测服务应能满足客户及其所在机构的工作需要。

4.1.3 实验室在其固定机构内部或外部的场所开展工作时，均应遵守本标准中的相关规定。

4.1.4 最高管理者应负责管理体系的设计、建立、维持及改进，至少包括以下方面：

a) 为实验室配置足够的人员并为所有人员提供履行其职责所需的权力和资源；

b) 制定政策和程序，以避免机构和人员介入任何可能会降低其判断能力、技术性、诚实性和公正性的活动；

c) 制定政策和程序，确保客户机密信息得到保护；

d) 明确实验室的组织和管理架构，以及实验室与其他相关机构的关系；

e) 规定所有人员的职责、权力和相互关系；

f) 成立技术管理层负责技术运作(技术管理层负责人也称作技术负责人)并赋予相应职责和权力，任命质量负责人，由其全面负责质量体系运作；

g) 成立动物伦理委员会，负责审查批准相关动物实验；

h) 由熟悉检验目的、程序、操作和结果评价的人员，对实验室的其他人员按其经验、能力和职责进行相应的培训和监督，最高管理者直接任命和管理质量监督员；

i) 指定关键人员的代理人，在一些小型实验室里，可由一个人承担多项职责。

4.1.5 实验室最高管理者、技术负责人、质量负责人等质量关键人员可授权有能力的人员，在专业实验室行使相应的职权。

4.1.6 实验室最高管理者、技术负责人、质量负责人及各专业实验室负责人应有任命文件。

4.2 管理体系

4.2.1 政策、过程、计划、程序、指导书和操作规程等均应形成文件，并传达至所有相关人员。应保证有关人员熟悉、理解并执行。

4.2.2 管理体系应包括内部质量控制和外部质量控制工作。

4.2.3 最高管理者应主持制定质量方针、目标和承诺，形成文件并写入质量手册。最高管理者或质量负责人向全体员工宣贯质量方针和目标。质量方针、目标和承诺应简明清晰，且便于有关人员即时获得，也应让客户了解，应包括以下内容：

a) 实验室提供的服务范围；

b) 对服务标准的承诺；

c) 阐明实验室的质量管理水平和技术目标；

d) 对相关人员熟悉、理解、执行质量文件的要求；

e) 实验室在职业行为、检验质量以及遵守管理体系和相关法规政策方面的承诺。

4.2.4 质量手册应对管理体系及文件结构进行描述，注明引用的支持性程序；质量手册中还应规定各重要岗位人员的职责。应指导所有人员使用质量手册和所有参考文件，并实施这些要求。

4.3 文件控制

4.3.1 实验室应制定并实施专门的程序文件，以满足文件管理的要求，应将文件备份存档，同时还应明确规定其保存期限。这些受控文件可使用纸张或无纸化媒介，并应予以保存，同时还应遵循国家、地区和当地的规定。

4.3.2 实施的文件控制程序应确保：

a) 向实验室人员发布的管理体系相关文件，发布前得到授权人员的审批；

b) 建立在用文件名称、有效性状态和发放情况的记录，此记录也称作文件控制记录；

c) 在相应场所，只使用现行的、经过确认的文件版本；

d) 应定期对文件进行评审、修订，并经授权人员批准；

e) 无效或已废止的文件应立即从所有使用地点撤离，或进行适当标注，以防止误用；

f) 如果实验室允许在文件再版之前对文件进行手写修改，则应确定修改的程序和权限，修改之处应有清晰的标注、草签并注明日期，修订的文件应尽快正式发布；

g) 应制定程序描述如何更改和控制在计算机系统中运行的文件。

4.3.3 管理体系相关文件均应有唯一性标识，包括：

a) 标题及文件号；

b) 修订日期或修订号；

c) 页数(如适用)；

d) 发行机构；

e) 来源的标识。

4.4 质量与技术记录

4.4.1 实验室应建立并实施一套对质量与技术记录进行识别、采集、索引、查取、存放、维护以及安全处理的程序。

4.4.2 所有质量及技术记录均应清晰明确，便于检索，并应符合有关规定。应提供一个适宜的存放环境，以适当的形式进行存放，以防损毁、破坏、泄密、丢失或被盗用。

4.4.3 实验室应明确规定各种质量及技术记录的保存期。保存期限应根据检验的性质或每个记录的具体情况而定，某些情况下还需符合有关法律法规的要求。

质量及技术记录至少包括：

a) 检验申请表或采样记录；

b) 检验结果和报告；

c) 仪器打印出的结果；

d) 试验计划；

e) 原始工作记录簿或记录单；

f) 试验数据统计记录；

g) 质量控制记录；

h) 投诉及所采取的措施；

i) 内部及外部审核记录；

j) 能力验证或实验室间的比对记录；

k) 质量改进记录；

l) 仪器使用及维护记录，包括内部及外部的校准记录；

m) 实验动物房的环境监控记录；

n) 开展动物实验的伦理审查记录；

o) 外部服务供应的有关记录，包括实验动物供应来源及质量记录；

p) 设备、耗材的验收记录，饲料及饮用水的定期检测记录，实验动物的验收、检疫及适应记录；

q) 差错或事故记录及应对措施；

r) 人员培训及能力记录。

4.4.4 当记录中出现错误时，每一个错误应划改，并将正确值填写在其旁边，应能识别出更改前内容。记录的所有改动应有改动人的签名或签名缩写。电子存储的记录也应采取同等措施，以避免原始数据的丢失或改动。

4.5 服务客户

4.5.1 实验室应授权资深人员为客户提供适当的送检前专业咨询服务。

4.5.2 实验室中经授权的专业人员，在客户的要求下，可就选择何种检验及服务提供建议，包括检验项目、检测方法、所需样品情况等。实验室应明确客户的要求，并在确保实验室及其他客户机密的情况下，允许客户进入实验室监视与其工作有关的操作。也可为客户提供样品准备、包装和发送等服务。

4.5.3 实验室在整个工作过程中，应与客户尤其是大宗业务的客户保持联系。

4.5.4 适当情况下，实验室中经授权的专业技术人员可以就实验结果提供解释。

4.5.5 实验室应将检测过程中的任何延误和主要偏离通知客户。

4.5.6 实验室应向客户征求反馈意见，无论是正面的还是负面的。应使用和分析这些意见，并应用于改进管理体系、检测活动及服务水平。实验时应保留完整的反馈意见及采取相应措施的记录，该反馈意见及其措施可作为管理评审的输入之一[见 4.11.2h)]。

4.6 投诉处理

4.6.1 实验室应有政策和程序处理来自客户或其他方面的投诉，方式应多样、多渠道。实验室应保存投诉以及针对投诉所开展的调查和纠正措施的记录。客户投诉及处理情况应作为管理评审的输入之一（见 4.5.6）。

4.6.2 鼓励实验室对其服务客户进行调查，获取正面和负面的反馈信息，改进、完善实验室管理体系。

4.7 不符合工作控制

4.7.1 实验室应有专门的程序和规定，以识别、控制检验过程中的不符合工作。这些程序和规定应保证：

a) 指定专人负责处理不符合工作问题；

b) 明确规定应采取的措施；

c) 考虑不符合工作可能产生的影响，必要时应通知客户；

d) 必要时终止检验，不外发报告；

e) 立即纠正，必要时采取纠正措施；

f) 若检验结果已向外发布，应考虑是否需要收回，或以适当方式善后；

g) 指定专人有权中(终)止检验和批准恢复检验工作；

h) 记录每一次出现的不符合工作并归档保存，应定期评审这些记录，以发现趋势并采取预防措施（见 4.9）。

4.7.2 在不符合工作得到控制后，应分析产生不符合项的根本原因并消除，以防类似不符合工作再度出现。

4.7.3 实验室应制定并实施相关程序，规定如何审核、发布关于不符合工作的检查报告，并保存这些工作记录。

4.8 纠正措施

对发现的不符合工作，进行控制和纠正后，还应分析考虑是否需要实施纠正措施。

a) 纠正措施程序应包括一个调查过程以确定问题产生的根本或潜在原因。纠正措施应与问题的严重性及其带来风险的大小相适应，以避免资源浪费。

b) 如所采取的纠正措施涉及某项变更时，应将这些变更形成文件并发布给有关人员执行。

c) 应监控每一纠正措施的结果，以确定这些措施是否有效。

d) 如果对不符合工作的调查分析表明管理体系可能存在问题，则实验室应进行旨在解决存在问题的管理体系附加审核或管理评审。应对纠正措施的结果进行评审。

4.9 预防措施

实验室应制定专门的程序用以发现潜在不符合工作并预防其发生。

a) 应确定包括技术方面和相关管理体系方面的潜在不符合项和所需的改进。如需采取预防措施，应制定、执行和监控这些措施，以减少类似不符合项发生的可能性并借机改进。

b) 预防措施程序应包括启动和应用的条件。预防措施还可能涉及数据分析、趋势和风险分析等。

c) 应定期对所有的运行程序进行评审，以发现潜在不符合工作，提出质量技术方面的改进意见，制定改进措施的方案并实施，将有关文件资料和记录归档保存。

d) 评审结束并执行相应措施后，实验室应通过对相关方面重点评审或审核的方式评价上述措施的有效性。

e) 应对预防措施实施的结果进行分析判断，包括管理体系是否需要改动和如何更改等内容。

4.10 内部审核

4.10.1 为检查证实检验及相关工作与管理体系的符合性，应定期(至少每年一次)对质量体系各要素的执行情况进行检查审核，即内部审核，内部审核应包含质量体系的所有要素和所有相关部门及人员。必要时可进行附加审核[见 4.8d)]。

4.10.2 应由质量负责人或指定有资格的人员负责对内部审核进行策划、组织并实施，只要资源允许，审核人员应与被审核的工作无直接关联。应制定内部审核的程序文件，其中包括人员职责、审核类型、频次、依据、工作流程、采用方法以及所需的相关文件。

4.10.3 审核中如果发现不符合工作，实验室应进行纠正，必要时采取适当的纠正措施或预防措施，并将这些措施形成文件，送达相关部门实施整改，在约定时间内完成，并指定专人负责跟踪审核，验证整改的有效性。如果审核发现的存在问题可能影响到已发出的检测结果，应书面通知客户。

4.10.4 审核结果要以文件形式发布至各相关部门和人员。

4.10.5 审核结果及问题整改跟踪验证情况应予以记录，并作为管理评审的输入之一[见 4.11.2d)]。

4.11 管理评审

4.11.1 实验室应对管理体系及其他相关工作进行评审，包括检验咨询工作，以确保得到管理体系的适宜性和有效运行所需要的资源保证等外部条件，并及时进行必要的变动或改进。管理评审应至少每年一次，必要时可临时进行评审[见 4.8d)]。

4.11.2 管理评审由最高管理者主持。管理评审至少应考虑以下几方面：

a) 上次管理评审的执行情况；

b) 政策和程序的适用性；

c) 所采取的纠正措施、预防措施等质量体系改进方式及其他改进建议；

d）管理或监督人员的报告；

e）近期内部审核的结果；

f）外部评审和参加能力验证、实验室间比对的结果；

g）承担的工作量及类型的变化，财务情况；

h）检验服务质量，包括来自客户、内部员工以及其他方面的投诉或相关信息；

i）人员培训及有效性评价；

j）内部质量控制结果报告；

k）对供应商和服务商的评价；

l）质量方针的适宜性及质量目标达标分析。

4.11.3 管理评审结果应包括对管理体系适宜性做出评价，以及影响管理体系适宜性、有效性存在问题的解决方案，并跟踪解决方案实施情况。

4.11.4 管理评审结果应向相关人员通报，并将文件和记录归档。

4.12 持续改进

4.12.1 实验室应通过满足关于检测质量和客户的要求，持续改进实验室的管理体系。

4.12.2 实验室应通过利用质量方针、质量目标、数据分析、沟通、管理评审、内部审核、能力验证、预防和纠正措施、客户投诉等渠道，持续改进实验室管理体系的有效性。

4.12.3 实验室应建立质量指示系统，用于监控、评价检验工作的效果。如该指标评价结果表明有改进的可能性，应予以考虑，以使实验室工作质量得到持续改进。

5 技术要求

5.1 采购服务

5.1.1 实验室应制定专门程序文件对所使用的可能影响检验质量的外部服务、设备以及消耗品等方面进行规定和控制。所购买的各项物品应符合实验室的质量要求。应该有对消耗品进行检查、接收（拒收）和贮存的程序和工作记录。

5.1.2 采购的设备及消耗品可能会影响检验质量时，在确定这些物品达到标准规格要求之前，不得使用。可通过检验质控样品并评价结果的可接受性而做出决定。还可利用供应商提供的资料进行确认。

5.1.3 采购实验动物时应确认动物供应商资质，向供方索取动物质量合格证并对每批动物进行必要的检查，确认合格后方可接收。

5.1.4 应对外部服务与供应建立适当的质量记录并保持一定的时间。该记录中应该包括试剂、质控材料以及校准品的批号、实验室接收日期和投入使用的日期等。

5.1.5 实验室应对影响检验质量的消耗品供应商以及服务提供商定期进行评价，建立合格供应商及服务商名录并保存这些评价的记录，应及时将不合格供应商从名录中删除。

5.2 人员

5.2.1 实验室应保存有各岗位人员的工作描述，包括任职资格、职责及相关的组织规划和政策等的记录。

5.2.2 实验室应保存全部人员的相关教育背景、专业资格、培训、工作经历以及能力的记录。记录应包括如下内容：

a）学历、学位和资格证书、任职聘书；

b）技术工作简历及相应的用人单位评价（适用时）；

c）工作描述；

d）继续教育及成绩的记录；

e）相关科学活动的记录，包括发表的学术论文、参加的研究项目及成果证书等；

f）能力考核和评估；

g) 对差错采取措施或事故处理的记录；

h) 健康、体检记录。

5.2.3 实验室最高管理者应具有相应的教育经历、专业背景和工作经验，除具备管理能力外，还应具备技术能力。

5.2.4 实验室最高管理者应负责处理与该实验室所提供之服务相关的各项事务，包括专业、学术、咨询、组织管理以及教育培训等。实验室最高管理者至少应履行下述职责(见4.1.4)：

a) 确保实验室具有足够的人力资源，且能胜任其工作岗位，以满足工作的需求以及执行管理体系的需求；

b) 确保实验室配备有足够的合适的设施、设备和试验材料，以满足实验室工作的需要；

c) 确保实验室工作人员知悉自己所从事工作的内容和职责，必要时，为他们提供相应的授权、培训，制定教育计划并实施；

d) 确保实验室工作人员知悉自己从事的工作中已知的或潜在的危害健康和安全的危险因素以及相应的预防措施；

e) 组织制定可行的工作计划和目标，并提供资源保障；

f) 对实验室的内部工作实行优化高效管理，做好开支预算安排。

5.2.5 技术负责人应由医学(预防医学)或相关专业背景人员担任，技术负责人或技术管理层至少应负责[见4.1.4f)]：

a) 为客户提供相关政策法规、技术标准、结果解释等方面的咨询。

b) 确保试验操作有适当的SOP，并确保其得到严格执行。

c) 试验工作开展前，任命试验负责人。如试验过程中需要更换此职务人选，应记录备案。

d) 批准试验计划，签发检验报告。

e) 评估、选择和监控外部实验室(适用时)。

5.2.6 质量负责人应由相关专业背景并接受过质量管理专门培训人员担任，主要职责[见4.1.4f)]：

a) 确保质量体系的有效运行和持续改进。

b) 确保试验过程中实施质量保证措施。

c) 处理来自客户和相关方面的投诉、要求或意见。

d) 与下述各方有效地联系并开展工作(包括在需要时签订协议)：

1) 服务的客户；

2) 相关管理部门；

3) 负责食品安全的相关管理机构；

4) 负责实验室资质管理的相关机构。

e) 主持内部审核。

5.2.7 试验负责人对某试验项目的全过程负责，应接受技术负责人的指导，试验负责人职能至少还包括：

a) 提出试验计划；

b) 确保试验按照试验计划以及相应的SOP进行，任何试验计划的偏离都应按程序得到确认，其记录变动内容和变动原因应备案；

c) 确保所有原始资料被完整、真实地记录；

d) 对试验数据的有效性及试验过程符合本标准要求负责；

e) 确保试验结束后，建档保存试验计划、试验报告、原始资料及其他相关材料；

f) 审核检验报告。

5.2.8 实验室最高管理者、技术负责人、质量负责人的授权人员也应具备相当的专业技术背景、经验和能力(见4.1.5)。

5.2.9 试验人员应接受试验负责人指导，严格按照试验计划和SOP进行试验，试验过程中实施质量保证措施，安全操作，最大限度降低自身试验操作的风险。试验人员若知道自己的健康状况和接受某种医疗措施如服药，可能对某试验质量产生不良影响时，应退出相应的试验过程。

5.2.10 质量监督员应由实验室最高管理者任命[见4.1.4h)]，应熟知其负责监督控制的试验。实验室应配备至少一名专职质量监督员。质量监督员职能至少应包括：

a) 确认试验人员已得到试验计划和相关SOP；
b) 监督试验是否按照试验计划和SOP的要求进行，是否实施了质量保证措施，应定期检查实验室工作和(或)审核试验过程并将检查和审核的结果记录备案；
c) 发现未经许可的偏离试验计划和(或)SOP的行为或质量保证措施未被实施时应立即通知试验负责人，或向质量负责人汇报并记录备案；
d) 检查试验报告，确证报告中准确描述了试验方法、试验过程和观察结果，报告中的结果准确无误的反映了原始数据；
e) 在报告编制稿中签署声明，内容为定期视察、审核的日期以及发现的问题和将问题汇报的日期。

5.2.11 实验室人员应接受与实验室服务相关的质量管理方面的专门培训。不同岗位的人员应参加相应的继续教育计划。一些特殊岗位的人员，如动物试验操作人员、阅片(遗传毒理及病理学等)人员等，应给予专门的技术培训并需获取相应的资格或授权。

5.2.12 应授权专人从事特定工作，如动物饲养、动物检疫、动物解剖、采样、检验、特定类型仪器设备的操作、实验室信息系统的操作、客户机密及检验结果的查阅和计算机程序修正等。

5.2.13 应训练工作人员如何预防事故的发生以及如何控制已发生的事故。对工作人员应对事故的能力进行考核，必要时应多次培训和考核。

5.2.14 实验室人员应熟悉生物检测安全知识和消毒知识，实验室辅助人员应进行一定的培训，应具备相应的理论和实际操作技能。

5.2.15 定期进行培训需求分析并据此制定培训计划；对培训有效性进行评价。

5.3 设施和环境条件

5.3.1 实验室应有足够的工作空间并进行合理分配，要考虑有助于质量控制程序的实施和工作人员、到访人员的安全及健康。资源的配置应以能够满足实验室工作的需要为准。应维持实验室资源持续有效、可靠。对于在实验室固定设施以外的地方进行试验也应符合以上要求。

5.3.2 实验室应按照有效运作的宗旨进行设计，应使工作人员感到方便、舒适，同时应将发生伤害和职业性疾病的风险降到最低。应保护工作人员、到访人员免于受到某些已知或潜在危险的伤害。应配备必要的事故伤害急救设施和指引。

5.3.3 实验室中的检验设施应利于有效地进行检验工作。这些设施至少包括能源、光照、供水、通风、温湿度调节、废弃物处置等。实验室应制定相应程序，用于检查实验室环境对样品采集、检验、设备运行等有无不利影响。

5.3.4 当环境因素可能影响检验结果时，实验室应监测、控制并记录环境条件。应特别注意洁净度、温度、湿度、噪声、辐射(必要时)等的变化情况。应将这些需监控的参数和控制范围文件化，让有关人员有据判断环境条件是否失控，如何处理等。

5.3.5 相邻的实验室部门之间如果有不相容的业务活动，应进行必要的分隔。应采取措施防止交叉污染。对特殊工作区域要明确标识并能有效控制、监测和记录。

5.3.6 应控制人员进入或使用会影响检验质量的区域。应采取适当的措施保护样品及资源的安全，防止无关人员接触。

5.3.7 实验室内的信息系统应与实验室规模、工作复杂性及信息的传输需求相适应。

5.3.8 应提供相应的存储空间和条件，以用于样品、组织块、切片、菌株、细胞株、文件、手册、设备、试剂、记录以及检验结果等的存放和保管。应配备专门存放标本的设施。应指定专人进行保存。

5.3.9 应制定程序以保证实验室和工作区域的整洁。

5.3.10 实验室应建设专门的动物饲养设施,获取国家颁发的动物使用许可,且应达到以下要求:

a) 有足够的使用面积,设计布局合理,配备环境监控设施,诸如洁净度、温度、湿度、通风、空气氨浓度及照明控制等;

b) 有足够的独立空间分离饲养不同种系的动物,并能隔离患病动物等;

c) 如需要,应配备特殊实验动物房,可进行诸如放射性物质及微生物等的动物试验,特殊实验动物房应与常规实验动物房完全分隔,包括换气及排污系统,且应配备相应的防护设施;

d) 应配备独立的实验动物检疫室,实验动物疾病诊治和疾病防治设施(必要时);

e) 应配备能收集和放置动物排泄物及其他废弃物的设施,并保证符合安全卫生要求。

5.4 实验室设备

5.4.1 实验室应配备技术服务所需的全部设备。如果实验室需要使用非永久控制的设备,也应确保符合本标准的要求。选择设备还应考虑到能源供给和环境保护方面的因素。

5.4.2 应明确设备(在安装时及常规使用中)能够达到的性能标准,并且符合相关检验所要求的条件。实验室应建立一套程序,用于定期检测并确认设备、标准品等的校准和正常运行。同时还应有设备维护程序,该程序至少应遵循或参考设备使用说明书。应制定设备的校准或核查周期。

5.4.3 应建立并实施对仪器、标准品进行验证、校准,对辅助设备进行检查的计划,并对校准和核查结果做出分析和确认,以确保其状态满足工作要求,并形成文件,保存有关记录。

5.4.4 每件设备均应以贴标签或其他方式进行标识。标识内容至少包括仪器唯一编号及性能状态。

5.4.5 保存每件仪器设备的文件和记录,并进行适当整理以便于查阅,这些文件记录至少应包括以下内容:

a) 设备名称和唯一性标识;

b) 制造商的名称、设备型号和序列号;

c) 制造或供货商的联系人、电话;

d) 设备到货日期和投入运行日期;

e) 当前的位置和管理人;

f) 接收时的状态(例如新产品,使用过或修复过);

g) 设备的说明书、工作软件或其存放处;

h) 证实设备可以使用的记录;

i) 已执行及计划进行的维护;

j) 设备的损坏、故障、改动或维修;

k) 预计更换日期或使用年限。

适当时,还应在两次维修(校准)之间进行期间核查等。可参考制造商的说明来制定校准(验证)的程序和频次。

5.4.6 只有经授权的人员才可以操作设备。操作人员要很方便地得到设备使用维护的最新作业指导书。

5.4.7 设备应在安全工作条件下运行。包括电气安全检查、紧急停止装置,以及由授权人员对化学、放射性和生物材料进行安全操作及处理。可参照制造商提供的使用说明。

5.4.8 设备出现故障应立即停止使用。清楚地标记后,妥善存放直至修复,且应经校准或检测表明其达到特定可接受标准的要求后方可使用。实验室应检查上述故障是否对之前的检验结果造成影响,并实施4.7中规定的程序。

5.4.9 设备操作人员应充分了解设备的危险因素和防护措施。实验室应留出足够的空间供设备维修和安放个人防护用品,防护用品要随时方便得到。将设备送交维修、送赠或淘汰时,应考虑安全问题。

例如某些带放射源设备、残留有致突变物质设备等应考虑将危险部件安全处置，必要时应对运输、维修人员作危险警示。

5.4.10 如果设备脱离实验室直接控制，或进行了维修，应对其进行检查，并确保性能已达到要求后才重新投入使用。

5.4.11 如果使用计算机或自动化设备进行数据收集、处理、记录、报告、存储或检索，实验室应保证：

a) 计算机软件(包括仪器设备内置的软件)应有文件记录或进行备份；

b) 应对计算机和自动化设备进行维护，以确保其正常运转，并应提供相应的环境和操作条件；

c) 应对计算机程序和操作进行充分保护，防止无关或未经授权的人员进入、修改或破坏，以保证资料的完整性。

5.4.12 如校准给出修正因子，实验室应有程序确保检验结果得到修正。

5.5 试验系统

5.5.1 应在适当的条件下饲养、转运、观察、使用和处理实验动物，动物实验及处置应符合动物实验伦理学原则并经动物伦理委员会批准[见4.1.4g)]。

5.5.2 新获得的实验动物应被隔离直到完成对它们健康状况的评价。如果一批实验动物中出现了不正常的死亡率和发病率，则这一批实验动物均不能用于试验。

5.5.3 应在适当的条件下培养、保存和转运体外培养细胞及细菌等以保证细胞及细菌试验系统正常的生长和繁殖。

5.5.4 在进口、采购、采集、使用和处置这些生物试验系统时应遵照国家相关法规和标准的要求。要向供方索取动物质量合格证(见5.1.3)。

5.5.5 应确保试验系统来源清楚，品系明确，且已知其生物学特性。

5.5.6 试验系统的来源、品系、传代数、到达时间以及到达时的健康及生长状况应记录备案。

5.5.7 试验系统的饲养笼或生长容器上应有标签标明诸如来源、品系等必要的相关信息。

5.6 溯源性

5.6.1 用于检测的所有设备，包括对检测和抽样结果的准确性或有效性有显著影响的辅助测量设备(例如用于测量环境温湿度的设备)，在投入使用前应进行校准或检查。实验室应制定设备校准的计划。

5.6.2 实验室应保证所用设备能够提供所需的测量不确定度。测量无法溯源到国际单位制(SI)单位或与之无关时，要求测量能够溯源到诸如有证标准物质、约定的方法和(或)协议标准。

5.6.3 可能时，标准物质应溯源到SI测量单位或有证标准物质。只要技术和经济条件允许，应对内部标准物质进行核查。实验室应有程序管理和控制标准菌种、血清、细胞和其他标准品等，以确保其质量和溯源性。

5.6.4 应根据规定的程序和日程对设备和标准物质进行核查，以保持其校准状态的置信度。

5.6.5 实验室应有程序来安全处置、运输、存储和使用标准物质，以防止污染或破坏，确保其完整性。

6 过程控制要求

6.1 总则

6.1.1 食品毒理学检验过程包括从接收样品到发布报告的全过程，需要加以控制的影响质量环节包括以下方面：

a) 检验受理与合同评审(6.2)；

b) 样品的采集、保存、转运和处置(6.3)；

c) 试验计划(6.4)；

d) 实验方法的确认及SOP(6.5)；

e) 试验系统的准备与分组(6.6)；

f) 样品的前处理及试剂配制(6.7)；

g) 试验操作(6.8)；

h) 数据统计分析及结果评价(6.9)；

i) 分包(6.10)；

j) 结果报告与解释(6.11)；

k) 监督检查(6.12)。

6.1.2 应关注6.1.1中各环节之间的关联性和接口的紧密性，确保检验全过程得到有效控制。

6.2 检验受理与合同评审

6.2.1 检验申请表中应包括足够的信息，以保证实验室与客户之间充分沟通，这种沟通既利于实验室充分了解客户的检验意愿与目的以及客户了解检验相关事项，同时也利于后续的检验工作。

检验申请表及提交的附件应包括下述内容(但不局限于下述内容)：

a) 样品(产品)的名称、规格、型号、商标、性状和储存条件；

b) 客户名称、通讯地址和联系电话；

c) 样品来源、成分组成或配方、生产工艺；

d) 样品采集日期和时间或样品生产日期、批号；

e) 检验项目和采用的检验方法；

f) 实验室收到样品的名称、性状、数量和时间；

g) 客户业务代表和实验室经办人的标识；

h) 受试者的标识、相关临床资料(适用时)。

6.2.2 必要时，实验室还需获取其他与检验相关的资料。

6.2.3 客户应提供足够检验和备份所需的样品量。如应追加样品量，受理人员则应核对追加样品与原样品的一致性，如生产日期、批号等进行核对，并记录核对结果。

6.2.4 必要时，实验室应制定食品安全突发事件检验受理的应急方案。

6.2.5 允许口头申请检验时，实验室应制定相应的程序文件。

6.2.6 应制定有关接受或拒收样品的程序。如果在特殊情况下接受了不能满足试验要求的原始样品，则最终的报告中应说明问题的性质，在解释检验结果时应考虑这方面因素。

6.2.7 实验室要对客户的机密信息资料妥善保管，防止由于保密不善造成客户利益受损。

6.2.8 实验室应将为客户服务的有关工作内容编制成合同文件，并建立和实施合同评审程序，对与客户签订和执行检验服务合同的工作进行控制和管理。应在合同签订前对用户意图及实验室资源是否满足要求进行充分评审，以确保实验室具备必要的人力、物力和信息资源，且实验室人员具有相应的专业技能和工作经验，以满足客户要求。该评审也可包括以前参加的能力验证、实验室间比对等的外部质量保证计划的结果，也要考虑用定值样品检验确定测量不确定度、仪器设备检出限、置信限等。

6.2.9 应保存评审记录，包括任何重大改动和相关讨论。

6.2.10 合同评审也应包括实验室所有分包出去的工作。

6.2.11 对合同的任何偏离均应通知客户，且取得客户认可。

6.2.12 如果需要修改合同，应重新进行合同评审，并将修改内容通知相关方。

6.3 样品的采集、保存、转运和处置

6.3.1 需进行样品采集时，如食品安全突发事件的现场采样，应制定样品采集计划，此计划应至少包括以下内容：

a) 检验项目；

b) 有关样品性质、状态的说明；

c) 样品采集的原则、类型、方法、采样时机、采样量和采样包装及容器等；

d) 从样品采集到实验室接受样品期间所需的储存条件及任何特殊的处理；

e) 样品的唯一性标识；

f) 样品采集人员标识；

g) 对样品采集过程中所使用的材料进行安全处置；

h) 必要时，样品采集之前，需向客户提供检验项目及采样的相关知识、信息和指导。

6.3.2 样品采集计划应该作为原始记录的一部分(见4.4.3)。

6.3.3 应根据样品的物理化学、微生物学特性、加工工艺以及包装方式等信息选择适当的保存方法，应保证样品在足够长的时间内保持稳定，以便在出具结果报告后还可进行必要的复检或附加检验。

6.3.4 样品应设专人保管。应对样品入库、出库、经办人及保存方法进行记录。

6.3.5 应监控样品向实验室的运送，以使其运送达到如下要求：

a) 根据申请检验项目的性质在一定时间内运送，同时应考虑实验室的相关规定；

b) 严格按照样品采集计划中规定的运输技术指标进行运送，如使用指定的保存剂、保持一定的温度等，以保证样品的完整性和有效性；

c) 应以确保对运送人员、公众及接收实验室都安全的方式运送，并且应遵循有关法规要求。

6.3.6 样品在运送和保存过程中不应受到化学性或生物性等污染。

6.3.7 对样品的处置应注意以下几点：

a) 样品应保存足够长时间后方可进行处置；

b) 样品的处置需经质量负责人或授权人审批后，方可进行；

c) 对样品应进行分类处置，如根据样品的已知特性或检测结果分为有害和无害，有害样品应交由专业废物处理机构处置，或自行采取已验证安全有效的方法进行无害化处理及处置并予记录，染毒样品的弃置要符合安全环保规定。

6.3.8 样品采集人员应接受专门培训学习，掌握采集样品的基本知识和有关的专业要求。

6.4 试验计划

6.4.1 试验前应制定试验计划，并作为原始资料予以保存。

6.4.2 试验计划内容至少应包括：

a) 试验目的；

b) 试验项目；

c) 样品，对照物名称；

d) 客户名称，地址；

e) 实验室名称，地址；

f) 试验负责人签署试验计划的日期及标识；

g) 试验负责人及试验者名单及分工；

h) 试验的时间安排；

i) 试验方法的确定；

j) 试验系统的选择及依据；

k) 样品的前处理方法；

l) 预试验实施方案(适用时)；

m) 具体给样方法，如给样的剂量、途径、频率、持续时间等；

n) 观察指标；

o) 需采集的标本及检查指标，包括血液学、生化检查指标、大体解剖和组织病理学检查指标等；

p) 试验数据的统计分析方法；

q) 试验过程中及结束后有害物质(如某些阳性对照物)的无害化处理方案。

6.4.3 试验计划应经由技术负责人或授权人签字批准，如需要，试验计划应征得客户同意。

6.4.4 试验计划的任何修改，包括变动理由，都应予以记录并保存，并经技术负责人或授权人确认，需要时，还应征得客户同意。

6.4.5 应保证在试验开始前，每一个试验人员都已取得试验计划的副本并知悉设计内容。

6.4.6 试验过程中如发现试验计划存在问题，则应分析具体情况，决定是否暂停或终止试验，并修订试验计划，由技术负责人或授权人重新签署并通知客户。

6.5 试验方法的确认及 SOP

6.5.1 食品毒理学检测工作应参照 GB 15193 所述方法，必要时，亦可使用已出版的公认的(权威的)教科书、杂志上的方法和机构内部制定的方法。对非标准方法应进行验证或确认，并经最高管理者或技术负责人批准。实验室应建立程序，用于判断、验证和确认检验方法的可接受性。

6.5.2 质量负责人应确保检验方法现行有效。

6.5.3 实验室应对所选用的方法和程序定期进行评审和确认，应将评审记录归档保存。

6.5.4 为了确保试验操作的准确、安全和统一，实验室应编写与试验相关的 SOP，并经技术负责人或授权人审阅批准。

6.5.5 试验人员应能方便地获取所需的 SOP。

6.5.6 根据试验需要及时更新 SOP，同时要保留旧版 SOP 并加以标识[见 4.3.2e)]。

6.5.7 实验室编写的 SOP 应能满足工作需要，应针对不同试验项目操作编写 SOP，例如：

a) 样品和对照物的接收、采集、转运、取样和储存 SOP；
b) 测定样品和对照物在储存过程中、载体中、实验条件下维持稳定性和均一性 SOP；
c) 实验动物隔离检疫 SOP；
d) 试验系统编号及分组 SOP；
e) 样品前处理 SOP；
f) 试验常规用试剂配制 SOP；
g) 试验用有害物质(如某些阳性对照物)的配制及无害化处理 SOP；
h) 试验系统给样操作 SOP；
i) 试验观察 SOP；
j) 试验指标检测及操作 SOP；
k) 试验过程中，意外逃逸、患病或死亡实验动物的处理 SOP；
l) 实验动物处死及大体解剖 SOP；
m) 标本采集 SOP；
n) 涂片、固定、染片 SOP；
o) 细胞培养、传代、冻存、复苏、转运 SOP(必要时)；
p) 菌株保存、转运、培养及鉴定 SOP；
q) 试验数据收集、处理与统计分析 SOP；
r) 实验动物尸体处理 SOP；
s) 实验室废弃物处理 SOP；
t) 各类实验室仪器设备的使用、维护、清洁和校准 SOP；
u) 实验室设施的管理与维护 SOP。

6.6 试验系统的准备与分组

6.6.1 实验动物的准备

a) 实验动物的选择应按照试验计划的要求，并根据样品的理化特性及其可能的靶器官，尽可能选择敏感性高的种属和品系的实验动物，其性别、年龄、初始体重等均应能满足试验项目的需要。
b) 单个试验项目中所使用的实验动物应来源于同一实验动物提供商，且应为同一批次繁殖生产的动物，如因所需动物数过多而要用到多于一个批次的动物，则在分组时应采取适当措施以降低不同批次实验动物的差异对试验的影响。
c) 单个试验项目中所使用的实验动物体重应相近，差异最大不应超过10%。

d) 确认实验动物已经过隔离检疫并被证明健康或未患可能影响试验结果的疾病，且未经过其他试验过程。

e) 将实验动物由隔离检疫室转入试验饲养室，并根据试验项目放置于相应区域内，不同种属实验动物应放置于分隔的区间内。如相同种属的实验动物用于不同的试验项目，但饲养在同一区间内，则应保证有足够大的饲养空间，且标识明确。

f) 实验动物的饲养方式应满足试验项目的需要，如需计算摄食量或食物利用率指标的试验项目则应单笼饲养实验动物。

g) 试验前应给予实验动物一定的时间使其熟悉并适应试验饲养环境，一般不少于3天。

6.6.2 体外培养细胞的准备

a) 试验前应将体外培养细胞进行适当传代，以能收获足够的细胞量。

b) 用于试验的培养细胞生长密度应符合试验相关的技术要求。

c) 应确认用于试验的培养细胞状态良好、均一且稳定。

d) 观察培养细胞存活率指标，用于试验的细胞存活率应至少大于90%。

6.6.3 试验菌株的准备

a) 标准菌株应进行鉴定，如基因型鉴定、自发回变数鉴定和对致突变阳性对照物的反应等，合格后才能用于试验。

b) 试验前应将菌种进行增菌培养，以收获足够的菌量。

c) 用于试验的菌株应处于对数生长后期或稳定前期（生长密度大约为10^9/mL），稳定后期的菌株不应用于试验。

6.6.4 试验系统的分组

a) 应按试验计划的要求设立各剂量组以及必要的对照组等。

b) 试验系统分组应遵循统计学的随机分配原则，即保证各组动物均为从同一总体中随机抽取的样本，且与研究相关的各项指标应尽可能保证一致。

c) 实验动物应有唯一性标识，且标识应保持清晰、易辨认至试验结束。

d) 对于培养细胞或细菌试验系统，所有试验组及相应对照组均应由同一批母代传代获得。

e) 试验系统分组后在饲养笼或培养容器上应有标签标明项目名称、品系、性别、组别、分组日期、试验开始日期、试验负责人及其他必要的相关信息。

f) 各组试验系统的数量应能满足试验项目的技术要求。对于动物试验，应保证试验结束时仍有足够多的动物存活以获得有意义的结果评价。若试验过程中尚需处死部分动物，则应根据需要增加各组实验动物数量。

6.7 样品的前处理及试剂配制

6.7.1 对样品的处理不应破坏或改变其化学成分及生物活性。

6.7.2 如处理样品时需要载体，则载体不应对试验结果产生不可接受的影响，如不能与样品、体外代谢活化系统（S_9）、培养基成分等发生化学反应。

6.7.3 应明确样品在载体中的稳定度，如稳定度不高，则应采取适当措施最大限度降低其影响，如样品易被氧化或易分解，应在使用前新鲜配制。

6.7.4 应保证样品在载体中分散均匀，如某些粉末状物质不溶于载体，可配制成混悬液并在给样操作前充分混匀。

6.7.5 如将样品混合于饲料或溶于饮水中让实验动物自由摄食，则应注意以下事项：

a) 样品的掺入不应降低饲料的营养成分及热量以致不能满足实验动物正常生长、繁殖的需要，如不含蛋白质成分的受试物掺入量不得大于10%，掺入量大于5%时，还需补充20%受试物量的干酪素以补足饲料的蛋白质含量。

b) 应注意混合了样品的饲料的适口性，不应因气味、味道或口感等因素的改变而影响实验动物的进食和饮水量而最终影响试验结果，否则，应采取适当措施最大限度降低此影响并在结果分析中予以考虑。

c) 应尽可能确保对照组和试验组饮食除受试物之外的营养成分及热能含量保持一致，否则，应采取适当措施降低其对试验结果的影响并在结果分析中予以考虑。如受试物辅料热能含量较高，则应另加设对照组，使其饲料中含有相同比例的此辅料以与试验组进行比对。

d) 应根据样品的特性制定合适的饲料制作时间及保存方法，如油脂含量较高的样品，应尽量新鲜制作，低温保存。

6.7.6 样品处理完成后应给予明确标识，标识中应至少包括以下信息：

a) 样品名称；

b) 试验项目；

c) 样品浓度；

d) 载体名称(处理时使用载体)；

e) 配制或处理日期；

f) 失效日期；

g) 保存方法；

h) 处理人员标识；

i) 适用时，安全警示。

6.7.7 样品前处理后如需保存备用，则应以适当方法保存。

6.7.8 试剂的配制应注意以下要求：

a) 试剂的称取、溶液定容及调整 pH 值等操作均应严格遵照 SOP；

b) 试剂在配制过程中不应被污染，尤其要注意诸如药匙、玻棒、盛装器皿等应洁净，且不可混用；

c) 配制好的试剂应正确保存；

d) 每种试剂都应有明确的标识，至少应标明试剂名称、浓度、配制日期、配制人、失效日期和保存方法；

e) 配制人员标识；

f) 适用时，应标明安全警示。

6.8 试验操作

6.8.1 给样操作

a) 应遵照试验计划给予试验系统受试物及对照物，保证给样量准确、给样方式一致，并采用适当方法保证受试物均匀、稳定。

b) 将受试物溶于饮用水让实验动物自由摄食时，应准确记录其每日摄水量，以便计算给样剂量。

c) 对有挥发性及推荐剂量过小的样品原则上采用灌胃方式给样，灌胃操作应轻柔，避免造成动物食道的物理损伤。

d) 所有试验组及对照组动物的给样操作均应同期进行，如由于动物数量过多而要分批进行，则各试验组与对照组应平行处理。

e) 对于培养细胞及细菌试验系统，应严格进行无菌操作，避免污染，应保证所给受试物及对照物均匀分布于培养及生长环境中。

f) 试验过程中发现试验系统出现意外情况，如非受试物因素造成死亡、疾病或培养细胞受到污染等，应立即报告试验负责人制定处理方案：

1) 如存在不影响最终试验结果的治疗、处理方法，则应在隔离条件下对试验系统进行治疗或处理，恢复正常状态后继续试验，并在最终报告中予以说明；

2) 在不影响最终试验结果的前提下，可将出现意外情况的个体剔除并在数据统计分析时予以考虑；

3） 如无适当补救措施，则应终止试验。

6.8.2 试验观察和记录

a） 试验过程中应按试验计划的要求对试验系统进行观察。

b） 对实验动物的笼边观察一天不应少于两次，一般间隔 6 h，必要时，如动物出现症状、死亡或其他异常反应，应适当增加观察次数，缩短观察的时间间隔。

c） 应建立并维护实验动物的观察记录，内容应包括：

1） 外观，如实验动物的被毛、皮肤外观、鼻及口腔分泌物、粪便等；

2） 行为，如实验动物的活动情况；

3） 症状和体征及首次出现时间，如实验动物抽搐、瞳孔缩小等；

4） 死亡情况，死亡时间及死亡数量；

5） 死亡动物的大体解剖情况，包括表皮、颅腔、胸腔、腹腔中的主要脏器、腺体和泌尿生殖器官的解剖观察。

d） 对于培养细胞及细菌的观察，一天不应少于一次，观察内容主要包括二氧化碳培养箱的温度、湿度、二氧化碳浓度情况、培养基性状、细胞或菌落形态、生长状况等，以及时发现污染、死亡等异常情况，并应每天记录观察结果。

e） 试验过程中观察到的内容及数据应被直接、立即、客观、准确和清晰地记录下来，并且签署记录人姓名和记录日期。对原始资料的改动应确保可清楚识别原内容，且签署修改人姓名和日期。

f） 应对试验操作过程进行尽可能详尽的记录，记录要即时进行，并具可追溯性。记录的更改要符合有关规范要求。

g） 组织病理学检查应详细记录大体解剖检查、病理阅片描述，尤其应注意对照组与各剂量组间出现病变的脏器及病变种类、性质、强度和发生率的描述。

6.8.3 生物标本的采集、处理和检查

a） 采集生物标本所用的器具及盛装容器不应被可能影响试验结果的物质污染；

b） 对实验动物标本的采集应尽可能在同一天的同一时段内完成，如不能在一天内完成，则应确保在每个采集日的同一时段内操作；

c） 实验动物标本采集的时机应能满足试验的要求，如需进行肝功能测定的血标本应在动物禁食结束后进行采集；

d） 对采集的生物标本应尽早进行检测或处理，如需贮存，则应选择适当贮存方法；

e） 对不同个体生物标本进行生化检测时应注意防止交叉污染，且应尽可能在同一天内完成对所有标本的检测，否则，应采取措施将这种由于标本放置时间不同而可能引起的差异降至最低，如同一天内检测相同数目的试验组和对照组标本；

f） 采集实验动物脏器标本应去除其附着的其他无关组织，并应尽快称重以减少因脏器中水分丢失带来的差异；

g） 因组织病理学检查的需要处死动物时应注意选择合适的处死方法，以确保不会对标本的形态和机能观察指标产生明显影响，且应尽量减少动物标本因处死方法所造成的病理损害；

h） 需进行实验动物标本的组织病理学检查时，应在动物死亡或处死后及时取出待检组织、器官并固定，以避免自溶，并应确保标本被有效固定；

i） 如大体解剖未发现异常，组织病理学检查时应至少检查对照组及高剂量组相关脏器标本，如已知可能的靶器官或组织，则应由高剂量组开始依次针对此器官或组织进行检查，直至发现没有病理损伤的剂量组；

j） 如在大体解剖中发现存在损伤的组织器官，则应对各组动物进行此组织器官的组织病理学检查；

k） 试验过程中死亡的动物应及时解剖观察，必要时，应取材进行组织病理学检查。

6.9 数据统计分析及结果评价

6.9.1 试验数据统计分析

a) 应遵照试验计划或试验方法中制定的统计方案对试验获得的原始数据进行统计分析。

b) 试验原始数据及统计结果均应以列表的形式输出，以方便核查。

c) 如使用电脑软件进行统计分析，如SAS、SPSS等，则数据录入文件及统计结果的输出文件均应作为原始记录予以保存。

d) 统计学分析应着眼于样品的安全性评价问题，如分析剂量组和对照组的差异以及各不同剂量组的差异及其规律等。

e) 如统计分析发现问题，如剂量组和对照组某指标存在统计学显著性差异（如 $p<0.05$ 或 $p<0.01$），则应分析这些问题与样品安全性之间的关系。

f) 如因统计学原因剔除某些数据，应提供支持此决定的统计学检验结果。

g) 对于诸如组织病理学检查等描述性试验结果，必要时，应就异常发生率数据进行统计分析。如必要，应对病变发生频率及病变程度的剂量-反应关系和剂量-效应关系进行分析。

h) 必要时要考虑进行检测结果不确定度的分析和评定。

6.9.2 试验结果评价

a) 进行结果评价的人员应具有一定的毒理学专业知识及毒理学实验室工作经验，授权签字人对最终的结论负责；

b) 应综合所有试验数据、结果及相应的统计分析对样品安全性做出评价，具体方法参照GB 15193；

c) 应注意试验组与对照组之间的差异以及各试验组之间的差异，以求发现样品可能的毒性作用及其剂量-效应或反应关系；

d) 大体解剖检查与相应标本的组织病理学检查应相互联系，并予以综合考虑；应保证所有大体解剖异常的结果都有其相应的组织病理学基础或其他适当的解释，并注意病理学与生化学检查结果的关联性。

6.10 分包

6.10.1 实验室应制定程序文件，规定必要时分包部分工作到外部实验室的相关要求，包括审批程序、评估和选择分包实验室。确保分包出去的工作的质量，并征得客户同意，且有书面确认记录。

6.10.2 与分包方签订具备法律效力的协议并予以保存，以确保：

a) 明确对分包双方的各项要求，并形成文件；

b) 接受分包实验室有能力满足这些要求且没有利益冲突；

c) 对检验程序的选择应适合其预期用途；

d) 明确对检验结果的解释责任。

6.10.3 实验室应保存其对外分包检验活动的有关文件。应对分包的样品进行登记且保留一份分包实验室出具的正式报告。

6.10.4 实验室负责将分包实验室的检验结果提供给客户，必要时，可将分包实验室的报告直接发给客户。如果由本实验室出具报告，则不得做出任何可能影响结果评价和解释的更改，且注明哪些检验工作是由外部实验室完成。

6.11 结果报告与解释

6.11.1 实验室应为检验结果的发布过程制定明确的程序，包括检验报告的编制、审核、签发和发放形式等。

6.11.2 质量负责人应组织制定报告的格式。报告的格式以信息充分、明确和直观、易于阅读为基本原则。

6.11.3 应确保检验报告在约定时间内送达合适的人员，送递方式可与客户商定，并确保满足安全和保密要求。

6.11.4 负责对检验结果进行评价和解释的人员至少应接受过毒理学专业培训，且具备5年以上毒理学检测工作经验，熟悉其负责解释的试验项目。实验室最高管理者组织对结果分析解释人员进行授权并定期评审，保存评审记录。

6.11.5 检验报告应清晰易懂，文字表述正确。报告中应包括但不限于以下内容：

a） 报告标题；
b） 试验项目名称；
c） 样品名称、受理编号及批号；
d） 对照物名称；
e） 样品特征，性状、包装及数量情况，必要时包括纯度、稳定度和均一度等；
f） 客户名称及地址；
g） 实验室名称及地址；
h） 试验开始和结束日期；
i） 质量保证声明及有关事项声明；
j） 试验方法的选择及依据；
k） 试验系统的选择、来源、特征描述及分组信息；
l） 样品的前处理方法、载体名称及保存方法；
m） 给予样品的途径、剂量、次数和实验期限；
n） 说明试验过程的具体信息；
o） 试验结果的总结陈述，包括数据资料的统计处理方法及统计软件的名称、版本号；
p） 根据试验结果进行分析并做出评价结论；
q） 结果的解释（如需要）；
r） 其他注释，必要时，应给出检出限和测量不确定度评估；
s） 试验人、审核人签名，签发人签名及职务标识。
t） 报告唯一性标识和页码数。

6.11.6 试验数据及结果应尽可能以列表的形式输出，且涉及信息应足够详细，以能够根据这些数据和结果进行最终的试验结果评价。

6.11.7 实验室应保留所报告结果的文档或备份，且保存时间至少5年，必要时，需根据具体情况延长保存时间。

6.11.8 实验室应有相应程序，明确在处理食品安全方面的应急事件时，检测结果能及时通知有关方面。

6.11.9 如果检验结果以临时报告或授权人口头报告的形式传递，随后还应向客户送交一份正式报告。

6.11.10 应制定程序以确保在检验报告发布延迟时通知申请者。

6.11.11 实验室应有关于重发报告的政策和程序。客户由于丢失等原因申请重发检验报告时，可采取调出副本，复印一份，加盖检验报告章的办法予以解决。

6.11.12 实验室应有关于修改报告的政策和程序。报告更改时，可另行出具“修改报告声明”，不再出具新报告，应在记录上显示出修改的日期、时间及责任人的姓名。

6.11.13 当有必要修改并重出新的检验报告时，应注以修改件标识，并注明所替代的原件。

6.12 监督检查

6.12.1 质量监督员应监督试验项目是否严格按照试验计划进行，监督试验操作是否严格按照现有的SOP进行，如对某些操作尚未制定SOP，则应检查这些操作是否科学、可行。

6.12.2 实验室设施及实验设备的检查：

a） 检查实验室环境温湿度记录是否齐全，温湿度量值是否在规范要求范围内；

b） 检查实验室洁净度是否符合规范要求；

c） 检查实验室设施维护情况，如通风设施、空气消毒设施、无菌室、安全防护设施等。

d） 检查实验室设备使用及维护记录、使用说明或仪器操作 SOP 等是否齐全、无误；

e） 检查各仪器设备摆放是否符合规范要求，对于动物房应检查动物饲养用具，如笼架、垫料、笼具等放置是否正确合理；

f） 检查实验室设备工作状态是否正常，必要时，进行标准品校准核查。

6.12.3 对试验人员应进行试验操作的现场目击检查，如大、小鼠灌胃操作、动物大体解剖操作、细胞培养无菌操作等。

6.12.4 检验资料的监督抽查：

a） 抽取部分合同评审记录、检验申请相关记录进行检查。

b） 抽取部分检验报告（包括原始记录和试验计划）进行检查。检查内容主要包括：

1） 检验报告、原始记录与试验计划三者是否统一，如样品名称、编号、性状、数量、对照物、所选试验方法、试验系统种类、品系、性别、数量、试验系统特征参数、分组方法、剂量分组、样品及对照物前处理方法、给样方法、试验观察内容与方法、标本采集与检查方法、数据处理及统计分析方法、试验日程安排等；

2） 试验计划中对试验过程的设计和要求是否正确、合理；

3） 试验数据是否合理；

4） 试验结果评价是否正确、合理。

6.12.5 监督检查发现的问题，应及时予以纠正，并将情况反馈给试验负责人，必要时向质量负责人汇报。

7 结果质量控制

7.1 内部质量控制

7.1.1 质量控制措施应贯穿于检验工作的全过程（包括试验前、试验中、试验后），并且尤其应重视对检验结果影响较大、技术难度较高或易被忽视的关键控制点进行质量检查。

7.1.2 试验前的质量控制：

a） 检查确认试验计划正确无误，如发现问题，应立即报告试验负责人，并制定修订方案。

b） 试验系统：

1） 检查试验系统的选择是否正确、合理。按照试验计划对实验动物的来源、品系、清洁级别、性别、年龄、初始体重、数量，培养细胞、细菌的来源、品种、传代数等进行检查确认，必要时，需进行鉴定。

2） 检查实验动物的外观、皮毛、活动情况和饮食情况等是否健康，确认将用于试验的动物是通过检疫证明为健康合格的。观察培养的细胞、细菌，确认其生长状态良好且稳定，无杂菌生长，无污染迹象。

3） 检查试验系统的饲养或培养环境、方法是否符合要求。检查实验动物饲料、饮水是否充足，卫生级别是否达到要求，饲养环境、笼盒、垫料卫生条件是否符合要求，饲养方法是否满足试验的技术要求。检查细胞、细菌培养环境的无菌条件是否达到要求，培养方法是否满足试验的技术要求。

c） 受试物：

1） 检查受试物名称、批号、包装情况、性状、数量是否与试验计划描述一致以确认所用受试物正确无误，检查受试物有无污染变质，保存方法是否正确。

2） 检查受试物前处理方法是否正确、合理，是否会破坏受试物成分，受试物在载体中的稳定性是否达到要求，分散是否均匀，掺入饲料的受试物对饲料适口性、营养成分等的影响是否会影响试验结果。

7.1.3 试验过程的质量控制

a) 试验系统

1) 确认已设立了必要的对照组,检查各对照组除了给予的受试物不同之外的其他因素是否一致,如饲养(培养)环境、饮食饮水、试验操作、试验观察以及标本的采集和检查等。

2) 检查试验系统是否被随机分配到各试验组,并检查其均一性。

3) 检查试验系统的特性及相关的质控检验结果是否符合要求。如 Ames 试验中,菌株的自发回变率是否正常,溶剂对照及阳性对照的回变发生率结果是否正常。

b) 试验操作

1) 通过对培养基进行空白培养操作检验培养基是否除菌彻底,无菌操作是否符合要求。

2) 通过观察试验操作时动物的反应,判断动物的捕捉、固定及灌胃等操作是否正确、合理。通过动物出现的症状或大体解剖情况判断试验操作是否对其造成了损伤。

3) 按照试验计划核查给样时间是否正确。

c) 试验观察

1) 按照试验计划检查是否完成了所需的所有试验观察,且观察所得结果是否被及时、准确、详细地记录。

2) 对试验系统观察结果进行分析,判断试验观察指标和次数是否足够,间隔时间是否合理。

d) 标本采集

1) 检查采集标本所用器具是否符合要求,如是否存在影响试验结果的污染,全血采集管是否加入抗凝剂等。

2) 注意标本采集时机和采集方法是否满足试验的技术要求,如需检测空腹血糖的血液标本采集前是否有足够长的禁食时间。

3) 检查标本采集操作是否正确,如活体采样时是否造成动物严重感染,动物处死是否损坏待检脏器等。

4) 注意检查各试验组动物采集的标本是否具有一致性,如肝叶标本是否取自肝脏的相同肝大叶。

5) 检查标本的处理及保存方法是否正确、有效。如需进行组织病理学检查的脏器标本是否及时固定,固定效果是否达到要求。

e) 仪器、试剂

1) 使用仪器前,检查仪器状态,确认其能正常工作。

2) 必要时,在仪器使用过程中,通过插入质控样品进行检测以全程观察仪器的工作状态并提供质控数据。

3) 按照 SOP 检查仪器操作是否正确无误。

4) 使用试剂前,检查试剂名称、纯度、浓度、配制日期、失效日期、标注保存方法及实际保存方法等,确认所用试剂正确无误且处于有效使用期。

7.1.4 试验后的质量控制

a) 实验数据

1) 检查实验数据的可靠性,必要时将生化指标的测定结果与实验室历史检测获得的正常参考值进行对比分析,病理切片送权威机构会诊并与自身阅片结果进行比对等;

2) 按照试验计划检查试验原始数据是否全面、完整;

3) 检查核对录入统计分析软件的数据与原始数据是否一致;

4) 检查是否完成了所有必要的数据统计分析,所选统计分析方法是否正确,假设检验及检验水准(α 值)的取值是否正确、合理;

5） 检查是否存在无效数据，对无效数据的处理方法是否正确、合理，是否提供了支持所选处理方法的统计检验；

6） 检查核对报告中的数据是否与原始数据及统计结果一致。

b） 检验评价

1） 检查试验人员资质是否符合要求，如动物饲养、操作人员及特殊仪器操作人员是否经过专门培训并获得相关的资质，病理切片的阅片人员是否已获得相关的资质或授权等；

2） 检查试验结果是否完全、准确的由实验数据及其统计分析结果得出；

3） 检查最终评价是否综合分析了所有试验结果，依据是否明确，过程是否合理；

4） 适用时，应对检验结果进行不确定度分析，并在结果评价中予以充分的考虑[见 6.9.1h)]。

7.1.5 质量负责人对质量控制措施的实施和监督活动负责，试验人员在试验负责人的领导下实施质量控制措施，并由质量监督员通过抽查、审核等方式予以监督。

7.2 外部质量控制

7.2.1 实验室应积极参加或接受上级权威部门或认可机构组织的认可评审或能力验证计划，或参加各种类型的检验质量考核活动。

7.2.2 实验室应积极发起或参与实验室间比对的活动，每年至少应参加 1 次比对活动。

7.2.3 应重视外部评审和能力验证、考核、比对结果，无论结果满意与否，都应根据此结果评估自身的检验质量并采取必要的改进措施(见 4.12)。

附 录 A
（资料性附录）
本标准与 GB/T 27025—2008 和 OECD GLP 条款对照表

表 A.1 本标准与 GB/T 27025—2008 和 OECD GLP 条款对照表

本标准	GB/T 27025—2008	OECD GLP
1 范围	1 范围	第一节 序言 1. 范围
2 规范性引用文件	2 规范性引用文件	
3 术语和定义	3 术语和定义	2. 术语和定义
4 管理要求	4 管理要求	第二节 GLP 规范
4.1 组织	4.1 组织	1.1.1;1.1.2 b),d),f),g),h);2.1.2; 2.2 质量保证人员职责
4.2 管理体系	4.2 质量体系	1.1.2 a)
4.3 文件控制	4.3 文件控制	1.1.2 e),k),q);1.2.2c),g);1.4.2
4.4 质量与技术记录	4.13 记录的控制	1.2.2 f),I);1.4.3;5.2.3;8.3.4;8.3.5; 9.2.7;10 记录和材料的储存和保留(10.1)
4.5 服务客户	4.7 服务客户	
4.6 投诉处理	4.8 抱怨	
4.7 不符合工作控制	4.9 不符合检测和(或)校准工作的控制	
4.8 纠正措施	4.11 纠正措施	
4.9 预防措施	4.12 预防措施	
4.10 内部审核	4.14 内部审核	
4.11 管理评审	4.15 管理评审	
4.12 持续改进	4.10 改进	
5 技术要求	5 技术要求	
5.1 采购服务	4.6 服务和供应品的采购	1.1.2 n)
5.2 人员	5.2 人员	1.1.2 c)
5.3 设施和环境条件	5.3 设施和环境条件	3.1.1;3.1.2;3.2.1～3.2.3; 3.4 档案管理设施; 3.5 废物处理设施;5.2.1
5.4 实验室设备	5.5 设备	4 设备、材料和试剂;5.1.1;5.1.2; 5.2.5～5.2.7
5.5 试验系统	4.6 服务和供应品的采购	4 设备、材料和试剂
5.6 溯源性	5.6 测量的溯源性	4 设备、材料和试剂(4.4);5.1.2
6 过程控制要求		

表 A.1（续）

本标准	GB/T 27025—2008	OECD GLP
6.1　总则	5.1　总则	
6.2　检验受理与合同评审	4.4　要求、标书和合同的评审	
6.3　样品的采集、保存、转运和处置	5.7　抽样； 5.8　检测和校准物品的处置	3.3.2；6.1.1～6.1.3；6.2.1；6.2.2；6.2.4；6.2.6
6.4　试验计划		
6.5　试验方法的确认及 SOP	5.4　检测和校准方法及方法的确认	4　设备、材料和试剂(4.2)； 7　标准操作规程(7.2,7.3)
6.6　试验系统的准备与分组		
6.7　样品的前处理及试剂配制		
6.8　试验操作		
6.9　数据统计分析及结果评价	5.10　结果报告	
6.10　分包	4.5　检测和校准的分包	
6.11　结果报告与解释	5.10　结果报告	1.2.2 h)；9.1.1～9.1.3；9.2.2b)，c)； 9.2.3～9.2.6
6.12　监督检查	5.9　检测和校准结果质量的保证	2.2.1；7.4.5
7　结果质量控制		
7.1　内部质量控制	5.9　检测和校准结果质量的保证	
7.2　外部质量控制	5.9　检测和校准结果质量的保证	

附 录 B
（资料性附录）
动物实验伦理学在毒理学中的应用原则

B.1 概念

B.1.1 动物福利

指保护动物与它的环境相协调一致的精神和生理完全健康的状态。

B.1.2 “3R”原则

即“替代、优化和减少(replacement，refinement and reduction)”原则，指为了保护动物权益，人类应尽可能减少实验动物的用量，优化实验方法，采用其他手段或对象替代动物进行实验。

B.2 背景

B.2.1 动物具有复杂的认知甚至社会体系，具有感知愉快和痛苦的能力。

B.2.2 目前国际社会普遍认同动物有五大自由：即享有不受饥渴的自由；享有生活舒适的自由；享有不受痛苦伤害和疾病威胁的自由；享有生活无恐惧和悲伤感的自由；享有表达天性的自由。

B.3 动物伦理学在毒理学实验中的应用原则

B.3.1 提倡在毒理学实验中应用“3R”原则

a) 替代(replacement)原则：在达到实验目的的前提下，尽可能用认知能力差的低等动物替代认知能力强的高等动物，如用大、小鼠替代狗、猴进行试验；或用无感知的材料替代存在感知的动物，如用体外培养细胞、组织替代动物整体进行试验；替代原则更深层次的要求为不通过与动物相关的试验或过程去获取所需的知识。

b) 优化(refinement)原则：如应进行动物整体实验，则应尽可能减少非人道的动物操作，如改进实验方法，将样品进行浓缩后给样以减少灌胃次数；优化原则的更深层次的要求为通过优化实验方法，最大程度的减轻动物可能遭受的疼痛、紧张和悲伤感。

c) 减少(reduction)原则：在动物实验中，如某些非人道操作不可避免，则在能满足实验要求的前提下，应尽可能减少动物的使用数量，如不盲目增加各试验组动物数；减少原则更深层次的要求为从使用的实验动物中获取尽可能多的信息。

B.3.2 毒理学实验中的动物福利应用原则

a) 对动物饲养及操作人员进行专门的培训，使其理解实验动物的生理、生态、习性等，掌握正确的动物捕捉、固定等操作方法，还需要学习动物实验伦理学方面的知识和要求，最后应进行理论和实际操作考核，合格并获取相应的资质认证或授权后方可上岗。

b) 实验动物饲养管理设施及设备应能为动物提供良好、舒适的生活环境。如为各种动物提供适宜的温湿度、昼夜温差、足够的新鲜空气、换气次数、照明控制、噪声控制等，并保证其洁净度符合要求。

c) 制定严格的实验动物健康管理标准并实施，防止外源生物的侵入，尽可能减少消毒剂、紫外线等对动物的直接侵害，防止动物遗传背景的改变。

d) 实验动物的饲养管理应注意以下几方面：

1) 应为动物提供足够的活动空间，不应过于拥挤，同时，在不影响实验结果以及不会导致伤害的前提下，应为具有社会性的动物提供一些交往的伙伴。

2) 应为动物提供合适的笼盒、垫料、饮食用具等生活条件，应以一种折衷的频率清扫笼盒、更换垫料，既保证必要的清洁程度，又不能因清扫而过于频繁地搬弄动物，将其置于不熟悉的环境、气味之中而导致过度的应激反应。

3) 应及时提供充足的饲料和饮水，并保证其含有动物需要的充足的营养成分，且具有良好的适口性，应注意保证这些饲料和饮水的食用安全性。

4) 如动物发生疾病，应及时进行诊断和治疗，且在治疗和恢复期，应给予动物更优越的生活条件，以减少其痛苦。

5) 如需要运输动物，则在运输过程中的饲养管理也应符合上述要求。

e) 实验动物的试验操作应注意以下几方面：

1) 对动物的试验操作应在分隔区域中进行，避免其他动物看到操作过程或听到鸣叫声而引发痛苦和应激反应。

2) 对动物的试验操作手法应正确、轻柔，应尽可能避免对动物重复进行带来应激和痛苦的试验操作。除非是某单个实验中不可避免的一个组成部分，否则动物不应接受一次以上的重大手术。

3) 在不影响试验结果的前提下，对动物进行诸如手术之类等极为痛苦的试验操作时应给予麻醉处理，且操作完成后的动物如无需处死，应给予高标准的照料。

4) 对动物进行解剖检查操作前，应确定动物已死亡。

5) 处死动物时应选用快速、有效的方法，以尽可能减少其痛苦，最好实施安乐死以使在其无知觉的条件下死亡，且在被丢弃前应确认其已经死亡。

f) 加强实验动物的信息交流与共享，建立各种实验动物的标准生物学特性数据库，向动物实验人员提供所使用动物的背景资料和数据及其实验和处置方法等，直接提供实验所需的动物器官、血液、胚胎等，以合理地和尽可能地减少实验动物的使用量。

附　录　C
（资料性附录）
实验动物检疫

C.1　基本要求

C.1.1　提供实验动物的生产单位，应持有符合二级以上（含二级）实验动物生产许可证。实验室应有专门的人员对进入各级动物实验室的动物进行检疫，确保所有进入动物实验室的动物来源于实验动物监管部门认可的实验动物生产单位，每批动物应有生产方提供的合格证。

C.1.2　动物实验室应设专门的隔离检疫间。

C.1.3　无特定病原体（SPF）级以上动物应经过严格的外包装消毒和检疫过程后方可进入动物实验室内环境，外包装的消毒可用200 mg/L的过氧乙酸擦拭或使用其他适当、有效的消毒方法。

C.1.4　当发现实验动物有消瘦、被毛过度蓬松、皮肤或黏膜异常时应予以淘汰。超过5%动物出现同样的疾病症状时该批动物不得再予使用。

C.1.5　实验动物发生疫情应及时隔离，查明病因，采取措施，必要时全部销毁。已污染的及可能被污染的动物、环境和物品亦应彻底消毒，并及时上报实验动物监管部门。

C.1.6　科研所用的实验动物应以疫病预防为主，原则上不得接种免疫疫苗。

C.2　实验动物检疫人员

实验室应有专门人员（兽医师）负责对首日到达的实验动物进行检疫。

C.3　实验动物检疫时间

在实验动物首日检疫后，实验动物应在实验前继续观察与适应新环境3天至7天。

C.4　实验动物检疫消毒

C.4.1　动物实验室内的台面、地面、笼架、笼盒、病死动物尸体等的消毒可用250 mg/L的速消净等消毒液进行擦拭或喷洒。

C.4.2　动物实验室内的空气消毒可用500 mg/L的二氧化氯或50 mg/L的过氧乙酸溶液按照从上到下，从左到右，从内到外的顺序开展。

C.4.3　一般情况下的消毒可用紫外灯管进行。

C.4.4　动物实验室内的消毒应在无动物饲养的时段进行。

C.5　淘汰动物的处理

被淘汰的实验动物应尽快用二氧化碳气体等手段予以人道毁灭，妥善包装、冻存，集中交无害化处理中心进行销毁。

后　记

2008年制修订国家标准共5946项，其中新制定标准2287项，修订标准3659项，分157册出版。

1. 2008年度发布的顺延上年度标准编号的新制定的国家标准，从GB/T 21331—2008开始，至GB/T 23228—2008结束，收入在《中国国家标准汇编》2008年"制定"卷第368～411分册中，共44册。

2. 2008年度发布的非顺延上年度标准编号的新制定的国家标准和全部修订的国家标准，收入在2008年修订-1～修订-113分册中，共113册。

3. GB 22000～22002，GB 22004～22020为食品安全管理体系国家标准预留号，暂为空。

4. GB/T 22629—2008、GB/T 22781—2008、GB/T 22784—2008、GB/T 22785—2008、GB/T 22809—2008、GB/T 22810—2008、GB/T 22922—2008因故延迟出版，2008年制修订的17项环境保护国家标准（GB 3096—2008、GB 3544—2008、GB 12348—2008、GB 16889—2008、GB 21522—2008、GB 21523—2008、GB 21900～21909—2008、GB 22337—2008）因故未收入。

中国标准出版社

2009年10月